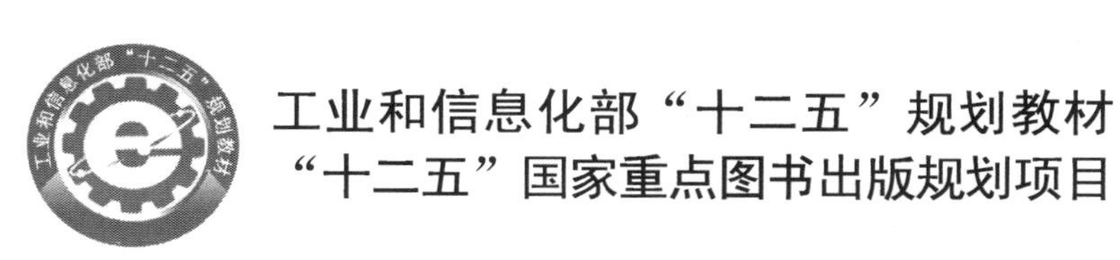

工业和信息化部“十二五”规划教材

“十二五”国家重点图书出版规划项目

防火与防爆工程

Fire and Explosion Protection Engineering

● 李斌　解立峰　徐森　张博　余永刚　编著

● 孙金华　主审

哈爾濱工業大學出版社

HARBIN INSTITUTE OF TECHNOLOGY PRESS

内容摘要

本书着重论述燃烧的学说、理论和由于热平衡被破坏的爆炸现象，研究着火和爆炸的机理、发生火灾和爆炸事故的原因，防火与防爆工程的基本理论和基本技术，安全防护装置的工作原理，以及石化企业和火工企业防火与防爆的安全措施。本书系统地研究了采取防火与防爆的技术措施和制定防火与防爆条例的理论依据。

本书可供从事燃烧学、爆炸物理学、热化学及化工、煤炭、矿业、国防、消防、安全工程等有关科技领域研究和设计的科研人员参考，也可作为高等院校安全工程专业教材，化工、石化等中专学校教材，还可作为消防人员、企事业安全管理人员、技安员、保卫干部和其他生产管理人员的培训教材。

图书在版编目(CIP)数据

防火与防爆工程/李斌等编著. —哈尔滨:哈尔滨工业大学出版社，2016.4(2020.8 重印)

ISBN 978－7－5603－5789－8

Ⅰ.①防…　Ⅱ.①李…　Ⅲ.①防火 ②防爆　Ⅳ.①X932

中国版本图书馆 CIP 数据核字(2016)第 003386 号

策划编辑　王桂芝
责任编辑　李长波
出版发行　哈尔滨工业大学出版社
社　　址　哈尔滨市南岗区复华四道街 10 号　邮编 150006
传　　真　0451－86414749
网　　址　http://hitpress.hit.edu.cn
印　　刷　哈尔滨圣铂印刷有限公司
开　　本　787mm×1092mm　1/16　印张 24　字数 585 千字
版　　次　2016 年 4 月第 1 版　2020 年 8 月第 2 次印刷
书　　号　ISBN 978－7－5603－5789－8
定　　价　68.00 元

前　言

燃烧爆炸事故是工业生产和人们生活过程中常常接触的一类灾害现象，其具有普发性、防范困难和危害大的特点。发生燃烧爆炸的原因很多，其中最主要的是由于人们对各种可燃、易爆物质的燃烧爆炸特性缺乏足够的了解；对各种点火源、爆炸性混合物形成等方面的预防措施应用不当；再加上由于对意外的燃烧爆炸危害性认识不足，思想麻痹、违章作业、安全技术防范措施不全面、安全管理和教育放松所致。

随着工业的发展，各类工厂和产品的数量日益增加，由于种种原因，世界各地燃烧和爆炸事故不断出现，每年都造成重大的人身伤亡和财产损失。因此，防火防爆一直是国际安全科学技术界研究的重要内容，也是安全工程专业教学的重要基础课程。目前全国已经有200多所高等学校开办了安全工程专业，作为安全工程专业的必修课程之一，绝大部分高校的安全工程专业都开设防火防爆课程，并设置了相关的实践环节，但现有的适用于工业灾害领域的防火防爆类教材内容常包含由生产管理和经验总结出的相关基础知识，缺乏对燃烧爆炸的发生、发展及效应方面系统全面的论述，同时缺乏防火防爆技术的详细总结。

为满足教学和向大众普及防火防爆知识、技术的需要，在充分吸收国内外相关著作和教材知识点的基础上，本书比较详细地介绍了可燃物质发生燃烧爆炸的基本条件、常见可燃物质燃烧爆炸的特性、工业防火防爆的基本理论、常见点火源相关知识以及工业防火防爆的技术措施和研究手段。本书以燃烧和爆炸的基本现象为基本着眼点，以燃烧理论和爆炸理论为知识基础，以防火原理和防爆原理为重要传授点，以厂房、企业、火工品生产部门的防火防爆保障措施为基本实例，从理论到实践一脉相承地详细介绍了燃烧爆炸的基本理论知识以及防火防爆的相关措施与技术，将使高等学校安全工程专业教师、学生、相关研究人员，企事业单位安全管理岗位人员，其他从事防火防爆工作的人员以及对此领域有兴趣的相关人士从中获得较为专业的燃烧爆炸知识和必要的防火防爆技术手段。

由于工业爆炸是一种非定常的、带化学反应的、受多种因素影响的过程，其涉及的知识面较广，与安全科学技术、燃烧学、爆炸力学、工程热物理、流体力学乃至数学、经济学等都有广泛联系，时至今日，其理论和技术还不是非常成熟，仍处于研究和发展阶段，希望本书的出版能够为工业爆炸过程的系统研究提供一些帮助。

本书共11章，绪论、第1章、第4～6章由南京理工大学李斌撰写；第2、3章由南京理工大学余永刚撰写；第 7 章由华东理工大学张博撰写；第 8、9 章由南京理工大学徐森撰写；第 10～12 章由南京理工大学解立峰撰写；郭学永、曹卫国、饶国宁、王海洋、王永旭、姚箭参与了资料整理工作。本书在编写过程中参考了大量的相关领域书籍、著作和文献资料，并引用了国内外一些专家学者们的实验数据和相关论点，在此向有关作者表示感谢。

由于作者水平有限，加之时间仓促，疏漏与不足之处在所难免，欢迎各位读者提出宝贵意见。

作　者

2015 年 12 月

目　录

绪　　论

0.1　课程主要研究内容

“防火与防爆”课程是安全工程的一门专业课。它主要是研究燃烧的学说和理论，燃烧的类型及其特征，并在此基础上研究发生火灾的一般规律、防火技术的基本理论、防火的基本技术措施及灭火器材的使用；同时，研究爆炸现象及其分类，爆炸发展规律、爆炸参数的计算，防爆工程技术；并进一步研究发生爆炸事故的基本理论和知识，研究可燃易爆物品的燃烧和爆炸特征，并根据它们的燃爆特征，讨论一般的防护要点。本课程最后讨论主要危险场所的防火防爆技术措施。本书主要侧重于石油化工、爆破器材领域的防火防爆技术措施和防火防爆安全设计。

0.2　燃烧和爆炸的特性

1. **燃烧特性**

燃烧实质上就是可燃物质与氧或氧化剂发生激烈的氧化反应，反应时伴随着放热和发光或发烟的一种现象。但燃烧要同时具备三个条件：可燃物、有氧或氧化剂、点火源。只有当可燃物质和氧或氧化剂的组成、浓度、压力、状态和点火能量都达到一定极限值才能发生燃烧。

2. **爆炸特性**

爆炸是能量快速释放的过程，在工业上得到广泛的应用。爆炸常分为物理爆炸和化学爆炸，前者是指爆炸过程中只发生物理状态变化；后者是指爆炸过程中既有物理变化，又有化学变化的爆炸。

一般工业上发生的事故多数是气体和粉尘爆炸，在实际生产中，许多情况都能使气体、液体或粉尘燃料与空气混合，达到可爆炸的浓度，此时若有点火源存在，就能造成爆炸灾害。

0.3　火灾和爆炸事故的特点

1. **严重性**

火灾和爆炸事故所造成的后果，通常都是比较严重的，它会造成重大伤亡（事故）。例如，某亚麻厂的粉尘爆炸事故，造成57人死亡，伤178人，13 000 m^2的建筑物被炸毁，3个车间变成了废墟。2004年下半年来，我国发生几起大的瓦斯事故，如河南某矿业特大瓦斯爆炸事故，造成148人死亡。某煤矿特大煤尘爆炸事故，造成214人死亡。

火灾和爆炸事故不仅会给(国家)财产造成巨大损失,而且往往还迫使工矿企业停产,需要较长时间才能恢复。

2. **复杂性**

发生火灾和爆炸事故的原因比较复杂。例如,发生火灾和爆炸事故的条件之一——着火源,就有机械点火源、热点火源、电点火源、化学点火源等多种类型。而每种点火源还可分为若干情况,如机械点火源还可分为撞击或摩擦、针刺、绝热压缩空气等;至于可燃物质,就更是种类繁多,包括各种可燃的气体、液体和固体,特别是化工企业的原材料,化学反应的中间产物和最终产品,大多属于可燃物质。

3. **突发性**

火灾和爆炸事故往往是在人们意想不到的时候突然发生。虽然存在事故征兆,但一方面是由于目前对火灾和爆炸事故的监测、报警等手段的可靠性、实用性和广泛应用等尚不大理想;另一方面,又因为至今还有相当多的人员(包括操作人员和生产管理人员)对火灾和爆炸事故的规律及其征兆了解和掌握得很少,所以事故就会突然发生。

0.4 发生火灾和爆炸事故的一般原因

如前所述,发生火灾和爆炸事故的原因是很复杂的。但生产中发生这类事故,则主要是由于操作失误、设备缺陷、环境和物料的不安全状态、管理不善等引起的。因此,火灾和爆炸事故的主要原因基本上可以从人、机器、物料、环境和管理等方面加以分析。

1. **人的因素**

对大量火灾和爆炸事故的调查和分析表明,有不少事故是由于操作者缺乏有关的科学知识,在火灾和爆炸险情面前思想麻痹,存在侥幸心理,不负责任,违章作业等引起的。在事故发生之前漫不经心,事故发生时则惊慌失措。

2. **设备的原因**

例如,设计错误且不符合防火与防爆的要求,选材不当或设备上缺乏必要的安全防护装置、密闭不良、制造工艺的缺陷等。

3. **物料的原因**

例如,可燃物质的自燃、各种危险物品的相互作用,在运输装卸时受剧烈震动、摩擦、撞击等。

4. **环境的原因**

例如,潮湿、高温、通风不良、雷击等。

5. **管理的原因**

规章制度不健全,没有科学的安全操作规程,没有设备计划检修制度,生产用窑、炉、干燥器以及通风、采暖、照明设备等失修,生产管理人员不重视安全,不重视教育和安全培训等。

在火灾统计中,通常将火灾原因分为放火、生活用火不慎、玩火、违反安全操作规程、违反电器安装使用安全规程、设备不良和自燃七类。

0.5　化工事故发生的趋势

下面以美国为例，说明化工事故发生的趋势。

根据美国M&MPC(Marsh & Mclennan Protection Consultants) 2008年发表的三十年(1977～2007)来的事故统计，与化工生产或化工产品有关的过程中所发生的事故，事故发生的频率在逐年减少，而事故所造成的损失逐年递增，如图0.1所示。

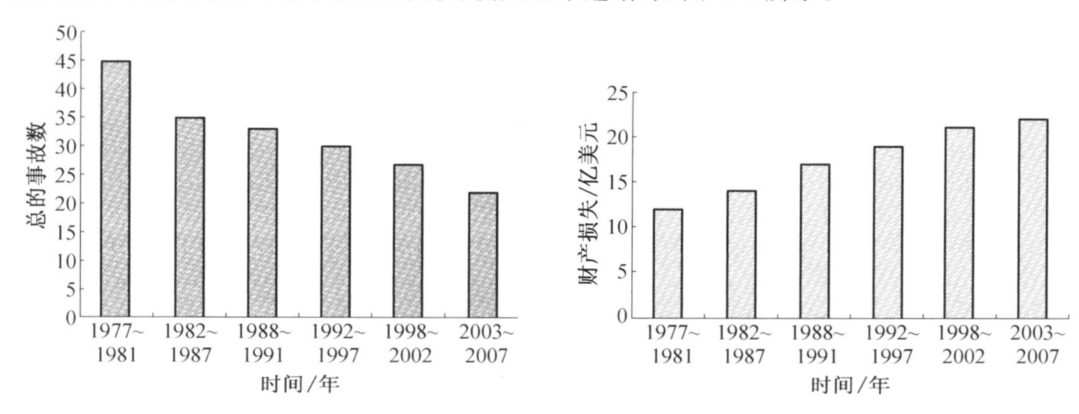

图0.1　美国三十年(1977～2007)来化工事故数量和损失统计

造成这种情况的原因可归结为以下几个方面：

1. 化工生产设备不断扩大

例如，单生产线的乙烯产量由20世纪60年代初的年产9千吨增加到80年代末的年产680万吨，增长了750倍；又如石油烷烃化的炼油过程的年产增长了10倍；油罐容积由10万桶增加到150万桶，增长了15倍；聚乙烯反应器由3 785 L增加到189 250 L，增长了50倍。

增大生产和储存设备，是为了达到生产高效和经济的目的，这是当前化工生产发展的总趋势，但也不可避免地带来单次事故所造成的损失急剧增加的后果。

2. 生产设备布局更加紧凑

为了减少单位产量的耗能、缩短连接管线和减少监控仪器的数量，从而达到高效和经济的目的，化工生产的布局趋于更加紧凑。这就不可避免地造成财产的区域分布更加集中，因而一旦发生事故，造成的财产损失将会更大。同时设备布局的紧凑也提供了火焰加速的条件，一旦可燃物发生点火，就有较大可能发展成为造成巨大破坏的爆炸事故。

3. 化工操作条件向高温和高压发展

化工操作条件向高温和高压发展，同样是为了达到高效和经济的目的，同时也是化工产品的多样化所必需的。显而易见，在高温高压的操作条件下更容易发生事故，而且一旦发生事故，带来的危害性也更大。

4. 统计手段更加完善和统计数据更加充分

不能不指出的是：随着统计手段的日益完善以及人们思想上的重视，对已发生事故的统计数据也日益完善，使得统计表上事故发生的频率及所造成的损失更加精确，也是单次事故损失增加的原因之一。但这终究不能掩盖实际发生的事故次数及破坏规模日益增加这一事实。化工行业的灾难性事故主要是火灾和爆炸，其中又以气云爆炸的危害最大。

表0.1中列出了美国1977～2007年发生的150起重大工业事故按性质分类的统计结果。其中火灾占38%，气云爆炸占36%，其他爆炸占24%。而房屋倒塌、压力容器破裂以及自然灾害(如洪水或风暴)等其他事故占少数(只有2%)，因而火灾和爆炸是造成化工和石化企业财产损失的主要原因。

表0.1 美国化工行业近1977～2007年重大爆炸事故统计

事故类别	次数	百分比/%	平均损失/万美元
火灾	57	38	30.8
气云	54	36	45.5
爆炸	36	24	24.6
其他	3	2	15.9
合计	150	100	116.8

无论从单次事故来说，还是从总体来说，气云爆炸造成的损失都是最大的，因而在燃烧和爆炸事故中，对气云爆炸事故更须给以高度重视。关于气云爆炸的问题在后面还要进行专门讨论。

表0.2列出了不同化工企业中各类事故所占的比例。

表0.2 美国1997～2007年间不同化工企业事故统计 %

生产类型	爆炸	火灾	气云	其他
炼油厂	13	52	32	3
石油化工厂	42	12	46	0
装罐厂	21	42	32	5
塑料/橡胶厂	29	29	42	0
化工厂	75	8	17	0
天然气加工厂	0	40	60	0
其他	0	67	33	0

从表0.2中可以看出，在天然气、石油化工和塑料及合成橡胶等工业中的气云爆炸比率最高，分别达60%，46%和42%。将化工厂与炼油厂事故的种类进行比较，可以看出，在化工厂的事故中，爆炸占有绝对高的比例，而炼油厂的事故则大多是火灾。

0.6 我国防火与防爆技术的发展

新中国成立后，党和政府非常重视防火与防爆工作，消防和防爆事业走上了快速发展的道路，防火与防爆技术有了显著的进步，形成了由公安消防部队、企业专职消防队和群众义务消防队等多种形式组成的消防力量体系，消防站遍及全国各大中小城市和许多县城，消防装备和器材也逐步实现了现代化。早在1952年，我国就在辽宁省抚顺市建立了第一个煤矿安全研究所，开展以防止煤矿爆炸和火灾为中心的研究工作。随后，北京、沈阳和天津等许多城市也都成立了消防研究所，北京劳动保护科学研究院还专门设置了防爆研究室，不少高等院校设置了消防系、消防专业，开设防火与防爆课程，使我国的防火与防爆科学技术水平和技术管理干部的专业水平得到了迅速的提高。党和政府非常重视防火与防爆工程的法制建设，1957年颁布实施《消防监督条例》，1998年4月29日颁布实施《中华人民共和国消防法》，形成了完整的消防法规体系。在防火与防爆工作中，实行专门机构与广大人民群众相结合，认真贯彻“以防为主，消防结合”的消防工作方针，多年来成功地预防了大量火灾和爆炸事故的发生，并且有效地扑救了许多火灾，使我国的火灾和爆炸事故发生率保持在较低水平，这些都说明新中国成立以来，在防火与防爆工作中取得的成就。

0.7　课程学习的意义和要求

1. 重要意义

火灾和爆炸事故具有很大的破坏力，工业企业发生火灾和爆炸事故，会造成严重的后果。所以认真研究火灾和爆炸的基本知识，掌握发生这类事故的一般规律，采取有效的防火与防爆措施，对发展国民经济具有非常重要的意义。

(1)保护劳动者和广大群众的人身安全。发生火灾或爆炸事故不仅会造成操作者伤亡，而且还会危及在场的其他生产人员，甚至会使周围的居民遭受灾难。工厂企业做好防火防爆工作，对保护生产力、促进生产发展的意义是显而易见的。

(2)保护国家财产。火灾爆炸事故后往往是设备毁坏，建筑物倒塌，大量物资化为乌有，使国家财产蒙受巨大损失，所以防火防爆是实现工矿企业安全生产的重要条件。发生火灾和爆炸往往会打乱工矿企业的正常生产秩序，严重时甚至会迫使生产停顿。

此外，还必须强调指出，防火与防爆理论研究是安全工程学科的重要基本理论之一。众所周知，锅炉安全、压力容器安全和焊接安全，还有化工、煤矿、炼油、冶金以及建筑也都需要在防火与防爆理论指导下，研究采取有效措施，防止火灾和爆炸事故的发生。

2. 学习要求

通过课程的学习，要求熟悉掌握燃烧与爆炸的有关理论，并能运用相关理论分析各种生产过程中发生火灾和爆炸事故的原因，采取正确的防火与防爆技术措施等。

第1章　燃烧理论及应用

1.1　着火理论

1.1.1　谢苗诺夫热着火理论

1. 基本内容

设可燃气体混合物不产生任何运动，在反应过程中的气体浓度、外界温度、压力和散热条件不变。混合气体化学反应产生的热量为

$$q_1 = QuV = qVZ\varphi_A^n e^{-\frac{E}{RT}} \tag{1.1}$$

式中，Q 为可燃气体反应热；u 为反应速率；V 为可燃气体体积；Z 为活化分子发生反应的或然率或指前因子；φ_A 为可燃气体体积分数；T 为可燃气体的绝对温度；E 为可燃气体反应活化能；n 为化学反应级数。

可燃气体向四周散失的热为

$$q_2 = hS(T - T_0) \tag{1.2}$$

式中，T_0 为四周介质的绝对温度；S 为传热总的表面积；h 为可燃气体与四周介质的传热系数。

可燃气体本身升温所需要的热量为

$$q_3 = \rho C_V V \frac{dT}{dt} \tag{1.3}$$

式中，ρ 为可燃气体的密度；t 为时间；C_V 为摩尔定容热容。

根据反应系统热量守恒定律可得

$$\rho C_V V \frac{dT}{dt} = qVZ\varphi_A^n e^{-\frac{E}{RT}} - hS(T - T_0) \tag{1.4}$$

从式(1.1)～(1.3)中可以看出系统反应热 q_1 与 T 的关系为不断加速的指数关系，散失的热 q_2 与 T 的关系为直线关系，要使式(1.4)成立，式(1.1)所表示的曲线与式(1.2)所表示的曲线必须相交或相切，如图1.1所示。若初始温度较低，即 $T_0 = T_{01}$，$q_1 \sim T$ 与 $q_2 \sim T$ 两条曲线相交于 a，b 两点，它们都有 $q_1 = q_2$，$dT/dt = 0$，其中 a 为真稳态点，b 为亚稳态点，当可燃气体温度 $T < T_a$ 时，$q_1 > q_2$，$d(q_1 - q_2)/dt < 0$，即生成热大于散失热，但反应生成热速率比散失热的速率小，系统升温到 T_a；当 $T_a < T < T_b$ 时，$q_1 < q_2$，$d(q_1 - q_2)/dt < 0$，即散失热大于生成热，系统不断降温到 T_a。所以 a 点发生的是一个以一定极限速度进行化学反应的稳定过程，若有扰动都能自动调节恢复到温度 T_a，但不能过渡到着火阶段。当可燃气体温度 $T > T_b$ 时，$q_1 > q_2$，$d(q_1 - q_2)/dt > 0$，即生成热大于散失热，反应生成热速率大于散失热的速率，系统不断升温，反应加快，迅速过渡到着火阶段。

若初始温度较高，即 $T_0 = T_{03}$，任何温度下整个系统得到的反应热都大于散失热，系统温度和反应速率都会无限增长而着火。

若初始温度为中等，使介质温度逐渐高于 T_{01}，则 a,b 两点彼此接近，在 $T_0 = T_{02}$ 时 a,b 重合于 c 点，$q_1 \sim T$ 与 $q_2 \sim T$ 相切。显然，$q_{1c} = q_{2c}$，$\left(\frac{\mathrm{d}q_1}{\mathrm{d}t}\right)_c = \left(\frac{\mathrm{d}q_2}{\mathrm{d}t}\right)_c$。$c$ 点也是一个亚稳定点，在 $T < T_c$ 时可燃气体最终以定速进行反应而不着火，但只要稍高于扰动使 $T > T_c$，系统温度和反应速率就会无限增长而着火。

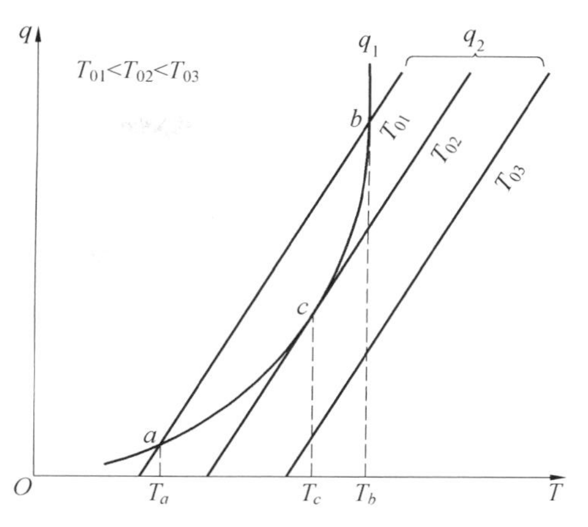

图 1.1　不同初始温度时 $q_1 \sim q_2$ 及它们与系统温度的关系

综上可见，介质温度 T_{02} 是一个分界温度，超过这个温度，可燃气体混合物就有可能着火，否则就不能着火，而 T_c 就称为该条件下的燃气自动着火温度。实际上因为 T_c 无法测定，与 T_{02} 相差也不大，所以一般称 T_{02} 为自动着火温度，它是保证燃气能自动加热升温时周围介质的最低温度。

无论是 T_c 或 T_{02} 都不是给定可燃混合物的物理化学常数，它们与当时的实际燃烧条件有关。热着火理论分析中都假设反应过程中的压力和热交换系数恒定，由此导出临界介质温度，如果使反应压力和介质温度不变，还可以求出临界热交换系数；使介质温度和热交换系数不变，还可求出临界压力。

2. 着火范围

应用谢苗诺夫热着火理论可以计算着火范围。因为在 c 点有 $q_{1c} = q_{2c}$，即

$$qVZ\varphi_{A0}^{n}\mathrm{e}^{-\frac{E}{RT_c}} = hS(T_c - T_{0c}) \tag{1.5}$$

φ_{A0} 为可燃气体初始体积浓度，即设着火过程中由于化学反应引起可燃物浓度的消耗可以忽略；T_{0c} 是相应于 T_c 的介质温度（及前述的 T_{02}），又因为 $\left(\frac{\mathrm{d}q_1}{\mathrm{d}t}\right)_c = \left(\frac{\mathrm{d}q_2}{\mathrm{d}t}\right)_c$，所以

$$qVZ\varphi_{A0}^{n}\mathrm{e}^{-\frac{E}{RT_c}}\left(\frac{E}{RT_c^2}\right) = hS \tag{1.6}$$

与式(1.5)相比较可得

$$\left(\frac{RT_c^2}{E}\right) = (T_c - T_{0c}) \tag{1.7}$$

$$T_c = \frac{E}{2R}\left(1 \pm \sqrt{1 - \frac{4RT_{0c}}{E}}\right) \tag{1.8}$$

式中，“+”号所得温度太高，没有实际意义，一般只取“−”号。

因为
$$\frac{RT_{0c}}{E} \ll 1$$

又因为

$$(1+x)^m = 1 + mx + m(m-1)\frac{x^2}{2!} + m(m-1)(m-2)\frac{x^3}{3!} + \cdots \quad (|x| < 1)$$

现在 $m = 1/2$，$x = -4RT_{0c}/E$，取前三项得

$$\left(1-\frac{4RT_{0c}}{E}\right)^{1/2}\approx 1-\frac{2RT_{0c}}{E}-2\left(\frac{RT_{0c}}{E}\right)^{2}$$

代入式(1.8)得

$$T_c-T_{0c}\approx\frac{RT_{0c}^{2}}{E}$$

或

$$T_c\approx\frac{RT_{0c}^{2}}{E}+T_{0c}\tag{1.9}$$

式(1.7)与式(1.9)相比较可得 $T_c\approx T_{0c}$,所以下列运算中 T_c 均用 T_{0c} 取代。

设研究一个简单二级反应,由式(1.5)和式(1.9)得

$$qVZ\varphi_{\mathrm{A}c}^{n}\mathrm{e}^{-\frac{E}{RT_c}}=hS(T_c-T_{0c})=\frac{hSRT_c^{2}}{E}$$

设可燃气体为理想气体,p_c 和 p_{A} 分别为总压力和A物质的分压,$x_{\mathrm{A}c}$ 为物质A的摩尔分数,则

$$\varphi_{\mathrm{A}c}=\frac{p_{\mathrm{A}c}}{RT_c}=\frac{x_{\mathrm{A}c}p_c}{RT_c}$$

所以

$$QVZ\left(\frac{x_{\mathrm{A}c}p_c}{RT_c}\right)^{2}\mathrm{e}^{-\frac{E}{RT_c}}=\frac{hSRT_c^{2}}{E}\tag{1.10}$$

所以

$$\frac{p_c^{2}}{T_c^{4}}=\left(\frac{hSR^{3}}{QVZx_{\mathrm{A}c}^{2}E}\right)\mathrm{e}^{\frac{E}{RT_c}}$$

所以

$$\ln\left(\frac{p_c}{T_c^{2}}\right)=\ln\left(\frac{hSR^{3}}{QVZx_{\mathrm{A}c}^{2}E}\right)^{\frac{1}{2}}+\frac{E}{2RT_c}\tag{1.11}$$

对 n 级反应则有

$$\ln\left(\frac{p_c}{T_c^{(\frac{n+2}{n})}}\right)=\ln\left(\frac{hSR^{n+1}}{QVZx_{\mathrm{A}c}^{n}E}\right)^{\frac{1}{n}}+\frac{E}{nRT_c}\tag{1.12}$$

若令

$$A=\frac{E}{nR},\quad B=\ln\left(\frac{hSR^{n+1}}{QVZx_{\mathrm{A}c}^{n}E}\right)^{\frac{1}{n}}$$

则

$$\ln\left(\frac{p_c}{T_c^{(\frac{n+2}{n})}}\right)=A\left(\frac{1}{T_c}\right)+B$$

式(1.12)称为谢苗诺夫方程,在对数坐标上为一直线,其斜率为 $E/(nR)$,由此法可求着火活化能。

3. 着火延滞期

根据谢苗诺夫理论还可以推演着火延滞期的计算公式。

设过程绝热,则有

$$VQ_{\mathrm{A}}=\rho cV\frac{\mathrm{d}T}{\mathrm{d}t}\tag{1.13}$$

若反应速率为

$$k=Z\varphi_{\mathrm{A}}^{n}\mathrm{e}^{-\frac{E}{RT}}$$

则

$$Q_{\mathrm{A}}=QZ\varphi_{\mathrm{A}}^{n}\mathrm{e}^{-\frac{E}{RT}}$$

式中,Q 为单位物质A的热效应;Q_{A} 为单位时间单位体积中的热效应。

将 Q_{A} 表达式代入热平衡方程式(1.13)后积分可解得

$$\left(\frac{T}{T_0}\right)^2 \exp\left[\frac{E}{RT}\left(\frac{T_0}{T}-1\right)\right] \approx 1-\frac{t}{t_i} \tag{1.14}$$

式中

$$t_i = \rho c \frac{RT_0^2}{E} \cdot \frac{e^{\frac{E}{RT_0}}}{QZ\varphi_{A0}^n} \tag{1.15}$$

实验表明，比热容小、反应速率对温度敏感、燃烧热高、初始浓度大的物质，着火延滞期会缩短。

1.1.2　弗朗克—卡米涅茨基(Frank-Kamenetskii)的稳态热着火理论

1. 基本内容

谢苗诺夫理论是根据容器中气体混合物的空间平均温度随时间的变化规律来确定温度剧烈上升的临界极限，而弗朗克—卡米涅茨基则将图1.1中c点所示的不可能性作为着火准则。就是说不考虑温度随时间的变化，只考虑在一定环境温度和容器散热条件下容器内由于导热形成的稳定热分布情况。在着火条件以前能够形成稳态温度分布，即方程有解，而一旦达到着火条件，稳态温度分布将变成不可能，方程无解。

在热着火理论中，研究放热化学反应，q'''代表体发热强度，其表达式是

$$q''' = Q\varphi_A^n Z\exp(-E/RT)$$

对图1.1的c点所描述热传导损失和反应热源之间的导热微分方程可写成

$$\sigma C_V \partial T/\partial t = \kappa \nabla^2 T + Q\varphi_A^n Z\exp(-E/RT) \tag{1.16}$$

上式称为放热反应的能量守恒微分方程，它的适用性要求反应速率常数服从阿伦尼乌斯定律，而且在所研究的温度区间，Q,Z,E不是温度的函数，均为常数，κ是导热系数。此时的化学反应是不可逆反应，且一步完成的。

在弗朗克—卡米涅茨基热着火理论中，主要研究三种简单的对称几何形状，即无限大平板、无限长圆柱和球。它们只是空间的函数，∇^2具有以下形式：

$$\nabla^2 = \frac{1}{r^j}\frac{\partial}{\partial r}\left(r^j \frac{\partial}{\partial r}\right) = \frac{\partial^2}{\partial r^2} + \frac{j}{r}\frac{\partial}{\partial r}$$

式中，j称为几何因子，$j=0,1,2$分别对应于无限大平板、无限长圆柱和球。

式(1.16)可改写为

$$\sigma C_V \partial T/\partial t = \kappa[\partial^2 T/\partial r^2 + (j/r)\partial T/\partial r] + Q\varphi_A^n A\exp(-E/RT) \quad (j=0,1,2) \tag{1.17}$$

在实际运算中，往往希望把方程式写成无量纲的形式。本书主要采用θ,ρ,δ,τ等无量纲的量。如果反应物消耗的影响可以忽略，式(1.16)可写成

$$\delta \partial\theta/\partial\tau = \nabla^2\theta + \delta f(\theta) \tag{1.18}$$

式中，$\theta,\tau,t_i,\varepsilon,f(\theta),\rho,\delta$分别为无量纲温度、无量纲时间、绝热着火延滞期、无量纲活化能、无量纲温度函数、无量纲坐标和弗朗克—卡米涅茨基参数；这些无量纲的量表示式如下：

$$\theta = (T-T_a)/\left(\frac{RT_a^2}{E}\right)$$

$$\tau = t/t_i$$

$$t_i = \sigma C_V RT_a^2/QE\varphi_{A0}^n Z\exp(-E/RT_a)$$

$$\varepsilon = RT_a/E$$

$$f(\theta) = \exp[\theta/(1+\varepsilon\theta)]$$

$$\rho = r/a_0$$

$$\delta = \frac{a_0^2 QE\varphi_{A0}^n Z\exp(-\frac{E}{RT_a})}{\kappa RT_a^2} \tag{1.19}$$

式中，Q 为每摩尔反应物的化学反应所放出的热量；n 为反应级数；T_a 为着火前系统的初始温度；ρ 为反应物的密度；φ_{A0} 为反应物 A 的初始体积浓度；a_0 为反应物的特征尺寸，对于平板 a_0 是其半宽，对圆柱和球则为半径。

如果考虑稳定态，则式(1.18) 可写成为

$$\nabla^2\theta + \delta f(\theta) = 0 \tag{1.20}$$

在式(1.20) 中，参数 δ 是一个重要的量，称为弗朗克 — 卡米涅茨基参数，它是温度具有空间分布的系统的热着火判据。

弗朗克 — 卡米涅茨基边界条件为

$$\theta = 0,\quad \rho = 1$$

相应的反应系统则称为弗朗克 — 卡米涅茨基系统。这个边界条件的直观意义，表示边界上反应物表面的温度等于环境温度 T_a(并且假定环境温度 T_a 处处一样)

$$T = T_a,\quad r = a_0$$

弗朗克 — 卡米涅茨基系统另一个边界条件，是由反应物几何形状的规则性而得到的。即对于对称加热的反应物(A 类形状)，其中心处的温度梯度应为零，即

$$\mathrm{d}T/\mathrm{d}r = 0,\quad r = 0$$

这表示反应物内最高温度出现于反应物中心，在该点上没有热流，无量纲化，则得

$$\mathrm{d}\theta/\mathrm{d}\rho = 0,\quad \rho = 0$$

弗朗克 — 卡米涅茨基边界条件的物理意义是假定反应器是良热导体，热流阻力完全在反应物内的导热过程中。

利用上述边界条件解方程(1.17) 就可得到不同弗朗克 — 卡米涅茨基参数时的温度分布，当弗朗克 — 卡米涅茨基参数大于临界值时得不到解，因为弗朗克 — 卡米涅茨基参数过大，生成热量的速率超过热量的损失速率，系统被加热，稳态方程在物理上不成立。所以临界弗朗克 — 卡米涅茨基参数提供了引起不稳定的不断加速反应(着火) 开始的条件，这个条件因容器形状而异，见表 1.1。当 $\delta = \delta_c$ 时，最大温度发生在容器中心。

表 1.1　不同反应物的弗朗克 — 卡米涅茨基参数 δ 临界值(指数近似)

反应物体	准确值	级数近似
平板	0.878 46	0.86
圆柱	2	2
球	2.321 99	2.33
立方体	2.52	2.57
四面体	1.70	1.72
等高圆柱	2.77	2.84

$$\theta_{\max} = \frac{E(T_{\max} - T_0)}{RT_0^2} = \theta(0, \delta_c)$$

2. **弗朗克－卡米涅茨基参数的应用及直线形式**

(1) 直线形式。弗朗克－卡米涅茨基参数定义为

$$\delta=\frac{a_0^2 QE\varphi_{A0}^n Z\exp(-E/RT_a)}{\kappa RT_a^2}$$

在临界条件下，如果 T_a 是具有特征量纲 δ_{ct} 的反应物能由自热导致点火的最小环境温度，且系统内反应是二级反应，则

$$\ln(\delta_{ct}T_a^2/a_0^2)=\frac{QEZ\varphi_{A0}^n}{\kappa R}-\frac{E}{RT} \tag{1.21}$$

上式中，$\frac{QEZ\varphi_{A0}^n}{\kappa R}$ 是一个仅仅由反应物体的物理和化学性质决定的量，对给定反应物体是常数，令其为 B，则上式可改写为

$$\ln(\delta_{ct}T_a^2/a_0^2)=B-\frac{E}{RT_a}$$

上式左边，δ_{ct} 仅仅是一个常数，一般情况下，它仅是系统的几何形状、边界条件的函数(指数近似)。因此，对于一个物理和化学常数给定的物体，在确定的边界条件和环境温度下，上式可用来预测从自热导致点火危险的临界量纲 δ_{ct}。

［**例1**］　曾经发生过满载活性炭的远洋船只在经过热带水域时起火，起火是因为自燃。在热爆炸理论的基础上，人们对起火原因做出了解释。

活性炭是先用多层纸袋装起来的，并以 25 kg 为单位装入粗麻布袋，起火时的总质量多在 4 ～ 14 t，密度约为 370 kg/m³。起火往往发生在装船 3 ～ 4 星期。

活性炭点火实验是在实验炉中以立方体形进行的。立方体大小从 25 mm 到 610 mm。实验得到的结果如图 1.2 所示。

图中的直线方程为

$$\ln(\delta_{ct}T_a^2/a_0^2)=49.718-1.167\times10^4/T_a \tag{1.22}$$

船只起火时活性炭处于什么样的环境温度并不知道。根据热带水域的气候，人们得出结论认为，起火前的环境温度可能是 29 ～ 39 ℃，而且这样的温度保持了若干星期。如果多层纸袋是以大约立方体形在船内堆积的，那么，这就给出 a_0 的数值为 1.1 ～ 1.7 m。把这些数值以及 $\delta_{ct}=2.6$ 代入式(1.22)，那么点火温度 T_a 将在 31 ～ 39 ℃。如果堆积物为长方体形，则 δ_{ct} 的值可能有所变动，但是最终的点火温度 T_a 将是差不多的。因此，由实验室的结果外推后，完全显示了货船中活性炭自热导致点火的危险。

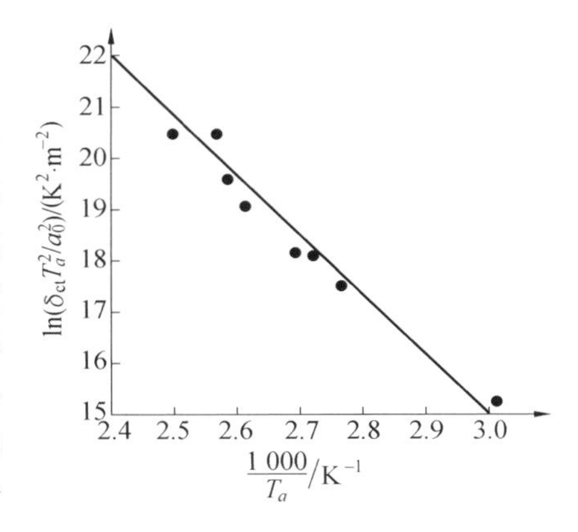

图 1.2　活性炭着火曲线

［**例2**］　某公司要设计一个含有发酵粉产品的加工厂。生产过程中，加工出来的粉状半成品需要在直径 6 m、高 10 m 的储存装置中放置若干天。粉料初始温度在 70 ～ 90 ℃，全部物料约 135 t。储存装置所处的平均环境温度为 25 ℃。因此希望知道是否有自热点火的可能。

实验结果列于表 1.2(实验物形状为立方体)。

表 1.2　发酵物料的临界温度

立方体边长 /mm	临界温度 /℃	延滞期 /h
300	127	81
100	150	9
50	167	3

实验得到直线方程为

$$\ln(\delta_{ct} T_a^2 / a_0^2) = 44.20 - 16\,507 / T_a \tag{1.23}$$

上式可用来预测不同环境温度下的临界尺寸。对于立方体,温度为 25 ℃,临界尺寸为 250 m。考虑物料的初始温度为 70 ～ 90 ℃,那么,δ 的临界值有所变化。Thomas 等人实验给出了临界值与临界温度的关系式,即

$$\theta_{0,ct} = (T_a - T_i) / (RT_i^2 / E)$$

式中,T_i 是初始温度。把 δ_{ct} 值代入式(1.23),其中凡是 T_a 都用 T_i 代替,计算结果见表 1.3。

表 1.3　发酵物料的临界尺寸

初始温度 /℃	$\theta_{0,ct}$	δ_{ct}	临界尺寸 /m	绝热延滞期 /d
90	−8.1	16	5.5	53
80	−7.3	15.5	10	180
70	−6.3	14.8	19	640

从这些结果可知,如果使用串联的小型储存装置,则起火危险可以完全避免。但出于经济效益上的考虑,以及由于起火延滞期长达 53 天以上,在正常情况下,不大会有危险。因此,公司保持了原装置,同时使用了光电监测器以及氮气保护,以防万一。

(2) 从热着火实验估算化学动力学参数。

从热着火实验估算化学动力学参数,是热爆炸理论的应用之一。上面所讲的一些结果,也可以说是估算活化能 E 的方法。下面以经典例子过氧化二乙基(diethyl peroxide)的热爆炸来说明如何估算化学动力学参数。Harris 等人研究了在不同的容器中过氧化二乙基的热爆炸,结果见表 1.4。

表 1.4　过氧化二乙基在不同直径的球形容器中的热自燃压力

Harris 的实验值					反应级数 n 计算值
温度 /℃	直径 d_1/cm	压力 p_A/Pa	直径 d_2/cm	压力 p_A/Pa	
184	4.32	3 946	2.26	13 732	1.03
194.8	4.32	2 173	2.26	7 466	1.08
204.5	4.32	1 293	2.26	4 266	1.03
210.5	4.32	853	2.26	3 026	1.05

① 求反应级数和活化能。

假设反应物符合理想气体状态方程，则 $\varphi_{A0}=\dfrac{p_A}{RT_a}$。

代入弗朗克－卡米涅茨基参数表达式，可得

$$\delta_{ct}=\frac{a_0^2QEp_A^n}{\kappa RT_a^{2+n}}\exp(-\frac{E}{RT_a})$$

$$\ln\frac{p_A}{T_a^{1+2/n}}=\frac{1}{n}\ln\frac{\delta_{ct}\kappa R^{1+n}}{a_0^2QEZ}+\left(\frac{E}{nR}\right)\frac{1}{T_a}$$

令 $M=\dfrac{1}{n}\ln\dfrac{\delta_{ct}\kappa R^{1+n}}{a_0^2QEZ}$，$N=\dfrac{E}{nR}$，则

$$\ln\frac{p_A}{T_a^{1+2/n}}=M+N/T_a \tag{1.24}$$

这表示在定温下

$$p_A^{n/2}d=常数 \tag{1.25}$$

式中，p_A 为物质 A 的分压力；d 为直径。由表 1.4 中的已知数据和式(1.25) 可求得反应级数，结果列于表 1.4。从表中可知，在 184 ～ 210.5 ℃ 的范围内过氧化二乙基的分解反应级数是近于一级，和该化合物的缓慢反应动力学研究是符合的。

知道反应级数后，可以做 p_A/T_a^3 与 $1/T_a$ 的图，对所有采用的容器而言，均得到直线，而且具有相同的斜率，从直线的斜率计算得该反应的活化能为 118.5 kJ/mol；而从反应动力学得到的活化能为 131.9 kJ/mol。

② 求指前因子和反应速率常数。

根据式(1.24)，并已知 $n=1$，$\delta_{ct}=3.32$，$\kappa=0.0239\ \mathrm{W\cdot m^{-1}\cdot K^{-1}}$，$Q=125.6$ kJ/mol，$E=118.5$ kJ/mol，同时根据表 1.4 中的实验数据可以求算指前因子 A，所得结果示于表 1.5。

表 1.5　在不同温度和容器中过氧化二乙基的分解反应的指前因子

温度 /℃	$A/\mathrm{s^{-1}}$	
	$d=2.26$ cm	$d=4.32$ cm
184	5.35×10^{11}	5.10×10^{11}
194.8	5.00×10^{11}	4.80×10^{11}
205.5	5.30×10^{11}	4.80×10^{11}
210.5	5.15×10^{11}	5.05×10^{11}

由表 1.5 可知，在上述温度范围，指前因子改变不大，故可取其算术平均值 $5.07\times10^{11}\,\mathrm{s^{-1}}$。同时可知过氧化二乙基在 184 ～ 210.5 ℃ 的温度区间内的分解反应速率常数为

$$k=5.07\times10^{11}\mathrm{e}^{-118\,500/(RT)}$$

③ 求热自燃压力和温度的关系。

从上面得到的动力学数据和已知的热化学和导热系数数据，按式(1.24) 可以求得在不同的圆柱容器中的热自燃压力和温度关系，结果示于表 1.6。

表 1.6 在不同的圆柱容器中热自燃压力的计算值和实验值的比较

温度 /℃	热自燃压力 /Pa					
	$d = 4.2$ cm		$d = 2.11$ cm		$d = 2.0$ cm	
	计算值	实验值	计算值	实验值	计算值	实验值
182	3 146	3 133	5 760	5 613	—	—
187	2 506	2 253	4 600	4 133	11 150	7 466
193	1 760	1 573	3 226	2 800	7 799	5 466
205	859.9	772.3	1 573	1 333	3 800	2 533

由表1.6可知，对直径为2.11 cm和直径为4.2 cm的圆柱容器来说，热自燃压力的计算值和实验值(按 Harris 的实验数据用作图内插法得到) 比较相差不大，说明上面得到的动力学参数具有一定的正确性。但从表中也可知道，当直径为 2.0 cm 时误差就比较大，这可能是由于当容器小时过氧化二乙基气体的量也就少，因此在自燃发生前在小容器中发生反应的气体量和气体总量的比值比在大容器中要大一些，说明在自燃前气体浓度就容易保持定值，除此之外，如前所述，在热爆炸稳定理论中有许多假设和简化，这些均可以导致误差的发生。

1.1.3 燃烧的分子碰撞着火理论

燃烧的分子碰撞着火理论认为，燃烧的氧化反应是由于可燃物和助燃物两种气体分子的相互碰撞而引起的。众所周知，气体的分子都是处于急速运动的状态中，并且不断地彼此相互碰撞，当两个分子发生碰撞时则有可能发生化学反应。但是，用这种理论解释燃烧的氧化反应时，其可能性非常微小。例如，氢和氧的混合物在常温下避光储存于容器中，它们的分子彼此碰撞达 10 亿次之多，但察觉不到有任何反应；可是，若把这种混合物置于日光照射下，虽不改变其温度和压力，氢和氧两者却可以以极快的速度进行反应生成水，并呈现出光和热的燃烧现象，甚至能引起爆炸。由此可见，气态下物质的反应速率，并不能仅以分子碰撞次数的多少来加以解释。这是因为在相互碰撞的分子间会产生排斥力，只有在它们的动能极高时，才能在分子的组成部分产生显著的振动，引起键能减弱，有可能使分子的各部位重排，即有可能引向化学反应。这种动能，按其大小而言，接近于键的破坏能，因而至少是 2.1 kJ/mol。这意味着一切反应必须在极高的温度下才能发生，因为 41.8 kJ/mol 的活化能相当于1 200～1 400 ℃ 的反应温度。假如同意这种观点，那么燃烧与氧化反应应该是特别困难的，因为双键 O ═ O 的破坏能是 49.0 kJ/mol，而 C—H 键的破坏能为 33.5 ～41.8 kJ/mol。但是，实验证明最简单的碳氢化合物的燃烧、氧化反应在 300 ℃ 左右就可以进行了。上面的推证排斥了下面这样一种见解，即可燃物质的燃烧是它们的分子与氧分子直接作用而生成最终的氧化产物。

1.1.4 活化能理论

根据分子运动理论可知，在标准状态下，单位时间、单位体积内气体分子之间相互碰撞次数约为 10^{28} 次，但是，不是所有碰撞的分子都能起化学反应，而是只有具有一定能量的分子碰撞才能起化学反应。这种分子称为活化分子，它具有的最低能量称为活化能(E)。

图 1.3 中纵坐标表示系统的分子能量，横坐标表示反应过程，A 点表示系统开始时的动力状态。当这个系统接受转入活化状态 B 所需能量 E_1 后，将引起反应，并且这个系统将在减弱能量 E_2 的情况下进入结束状态 C。能量差 $E_1 - E_2 = -Q(E_2 > E_1)$ 为反应的热效应。

活化能理论指出了可燃物和助燃物两种气体分子发生氧化反应的可能性及其条件。从阿伦尼乌斯反应速率公式

$$K = A\mathrm{e}^{-E/RT}$$

可以看出，活化能的大小对反应速率影响很大。活化能大，反应速率慢，要使反应进行需要较高的温度；反之，活化能小，分子间有效碰撞多，反应速率快，反应可在较低的温度下进行。当活化能趋于零时，反应速率就变得与反应物浓度有关而与活化能无关，所以很多可燃物质在空气中，当其接受外界的任何点火源或由于自身氧化热积累，而使其温度升高，使活化分子碰撞加剧，发生反应的概率增大。

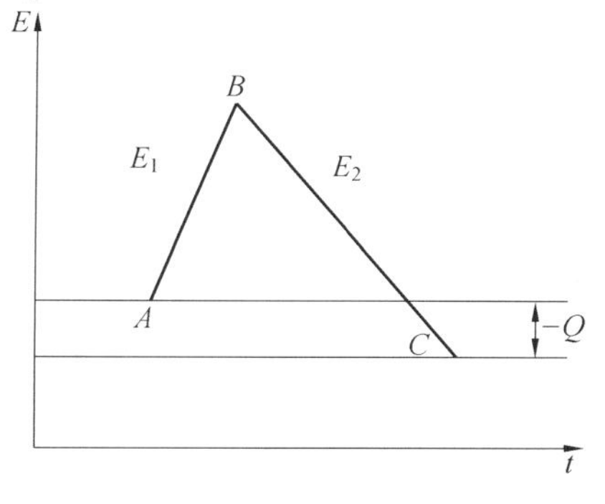

图 1.3　反应中的分子活化能

1.1.5　过氧化物理论

过氧化物理论认为，分子在各种能量的作用下可以被活化。比如在燃烧反应中，首先是氧分子(O ═ O)在热能作用下被活化，被活化的氧分子的双键之一断开，形成过氧基—O—O—，这种过氧基能加合于被氧化物质的分子上面而形成过氧化物：

$$A + O_2 = AO_2$$

在过氧化物的成分中有过氧基 —O—O—，这种过氧基中的氧原子较之游离氧分子中的氧原子更不稳定。因此，过氧化物是强烈的氧化剂，不仅能氧化形成过氧化物的物质 A，而且也能氧化用分子氧很难氧化的其他物质 B：

$$AO_2 + A = 2AO$$

$$AO_2 + B = AO + BO$$

例如，氢与氧的燃烧反应，通常直接表达为

$$2H_2 + O_2 = 2H_2O$$

按照过氧化物理论则认为先是氢和氧生成过氧化氢，而后才是过氧化氢再与氢反应生成 H_2O。其反应式如下：

$$H_2 + O_2 = H_2O_2;\quad H_2O_2 + H_2 = 2H_2O$$

有机过氧化物通常可看作过氧化氢 H—O—O—H 的衍生物，在其中，有一个或两个氢原子被烃基取代而成为 H—O—O—R 或 R—O—O—R。所以，过氧化物是可燃物质被氧化时的最初产物，它们是不稳定的化合物，能够在受热、撞击、摩擦等情况下分解而产生自由基和原子，从而又促使新的可燃物质氧化。

过氧化物理论在一定程度上解释了为何物质在气态下被氧化的可能性。它假定氧分子只进行单键的破坏，这比双键的破坏要容易一些。因为破坏 1 mol 氧的单键只需要 29.3 ~ 33 kJ 的能量，但是若考虑到 C—H 键也必须破坏，氧分子也必须加合于碳氢化合物之上而

形成过氧化物，则氧化过程还是很困难的。因此，巴赫又提出了另一个说法，即易氧化的可燃物质具有足以破坏氧中单键所需的“自由能”，所以不是可燃物质本身而是它的自由基被氧化。这种观点就是近代关于氧化作用的链式反应理论的基础。

1.1.6 链式反应着火理论

1. 着火反应中的压力限

链式反应理论认为物质的燃烧经历以下过程：可燃物或助燃物先吸收能量而离解为游离基，与其他分子相互作用形成一系列连锁反应，将燃烧热释放出来。这可以用氢和氧的反应作用来说明。氢在热运动或某种外因（光、电子碰击等）的作用下被活化成活性分子，构成一连串的反应：

①$H_2 + O_2 = 2OH^*$ 链引发

②$OH^* + H_2 = H_2O + H^*$ 链传递

③$H^* + O_2 = OH^* + O^*$ 链分枝

④$O^* + H_2 = OH^* + H^*$ 链分枝

⑤$M + H^* + O_2 = M + HO_2$

⑥$HO_2 \longrightarrow$ 销毁 断链

⑦$HO_2 + H_2 \longrightarrow H_2O + OH^*$ 链产生

⑧$H^* \longrightarrow$ 销毁 断链

⑨$OH^* \longrightarrow$ 销毁 断链

销毁后生成了 H_2，O_2 等，M 为任何分子。

上述过程中式 ① 是反应的开始，OH^* 由分子热运动或受某种外因激发形成，它与后面产生的 O^*，H^* 等都是能量极高非常活泼的游离基或原子团；式 ② 是直链传递连续反应，消耗一个活心又产生一个活心；③，④ 则是消耗一个活心同时产生两个活心。反应树杈式地发展下去，越来越快，有可能导致着火。事实上，每消耗一个 H 能产生三个 H 和两个 H_2O；式 ⑤，⑥，⑧，⑨ 是链销毁中心，使反应终止。当它们比链分枝占优势时系统就不能引起着火。随着起决定作用的步骤不同，就有不同的着火临界极限。下面我们先来解析连锁反应引起着火的临界条件，再从化学动力学角度讨论不同极限的产生。

2. 连锁着火理论的基本内容

基本观点是：燃气在外界热源缓慢而均匀地加热到某个温度时发生了连锁反应，若连锁分枝数大于断裂数，则反应速率不断加速而着火。

假定：燃气处于一个无限大容器内（从而忽略了器壁的影响），燃气浓度和温度恒定。

单位时间、单位体积内热运动产生的活化分子为常数 C'_0（因为由热运动产生的活化分子产生后立即就转入连锁反应，同时由热运动产生新的活化分子，在燃气温度和浓度一定时，它为常数）。

因为连锁分枝反应为

$$C' + M' \rightarrow C_1 + C'_2$$

所以反应速率为

$$k_1 C' M_1 = fC'$$

式中，$f=k_1M_1$，k_1 为速度常数；M_1 为反应浓度；C' 为活化中心浓度。

连锁断裂反应为

$$C'+M_2 \longrightarrow \text{销毁}$$

其反应速率为

$$k_2C'M_2=gC' \tag{1.26}$$

式中，$g=k_2M_2$，M_2 为反应浓度；k_2 为速度常数。

所以总的活化中心生成速率为

$$\frac{\mathrm{d}C}{\mathrm{d}t}=C'_0+fC'-gC' \tag{1.27}$$

式中，f，g 分别为燃气连锁反应的分枝和断裂系数。

令

$$\varphi=f-g$$

所以

$$\frac{\mathrm{d}C'}{\mathrm{d}t}=C'_0+\varphi C' \tag{1.28}$$

积分得

$$\int_0^{C'}\frac{\mathrm{d}C}{C'_0+\varphi C'}=\int_0^t \mathrm{d}t=t$$

$$\int_0^{C'}\frac{1}{\varphi}\cdot\frac{\mathrm{d}(C'+\varphi C')}{(C'+\varphi C')}=t \tag{1.29}$$

$$C'=\frac{C'_0}{\varphi}(\mathrm{e}^{\varphi t}-1)$$

若 $\varphi<0$，设 $\varphi=-B(B>0)$，所以

$$C'=\frac{C'_0}{B}(1-\mathrm{e}^{-Bt}) \tag{1.30}$$

由此可见 C' 随时间 t 的发展而增加，但并不能无限制增大，而是趋向于极限 C'_0/B。

因为反应速率为

$$w=aC'$$

式中，a 为连锁反应的动力系数，所以

$$w=\frac{aC'_0}{B}(1-\mathrm{e}^{-Bt}) \tag{1.31}$$

反应一旦达到此极值就稳定不变，最终不会着火。

当 $\varphi>0$ 时，

$$w=\frac{aC'_0}{\varphi}(\mathrm{e}^{\varphi t}-1) \tag{1.32}$$

随 t 增加 w 将无限制增加直至着火。

当 $\varphi=0$ 时，不能直接积分得到上式，但因有

$$\frac{\mathrm{d}C'}{\mathrm{d}t}=C'_0$$

积分得

$$C'=C'_0t$$

所以

$$w=aC'=aC'_0t \tag{1.33}$$

所以反应速率随时间直线增长直至着火。

由上，燃气是否着火完全取决于 φ，$\varphi=0$ 是可以着火的一个极限情况。但是研究表明，φ 主要取决于温度和压力：

$$\varphi=Kp^n\mathrm{e}^{-\frac{E}{RT}}+C \tag{1.34}$$

式中，p 为压力；K，n，C 均为常数。

定压下温度越高，φ 值越大，不同的 φ 均有一相应的温度：

$$\varphi = 0 \sim T = T_{\varphi=0}$$

$$\varphi > 0 \sim T = T_{\varphi>0}$$

$$\varphi < 0 \sim T = T_{\varphi<0}$$

其中，$T_{\varphi=0}$ 是划分连锁反应稳定与不稳定的界限，是连锁反应导致着火的最低温度，称为“链式反应着火点”。

从连锁反应开始至着火为止所经历的时间为“连锁反应延滞期”。显然 $T_{\varphi=0}$ 时延滞期为无限长，$T_{\varphi>0}$ 时 $w \sim T$ 为指数曲线，可以求得一个转折点 C，C 点前反应速率缓慢，C 点后则迅速增加。一般把 C 点前所经历的时间作为延滞期，而且温度越高延滞期越短。

以上所谈没有考虑浓度的变化。实际上因为有浓度的下降，反应速率将出现一个极大值后下降，最终不一定能着火。

3. 连锁理论对 $H_2 \sim O_2$ 爆炸半岛的物理解释

根据连锁反应机理易于解释 $H_2 \sim O_2$ 存在的三个爆炸极限问题。因活化中心的销毁有两种形式，一是活化中心和其他活化中心或分子及一个惰性分子同时相碰，把多余的能量交给惰性分子，活化中心形成普通的分子；二是活化中心与器壁碰撞，与被器壁吸附的活化中心结合成分子并把多余的能量交给器壁。低压下三个质点齐撞的机会不大，故空间销毁的可能性小；相反扩散较易，与器壁碰撞销毁的可能性较大，所以不会着火。随着压力的增加，活化中心在器壁销毁的概率减小，一旦分枝反应占上风就着火爆炸，出现了压力下限（对 O_2 和 H_2 的反应来说即前面所述反应 ⑧，⑨ 决定了压力下限）。器壁半径加大，引入惰性气体（特别是相对分子质量大、扩散系数小的惰性气体），换用难于销毁活化中心材料的器皿（对氢原子用金属或石墨器皿比玻璃器皿易断链），都使器壁销毁减弱，下限降低。

随着压力的进一步增长，空间三质点碰撞较多，断链速度重新大于分枝速度时，能出现着火的压力上限（即前述机理中反应 ⑤，⑥ 起决定作用）。此限与器皿直径无关，惰性气体和器皿材料性质也不能使它发生变化。

对于第三压力限的出现则是前述机理中反应 ⑤，⑥，⑦ 竞争的结果，压力较低时反应 ⑦ 很微弱，它产生活心作用完全不能与反应 ⑤，⑥ 销毁活心的作用相抗衡，压力一旦超过上限，式 ⑦ 的重要性远远超过了反应 ⑥，活化中心迅速增加，达一定压力遂又重新爆发着火。这种爆炸半岛在其他一些碳氢化合物中也有出现。

温度升高，可以增加连锁分枝的速度，降低下限。对 $O_2 + H_2$ 低于 400 ℃ 时，任何压力都不能着火；高于 600 ℃ 时，在下限以上任何压力均可发生着火；在这两个温度之间则具有三个压力限。临界压力和临界温度对下限 $p_e = Ae^{B/T_c}$，对上限 $p_e = Ae^{|-B|/T_c}$。附加物对连锁反应的影响也很明显，有的是正催化，有的是负催化，惰性气体能降低下线，促进低压下连锁反应的发展。这在热理论中是完全不能理解的。

对于热着火和连锁着火理论就实际着火过程来说可能有两种机制起作用，只是低压下发生的是连锁着火，在 0.098 MPa 压力时就具有热着火的性质，压力更大时热着火性质更显著。

1.1.7 热—连锁混合理论

假设燃气混合物绝热，由于连锁反应放热，温度连续上升，反应速率就由较低温度下的等温连锁反应速率逐步升高。在过程达到反应物全部耗尽的反应速率之前，由于连锁反应本身是稳定的，所以反应速率的增加主要是热量积累的结果。当温度升到临界温度时就发生了突变，除了单纯温度升高使反应速率逐渐增长外，又加上了连锁反应速率的发展。这样，经过极短的感应期速度曲线就突然上升并可能导致着火，其后，由于燃气浓度的减少，反应速率又迅速下降。若忽略作用物与生成物热容的差别，则

$$C_p m(T - T_0) = \int_0^t J\mathrm{d}t$$

式中，m 为燃气质量；C_p 为定压热容；T_0 为燃气初温；T 为某瞬间燃气温度；J 为单位时间内放出的热量，$J = QwV$；t 为反应时间；V 为反应气体体积，Q 为反应热。

所以

$$C_p m(T - T_0) = QV\int_0^t w\mathrm{d}t$$

$$T = \frac{VQ}{C_p m}\int_0^t w\mathrm{d}t + T_0 \tag{1.35}$$

其中

$$w = f(T) \tag{1.36}$$

式(1.35)这个反应呈连锁性，与阿伦尼乌斯型反应完全不同，在感应期内反应速率很小，过了感应期几乎垂直增大。

当然实际上不会是绝热过程，但是反应速率的发展总比单纯的连锁或热作用来得快。若在过渡到 $\varphi = 0$ 以前反应放热小于散失之热，反应就在放热等于失热这一不变的温度下进行，成为稳定的连锁过程而不会着火，然而若过渡到 $\varphi = 0$ 以后，即使温度不再升高，由于连锁反应的发展热也会导致着火。

1.1.8　自动催化理论

自动催化理论意指可燃气体化学反应的中间或最终产物对燃气的反应有促进作用，与此同时当然也存在着普通的放热反应，所以自动催化反应速率应由两部分组成，即

$$w = w_1 + w_2$$

式中，w 为燃气总的反应速率；w_1 为一般热反应速率；w_2 为燃气自动催化速率。

其中

$$w_1 = k_1 (C_0 - x)^{n_1}$$

$$w_2 = k_2 (C_0 - x)^{n_2} x^{n_3}$$

式中，k_1，k_2 为速率常数；C_0 为燃气初始浓度；n_1，n_2，n_3 为反应级数。

所以

$$w = k_1 (C_0 - x)^{n_1} + k_2 (C_0 - x)^{n_2} x^{n_3} \tag{1.37}$$

若反应恒温进行(则 k_1，k_2 不变)，开始因产物很少，上式中后一项较小，可以忽略不计；随着产物积累，反应速率受催化迅速增加；随着浓度的降低，反应速率又转为下降，在这个变化过程中，当极值足够大时将导致着火。

1.1.9　强制着火

1. 基本概念

将一些小热源放入可燃混合气体中，贴近热源周围的薄层气体将被迅速加热甚至着火燃烧，火焰向其余较冷部分传播，这就发生了所谓强制着火。强制着火要求点火源发出的火焰能传至整个容积，因此着火的条件不仅与点火源有关，还与火焰的传播有关。

(1) 灼热颗粒周围的温度场。设一温度为 T_w 的灼热金属颗粒放入初温为 T_0 的静止的可燃混合物中，$T_w > T_0$，如图 1.4 所示。T_w 适当时，就在颗粒周围建立起一个稳定的温度场，颗粒周围紧贴的薄层中温度梯度最大，a 为纯粹靠热传导形成的温度分布，b 为加上薄层中燃气反应放出的热量所形成的温度分布，高于 a。直线表示颗粒表面上温度梯度的斜率。很明显，由于化学反应所致温度曲线位置的提高，界面上温度梯度减小了，因而颗粒传向介质的热流也减少了。如果颗粒温度 T_w 更高，使周围介质化学反应更剧烈，放出的热量更多，曲线 a，b 的差异就更大，b 线上凸严重，界面处的温度梯度较小，在某个 T_c 下有可能使温度梯度 $\mathrm{d}T/\mathrm{d}x = 0$，使颗粒传向介质的热流为零。如果颗粒温度 $T_w > T_c$ 时，周围介质的化学反应的加剧和大量放热会使实际温度分布曲线起始段上翘，界面处的温度梯度 $\mathrm{d}T/\mathrm{d}x \geqslant 0$，最高温度点出现在离开粒面的介质中，且 T_w 越大，最高温度点距离颗粒的位置越远。此时颗粒反而接受来自介质反应层的热量，但反应层的主要能量是传向冷的介质部分。在这种情况下的温度场是不稳定的，因为温度最高点继续离开颗粒表面。由上述看来 $T_w \geqslant T_c$ 时，就形成了传播的火焰，T_c 称为强制着火点。因此强制着火点存在着火焰的形成和火焰向远方传播两个阶段。

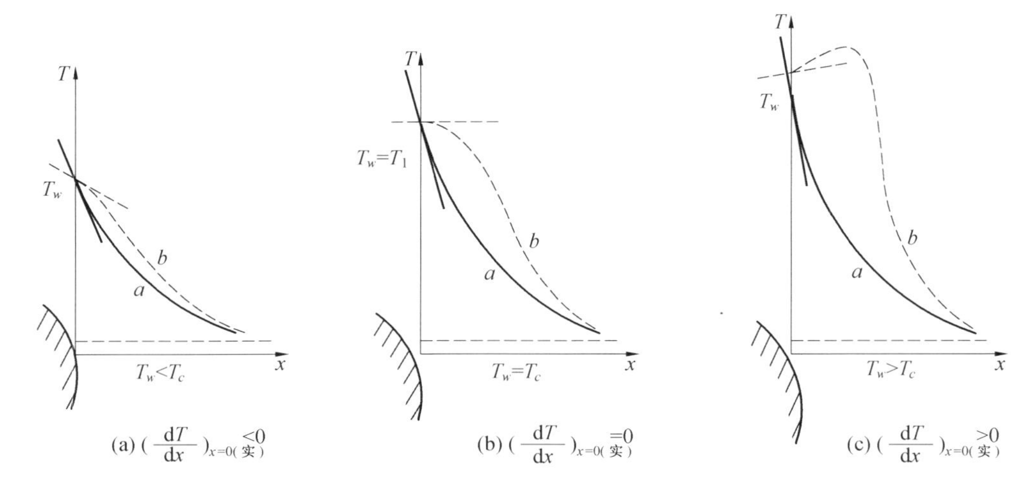

图 1.4　灼热金属颗粒附近的温度场

a— 不考虑介质放热或在非可燃介质中；b— 考虑介质放热或在可燃介质中

(2) 火焰传播时的燃烧层厚度。设反应厚度为 δ_f，面积为 A，则反应放出的热量 $q_1 = qw\delta_f A$，燃烧层向冷气导走的热量 $q_2 = \lambda A(T_f - T_0)/\delta_f$，其中 T_f 为燃烧最高温度。

在稳定状态时温度分布不随时间改变，而且，$q_1 = q_2$，所以

$$\delta_f = \left[\frac{\lambda(T_f - T_0)}{qw}\right]^{\frac{1}{2}} \tag{1.38}$$

设燃气层火焰传播速率为 u，则单位时间内燃烧掉的燃气加热至 T_f 温度所需热量为

$$q_3 \approx \rho_0 u A c_p (T_f - T_0)$$

若 $q_1 = q_3$，可得

$$\delta_f = \frac{\rho_0 u c_p (T_f - T_0)}{qw} \tag{1.39}$$

(3) 火焰传播速度。联立式(1.38) 和式(1.39) 消去 δ_f 得

$$u \approx \frac{1}{\rho_0 c_p}\left(\frac{\lambda q w}{T_f - T_0}\right)^{\frac{1}{2}} \tag{1.40}$$

这说明，混合物导热系数(λ)大，平均放出的热量 qw 大，比热容(c_p)小，($T_f - T_0$)较低，都使火焰传播速度增大，关于压力的影响可以进一步消去 q 后加以分析：

$$u \approx \frac{1}{(\rho_0 c_p)^{\frac{1}{2}}}\left(\frac{\lambda q w}{\rho_0 c_p (T_f - T_0)\varphi_{A0}}\right)^{\frac{1}{2}}$$

其中 φ_{A0} 为反应物原始浓度。

而

$$q\varphi_{A0} = \rho_0 c_p (T_f - T_0)$$

所以

$$u = \left(\frac{\lambda q w}{\rho_0 c_p \varphi_{A0}}\right)^{\frac{1}{2}} \tag{1.41}$$

因为

$$\rho_0 \propto p, \quad w \propto p^3, \quad \varphi_{A0} \propto p^3$$

所以

$$u \propto p^{\frac{n-2}{2}}$$

大多数燃料在空气中或氧气中燃烧，n 等于 2，所以基本火焰速率 u 近乎和总压 p 无关。

2. 用热球或热棒点火

将一个石英球或铂球投入可燃混合气体中，若球温高于临界温度 T_c 时有可能着火。圆球的临界温度取决于球的尺寸、球的催化性质、球的投入速度、混合气的热化学和动力学参数等。若紧靠球体的燃气层中化学反应热大于、等于同层中散失的热量就能着火。

设球直径为 $2r$，附于球体上的燃气层厚度为 δ，按热平衡关系着火时应有

$$4\pi r^2 \delta q w \geqslant 4\pi r^2 \lambda \frac{T_w - T_0}{\delta}$$

$$w = Z\varphi_{A0}^n \mathrm{e}^{-\frac{E}{RT_w}}$$

式中，T_0 为初温，且假设着火前的反应物浓度不变，一直为 φ_{A0}。

$$\frac{T_w - T_0}{\delta} \leqslant \frac{q\delta Z\varphi_{A0}^n \mathrm{e}^{-\frac{E}{RT_w}}}{\lambda} \tag{1.42}$$

当 T_w 等于临界温度时上式取等号，从而可求得着火温度 T_c 和球的半径的关系：

$$Nu = \frac{hl}{\lambda} = \frac{2rh}{\lambda}, \quad h = \frac{\lambda}{\delta}$$

$$r^2 = \frac{Nu^2 \lambda (T_c - T_0)\mathrm{e}^{\frac{E}{RT_c}}}{4qZ\varphi_{A0}^n} \tag{1.43}$$

式中，Nu 是指努塞尔数。由此式分析和实验证实可知，圆球尺寸 r 越大，投入速度越低时(从而 Nu 较小)，临界着火温度 T_c 就越低，易于着火。实际上球径较小，比表面就较大；球体欲与流体间相对运动速度高，边界层就薄，在给定的球面温度和环境温度下，温度梯度就越大，这两种情况都使热损失加大，因而系统变得难于着火。

将式(1.43)化为

$$\frac{(T_c - T_0)}{r^2} = \frac{4qZ\varphi_{A0}^n \mathrm{e}^{\frac{E}{RT_c}}}{Nu^2 \lambda} \tag{1.44}$$

两边取自然对数 $\ln[(T_c - T_0)/r] \sim 1/T_c$ 作图，可以得到一直线，由其斜率 $-E/R$ 可求得活化能 E，当与其他方法获得的 E 相比较时就可以验证这个理论的正确性。戊烷、灯用煤气、氢和空气燃烧证实所得 E 是正确的。用长圆棒点火也可进行类似的分析。

3. 火焰点火

若点燃可燃化合物所需要点火火焰供给，着火的可能性取决于以下特性参数：燃气组

成，点火火焰与混合物间接触时间，火焰大小，温度及混合强烈程度等。

设有一无限扁平点火火焰，温度为 T_w，厚度为 $2r$（实际上点火火焰的尺寸是有限的，且为三维），扁平火焰可当作单维火焰分析，将此火焰放入无限大盛有燃气的容器中，开始时刻 $(t=0)$ 温度为 T_0，并假设没有对流。因此，瞬态的能量守恒方程式为

$$\rho c\frac{\partial T}{\partial t}=\lambda\frac{\partial^2 T}{\partial y^2}+QW \tag{1.45}$$

受此方程的控制，混合物中温度随时间和位置而变化，其初始与边界条件为

$$\begin{array}{lll} t\leqslant 0 & T=T_w & 0<|y|<r \\ & T=T_w & r<|y|<\infty \\ t>0 & \dfrac{\partial T}{\partial y}=0 & |y|=0 \\ & \dfrac{\partial T}{\partial y}=0 & |y|=\infty \\ & T=T_0 & |y|=\infty \end{array}$$

解此不稳定热传导方程，可得燃气温度场随时间逐渐扩散或衰减的正态分布曲线。这里出现两种情况，一是当扁平火焰厚度小于某一临界尺寸时，温度就不断衰减，最终使点火火焰熄灭。这是因为生成热太少太慢而失热过多的缘故。二是火焰厚度大于临界尺寸时，温度就会上升，并形成稳定温度分布而向混合气中传播，火焰就能向后传播下去。实验证明，扁平点火火焰的临界厚度 $2r_c$ 是火焰传播时火焰厚度的两倍：

$$2y=2r_c=2\delta_f$$

$$r_c\approx\delta_f \tag{1.46}$$

则由式(1.38)得

$$r_c\approx\left[\frac{\lambda(T_f-T_0)}{QW}\right]^{\frac{1}{2}} \tag{1.47}$$

由此可见，若燃气热导率 λ 大，火焰温度高，点火火焰厚度就要大，相反，若燃气平均释热率高，点火火焰临界厚度可小些。

已知化学反应速率与燃气总压的 n 次方成正比，所以由上式可知

$$r_c<\frac{1}{p^{n/2}} \tag{1.48}$$

即压力较高时，临界火焰厚度就较小。若燃气为二级反应，则

$$r_c<p^{-1} \tag{1.49}$$

即临界厚度与压力成反比。

4. **电火花点火**

把两个电极放在燃气中，通电并打出火花，释放出一定能量，使燃气着火，称为电火花点火。由于产生火花时局部的气体分子被强烈激励并离子化，这就改变了火花区化学反应的进程，相应地也改变了着火临界条件。

设 C_1 为电容器电容，V_1 和 V_2 分别是产生火花前后施加于电容器的电压，则放电能量 E 为

$$E=\frac{1}{2}C_1(V_1^2-V_2^2) \tag{1.50}$$

若给定燃气成分，在其中设置间距为 d 的电极，实验证明，只有当放电能量大于某一极限值时才能着火，此极限值称为着火能。当电极间距缩小时，电极从原始火焰吸收过量的

热，以致火焰难于传播。当间距小到某一值时，混合物就不能用火花能使其着火。以火花能使火焰扩散的最小电极间距定义为消焰（熄灭）距离 d_q。当 d_q 开始增大，所需点火能起初急剧下降，然后下降变缓并达到最小值，再后又随间距增大而略升高。在可燃气中能够引发火焰传播的最小能量定义为最小着火能 E_{min}。

最小着火能和消焰距离常表征各种不同可燃混合物的着火特性，而实验表明，E_{min} 与 d_q 之间的关系可表示为

$$E_{min}=jd_q^2 \tag{1.51}$$

式中，j 为常数，对于大多数碳氢化合物－空气混合物来说为 $0.001\ 7\times 4.18\ J/cm^2$。

消焰距离与扁平点火火焰的临界厚度相似，实验表明 d_q 与临界厚度同一数量级，$d_q\approx 2r_c$。

设有一直径为 d_q 的球形容器，所含的燃气混合温度为 T_0，使其升温着火，燃烧后燃气温度为 T_f，则最小点火能为

$$E_{min}=\frac{\pi}{6}d_q^3\rho_0 c(T_f-T_0) \tag{1.52}$$

式中，c，ρ_0 分别为燃气混合物比热容和密度。

所以 $d_q=2r_c$，再利用式(1.47)可进一步演化为

$$E_{min}=\frac{\pi}{6}\rho_0 c(T_f-T_0)\cdot 2\left[\frac{\lambda(T_f-T_0)}{QW}\right]^{\frac{1}{2}}\cdot d_q=\frac{\frac{\pi}{3}(T_f-T_0)d_q^2\lambda}{\left[\frac{1}{\rho_0 c}\left(\frac{\lambda QW}{T_f-T_0}\right)^{\frac{1}{2}}\right]}$$

将式(1.40)代入得

$$E_{min}=\frac{\pi}{3}\frac{\lambda(T_f-T_0)}{u}d_q^2 \tag{1.53}$$

若将式(1.52)中 d_q 全部用式(1.47)取代可得

$$E_{min}\approx\frac{4}{3}\pi\rho_0 c\left(\frac{\lambda}{QW}\right)^{\frac{3}{2}}(T_f-T_0)^{\frac{5}{2}} \tag{1.54}$$

此式综合反映了燃气理化性质和外界条件对着火能的影响。从燃气本身来说，燃气的导热系数 λ 和比热容 c 小，有较大的反应速率，有较高的燃烧热 Q，特别是混合气体成分接近化学计算比时，都使着火能降低。从工作条件来说，初温 T_0 高，压力大，着火能就小（因为 $\rho_0\propto p$，$w\propto p^{-2}$，所以 $E_{min}\propto p^{\frac{1}{2}(1-3n)}$）；气体速度大，特别是产生湍流时将使导热系数显著变化，着火能增大；电极距离接近于 d_q 也有较小的着火能。但电极的几何形状影响不大。

另外，要着重指出，最小着火能 E_{min} 及消焰（熄灭）距离 d_q 与混合物组成的关系一般呈 U 形曲线，在化学计量比浓度附近最小。

1.2　燃烧的类型

1.2.1　闪燃与闪点

各种可燃液体和部分易蒸发的可燃固体的表面都有一定量的蒸气存在，蒸气的浓度取决于可燃物的温度。在一定温度下，可燃液体和部分易蒸发的可燃固体的表面达到一定浓度，与空气混合，遇着火源而发生一闪即灭（延迟时间少于 5 s）的燃烧现象，称为闪燃。闪燃

时的最低温度叫闪点。闪点不是一个固定常数，它是在一定条件下，通过标准仪器测定的相对数据。

闪点越低，则火灾危险性越大。如乙醚的闪点为 −45 ℃，煤油为 28 ～ 45 ℃，说明乙醚不仅比煤油的火灾危险性大，而且还表明乙醚具有低温火灾危险性。

应当指出，可燃液体之所以会发生一闪即灭的闪燃现象，是因为它在闪点的温度下蒸发速度较慢，所蒸发出来的蒸气仅能维持短时间的燃烧，而来不及提供足够的可燃蒸气补充维持稳定的燃烧。也就是说，在闪点温度时，燃烧的仅仅是可燃液体所蒸发的那些蒸气，而不是液体自身在燃烧，即还没有达到使液体能燃烧的温度，所以燃烧表现为一闪即灭的现象。

闪燃是可燃液体发生着火的前奏，从防火的观点来说，闪燃就是危险的警告，闪点是衡量可燃液体火灾危险性的重要依据。因此，研究可燃液体火灾危险性时，闪燃现象是必须掌握的一种燃烧类型。常见可燃液体的闪点见表 1.7。

表 1.7　常见可燃液体的闪点 /℃

名称	闪点	名称	闪点	名称	闪点
乙烯正丁醚	−10	二甲氨基乙醇	31	三乙胺	4
乙烯异丁醚	−10	二乙基乙酸酯	44	三聚乙醛	26
乙硫醇	<0	二乙基乙烯胺	46	三甘醇	166
乙基正丁醚	1.0	二聚戊烯	46	三乙醇胺	179.4
乙腈	5.5	二丙酮	49	航空汽油	−44
乙醇	14	二氯乙醚	55	己烷	−23
乙苯	15	二甲基苯胺	62.8	己胺	26.3
乙基吗啡林	32	二氯异丙醚	85	己醛	32
乙二胺	33.9	二乙二醇乙醚	94	己酮	35
乙酰乙酸乙酯	35	二苯醚	115	己酸	102
醋酸	38	丁烯	−80	天然汽油	−50
乙酰丙酮	40	丁酮	−14	反二氯乙烯	6

可燃液体的闪点可采用仪器测定，测定器有开口杯式和闭口杯式两种。图 1.5 所示为开口杯闪点测定器，主要由内坩埚、外坩埚、温度计和点火器等组成。被测试样在规定升温速度等条件下加热到它的蒸气与点火器火焰接触发生闪火时，温度计上所标示的最低温度，即为被测定可燃液体的闪点，并标注为“开口杯闪点”。对闪点较高的可燃液体，经常用开口杯仪器测定。当测定闪点高于 200 ℃ 时，须用电炉加热。

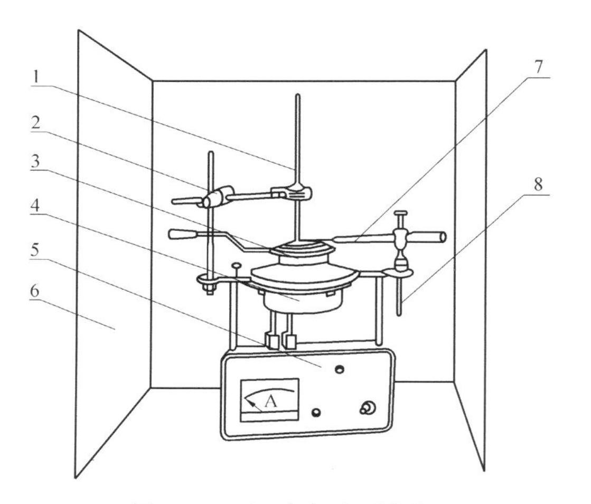

图 1.5　开口杯闪点测定器

1— 温度计；2— 温度计夹；3— 内坩埚；4— 外坩埚；5— 电源；6— 保护罩；7— 点火器；8— 点火器支座

图 1.6 所示为闭口杯闪点测定器，主要由点火器、加热室、导向器、手柄等组成。油杯在规定的温升速度等条件下加热，并

定期进行搅拌(在点火时停止搅拌)。点火时打开孔盖 1 s后,出现闪火时温度则为该试样闪点,并标注“闭口杯闪点”。闭口杯测定器通常用于测定常温下能闪燃的液体。同一种物质的开口杯闪点要高于闭口杯闪点。

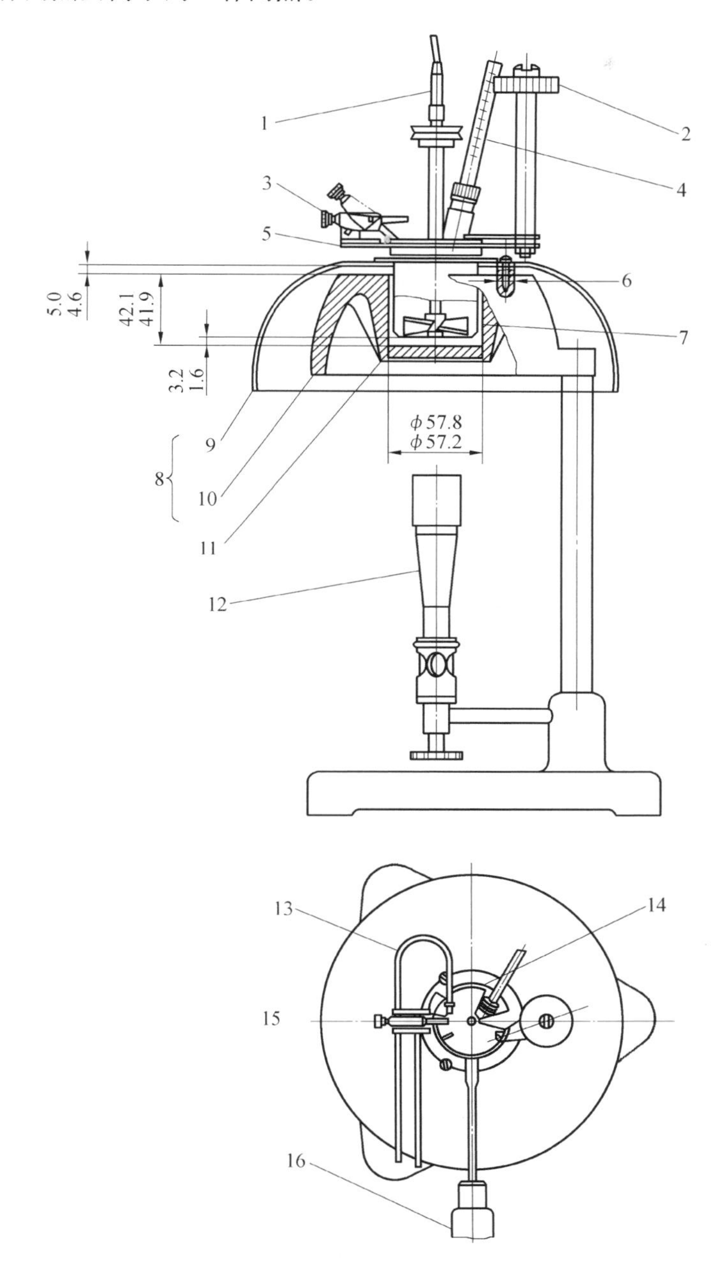

图 1.6　闭口杯闪点测定器

1— 柔性轴;2— 快门操作旋钮;3— 点火器;4— 温度计;5— 盖子;6— 片间最大距离;7— 试验杯;8— 加热室;9— 顶板;10— 空气浴;11— 杯周围的金属;12— 点火管;13— 导向器;14— 快门;15— 表面;16— 手柄

液体水溶液的闪点会随水溶液浓度的降低而升高，如表1.8列出醇水溶液的闪点随醇含量(质量分数)的减少而升高。从表中所列数值可以看出，当乙醇含量为100%时，在11 ℃时即发生闪燃。

表1.8　醇水溶液的闪点　　℃

溶液中醇的含量/%	闪点		溶液中醇的含量/%	闪点	
	甲醇	乙醇		甲醇	乙醇
100	7	11	10	60	50
75	18	22	5	无	60
55	22	23	3	无	无
40	30	25			

某些能蒸发出蒸气的固体，如石蜡、樟脑、萘等，其表面上所产生的蒸气达到一定的浓度，与空气混合而成为可燃的气体混合物，若与明火接触，也能出现闪燃现象。含量降至3%时则没有闪燃现象。利用此特点，对水溶性液体的火灾，用大量水扑救，降低可燃性的浓度可减弱燃烧强度，使火熄灭。

压力对闪点的数值有影响，当压力增加时，闪点升高；反之，则闪点降低。可燃液体的闪点是随浓度的变化而变化的。

除了可燃液体以外，某些能蒸发出蒸气的固体表面上产生的蒸气可以达到一定的浓度，与空气混合而成为可燃混合物，若与明火接触，也能出现闪燃现象。例如，木材的闪点为260 ℃左右，乙烯纤维的闪点为290 ℃。部分塑料的闪点见表1.9。

表1.9　部分塑料的闪点　　℃

材料名称	闪点	材料名称	闪点
聚苯乙烯	370	聚氯乙烯	530
聚乙烯	340	苯乙烯、异丁烯酸甲酯共聚物	338
乙烯纤维	290	聚氨基甲酸酯泡沫	310
聚酰胺	420	聚酯＋玻璃纤维	298
苯乙烯丙烯腈共聚树脂	366	密胺树脂＋玻璃纤维	475

通过对物质闪燃特征的研究，可以了解到可燃液体的燃烧不是液体本身而是它的蒸气，也就是说是蒸气在着火爆炸。在生产中，由于人们未能认识到可燃液体的这个特点，常因此造成火灾爆炸事故。

1.2.2　自燃与自燃点

可燃物受热升温而不需明火作用就能自行燃烧的现象称为自燃。自燃是由于物质的缓慢氧化作用放出热量，或靠近热源等原因使物质的温度升高，由于散热受到阻碍，造成热量积蓄，当达到一定温度时而引起的燃烧。这是物质自发的着火燃烧。由于自燃是物质在没有明火作用下的自行燃烧，所以引起火灾的危险性很大。引起物质发生自燃的最低温度称为自燃点。自燃点越低，火灾危险性越大。

1. **物质的自燃过程**

可燃物质在空气中被加热时，先是开始缓慢氧化并放出热量，提高可燃物质的温度，促使氧化反应加快。同时也存在着向周围的散热损失，即同时存在着产热和散热两种情况。当可燃物质氧化产生的热量小于散失的热量时，氧化反应速率小，产生热量不多，且周围的散热条件又较好的情况下，可燃物的温度不能自行上升达到自燃点，可燃物便不能自行燃烧。如果可燃物被加热至较高温度，反应速率较快，或由于散热条件不良，产生热量不断聚积，温度升高而加快氧化速度，即当热的产生量超过散失量时，反应速率的不断加快使温度不断升高，直至达到可燃物质的自燃点而发生自燃。

可燃物质受热升温发生自燃及其燃烧过程的温度变化情况如图 1.7 所示。图中的曲线表明，可燃物在开始加热时，即温度为 T_N 的一段时间里，由于许多热量消耗于熔化、蒸发或发生分解，因此可燃物的缓慢氧化析出的热量很少并很快散失，其温度只是略高于周围的介质。当温度上升达到 T_0 时，氧化反应速率较快，但由于此时的温度不高，反应析出的热量尚不足以超过向周围的散热量。这时如不继续加热，温度不再升高，可燃物的氧化过程是不会转为燃烧的；若继续加热升高温度时，由于反应速率加快，除热源作用外，反应析出热量也较多，可燃物的温度即迅速升高而达到自燃点 T_c，此时氧化反应产生的热量与散失的热量相等。当温度再稍微升高超过这种平衡状态时，即使停止加热，温度也能自行快速升高，但此时火焰暂时还未出现，一直达到较高的温度 T'_c 时，才出现火焰并燃烧起来。

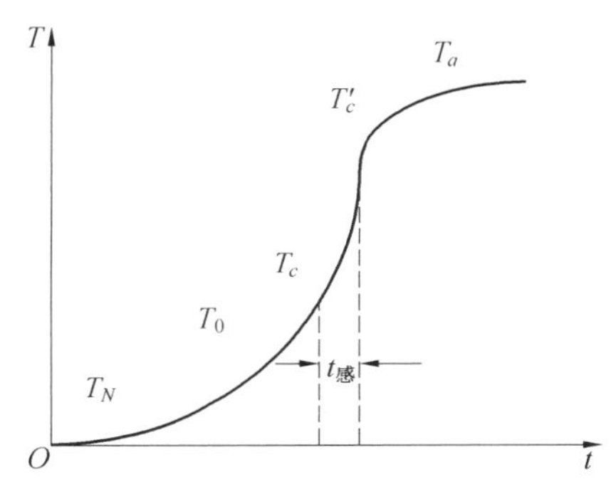

图 1.7　可燃物质燃烧过程的温度变化情况

2. **自燃的分类**

根据促使可燃物质升温的热量来源不同，自燃可分为受热自燃和自热自燃两种。

(1) 受热自燃。可燃物质由于外界加热，温度升高至自燃点而发生自行燃烧的现象为受热自燃。受热自燃是引起火灾事故的重要原因之一，在火灾案例中，有不少事故是因受热自燃引起的。生产过程中发生受热自燃的原因主要有以下几种。

① 可燃物质靠近或接触热量大、温度高的物体时，通过热传导、对流和辐射作用，有可能将可燃物质加热，使之升温到自燃点而引起自燃。例如，可燃物质靠近或接触加热炉、暖气片、电热器、灯泡或烟囱等发热物体。

② 在熬炼或热处理过程中，温度过高达到可燃物质的自燃点而引起着火。

③ 由于机器的轴承，或加工可燃物质的机器设备相对运动的部件，缺乏润滑、冷却或有纤维物质缠绕，增大了摩擦力，产生大量热量，造成局部过热，引起可燃物质受热自燃。在纺织工业、棉花加工厂等由此原因引起的火灾较多。

④ 放热的化学反应会释放出大量的热量，有可能引起周围的可燃物质受热自燃。例如，在建筑工地上由于生石灰遇水放热，引起可燃材料的着火事故等。

⑤ 气体在很高压力下突然压缩时，释放出的热量来不及导出，温度会骤然增高，能使可燃物质受热自燃。可燃气体与空气混合物受热压缩时，高温会引起混合气体的自燃和爆炸。

(2) 自热自燃。可燃物质由于本身的化学反应、物理或生物作用等产生热量，从而促使这种反应继续加快进行，并放出更大的热量，当这种热量来不及散发时，温度就会升高至自燃点而发生自行燃烧的现象，称为自热自燃。自热自燃与受热自燃的区别在于热的来源不同：受热自燃的热来自外部加热；而自热自燃的热来自可燃物质本身化学或物理的热效应，所以称自热自燃。在一般情况下，自热自燃的起火特点是从可燃物质的内部向外延烧，而受热自燃往往从外部向内延烧。

由于可燃物质的自热自燃不需要外部热源，所以在常温下甚至在低温下也能发生自燃。因此，能够发生自热自燃的可燃物质比其他可燃物质的火灾危险性更大。

自燃点一般受加热物质容器的表面状态和加热速率等环境条件影响。容易发生自燃的物质主要是油脂、铁的硫化物、煤和植物产品等。热源来自化学反应的自热自燃，如油脂在空气(或氧气)中的自燃。油脂是由于本身的氧化和聚合作用而产生热量，在散热不良造成热量积聚的情况下，使得温度升高达到自燃点而发生燃烧的。因此，油脂中含有能够在常温或低温下氧化的物质越多，其自燃能力就越大；反之，自燃能力就越小。

植物油和动物油是由各种脂肪酸甘油酯组成的，它们的氧化能力主要取决于不饱和脂肪酸甘油酯含量的多少。不饱和脂肪酸有油酸、亚油酸、桐油酸等，它们分子中的碳原子存在一个或几个双键。

综上所述，由于双键具有较高的键能，即不饱和脂肪酸具有较多的自由能；于室温下便能在空气中氧化，并析出热量；而且在不饱和脂肪酸发生氧化的同时，还进行聚合反应，聚合反应过程也能在常温下进行，并析出热量。这种过程如果循环持续地进行下去，在避风散热不良的条件下，由于积热升温，就能使浸渍不饱和油脂的物品自燃。

油脂的自燃还与油和浸油物质的比例、蓄热条件及空气中的氧含量等因素有关。浸渍油脂的物质如棉纱、碎布等纤维材料发生自燃，既需要有一定数量的油脂，又需要形成较大的氧化表面积。如果浸油量过多，会阻塞纤维材料的大部分小孔，减少其氧化表面，因而产生热量少，温度也就不容易达到自燃点；如果浸油量过少，氧化反应放出的热量也少，小于内外散失的热量，也不会发生自燃。因此，油和浸油物质需要有适当的比例，一般为 1∶2 和 1∶3 才会发生自燃。油脂在空气中的自燃，需要在氧化表面积大而散热面积小的情况下才能发生，即在蓄热条件好的情况下才能自燃。如果把油浸渍到棉纱、棉絮、锯屑、铁屑等物质上，就会大大增加油的表面积，氧化时析出的热量也就相应地增加。如果把上述浸渍油脂的物质散开摊成薄薄一层，虽然氧化产生的热量多，但散热面积大，热量损失也多，还是不会发生自燃；如果把上述浸油物质堆积在一起，虽然氧化的表面积不变，但散热的表面积却大大减小，使得氧化产生的热量超过散失热量，造成热量积聚，促使反应过程加速，就会发生自燃。

根据有关实验，把破布和旧棉絮用一定数量的植物油浸透，将油布、油棉裹成一团，再用破布包好，把温度计插入其中，使室内保持一定温度，经过一定时间就逐渐呈现出以下自燃特征：

① 开始无烟无味，当温度升高时，有青烟、微味，而后逐渐变浓。

② 火由内向外延烧。

③ 燃烧后形成硬质焦化瘤。

此外，空气中含氧量对自热自燃有重要影响，含氧量越多，越易发生自燃。有关实验表明，将油脂在瓷盘上涂上薄薄一层，于空气中放置时不会自燃；如果用氧气瓶的压缩纯氧对它喷吹，则先是瓷盘发热，逐渐变为烫手，继而冒烟，然后出现火苗。这是油脂氧化发热引起自热自燃所致。

防止油脂自燃的主要方法是将涂油物品(如油布、油棉纱等）散开存放，尽量扩大散热面积；室内应有良好的通风，而不应堆放或折叠起来；凡是装盛氧气的容器、设备、气瓶和管道等，均不得沾附油脂。

煤发生自燃的热量来自物理作用和化学反应，是由于它本身的吸附作用和氧化反应并积聚热量所致。煤可分为泥煤、褐煤、烟煤和无烟煤四类，除无烟煤外，都有自燃能力。

一般含氢、一氧化碳、甲烷等挥发物质较多，以及含有一些容易氧化的不饱和化合物和硫化物的煤，自燃的危险性较大。无烟煤和焦炭之所以没有自燃能力，就是因为它们所含的挥发物极少。

煤在低温时氧化速率不大，主要是表面吸附作用。它能吸附蒸气和氧等气体，进行缓慢氧化并使蒸气在煤的表面浓缩而变成液体，放出热量使温度升高，然后煤的氧化速度不断加快，如果散热条件不良，就会积聚热量，使温度继续升高，直到发生自燃。泥煤中含有大量微生物，它的自燃是由于生物和化学的双重作用放出热量而引起的。

煤的挥发物含量、粉碎程度、湿度和单位体积的散热量等因素对煤的自燃均有很大的影响。煤中挥发物含量越高，则氧化能力越强而越易自燃；煤的颗粒越细，进行吸附作用与氧化的表面积越大，吸附能力越强，氧化反应速率越快，因此析出的热量也越多，也就越容易自燃；湿度对煤的自燃过程有很大影响，煤里一般含有铁的硫化物，硫化铁在低温下能发生氧化，煤中水分多，可促使硫化铁加速氧化生成体积较大的硫酸盐，使煤块松散破碎，暴露出更多的表面，加速煤的氧化，同时硫化铁氧化时还放出热量，从而加快了煤的自燃进程。由此可知，有一定湿度的煤，其自燃能力要大于干燥的煤。此外，煤的散热条件越差越易自燃，若煤堆的高度过大且内部较疏松，即密实程度小，空隙率大，容易吸附大量空气，结果是有利于氧化和吸附作用，而热量又不易导出，所以就越易自燃。

防止煤自燃的主要措施是限制煤堆的高度并将煤堆压实。如果发现煤堆由于最初的吸附作用和缓慢氧化，温度较高时，应及时挖出热煤，填入新煤；如发现已有局部着火，应将着火的煤挖出，用水冷却，不要立即用水扑救；若发现着火面积较大，可用大量水浇灭。

1.2.3　着火与着火点

所谓着火就是可燃物与火源接触而燃烧，并且在火源移去后仍能保持继续燃烧的现象。

可燃物发生着火的最低温度称为着火点或燃点。所有固态、液态和气态可燃物质，都有其着火点。常见可燃物质的着火点见表 1.10。

表 1.10 常见可燃物质的着火点

物质名称	着火点 /℃	物质名称	着火点 /℃	物质名称	着火点 /℃
黄磷	30	麦草	200	豆油	220
松节油	53	布匹	200	烟叶	222
樟脑	70	硫	207	松木	250
灯油	86	棉花	210	醋酸纤维	320
赛璐珞	100	麻绒	150	胶布	325
橡胶	120	漆布	165	涤纶纤维	390
纸张	130	蜡烛	190		

可燃液体的闪点与着火点的区别是:在着火点时燃烧的不只是蒸气,而且还有液体(即液体已达到燃烧温度,可提供保持稳定燃烧的蒸气)。另外,在闪点时移去火源后闪燃即熄灭;而在着火点时液体则能继续燃烧。一般来讲,着火点温度比闪点高。但对可燃气体和易燃液体,讲着火点意义不大,因为它们的着火点和闪点几乎相等,而易燃液体的着火点和闪点仅相差 1.5 ℃。但是对可燃固体和闪点高的可燃液体,着火点具有很重要的实际意义,控制这些物质在着火点以下,是研究和制订防火和防爆的重要依据之一。

在火场上,如果有两种燃点不同的物质处在相同条件下,受到火源作用时,燃点低的物质首先着火,所以,存放燃点低的物质的地方通常是火势蔓延的主要方向。

1.2.4 最小点火能量和消焰距离

1.最小点火能量

最小点火能量是指能引起一定浓度可燃气体、蒸气或粉尘与氧化剂混合物燃烧或爆炸所需要的最小能量。它是衡量可燃气体、粉尘燃烧爆炸的重要参数。可燃物质的燃烧速度越快,热传导系数越小,燃烧面温度越低,初始温度越高,则所需要的点火能量越小。此外,可燃物本身的性能、在混合物中的比例、环境温度和压力都对最小点火能量有影响。

(1) 可燃物结构的影响。单质可燃物的化学结构与最小点火能量之间通常有如下规律。

a. 脂肪族有机化合物中,烷烃类的最小点火能量最大,烯烃类次之,炔烃类较小。

b. 碳链长、支链多的物质,点火能量较大。

c. 分子中具有共轭结构的物质,点火能量较小。

d. 带有负取代基的有机物,其点火能量按下述顺序递增:

$$-\mathrm{SH} < -\mathrm{OH} < -\mathrm{CI} < =\mathrm{NH} < -\mathrm{CN}$$

e. 一级胺比二、三级胺的点火能量大。

f. 醚与硫醚比具有相同数目碳原子的直链烷烃的点火能量高。

g. 过氧化物的点火能量较小。

h. 芳香族点火能量与具有相同碳原子数的脂肪族有机化合物的点火能量处于同一数量级。

(2) 可燃物浓度的影响。当可燃气体浓度略高于化学计量浓度时,其点火能量最小,火灾及爆炸危险性最大。而对粉尘而言，当可燃粉尘浓度略低于化学计量浓度时，其点火能量最小。

(3) 可燃气体混合物初始温度和压力影响。可燃气体混合物初始温度和压力对点火能量有较大的影响。初始温度升高，最小点火能量减小，可燃气体的最小点火能量随初始压力升高而降低，随压力降低而增加。当混合物初始压力降低到某一临界压力时，可燃气体混合物就难于着火。

尽管最小点火能量是爆炸性气体混合物的分级标准，但最小点火能量及其测量实验一般用于基础研究。在生产实际中，对爆炸性混合物一般按标准实验条件下的最小点燃电流进行分级。其原因是在各种生产中广泛使用电气装置，基本的电气参数是电流和电压，为了使爆炸危险环境中电气装置不产生可燃混合物燃烧爆炸所需要的有效点火能量而具有本质安全性；爆炸性混合物按指定电压(一般是直流 24 V)下的最小点燃电流分级。其意义在于根据爆炸性混合物的分组来划分电气设备的类型和防爆等级。

2. 消焰距离

根据热爆炸理论，只有燃烧反应放热速率高于向环境的散热速率时，燃烧爆炸才可能发生。当燃烧在一定通道中进行时，通道表面要散热，通道越窄，它的比表面积越大，中断连锁反应的机会越多，热损失效应越大，当通道小到一定程度时，反应放热速率就会小于散热速率，燃烧反应就会停止，火焰熄灭。所谓消焰距离(猝灭距离)，就是指火焰传播不下去的最大通道尺寸。它是火焰传播能力的一种度量参数，也称为火焰蔓延极限，对可燃气体一般用平板消焰距离表示，对可燃粉尘，常用消焰直径来表示。根据理论和实验分析，平板消焰距离与消焰直径存在如下关系：

$$d_q = 1.5 d_b$$

式中，d_q 为消焰直径，mm；d_b 为平板消焰直径，mm。

在设计可燃物的加工、储存、运输、生产等环节的各种装置时，消焰距离是一个重要的设计参数。可燃气体的消焰距离与其浓度、流速、气体压力等因素有关。当气体流速增加，压力减小，会使消焰距离增大。此外，在生产过程中向高温反应设备输送可燃物料时，应利用消焰距离概念采用曲路、细管、金属网、金属球堆积体等隔爆措施，控制传输通道小于消焰距离，保证燃烧火焰不能传播。

在设计、选用防爆电机、设备时，通常要使用最大安全间隙数据。最大安全间隙是受试设备两部分壳体间的一个最大间隙值，在小于等于这个间隙值时，设备、电机内可燃混合气体点燃后，其火焰不会通过25 mm 长的接合面将爆炸传播到外部。所以，最大安全间隙是另一种条件(在国际电工委员会 79－1A 文件规定的条件)下的消焰距离。

1.2.5 物质的燃烧历程

可燃物在燃烧时，由于状态的不同，会发生不同的变化。绝大多数液态和固态可燃物质是在受热后汽化或分解成为气态，它们的燃烧是在气态下进行的，并产生火焰。有的可燃固体不能挥发出气态的物质，在燃烧时则呈炽热状态，而不呈现出火焰。

由于绝大多数可燃物质的燃烧都是在气态下进行的，故研究燃烧过程应从气体氧化反应的历程着手。物质的燃烧过程如图 1.8 所示。

综上所述，根据可燃物燃烧时的状态不同，燃烧有气相燃烧和固相燃烧两种情况。气相燃烧是指在进行燃烧反应过程中，可燃物和助燃物均为气体，这种燃烧的特点总是有火焰产生。气相燃烧是一种最基本的燃烧形式，因为绝大多数可燃物质的燃烧都是在气态下进行的。

固相燃烧是指在燃烧反应过程中，可燃物为固态，这种燃烧也称为表面燃烧。其特征是燃烧时没有火焰产生，只产生光和热。

有的可燃物受热时不熔融，而是首先分解出可燃气体进行气相燃烧，最后剩下的碳不再能分解了，则发生固相燃烧。所以这类可燃物质在燃烧反应过程中，同时存在着气相燃烧和固相燃烧。

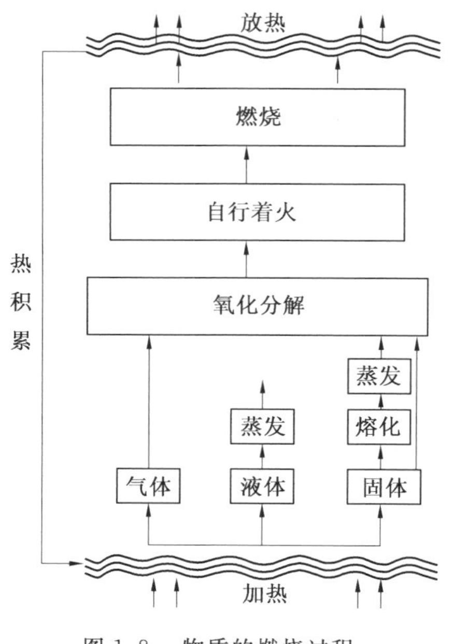

图 1.8 物质的燃烧过程

1.2.6 燃烧产物

发生火灾时，人们会看到熊熊烈火吞噬着大量财富，同时无情地烧伤烧死未及逃生的在场人员。然而，在火场上威胁人们生命的不仅仅是火焰，还有燃烧产物。经验表明，重大的火灾和爆炸事故中，许多人都是死于燃烧产物。

1. 燃烧产物的组成

燃烧产物包括不能再燃烧的生成物，如二氧化碳、二氧化硫、水蒸气等，以及还能继续燃烧的生成物，如一氧化碳、未燃尽的碳和醇类物质两大类。

燃烧产物的组成比较复杂，与可燃物质的成分和燃烧条件有关。燃烧产物中还有眼睛看得见的烟雾，是由悬浮于空气中的未燃尽的炭粒、灰分以及微小液滴等组成的气溶胶。

2. 燃烧产物对人体和火势发展过程的影响

燃烧产物对人体和火势发展过程的影响主要有以下几方面：

(1) 燃烧产物除水蒸气外，其他产物大都对人体有害。一氧化碳是窒息性有毒气体，它会夺去人体内血液中的氧，使人处于缺氧状态。当火场上的一氧化碳浓度达到 0.1%，会使人感到头晕、头疼、作呕；达到 0.5% 时，经过 20 ～ 30 min 有死亡危险；达到 1% 时，吸气数次后人就会失去知觉，经 1 ～ 2 min，可中毒死亡。二氧化硫是一种刺激性有毒气体，会刺激眼睛和呼吸道，引起咳嗽，浓度达到 0.5% 时有生命危险。五氧化二磷有一定毒性，会刺激呼吸器官，引起咳嗽和呕吐。氯化氢是一种刺激性有毒气体，吸收空气中的水分而形成酸雾，会强烈刺激人们的眼睛和呼吸系统。一氧化氮和二氧化氮是刺激性有毒气体，人体吸入后，在肺部遇水分形成硝酸或亚硝酸，对呼吸系统有强烈的刺激和腐蚀作用。火场上的二氧化碳浓度过高时，会使人窒息。

(2) 燃烧产物中的烟雾会影响人们的视力，较高浓度的烟雾会大大降低火场的能见度，使人们找不到逃脱火场的出路，给人员的疏散造成困难。火场上弥漫的烟雾，使灭火人员不易辨别火势发展的方向，不易找到起火的地点，不便于抢救受困人员和重要物质。

(3) 高温燃烧产物在强烈热对流和热辐射中，可能引起其他可燃物燃烧，有造成新的火源和促使火势发展的危险。不完全燃烧的产物都能继续燃烧，有的还能与空气混合发生爆炸。

(4) 燃烧产物中的完全燃烧产物有阻燃作用。如果火灾发生在一个密闭的空间内，或将着火的房间所有孔洞封闭，随着火势的发展，空气中的氧气逐渐减少，完全燃烧的产物浓度逐渐增加，当达到一定浓度时，燃烧则停止。

物质的化学成分和燃烧条件不同，燃烧生成的烟雾颜色和气味也不同，可据此大致确定是什么物质在燃烧。某些可燃物质生成烟雾的特征见表 1.11。燃烧产物的这个特点及其阻燃作用对灭火工作有利。

表 1.11　几种可燃物质燃烧时烟雾的特征

可燃物质	烟雾的特征			可燃物质	烟雾的特征		
	颜色	嗅	味		颜色	嗅	味
木材	灰黑色	树脂臭	稍有酸味	黏胶纤维	黑褐色	烧纸臭	稍有酸味
石油产品	黑色	石油臭	稍有酸味	聚氯乙烯纤维	黑色	盐酸臭	稍有酸味
磷	白色	大蒜臭	—	聚乙烯	—	石蜡臭	稍有酸味
镁	白色	—	金属味	聚丙烯	—	石油臭	稍有酸味
硝基化合物	棕黄色	刺激臭	酸味	聚苯乙烯	浓黑烟	煤气臭	稍有酸味
硫黄	—	硫臭	酸味	锦纶	白烟	酰胺类臭	—
橡胶	棕黑色	硫臭	酸味	有机玻璃	—	芳香	稍有酸味
钾	浓白色	—	碱味	酚醛塑料	黑烟	木头\甲醛臭	稍有酸味
棉和麻	黑褐色	烧纸臭	稍有酸味	脲醛塑料	—	甲醛臭	—
丝	—	烧毛皮臭	碱味	璃酸纤维	黑烟	醋臭	酸味

复习思考题

1.1　着火理论有几种？其基本观点是什么？

1.2　简述闪燃、自燃、着火的区别，闪点、自燃点、着火点的定义和用途。

1.3　简述最小点火能量和消焰距离定义及其影响因素。

1.4　简述燃烧速度定义及其影响因素。

1.5　简述燃烧产物对火势的影响。

第 2 章　火灾的发生及蔓延

火灾是一种特殊的燃烧现象，可以用燃烧学的基本规律对火灾的发生和蔓延做出分析。比如起火是火灾过程的最初阶段，很多概念与燃烧学中着火、点火等基本规律有关，但是又不完全相同，起火所涉及的面较着火和点火要广得多，所以要特别注意它们之间的异同点。通常把可燃性物质在一定条件下，形成非控制的火焰称为起火，失去控制的燃烧称为火灾，这里强调非控制或失去控制的概念是极为重要的，这正体现了火灾的特点。

2.1　火灾及其分类

2.1.1　火灾的概念

广义来说，凡是超出有效范围的燃烧称为火灾。火灾是工伤事故类别中的一类事故。在消防工作中有火灾和火警之分，两者都是超出有效范围的燃烧，当人员和财产损失较小时登记为火警。我国的 GB 5907—86《消防基本术语》中认为，火是“以释放热量并伴有烟或火焰或两者兼有为特征的燃烧现象”，火灾就是“在时间或空间上失去控制的燃烧所造成的灾害”。

以下情况也列入火灾的统计范围：

(1) 民用爆炸物品爆炸引起的火灾。

(2) 易燃液体、可燃气体、蒸气、粉尘以及其他易燃易爆物品爆炸和爆炸引起的火灾。

(3) 破坏性试验中引起非试验体燃烧的事故。

(4) 设备因内部故障导致外部明火燃烧需要扑灭的事故，或者引起其他物燃烧的事故。

(5) 车辆、船舶、飞机以及其他工具发生的燃烧事故，或由此引起的其他燃烧的事故。

2.1.2　火灾的分类

(1) 根据 GB/T 4968—2008《火灾分类》，按照物质燃烧的特征，可把火灾分为四类。

A 类火灾：指固体物质火灾。这种物质往往具有有机物的性质，一般在燃烧时能产生灼热的余烬，如木材、棉、毛、麻、纸张火灾等。

B 类火灾：指液体火灾和可以熔化的固体物质火灾。如汽油、煤油、柴油、原油、甲醇、乙醇、沥青、石蜡火灾等。

C 类火灾：指气体火灾，如煤气、天然气、甲烷、乙烷、丙烷、氢气火灾等。

D 类火灾：指金属火灾，如钾、钠、镁、钛、锆、锂、铝镁合金火灾等。

上述分类方法对防火和灭火，特别是对选用灭火剂有指导意义。

(2) 按照一次火灾事故造成的人员伤亡、受灾户数和直接损失金额，火灾划分为三类。

① 具有下列情形之一的，为特大火灾：死亡 10 人以上(含本数，下同)；重伤 20 人以上；

死亡、重伤 20 人以上；受灾户 50 户以上；烧毁财物损失 50 万元以上。

② 具有下列情形之一的，为重大火灾：死亡 3 人以上；重伤 10 人以上；死亡、重伤 10 人以上；受灾户 30 户以上；烧毁财产损失 5 万元以上。

③ 不具有前两项情形的燃烧事故，为一般火灾。

2.1.3　火灾原因分类

(1) 放火。有敌对分子放火、刑事放火、精神病和痴呆人放火、自焚等。

(2) 违反电气安装安全规定。导线选用、安装不当，变电设备安装不符合规定，用电设备安装不符合规定，滥用不合格的熔断器，未安装避雷设备或安装不当，未安装排除静电设备或安装不当等。

(3) 违反电气使用安全规定。有短路、过负载、接触不良及其他。

(4) 违反安全操作规程。有焊割、烘烤、熬炼、化工生产、储存运输及其他。

(5) 吸烟。

(6) 生活用火不慎。

(7) 玩火。

(8) 自燃。

(9) 自然原因。如雷击、风灾、地震及其他原因。

(10) 其他原因及原因不明。

2.2　可燃气体的起火

2.2.1　起火条件

依据燃烧的三要素可知：起火是有条件的。最简单的状况是可燃性气体与气体氧化剂(空气、氧气等)在某一个空间混合，当混合气的浓度达到某一个范围之后，在一定的外部条件下，使化学反应剧烈加速，该空间瞬时达到高温反应状态，此时对应的外部条件称为起火条件。这种外部条件包含流体力学的许多参数，所以说起火条件是化学动力学参数与流体力学参数的综合函数，并非简单的初温条件。但是在其他条件都确定时，可以用温度来表示起火条件——着火温度。着火温度是有特定含意的，可以用来表示可燃物着火的难易程度。

一般闭口体系常用 $f(T_0,p_0,h,d,u_\infty,T_\infty)=0$ 形式的函数关系表示起火条件，这里 T_0 为可燃混合气的初温；p_0 为可燃混合气的初压；h 为该体系与环境的对流换热系数；d 为该体系的特征尺寸；u_∞ 为环境与该体系的相对速度；T_∞ 为环境温度。除 T_0 以外，其他参数都确定时，对给定可燃物，能使其起火的最低温度称为该可燃物的起火温度。而开口体系常用 $f(T_0,p_0,h,d,u_\infty,T_\infty,x_i)=0$ 形式的函数关系表示该体系的起火条件，这里 x_i 为着火距离，其他参数含意与封闭体系相同。如果 $x_i=\infty$，则表示不能起火，x_i 的值越小，越容易起火。

在起火条件分析中常常主要考虑化学反应的放热与该体系向环境的散热两个因素。如果化学反应的放热起主导作用，则该体系一定能起火，反之则不能起火。

2.2.2　热起火理论

气体可燃物泄漏并与空气混合就形成了具有一定初始条件的预混气，其起火特性常用图 2.1 所示的简化模型分析。所采用的简化条件为：①V 为该体系的容积，F 为表面积，壁温与环境温度均为 T_∞，且与反应开始时混合气的初温相同。② 反应过程中体系的各点温度、浓度相同，均为瞬时值，体系内无自然对流和强迫对流。③h 为体系与环境间的对流换热系数，不随温度变化。④ 起火前浓度变化可以忽略不计，即 $Y_i \approx Y_{i\infty}=$常数。

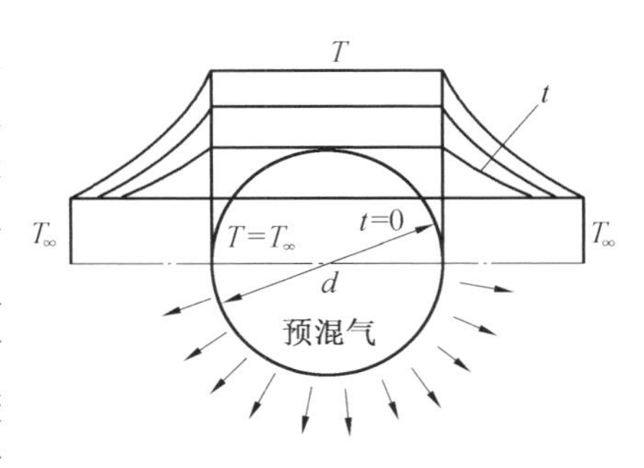

图 2.1　预混可燃气起火的简化模型

图中 T 为体系的内部温度，t 为时间。

2.2.3　起火界限

从热着火理论可以看出：混合气必须具有一定的浓度才能起火。对于二级化学反应，临界起火条件可用下式表示：

$$\frac{VEp_c}{hFR^3T_\infty^4}Q_{i,c}k_{oi,c}X_A \cdot X_B\exp\left(-\frac{E}{RT_\infty}\right)=1 \tag{2.1}$$

这里 V 为体系的容积；F 为表面积；h 为对流换热系数；T_∞ 为环境温度；p_c 为压力；R 为通用气体常数；E 为反应活化能；$Q_{i,c}$ 为反应热；$k_{oi,c}$ 为反应常数；X_A 及 X_B 分别为燃料及氧化剂的质量百分数（浓度）。

当 X_A 及 X_B 不变时，可以求得临界起火温度与临界起火压力的关系（图 2.2），通常称起火界限。

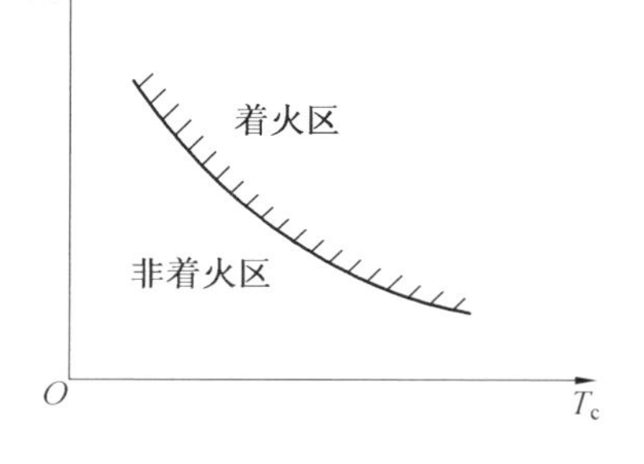

图 2.2　起火界限示意图

当 p_c 不变时，可以求得临界起火温度与可燃混合气浓度的关系（图 2.3）。当 T_c 不变时，可以求得临界起火压力与可燃混合气浓度的关系（图 2.4）。

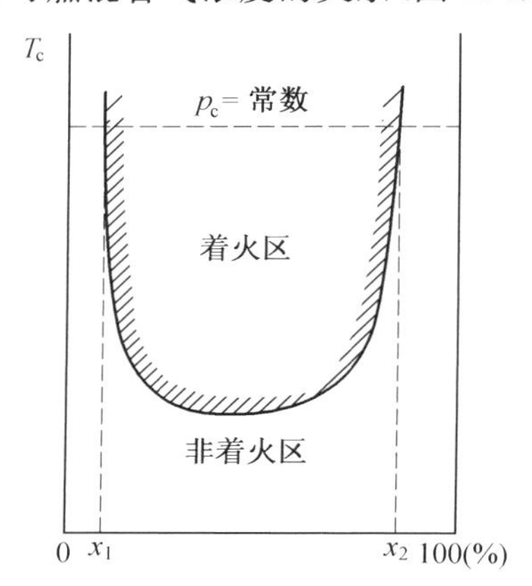

图 2.3　临界起火温度与可燃混合气浓度的关系

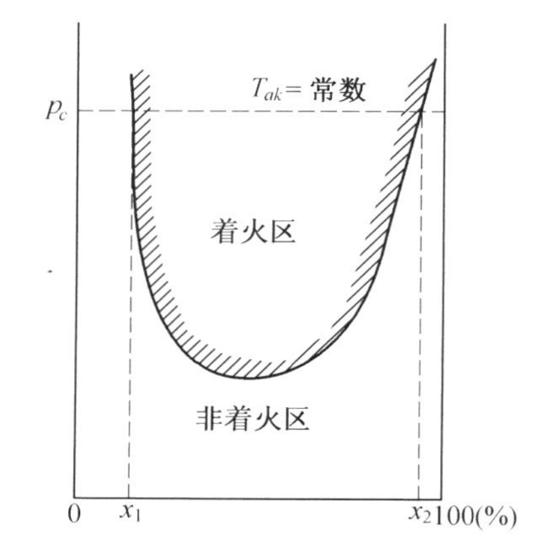

图 2.4　临界起火压力与可燃混合气浓度的关系

上述三条曲线称起火界限，这些曲线表明：控制燃料浓度及环境温度是防止着火的有效方法，在火灾防治中具有重要意义。表2.1给出一个大气压时，在空气中，普通室温(25 ℃)条件下，某些可燃性物质的起火浓度界限。

表 2.1 空气中某些可燃性物质的起火浓度界限

可燃性物质名	浓度的化学量比 /%		可燃性物质名	浓度的化学量比 /%	
	下限	上限		下限	上限
甲烷	0.46	1.64	乙烷	0.50	2.72
丙烷	0.51	2.83	丁烷	0.50	2.85
戊烷	0.58	3.23	己烷	0.50	3.66
庚烷	0.56	3.76	辛烷	0.60	4.27
正丁烷	0.54	3.30	正己烷	0.51	4.00
正庚烷	0.53	4.50	正辛烷	0.51	4.25
正戊烷	0.54	3.59	正壬烷	0.47	4.34
正癸烷	0.45	3.56	环己烷	0.48	4.01
环丙烷	0.58	2.76	异辛烷	0.66	3.8
乙烯	0.40	8.04	丙烯	0.48	2.72
甲醇	0.46	4.03	乙醇	0.49	3.36
1－丙醇	0.48	3.40	1－丁醇	0.41	3.60
氢气	0.10	7.17	一氧化碳	0.34	6.80
苯	0.49	2.74	甲苯	0.52	3.27
1－戊烯	0.47	3.70	丙酮	0.59	2.33
甲醛	0.36	12.9	丙烯醛	0.48	7.52
二硫化碳	0.18	11.20	二乙醚	0.55	26.40
乙酸(醋酸)	0.61	2.36	氧化乙烯	0.44	∞

2.3 可燃液体的起火

2.3.1 可燃液体燃烧特点

可燃液体燃烧时，火焰并不紧贴在液面上，而是在空间的某个位置。这表明在燃烧之前，可燃液体先蒸发，其后是可燃物蒸气的扩散，并与空气掺混形成可燃混合气，起火燃烧后在空间某处形成预混火焰或扩散火焰。可燃液体的起火过程可用图2.5表示。

可燃液体的起火特性一定与蒸发特性有关，闪点则是表示蒸发特性的重要参数。闪点越低，越容易蒸发，反之则不容易蒸发。需要指出的是：液体闪点值一般是对纯物质而言的。对于大多数石油产品(例如：汽油、煤油、柴油等)来讲，都是多种成分的混合物。即便

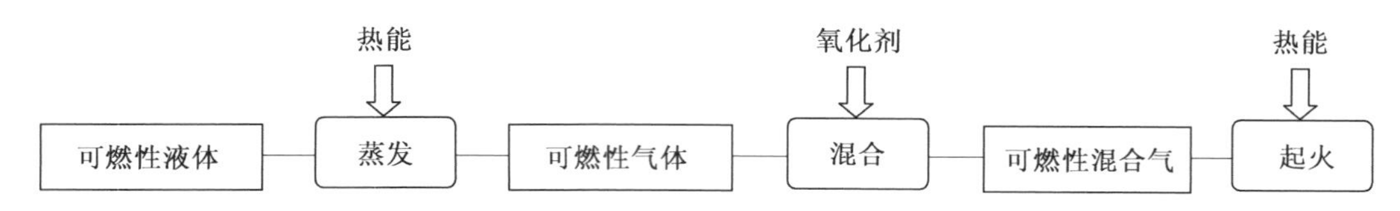

图 2.5 可燃液体的起火过程示意图

是不易蒸发的柴油、机油等，时间长了也可能有较大的蒸气浓度，一旦处于起火界限浓度之内，也有燃烧的危险。许多重油或原油油轮火灾多属于这种情况。可燃液体蒸气的起火问题，可以作为气体可燃物着火处理。

2.3.2 单个可燃液滴的起火

可燃液体从容器喷出后，一般都雾化成许多小液滴，单个液滴的着火特性与整个喷雾燃烧密切相关。下面将介绍环境温度为 T_∞ 的空气中，气流速度为 u_∞，当一个直径为 d_p 的可燃液滴满足哪些条件时就会起火呢？

当 Arrhenius 数(Ar) 数很大时，可燃液滴的起火模型可用图 2.6 表示。此时化学反应集中在靠近高温侧的薄层内，即火焰远离液滴表面，在 $r_\xi \sim r_1$ 的薄层内。整个流场可分为 2 个区，即反应的冻结区和反应区。当刘易斯数 $L_e=1$，导热系数 λ、定压热容量 C_p、液滴密度 ρ、扩散系数 D 等的物性参数为常数，毕奥数 Bi 和雷诺数 Re 较小时，过程可视为准定常过程。相应的临界起火条件应为

$$\left.\frac{\mathrm{d}T}{\mathrm{d}r}\right|_{r=r_1}=0 \tag{2.2}$$

这里 r_1 为有相对速度时的折算薄膜半径：

$$r_1=\frac{r_p}{1-\dfrac{2}{Nu^*}}$$

其中 $Nu^*=2(1+0.3\,Re^{1/2}\cdot Pr^{1/3})$。

在反应区中，能量方程简化为

$$\frac{1}{r^2}\frac{\mathrm{d}}{\mathrm{d}r}\left(r^2\lambda\frac{\mathrm{d}T}{\mathrm{d}r}\right)=-W_F Q_F \tag{2.3}$$

式中，W_F 为燃料的反应速率；Q_F 为燃料的反应热。

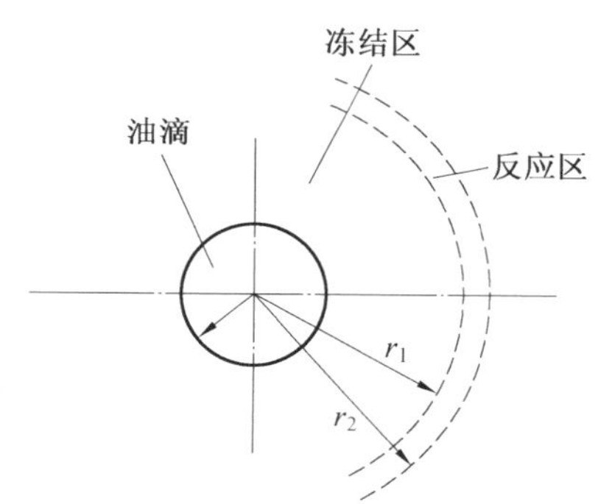

图 2.6 液滴起火简化模型

在 $r \geqslant r_\xi$ 时，由 r_1 相对于(r_1-r_ξ) 较大，可以用平面近似代替球面，则式(2.3) 简化为

$$\frac{\mathrm{d}}{\mathrm{d}r}\left(\lambda\frac{\mathrm{d}T}{\mathrm{d}r}\right)=-W_F Q_F \tag{2.4}$$

利用 λ 为常数及 $\left(\dfrac{\mathrm{d}T}{\mathrm{d}r}\right)_{r=r_1}=0$ 的条件，在 $r_\xi \sim r_1$ 之间，积分式(2.4) 得

$$\left(\frac{\mathrm{d}T}{\mathrm{d}r}\right)_{r=r_\xi}=\sqrt{\frac{2Q_F}{\lambda}\int_{T_\xi}^{T_\infty}W_F\,\mathrm{d}T}\approx\sqrt{\frac{2Q_F}{\lambda}\int_{T_p}^{T_\infty}W_F\,\mathrm{d}T} \tag{2.5}$$

式中，T_p 为液滴温度，因 Bi 较小，液滴内部温度分布均匀。可由蒸发方程和莱伯龙方程联立解得。T_∞ 为环境温度。

在 $r<r_\xi$ 区中，能量方程简化为

$$\rho v C_p \frac{\mathrm{d}T}{\mathrm{d}r} = \frac{\mathrm{d}}{\mathrm{d}r}\left(\lambda \frac{\mathrm{d}T}{\mathrm{d}r}\right) \tag{2.6}$$

边界条件为

$$\left(\lambda \frac{\mathrm{d}T}{\mathrm{d}r}\right)_{r=r_{\mathrm{p}}} \approx \frac{q_{\mathrm{v}} G}{4\pi r_{\mathrm{p}}^2} \tag{2.7}$$

$$G = 4\pi r_{\mathrm{p}}^2 \rho v = \pi \frac{\lambda}{C_p} Nu^* \cdot d_{\mathrm{p}} \ln\left[1 + \frac{C_p(T_\infty - T_{\mathrm{p}})}{q_{\mathrm{v}}}\right]$$

式中,G 为蒸发的质量流量;v 为蒸发速度;q_{v} 为蒸发潜热。积分式(2.6)得

$$\left(\frac{\mathrm{d}T}{\mathrm{d}r}\right)_{r=r_\xi} = \frac{G[C_p(T_\xi - T_{\mathrm{p}}) + q_{\mathrm{v}}]}{4\pi r_\xi^2 \lambda} \approx \frac{G[C_p(T_\xi - T_{\mathrm{p}}) + q_{\mathrm{v}}]}{4\pi r_1^2 \lambda} \tag{2.8}$$

显然式(2.5)与式(2.8)相等。即

$$\sqrt{\frac{2Q_{\mathrm{F}}}{\lambda}\int_{T_{\mathrm{p}}}^{T_\infty} W_{\mathrm{F}} \mathrm{d}T} = \frac{G[C_p(T_\xi - T_{\mathrm{p}}) + q_{\mathrm{v}}]}{4\pi r_1^2 \lambda} \tag{2.9}$$

式中,$W_{\mathrm{F}} = k_{\mathrm{F}} \rho_\infty^2 Y_{\mathrm{ox}} \cdot Y_{\mathrm{F}} \exp\left(-\frac{E}{RT}\right)$;$Y_{\mathrm{ox}} = Y_{\mathrm{ox},\infty} \cdot Y_{\mathrm{F}} \approx Y_{\mathrm{F},\xi}$,其中,$Y_{\mathrm{ox}}$,$Y_{\mathrm{F}}$ 分别是氧化剂相对质量浓度、燃料相对质量浓度。

而 $Y_{\mathrm{F},\xi}$ 是未知的,可依下法求得:因着火之前燃料的消耗不大,可以取无化学反应时的浓度分布近似。同时假设在反应区中燃料的浓度均为 $Y_{\mathrm{F},\xi}$。无化学反应时的燃料浓度分布可由扩散方程求得

$$G(Y_{\mathrm{F}} - 1) = 4\pi r^2 \rho D \frac{\mathrm{d}Y_{\mathrm{F}}}{\mathrm{d}r} \tag{2.10}$$

式中,D 为扩散系数,在 $r_\xi \sim r_1$ 间积分式(2.10)得

$$\ln(1 - Y_{\mathrm{F}\cdot\xi}) = \frac{G}{4\pi\rho D}\left(\frac{1}{r_1} - \frac{1}{r_\xi}\right) \tag{2.11}$$

再积分式(2.8)得

$$\ln\left[\frac{C_p(T_\xi - T_{\mathrm{p}}) + q_{\mathrm{v}}}{C_p(T_\infty - T_{\mathrm{p}}) + q_{\mathrm{v}}}\right] = \frac{G}{4\pi \frac{\lambda}{C_p}}\left(\frac{1}{r_1} - \frac{1}{r_\xi}\right) \tag{2.12}$$

当 Ar 很大时

$$T_\xi \approx T_\infty - \frac{RT_\infty^2}{E}$$

代入式(2.12)得

$$\ln\left[\frac{C_p\left(T_\infty - \frac{RT_\infty^2}{E} - T_{\mathrm{p}}\right) + q_{\mathrm{v}}}{C_p(T_\infty - T_{\mathrm{p}}) + q_{\mathrm{v}}}\right] = \frac{G}{4\pi \frac{\lambda}{C_p}}\left(\frac{1}{r_1} - \frac{1}{r_\xi}\right) \tag{2.13}$$

比较式(2.11)与式(2.13)得

$$Y_{\mathrm{F}\cdot\xi} = \frac{C_p R T_\infty^2}{E[C_p(T_\infty - T_{\mathrm{p}}) + q_{\mathrm{v}}]} \tag{2.14}$$

在燃烧学中常用一种简化方法处理 $\int_{T_{\mathrm{p}}}^{T_\infty} W_{\mathrm{F}} \mathrm{d}T$ 的积分,即

$$\int_{T_{\mathrm{p}}}^{T_\infty} \mathrm{e}^{-\frac{E}{RT_\infty}} \mathrm{d}T \approx \mathrm{e}^{-\frac{E}{RT_\infty}} \left[1 - \mathrm{e}^{-\frac{E}{RT_\infty^2}(T_\infty - T_{\mathrm{p}})}\right] \tag{2.15}$$

将式(2.15)代入式(2.9)得

$$\sqrt{\frac{2Q_F k_F \rho_\infty^2 Y_{0,\infty} C_p\left[1-e^{-\frac{E}{RT_\infty^2}(T_\infty - T_p)}\right]}{\lambda\left[C_p(T_\infty - T_p)+q_v\right]}\cdot\frac{RT_\infty^2}{E}e^{-\frac{E}{RT_\infty}}}=\frac{G\left[C_p(T_\infty - T_p)+q_v\right]}{4\pi r_1^2\lambda} \tag{2.16}$$

这就是单个可燃性液滴的临界起火条件。当环境条件除 T_∞ 之外均为给定值,燃料种类和液滴直径给定后,便可通过上式算出 T_∞(着火温度)。计算结果表明这个 T_∞ 值相当大,这说明只有在相当高的环境温度下可燃性液滴才能自燃。

2.3.3　炽热物体表面上液滴的起火

液体火灾中存在扬沸现象,经常发生液滴落在炽热物体表面上的情况。大量的研究结果表明:处在恒温炽热物体表面上的液滴寿命与炽热物体的温度有密切关系。液滴的寿命是这样定义的:从液滴与炽热物体表面接触开始到液滴消失(蒸发完毕)所用的时间称液滴寿命。现以苯滴为例,液滴初始直径为 2.14 mm,开始时,液滴寿命随着炽热物体温度升高而变短,在 118 ℃ 时达到最小值。然后随着炽热物体温度升高而变长,在 195 ℃ 时达到最大值。以后随着炽热物体温度升高再次变短,在 840 ℃ 时起火,如图 2.7 所示。这种复杂变化规律的内在原因是什么呢? 因为苯的沸点是 80.2 ℃,当炽热物体温度低于 118 ℃ 时,炽热物体通过导热(接触)向落在表面的苯滴传热。传热量随着温度的升高而增加,苯滴蒸发速度相应增加而寿命减短。当炽热物体温度高于液体沸点温度的 30 ~ 50 ℃(118 ℃)时,蒸发速度达到最大值,苯滴寿命达到最短。

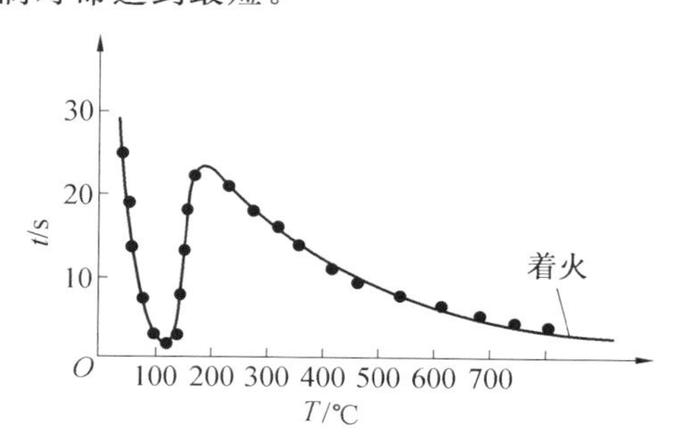

图 2.7　炽热物体的温度与液滴寿命的关系

随着炽热物体温度的进一步升高,苯滴的沸腾减少了苯滴与炽物热体的接触,导致传热量下降,苯滴蒸发速度减小而寿命增加。这是苯滴与炽热物体在热边界处发生了核沸腾的结果,当炽热物体温度达到 195 ℃ 时,苯滴的寿命达到最大值,相应的温度称为莱地福斯特转变温度。当炽热物体的温度继续升高时,苯滴从核沸腾转变为膜沸腾,即在炽热物体表面形成一层液体的蒸气层。也就是说在苯滴与炽热物体接触之前,苯滴已全部蒸发完,此时炽热物体温度的升高,导致苯滴蒸发速度的增加,相应苯滴寿命变短。当炽热物体温度达到 840 ℃ 时,苯滴则起火燃烧。核沸腾与膜沸腾,引起苯滴寿命的变化是因为温度变化、传热面积变化及环境温度变化所致。一般可燃性液体都有这种特性,表 2.2 给出某些可燃性液体的莱地福斯特转变温度。

表 2.2　某些可燃性液体的莱地福斯特转变温度

可燃性液体名	沸点/℃	最大蒸发速度时的温度/℃	莱地福斯特转变温度/℃	液滴着火时的固壁温度/℃
苯	80.2	118	195	840
庚烷	98.4	134	182	738
异辛烷	99.0	132	184	800
十六烷	288.0	327	380	720
α－甲基萘	243.0	310	420	852
乙醇	78.3	117	185	800
汽油		190	300	806
煤油		352	470	735
A重油		570	645	750

如果环境压力升高，莱地福斯特转变温度将向高温一侧移动。低温部分的液滴寿命变长，高温部分的液滴寿命变短。

2.4　可燃固体的起火

2.4.1　可燃固体的燃烧特点

可燃固体在起火之前，通常因受热发生热解、汽化反应，释放出可燃性气体，所以起火时仍首先形成气相火焰。可燃固体的起火过程可用图2.8表示。可燃固体分为天然物质和人工合成物质两大类。天然物质的性能差异较大，而人工合成物质的性能稳定，这些特点也能在起火条件上体现出来。

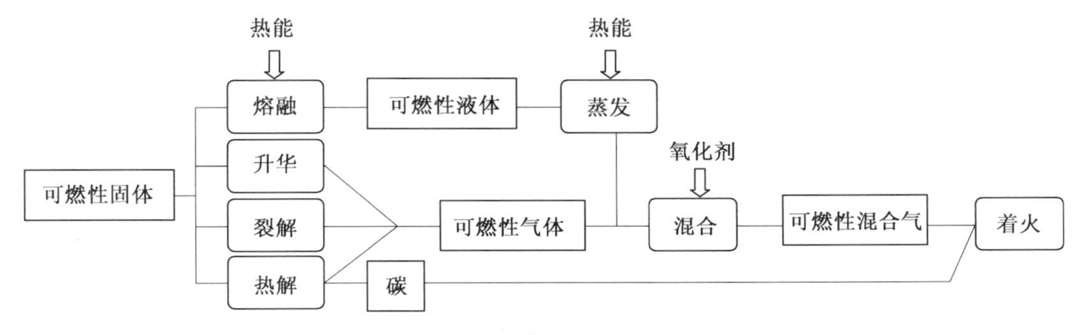

图2.8　可燃固体的起火过程示意图

2.4.2　可燃固体的热解、汽化

在足够高的温度下，可燃固体都会发生热解、汽化，释放出可燃气体。气体的释放次序大体是：H_2O，CO_2，C_2H_6，C_2H_4，CH_4，焦油，CO，H_2 等。最后剩下多孔的炭，炭量多少与可燃物种类、加热速度及加热的最终温度密切相关。下面以木材等为例做较为详细的介绍。

1. 木材的热解、汽化

木材受热之后，水分首先析出，随后才发生热解、汽化析出可燃气体。当温度达到 260 ℃ 时，可燃气体的析出量迅速增加，此时明火可将其点燃，但并不能维持稳定燃烧。这表明可燃气体的量还不够大，所以 260 ℃ 相当于可燃液体物的闪点，尽管木材种类繁多，但闪火均在 260 ℃ 附近。图 2.9 为木材在氮气中加热的失重曲线。

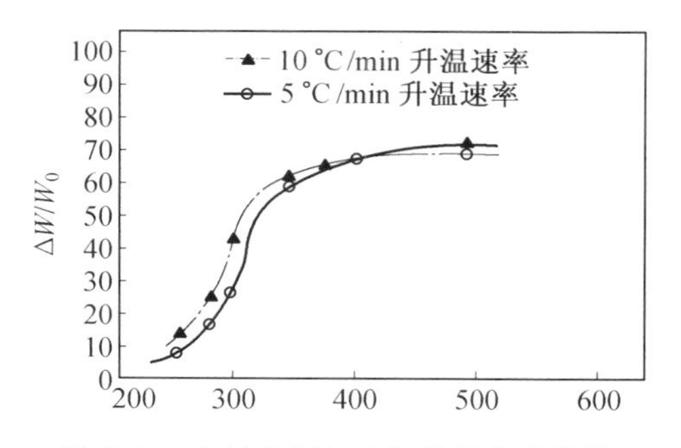

图 2.9 木材在氮气中加热的失重曲线

表 2.3 为某些树种的闪火和起火温度值。这表明：环境温度一旦超过 260 ℃(环境对木材加热作用增强)，木材起火的可能性增加，所以必须严格监控环境温度。

表 2.3 某些树种的闪火和起火温度值

树　种	闪火温度 /℃	起火温度 /℃
杨树	253	445
红松	263	430
夷松	262	437
榉木	264	426
桂树	270	455

长时间低温加热也可以导致木材的自燃。这主要是由于木材内部有了热量积累，加速木材热解、汽化反应而达到着火条件。例如用作绝缘材料的木板，往往因受潮绝缘性能下降而着火。

一般来说，木材结构是各向异性的，如图 2.10 所示，导致顺木纹方向透气性好、导热系数大；垂直木纹方向透气性差，导热系数小，一旦受热则不易散掉，容易形成局部高温，对热解、汽化反而有利，所以垂直木纹方向较顺木纹方向容易起火。图 2.11 为相同条件下，顺木纹方向与垂直木纹方向的两根木条的最小点火能的实验结果。由图可见，垂直木纹方向的最小点火能小，这些结果在森林火灾和建筑火灾中的木制品烧损情况中都有表现，即沿垂直木纹方向烧损严重，而烧痕往往不连续，呈现多个深洞特征。

大量的实验结果表明：尽管树种很多，但热解、汽化规律相差不大；热解、汽化产物的主要成分包括 CO, H_2, CH_4 等。

2. 高分子材料的热解、汽化与液化

高分子材料受热之后，也发生热解、汽化反应，释放出可燃气体，所以起火仍发生在气相中。高分子材料用激光加热时，试件放在聚光器的焦点，调节电流控制激光器的功率。随着加热的开始，试件温度不断升高，热解、汽化反应逐渐强化。热解、汽化生成物在

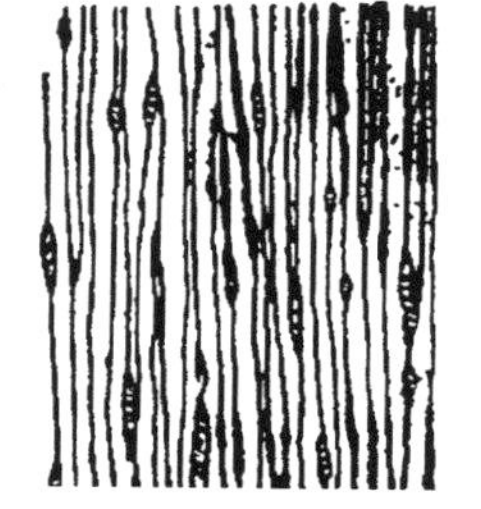

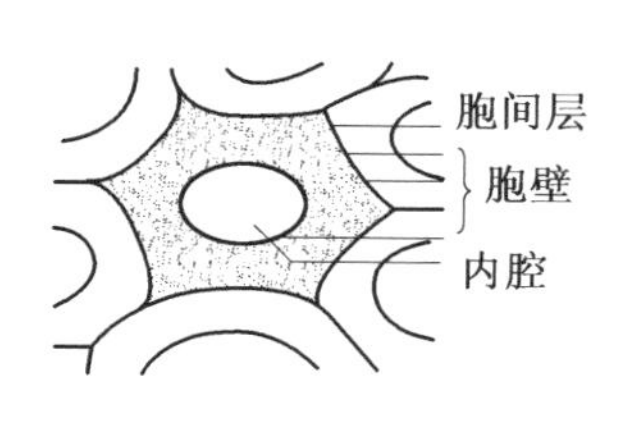

图 2.10 木材结构图

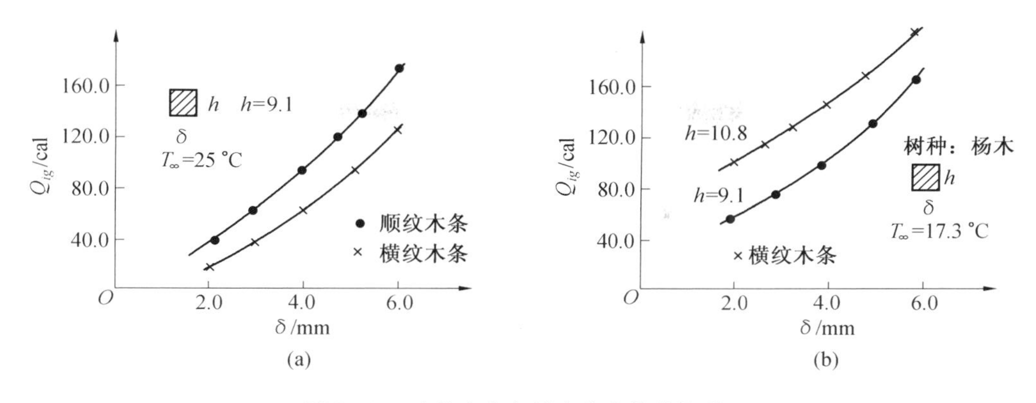

图 2.11　木纹方向与最小点火能的关系
((a) 图树种是杨木，(b) 图两条线都是横纹木条)

试件上方形成一束垂直试件表面的白烟。随着时间的延续，白烟底部变粗，而且更接近试件表面，与试件表面的距离只有 3～4 mm，以后便着火形成预混火焰，随后预混火焰将沿着白烟传播，最后形成扩散火焰。如果在空气中添加 5% 的四氯化碳(CCl_4)，则火焰呈蓝色，但燃烧速度变慢。大量的实验结果表明：有机玻璃着火时的表面温度在 580～610 ℃ 之间，添加少量的 CCl_4 相当于添加了阻燃剂，推迟了起火，减慢了燃烧速度。所以阻燃技术和难燃化处理常在人工合成材料中添加少量的 CCl_4。

某些聚合物受热先液化，再蒸发，所以起火特性类似液体可燃物的起火。控制起火特性的主要参数是蒸发速度，由于此时的环境温度很高，可用高温环境下的蒸发规律处理这个问题。受热的聚合物液化之后就要流动，流动方向总是受重力控制从上向下流动。所以受热部位对起火性能的影响与受热汽化的可燃物不同，受热部位在上，液化的流体向下流动对着火燃烧有利，大家熟悉的蜡烛火焰，可以形象地说明这个道理。

2.5　可燃固体从阴燃向明火转变的特性分析

所谓阴燃是一种只在气固相界面处的燃烧反应，而没有气相火焰的燃烧现象。例如香烟的燃烧可谓阴燃的典型代表。阴燃的温度较低，燃烧速度很慢，所以不容易发现，但危险性很大。例如：哈尔滨白天鹅宾馆火灾就是由掉在被子上的香烟，经过长时间的阴燃转变为明火，最终形成建筑室内火灾。这种火灾占有很大比例，所以引起各方面的关注。在许多干燥设备中，如果温度不均匀，个别地方因温度过高而出现阴燃，也可能发展成火灾。

研究表明：可燃固体种类、状态、尺寸、阴燃条件，特别是氧气浓度对阴燃转变规律有显著影响。这种影响主要表现在阴燃状态、换热规律与热解、汽化规律之间的相互关系上。

2.5.1　阴燃特性

阴燃过程可以用图 2.12 表示，其燃烧反应发生在固体表面，阴燃过程与化学反应、换热过程、气体流动、物质扩散、相变等因素有关，可以推测阴燃机理也是相当复杂的。

研究发现阴燃与有焰燃烧相比，具有如下特点：在加热强度比较小的条件下，也可能发生阴燃；氧化反应的速度很小，相应的最高温度及传播速度都很低；反应区的厚度同有焰燃烧

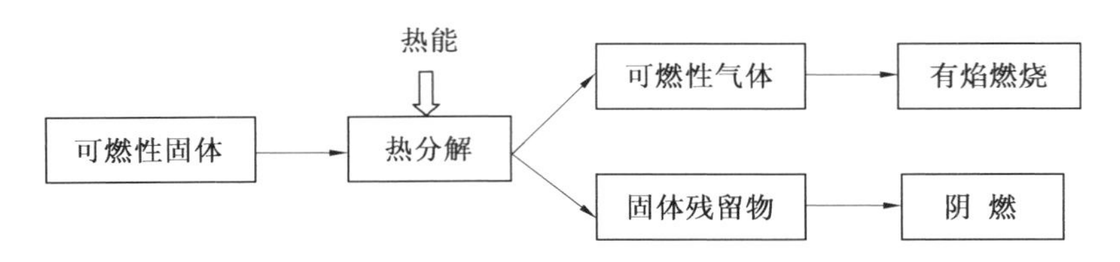

图 2.12　阴燃过程示意图

烧相比则较大;阴燃可以在比较低的氧化浓度环境中传播;可燃物在阴燃状态下,产生的烟量、有毒性气体及可燃性气体量都比较多;用短时间的大流速气流很难将阴燃吹灭;当散热条件较差,热量比较容易积累时,对阴燃的发生和传播有利;当阴燃燃烧区随着阴燃的传播不断扩大时,就可能转变为有焰燃烧。

2.5.2　各种参数对阴燃状态的影响

(1) 可燃物种类的影响。一般质地松软、细微、杂质少、透气性好的材料阴燃性能好。例如棉花的隔热保温性能好,热量积累容易,所以阴燃转变成有焰燃烧的可能性也大。

(2) 可燃物尺寸的影响。一般可燃物的尺寸较大,从上向下蔓延的阴燃与从下向上蔓延的阴燃向有焰燃烧转变的可能性都增大,相应的危险性也就增加了。

(3) 氧气浓度的影响。对于向上蔓延的阴燃来说:从下方供应氧气时,其流动方向与燃烧产物流动方向相同,且从未燃烧部分周围流过,对未燃烧部分有预热作用,能提高反应区的温度,相应地提高了化学反应速率,对阴燃向有焰燃烧转变有利。故相应转变时的氧气浓度可以更低一些。

对于向下蔓延的阴燃来说:从下方供应氧气时,其流动方向与蔓延相反,相对速度大了,对向反应区供氧气不利,相应使反应速率有所下降。也就是说向有焰燃烧转变更困难些,必须在较高的氧气浓度下才行。

总体来说,阴燃的蔓延速度随着氧气浓度的增加而增加,当达到某一氧气浓度值时,就发生了向有焰燃烧的转变。

(4) 阴燃反应区的形状等特性参数对阴燃转变的影响。对于圆锥形和圆柱形两种阴燃反应区,当底面积相同时,圆锥形反应区的表面积较圆柱形反应区的表面积大,接收到的氧气较多,对燃烧反应有利,所以反应区的最高温度较高,容易转变成有焰燃烧。另外,阴燃蔓延方向对径向的成分分布影响不大。松软的阴燃灰分容易脱落,有利于氧气进入反应区,对燃烧反应有利,容易转变成有焰燃烧。能否从阴燃状态转变为有焰燃烧,取决于温度和一氧化碳的浓度。而这又取决于氧气浓度,所以氧气浓度是控制转变的关键参数。

2.6　特殊形状与特殊可燃固体的起火

2.6.1　薄片纸、布等固体可燃物的起火

建筑物室内的窗帘,贴在墙壁上的各种纸制品,书桌上放置的文件、书等,就相当于垂直与水平放置的薄片可燃物,所以研究这种状态下的起火特性,具有实际意义和普遍性。纸片、布等固体可燃物的特点是厚度薄、面积大、总质量相对较轻,因此热容量小,受热之后升

温很快，容易达到热解、汽化温度，着火就容易，另一方面因面积较大，与周围空气中的氧气接触面大，供氧充分，也是容易着火的另一重要因素。薄片物体的放置方向，对物体周围的自然对流情况有显著影响，进而影响薄片物体的起火特性。薄片物体放置状态不同，自然对流状况是不同的，而自然对流与传热过程关系密切，垂直放置状态对自然对流有利，同时改善了供氧条件，所以比同样条件下水平放置状态物体的着火延迟时间要短一些。

研究结果表明：热辐射强度对起火位置有显著影响，对于垂直放置的薄片物体，当热辐射强度低时，着火位置在高温上升气流的下端，且与薄片物体的水平距离较近。着火初期的热辐射强度一般不大，所以火灾中的起火现象多属于低热辐射强度下的着火。

2.6.2　钠、镁等金属的起火

钠、镁等轻金属在空气中就可自燃，所以必须隔绝空气保存。燃烧时金属受热而汽化，燃烧反应仍在气相中进行。因燃烧反应的产物是金属氧化物，该氧化物多呈微粒状态，看到的宏观效果就是生成了许多烟。

铝、钛、铁等金属虽然在空气中不燃烧，但是在纯氧气中也可以燃烧。在燃烧时金属受热而液化，液化的金属在燃烧中会流动，流动方向受重力影响总是向下的。起火燃烧的位置不同，流体流动的影响不同。若金属从下方被点燃，液化的金属向下流动与燃烧蔓延的方向相反，不能对未燃烧部分起到预热作用，所以对下面的燃烧不利。这种情况与一般的非液化的可燃物不同，请务必注意。相反在金属上方起火燃烧，高温液化金属将沿着未燃部分流动，起到预热作用，对起火燃烧有利。

2.6.3　可燃微粒物的起火

可燃微粒物一般情况下处于堆积存放，而且堆积体积较大，所以同成形可燃固体物相比，具有以下特点：① 松散，氧气容易渗入，对燃烧反应有利；② 形状、尺寸都不固定，只要有少部分着火，将导致整体起火；③ 微粒物的输送多采用气动力输运，这又可能导致微粒物的悬浮，而悬浮可燃微粒物的起火特性又与预混可燃气的起火特性相同。起火浓度下限与微粒平均直径有关。当微粒平均直径在50～100 μm以下时，起火浓度下限为一常值，为20～100 g/m^3，与微粒物的种类无关，所以煤粉、面粉、奶粉等各类工厂，棉、麻等纺织厂都要特别注意微粒物的浓度，一定要控制在起火浓度下限以下，不然是非常危险的。

采用气动方法输送微粒物时，可能引起微粒物的振动，而研究结果表明：振动将使微粒物带电，微粒带电后将改变其起火性能。如果带电量增大，因放电还能导致微粒物的自燃。很明显振动频率、振幅加大将增加带电量。但是在一定的振幅、频率条件下，随着振动时间的增加，带电量将趋于饱和。另外，环境温度、湿度对微粒物的带电性能也有显著影响。

2.7　可燃气体中的火灾蔓延

当可燃气体泄漏到空气中，与空气混合形成了预混可燃气，一旦遇到着火源就起火燃烧，形成了气体可燃物中的火灾蔓延。

2.7.1　热烟气流引起的火灾蔓延

以建筑室内火灾为例，当某室起火燃烧后，就会有大量的热烟气产生。热烟气本身虽然不能燃烧，但它的温度很高，密度较小，必然形成自然对流。由于热烟气流的加热作用，可能导致流通路上的可燃物着火，造成火灾的蔓延。可见，只要能了解热烟气流的流动规律，就能了解火蔓延的规律。下面将重点介绍热烟气的产生和流动。

图 2.13 给出了室内某可燃物着火燃烧后，产生热烟气的情况。在可燃物上方形成了几个不同的区域，即：最下面的连续火焰区、中间的间断火焰区和最上面的无火焰热烟气区。不同的区域，具有不同的特性。大量研究结果表明：① 火焰区：轴线上的温度与距可燃物表面的高度无关，大体为一常数；轴线上垂直向上的气流速度与距可燃物表面高度的平方成正比；上升气流的直径与高度无关，大体为一常数。② 间断火焰区：轴线上的温度与距可燃物表面的高度成反比；轴线上垂直向上的气流的直径与距可燃物表面的高度平方根成正比。③ 无火焰的热烟气区：轴线上的温度与距可燃物表面高度的 5/3 次方成正比；轴线上垂直向上的气流速度与距可燃物表面高度的 1/3 次方成正比；上升气流的直径与距可燃物表面的高度成正比。在实际计算中常采用如下简化公式：

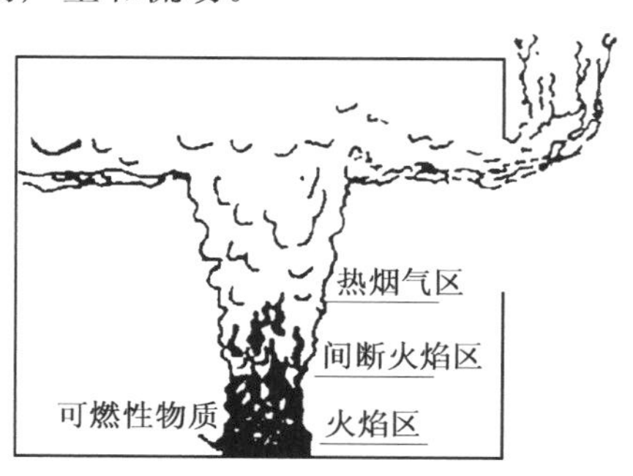

图 2.13　室内可燃物着火燃烧产生热烟气的示意图

$$\bar{W}=\frac{W{r_0}^{1/3}}{\left(\dfrac{gQ}{\rho_{\mathrm{p}}c_{\mathrm{pF}}T_0}\right)^{1/3}}=\frac{1.696}{\sqrt[6]{n}} \tag{2.17}$$

式中，$\bar{W}$ 为无因次速度；W 为火焰轴线上的垂直上升气流速度；r_0 为火源的当量半径；Q 为可燃物的发热量；ρ_{p} 为热烟气的密度；c_{pF} 为热烟气的比热容；T_0 为室温(热烟气的环境温度)；n 为火焰面源的矩形比。如果 $n=1$，则有

$$W=1.696\left(\frac{gQ}{\rho_{\mathrm{p}}c_{\mathrm{pF}}T_0}\right)^{1/3}{r_0}^{-1/3}\approx 37.2\left(\frac{Q}{r_0}\right)^{1/3} \tag{2.18}$$

这样上升热气流的质量流量为

$$m=\alpha\rho_{\mathrm{p}}W\pi r^2 \tag{2.19}$$

这里 α 为流速的平均化系数；r 为上升热气流的半径。

一般室内的容积是有限的，随着热烟气的不断产生，热烟气将很快充满整个室内上层空间。在充满整个上层空间之后，随着热烟气的产生，将有一个相应的热烟气层的下降速度。当热烟气层下降到开口处上沿时，热烟气将向室外流动。随着热烟气流的流出，可能引起其他室内可燃物的着火，造成火灾的蔓延。所以计算热烟气层的下降速度，对于安全逃生、组织灭火活动等都是非常重要的。热烟气层的下降速度可用下式计算：

$$V_{\mathrm{sd}}=\frac{V_{\mathrm{p}}}{A_{\mathrm{c}}}\cdot\frac{\rho_{\mathrm{p}}}{\rho_{\mathrm{s}}} \tag{2.20}$$

式中，V_{p} 是无火焰热烟气向热烟气层流入气体的体积流量；A_{c} 是室内天花板的面积；ρ_{p} 是无火焰区气体的密度；ρ_s 是高温热烟气体的密度。

如果室内热烟气层简化成图 2.14 所示，则热烟气层的厚度($H-H'$)有如下关系式：

$$-\rho_s A_c \frac{dH'}{dt}=\alpha\rho_p W\pi r_0^2$$

积分上式得

$$H-H'=\frac{37.2\alpha Q^{1/3}\pi r_0^{5/3}\rho_p}{A_c\rho_s}t \quad (2.21)$$

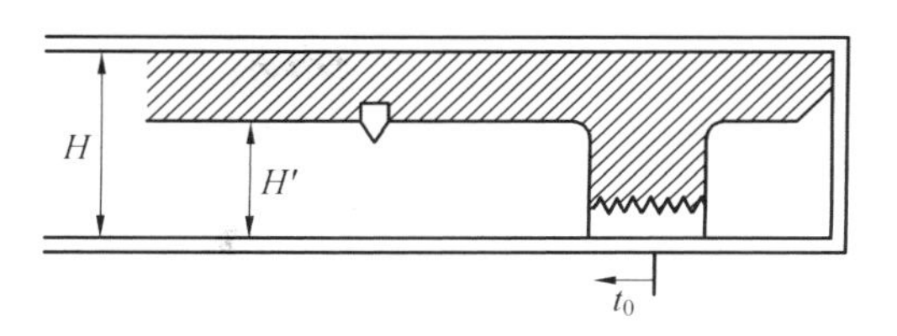

图 2.14　室内热烟气层简化图

式中，r_0 为火焰半径，不计 r_0 的变化；H 为天花板的高度；t 为时间。这样就得到了热烟气层厚度与时间的关系。随着热烟气层厚度的增加，热烟气对人的危害越来越大。如果人的平均高度定为 1.7 m，即 $H'=1.7$ m，则($H-1.7$)所对应的时间即为安全逃生时间。在此时间之后，因热烟气的作用，人因缺氧中毒而失去逃生能力，导致人员伤亡。可见热烟气层下降速度对火灾初期消防活动有重要作用。

当火灾室有开口时，必须考虑热烟气流的流出量对热烟气层下降速度的影响，此时火灾室的开口及流动状态如图 2.15 所示。不同的火灾阶段，热烟气流的流出量是不同的，这里主要考虑对安全逃生时间的影响。热烟气的流出量为

$$m_s=\frac{2}{3}\alpha B_0(H_0-Y)^{3/2}\sqrt{2g\rho_p(\rho_0-\rho_p)} \quad (2.22)$$

流入的新鲜空气量为

$$m_a=\frac{2}{3}\alpha B_0 Y^{3/2}\sqrt{2g\rho_0(\rho_0-\rho_p)} \quad (2.23)$$

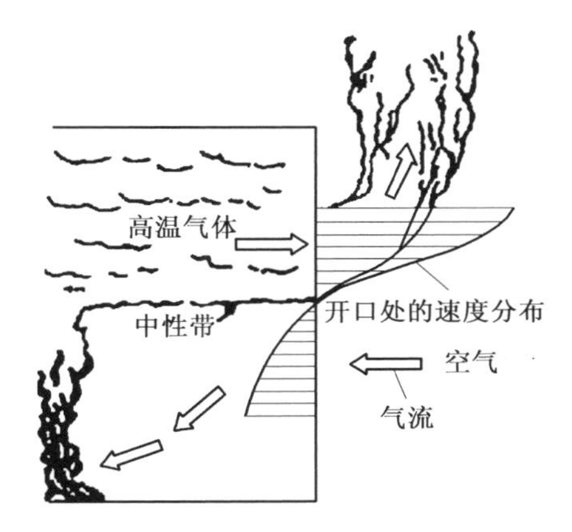

图 2.15　有开口的火灾室热烟气流动状态

这里，B_0 为开口宽度；H_0 为开口高度；Y 为中心带到开口下沿的高度；ρ_0 为新鲜空气的密度；ρ_p 为热烟气的密度，当热烟气超过开口下沿时，流出的热烟气量与流入的新鲜空气量相等。

如果火灾室的开口与外界大气相通(普通的窗子)，则应考虑热烟气流对火灾室相应上层窗子的引燃作用，以及对相邻建筑物的引燃作用，防止火灾的蔓延。如果火灾室的开口与建筑物的走廊或其他房间相通，则应考虑热烟气在走廊、相邻房间及整个建筑内的流动，制订相应的防止火灾蔓延对策。

下面就流入建筑物走廊的热烟气流动情况做些介绍：因热烟气的温度较高，密度较小，与走廊中的新鲜空气形成了明显的分层流动状态，如图 2.16 所示。热烟气层的厚度可用下式计算：

$$H''=0.56\left[\frac{m_s}{B^2\rho(\rho_0-\rho)}\right]^{1/3} \quad (2.24)$$

这里，m_s 为热烟气的质量流量，kg/s；B 为走廊宽度，m；ρ_0 为新鲜空气密度；ρ 为热烟气密度。当 $H''\leqslant H_c$ 时，热烟气温度在 50～1 000 ℃ 范围内，$[\rho(\rho_0-\rho)]^{1/3}\approx 0.5\sim 0.7$，一般可以取为 0.56，使问题得到简化。

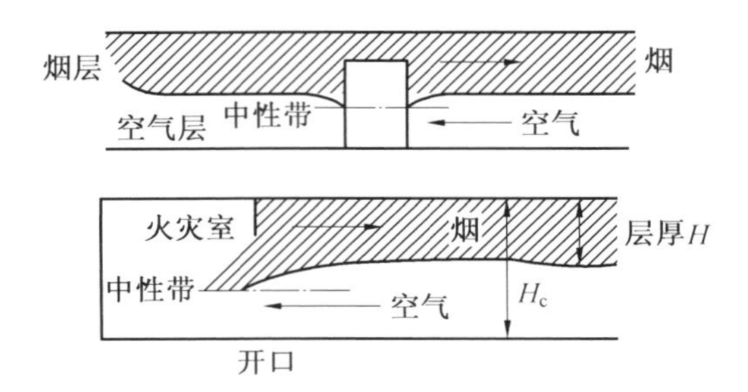

图 2.16 走廊中热烟气与新鲜空气的分层流动情况

如果从火灾室流出的热烟气初温为 T_p，流出之后经过 x 距离，热烟气的温度降为 T_x，走廊中的新鲜空气温度为 T_0，这样 T_x 可用下式表示：

$$T_x = T_0 + (T_p - T_0)\exp(-\alpha\Phi x) \tag{2.25}$$

式中 $\alpha = \dfrac{2(B+H'')}{c_P m_s}$；$\Phi = h\exp(h^2 t/\lambda c_P \cdot \mathrm{erfc}h\sqrt{t/\lambda c\rho})$ 称为热损失系数，其中 c_p 为热烟气的定压比热容；h 为走廊壁面的对流换热系数；λ 为壁面的导热系数；c 为壁面的比热容；ρ 为壁的密度；t 为热烟气流出火灾室之后所经过的时间。

2.7.2 火焰与热烟气流热辐射引起的火灾蔓延

热辐射强度的计算公式为

$$I = \Phi_{P-A}\varepsilon_p\sigma T_p^4 \tag{2.26}$$

这里，Φ_{P-A} 为受热面 A 上某点相对热烟气层的形态系数；ε_p 为热烟气层的辐射率；σ 为斯蒂芬－玻耳兹曼常数；T_p 为热烟气层的温度。其中 Φ_{P-A} 随着受热面 A 到热烟气层的距离平方成反比而变化，ε_p 与热烟气层的厚度和成分有关，例如：1 m 厚的 1 400 ℃ 的二氧化碳(CO_2)烟气层的辐射率 $\varepsilon_p=0.17$，而 4 m 厚的 1 600 ℃ 的水蒸气层的辐射率 $\varepsilon_p=0.35$。大量的氢气火焰实验结果也表明：没有炭烟生成时，燃烧放出的热量中有 10% 通过热辐射向外传送。如果有炭烟生成，则通过热辐射向外传送的热量可增加到 20%～45%。火灾中的燃烧条件较差，一般都有大量的炭烟生成，所以通过热辐射向外传送热量的比例会更大。因此必须考虑热辐射在火灾蔓延过程中的作用。

2.8 可燃液体中的火灾蔓延

2.8.1 油池火灾

描述这种火灾的特征参数为液面下降速度(单位时间里的燃料消耗量)，大量的实验结果表明：液面下降速度与容器直径有关。下面就来分析一下液面下降速度与火焰特点的关系。

油池火灾中液面下降速度应当等于火焰向液体传入热量引起液体蒸发而导致液面下降的速度。液面上方液体蒸气的扩散速度决定了燃烧速度，而这种燃烧的形式显然应为扩散火焰。这样就明确了整个过程中，传热、传质、流动与化学反应的关系，为进一步分析问题打下了基础。

从火焰传入液体的热量包括：① 从容器器壁向液体的传热；② 液面上方高温气体向液体的对流传热；③ 火焰及高温气体向液体的辐射传热等。

油池器壁与火焰根部距离很近，故器壁温度可取为液体温度(T_l)。器壁附近气体的温差为 $T_F - T_l$，这里 T_F 为火焰温度。从器壁向液体的传热量为

$$q_{cd} = \pi d\lambda (T_F - T_l) \tag{2.27}$$

式中，d 为油池直径；λ 为气体导热系数。

油池上方高温气体向液体的对流传热量为

$$q_{cv} = \frac{\pi d^2}{4} h (T_F - T_l) \tag{2.28}$$

这里 h 为对流传热系数。

火焰及高温气体向液体的辐射传热量为

$$q_{ra} = \frac{\pi d^2}{4} \sigma (\Phi_F \varepsilon_F T_F^4 - \varepsilon_\lambda T_l^4) \tag{2.29}$$

这里假设高温气体的温度等于火焰温度，σ 为斯蒂芬－玻耳兹曼常数，Φ_F 为火焰及高温气体对液面的形态系数，ε_F 为火焰及高温气体的辐射率，ε_λ 为液体的辐射率。

传入液体的热量起到两种作用，其一为使液体的温度升高，其二为使液体蒸发。使液体升温的热流量为

$$q_l = \frac{\pi d^2}{4} c_{pl} \rho_l (T_l - T_0) \tag{2.30}$$

这里 c_{pl}，ρ_l 和 T_0 分别为液体的比热容、密度和初温。使液体蒸发的热流量为

$$q_{cd} + q_{cv} + q_{ra} - q_l = \frac{\pi d^2}{4} v_l \rho_l L_V \tag{2.31}$$

这里 v_l 为液面的下降速度；L_V 为室温条件下液体的蒸发潜热。

将式(2.27) ~ (2.30) 代入式(2.31) 可得

$$v_l = \frac{1}{\rho_l L_V}\left[\frac{4\lambda}{d}(T_F - T_l) + h(T_F - T_l) + \sigma(\Phi_F \varepsilon_F T_F^4 - \varepsilon_\lambda T_l^4) - c_{pl}\rho_l (T_l - T_0)\right] \tag{2.32}$$

当油池直径 d 很小时，式(2.32) 中右端第1项相对较大，忽略其他各项后得到：v_l 与 d 成反比的近似关系。当 d 很大时，式(2.32) 中右端第1项相对较小，可以忽略不计，所以有 v_l 与 d 无关的结论。这就明确了在油池火灾中，蒸发过程是火灾蔓延的控制过程。要控制蒸发过程必须控制液体与外界环境的换热过程，所以采用泡沫灭火剂在液面上生成一层泡沫层，既能减少向液体的传热量，又能阻止液体的蒸发，是一种防治油池火灾的好方法。

如果在油池中有积水，水一般沉在油池的底部，但水的沸点(100 ℃)远低于油的沸点。根据上面的介绍可知：火焰向液体油传热的同时，油必然也向水传热，所以沉积在油池底部的水温会不断升高。当水温上升到水的沸点温度时，水就会沸腾。而水面以上有一层油，这层油的最上层又处于蒸发、燃烧状态。所以沸腾的水蒸气将带着蒸发、燃烧的油一起沸腾。这样就可能发生极其危险的扬沸现象，即沸腾的水蒸气带着燃烧着的油向空中飞溅。一般飞溅的油滴在飞溅过程中和散落后将继续燃烧，造成火灾的迅速扩大。研究结果表明：飞溅高度和散落面积与油层厚度、油池直径等有关，一般散落面积的直径(D) 与小油池直径(d)之比均在10以上，即 $D/d > 10$。由于扬沸带出的燃油原来呈池火燃烧状态，喷出之后呈液

滴燃烧状态，改善了燃烧条件，燃烧强度大大提高，危险性随着增加。如果油池周围还有其他可燃物，这些可燃物将被点燃；如果油池周围还有从事灭火工作的人员和设备，必然造成很大的伤亡和损失。所以对油池火灾而言，一定要避免扬沸现象的发生。

2.8.2　油面火灾

油面火指的是在大面积的水面上，有一层较薄的浮油，这种浮油燃烧时引起的火灾称油面火。油面火与池火的区别在于：油面火有一个不断的扩大过程，一旦着火，很快就在整个油面上形成火焰。由于燃烧情况不同，蔓延规律也不同，描述该过程的参数也不相同。

在静止环境中，油的初温对火焰蔓延速度有显著影响。开始时油面火蔓延速度随着初温的升高而变大；当初温达到某个值之后，油面火蔓延速度趋于某个常数。对于甲醇油火来讲，因甲醇的闪点为 11 ℃，当温度达到 20 ℃ 之后，在甲醇液面上方便形成了一定浓度的甲醇蒸气，该蒸气与空气混合后形成具有一定混合比例的预混可燃气。这个预混可燃气的火焰传播速度是一定的，所以甲醇油面火的蔓延速度就趋于某个常数。这个常数就是最大甲醇浓度与空气混合后的预混可燃气的层流火焰传播速度，如图 2.17 所示。

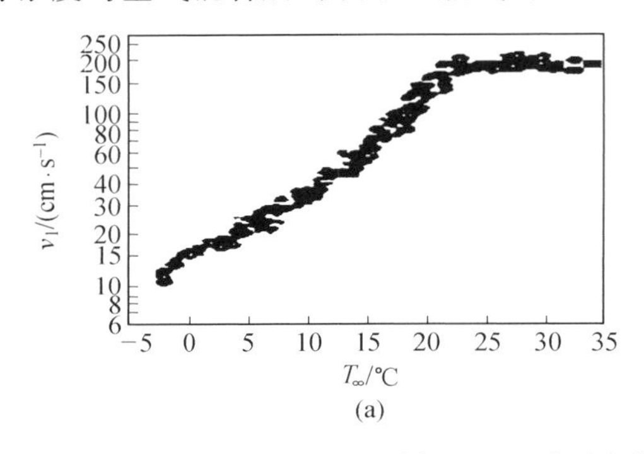

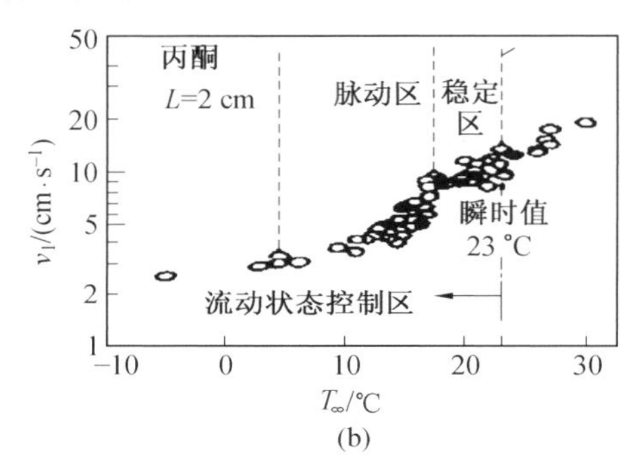

图 2.17　油面火蔓延速度与初温的关系

上述结果表明：当油的初温低于闪点温度时，形成的是扩散火焰为主的燃烧形式。要维持燃烧，就要保证液体具有一定的蒸发速度，也就是说火焰必须向火焰面前方的液体（甲醇）传送足够的热量，使该部分液体升温。这样在火焰面前方的液体与火焰面正下方的液体之间就产生了温度差，由温度差而引起了表面张力差，在表面张力差的作用下，便产生了表面流，使得温度较高的液体不断流向火焰面的前方以保证液体的蒸发速度与火焰蔓延速度的平衡。图 2.18 为油面火中初温高于或低于闪点温度时，对传热过程的影响。

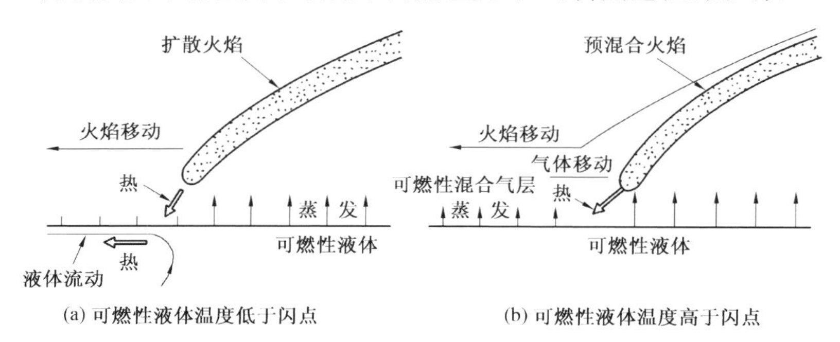

图 2.18　油面火中初温对传热过程的影响

在有相对风速的环境中，油面火的蔓延情况如图 2.19 所示。这一结果表明：逆风条件下，液体的初温对火蔓延速度有显著影响；顺风条件下，液体的初温几乎对火蔓延速度没有影响，火蔓延速度主要受风速的影响。这主要是火焰在风的作用下，倾斜角增大，强化了火焰对液面的辐射传热和对流传热。顺风时，火焰向未燃烧的油面方向倾斜，所以作用显著，甚至成为主导作用；逆风时，火焰向已燃烧的区域倾斜，起不到强化作用，效果当然不明显。这个结果提示我们：在灭油面火时，最好采用逆向灭火方式。

在有相对风速环境中，液面一般也有波动，所以应当进一步研究液面波动对火蔓延速度的影响，以便更真实地描述液面的蔓延规律。

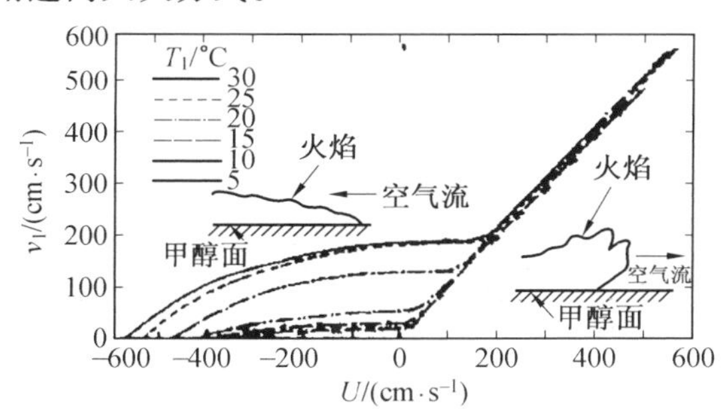

图 2.19　相对风速对油面火蔓延的影响

液面火常用来清除泄漏在海面上的石油，这当然与防止火灾蔓延的目的不一样，但是蔓延的规律是相同的。不过这时又出现了因长时间燃烧，油层下面的水温升高到沸点之后，水的沸腾导致石油的飞散，促进了从油层向水层的传热，反而使得油面火容易熄灭，这点与油池火是完全不同的。一旦油面火熄灭对清除漏油又十分不利；另外因这时的油层薄，面积大，一般不会产生油池火中的扬沸现象。但是由于油与水的互相掺混，再加上液面的波动，可能产生油的乳化现象。乳化的程度不同，对火蔓延速度的影响也不同。

2.9　可燃固体中的火灾蔓延

2.9.1　沿可燃固体表面的火灾蔓延

1. 塑料等人工合成固体可燃物表面的火灾蔓延

为了简化问题，先以塑料棒或板等单一试件为例，分为上端着火，火向下蔓延；下端着火，火向上蔓延；中间着火，火向两边蔓延三种情况，分别加以介绍。中间着火情况实际上就是前面两种的综合，所以不必单独介绍。图 2.20 为上或下端着火后，火蔓延的过程图。从图可以看出：着火的部位不同，传热情况不同，所以火蔓延的速度也不同。

对无相对风速条件下，下端着火，火向上蔓延的情况，因燃烧后的高温燃气流经未燃烧部分的表面，所以对流换热的作用很强。未燃烧部分通过对流传热能从高温燃气得到更多的热量，对未燃烧部分的热解、汽化有利，所以火的蔓延速度快。而上端着火，火向下蔓延因为高温烟气不流经未燃烧部分，对未燃烧部分的传热量少，所以火的蔓延速度也就慢。

图 2.21 为有机玻璃板火蔓延速度与板厚度的关系。板厚度增加，火蔓延速度减小；板厚度超过一定值后，火蔓延速度趋于某一常值。如果研究一下火蔓延速度(v_F)、板厚度、板的表面温度(T_S)三者之间的关系，将可以发现：在板厚度比较小的时候，火蔓延速度与固体可燃物的汽化温度(T_V)同固体可燃物的表面温度差($T_V - T_S$)成反比；在板厚度比较大时，火蔓延速度(v_F)与$(T_V - T_S)^2$ 成反比。这说明：对于厚度大的固体可燃物，固体可燃物的

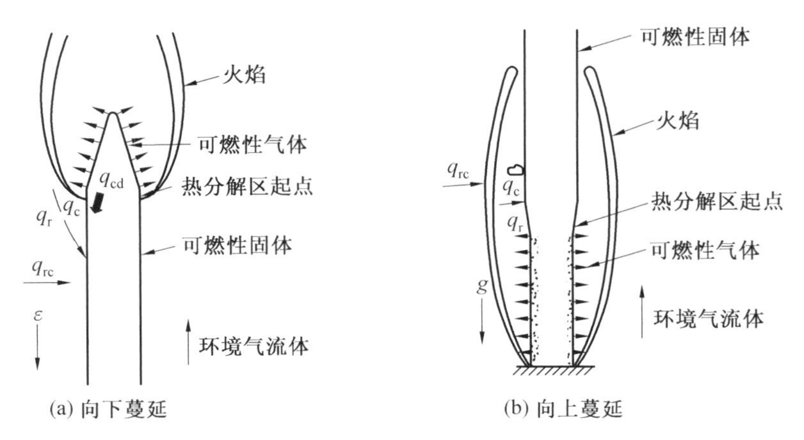

图 2.20　火沿塑料棒蔓延过程图

表面温度对火蔓延速度有显著影响。

前面所讨论的塑料棒或板的燃烧，只涉及材料的几何形状、着火位置、环境条件等对燃烧过程的影响，而没有考虑燃烧过程中，固体可燃物受热后液化或结焦的影响。受热后液化的可燃物，其燃烧特性具有液体燃料燃烧特性；受热后结焦的可燃物，由于在表面形成一层焦壳，焦壳一般都具有较强的隔热性，可使内层物质不受高温的影响。所以对上述两种情况燃烧特性的讨论必须结合可燃物性能进行。由于可燃物种类繁多，使得此项工作很难进行，目前多采用实验测量办法给出实验数据。下面介绍一下美国工厂联合研究组织采用的实验方法、实验装置和实验结果，图 2.22 为实验装置简图。试件为一块 0.007 m^2、厚 0.01 m 的平板，燃烧时水平放置。实验器内的供氧浓度与大气相同，燃烧过程中连续称重，外部热辐射加热作为点火热源，其强度依需要可以调节，依能量关系求得固体可燃物的燃烧速度。燃烧速度由下式给出：

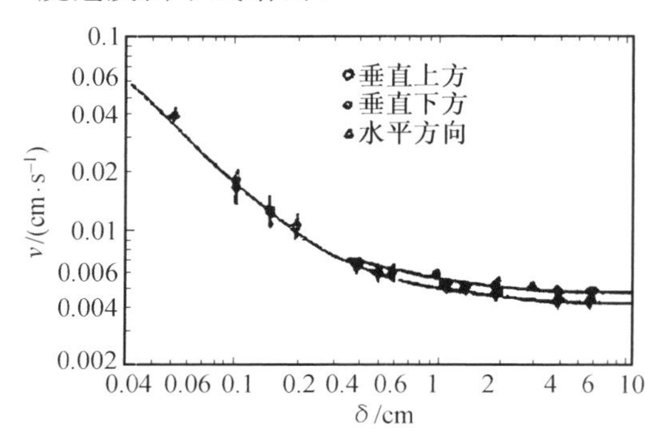

图 2.21　有机玻璃板厚度对火蔓延速度的影响

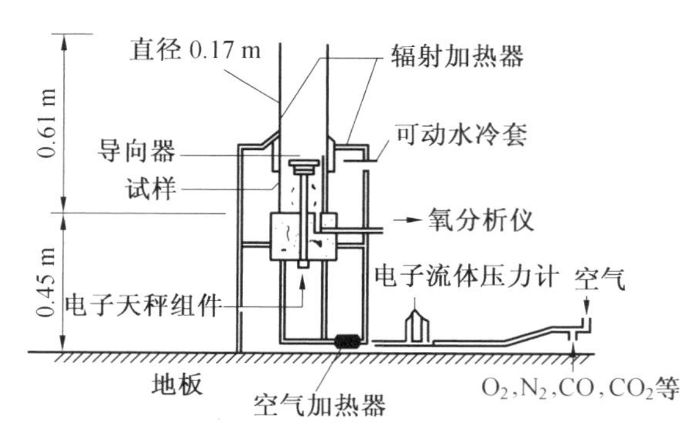

图 2.22　可燃固体燃烧性能实验装置简图

$$m=\frac{Q_a-Q_l}{L_v} \tag{2.33}$$

其中，Q_a 为试件获得的热流通量，包括从火焰和外部加热热源获得的热流通量之和，W/m^2；Q_l 为试件用于升温到汽化温度所需要的热流通量；L_v 为汽化热。由于燃烧的固体表面温度较高(常在 350 ℃ 以上)，由固体表面向外辐射的热损失较大，所以固体用于热解、汽化的热量较液体的蒸发潜热要大得多，见表 2.4。式(2.33) 改写为

$$m=\frac{Q_F+Q_E-Q_l}{L_v} \tag{2.34}$$

其中，Q_F 为试件从火焰得到的热流通量；Q_E 为从外部加热热源得到的热流通量。Q_F 实际是燃烧放热量的一部分，显然与氧浓度有关，所以可写为

$$Q_F=\zeta\chi_{O_2} \tag{2.35}$$

这里 χ_{O_2} 为氧气的摩尔百分数；ζ 为一实验常数。当 Q_E-Q_l 不变时，式(2.35) 可写为

$$m=\frac{\zeta\chi_{O_2}}{L_v}+\frac{Q_E-Q_l}{L_v} \tag{2.36}$$

通过实验测得 m 与 χ_{O_2} 的关系，就可得到 ζ 实验常数，这样就求得了火焰向固体可燃物表面传入的热流通量。当 χ_{O_2} 为常数时，就可求得 m 与 Q_E 的关系，这样就求得了要使某些固体可燃物燃烧，必须附加的最小点火能。由此再通过式(2.34) 就可算出 Q_l，这样就得到了表 2.4 的全部数据。由于实验中采用的试件尺寸较小，用于大试件时应做适当修正，必须考虑热辐射的影响。

表 2.4　某些可燃物的性能参数

可燃物名称	Q_F /(kW·m^{-2})	Q_l /(kW·m^{-2})	L_v /(kJ·g^{-1})	m /(g·m^{-2}·s^{-1})
增强纤维酚醛泡沫塑料	25.1	98.7	3.34	11.0
增强纤维聚异氰脲酸酯塑料	33.1	28.4	3.67	9.0
聚氯化甲烯(POM)	28.5	13.8	2.43	16.0
聚乙烯	32.6	26.3	2.32	14.0
聚碳酸酯	51.9	74.1	2.07	25.0
聚丙烯(PP)	28.0	18.8	2.03	14.0
木材	23.8	23.8	1.82	13.0
聚苯乙烯(PS)	61.5	50.2	1.76	35.0
增强纤维聚酯	29.3	21.3	1.75	17.0
酚醛塑料	21.8	16.3	1.64	13.0
聚甲基丙烯酸甲酯(PMMA)	38.5	21.3	1.62	24.0
增强纤维异氰脲酸酯泡沫塑料	50.2	58.5	1.52	33.0
聚氨酯泡沫塑料(PUE)	68.1	57.7	1.52	45.0
增强玻璃纤维	24.7	16.3	1.39	18.0
增强纤维聚苯乙烯泡沫塑料	34.3	23.4	1.36	25.0
聚氨酯软泡沫塑料	51.2	24.3	1.22	32.0
增强纤维聚氨酯泡沫塑料	31.4	21.3	1.19	26.0
增强纤维胶木	9.6	18.4	0.95	10.0
甲醇(液体)	38.1	22.2	1.20	32.0
乙醇(液体)	38.9	24.7	0.97	40.0
苯乙烯(液体)	72.8	43.5	0.64	114.0
甲基丙烯酸甲酯(液体)	20.9	25.5	0.52	76.0
苯(液体)	72.8	42.2	0.49	149.0
庚烷(液体)	44.3	30.5	0.48	93.0

2. 木材等天然固体可燃物

木材的结构特点对木材的着火特性有显著影响，在讨论木材燃烧特性时，必然要考虑木材结构对燃烧特性的影响，实验证明：木材结构对火蔓延速度有显著影响。

图 2.23 为同种木材、相同尺寸、相同燃烧条件、不同木纹方向两根木条的实验结果。火焰沿横纹方向的蔓延速度大于顺纹方向的蔓延速度，大体上有下述关系：

$$\bar{u}_{横} \approx 1.3\bar{u}_{顺} \tag{2.37}$$

这里 $\bar{u}_{横}$ 和 $\bar{u}_{顺}$ 分别为沿横纹及顺纹方向火蔓延的平均速度。这一结果使我们想到：在森林火灾和建筑火灾中的木质可燃物，沿横纹方向烧损严重，而不是沿顺纹方向一直烧下去，一棵树往往烧成很多不连续但深度较大的洞。这个结果提示我们，木材的烧损程度应当用烧痕的深度来表示，不宜用烧痕的面积来表示。这对判断过火林木的使用价值有重要作用。

木材尺寸(可理解成树木的年龄)、木条倾斜角、树种等都对火蔓延速度有显著影响。图 2.24 为木条尺寸对火蔓延速度的影响，图 2.25 为木条倾斜角对火蔓延速度的影响。在木条有倾斜角时，木条横截面的高度(h) 与厚度(δ) 对火蔓延速度的影响并不相同，厚度(δ) 增加时，火蔓延速度下降；高度(h) 增加时，火蔓延速度增加。木条横截面的高度(h) 增加时，相当于垂直方向的长度增加，所以火焰对上部木条的预热作用加强，导致火蔓延速度增加。

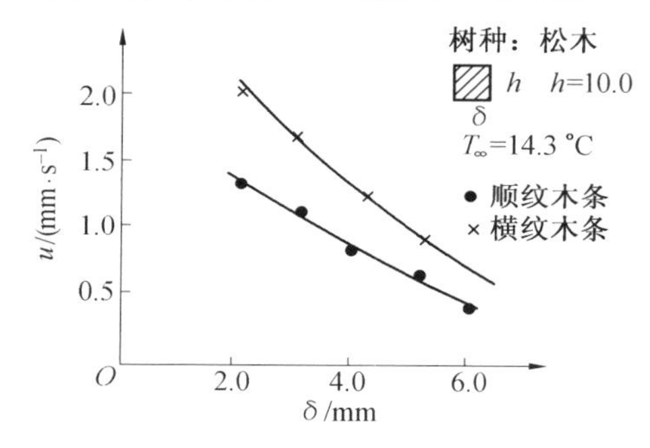

图 2.23　木纹方向对火蔓延速度的影响

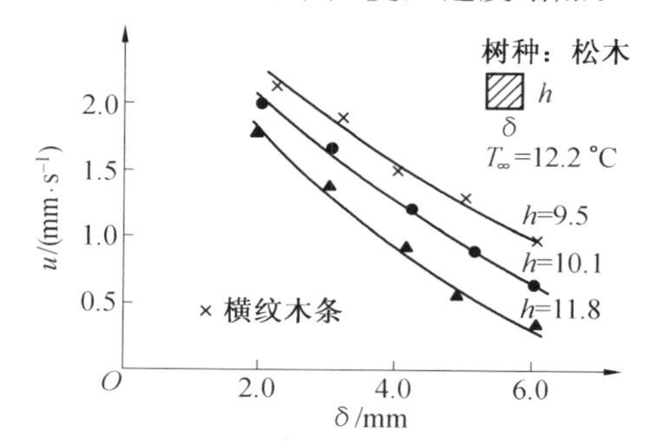

图 2.24　木条尺寸对火蔓延速度的影响

图 2.26 为环境温度对木条火焰蔓延速度的影响。很明显在 270 ℃ 时，因木材的热解、汽化速度迅速增加，火的蔓延速度也相应迅速增加。在大面积森林火灾中，局部可能形成这样的高温环境，使得着火的危险性和火蔓延速度增加。

依据大量的实验结果，可将木条火焰的蔓延速度与各参数之间的关系表示为

$$\bar{v}_{F} = 0.127 T_{\infty}^{0.76} h^{0.90} e^{-2.35\delta^{1/3}\sqrt{\sin\frac{\alpha}{2}}} \tag{2.38}$$

这里，$\bar{v}_{F}$ 为平均火蔓延的速度；T_{∞} 为环境温度；h 为木条高度；δ 为木条厚度；α 为木条倾斜角。

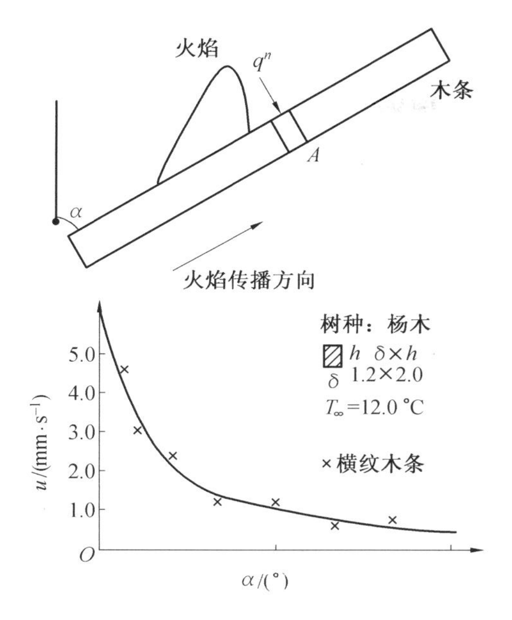

图 2.25　木条倾斜角对火蔓延速度的影响

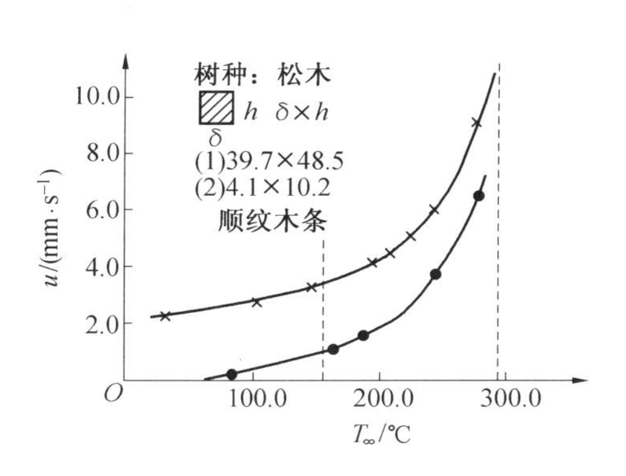

图 2.26　环境温度对火蔓延速度的影响

3. 沿薄片(纸等)固体可燃物表面的火蔓延

薄片固体应用很广，一旦着火燃烧，火的蔓延规律又独具特色，所以单独做些介绍。这种固体可燃物厚度很小，但是面积很大，总的质量不大，比热容也不大，受热后升温很快。大量的研究结果表明：薄片固体可燃物的质量燃烧速度等于固体可燃物的汽化速度。而固体可燃物的汽化速度与外部向固体可燃物的传热量有关，图 2.27 为某些薄片固体可燃物的质量燃烧速度与外部向固体可燃物的传热关系曲线。尽管薄片固体可燃物的种类不同，但与传热量基本都呈线性关系。这实质上反映了温度对燃烧过程的影响，炭片的燃烧实验结果也证实了这点。当温度在 1 000 ℃ 以下时，炭片燃烧只有表面反应；当温度在 1 000 ℃ 以上时，炭片燃烧除表面反应之外，还有空间反应。上述结果可以用来预测贴在墙上的纸着火之后的蔓延速度以及窗帘着火之后的蔓延速度等。

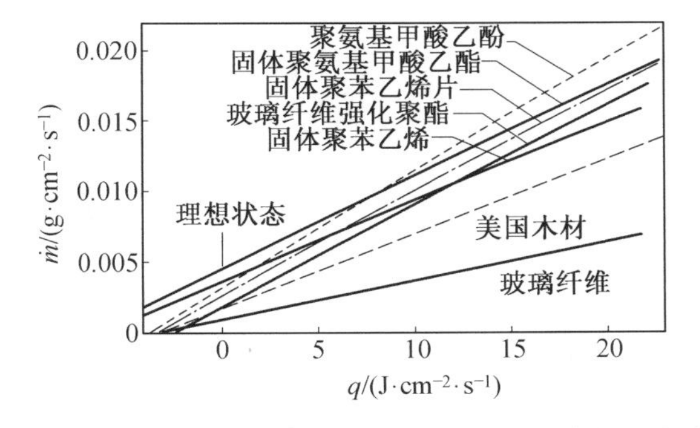

图 2.27　薄片固体可燃物的质量燃烧速度与传热量的关系

薄片固体可燃物燃烧过程中，温度是不断变化的，这必然引起自然对流及传热过程的变化，最后又影响到燃烧过程的变化。可见温度是整个过程的关键参数，对燃烧过程直接影响的参数是相对速度，图 2.28 为相应的研究结果。按照相对速度的大小，可以分成三个不同的区域：

(1) $u_\infty \leqslant 85$ cm/s，属于自然对流范围。相对速度增加时，火蔓延速度下降。在每一种相对速度下，火的蔓延过程有个加速现象，如图 2.28(a) 所示，此图为连续拍照的火焰前峰与时间的关系。每条实线代表一个时刻的火焰位置，每两条实线间的时间间隔是相等的，如果两条实线间的距离增加，则表示有加速现象。

(2)85 cm/s $< u_\infty <$ 125 cm/s。在此速度范围内，火焰很不稳定，如图 2.28(b) 所示。纸中间部分的火蔓延速度忽快忽慢，纸两边的火蔓延速度比中间的慢很多，火焰的整体形状变尖。

(3)$u_\infty \geqslant$ 125 cm/s。火蔓延速度进一步下降，但均匀了，也就是说边上与中间的火蔓延速度基本相同，但有局部的加速现象。若速度再增大，则发生熄火现象。图 2.28(c) 表明了此时的情况。

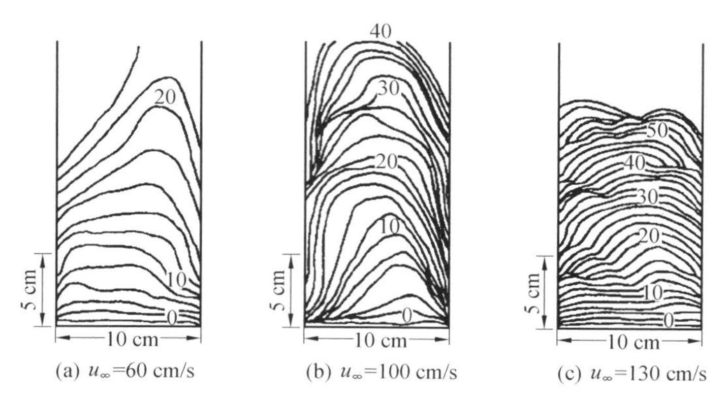

(a) u_∞=60 cm/s (b) u_∞=100 cm/s (c) u_∞=130 cm/s

图 2.28 纸燃烧过程中，连续拍照的火焰前峰与时间的关系图

2.9.2 可燃固体微粒物中的火灾蔓延

1. 堆积状态下的可燃固体微粒物

锯末作为可燃微粒物的典型代表，也是常用的实验材料。为了简化模型，采用了图2.29所示的圆筒状实验装置。实验装置有上开口、下开口和上下同时开口三种，实验器总高65 mm，外径为 115 mm 的八角形，内径为 85 mm 的圆柱形，材料为耐火砖。在实验器轴线上每隔 20 mm 设置一个热电偶，底部安装 50 目的金属网，实验器内填入经 50 目金属网筛选过的松木锯末，不压实(填充密度为 0.12 g/cm^3)。着火位置设置在实验器上平面、下平面和中心平面的轴线上三种，着火后研究燃烧规律与燃烧机理。其结果分述如下：

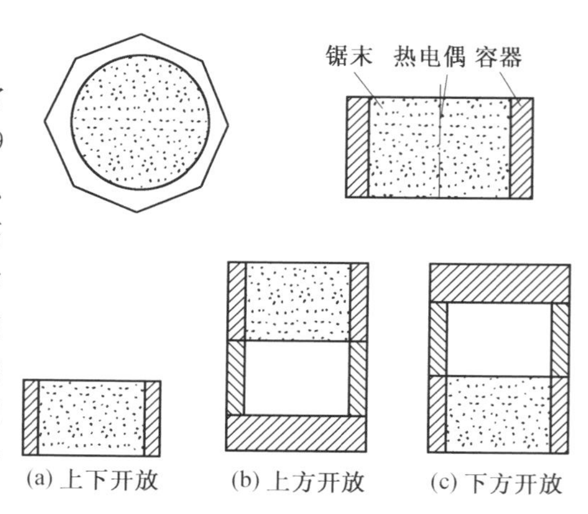

(a) 上下开放 (b) 上方开放 (c) 下方开放

图 2.29 微粒可燃物燃烧实验装置图

图 2.30 为着火位置相同(上平面中心)，不同开口状态，测点位置相同处温度与时间的变化曲线，图中的 x 为从实验器上平面沿轴线向下的距离。图 2.31 为三种状态下实验后残炭的形状图。上述结果表明：开口状态对燃烧规律有显著影响，但初期的影响较弱，随着时间的增长，其影响效果越加明显。其原因是开口状态影响氧气供应、气流流动和传热情况，

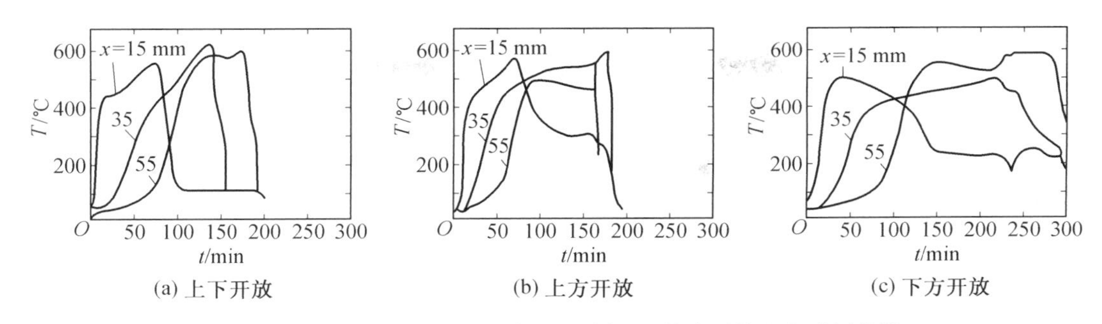

图 2.30　着火位置为上平面中心，不同开口状态下的温度时间曲线

最后影响到燃烧情况。

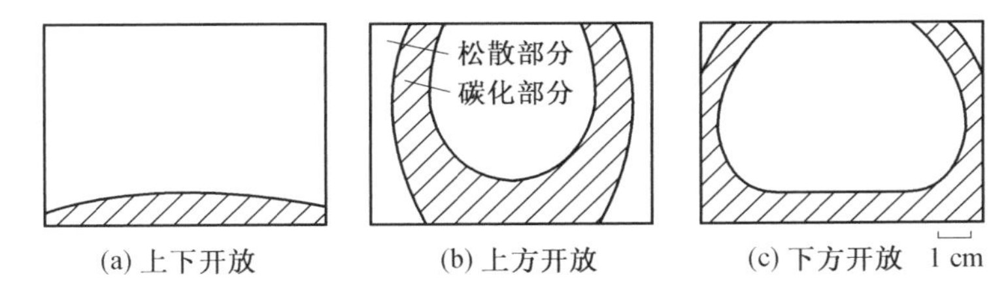

图 2.31　上平面中心着火的三种状态燃烧残炭形状图

图 2.32 为着火位置相同(下平面中心)，不同开口状态，测点位置相同处的温度时间变化曲线，图 2.33 为燃烧残炭形状图，其中 x 为从实验器上平面轴线向下的距离。比较图 2.30 与图 2.32，图 2.31 与图 2.33 的差别可知：着火位置对燃烧情况有显著影响。

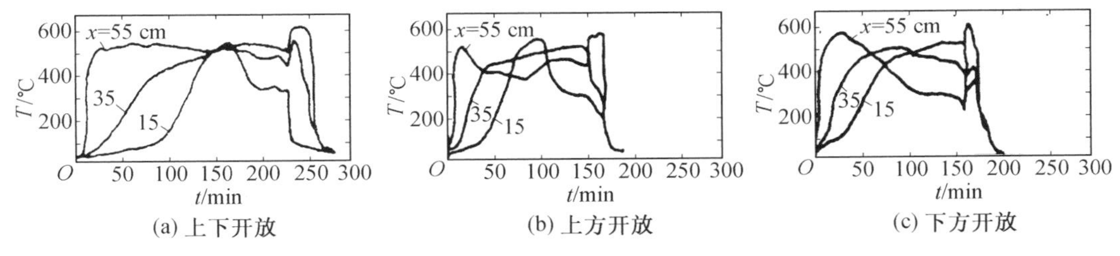

图 2.32　下平面中心着火，不同开口状态、相同点测得的温度时间曲线

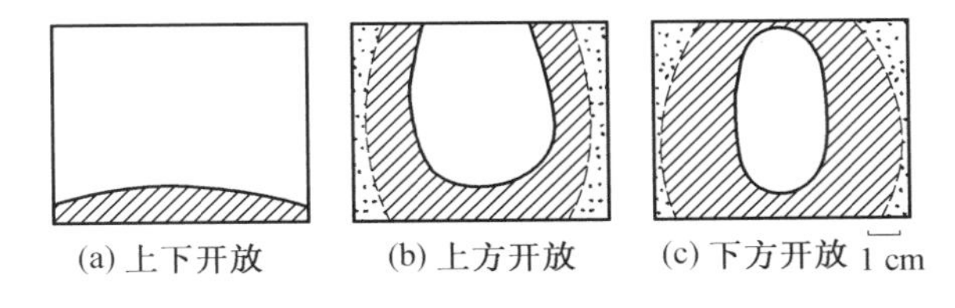

图 2.33　下平面中心着火的三种状态燃烧残炭形状图

当某一点着火燃烧后，随着燃烧面积(体积)的扩大(火焰蔓延)，便产生了燃烧后的空洞及空洞的扩大与崩落，整个过程表现为强烈的非定常性。如果充填密度较小，空隙率则较大，气体在微粒间的流动就容易，供氧比较充足，燃烧反应相应强烈，温度相应较高，浮力的影响显著。所以上下都开口的状态燃烧最强烈；只有上方开口的，中心气流向上流动，四周的气流向下流动(流入的是新鲜空气)，到达底面后改变方向再向上流动并进入燃烧区，与上下都开口的状态相比当然要差些，但流入燃烧区的空气含氧量并没少，只是总流量减少了，

相对来讲供氧比较充足;只有下方开口的,中心气流向上流动,到达上平面后改变方向再向下流动,此时温度虽然较高,但含氧量相对减少,流入燃烧区后因供氧不足影响燃烧强度,所以燃烧区四周的温度较高,碳化范围较大,残灰容易崩落。综上所述三种开口状态的燃烧强度顺序为:上下均开口,上方开口,下方开口。这里指的燃烧强度是阴燃燃烧强度。

2. 浮游状态下的固体微粒可燃物

在讨论浮游微粒可燃物的着火特性时曾指出:它具有预混可燃气的某些特点,同时又具有固体燃料燃烧的特点,其表现为:微粒可燃物的燃烧速度与供氧速度有关。如果浮游微粒可燃物在空间的分布均匀,则很容易形成爆炸,而爆炸的浓度界限与浮游微粒物的尺寸、浓度有关,一定要控制微粒物的浓度。爆炸将导致火灾的迅速蔓延。

2.10　火灾蔓延过程的综合分析

2.10.1　森林火灾

1. 火灾环境

森林火灾发生、发展和熄灭与所处的环境密切相关,而这些环境因素的相互关系及其影响通常称为火灾环境,火灾环境是由可燃物、地形和气象三个因素组成的。森林可燃物常分为两种:① 活可燃物:包括草和林木可燃物,其中林木可燃物只计直径 6 mm 的枝条和树枝。② 死可燃物:按失去最初含水量减去平衡含水量之差的 63% 所需要的时间分成三个级:第一级(1 h 的时滞)包括直径 6 mm 以下的枝条和表层地被物;第二级(10 h 的时滞)包括直径 6 ~ 25 mm 的枝条和直径 20 mm 以下的死地被物;第三级(100 h 的时滞)包括直径 25 ~ 75 mm 的林木和 20 ~ 100 mm 的地被物。上述可燃物从空间位置来看,可分为三层:下层为草、地被物等,其燃烧特点可用燃烧床的方法进行处理。中层树的燃烧具有木杆的燃烧特点。上层树冠的燃烧又可用燃料床的办法处理,不过由于可燃物总量比一般的燃烧床大了很多,而且堆积密度相对减小,所以燃烧强度将大大提高,由此将引发一系列新的火灾现象。

地形的问题主要涉及坡度、含水量、水流与水塘等因素。其中坡度的影响可简化为下端着火向上方蔓延,或上端着火向下方蔓延等各种情况。含水量主要影响燃烧速度,这是容易理解的。水流和水塘的影响是很独特的,由于水量很大时,热容很大,而水的导热系数比土壤大很多,所以在火灾区的水面上方温度较低,相应的空气密度较大。由于空气的差别必然引起空气的流动,而流动的方向必然是从高密度处流向低密度处,高密度处的空气是新鲜空气,流向低密度处的效果等于向火灾区加强了供氧,因此导致火灾强度的增加。所以火灾区的任何水面,都相当于一条氧气供应通道,对火灾的发展十分有利,除此之外,还将引起火灾区强度的差别。由于火强度的差别将导致火旋风的发生。

气象因素主要涉及风的大小和方向,风刮到火灾区的时间,有无降水现象以及水量的多少。风主要涉及燃烧过程的供氧,降水主要涉及燃烧过程的散热。可以设想到上述因素都对燃烧有利时,则是最危险的情况,只要有一个因素发生变化,都将影响火灾过程,这就是火灾过程千变万化的原因。

2. **火灾的蔓延**

就一般情况而言，森林火灾多呈花斑状蔓延，如果发展成大面积的高强度树冠火之后，将引起一些特殊的火灾现象，如飞火、火旋风等。由于这些特殊火灾现象出现，将增加火灾蔓延速度。火灾引起的气流流动是形成特殊火灾现象的主要原因，这就是火与风的相互作用。

地表火的蔓延规律可以采用燃料床的方法进行研究，这里主要介绍高强度树冠火的蔓延。森林火灾释放出大量的热能，在森林火灾地区上空形成高温区，引起气流对流。向上的对流气流必然引起气流的水平方向流动，由于可燃物的分布不均匀，风速的大小和方向不一致，地形的变化等多种因素造成火灾区内水平方向气流流动的差别，这种差别很容易形成垂直的旋涡。这种涡一旦形成，在有一定速度的流场中，涡直径两端的相对流速是不同的，压力也就不同，必然引起涡的移动。在涡的内部，因离心力的作用，周界处的密度较大，中心处的密度较小，火焰一般都靠近周界处，由于燃烧后的高温膨胀，有涡时的火焰区较没有涡时的火焰区压力要高，与无火焰区的压差就大，所以涡产生之后，火焰的蔓延速度加快。向上的对流流动还经常由于水平方向流动受阻，而引起水平的旋涡。不管是垂直的旋涡，还是水平的旋涡，同样都有增加火灾蔓延速度的作用，也是形成火旋风的前提。

当火灾发生地区附近有大面积水域（湖、河等）存在时，因水温与周围的气温相差很大，水面上方的气温与火灾区的气温相差更大。这种更大的温差必然引起更大的气流流动，而水面上方的空气都是新鲜空气，流入火灾区之后，等于加强了火灾区的氧气供应，所以必然引起火势加强。由于此时的等密度面与等压面之间有很大的夹角，特别是在水与地面接壤地区更是这样，很容易形成火旋风，这表明海岸边的火灾危险性更大些。

如果单一火灾的面积较大，不管四周的气流怎样向火灾区流动，火灾区中心部位都会出现供氧不足现象。这必然导致火焰高度的增加，相应引起水平气流在更大范围内的流动。而流动的不均匀性，必然引起旋涡的产生，所以大火更容易引发火旋风。

处于旋涡中燃烧着火的屑块，如果被旋涡卷走，并落到未燃烧的可燃物上，就有可能点燃该处的可燃物，形成一个新的火源。这就是一般说的飞火，可见飞火的发生也与旋涡密切相关。飞火发生后，火灾的蔓延呈跳跃式发展，总的蔓延速度大幅度提高。

2.10.2　建筑室内火灾

1. **室内火灾燃烧的特点**

在没有灭火活动的条件下，室内火灾的发展过程可分为四个阶段：① 初期，也就是常说的起火期；② 发展期，一般指从第一着火物引燃第二着火物到轰燃发生之间的过程；③ 最盛期，指轰燃发生到火灾热衰减之前的过程；④ 终期，从火灾开始衰减到熄火。火灾初期主要涉及起火规律，发展期和最盛期涉及火灾的蔓延规律。这一过程可以用图 2.34 和图 2.35 表示，其中图 2.35 是用室内平均温度与时间的关系表示的。室内火灾过程与火室的开口状况密切相关，当没有开口时，燃烧完全处于有限空间内。其特点为：初期与开口关系不大，发展期因火势增大，氧气消耗量增大，没有开口则表现为供氧不足，限制了火势发展，是灭火的最好时机。在此期间因火室的薄弱处破裂形成开口，或因人为原因而开口，都将导致火势的迅猛发展，直至发生轰燃。所谓轰燃是指室内火灾发生后，当第一着火物或第二着火物形成的火势足够大，引起室内其他绝大多数可燃物的热解、汽化，当气体可燃物的浓度达到着火极限之后，在室内形成全室气相火焰的现象。这种气相火焰将点燃绝大多数的室内可燃物，使火灾迅速进入最盛期。如果完全没有开口，因供氧不足火势将减弱，最后将转变为阴燃燃烧。此时一定要注意阴燃向明火的转变，防止火势再起。最盛期对于完全没有开口的火室是不存在的，对于有开口的火室又有两种情况：开口较小时，为通风控制的燃烧；开口足够大时，为可燃物表面面积控制的燃烧。终期为自然熄灭，即可燃物全部烧完。

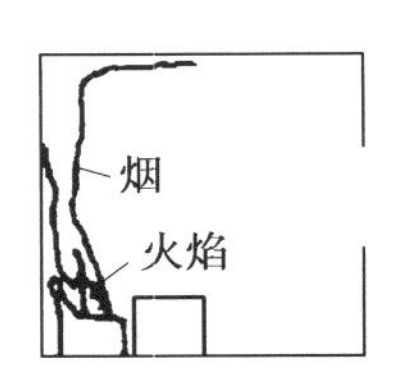

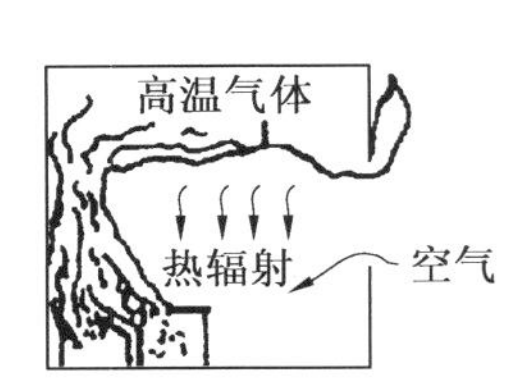

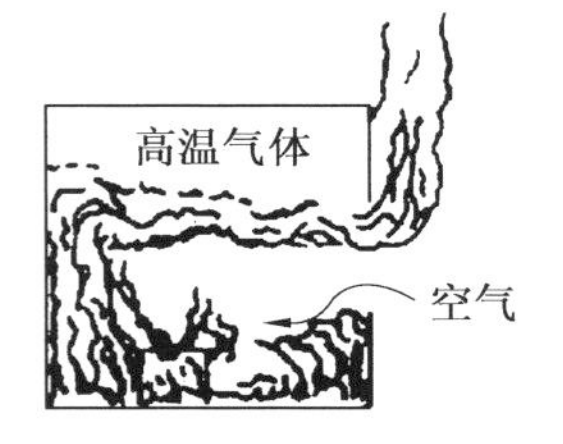

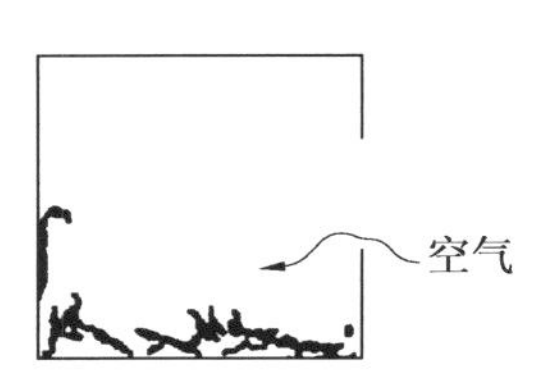

图 2.34　室内火灾发展过程图

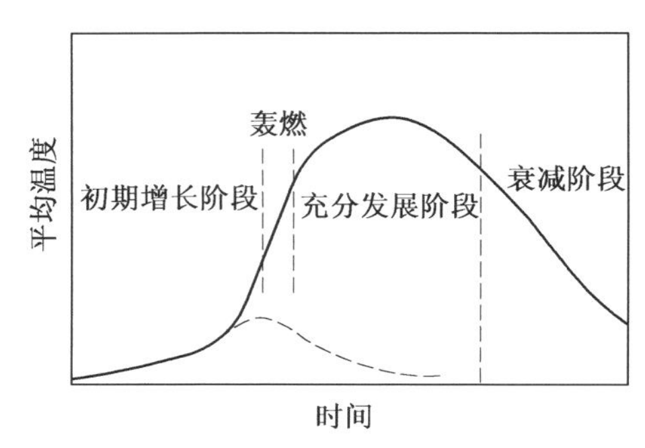

图 2.35　室内火灾发展过程平均温度与时间的关系

2. **通风因子与燃烧方式**

通风因子是 $A\sqrt{H}$，其中 A 为通风口的面积，H 为通风口的自身高度。通风因子较小时，火灾室内与室外的通风不好，对燃烧来讲表现为供氧不足，因此燃烧方式为通风控制。当通风因子足够大时，火灾室内与室外通风自由，室内燃烧与开放空间的燃烧已无本质差别，此时的燃烧方式为燃料表面积控制。不同的燃烧控制方式，对室内质量燃烧速率的影响是不同的，大量的研究结果表明：

对通风控制的燃烧方式有下列关系式：

$$\frac{\rho\sqrt{g}A\sqrt{H}}{A_F} < 0.235 \tag{2.39}$$

对燃料表面积控制的燃烧方式有下列关系式：

$$\frac{\rho\sqrt{g}A\sqrt{H}}{A_F} > 0.290 \tag{2.40}$$

式中，A_F 为燃料的表面积；ρ 为气体的密度。

3. **室内火羽流与热烟气流动**

可燃物着火燃烧之后，在可燃物上方形成了气相火焰，这种火焰可分为三个区，最下面的是连续火焰区，中间是间断火焰区，二者合称为火羽流，最上面的是浮力羽流区。这种火焰的最大特点是呈间歇性振荡燃烧，形成的原因是火羽流与周围空气之间边界层的不稳定性造成的，这种不稳定振动呈轴对称的旋涡结构。

火焰高度是表示燃烧速率及火灾蔓延规律的重要参数，这方面许多研究人员做了大量工作，研究结果表明：火焰高度与火区直径及燃烧速率有密切关系。连续火焰区（火焰在50%以上的时间内存在）只在最下面的很短距离内存在；间断火焰区占有火羽流高度的大部分，火羽流的间歇性振荡燃烧主要是间断火焰的振荡。其振荡频率随燃烧区直径的增大而降低，振幅则随燃烧区直径的增大而加大。火焰高度（L）与各参数满足下列关系：

$$\frac{L}{D}=f\left(\frac{m^2}{\rho^2 gD^5\beta\Delta T}\right) \tag{2.41}$$

式中，m 为可燃气体的质量流率；ρ 为可燃气体的密度；D 为火区直径；β 为空气的膨胀率；g 为重力加速度；ΔT 为火焰与环境的平均温度差。

浮力羽流沿垂直方向的运动受室高限制，在遇到顶棚后流动将改变方向形成顶棚射流。如果火源靠近墙壁或墙角，因边界对空气卷吸作用的阻碍，浮力羽流将向墙壁一侧倾斜。当墙壁和顶棚处有可燃物时，就应考虑这些可燃物被点燃的可能。羽流温度随顶棚高度及离开羽流轴线距离的变化而变化，可用下述公式表示：

在 $r>0.18H$ 的任意径向范围内：

$$T_{\max}-T_{\infty}=\frac{5.38\left(\frac{Q_c}{r}\right)^{2/3}}{H} \tag{2.42}$$

在 $r<0.18H$ 的任意径向范围内：

$$T_{\max}-T_{\infty}=\frac{16.9Q_c^{2/3}}{H^{5/3}} \tag{2.43}$$

式中，T_{∞} 为环境温度；H 为顶棚高度；r 为径向距离；Q_c 为释热速率。

如果顶棚高度很小，或者火源半径很大，则火焰可能直接撞击到顶棚。这时火焰将沿水平方向扩展相当长的距离，形成高温气体在冷空气上部的流动，这种流动受密度差的作用混合效果很差，相应的对空气的卷吸作用也小，减慢了燃烧速率，但延长了燃烧时间，所以造成火灾蔓延扩大的危险性更大。

当羽流沿顶棚水平方向的流动受墙壁阻碍之后，很快就在火室上方形成热烟气层。热烟气层的厚度不断增加，当遇到火室有开口的上边缘时，热烟气便流出室外，新鲜空气便由热烟气层下部流入室内。在热烟气层形成之后，有两个问题要特别注意：

① 热烟气层对室内未燃可燃物的辐射加热，可能引起室内未燃可燃物的热解、汽化，并导致第二着火物的着火燃烧，甚至整个室内可燃物的轰燃，使火灾从生长期发展到最盛期。一旦出现最盛期，则火灾损失将大大增加。所以要特别重视早期灭火，这充分体现了火灾早期报警和自动喷淋系统的作用。

② 热烟气层形成之后，随着烟层厚度的增加，室内新鲜空气的比例越来越少。当热气层的高度下降到人体的平均高度时，室内人员便会因缺氧中毒，并失去逃生能力。所以从第一着火物着火燃烧，到热烟气层下降到人体平均高度所用的时间，为逃生的有效时间。这就是说一切救援活动都应在逃生有效时间之内完成。

轰燃可能出现在逃生的有效时间之前，也可能在其之后，这由当时的具体条件而定。出现在逃生的有效时间之前，无疑人员的伤亡将会增加。火灾在轰燃发生之后，将很快从室内向室外蔓延，形成对其他房间和建筑物的威胁。

2.10.3　石油罐火灾

石油罐火灾以油轮火灾为代表，其特点如下：

(1) 油轮火灾多发生在冬季。冬季是个风多、风大的季节，此时海水表面的温差大，海面上的气压不稳定，有激烈的上升气流存在，易导致油轮偏航，形成撞船、触礁、翻船等事故，这些事故发生的同时往往发生火灾或爆炸。

(2) 空舱时发生火灾的危险性更大。一般油轮都很大，空舱后的残留油绝对量并不小，但无油的空间相对增大很多，残留油蒸发后必然充满整个无油空间，一旦油蒸气浓度达到可燃极限之后，随时都有着火燃烧的危险。而撞船、触礁、翻船等事故往往是着火的导火线，船体越大，着火燃烧后越容易形成爆轰波而导致爆炸。

(3) 原油油轮火灾或爆炸事故多发于汽油油轮。大家都知道汽油蒸发快、容易燃烧、危险性大，所以每个操作人员都应倍加小心。而原油的蒸发速度慢、危险性小，这是事实。但是原油里面包含有汽油的成分、煤油的成分等，如果时间足够长，油蒸气浓度同样可达到可燃极限，因此着火燃烧或爆炸危险性并不小，不应疏忽。

(4) 拆船时引起的火灾和爆炸比例很大。当油轮报废解体时，必须全部清除残留油，否则在切割船舱时易于发生燃烧爆炸事故，导致大量的人员伤亡和港口损失，这方面教训是很多的，必须做好安全准备。

复习思考题

2.1　火灾分为哪几类？

2.2　简述可燃气体起火条件。

2.3　简述可燃液体、固体的起火过程。

2.4　试说明固体阴燃的特点。

2.5　影响固体阴燃状态的因素有哪些？

2.6　以建筑室内火灾为例，说明热烟气的产生和流动特性。

2.7　试说明油面火灾蔓延的规律。

2.8　说明木材结构对火蔓延速度是如何影响的？

2.9　简述森林火灾蔓延的特点。

2.10　试说明影响室内火灾的火焰高度的因素。

2.11　液体燃料的闪点与固体燃料的闪火温度有何不同？

2.12　气体、液体和固体可燃物燃烧过程各具什么特点？

2.13　怎样利用熄火的临界条件，开发火灾中的灭火技术？

2.14　阴燃燃烧的转变规律与火灾发展过程及报警技术的开发有何关系？

2.15　燃烧学中的火焰传播与火灾中的火蔓延有何不同点？

第3章　火灾烟气的产生及特性

所有火灾都会产生大量的烟气。无论是两个不同火场，还是同一火场的不同时刻，烟气的差别很大，成分也复杂。总体而言，火灾烟气是由以下三类物质组成的具有较高温度的混合物，即：① 气相燃烧产物；② 未完全燃烧的液、固相分解物和冷凝物微小颗粒；③ 未燃的可燃蒸气和卷吸混入的大量空气。火灾烟气中含有众多的有毒、有害、腐蚀性成分以及颗粒物等，加之火灾环境高温、缺氧，对生命、财产以及环境都造成很大危害。随着各种新型合成材料的大量出现和广泛应用，火灾中造成死亡的首要原因发生了明显的变化，目前烟气窒息和中毒成为火灾中致死的主要原因。此外，由于高温烟气的迅速流动和蔓延，甚至有时其中掺混着一定的未燃可燃蒸气，很容易引起火势的迅速蔓延和扩大。因此，了解火灾烟气的产生、特性和运动规律，对于火灾的研究和防治都具有重要的意义。

火灾烟气的产生、特性、蔓延和控制等主要依赖于可燃物性质、燃烧状况以及建筑结构等，同时也受到烟气生成和运动过程中各种有关因素的影响。本章将着重对火灾烟气的产生、物理特性、毒性以及建筑中火灾烟气的流动、蔓延和控制等几个问题进行分析和讨论。

3.1　烟气的产生

烟气的产生是衡量火灾环境的基本因素之一。产生烟气的燃烧状况，即明火燃烧、热解和阴燃，影响着烟气的生成量、成分和特性。明火燃烧时，可产生大量元素形态的碳，即炭黑，以微小固相颗粒的形式分布在火焰和烟气之中。由于热量作用于可燃物表面，使之温度升高并发生热解。热解过程的典型温度一般在 600 ～ 900 K，大大低于气相火焰温度 1 200 ～1 700 K。析出的可燃蒸气中大致包括燃料单体、部分氧化产物、聚合链等。在其析出过程中，部分组分由于低蒸气压而凝结成为微小的液相颗粒，形成白色烟雾。与需要外部加热的热解过程不同，阴燃是自我维持的无明火燃烧，其典型的温度范围为 600 ～ 1 100 K。

3.1.1　火灾中热量及主要燃烧产物组分的生成

火灾的危害主要来源于火灾产物，即热量、烟气和缺氧。火灾过程中燃烧产生的热量包括对流和辐射热两部分，产生的烟气中包括完全燃烧产物（如 CO_2 和水）和不完全燃烧产物，如 CO、气态及液态碳氢化合物、炭粒以及醇类、醛类、酮类、酸类、酯类和其他类化学物质。

火灾环境的温度随着产生热量的增多而升高，在达到并超过逃生人员所能承受的极限时，便会危及生命。并且温度继续升高到一定程度后，建筑构件和金属将会丧失其强度，使建筑结构受到损害。另一方面，火灾环境的氧浓度降低，同时各种燃烧产物组分浓度达到并超过逃生人员所能承受的极限时，同样危及生命。

火灾环境中温度及各种化学组分浓度的变化依赖于热量和燃烧产物组分的生成速率、燃烧所需空气的供应速率以及燃烧产物与空气的混合过程等。火灾严重性和消防措施有效性的评判均以火灾过程的某一特定时期内火灾环境中的气体温度和特定组分浓度为依据，因此，了解火灾中热量和主要燃烧产物组分的生成速率是十分必要的。

热环境中的可燃物受热会发生热解，析出可燃挥发分。热解的速率取决于可燃物的表面积及其所接收到的热量。热解的发生包含两种情况，即有明火和无明火。稳态条件下的热解过程可用以下表达式来描述：

无明火情况

$$\dot{m}_{nf}=(\dot{q}''_{e}-\dot{q}''_{L})A_{V}/L_{V} \tag{3.1}$$

明火情况

$$\dot{m}_{f}=(\dot{q}''_{e}+\dot{q}''_{f}-\dot{q}''_{L})A_{V}/L_{V} \tag{3.2}$$

明火情况下的热解速率即为燃烧速率。式中，$\dot{m}_{nf}$ 和 $\dot{m}_{f}$ 分别为热解速率和燃烧速率，kg/s；$\dot{q}''_{e}$，$\dot{q}''_{f}$，$\dot{q}''_{L}$ 分别为单位可燃物表面积上的外加热流量、火焰热流量和辐射热损失，kW/m^2；A_V 为可燃物表面积，m^2；L_V 为可燃挥发分析出的潜热，kJ/kg。

表 3.1 中给出了实验确定的部分常见火灾可燃物的 L_V 及 $\dot{q}''_{L}$ 参考值，若已知作用于单位可燃物表面积上的外加热流量和火焰热流量，则可根据方程(3.1) 和(3.2) 估算可燃物的燃烧速率或热解速率。

表 3.1　部分常见火灾可燃物的可燃性参数

可燃物	L_V/(kJ·g^{-1})	$\dot{q}''_{L}$/(kW·m^{-2})	可燃物	L_V/(kJ·g^{-1})	$\dot{q}''_{L}$/(kW·m^{-2})
杉木	1.82	11	尼龙(Nylon6/6)	2.35	—
橡木	—	16	聚丙烯(PP)	2.03	18
胶合木板	0.95	—	聚苯乙烯(PS)	1.70	13
有机玻璃(PMMA)	1.63	11	聚氯乙烯(PVC)	2.47	10
聚乙烯(PE)	2.32	15	硬质聚氨酯泡沫塑料(PUF)	1.19	16 ～ 22
聚乙烯 /25%Cl	2.12	12	软质聚氨酯泡沫塑料(PUF)	1.34	16 ～ 22
聚乙烯 /36%Cl	2.95	12	聚氧化甲烯(POM)	2.43	13

［例 1］　对于敞开环境中的大尺度聚丙烯火灾，估算其单位面积上的最大燃烧速率。已知燃烧强度最大时材料表面接收到的火焰热流量为 66 kW/m^2。若在其附近有其他物体在燃烧，供给其表面 20 kW/m^2 的外加热流量，试估算此时聚丙烯单位面积上的燃烧速率。

解　从表 3.1 可知：聚丙烯，$L_V=2.03$ kJ/g，$\dot{q}''_{L}=18$ kW/m^2，代入方程(3.2) 可得

$$\dot{m}''_{f}=\frac{\dot{m}_{f}}{A_V}=\frac{(\dot{q}''_{e}+\dot{q}''_{f}-\dot{q}_{L})}{L_V}=\frac{(66-18)}{2.03}\approx 23.6\ (\mathrm{g/(m^2\cdot s)})$$

若有外加辐射热流 $\dot{q}''_{e}=20$ kW/m^2，代入式(3.2) 可得

$$\dot{m}''_{\mathrm{f}}=\frac{\dot{m}_{\mathrm{f}}}{A_{\mathrm{V}}}=\frac{\dot{q}''_{\mathrm{e}}+\dot{q}''_{\mathrm{f}}-\dot{q}''_{\mathrm{L}}}{L_{\mathrm{V}}}=\frac{(20+66-18)}{2.03}\approx 33.5\ (\mathrm{g/(m^2\cdot s)})$$

3.1.2　燃烧产物的生成和氧消耗

明火情况下，可燃挥发分燃烧生成包含固、液相颗粒在内的各种化学组分，并放出热量。而在无明火情况下，可燃挥发分虽不燃烧，但却会发生分解或与空气发生化学反应生成多种化学组分，它们与明火燃烧情况下所生成的化学组分不尽相同。许多实验表明在一定条件下，燃烧产物组分的生成速率正比于可燃物的燃烧速率或热解速率。于是，我们定义燃烧过程中产物组分 j 的生成效率为其实际生成速率与理论上可能的最大生成速率之比，即：

无明火情况
$$\eta_{\mathrm{n}j}=\frac{\dot{G}_j}{\dot{m}_{\mathrm{nf}}k_j} \tag{3.3}$$

明火情况
$$\eta_j=\frac{\dot{G}_j}{\dot{m}_{\mathrm{f}}k_j} \tag{3.4}$$

式中，$j=CO_2$，CO，HC(碳氢化合物)，S(炭粒)等；$\dot{G}_j$ 为燃烧产物中化学组分 j 的实际生成速率，kg/s；k_j 为单位质量可燃物燃烧或热解时产物组分 j 的理论最大生成量。改写式(3.3)和式(3.4)，可得：

无明火情况
$$\dot{G}_j=\eta_{\mathrm{n}j}\dot{m}_{\mathrm{nf}}k_j=Y_{\mathrm{n}j}\dot{m}_{\mathrm{nf}} \tag{3.5}$$

明火情况
$$\dot{G}_j=\eta_j\dot{m}_{\mathrm{f}}k_j=Y_j\dot{m}_{\mathrm{f}} \tag{3.6}$$

式中，$Y_j(=\eta_jk_j)$ 和 $Y_{\mathrm{n}j}(=\eta_{\mathrm{n}j}k_j)$ 称为产物组分 j 的生成率，可由实验确定。表3.2中给出了由实验测量得到的部分常见可燃物在典型稳态燃烧情况下的 CO_2、CO、碳氢化合物(HC)和炭颗粒(C)的生成率。于是，在已知可燃物燃烧速率的情况下，便可估算火灾过程中上述各主要燃烧产物组分的生成速率。

燃烧反应中，在生成燃烧产物的同时要消耗一定的氧气。同样，如果我们定义氧消耗效率为实际耗氧速率与理论上可能的最大耗氧速率之比，便可得到：

无明火情况
$$\dot{D}_{\mathrm{nO_2}}=\delta_{\mathrm{nO}}\dot{m}_{\mathrm{nf}}k_{\mathrm{O_2}} \tag{3.7}$$

明火情况
$$\dot{D}_{\mathrm{O_2}}=\delta_{\mathrm{O}}\dot{m}_{\mathrm{f}}k_{\mathrm{O_2}} \tag{3.8}$$

式中，$\dot{D}_{\mathrm{nO_2}}$，$\dot{D}_{\mathrm{O_2}}$ 为实际耗氧速率，kg/s；δ_{nO}，δ_{O} 为氧消耗效率；$k_{\mathrm{O_2}}$ 为完全燃烧单位质量可燃物的理论耗氧量，即氧气对燃料质量的化学当量比。

表3.2　稳态燃烧情况下部分常见可燃物的燃烧效率和主要燃烧产物组分的生成率

可燃物	H_{T} /(kJ·g^{-1})	$Y_{\mathrm{CO_2}}$	Y_{CO}	Y_{HC}	Y_{C}	χ_{A}	χ_{C}	χ_{R}
气体								
乙烷	47.5	2.90	0.001	0.001	0.008	0.99	0.79	0.20
丙烷	46.4	2.85	0.005	0.001	0.025	0.95	0.68	0.27
丁烷	45.7	2.88	0.006	0.003	0.026	0.95	0.68	0.27
乙烯	47.2	2.86	0.013	0.005	0.045	0.91	0.59	0.32

续表 3.2

可燃物	H_T /(kJ·g^{-1})	Y_{CO_2}	Y_{CO}	Y_{HC}	Y_C	χ_A	χ_C	χ_R
丙烯	45.8	2.80	0.020	0.006	0.103	0.89	0.50	0.39
1,3－丁二烯	44.6	2.41	0.048	0.014	0.134	0.74	0.34	0.40
乙炔	48.2	2.57	0.045	0.013	0.129	0.76	0.37	0.39
液体								
庚烷	44.6	2.86	0.010	0.004	0.037	0.93	0.59	0.35
辛烷	44.4	2.84	0.011	0.004	0.039	0.92	0.61	0.31
苯	40.1	2.30	0.065	0.018	0.175	0.69	0.28	0.41
苯乙烯	40.5	2.26	0.067	0.019	0.184	0.67	0.27	0.40
甲醇	20.0	1.30	0.001	<0.001	<0.001	0.95	0.80	0.15
乙醇	26.8	1.86	0.002	0.001	0.012	0.97	0.73	0.24
异丙醇	30.2	2.13	0.002	0.001	0.014	0.97	0.73	0.24
丙酮	28.6	2.21	0.002	0.001	0.014	0.97	0.73	0.24
固体								
橡木	17.7	1.27	0.004	0.001	0.015	0.70	0.44	0.26
杉木	16.4	1.31	0.004	0.001	—	0.79	0.49	0.30
松木(木垛)	17.9	1.42	0.004	<0.001	0.006	0.86	0.50	0.36
聚氧化甲烯(POM)	15.4	1.40	0.001	<0.001	<0.001	0.94	0.73	0.21
有机玻璃(PMMA)	25.2	2.12	0.010	0.001	0.022	0.95	0.65	0.30
聚乙烯(PE)	43.6	2.76	0.024	0.007	0.060	0.88	0.54	0.34
聚丙烯(PP)	43.4	2.79	0.024	0.006	0.059	0.87	0.52	0.36
聚苯乙烯(PS)	39.2	2.33	0.060	0.014	0.164	0.72	0.30	0.42
硅酮	21.7	0.96	0.021	0.006	0.065	0.49	0.34	0.15
聚二甘醇丁二酸酯	32.5	1.65	0.070	0.020	0.091	0.63	0.33	0.30
环氧树脂	28.8	1.59	0.080	0.030	0.090	0.59	0.29	0.30
尼龙	30.8	2.06	0.038	0.016	0.075	0.89	0.55	0.34
聚乙烯/25%Cl	31.6	1.71	0.042	0.016	0.115	0.72	0.32	0.40
聚乙烯/36%Cl	26.3	0.83	0.051	0.017	0.139	0.41	0.25	0.16
聚乙烯/48%Cl	20.6	0.59	0.049	0.015	0.0134	0.35	0.19	0.16
聚氯乙烯(PVC)	16.4	0.46	0.063	0.023	0.172	0.35	0.19	0.16
含氟聚合物	5.3	0.30	0.120	—	0.004	0.32	0.17	0.15
硬质聚氨酯泡沫塑料(PUF)	26.0	1.52	0.031	0.003	0.130	0.63	0.26	0.37
软质聚氨酯泡沫塑料(PUF)	26.2	1.55	0.010	0.002	0.131	0.68	0.33	0.35

应该指出，由于燃烧状况的差异和热解速率的不同，无明火情况下产物组分的生成速率与明火情况下相差很大。但对于无明火情况下产物组分的生成率或生成效率目前尚未有足够的测量数据。

明火燃烧情况下，热量生成于可燃蒸气和空气之间发生的各种放热化学反应，其生成物中的绝大部分是CO_2、CO和水蒸气等。如果仅仅考虑生成CO_2和CO化学反应的放热或耗氧化学反应的放热，而忽略其他放热反应所释放的热量，则燃烧的释热速率可分别表示为

$$\dot{Q}_A = \frac{H_T}{k_{CO_2}}\dot{G}_{CO_2} + \left(\frac{H_T - H_{CO}k_{CO}}{k_{CO}}\right)\dot{G}_{CO} \tag{3.9}$$

$$\dot{Q}_A = \frac{H_T \dot{D}_{O_2}}{k_{O_2}} \tag{3.10}$$

式中，$\dot{Q}_A$为燃烧过程的释热速率，kW；H_T为完全燃烧单位质量可燃物所放出的热量，kJ/g；部分常见可燃物的H_T值已在表3.2中给出；k_{CO_2}，k_{CO}分别为消耗单位质量可燃物时理论上可能的CO_2和CO的最大生成量；H_{CO}为CO气体的燃烧热，其值约为10 kJ/g。于是H_T/k_{CO_2}和H_T/k_{O_2}的含义分别为生成单位质量CO_2和消耗单位质量氧气所放出的热量，对于很多可燃材料，它们的值大致相同。而$\frac{H_T - H_{CO}k_{CO}}{k_{CO}}$的含义则为生成单位质量CO所放出的热量。

燃烧释放的热量可分为对流热和辐射热两部分。即

$$\dot{Q}_A = \dot{Q}_C + \dot{Q}_R \tag{3.11}$$

其中，$\dot{Q}_C$和$\dot{Q}_R$分别为对流热和辐射热，kW。在将燃烧产生的热烟气全部收集，且忽略热损失的条件下，对流热可依据下式测量，即

$$\dot{Q}_C = c_p \dot{m}_T \Delta T_g \tag{3.12}$$

式中，c_p，$\dot{m}_T$，ΔT_g分别为收集气体的比热容(kJ/(kg · K))、质量流量(kg/s)和与环境气体之间的温差(K)。于是辐射热Q_R可由式(3.11)求得。

通常我们定义燃烧效率为实际燃烧释热速率与理论上可能的最大释热速率之比，即

$$\chi_A = \frac{\dot{Q}_A}{\dot{m}_f H_T} \tag{3.13}$$

将式(3.8)和式(3.10)代入式(3.13)可得$\delta_O = \chi_A$，即燃烧的氧消耗效率与燃烧效率相等。同样，我们可以分别定义对流放热效率和辐射放热效率为

$$\chi_C = \frac{\dot{Q}_C}{\dot{m}_f H_T} \tag{3.14}$$

$$\chi_R = \frac{\dot{Q}_R}{\dot{m}_f H_T} \tag{3.15}$$

于是根据式(3.11)可得

$$\chi_A = \chi_C + \chi_R \tag{3.16}$$

燃烧效率不仅表示燃烧放热的相对量，同时还表征了燃烧的完全程度，燃烧效率越大，燃烧越完全。若$\chi_A = 1$，则表示完全燃烧。为了表征燃烧的不完全程度，通常定义

$$\chi_I = 1 - \chi_A \tag{3.17}$$

为不完全燃烧系数。同样，χ_I 越大，则表示燃烧进行得越不完全。

燃烧效率与可燃物种类及燃烧状况有关。在给定的燃烧条件下，它只是可燃物本身的特性，可由实验确定。表 3.2 中同时给出了通风充足条件下部分常见可燃物的燃烧效率值。若已知可燃物的燃烧速率和燃烧热，则可根据式(3.13)，(3.14) 和(3.15) 计算燃烧的释热速率及其对流热和辐射热。

[例 2] 已知一种物质由碳、氢、氧组成，其质量比为 54%：6%：40%。其燃烧特性参数分别为 $L_V = 1.63$ kJ/g，$H_T = 25$ kJ/g，$\eta_{CO_2} = 0.90$，$\eta_{CO} = 0.0042$，$\eta_{HC} = 0.0020$，$\eta_s = 0.036$，$\chi_C = 0.060$。假如该可燃物在开放环境中燃烧，其燃烧表面接收到的火焰热流量为 60 kW/m²、辐射热损失为 11 kW/m²，燃烧面积为 4 m²。估算其稳态燃烧过程中 CO_2、CO、碳氢化合物和炭粒的生成速率、热释放速率、燃烧效率和火焰的辐射功率。

解 假设该可燃物的化学式为 $C_nH_mO_r = CH_{m/n}O_{r/n}$，根据其物质组成可知

$$n = \frac{54}{12} \approx 4.5, \quad m = \frac{6}{1} = 6.0, \quad r = \frac{40}{16} = 2.5$$

于是该可燃物的化学式近似为 $CH_{1.33}O_{0.56}$，相应的分子量约为 22.3。假设其完全燃烧生成 CO_2 和 H_2O，即

$$CH_{1.33}O_{0.56} + 1.06O_2 = CO_2 + 0.67H_2O$$

则 $k_{CO_2} = \dfrac{44}{22.3} \approx 1.97$，$k_{H_2O} = \dfrac{0.67 \times 18}{22.3} \approx 0.54$，氧气对燃料的质量化学当量比 $k_{O_2} = \dfrac{1.06 \times 16 \times 2}{22.3} \approx 1.52$。已知空气中氧气质量分数约为 23.3%，于是空气对燃料的质量化学当量比 $k_a = \dfrac{1.52}{0.233} \approx 6.53$。若假设燃烧反应中全部碳都生成 CO，即

$$CH_{1.33}O_{0.56} + 0.56O_2 = CO + 0.67H_2O$$

则 $k_{CO} = \dfrac{28}{22.3} \approx 1.26$。若假设燃烧反应中全部碳、氢都生成碳氢化合物 $CH_{1.33}$，则 $k_{HC} = \dfrac{13.3}{22.3} \approx 0.60$。同理，若假设燃烧反应中全部碳都生成炭颗粒，则 $k_s = \dfrac{12}{22.3} \approx 0.54$。

将已知数据代入方程(3.2) 可得到其燃烧速率为

$$\dot{m}_f = \frac{(\dot{q}''_e + \dot{q}''_f - \dot{q}''_L)A_V}{L_V} = \frac{(60-11) \times 4}{1.63} \approx 120 \text{ g/s}$$

于是，由式(3.6) 可分别得到燃烧产物中 CO_2、CO、碳氧化合物和炭粒的生成速率：

$$\dot{G}_{CO_2} = \eta_{CO_2}\dot{m}_f k_{CO_2} = 0.90 \times 120 \times 1.97 \approx 212.76 \text{ (g/s)}$$

$$\dot{G}_{CO} = \eta_{CO}\dot{m}_f k_{CO} = 0.0042 \times 120 \times 1.26 \approx 0.64 \text{ (g/s)}$$

$$\dot{G}_{HC} = \eta_{HC}\dot{m}_f k_{HC} = 0.0020 \times 120 \times 0.60 \approx 0.14 \text{ (g/s)}$$

$$\dot{G}_s = \eta_s\dot{m}_f k_s = 0.036 \times 120 \times 0.54 \approx 2.33 \text{ (g/s)}$$

进而，由式(3.9) 可求出燃烧的释热速率

$$\dot{Q}_A = \left(\frac{H_T}{k_{CO_2}}\right)\dot{G}_{CO_2} + \left[\frac{H_T - H_{CO}k_{CO}}{k_{CO}}\right]\dot{G}_{CO} =$$

$$\left(\frac{25}{1.97}\right)\times 212.76+\frac{25-10\times 1.26}{1.26}\times 0.64\approx 2\ 706\ (\mathrm{kW})$$

则燃烧效率 $\chi_A=\frac{\dot{Q}_A}{(\dot{m}_f H_T)}=\frac{2\ 706}{(120\times 25)}\approx 0.90$，辐射放热效率为

$$\chi_R=\chi_A-\chi_C=0.90-0.60=0.30$$

因而燃烧辐射放热为

$$\dot{Q}_R=\chi_R\dot{m}_f H_T=0.30\times 120\times 25\approx 900\ (\mathrm{kW})$$

3.1.3　通风影响

以上讨论仅是针对空气供应充足或开放环境中的燃烧情况。然而，与之相比，多数情况下受限空间中的燃烧有两个显著特点。第一，室内有大量的热量积累，强化了对可燃物表面的传热；第二，燃烧所需空气的供应依赖于室内的通风条件，因而通风对燃烧过程有重要影响。在室内火灾的早期，由于火比较小，燃烧所需空气供应相对充足，燃烧由燃料控制，这一时期火势易于控制和扑灭，然而如果火势继续发展，且在通风有限、可燃物表面积足够大的情况下，轰燃势必发生，室内温度和燃烧面积急剧增加，燃烧转变为通风控制，这时人员逃生和灭火都很困难，而且火势极易向相邻房间或建筑蔓延。燃料控制和通风控制是受限空间中燃烧的两种不同工况，对于给定的可燃物，它主要由受限空间内的通风条件决定。

对于受限空间中燃烧，通常以通风系数来表征室内的通风条件。通风系数定义为

$$\Phi=\frac{k_a\dot{m}_f}{E\dot{m}_a}\tag{3.18}$$

式中，E 为空气流入系数；k_a 为空气对燃料的质量化学当量比；$\dot{m}_a$ 为空气供入的质量流率，kg/s。$\Phi<1$ 对应于燃料控制燃烧，相反 $\Phi>1$ 对应于通风控制燃烧。对于仅有一个侧墙开口的房间，在室内气体充分混合、气体从开口流出和进入仅由浮力驱动、进出气体无相互作用等假设的前提下，稳态燃烧时室内空气供入的质量流率可用下式估算，即

$$\dot{m}_a=aAh^{1/2}\tag{3.19}$$

式中，a 为常数，其值在 0.40 ～ 0.61 $\mathrm{kg/(m^{5/2}s)}$ 范围内，一般可取 0.52 $\mathrm{kg/(m^{5/2}s)}$，也可由实验确定；A 为开口面积，$\mathrm{m^2}$；h 为开口高度，m；$Ah^{1/2}$ 称为通风因子，$\mathrm{m^{5/2}}$。

受限燃烧的释热速率、火焰辐射以及产物组分的生成速率均与通风条件密切相关。当燃烧所需空气供应相对减少时，燃烧效率和 CO_2 等完全燃烧产物的生成效率降低，而 CO、碳氢化合物、炭颗粒等不完全燃烧产物的生成效率增加。另外，由于燃烧放热和火焰中炭颗粒的生成在一定程度上取决于通风条件，因而火焰辐射也必然受通风条件影响而变化。根据大量通风影响方面实验结果的分析，可以进一步定义通风控制燃烧因子：

$$\Gamma=\alpha\exp(-\beta\Phi^{-\xi})\tag{3.20}$$

式中，α,β,ξ 为由实验确定的系数，对于部分典型聚合物其值分别在表 3.3 和 3.4 中给出。于是，受限燃烧中通风对燃烧效率和产物组分生成效率的影响可用下式来描述，即

$$\frac{\gamma'}{\gamma}=1+\Gamma\tag{3.21}$$

式中，γ' 代表通风影响下的燃烧（放热）效率和主要燃烧产物组分生成效率；γ 代表通风充足

或开放环境中燃烧时相应的燃烧(放热)效率和主要产物组分生成效率,对于部分常见可燃物,其值已在表3.2中给出。

表3.3 通风控制燃烧因子系数(对应于燃烧效率和完全燃烧产物)

系　数	χ'_A/χ_A	χ'_C/χ_C	η'_{CO_2}/η_{CO_2}	δ'_o/δ_o
α	−0.97	−1.0	−1.0	−0.97
β	2.5	2.5	2.5	2.5
ξ	1.2	1.8	1.2	1.2

对于由C,H,O组成的聚合物在完全燃烧条件下,其燃烧效率、对流放热效率以及完全燃烧产物(CO_2)的生成效率之比χ'_A/χ_A,χ'_C/χ_C和η'_{CO_2}/η_{CO_2}与聚合物种类及分子构成无关,即其所对应的通风控制燃烧因子系数α,β和ξ不随聚合物种类变化,参见表3.3。而对于不完全燃烧产物(CO等),其生成效率之比,以及系数α,ξ则随聚合物不同而变化,参见表3.4。此外,燃烧效率随通风系数增大而降低,由实验观测得到的明火熄灭的界限大致为$\Phi=4.0$。

表3.4 通风控制燃烧因子系数(对应于不完全燃烧产物)

聚合物	η'_{CO}/η_{CO}			η'_{HC}/η_{HC}			η'_s/η_s		
	ξ	β	ξ	ξ	β	ξ	ξ	β	ξ
聚苯乙烯(PS)	2	2.5	2.5	25	5.0	1.8	2.8	2.5	1.3
聚丙烯(PP)	10	2.5	2.8	220	5.0	2.5	2.2	2.5	1.0
聚乙烯(PE)	26	2.5	2.8	220	5.0	2.5	2.2	2.5	1.0
尼龙(Nylon)	36	2.5	3.0	1 200	5.0	3.2	1.7	2.5	0.8
有机玻璃(PMMA)	43	2.5	3.2	1 800	5.0	3.5	1.6	2.5	0.6
松木垛(Wood)	44	2.5	3.5	200	5.0	1.9	2.5	2.5	1.2

3.2 烟气的物理特性

烟气是火灾中的主要产物之一,它对火灾蔓延、人员伤亡和财产损失有着重要影响。因此,对火灾烟气特性的认识是火灾防治的重要基础之一。为便于讨论,在本小节中我们赋予“烟”一个专门的含义,即单指燃烧产物中颗粒相和冷凝相组分。这与美国测试与材料学会对烟的定义有所不同,它们对烟的定义中还包括释放出的气体。烟最基本的物理特性是其颗粒尺寸分布特性,而且,火灾研究和防治中最关心的问题是烟气的浓度、火场的能见度等。

3.2.1 颗粒尺寸分布

烟颗粒的尺寸分布和数目决定着烟的特性,很多情况下常用几何分布来描述烟颗粒的尺寸分布,对于许多实际情况,描述颗粒尺寸分布最主要的特征量是颗粒的平均直径和颗粒

尺寸分布范围的宽度。通常采用几何平均直径来表示颗粒的平均直径，其定义为

$$\lg d_{gn} = \sum_{i=1}^{n} \frac{N_i \lg d_i}{N} \tag{3.22}$$

式中，N 为总的颗粒数目浓度；N_i 是第 i 个颗粒直径间隔范围内颗粒的数目浓度。lg 表示以 10 为底的对数。

同时，相应地采用标准差来表示颗粒尺寸分布范围的宽度（σ_g），即

$$\lg \sigma_g = \left[\sum_{i=1}^{n} \frac{(\lg d_i - \lg d_{gn})^2 N_i}{N} \right]^{1/2} \tag{3.23}$$

特征量 d_{gn} 和 σ_g 之所以重要，是因为通常将实际的颗粒尺寸分布近似视为对数正态分布，它的主要特征为：占总颗粒数 68.6% 的颗粒，其直径处于 $\lg d_{gn} \pm \lg \sigma_g$ 的范围内。

烟气的颗粒尺寸分布函数是动态变化的，烟颗粒或液滴在布朗运动过程中相互碰撞和结合，其结果是在一个充满烟气的固定体积内，烟的总质量保持不变的情况下颗粒数目减少，这一过程称为凝聚。描述凝聚过程的基本参数是凝聚系数（C），即凝聚方程

$$\frac{\mathrm{d}N}{\mathrm{d}t} = -CN^2 \tag{3.24}$$

对于阴燃所产生的烟，其 C 值为 $4 \times 10^{-10}\,\mathrm{cm^3/s}$。对于明火燃烧纤维素所产生的烟，其 C 值约为 $1 \times 10^{-9}\,\mathrm{cm^3/s}$。对应于小颗粒相互碰撞形成较大颗粒的情况，与颗粒质量尺寸分布相比，凝聚过程对颗粒数目尺寸分布的影响更加显著。

［例 3］　对于燃烧纤维所产生的均匀分布的烟气，计算其 5 min 后颗粒数目浓度的变化，假设其初始颗粒数目浓度为 1×10^7 粒 / 厘米^3。

解　已知对于纤维素，$C = 1 \times 10^{-9}\,\mathrm{cm^3/s}$，积分式(3.24)，并代入相应数据可得

$$N = \frac{N_o}{1 + CN_o t} = \frac{1 \times 10^7}{1 + 10^{-9} \cdot 10^7 \cdot 300} = \frac{10^7}{1+3} = 2.5 \times 10^6 (\text{粒 / 厘米}^3)$$

由此可见，由于凝聚作用使颗粒数目浓度减为原来的 $\frac{1}{4}$。除凝聚过程外，颗粒变化的其他过程也会同时发生，诸如蒸气在颗粒表面的冷凝，颗粒中可挥发组分的蒸发等。并且，烟颗粒在受限空间的墙壁、顶棚、地板等表面上也会有损失，包括扩散、沉淀和热迁移。

3.2.2　烟气的浓度

烟气的浓度是火灾防治界最为关心的烟气特性之一。由于烟对光的吸收和散射作用，使得仅有一部分光能够穿过烟气，从而降低了火灾环境的能见度，能见度的降低将不利于火灾扑救和火区人员疏散。

当一束波长为 λ 的光通过烟气时，根据 Lam ber－Beer 定律有

$$I_\lambda = I_{\lambda 0} \exp(-KL) \tag{3.25}$$

式中，$I_{\lambda 0}$ 和 I_λ 分别为入射光强和透过烟气的光强；L 为平均射线行程长度；K 为消光系数，它是表征烟气消光性的重要参数，可进一步表示为单位烟质量浓度的消光系数（K_m）与烟质量浓度（M_s）的乘积（烟质量浓度定义为单位体积内烟的质量），即

$$K = K_m M_s \tag{3.26}$$

K_m 通常称为比消光系数，它取决于烟颗粒的尺寸分布和入射光的性质。有关的小尺寸实

验发现：一般木材和塑料明火燃烧时发烟的 K_m 值大致为 7.6 m^2/g，热解时发烟的 K_m 值大致为 4.4 m^2/g。

烟气的浓度通常以减光率和光学密度来衡量。烟气减光率定义为百分不透明度，即

$$S=\frac{I_{\lambda 0}-I_{\lambda}}{I_{\lambda 0}}\times 100\% \tag{3.27}$$

烟气的光学密度定义为

$$D=\lg\left(\frac{I_{\lambda 0}}{I_{\lambda}}\right) \tag{3.28}$$

这两者之间有以下关系，即

$$D=2-\lg(100-S) \tag{3.29}$$

将式(3.25)和(3.26)代入式(3.28)可得

$$D=\frac{K_m L M_s}{2.3} \tag{3.30}$$

这表明烟气的光学密度与烟质量浓度、平均射线行程长度(烟气“厚度”)和比消光系数成正比。为了比较烟气浓度，通常将单位平均射线行程长度上的光学密度

$$D_L=\frac{D}{L} \tag{3.31}$$

作为描述烟气浓度的基本参数。于是有

$$D_L=\frac{K}{2.3}=\frac{K_m M_s}{2.3} \tag{3.32}$$

［**例** 4］　对于空气供应充足的明火燃烧所形成的厚度为 1.0 m 的烟气层，测得有 50% 的光穿过，计算单位厚度上烟气的光学密度及烟气的消光系数。

解　已知烟气层厚度为 $L=1.0$ m，$\frac{I_{\lambda}}{I_{\lambda 0}}=0.5$。由方程(3.28)可得

$$D=\lg\left(\frac{I_{\lambda 0}}{I_{\lambda}}\right)=\lg 2\approx 0.301$$

因此

$$D_L=\frac{D}{L}=0.301\ \text{m}^{-1}$$

$$K=2.3D_L\approx 0.693\ \text{m}^{-1}$$

3.2.3　火场能见度

火灾中疏散标志和通道的能见度对人员逃生极为重要。要看清某一物体，则要求该物体与其背景之间有一定的对比度。对于很大的、均匀背景下的孤立物体，其对比度(C)定义为

$$C=\frac{B}{B_0}-1 \tag{3.33}$$

式中，B，B_0 分别为物体和背景的亮度或光线强度。日光下黑色物体相对于白色背景的对比度为 $C=-0.02$，该值通常被认为是能够从背景中清楚地辨别物体的临界对比度。物体的能见度(S)定义为距对比度减小至 -0.02 这点的距离。而许多情况下，火灾环境中能见度的测量常以物体不可辨清的最小距离为标准，并不用光度计去实际测量对比度。

火场能见度与许多因素有关，包括烟气的散射及吸收系数、室内的亮度、所辨认的物体

是发光还是反光以及光线的波长等。并且还依赖于逃生者的视力及其眼睛对光强的适应状态。尽管如此，通过大量的测试和研究，可获得火场能见度与烟气消光系数之间的经验关系：

$$KS = 8 \quad \text{对于发光物体} \tag{3.34}$$

$$KS = 3 \quad \text{对于反光物体} \tag{3.35}$$

这表明能见度与烟气的消光系数大致成反比，且相同情况下发光物体的能见度是反光物体能见度的2～4倍。

3.3　烟气的毒性与危害

火灾中有毒烟气对人构成危害这一事实早已被人们所认识。然而这一领域中的研究取得巨大进展却是近年的事。人们首先注意到在一些严重的火灾中烟气造成人员窒息死亡，从而开始重视烟气毒性问题。调查结果表明：对于所有的火灾，尤其是住宅火灾，相对于热量和燃烧造成的伤害而言，烟气和有毒气体所造成的伤害占很大比例。目前有将近一半的致命火灾和三分之一的非致命住宅火灾（主要是由家具火引起的）被归为烟气伤害类型的火灾。

目前，对于烟气造成伤害的增长已提出了一些解释。有些人认为这与家具中现代合成材料使用增多有关。另一种观点认为这并非与合成材料的使用直接有关，而是缘于近期居住方式的改变，例如平均每个家庭都使用了更多的家具和室内装修材料，从而造成了火灾增大。此外还有部分人认为这种增长趋势并不真实，而是由于进行毒性伤亡统计的有关机构对这一问题更为重视所导致的统计失实。有关人体病理学的数据通常是难以证明的，但许多这一领域的其他工作证实了由烟气造成的伤害的确是在增长。在英国和美国烟气毒性已被认为是火灾中导致伤亡的主要因素。

3.3.1　烟气毒性分析的两种途径

如前所述，关于烟气毒性伤害增长的问题主要有两种解释，这两种不同的解释导致了关于烟气毒性分析的两种差异明显的观点。

一种观点认为现代合成材料燃烧产生的烟气中包含着以前从未出现的新的有毒成分。在某些情况下，这些有毒成分或许剂量很小但毒害作用却很大。因此这种毒害作用可通过简单的小尺寸毒性测试实验来探测和分析，并制定相应的标准。从某种意义上说，通过这种方法发现了两种材料，即含有磷光物质阻火剂的聚氨酯软泡沫和聚四氟乙烯（PTFE），在一些实验条件下会释放出含有巨毒物质的产物。由这种观点派生出了以材料特性为基础的、相当简化的材料毒性测试和分析方法，它将材料的毒性按啮齿动物 LC_{50} 标准分类，即浸没在烟气中的啮齿动物被致死50%时，以相对每立方分米空气材料的毫克数来表示的燃烧产物浓度。根据这种观点，设计人员在进行有关设计时应该采用那些已被毒性测试证明，同时也被其他类型小尺寸火灾测试证明是毒性很小的材料。

另一种观点认为火灾中的基本有毒产物总是一样的，但是，在许多现代火灾过程中火的增长速率及基本有毒产物的释放速率较之于以前大大地增大。所以与定性确定毒性产物的做法相比，减少火灾中毒性伤害的最好方法是对诸如着火、火蔓延、烟气释放等过程加以有效控制,这种观点在美国已被广泛地接受。它通过以下途径来估算烟气毒性,即首先确定离开可燃材料表面的主要有毒产物的成分,然后在全尺寸火灾测试中做出这几种基本有毒成分的浓度－时间曲线,在此基础上,再估算造成伤亡的时间。根据这种观点,小尺寸测试的作用在于通过以动物实验为基础的火灾产物的化学分析,证明可燃材料燃烧所产生的毒性的确来源于那些基本的有毒火灾产物,并且验明那些其他毒性作用发生的情况。这种方法的优势在于它能使防火设计人员在实施设计时充分考虑防火的系统性(如宾馆卧室或飞机机舱),并且通过对小尺寸或全尺寸实验的燃烧产物进行简单的化学分析而估算出烟气毒性所造成的伤害。然而,其问题在于它是以对毒性产物的效果和作用所做的一些简化(甚至可能是错误)假设为基础的。

实际上,在烟气毒性测试和分析中,既需要以材料为着眼点的小尺寸毒性测试,又需要以几种基本的火灾毒性产物为着眼点的浓度－时间分布。目前在根据基本的火灾毒性产物估算其危害以及如何进行小尺寸毒性测试和如何证实及运用小尺寸测试结果等方面的研究取得了很大进展,但仍然不够,如果要得到能够实际应用的数据,则还需更为定量的研究和测试标准。

3.3.2 烟气的危害

火灾烟气主要有三种危害,即:① 高温烟气携带并辐射大量的热量;② 烟气中氧含量低,形成缺氧环境;③ 烟气中含有一定的有害物质、毒性物质和腐蚀性物质,从而对生命和财产构成威胁和损害。每种危害的程度依赖于火灾的物理特性,即释热速率、火源、供氧等,同时也与其他因素,诸如建筑结构特点、距火源距离等有关。实际火灾中,火灾的物理特性及其他有关因素随时随地变化。

根据火灾烟气的危害程度,可以将其对人的危害过程视为三个阶段。

① 第一阶段为受害者尚未受到来自火区的烟气和热量影响之前的火灾增长期。这一阶段中影响人员疏散逃生的重要因素是大量的心理行为因素,诸如受害者对火灾的警惕程度、对火灾警报的反应以及对地形的熟悉程度等。

② 第二阶段为受害者已被火区烟气和热量所包围的时期。这一阶段中,烟气对人的刺激和人的生理因素影响着受害者的逃生能力。因此这时火灾烟气的刺激性及毒性物质的生成对于人员逃生而言非常重要。

③ 第三阶段为受害者在火灾中死亡的时期。致死的主要因素可能是烟气窒息、灼烧或其他。

因此,火灾烟气的毒性作用在上述第二和第三阶段尤其重要。为了逐步认识火灾烟气的毒性及其危害,人们首先通过火灾环境气体取样分析和动物实验来研究单一有害或有毒成分对人体的毒害作用以及人体的耐受极限,包括丧失逃生能力的麻木极限和致死的死亡极限。表 3.5 中列出了人体对缺氧及几种主要有害、有毒气体的耐受极限。

表3.5　人体对缺氧及主要有害、有毒气体的耐受极限

有害环境和气体	环境中最大允许浓度（%或ppm）	致人麻木极限浓度☆（%或ppm）	致人死亡极限浓度★（%或ppm）
O_2	/	14%	6%
CO_2	5 000	3%	20%
CO	50	2 000	13 000
HCN	10	200	270
H_2S	10	—	1 000 ~ 2 000
HCl	5	1 000	1 300 ~ 2 000
NH_3	50	3 000	5 000 ~ 10 000
HF	3	—	—
SO_2	5	—	400 ~ 500
Cl_2	1	—	1 000
$CoCl_2$	0.1	25	50
NO_2	5	—	240 ~ 775

☆:表示火灾疏散条件下所允许的最低限度;★:表示短时间内致人死亡剂量

下面扼要地介绍火灾烟气对人的危害作用。

① 热量:尽管大部分火灾伤亡缘于吸入有毒烟气,但火灾最明显的危害仍在于其产生大量的热量,其中一部分由烟气携带。火焰及高温烟气会辐射出大量的热量。人体皮肤温度约为45 ℃时即有痛感,吸入150 ℃或者更高温度的热烟气将引起人体内部的灼伤。

② 缺氧:人体组织供氧量下降会导致神经、肌肉活动能力下降,呼吸困难。人脑缺氧3 min以上就会损坏。火场的缺氧程度主要取决于火灾的物理特性及其环境,如火灾尺度和通风状况。一般情况下缺氧并不是主要问题,然而在轰燃发生时可能很大区域内的氧气会被耗尽,尽管轰燃只发生在某一房间之内。在一般大小的房间中,3 MW的火可能会在约30 s内耗尽所有室内的氧气。

③ 有害和有毒成分:这里,烟气的含义为可燃物热解和燃烧所产生的弥漫在大气中的全部产物,包括气相产物、液相及固相颗粒、不同络合物的有机分子团、自由基团等。烟气毒性对人体的危害程度与这些组分的作用有关。下面简要地介绍烟气中的主要有害、有毒成分对人体的毒害作用。

a. 水蒸气:是主要的燃烧产物之一,一般情况下它对人体不造成危害,但有时酸气可溶解于液滴之中形成酸,如盐酸等,危害人体。

b. CO_2:是主要的燃烧产物之一,在有些火场中其浓度可达15%。它最主要的生理作用是刺激人的呼吸中枢,导致呼吸急促、烟气吸入量增加。并且还会引起头疼、嗜睡、神志不清等症状。

c. CO:是火灾中致死的主要燃烧产物之一,有毒性在于对血液中血红蛋白的高亲和性,其对血红蛋白的亲和力比氧气高250余倍。因而它能够阻碍人体血液中氧气的输送,引起头疼、虚脱、神志不清等症状和肌肉调节障碍。

d. 颗粒：固相颗粒的吸入会使肺部受到损害，同时颗粒会刺激和进入眼睛，引起流泪和视力降低。此外，烟气中颗粒的存在会使火场的能见度降低。

e. HCN：使人体组织细胞呼吸停止，引起目眩、虚脱、神志不清等症状。

f. H_2S：低浓度时对眼睛和上呼吸道黏膜有刺激作用；高浓度时会引起呼吸中枢麻痹。

g. HCl：刺激眼睛和上呼吸道黏膜，引起窒息。

h. NH_3：刺激眼睛和上呼吸道黏膜，引起肺气肿。

i. HF：对眼睛和上呼吸道有刺激作用。

j. SO_2：对眼睛和上呼吸道支气管黏膜有刺激作用，引起肺、声门气肿，导致气管堵塞而窒息。

k. Cl_2：对眼睛、上呼吸道和肺组织有刺激作用，引起流泪、打喷嚏、咳嗽和肺气肿，导致呼吸困难而窒息。

l. $CoCl_2$：对支气管、肺泡有刺激作用，引起肺气肿，导致呼吸困难而窒息。

m. NO_2：对支气管、肺泡有刺激作用，引起肺气肿，导致呼吸困难而窒息。

3.4 建筑中的烟气蔓延及控制方法

建筑中引起烟气蔓延的主要因素来自烟囱效应、浮力、气体膨胀、外部风以及供暖、通风和空调系统。一般而论，在建筑火灾中这些因素共同作用导致烟气蔓延，为了便于讨论，下面将逐一分析各种因素单独作用的情况。

3.4.1 烟囱效应

当外界温度较低时，在诸如楼梯井、电梯井、垃圾井、机械管道、邮件滑运槽等建筑物中的竖井内，空气通常自然向上运动，这一现象即是烟囱效应，与外界空气相比，建筑物内的空气由于温度较高、密度较低而具有一定的浮力，浮力作用会使其在竖井内上升。在外界温度较低和竖井较高的情况下，烟囱效应也同样会发生。

相反，当外界温度较高时，则在建筑物中的竖井内存在向下的空气流动，这种现象称为逆向烟囱效应。在标准大气压下，由正、逆向烟囱效应所产生的压差为

$$\Delta p = K_s\left(\frac{1}{T_0} - \frac{1}{T_i}\right)h \tag{3.36}$$

式中，Δp 为压差，Pa；T_0 为外界空气温度，K；T_i 为竖井内空气温度，K；h 为距中性面的距离(m)，高于中性面为正，低于中性面为负。中性面即为内、外静压相等的建筑横截面。$K_s = 3\ 460\ \text{Pa} \cdot \text{K/m}$。

建筑火灾中的烟气蔓延在一定程度上依赖于烟囱效应。在一幢受正向烟囱效应影响的建筑中，空气流动能够促使烟气从小区上升很大高度。如果火灾发生在中性面以下的区域，则烟气与建筑内部空气一道蹿入竖井并迅速上升，由于烟气温度较高，其浮力大大强化了上升流动，一旦超过中性面，烟气将蹿出竖井进入楼道。

如果火灾发生在中性面以上的楼层，则烟气将由建筑内的空气气流携带从建筑外表的开口流出。若楼层之间的烟气蔓延可以忽略，则除着火楼层以外的其他楼层均保持相对无烟，直到火区的烟生成量超过烟囱效应流动所能排放的烟量。若楼层之间的烟气蔓延非常

严重，则烟气会从着火楼层向上蔓延。

3.4.2　浮力作用

火区产生的高温烟气由于其密度降低而具有浮力。着火房间与环境之间的压差可用与式(3.36)相同形式来表示，即

$$\Delta p = K_s\left(\frac{1}{T_0} - \frac{1}{T_F}\right)h \tag{3.37}$$

式中，Δp 为压差，Pa；T_F，T_0 分别为着火房间及其周围环境的温度，K；h 为中性面以上距离，m；系数 $K_s = 3\ 460\ \text{Pa} \cdot \text{K/m}$。

对于高度较高的着火房间，由于中性面以上的高度 h 较大，因此可能产生很大的压差。若着火房间顶棚上有开口，则浮力作用产生的压力会使烟气经此开口向上面的楼层蔓延。同时浮力作用产生的压力还将会使烟气从墙壁上的任何开口及缝隙或是门缝中泄漏。当烟气离开火区后，由于热损失及与冷空气掺混，其温度会有所降低，因而，浮力的作用及其影响会随着与火区之间距离的增大而逐渐减小。

3.4.3　气体热膨胀作用

除浮力作用外，火区释放的能量还可以通过气体热膨胀作用而使烟气运动。考虑一间仅有一个通向建筑内部开口的着火房间，建筑内部的空气会流入该着火房间，同时热烟气也会从该着火房间流出，忽略由于燃烧热解过程而产生的质量流率(它相对于空气流率很小)，则流出与流入的体积流量比，可简单地表示成温度之比，即

$$\frac{\dot{W}_{out}}{\dot{W}_{in}} = \frac{T_{out}}{T_{in}} \tag{3.38}$$

式中，$\dot{W}_{out}$，$\dot{W}_{in}$ 分别为着火房间流出烟气的体积流量和流入着火房间空气的体积流量，m^3/s；T_{out}，T_{in} 分别为相应的烟气和空气的平均温度，K。

对于有多个门或窗敞开的着火房间，气体膨胀产生的内、外压差可以忽略，而对于密闭性较好的着火房间，气体膨胀作用产生的压差则可能非常重要。

3.4.4　外部风作用

在许多情况下，外部风可能对建筑内部的烟气蔓延产生明显影响。风作用于某一表面上的压力可表示成

$$p_W = \frac{C_W \rho_\infty V^2}{2} \tag{3.39}$$

式中，C_W 为无量纲压力系数；ρ_∞ 为环境空气密度；V 为风速。

若环境空气密度取 $1.20\ \text{kg/m}^3$，则上述表达式可改写为

$$p_W = C_W K_W V^2 \tag{3.40}$$

式中，p_W 为风压，Pa；V 为风速，m/s；系数 $K_W = 0.600\ \text{Pa} \cdot \text{s}^2/\text{m}^2$；无量纲压力系数 C_W 的取值范围为 $-0.8 \sim 0.8$，对于迎风墙面其值为正，而对于背风墙面其值为负，且其与建筑的几何形状有关，同时随墙表面上的位置不同而变化。

在发生建筑火灾时，经常出现着火房间窗玻璃破碎的情况。如果破碎的窗户处于建筑的背风侧，则外部风作用产生的负压会将烟气从着火房间中抽出，这可以大大缓解烟气在建筑内部的蔓延。而如果破碎的窗户处于建筑的迎风侧，则外部风将驱动烟气在着火楼层内迅速蔓延，甚至蔓延到其他楼层。这种情况下外部风作用产生的压力可能会很大，而且可以轻易地驱动整个建筑内的气体流动。

3.4.5 供暖、通风和空调系统

建筑火灾过程中，供暖、通风和空调系统能够迅速传送烟气。在火灾的起始阶段，处于工作状态的加热、通风和空调系统有助于火灾探测。当火情发生在建筑中的无人区内，供暖、通风和空调系统能够将烟气迅速传送到有人的地方，使人们能够很快发现火情，及时报警和采取扑救措施。然而，随着火势的增长，供暖、通风和空调系统也会将烟气传送到它所能到达的任何地方，加速了烟气的蔓延，同时，它还可将大量新鲜空气输入火区，促进火气发展。

3.4.6 建筑中烟气控制的主要方式

建筑火灾中烟气控制的主要着眼点在于楼梯井和着火区域，因为这两个区域的烟气控制是保护生命财产安全的关键。下面分别对这两个区域的烟气控制进行讨论。

1. 加压楼梯井

从火灾安全的角度而言，设计和建造楼梯井的首要目的在于为火灾中人员疏散提供无烟的安全通道，其次是为消防人员提供中间装备区域。在起火楼层，加压楼梯间必须保持正压，以避免烟气侵入。

在建筑火灾过程中，人员疏散和火灾扑救造成一些楼梯间的门断断续续敞开，甚至有些门可能一直敞开。理想情况下，当起火层楼梯间的门敞开时，应该有足够强的气流穿过来防止烟气侵入。然而，由于楼梯井中所有门的开关变化。以及气象条件的影响，设计这样的系统非常困难。

楼梯井加压系统分为两类：即单点加压送风系统和多点加压送风系统。单点加压送风即指从单一地点向楼梯井输入加压空气，最常见的是从楼梯井的顶部。对于这类系统，存在烟气通过加压风机进入楼梯井的可能性，因此设计中应该考虑发生这种情况时系统的自动关机功能。

对于较高的楼梯井，当送风点附近的门敞开时，单点加压送风系统可能失去作用。因为所有的加压空气可能会从这些敞开的门中流失，从而使楼梯井中远离送风处不能保持正压。尤其是对位于建筑底部的单点加压送风系统，当底层楼梯间的门敞开时，其失效的可能性更大。因而，对于较高的楼梯井，加压空气可从沿楼梯井高度的不同地点供入，这即是所谓的多点加压送风。显然，多点加压送风系统可以克服单点加压送风系统的局限性。

下面着重讨论建筑中加压楼梯井的简单分析方法。考虑在仅有一个楼梯井（多个楼梯井的情况可根据对称性的概念加以推广）的建筑中，假设每一楼层气体泄漏的流动面积都相同，并且气体流动的主要驱动力只限于楼梯井加压系统和楼梯间门内外温差，不考虑垂直方向上的气流泄漏。于是，楼梯井和建筑内部之间的压差（Δp_{SB}）可表示为

$$\Delta p_{SB}=\Delta p_{SBb}+\frac{by}{1+\left(\frac{A_{SB}}{A_{BO}}\right)^2} \tag{3.41}$$

式中，Δp_{SBb} 为楼梯井底层的压差；y 为楼梯井底层以上的距离；A_{SB} 为每一楼层楼梯井与建筑内部之间气体泄漏的流动面积；A_{BO} 为每一楼层建筑内部与外界之间气体泄漏的流动面积；b 为温度因子，即

$$b=K_s\left(\frac{1}{T_0}-\frac{1}{T_S}\right) \tag{3.42}$$

式中，T_0，T_S 分别为外界的楼梯井内空气绝对温度。对于楼梯井内无直接向外界泄漏气体的情况，加压空气的体积流率为

$$\dot{W}=\frac{2}{3}NCA_{SB}\sqrt{\frac{2}{\rho}}\left(\frac{\Delta p_{SBt}^{3/2}-\Delta p_{SBb}^{3/2}}{\Delta p_{SBt}-\Delta p_{SBb}}\right) \tag{3.43}$$

式中，N 为楼层数；C 为流量系数；Δp_{SBt} 为楼梯井顶部的压差。

2. 区域烟气控制

楼梯井加压旨在阻止烟气侵入。然而，在只对楼梯井加压的建筑中，烟气可能通过地板和隔墙的缝隙以及建筑中的其他竖井从火区向外四处蔓延，给生命财产造成威胁和危害。区域烟气控制正是针对这种形式的烟气蔓延。

这种烟气控制方法是将建筑划分成一些相互独立的烟气控制区域，彼此之间以隔墙、地板和门相隔。火灾中，以机械风机产生的压差和气流来阻止烟气从起火区域向相邻区域蔓延。而对火区内的烟气浓度则不加抑制。这意味着一旦发生火情，火区内的人员疏散必须尽可能迅速。

阻止烟气蔓延所需压差的产生既可通过单独向无烟区送风或从烟气区排烟的方法，也可通过两者结合的方法。从烟气区排烟非常重要，因为它可以防止由于火区气体热膨胀所引起的压力过高，但它却丝毫不能降低烟气浓度。从烟气区排烟可通过建筑外墙开孔、烟气井和机械抽风来实现。

复习思考题

3.1　简述烟气的组成与主要危害。

3.2　简述烟气中颗粒尺寸分布特性及其描述方法。

3.3　简述建筑中烟气蔓延规律与控制方法。

3.4　考虑开放环境中的 PMMA 池火，在稳态燃烧情况下，测得其燃烧速率为 26.4 g/s，燃烧面积为 2.5 m^2。设 PMMA 燃烧表面上的辐射热损失为 21.3 kW/m^2，试估算火焰传给燃烧表面的热流量。

3.5　已知一种可燃材料由碳、氢、氧、氮组成，分子构成为 $C_{12}H_{22}O_2N_2$。其燃烧热为 $H_T=30.8$ kJ/g。该可燃材料在开放环境中稳态燃烧时，测得其燃烧速率为 40 g/s，CO_2，CO，HC 和炭粒的生成速率分别为 82.4 g/s，1.52 g/s，0.64 g/s 和 3.00 g/s。试求上述主要燃烧产物组分的生成效率以及该可燃材料的释热速率和燃烧效率。若已知该可燃材料的对流放热效率为 0.55，求其火焰的热辐射功率。

3.6　上题中，假若该可燃材料在受限空间中稳定燃烧，此时测得其燃烧速率为 150 g/s，空气的供应速率为 1.1 kg/s。试估算燃烧产物中 CO_2，CO，HC 和炭粒的生成速率、释热速率和火焰的热辐射功率。通风控制燃烧因子系数按尼龙选取，空气流入系数 E 取 0.8。

3.7　对于阴燃熏香所产生的烟，计算其 5 min 后颗粒数目浓度的变化。假设其初始颗粒数目浓度为 1×10^7 粒 /cm^3。

3.8　在 3 m×5 m×3 m（高）的房间中明火燃烧 300 g PMMA 塑料。试估算此时房间中发光标志的能见度。将起火房间视为封闭系统，并假设房间中烟气浓度均匀。

第4章　防火原理

凡具有爆炸、易燃、毒害、腐蚀、放射性等性质的物品，在运输装卸和储存保管过程中，容易造成人身伤亡和财物损毁而需要特别防护的物品，均属危险物品。

根据国家标准 GB 6944—2005《危险货物分类与品名编号》，危险物品共分九类。

第一类：爆炸品

包括：

① 爆炸性物质；

② 爆炸性物品；

③ 为产生爆炸或烟火实际效果而制造的上述两项中未提及的物质或物品。

爆炸品划分为六项。

第1项是指有整体爆炸危险的物质和物品。

第2项是指有迸射危险，但无整体爆炸危险的物质和物品。

第3项是指有燃烧危险并有局部爆炸危险或局部迸射危险或这两种危险都有，但无整体爆炸危险的物质和物品。本项包括：

① 可产生大量辐射热的物质和物品；或

② 相继燃烧产生局部爆炸或迸射效应或两种效应兼而有之的物质和物品。

第4项是指不呈现重大危险的物质和物品。

本项包括运输中万一点燃或引发时仅出现小危险的物质和物品；其影响主要限于包件本身，并预计射出的碎片不大、射程也不远，外部火烧不会引起包件内全部内装物的瞬间爆炸。

第5项是指有整体爆炸危险的非常不敏感物质。本项包括有整体爆炸危险性但非常不敏感以致在正常运输条件下引发或由燃烧转为爆炸的可能性很小的物质。

第6项是指无整体爆炸危险的极端不敏感物品。本项包括仅含有极端不敏感起爆物质，并且其意外引发爆炸或传播的概率可忽略不计的物品。

注：该项物品的危险仅限于单个物品的爆炸。

第二类：气体

本类气体指：

① 在50 ℃时，蒸气压力大于300 kPa的物质；或

② 20 ℃时在101.3 kPa标准压力下完全是气态的物质。

本类包括压缩气体、液化气体、溶解气体和冷冻液化气体、一种或多种气体与一种或多种其他类别物质的蒸气的混合物、充有气体的物品和烟雾剂。

根据气体在运输中的主要危险性分为易燃气体、非易燃无毒气体和毒性气体。

易燃气体是指在20 ℃和101.3 kPa条件下：

① 与空气的混合物按体积分数占13%或更少时可点燃的气体；或

② 不论易燃下限如何，与空气混合，燃烧范围的体积分数至少为12%的气体。

非易燃无毒气体是指在 20 ℃、压力不低于 280 kPa 条件下运输或以冷冻液体状态运输的气体，并且是：

① 窒息性气体——会稀释或取代通常在空气中的氧气的气体；或

② 氧化性气体——通过提供氧气比空气更能引起或促进其他材料燃烧的气体；或

③ 不属于其他项别的气体。

毒性气体包括：

① 已知对人类具有毒性或腐蚀性强到对健康造成危害的气体；或

② 半数致死浓度 L_{C50} 值不大于 5 000 mL/m^3，因而推定对人类具有毒性或腐蚀性的气体。

第三类：易燃液体

本类包括：

① 易燃液体；

在其闪点温度(其闭杯试验闪点不高于 60.5 ℃，或其开杯试验闪点不高于 65.6 ℃)时放出易燃蒸气的液体或液体混合物，或是在溶液或悬浮液中含有固体的液体；本项还包括在温度等于或高于其闪点的条件下提交运输的液体；或以液态在高温条件下运输或提交运输，并在温度等于或低于最高运输温度下放出易燃蒸气的物质。

②液态退敏爆炸品。

第四类：易燃固体、易于自燃的物质、遇水放出易燃气体的物质

易燃固体本项包括：

①容易燃烧或摩擦可能引燃或助燃的固体；

②可能发生强烈放热反应的自反应物质；

③不充分稀释可能发生爆炸的固态退敏爆炸品。

易于自燃的物质本项包括：

①发火物质；

②自热物质。

遇水放出易燃气体的物质是指与水相互作用易变成自燃物质或能放出危险数量的易燃气体的物质。

第五类：氧化性物质和有机过氧化物

氧化性物质本身不一定可燃，但通常因放出氧或起氧化反应可能引起或促使其他物质燃烧的物质。

有机过氧化物分子组成中含有过氧基的有机物质，该物质为热不稳定物质，可能发生放热的自加速分解。该类物质还可能具有以下一种或数种性质：

①可能发生爆炸性分解；②迅速燃烧；③对碰撞或摩擦敏感；④与其他物质起危险反应；⑤损害眼睛。

第六类：毒性物质和感染性物质

毒性物质是指经吞食、吸入或皮肤接触后可能造成死亡或严重受伤或健康损害的物质。毒性物质的毒性分为急性口服毒性、皮肤接触毒性和吸入毒性。分别用口服毒性半数致死量 L_{D50}、皮肤接触毒性半数致死量 L_{D50}，吸入毒性半数致死浓度 L_{C50} 衡量。

经口摄取半数致死量：固体 $L_{D50} \leqslant 200$ mg/kg，液体 $L_{D50} \leqslant 500$ mg/kg；经皮肤接触 24 h，半数致死量 $L_{D50} \leqslant 1\ 000$ mg/kg；粉尘、烟雾吸入半数致死浓度 $L_{C50} \leqslant 10$ mg/L 的固体或液体。

感染性物质是指含有病原体的物质，包括生物制品、诊断样品、基因突变的微生物、生物体和其他媒介，如病毒蛋白等。

第七类：放射性物质

含有放射性核素且其放射性活度浓度和总活度都分别超过 GB 11806 规定的限值的物质。

第八类：腐蚀性物质

通过化学作用使生物组织接触时会造成严重损伤，或在渗漏时会严重损害、毁坏其他货物或运载工具的物质。腐蚀性物质包含与完好皮肤组织接触不超过 4 h，在 14 天的观察期中发现引起皮肤全厚度损毁，或在温度 55 ℃时，对 S235JR 型或类似型号钢或无覆盖层铝的表面均匀年腐蚀率超过 6.25 mm/a 的物质。

第九类：杂项危险物质和物品

具有其他类别未包括的危险的物质和物品，如危害环境物质、高温物质、经过基因修改的微生物或组织。

本章将着重讨论第二、三、四、五类危险物品的燃烧爆炸特性。

4.1　可燃气体

凡是遇火、受热或与氧化剂接触能着火或爆炸的气体，统称为可燃气体。

4.1.1　气体燃烧形式和分类

1. 燃烧形式

气体的燃烧有扩散燃烧和动力燃烧两种形式。

(1) 如果可燃气体与空气的混合是在燃烧过程中进行的，则发生稳定式的燃烧，称为扩散燃烧。如图 4.1 所示的火炬燃烧，火焰的明亮层是扩散区，可燃气体和氧是分别从火焰中心(燃料锥)和空气扩散到达扩散区的。这种火焰的燃烧速度很低，一般小于 0.5 m/s。由于可燃气体与空气是逐渐混合并逐渐燃烧，因而形成稳定的燃烧，只要控制得好，就不会造成火灾。除火炬燃烧外，气焊的火焰、燃气加热等也属于这类扩散燃烧。

(2) 如果可燃气体与空气是在燃烧之前按一定比例均匀混合的，形成预混气，遇火源则发生爆炸式燃烧，称动力燃烧，如图 4.2 所示。在预混气的空间里，充满了可以燃烧的混合气，一处点火，整个空间立即燃烧起来，发生瞬间的燃烧，即爆炸现象。

此外，如果可燃气体处于压力下并受冲击、摩擦或其他着火源作用，则发生喷流式燃烧。对于这种喷流燃烧形式的火灾，较难扑救，需较多救火力量和灭火剂，应当设法断绝气源，使火灾彻底熄灭。

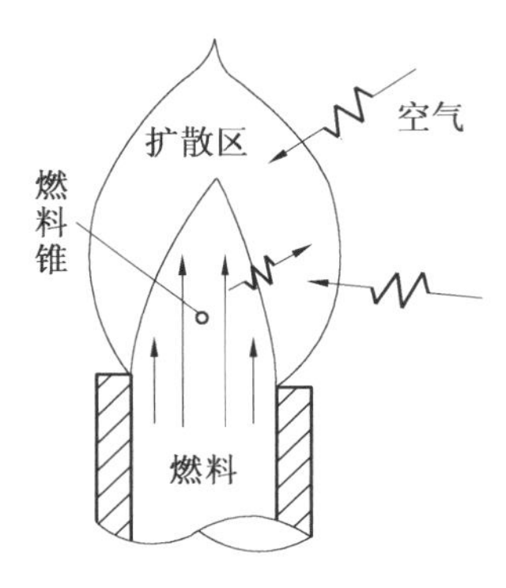

图 4.1 扩散火焰结构示意图

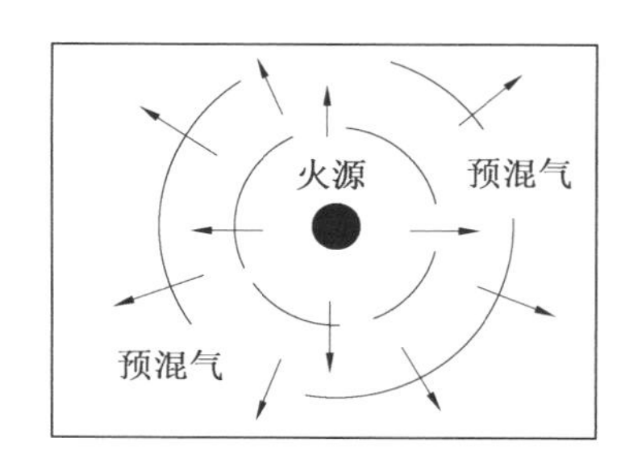

图 4.2 预混气爆炸示意图

2. **分类**

可燃气体按照燃烧极限分为两级。

(1)一级可燃气体的爆炸下限小于 10%,绝大多数可燃气体均属此类。

(2)二级可燃气体的爆炸下限不小于 10%,如氨、一氧化碳、煤气等少数可燃气体属于此类。

在生产和储存可燃气体时,将一级可燃气体划为甲类火灾危险,二级可燃气体划为乙类火灾危险。

4.1.2 气体燃烧速度

在通常情况下,单一化学组分的气体比复杂气体的燃烧速度快,因为后者需要经过受热、分解、氧化过程才能开始燃烧;动力燃烧速度高于扩散燃烧速度。气体的燃烧速度常以火焰传播速度来衡量。某些气体与空气混合物在 25.4 mm 直径的管道中,火焰传播速度的试验数据见表 4.1。

表 4.1 可燃气体的火焰传播速度

气体	火焰最高传播速度/($m \cdot s^{-1}$)	可燃气体在混合物中的浓度/%	气体	火焰最高传播速度/($m \cdot s^{-1}$)	可燃气体在混合物中的浓度/%
氢	4.83	38.5	丙烷	0.32	4.6
一氧化碳	1.25	45	丁烷	0.82	3.6
甲烷	0.67	9.8	乙烯	1.42	7.1
乙烷	0.85	6.5	炉煤气	1.70	17
水煤气	3.1	43	焦炉发生煤气	0.73	48.5

气体火焰传播速度受多种因素的影响。首先是与可燃气体浓度有关。从理论上讲,在完全反应浓度时火焰传播速度最大,但实测发现,是在稍高于完全反应浓度的时候。其次,火焰传播速度随混合物中的惰性气体浓度增加而降低。第三,混合物的初始温度越高,火焰传播速度越快。第四,一般随着管道直径的增加,火焰传播速度增大,但有个极限值,管道直径超过这个极限值,火焰传播速度不再增大;反之,当管道直径减小,火焰传播速度减慢,当管道直径小于某一直径时,火焰就不能传播。

与凝聚炸药爆轰完全不同，气体爆炸跨越燃烧到爆轰的整个历程。工业事故爆炸中绝大多数以爆燃形式出现。爆燃与爆轰有着本质的区别，其研究方法也不同。爆燃区别于爆轰的两个根本特点是前者为亚音速流动，因此它与超音速流动的爆轰有很大的不同，特别是受环境条件和物理因素的影响极大，因此有一些特殊的研究方法、试验测试方法和一些表征气体爆炸过程的特征参数和参数之间的相互关系。

4.1.3　燃烧极限

要使气体燃烧，必须有三个基本条件。

①有合适浓度的燃料气体；

②有合适浓度的氧气；

③有足够能量的点火源。

所谓“合适浓度”是指可以发生燃烧的浓度。每种燃料气体在氧气或在空气中，都有一个可以发生燃烧的浓度范围。超出这个范围，即使用很强的点火源也不能激发燃烧。这个浓度范围叫燃烧极限。因此气体的燃烧极限实际上指燃料气体的燃烧浓度极限。

4.1.4　影响气体燃烧极限的因素

可燃气体(蒸气)的燃烧极限受很多因素的影响，主要有下列几方面。

1. 温度

混合物的初始温度高，则燃烧下限降低，上限增高，燃烧极限范围扩大，燃烧危险性增加。例如，丙酮的燃烧极限受温度影响的情况见表4.2。混合物温度升高使其分子内能增加，引起燃烧速度加快，而且由于分子内能的增加和燃烧速度的加快，使原来含有过量空气或可燃物而不能使火焰蔓延的混合物浓度变为可以使火焰蔓延的浓度，从而改变了燃烧极限范围。

表4.2　丙酮燃烧极限受温度的影响

混合物温度/℃	燃烧下限的体积分数/%	燃烧上限的体积分数/%
0	4.2	8.0
50	4.0	9.8
100	3.2	10.0

2. 氧含量

混合物中含氧量增加，燃烧极限范围扩大，尤其是燃烧上限提高得更多。可燃气体在空气和纯氧中的燃烧极限范围比较见表4.3。

表 4.3　可燃气体在空气和纯氧中的燃烧极限范围

物质名称	在空气中的燃烧极限的体积分数/%	范围	在纯氧中的燃烧极限的体积分数/%	范围
甲烷	4.9～15	10.1	5～61	56.0
乙烷	3～5	12.0	3～66	63.0
丙烷	2.1～9.5	7.4	2.3～55	52.7
丁烷	1.5～8.5	7.0	1.8～49	47.8
乙烯	2.75～34	31.25	3～80	77.0
乙炔	1.53～34	79.7	2.8～93	90.2
氢	4～75	71.0	4～95	91.0
氨	15～28	13.0	13.5～79	65.5
一氧化碳	12～74.5	62.5	15.5～94	78.5

3. **惰性介质**

在燃烧混合物中掺入惰性气体，随着惰性气体所占体积分数增加，燃烧极限范围缩小，惰性气体的浓度提高到某一数值，也可使混合物变成不能燃烧。一般情况下，惰性气体对混合物燃烧上限的影响较之对下限的影响更为显著。因为惰性气体浓度加大，表示氧浓度相对减小，而在上限中氧的浓度本来已经很小，故惰性气体浓度稍为增加一点即产生很大影响，而使燃烧上限显著下降。图 4.3 表示在甲烷的混合物中加入氩、氦、二氧化碳、水蒸气、四氯化碳等对燃烧极限的影响。

4. **压力(图 4.4)**

混合物的初始压力对燃烧极限有很大影响，压力增大，燃烧极限范围也扩大，尤其是燃烧上限显著提高。这可以从表 4.4 中甲烷在不同初始压力时的燃烧极限明显地看出。

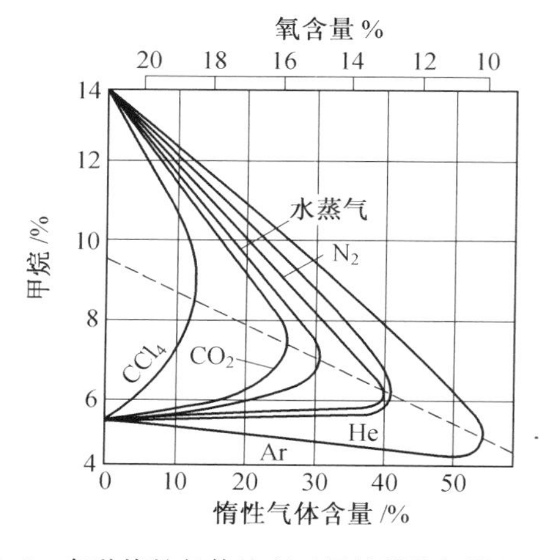

图 4.3　各种惰性气体浓度对甲烷爆炸极限的影响

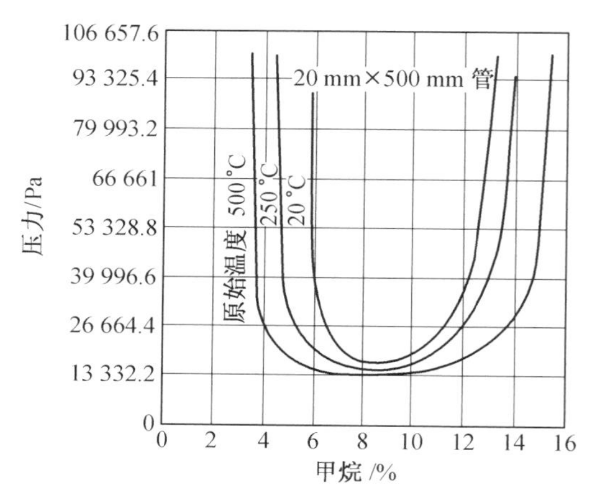

图 4.4　甲烷在不同压力下的爆炸极限

表 4.4　甲烷在不同初始压力下的燃烧极限

初始压力/MPa	燃烧下限的体积分数/%	燃烧上限的体积分数/%
0.1	5.6	14.3
1.0	5.9	17.2
5.0	5.4	29.4
12.5	5.7	45.7

压力增大，下限的变化并不显著。值得重视的是当混合物的初始压力减小时，燃烧极限范围缩小；压力降至某一数值时，下限与上限相会成一点；压力再降低，混合物即变为不可爆。燃烧极限范围缩小为零，称为燃烧的临界压力。例如，甲烷在三个不同的原始温度下，燃烧极限随压力下降而缩小的情况。此外，又如一氧化碳的燃烧极限在 10 MPa 压力时为 15.5%～68%，5.3 MPa 时为 19.5%～57.7%，4 MPa 时上下限合为 37.4%，在 2.7 MPa 时即没有燃烧危险。临界压力的存在表明，在密闭的设备内进行减压操作，可以免除燃烧的危险。

5. **容器**

容器直径越小，火焰在其中越难蔓延，燃烧极限范围则越小。当容器直径或火焰通道小到某一数值时，火焰不能蔓延，这个直径称为临界直径。如甲烷的临界直径为 0.43～0.5 mm，氢和乙炔为 0.1～0.2 mm。容器直径大小对燃烧极限的影响，可用链式反应理论解释。燃烧是由游离基产生的一系列连锁反应的结果，管径减小时，游离基与管壁的碰撞概率相应增大，当管径减小到一定程度时，因碰撞造成游离基销毁的反应速率大于游离基产生的反应速率，燃烧反应便不能继续进行。

6. **点火能源**

点火源强度越高，加热面积越大，作用时间越长，则燃烧极限越宽。以甲烷为例，100 V，1 A的电火花不引起燃烧；2 A 的电火花可引起燃烧，燃烧极限为 5.9%～13.6%；3 A 的电火花则燃烧极限扩大为 5.85%～14.8%。几种烷烃引爆的电流强度如图 4.5 所示。

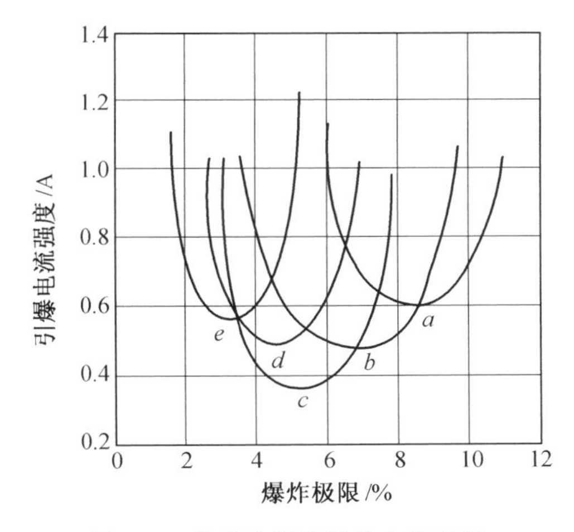

图 4.5　几种烷烃引燃的电流强度
a—甲烷；*b*—乙烷；*c*—丙烷；*d*—丁烷；*e*—戊烷

各种燃烧性混合物都有一个最低点火能量，它是指能引起混合物发生燃烧的点火源所具有的最小能量。它也是混合物燃烧危险性的一项重要的性能参数。燃烧性混合物的点火能量越小，其燃爆危险性就越大。

可燃气体或蒸气在空气中发生燃爆的最小点火能量见表 4.5。火花的能量、热表面的面积、火源与混合物的接触时间等，对燃烧极限均有影响。此外，光对燃烧极限也有影响。

表 4.5　可燃气体和蒸气与空气混合物的最小点火能量

物质名称		最小点火能/mJ	物质名称		最小点火能/mJ	物质名称		最小点火能/mJ
饱和烃	乙烷	0.285	不饱和烃	乙炔	0.019	胺类	三乙胺	0.75
	丙烷	0.305		乙烯基乙炔	0.082		异丙胺	2.0
	甲烷	0.47		乙烯	0.096		乙胺	2.4
	戊烷	0.51		丙炔	0.152	环状物	环氧丙烷	0.19
	异丁烷	0.52		丁二烯	0.175		环丙烷	0.24
	异戊烷	0.70		丙烯	0.282		环戊烷	0.54
	庚烷	0.70		2—戊烯	0.51		环己烷	1.38
	三甲基丁烷	1.0		1—庚烯	0.56		二氢吡喃	0.365
	异辛烷	1.35		二异丁烯	0.96		四氢吡喃	0.54
	二甲基丙烷	1.57	环状物	环氧乙烷	0.087		环戊二烯	0.67
	二甲基戊烷	1.64		甲醚	0.33	酮类	环己烯	0.525
醇类	甲醇	0.215	醚类	二甲氧酯甲烷	0.42		丁酮	0.68
	异丙基硫醇	0.53		乙醚	0.49	酯类	丙酮	1.15
	异丙醇	0.65		异丙醚	1.14		醋酸甲酯	0.40
醛类	丙烯醛	0.137		丙基氯	1.08		醋酸乙烯酯	0.70
	丙醛	0.325	卤代烃	丁基氯	1.24		醋酸己酯	1.42
	乙醛	0.376		异丙基氯	1 000不着火	无机物	二硫化碳	0.015
芳香烃	呋喃	0.225					氢	0.017
	噻吩	0.39					硫化氢	0.068

4.1.5　评价气体火灾危险性的主要技术参数

1. 燃烧极限

可燃气体的燃烧极限是表征其危险性的一种主要技术参数，燃烧极限范围越宽，下限浓度越低，上限浓度越高，则燃烧危险性越大。可燃气体与蒸气的燃烧极限范围见表 4.6。

表 4.6　可燃气体与蒸气在普通情况(20 ℃及 101 325 Pa)下的燃烧极限

物质名称	燃烧下限/%	燃烧上限/%	物质名称	燃烧下限/%	燃烧上限/%
甲烷	5.00	15.00	丙酮	2.55	12.80
乙烷	3.22	12.45	氢氰酸	5.60	47.00
丙烷	2.37	9.50	醋酸	4.05	—
乙烯	2.75	28.60	醋酸甲酯	3.15	15.60
乙炔	2.50	80.00	醋酸戊酯	1.10	11.40
苯	1.41	6.75	松节油	0.80	—

2. 自燃点

可燃气体自燃点不是固定的数值，而是受压力、密度、容器直径、催化剂等因素的影响。

一般规律为受压越高，自燃点越低；密度越大，自燃点越低；容器直径越小，自燃点越高；可燃气体在压缩过程中较容易发生燃烧，其原因之一就是自燃点降低的缘故。在氧气中测定时，所得自燃点数值一般较低，而在空气中测定则较高。

同一物质的自燃点随一系列条件而变化，这种情况使得自燃点在表示物质火灾危险性上降低了作用，但在判定火灾原因时，就不能不知道物质的自燃点。所以在利用文献中自燃点数据时，必须注意它们的测定条件。测定条件与所考虑的条件不符时，应该注意其间变化关系。可燃气体和蒸气的自燃点见表 4.7。

表 4.7　可燃气体和蒸气在普通情况下的自燃点

物质名称	自燃点/℃	物质名称	自燃点/℃	物质名称	自燃点/℃
甲烷	620	硝基甲苯	482	丁醇	337
乙烷	540	蒽	470	乙二醇	378
丙烷	530	石油醚	246	醋酸	500
丁烷	429	松节油	250	醋酐	180
乙炔	406	乙醚	180	醋酸戊酯	451
苯	625	丙酮	612	醋酸甲酯	451
甲苯	600	甘油	348	氨	651
乙苯	553	甲醇	430	一氧化碳	644
二甲苯	590	乙醇(96%)	421	二硫化碳	112
苯胺	620	丙醇	377	硫化氢	216

混合气处于燃烧下限浓度或上限浓度时的自燃点最高，处于完全反应浓度时的自燃点最低。在通常情况下，都是采用完全反应浓度时的自燃点作为标准自燃点。例如，硫化氢在燃烧下限时的自燃点为 373 ℃，在燃烧上限时的自燃点为 304 ℃，在完全反应浓度时的自燃点是 216 ℃，故取用 216 ℃作为硫化氢的标准自燃点。因此，应当根据混合气的自燃点选择防爆电器的类型，控制反应温度，设计阻火器的直径，采取隔离热源的措施等。与混合物接触的任何物体，如电动机、反应罐、暖气管道等，其外表面的温度必须控制在接触的混合物的自燃温度以下。

为了使防爆设备的表面温度限制在一个合理的数值上，将在标准实验条件下的燃烧性混合物按其自燃点分组(表 4.8)

表 4.8　燃烧性混合物按自燃点分组

组别	混合物自燃温度 T/℃	组别	混合物自燃温度 T/℃
T_a	$450<T$	T_d	$135<T\leqslant 200$
T_b	$300<T\leqslant 450$	T_e	$100<T\leqslant 135$
T_c	$200<T\leqslant 300$		

3. **化学活泼性**

(1)可燃气体的化学活泼性越强，其火灾爆炸的危险性越大。化学活泼性强的可燃气体在通常条件下即能与氯、氧以及其他氧化剂起反应，发生火灾和爆炸。

(2)气态烃类分子结构中的价键越多，化学活泼性越强，火灾爆炸的危险性越大。例如，乙烷、乙烯和乙炔分子结构中的价键分别为单键($H_3C—CH_3$)、双键($H_2C=CH_2$)和三键($HC≡CH$)，则它们的燃烧爆炸和自燃的危险性依次增加。

4. **相对密度**

(1)与空气密度相近的可燃气体，容易互相均匀混合，形成爆炸性混合物。

(2)比空气重的气体可沿着地面扩散，并易蹿入沟渠、厂房死角处，聚集不散，遇火源则发生燃烧或爆炸。

(3)比空气轻气体容易扩散，而且能顺风飘动，会使燃烧火焰蔓延、扩散。

(4)应根据气体密度特点，正确选择通风排气口的位置，确定防火间距值以及采取防止火势蔓延的措施。

(5)气体的相对密度是指对空气质量之比，各种可燃气体对空气的相对密度可通过下式计算：

$$d=\frac{M}{29} \tag{4.1}$$

式中，M 为气体的摩尔质量；数值 29 为空气的平均摩尔质量。

5. **扩散性**

扩散性是指物质在空气及其他介质中的扩散能力。可燃气体(蒸汽)在空气中的扩散速度越快，火灾蔓延扩散的危险性就越大。气体的扩散速度取决于扩散系数的大小。几种可燃气体的相对密度和标准状态下的扩散系数可见表 4.9。

表 4.9 几种可燃气体的相对密度和标准状态下的扩散系数

气体名称	扩散系数/($cm^2 \cdot s^{-1}$)	相对密度	气体名称	扩散系数/($cm^2 \cdot s^{-1}$)	相对密度
氢	0.634	0.07	乙烯	0.130	0.79
乙炔	0.194	0.91	甲醛	0.118	1.58
甲烷	0.196	0.55	液化石油气	0.121	1.56

6. **可压缩性和受热膨胀性**

(1)气体与液体相比有很大的弹性。气体在外界压力和温度的作用下，容易改变其体积，受压时体积缩小，受热即体积膨胀。当容积不变时，温度与压力成正比，即气体受热温度越高，膨胀后形成的压力也越大。

(2)气体的压力、温度和体积之间的关系，可用气体状态方程式表示：

$$pV=nRT \tag{4.2}$$

式中，p 为气体压力，MPa；V 为气体体积，m^3 或 L 等；n 为气体的摩尔数，mol；R 为气体常数，为 8.315 $P_a \cdot m^3 \cdot mol^{-1} \cdot K^{-1}$ 或 0.008 205 $MP_a \cdot L \cdot mol^{-1} \cdot K^{-1}$；$T$ 为热力学温度，K。

按理想气体方程计算的值与按真实气体方程计算的值有一定的误差，而且随着压力提高，误差往往加大。

式(4.2)表明，盛装压缩气体或液体的容器(钢瓶)如受高温、日晒等作用，气体就会急剧膨胀，产生很大压力，当压力超过容器的极限强度时，就会引起容器的爆炸。

7. **带电性**

可燃气体是电介质，有着极大的带电性。气体的带电是由于沿导管流动时的摩擦和气体撞击金属表面而产生的。当静电积聚形成很大的电位差时，就有可能造成火花放电，引起燃烧或爆炸事故。带电能力越强的气体，其火灾危险性越大，因此应采取消除静电措施。

4.2　可燃液体

凡遇火、受热或与氧化剂接触能着火和爆炸的液体，都称为可燃液体。

4.2.1　燃烧形式和液体火灾

大部分液体的燃烧是由于受热汽化形成蒸气以后，按气体的燃烧方式进行。液面上的蒸气点燃后则产生火焰并出现热量的扩展，火焰向液面的传热主要靠辐射；而火焰向液体里层的传热方式主要是传导和对流。

1. **沸溢火灾**

(1)贮槽内的液体在燃烧过程中，如果延续的时间较长，除了表面被加热外，其里层也会逐渐被预热。对于沸腾温度比贮槽侧壁温度高的可燃液体，其里层的加热是以传导方式进行，随着离开液面距离的加大，里层的温度很快下降。因此，这类液体燃烧时里层预热的情况是不严重的。

(2)对于沸腾温度比贮槽侧壁温度低的可燃液体，是以对流的方式沿整个深度进行加热的。这种在较大深度内进行的加热，可造成该液体由于剧烈沸腾而溢出或溅落在附近地面，使火蔓延。

(3)由多种成分组成的液体在燃烧时液相和气相的成分发生变化。例如，重油、黑油等石油产品的燃烧，由于分馏的结果，液相上层逐渐积累起固体产物，这些产物的密度都大于液体本身，因而就往下沉并加热深处的液体。如果油中含有水分，则有可能使水沸腾而使产品从槽中溢出，扩大火灾的危险性。

(4)图 4.6 所示为油罐沸溢火灾过程。该图表明，在燃烧作用下，近液面的油层温度上升，油品黏度变小，在水滴向下沉积的同时，受热油作用而蒸发变成蒸气泡，于是呈现沸腾，如图 4.6(a)所示。蒸气泡被油膜包围形成大量油泡群，体积膨胀，溢出罐外，形成如图 4.6(b)所示的沸溢。

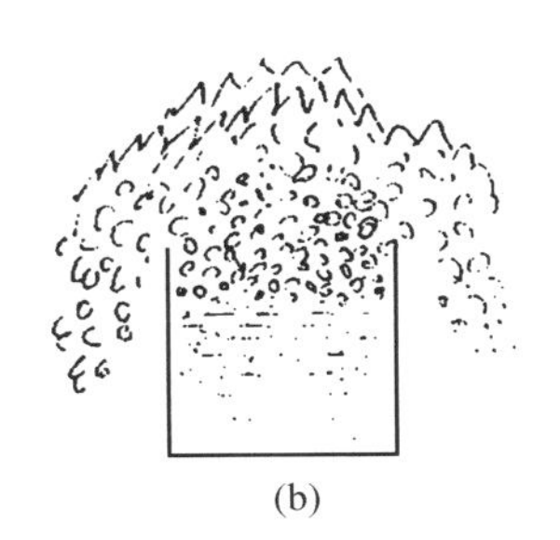

图 4.6　油罐沸溢火灾示意图

2. **喷溅火灾**

如图 4.7 所示，当贮槽内有水垫时，上述沸腾温度比贮槽温度低的液体，或者由多种成分组成的液体分馏产物，将以对流的方式使高温层在较大深度内加热水垫，如图 4.7(a)所示，水便汽化产生大量蒸汽，随着蒸汽压力的逐渐增高，达到蒸汽压力足以把其上面的油层抛向上空，而向四周喷溅，如图 4.7(b)所示。

油罐发生沸溢的原因是由于储存液体有较大的黏度、较高的沸点及油品中含有一定水分。油罐发生喷溅的原因是罐内液体的沸腾温度比贮罐侧壁温度低是以对流的方式沿整个深度进行加热，油罐底部有沉积水层，并且能被加热至沸点。

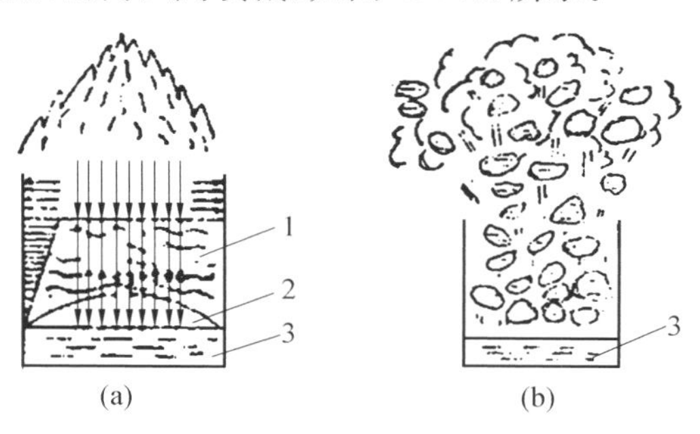

图 4.7　油罐喷溅火灾示意图
1—高温层；2—蒸汽层；3—液体层

油罐火灾发生沸溢或喷溅时，使大量燃烧着的油液涌出罐外，四处流散，不但会迅速扩大火灾范围，而且还会威胁扑救人员的安全和毁坏灭火器材，具有很大的危险性。

3. 喷流火灾

(1)处于压力下的可燃液体，燃烧时呈喷流式燃烧。如油井井喷火灾，高压燃油系统从容器、管道喷出的火灾等。

(2)喷流式燃烧速度快，冲力大，火焰传播迅速，在火灾初起阶段如能及时切断气源且关闭阀门等，较易扑灭；燃烧时间延长，能造成熔孔扩大、窑门或井口装置被严重烧损等，会迅速扩大火势，则较难扑救。

4.2.2　可燃液体的分类

1. 按闪点分类

可燃液体的分类主要是按闪点的不同，根据 GB 6944—1986，将可燃液体分为：

(1)低闪点液体——闪点低于－18 ℃。

(2)中闪点液体——闪点为－18～23 ℃。

(3)高闪点液体——闪点为 23～61 ℃。

大多数的易燃液体是有机化合物，它们的分子量较小，这些分子易于挥发，特别是受热后挥发得更快，所挥发出来的这些可燃气体遇到火花或受热，立即就与空气中的氧发生剧烈反应而燃烧，甚至引起爆炸。所以，易燃液体有很大的火灾爆炸危险性。

2. 按化学性质和类别分类

按化学性质和类别，易燃液体又大致可分为下面几类：

(1)化学化工原料及溶剂；(2) 硅的有机化合物；(3)各种易燃性漆类；(4) 各种树脂和黏合剂；(5)各种油墨和调色油；(6) 含有易燃液体的物品；(7)盛放于易燃液体中的物品；(8) 其他。

4.2.3　液体的燃烧速度

液体燃速取决于液体的蒸发。液体在其自由表面上进行燃烧时，燃烧速度有两种表示方法：一种是液体的燃烧直线速度，即单位时间被燃烧消耗的液层厚度，单位为 mm/min 或 cm/h；一种是液体的燃烧质量速度，即单位时间内每单位面积上被燃烧消耗的液体质量，单位为 g/(cm^2 · min)或 kg/(m^2 · h)。

几种液体的燃烧速度见表 4.10。为加快液体的燃烧速度和提高燃烧效率，可采用喷雾燃烧，即通过喷嘴将液体喷成雾滴从而扩大液体蒸发的表面积，促使提高燃烧速度和燃烧效率。若在油中掺水，即为乳化燃烧。提高液体的初始温度，会加快燃烧速度。液体在贮罐内液面的高低，燃烧速度也不同，贮罐中低液位燃烧比高液位燃烧的速度快。含有水分比不含水分的石油产品燃烧速度慢。风速对火焰蔓延速度也有很大影响，风速大时，火焰温度高，液面的热量多，燃烧速度增快。液体燃烧速度还与贮罐直径有关。

表 4.10　几种液体的燃烧速度

液体名称	直线速度 /(mm · min^{-1})	质量速度 /(kg · m^{-2} · h^{-1})	液体名称	直线速度 /(mm · min^{-1})	质量速度 /(kg · m^{-2} · h^{-1})
甲醇	1.2	57.6	航空汽油	12.6	91.98
丙醇	1.4	66.36	车用汽油	10.5	80.85
乙醚	2.93	125.84	二硫化碳	10.47	132.97
苯	3.15	165.37	煤油	6.6	55.11
甲苯	16.08	138.29			

4.2.4　可燃液体的燃烧极限

液体燃烧极限有两种表示方法：一是其蒸气的燃烧浓度极限，有上、下限之分，以“%”(体积分数)表示；二是液体的燃烧温度极限，也有上、下限之分，以“℃”表示。因为液体蒸气的浓度是液体在一定的温度下形成的，因此燃烧温度极限体现着一定的燃烧浓度极限，两者之间有相应的关系。液体的温度可随时方便地测出。几种可燃液体的燃烧温度极限和浓度极限见表 4.11。

表 4.11　液体的燃烧温度极限和浓度极限

液体名称	爆炸浓度极限/%	爆炸温度极限/℃
酒精	3.3～18	11～40
甲苯	1.2～7.75	1～31
松节油	0.8～62	32～53
车用汽油	0.79～5.16	−39～−8
灯用煤油	1.4～7.5	40～86
乙醚	1.85～35.5	−45～13
苯	1.5～9.5	−14～12

4.2.5　评价液体火灾危险性的主要技术参数

评价可燃液体火灾危险性的主要技术参数是蒸气压、闪点、饱和蒸气压和燃烧极限。此外还有液体的其他性能，如相对密度、流动扩散性、沸点和膨胀性等。

1. 饱和蒸气压

饱和蒸气是指在单位时间内从液体蒸发出来的分子数等于回到液体里的分子数的蒸气。在密闭容器中，液体都能蒸发成饱和蒸气。饱和蒸气所具有的压力叫作饱和蒸气压力，简称蒸气压力，单位以 Pa 表示。

液体的蒸气压力越大，则蒸发速度越快，闪点越低，火灾危险性越大。蒸气压力是随着温度而变化的，即随着温度的升高而增加，超过沸点时的蒸气压力，能导致容器爆裂，造成火灾蔓延。表 4.12 列举了一些常见可燃液体的饱和蒸气压力。

表 4.12　几种易燃液体的饱和蒸气压力

p_Z/Pa \ T_0	−20	−10	0	+10	+20	+30	+40	+50	+60
丙酮	—	5 160	8 443	14 705	24 531	37 330	55 902	81 168	115 510
苯	991	1 951	3 546	5 966	9 972	15 785	24 198	35 824	52 329
航空汽油	—	—	11 732	15 199	20 532	27 988	37 730	50 262	—
车用汽油	—	—	5 333	6 666	9 333	13 066	18 132	24 065	—
二硫化碳	6 463	11 199	17 996	27 064	40 237	58 262	82 206	114 217	156 040
乙醚	8 933	14 972	24 583	28 237	57 688	84 526	120 923	168 626	216 408
甲醇	836	1 796	3 576	6 773	11 822	19 998	32 464	50 889	83 326
乙醇	333	747	1 627	3 173	5 866	10 412	17 785	29 304	46 863
甲苯	232	456	901	1 693	2 973	4 960	7 906	12 399	18 598
乙酸乙酯	867	1 720	3 226	5 840	9 706	15 825	24 491	37 637	55 369
乙酸丙酯	—	—	933	2 173	3 403	6 433	9 453	16 186	22 918

根据液体的蒸气压力，就可以求出蒸气在空气中的浓度，其计算式为

$$C=\frac{p_Z}{p_H} \tag{4.3}$$

式中，C 为混合物中的蒸气浓度，%；p_Z 为在给定温度下的蒸气压力，Pa；p_H 为混合物的压力，Pa。

如果 p_H 等于大气压力即 101 325 Pa，则可将计算式改写为

$$C=\frac{p_Z}{101\ 325} \tag{4.4}$$

［例 1］　桶装甲苯的温度为 20 ℃，而大气压力为 101 325 Pa。试求甲苯的饱和蒸气浓度。

解　从表 4.12 查得甲苯在 20 ℃时饱和蒸气压力 p_Z 为 2 973 Pa，代入式(4.5)即得

$$C=\frac{2\ 973}{101\ 325}\times 100\%=2.93\%$$

答：桶装甲苯在 20 ℃时的饱和蒸气浓度为 2.93%。从表 4.6 中可以查出甲苯的燃烧极限为 1.27%～7.75%，比较例题中求得甲苯蒸气浓度，即可说明甲苯在 20 ℃时具有燃烧爆炸危险。

由于可燃液体的蒸气压力是随温度而变化的，因此可以利用饱和蒸气压来确定可燃液体在储存和使用时的安全温度和压力。

[例 2]　有一个苯罐的温度为 10 ℃，确定是否有爆炸危险？如有爆炸危险，请问应选择什么样的储存温度比较安全？

解　先求出苯在 10 ℃时的蒸气压力为 5 966 Pa，代入式(4.4)，则

$$C=\frac{p_Z}{101\ 325}=\frac{5\ 966}{101\ 325}\times 100\%=5.89\%$$

苯的爆炸极限为 1.5%～9.5%，故苯在 10 ℃时具有爆炸危险。

消除形成爆炸浓度的温度有两个可能：一是低于闪点的温度；二是高于爆炸上限的温度。但苯的闪点为−14 ℃，而苯的凝固点为 5 ℃，若储存温度低于闪点，苯就会凝固。因此，安全储存温度应采取高于爆炸上限的温度。已知苯的爆炸上限为 9.5%，代入下式：

$$p_Z=101\ 325C=(101\ 325\times 0.095)\ \text{Pa}=9\ 625.8\ \text{Pa}$$

从表 4.12 查得苯的蒸气压力为 9 625.8 Pa 时，处于 10～20 ℃范围内，用内插法求得

$$\left[10+\frac{(9\ 625.8-5\ 966)\times 10}{9\ 972-5\ 966}\right]℃=(10+9)℃=19\ ℃$$

答：储存苯的安全温度应高于 19 ℃。

[例 3]　某厂在车间中使用丙酮作为溶剂，操作压力为 500 kPa，操作温度为 25 ℃。请问丙酮在该压力和温度下有无爆炸危险？如有爆炸危险，选择何种操作压力比较安全？

解　先求出丙酮的蒸气浓度。从表 4.12 查得丙酮在 25 ℃时的蒸气压力为 30 931 Pa，代入式(4.3)得出丙酮在 500 kPa 下的蒸气浓度为

$$C=\frac{P_Z}{P_H}=\frac{30\ 391}{500\ 000}\times 100\%=6.2\%$$

丙酮的爆炸极限为 2%～13%，说明在 500 kPa 压力下丙酮是有爆炸危险的。

如果温度不变，那么为保证安全则操作压力可以考虑选择常压或负压。如选择常压，则浓度为

$$C=\frac{P_Z}{101\ 325}=\frac{30\ 931}{101\ 325}\times 100\%=30.5\%$$

如选择负压，假设真空度为 39 997 Pa，则浓度为

$$C=\frac{P_Z}{P_H}=\frac{30\ 931}{101\ 325-39\ 997}\times 100\%=50.4\%$$

显然在常压或负压的两种压力下，丙酮的蒸气浓度都超过爆炸上限，无爆炸危险。但相比之下，负压生产比较安全。

2. 燃烧极限

可燃液体的着火是蒸气而不是液体本身，因此燃烧极限对液体燃爆危险性的影响和评价等同可燃气体。

可燃液体的燃烧温度极限可以用仪器测定，也可利用饱和蒸气压公式，通过浓度极限进行计算。

[例 4]　已知甲苯的燃烧浓度极限为 1.27%～7.75%，大气压力为 101 325 Pa。试求其燃烧温度极限。

解　先求出甲苯在 101 325 Pa 下的饱和蒸气压

$$p_Z=\left[\frac{1.27\times 101\ 325}{100}\right]\ \text{Pa}=1\ 286.83\ \text{Pa}$$

从表 4.12 查得甲苯在 1 286.83 Pa 蒸气压力下，处于 0～10 ℃，利用内插法求得甲苯的燃烧温度下限为

$$\left[\frac{(1\,286.83-901)\times 10}{1\,693-901}\right]℃=\left[\frac{3\,858.3}{792}\right]℃=4.87\ ℃$$

再利用式(4.4)求甲苯的燃烧温度上限为

$$p_Z=\frac{7.75\times 101\,325}{100}\text{Pa}=7\,852.69\ \text{Pa}$$

从表 4.16 查得甲苯在 7 852.69 Pa 蒸气压力下处于 30～40 ℃，利用内插法求得甲苯的燃烧温度上限为

$$\left[30+\frac{(7\,852.69-4\,960)\times 10}{7\,906-4\,960}\right]℃=\left[30+\frac{26\,226.9}{2\,946}\right]℃=39.8\ ℃$$

答：在 101 325 Pa 大气压力下，甲苯的燃烧温度极限为 4.87～39.8 ℃。

3. **闪点**

液体的闪点越低，则表示越易起火燃烧。因为在常温甚至在冬季低温时，只要遇到明火就可能发生闪燃，所以具有较大的火灾爆炸危险性。为便于闪点特性的讨论，现将几种常见液体的闪点列于表 4.13。

表 4.13 几种常见可燃液体的闪点

物质名称	闪点/℃	物质名称	闪点/℃	物质名称	闪点/℃
甲醇	7	甲苯	4	醋酸丁酯	13
乙醇	11	氯苯	25	醋酸戊酯	25
乙二醇	112	石油	−21	二硫化碳	−45
丁醇	35	松节油	32	二氯乙烷	8
戊醇	46	醋酸	40	二乙胺	26
乙醚	−45	醋酸乙酯	1	飞机汽油	−44
丙酮	−20	甘油	160	煤油	18

两种可燃液体混合物的闪点，一般是位于原来两液体的闪点之间，并且低于这两种可燃液体闪点的平均值。例如，车用汽油的闪点为 −36 ℃，照明用煤油的闪点为 40 ℃，如果将汽油和煤油按 1∶1 的比例混合，那么混合物的闪点应低于

$$\left[\frac{-36+40}{2}\right]℃=2\ ℃$$

在易燃的溶剂中掺入四氯化碳，其闪点即提高，加入量达到一定数值后，不能闪燃。例如，在甲醇中加入 41%四氯化碳，则不会出现闪燃现象，这种性质在安全上可加以利用。

液体的闪点可用仪器测定，也可计算求定。液体的闪点用蒸气压力进行计算时，可有以下几种计算方法。

(1)利用燃烧浓度极限求闪点和温度极限。

[**例** 5] 已知乙醇的燃烧浓度极限为 3.3%～18%，试求乙醇的闪点和温度极限。

解 乙醇在爆炸浓度下限(3.3%)时的饱和蒸气压为

$$p_Z=101\,325\ \text{Pa}\times 0.033=3\,343.73\ \text{Pa}$$

从表 4.12 查得乙醇蒸气压力为 3 343.73 Pa 时，其温度处于 10～20 ℃，并且在 10 ℃和

20 ℃时的蒸气压分别为 3 173 Pa 和 5 866 Pa。可用内插法求得闪点和温度下限为

$$\left[10+\frac{(3\ 343.73-3\ 173)\times 10}{5\ 866-3\ 173}\right]℃=(10+0.6)℃=10.6\ ℃$$

再按式(4.4)求出乙醇的燃烧温度上限：

$$C=\frac{P_Z}{101\ 325}$$

$$p_Z=0.18\times 101\ 325\ \text{Pa}=18\ 238.5\ \text{Pa}$$

从表 4.12 中查得乙醇在 18 238.5 Pa 蒸气压力时的温度约等于 40 ℃。

答：乙醇的闪点约为 10.6 ℃，其燃烧温度极限为 10.6～40 ℃。

(2)多尔恩顿公式。

$$p_S=\frac{p_H}{1+(n-1)\times 4.76} \tag{4.5}$$

式中，p_S为与闪点相适应的液体饱和蒸气压，Pa；p_H 为液体蒸气与空气混合物的总压力；n 为燃烧 1 mol 液体所需氧的原子数，可通过燃烧反应式确定(常见液体的 n 值见表 4.14)。

表 4.14　常见可燃性液体的 n 值

液体名称	分子式	n 值	液体名称	分子式	n 值
苯	C_6H_6	15	甲醇	CH_3OH	3
甲苯	$C_6H_5CH_3$	18	乙醇	C_2H_5OH	6
二甲苯	$C_6H_4(CH_3)_2$	20	丙醇	C_3H_7OH	9
乙苯	$C_6H_5C_2H_5$	21	丁醇	C_4H_9OH	12
丙苯	$C_6H_5C_3H_7$	24	丙酮	CH_3COCH_3	8
己苯	C_6H_{14}	19	二硫化碳	CS_2	6
庚苯	C_7H_{16}	22	乙酸乙酯	$CH_3COOC_2H_5$	10

[例 6]　试计算苯在 101 325 Pa 大气压下的闪点。

解　根据燃烧反应式求出 n 值：

$$C_6H_6+7.5O_2 \xlongequal{\quad} 6CO_2+3H_2O$$

根据式(4.5)，计算在闪燃时的饱和蒸气压：

$$p_S=\frac{p_H}{1+(n-1)\times 4.76}=\frac{101\ 325}{1+(15-1)\times 4.76}\text{Pa}=1\ 498\ \text{Pa}$$

从表 4.12 查得苯在 1 498 Pa 蒸气压力下处于－20～－10 ℃，用内插法求得其闪点为

$$\left[-20+\frac{(1\ 498-991)\times 10}{1\ 951-991}\right]℃=-14.7\ ℃$$

答：苯在 101 325 Pa 的压力下闪点为－14.7 ℃。

(3)布里诺夫公式。

$$p_S=\frac{Ap_H}{D_0\beta} \tag{4.6}$$

式中，p_S为与闪点相适应的液体饱和蒸气压，Pa；p_H为液体蒸气与空气混合的总压力，通常等于 101 325 Pa；A 为仪器的常数；β 为燃烧 1 mol 液体所需氧的物质的量；D_0为液体蒸气在空气中标准状态下的扩散系数。

常见液体蒸气在空气中的扩散系数(D_0)见表 4.15。运用式(4.6)进行计算时，需首先

根据已知某一液体的闪点求出 A 值，然后再进行计算。

表 4.15　常见液体蒸气在空气中的扩散系数

液体名称	在标准状况下的扩散系数	液体名称	在标准状况下的扩散系数
甲醇	0.132 5	乙醚	0.077 8
乙醇	0.102	乙酸	0.106 4
丙醇	0.085	乙酸乙酯	0.071 5
丁醇	0.070 3	乙酸丁酯	0.085
戊醇	0.058 9	二硫化碳	0.089 2
苯	0.077	丙酮	0.086
甲苯	0.079		

［**例** 7］　已知甲苯的闪点为 5.5 ℃，大气压为 101 325 Pa，试求苯的闪点。

解　先根据甲苯的闪点求出 A 值。

从表 4.13 中算出甲苯在 5.5 ℃时的蒸气压力为 1 336.6 Pa。β 值等于 $n/2$，即 $18/2=9$。D_0 值为 0.070 9，代入式(4.6)：

$$A=\frac{p_{\mathrm{S}D_0}\beta}{101\ 325}=\frac{1\ 336.6\times 0.079\times 9}{101\ 325}\approx 0.008\ 4$$

再按式(4.6)求苯在闪燃时的蒸气压力：

$$p_{\mathrm{S}}=\frac{Ap_{\mathrm{H}}}{D_0\beta}=\left(\frac{0.008\ 4\times 101\ 325}{0.077\times 7.5}\right)\mathrm{Pa}\approx 1\ 473.8\ \mathrm{Pa}$$

从表 4.12 查得苯在 1 473.8 Pa 蒸气压力下，处于 $-20\sim-10$ ℃，用内插法求得苯的闪点为

$$\left[-20+\frac{(1\ 473.8-991)\times 10}{1\ 951-991}\right]℃=-15\ ℃$$

答：在大气压力为 101 325 Pa 时苯的闪点为 -15 ℃。

4. **受热膨胀性**

热胀冷缩是一般物质的共性，可燃液体储存于密闭容器中，受热时由于液体体积的膨胀，蒸气压也会随之增大，有可能造成容器的鼓胀，甚至引起爆炸事故。可燃液体受热后的体积膨胀值，可用下式计算：

$$V_t=V_0(1+\beta\times t) \tag{4.7}$$

式中，V_t，V_0 分别为液体 t 和 0 ℃时的体积，L；t 为液体受热后的温度，℃；β 为体积膨胀系数，即温度升高 1 ℃时，单位体积的增量。

几种液体在 0～100 ℃的平均体积膨胀系数见表 4.16。

表 4.16　几种液体在 0～100 ℃的平均体积膨胀系数

液体名称	平均体积膨胀系数	液体名称	平均体积膨胀系数
乙醚	0.001 60	戊烷	0.001 60
丙酮	0.001 40	煤油	0.000 90
苯	0.301 20	石油	0.000 70
甲苯	0.001 10	醋酸	0.001 40
二甲苯	0.000 95	氯仿	0.001 40
甲醇	0.001 40	硝基苯	0.000 83
乙醇	0.001 10	甘油	0.000 50
二硫化碳	0.001 20	苯酚	0.000 89

［例 8］　玻璃瓶装乙醚，存放在暖气片旁，试问这样放乙醚玻璃瓶有无危险？（玻璃瓶体积为 24 L，并留有 5%的空间。暖气片的散热温度平均为 60 ℃）

解　从表 4.16 查得乙醚的体积膨胀系数为 0.001 6，根据式(4.6)求出乙醚受热达到 60 ℃时的总体积为

$$V_t = V_0(1+\beta t) = [(24-24\times5\%)\times(1+0.001\,6\times60)]\text{L} = 24.988\ \text{L}$$

乙醚的原体积为 22.8 L，实际增加的体积应为

$$(24.988-22.8)\text{L} \approx 2.19\ \text{L}$$

而乙醚玻璃瓶原有 5%的空间，体积为 24 L×5%＝1.2 L，显然膨胀增加的体积已超过预留空间：

$$(2.19-1.2)\text{L} = 0.99\ \text{L}$$

同时，乙醚在 60 ℃时的蒸气压已达到 230 008 Pa。

答：乙醚玻璃瓶存放在暖气片旁有爆炸危险，应移放在其他安全地点。

通过以上分析可以看出，尽管液体分子间的引力比气体大得多，它的体积随温度的变化比气体小得多，而压力对液体的体积影响相对于气体来说就更小了。但是，对于液体具有的这种受热膨胀性质，从安全角度出发仍需加以注意并应采取必要的措施。如对盛装易燃液体的容器应按规定留出足够的空间，夏天要储存于阴凉处或用淋水降温法加以保护等。

5. 其他燃爆性质

(1)沸点。液体沸腾时的温度(即蒸气压等于大气压时的温度)称为沸点。沸点低的可燃液体蒸发速度快、闪点低，因而容易与空气形成爆炸性混合物。所以，可燃液体的沸点越低，其火灾和爆炸危险性越大。

(2)相对密度。同体积的液体和水的质量之比，称为相对密度。可燃液体的相对密度大多小于 1。相对密度越小，则蒸发速度越快，闪点也越低，因而其火灾爆炸的危险性越大。

可燃蒸气的相对密度是其摩尔质量和空气摩尔质量之比。大多数可燃蒸气都比空气重，能沿地面漂浮，遇着火源能发生火灾和爆炸。

比水轻且不溶于水的液体着火时，不能用直流水扑救。比水重且不溶于水的可燃液体(如二硫化碳)可储存于水中，既能安全防火，又经济方便。

(3)流动扩散性。流动性强的可燃液体着火时，会促使火势蔓延，扩大燃烧面积。液体

流动性的强弱与其黏度有关。黏度越低,则液体的流动扩散性越强,反之就越差。

可燃液体的黏度与自燃点有这样的关系:黏稠液体的自燃点比较低,不黏稠液体的自燃点比较高。例如,重质油料沥青是黏稠液体,其自燃点为 280 ℃;苯是不黏稠透明液体,自燃点为 580 ℃。黏稠液体的自燃点比较低是由于其分子间隔小、蓄热条件好的原因。

(4)带电性。大部分可燃液体是高电阻率的电介质(电阻率在 10～15 Ω · cm 范围内),具有带电能力,如醚类、酮类、酯类、芳香烃类、石油及其产品等。有带电能力的液体在灌注、运输和流动过程中,都有因摩擦产生静电放电而发生火灾的危险。

醇类、醛类和羧酸类不是电介质,电阻率低,一般没有带电能力,其静电火灾危险性较小。

(5)分子量。同一类有机化合物中,一般是分子量越小,沸点越低,闪点也越低,所以火灾爆炸危险性也越大。分子量大的液体,其自燃点较低,易受热自燃(表 4.17)。

表 4.17　几种醇类同系物分子量与闪点和自燃点的关系

醇类同系物	分子式	分子量	沸点/℃	闪点/℃	自燃点/℃	热值/($kJ \cdot kg^{-1}$)
甲醇	CH_3OH	32	64.7	7	445	23 865
乙醇	C_2H_5OH	46	78.4	11	414	30 991
丙醇	C_3H_7OH	60	97.8	23.5	404	34 792

4.3 可燃固体

凡遇火、受热、撞击、摩擦或与氧化剂接触能着火的固体物质,统称为可燃固体。

4.3.1 固体燃烧过程和分类

熔点低的固体物质燃烧时,是受热后先熔化,再蒸发产生蒸气并分解、氧化而燃烧,如沥青、石蜡、松香等;复杂的固体物质燃烧时,受热时直接分解析出气态产物,再氧化燃烧,如木材、煤、纸张、棉花等;焦炭和金属等燃烧时呈炽热状态,无火焰发生,属于无焰燃烧。

复杂固体物燃烧,从防火角度出发,以木材的燃烧最值得注意。木材遇到火焰时,先是受热升温,在 110 ℃以下只放出水分,130 ℃时开始分解,150～200 ℃以下分解出来的是水和二氧化碳,并不能燃烧;在 200 ℃以上分解出一氧化碳、氢和碳氢化合物,此时木材开始燃烧,到 300 ℃时析出的气体产物最多,燃烧也最强烈。

木材的燃烧除了产生气态产物和火焰燃烧外,还有木炭的无火焰燃烧。在开始燃烧析出可燃气体时,木炭不能燃烧,因为火焰阻止氧接近木炭。随着木炭层加厚,阻碍了火焰的热量传入里层的木材,因而减少了气态物质的分解,火焰变弱,于是木炭灼热而燃烧,木材表面的温度也随之升高,达到 600～700 ℃。燃烧又使木炭层变薄,露出新的木材,进行分解,这样直到木材分解完。此后就只有木炭的燃烧,再没有火焰发生。

木材的有火焰燃烧阶段对火灾发展起着决定的作用,这阶段所占的时间虽短,但所放出的热量大,火焰的高温与热辐射促使火灾蔓延。因此,在灭火工作中,与木材的有火焰燃烧做斗争最为重要。

固体按燃烧的难易程度分为易燃固体和可燃固体两类。在危险物品的管理上,对于熔点较高的可燃性固体，通常以燃点 300 ℃作为划分易燃固体和可燃固体的界线。

易燃固体按危险性程度又可分为一、二两级。一级易燃固体的燃点低，燃速快，易于燃烧和爆炸，并能放出剧毒的气体，一级易燃固体可分为三类。

①磷及含磷化合物，如红磷、三硫化磷、五硫化磷等。

②硝基化合物，如二硝基甲苯、二亚硝基戊次甲基四胺、二硝基萘、硝化棉等。

③其他：闪光粉(镁粉和氯酸钾混合物)、氨基化钠、聚苯乙烯共聚体、烟火药等。

二级易燃固体的燃烧性能比一级易燃固体差，燃烧速度较慢，燃烧产物的毒性较小。一般有下面分类。

①各种可燃金属粉：如铝粉、镁粉、钛粉、锆粉等。

②碱金属氨基化合物：如氨基化锂、氨基化钙等。

③燃烧性较差的硝基化合物：如硝基芳烃、二硝基丙烷等。

④硝化棉制品：如硝化纤维漆布、赛璐珞板等。

⑤萘及其衍生物：如萘、甲基萘等。

镁粉和闪光粉都是镁粉和氧作用而剧烈氧化发生燃烧。为什么将闪光粉列为一级易燃固体，而镁粉列为二级易燃固体？这是由于闪光粉中的易燃物不仅是与空气中的氧反应，而且主要与氯酸钾中放出的氧进行激烈的氧化反应。

可见易燃固体分为一、二两级是相对概念，因为它们的易燃程度不仅是由该物质本身组成和结构所决定，同时还受本身物体状态和周围环境影响。

4.3.2　固体燃烧速度

固体物质的燃烧速度一般小于可燃气体和液体，特别是有些固体的燃烧过程需先受热熔化，经蒸发、汽化、分解再氧化燃烧，所以速度慢。某些固体的燃烧速度见表 4.18。

表 4.18　某些固体的燃烧速度

物质名称	燃烧的平均速度/($kg \cdot m^{-2} \cdot h^{-1}$)	物质名称	燃烧的平均速度/($kg \cdot m^{-2} \cdot h^{-1}$)
木材(水分 14%)	50	棉花(水分 6%～8%)	8.5
天然橡胶	30	聚苯乙烯树脂	30
人造橡胶	24	纸张	24
布质电胶木	32	有机玻璃	41.5
酚醛塑料	10	人造纤维	21.6

固体燃烧速度与燃烧比表面积(即固体表面积与其体积的比值)有关，比表面积越大，燃烧时固体单位体积所受的热量越大，燃烧速度越快。比表面积的大小与固体的粒度、几何形状等有关。此外，可燃固体的密度越大，燃烧速度越慢；固体的含水量越多，燃烧速度也越慢。

4.3.3　评价固体火灾危险性的主要技术参数

1. 燃点

燃点是表征固体物质火灾危险性的主要参数。燃点低的固体在能量较小热源作用下，或者受撞击、摩擦等，会很快升温达到燃点而着火。所以，固体的燃点越低，越易着火，火灾危险性就越大。控制可燃物的温度在燃点以下是防火措施之一。

2. **熔点**

物质由固态转变为液态的最低温度称为熔点。熔点低的可燃固体受热时容易蒸发或汽化,因此燃点也较低,燃烧速度则较快。某些低熔点的易燃固体还有闪燃现象,如萘、二氯化苯、聚甲醛、樟脑等,其闪点大都在 100 ℃以下,所以火灾危险性大。可燃固体的燃点、熔点和闪点见表 4.19。

表 4.19　可燃固体的燃点、熔点和闪点

物质名称	熔点/℃	燃点/℃	闪点/%	物质名称	熔点/℃	燃点/℃	闪点/%
萘	80.2	86	80	聚乙烯	120	400	
二氯化苯	53		67	聚丙烯	160	270	
聚甲醛	62		45	聚苯纤维	100	400	
甲基萘	35.1		101	硝酸纤维		180	
苊	96		108	醋酸纤维	260	320	
樟脑	174～179	70	65.5	黏胶纤维		235	
松香	55	216		锦纶－6	220	395	
硫黄	113	255		锦纶－66		415	
红磷		160		涤纶	250～265	390～415	
三硫化磷	172.5	92		二亚硝基	255～264	260	
五硫化磷	276	300		间苯二酚			
重氮氨基苯	98	150		有机玻璃	80	158	

3. **自燃点**

固体的自燃点一般都低于液体和气体的自燃点,大体上介于 180～440 ℃之间。这是由于固体物组成中,分子间隔小,单位体积密度大,因而受热时蓄热条件好。固体的自燃点越低,其受热自燃的危险性就越大。

有些固体达到自燃点时,会分解出可燃气体与空气发生氧化而燃烧,这类物质的自燃温度一般较低,例如纸张和棉花的自燃温度为 130～150 ℃。熔点高的固体的自燃点比熔点低的固体的自燃点低一些,粉状固体的自燃点比块状固体的自燃点低一些。可燃固体的自燃点见表 4.20。

表 4.20　可燃固体的自燃点

名称	自燃温度/ ℃	名称	自燃温度/ ℃
黄(白)磷	60	木材	250
三硫化四磷	100	硫	260
纸张	130	沥青	280
赛璐珞	140	木炭	350
棉花	150	煤	400
布匹	200	蒽	470
赤磷	200	萘	515
松香	240	焦炭	700

此外,固体与空气接触表面积越大,其化学活性也越大,越容易燃烧,并且燃速也越快。所以,同样的固体,如单位体积表面积越大,其危险性就越大。由多种元素组成的复杂固体物质,其受热分解的温度越低,火灾危险性则越大。粉状的可燃固体,飞扬悬浮在空气中并达到爆炸极限时,有发生爆炸的危险。

4. **比表面积**

同一固体,单位体积表面积越大,其危险性越大。物质的粒度越细,比表面积越大,则火灾危险性也越大。因为固体燃烧时,首先是从表面进行,然后逐渐深入物质内部,所以物质比表面积越大,与空气中的氧接触机会就越多,氧化越容易发生,燃烧也就越容易进行。足够细小的粉尘悬浮在空气中,当粉尘浓度达到一定值,遇到点火源可能引起粉尘爆炸。

5. **热分解**

许多化合物结构上,含有容易游离的氧原子或不稳定基团,当受热后容易分解而放出气体和分解热,容易导致燃烧或爆炸,其燃烧危险性大。

4.4　其他危险物品

4.4.1　遇水燃烧物质

凡与水或潮气接触能分解产生可燃气体,同时放出热量而引起燃烧或爆炸的物质,称为遇水燃烧物质。遇水燃烧物还能与酸或氧化剂发生反应,而且比遇水发生的反应更为剧烈,其着火爆炸的危险性更大。

1. **分类**

遇水燃烧物质都能遇水分解,产生气体和热量,引起火灾或爆炸危险。这类物质引起着火有以下两种情况。

一种是遇水发生剧烈的化学反应,释放出的高热能把反应产生的可燃气体加热至自燃点,不经外来火源也会着火燃烧,如金属钠、碳化钙等。碳化钙与水化合的反应式如下:

$$CaC_2+2H_2O=\!=\!=C_2H_2+Ca(OH)_2+Q$$

反应的热量在积热不散的条件下,能引起乙炔自燃爆炸:

$$2C_2H_2+5O_2=\!=\!=4CO_2+2H_2O+Q$$

另一种是遇水能发生化学反应,但释放出的热量较少,不足以把反应产生的可燃气体加热至自燃点。不过,当可燃气体一旦接触火源也会立即着火燃烧,如氢化钙、保险粉(连二亚硫酸钠)等。

遇水燃烧物质引起爆炸有下列两种情况:

一种是遇水燃烧物质在容器内与水(或吸收空气中的水蒸气)作用,放出可燃气体和热量,与容器内空气形成爆炸性混合气而发生爆炸;或由于气体体积膨胀,使压力逐渐增大;或在受热、翻滚、撞击、摩擦、震动等外力作用下,造成胀裂而引起爆炸,如电石桶的爆炸。

另一种是由于燃烧物质与水相互作用,发生剧烈化学反应,释放出的可燃气体迅速与空气混合达到爆炸极限,由于自燃或遇明火而引起爆炸,如金属钠、钾等。

根据遇水或受潮后发生反应的剧烈程度和危险性大小,遇水燃烧物质可分为两级。

一级遇水燃烧物质，遇水发生剧烈反应，单位时间内产生可燃气体多而且放出大量热量，容易引起燃烧爆炸。属于一级遇水燃烧物质的主要有活泼金属（如锂、钠、钾、铷、锶、铯、钡等金属）及其氢化物，硫的金属化合物、磷化物和硼烷等。

二级遇水燃烧物质，遇水发生的反应比较缓慢，放出的热量比较小，产生的可燃气体一般需在火源作用下才能引起燃烧。属于二级遇水燃烧物质的有金属钙、锌粉、亚硫酸钠、氢化铝、硼氢化钾等。

在生产、储存中，将所有遇水燃烧物质划为甲类火灾危险。

2. 遇水燃烧物质的火灾爆炸危险性

各类遇水燃烧物质与水接触后，除了反应的剧烈程度和释放出的热量不同之外，所产生的可燃气体的性质也有所不同，主要有以下几类：

第一，生成氢的燃烧或爆炸。有些遇水燃烧物质在与水作用的同时，放出氢气和热量，由于自燃或外来火源作用引起氢气的着火或爆炸。具有这种性质的遇水燃烧物质有活泼金属及其合金、金属氢化物、硼氢化物、金属粉末等。例如，金属钠与水的反应：

$$Na+2H_2O=\!=\!=2NaOH+H_2\uparrow+371.8\ kJ$$

这类遇水燃烧物质除了存在氢气的着火或爆炸危险之外，那些尚未来得及反应的金属会随之燃烧或爆炸。又如锌粉与水的反应：

$$Zn+H_2O=\!=\!=ZnO+H_2\uparrow$$

此反应放出的热量较少，不致直接引起氢气的燃烧爆炸。

第二，生成碳氢化合物的着火爆炸。有些遇水燃烧物质与水作用时，生成碳氢化合物，在反应热引起受热自燃，或外来火源作用下造成碳氢化合物的着火爆炸。具有这种性质的遇水燃烧物质主要有金属碳化合物、有机金属化合物等。例如，甲基钠与水的反应：

$$CH_3Na+H_2O=\!=\!=NaOH+CH_4\uparrow+Q$$

第三，生成其他可燃气体的燃烧爆炸。还有一些遇水燃烧物质如金属磷化物、金属氧化物、金属硫化物和金属硅的化合物等，与水作用时生成磷化氢、氰化氢、硫化氢和四氢化硅等。例如，磷化钙与水的反应：

$$Ca_3P_2+6H_2O=\!=\!=3Ca(OH)_2+2PH_3\uparrow+Q$$

由于磷化氢的自燃点低（45～60 ℃），能在空气中自燃。

从以上讨论可以看出，遇水燃烧物质的类别多，遇水生成的可燃气体不同，因此其危险性也有所不同。总体来说，遇水燃烧物质的危险性主要有以下几方面。

（1）遇水或遇酸燃烧性。这是遇水燃烧物质共同的危险性。因此，在储存、运输和使用时，应注意防水、防潮、防雨雪。遇水燃烧物质着火时，不能用水或酸碱泡沫灭火剂及泡沫灭火剂扑救。因为酸碱泡沫灭火剂是利用碳酸氢钠溶液和硫酸溶液的作用，产生二氧化碳气体进行灭火的。其反应式为

$$2NaHCO_3+H_2SO_4=\!=\!=Na_2SO_4+2H_2O+2CO_2\uparrow$$

在泡沫灭火剂中是利用碳酸氢钠溶液和硫酸铝溶液的作用，产生二氧化碳进行灭火的，其反应式为

$$6NaHCO_3+Al_2(SO4)_3=\!=\!=3Na_2SO_4+2Al(OH)_3+6CO_2\uparrow$$

从以上反应式可以看出，这些灭火剂是以溶液为药剂的。溶液中含有大量的水，所以用这两种灭火剂来扑救遇水燃烧物质的火灾是不适宜的。

此外，不少遇水燃烧物质能够与酸起作用生成可燃气体，而且反应剧烈。例如，把少量锌粉撒到水里去，并不会发生剧烈反应，但是如果把少量锌粉撒到酸中，也会立即有大量氢气泡显出，反应非常剧烈。又如，金属钠、氢化钡等与硫酸反应生成氢气，碳化钙和硫酸反应生成乙炔等，它们的反应式如下：

$$2Na + H_2SO_4 \xlongequal{} NaSO_4 + H_2\uparrow$$

$$BaH_2 + H_2SO_4 \xlongequal{} BaSO_4 + 2H_2\uparrow$$

$$CaC_2 + H_2SO_4 \xlongequal{} Ca_2SO_4 + C_2H_2\uparrow$$

由酸碱灭火器和泡沫灭火器喷射出来的喷液中，多少都含有尚未作用的残酸，因此，用这类灭火剂来扑救遇水燃烧物质的火灾，犹如火上加油，会引起更大危险。

遇水燃烧物质的火灾应用于砂、干粉灭火剂、二氧化碳灭火剂等进行扑救。

(2)自燃性。有些遇水燃烧物质(如碱金属、硼氢化合物)放置于空气中即具有自燃性。有的遇水燃烧物质遇水能生成可燃气体，放出热量而具有自燃性。因此，这类遇水燃烧物质的储存必须与水及潮气等可靠隔离。由于锂、钠、钾、铷、铯和钠钾合金等金属不与煤油、汽油、石蜡等作用，所以可把这些金属浸没于矿物油或液体石蜡等不吸水分物质中严密储存。采取这种措施就能使这些遇水燃烧物质与空气和水蒸气隔离，免除变质和发生危险。

(3)爆炸性。有些遇水燃烧物质，与水作用生成可燃气体，与空气形成爆炸性混合物，或盛装遇水燃烧物质的容器由于气体膨胀或装卸、搬运的震动，及受其他外界因素的影响，有发生爆炸的危险，因此装卸作业时不得翻滚、撞击、摩擦、倾倒等，必须轻装轻卸。如发现容器有鼓包等可疑现象，应及时妥当处理。

(4)其他。有的遇水燃烧物质遇水作用的生成物除易燃性外，还有毒性；有的虽然与水接触反应不很激烈，放出热量不足以使产生的可燃气着火，但遇外来火源还是有着火爆炸的危险性。因此，搬运场所应当通风散热良好并严禁火源接近。

4.4.2 自燃性物质

凡是无须明火作用，由于本身氧化反应或受外界温度、湿度影响，受热升温达到自燃点而自行燃烧的物质，称为自燃性物质。

1. 自燃性物质的分类

自燃性物质都是比较容易氧化的，在着火之前所进行的是缓慢的氧化作用，而着火时进行的是剧烈的氧化反应。根据自燃的难易程度及危险性大小，自燃性物质可分为两类。

(1)一级自燃物质。此类物质与空气接触极易氧化，反应速率快；同时，它们的自燃点低，易于自燃，火灾危险性大。例如黄磷、铝铁溶剂等。

(2)二级自燃物质。此类物质与空气接触时氧化速度缓慢，自燃点较低，如果通风不良，积热不散也能引起自燃。例如油污、油布等带有油脂的物品。

2. 自燃性物质的燃烧性质

自燃性物质由于组成不同，以及影响自燃条件不同，因此有各自不同的特征。

(1)化学性质活泼，极易氧化而引起自燃的自燃性物质。例如黄磷，它是一种淡黄色蜡状的半透明固体，非常容易氧化，自燃点很低，只有 34 ℃左右。即使在通常温度下，置于空气中也能很快引起自燃，燃烧后生成五氧化二磷烟雾。

$$4P + 5O_2 = 2P_2O_5 + 3\ 098.2\ kJ$$

五氧化二磷是有毒物质，遇水还能生成剧毒的偏磷酸。

由于黄磷不与水发生作用，所以通常都把黄磷浸没在水里储存和运输。如果在运输时发现包装容器破损渗漏，或水位减少不能浸没全部黄磷时，应立即加水并换装处理，否则会很快引起火灾。如遇有黄磷着火情况，可用长柄铁夹等工具把燃着的黄磷投入盛有水的桶中即可消除事故，但不可用高压水枪冲击着火的黄磷，以防被水冲散的黄磷扩大火势。

(2)化学性质不稳定，容易发生分解而导致自燃的自燃性物质。例如，硝化纤维及其制品，由于本身含有硝酸根(NO_3^-)，化学性质很不稳定，在常温下就能于空气中缓慢分解，阳光作用及受潮会加快氧化速度，析出一氧化氮(NO)。一氧化氮不稳定，会在空气中与氧化合生成二氧化氮，而二氧化氮会与潮湿空气的水化合生成硝酸或亚硝酸。

$$3NO_2 + H_2O = 2HNO_3 + NO$$

硝酸或亚硝酸会进一步加速硝化纤维及其制品的分解，放出的热量也就越来越多，当温度达到自燃点(120～160 ℃)时，即发生自燃。燃烧速度极快，并能产生有毒和刺激性气体。

硝化纤维及其制品着火时，可用泡沫和水进行扑救，但表面的火扑灭后，物质内部因有大量氧还会继续分解，仍有复燃的可能性，所以应及时将灭火后的物质深埋。

(3)分子具有高的键能。某些自燃物质的分子中，含有较多的不饱和双键(—C═C—)，因而在空气中容易与氧气发生氧化反应，并放出热量，如果通风不良，热量聚集不散，就会逐渐达到自燃点而引起自燃。例如，桐油的主要成分是桐油酸甘油酯，其分子含有三个双键，化学性质很不稳定，经制成油纸、油布、油绸等自燃性物质之后，桐油与空气中氧接触的表面积大大增加，在空气中缓慢氧化析出的热量增多，加上堆放、卷紧的油纸、油布、油绸等散热不良，造成积热不散，温度升高到自燃点而引起自燃，尤其是空气潮湿的情况下，更易促使自燃的发生。因此，自燃性物质中的二级自燃物质常用分格的透风笼箱作为包装箱，目的是把自燃物品中经氧化而释放出的热量不断地散逸掉，不致造成热量的聚积不散，避免发生自燃而引起火灾。

4.4.3　氧化剂

凡能氧化其他物质，即在氧化还原反应中得到电子的物质称为氧化剂。在无机化学反应中，可以由电子的得失或化合价的变化来判断氧化还原反应。但在有机化学反应中，由于大多数有机化合物都是以共价键组成的，它们分子内的原子间没有明显的电子得失，很少有化合价的变化，所以在有机化学反应中常把与氧的化合或失去氢的反应称为氧化反应，而将与氢的化合或失去氧的反应称为还原反应，把在反应中失去氧或获得氢的物质称为氧化剂。

1. 氧化剂的分类

各种氧化剂的氧化性能强弱有所不同，有的氧化剂很容易得到电子，有的则不容易得到电子。氧化剂按化学组成分为无机氧化剂和有机氧化剂两大类。

(1)无机氧化剂。按氧化能力的强弱分为两级。

一级无机氧化剂主要是碱金属或碱土金属的过氧化物和盐类，如过氧化钠、高氯酸钠、硝酸钾、高锰酸钾等。这些氧化剂的分子中含有过氧基(—O—O—)或高价态元素(N^{+5}，Cl^{+7}，Mn^{+7}等)，极不稳定，容易分解，氧化性能很强，是强氧化剂，能引起燃烧或爆炸。例如，过氧化钠遇水或酸的时候，便立即发生反应，生成过氧化氢；过氧化氢更容易分解为水和原子氧。其反应如下：

$$Na_2O_2 = Na_2O + [O]$$

$$Na_2O_2 + 2H_2O = 2NaOH + H_2O_2$$

$$Na_2O_2 + H_2SO_4 = Na_2SO_4 + H_2O_2$$

$$H_2O_2 = H_2O + [O]$$

原子氧有很强的氧化性，遇易燃物质或还原剂很容易引起燃烧或爆炸，如果不与其他物质作用，原子氧便自行结合，生成氧气：$[O]+[O] = O_2$，氧气的助燃作用会引起火灾或爆炸。

二级无机氧化剂虽然也容易分解，但比一级氧化剂稳定，是较强氧化剂，能引起燃烧。除一级无机氧化剂外的所有无机氧化剂均属此类，如亚硝酸钠、亚氯酸钠、连二硫酸钠、重铬酸钠、氧化银等。

(2)有机氧化剂。按氧化能力的强弱分为两级。

一级有机氧化剂主要是有机物的过氧化物或硝酸化合物，这类氧化剂都含有过氧基(—O—O—)或高价态氮原子，极不稳定，氧化性能很强，是强氧化剂，如过氧化苯甲酚、硝酸胍等。

二级有机氧化剂是有机物的过氧化物，如过氧醋酸、过氧化环己酮等。这类氧化剂虽然也容易分解出氧，但化学性质比一级氧化剂稳定。

无机氧化剂和有机氧化剂中都有不少过氧化物类的氧化剂。有机氧化剂由于含有过氧基，受到光和热的作用，容易分解析出氧，常因此发生燃烧和爆炸。例如，过氧化苯甲酚$(C_6H_5CO)_2O_2$受热、摩擦、撞击就发生爆炸，与硫酸能发生剧烈反应，引起燃烧并放出有毒气体。又如，硝酸钾受热时分解为亚硝酸钾和原子氧，遇易燃品或还原剂时容易发生燃烧或爆炸，并且还可以促使硝酸盐的进一步分解，从而扩大其危险性。原子氧在不进行其他反应时便立即自行结合为氧，硝酸钾的分解反应方程式如下：

$$2KNO_3 = 2KNO_2 + O_2\uparrow$$

氧化剂氧化性强弱的规律，对于元素来说，一般是非金属性越强，其氧化性就越强，因为非金属元素具有获得电子的能力，I_2，Br_2，Cl_2，F_2等物质的氧化性分别依次增强。离子所带的正电荷越多，越容易获得电子，氧化性也就越强，如 4 价锡离子(Sn^{4+})比 2 价锡离子(Sn^{2+})具有更强的氧化性。化合物中若含有高价态的元素，而且这个元素化合价越高，其氧化性就越强，如氨(NH_3)中的氮是-3价，亚硝酸钠($NaNO_2$)中的氮是$+3$价，硝酸钠($NaSO_4$)中的氮是$+5$价，则它们的氧化性分别依次增强。

2. 危险性和防护

(1)危险性。

① 氧化性或助燃性。氧化剂具有强烈的氧化性能，在接触易燃物、有机物或还原剂时，能发生氧化反应，剧烈时会引起燃烧。

② 燃烧爆炸性。许多氧化剂，特别是无机氧化剂，当它们受热、撞击、摩擦等作用时，容易迅速分解，产生大量气体和热量，因此有引起爆炸的危险。大多数有机氧化剂是可以燃烧的，在遇明火或其他爆炸力作用下，容易引起火灾。

③ 毒害性和腐蚀性。许多氧化剂不仅本身有毒，而且在发生变化后能产生毒害性气

体，例如三氧化铬既有毒性也有腐蚀性。活泼金属的过氧化物、各种含氧酸等，有很强的腐蚀性，能够灼伤皮肤和腐蚀其他物品。

(2)防护。氧化剂的防护措施主要有以下两方面。

① 氧化剂在储存和运输时，应防止受热、摩擦、撞击，在贮运中应注意通风降温，不摔碰、不拖拉、不翻滚、不剧烈摩擦及远离热源、电源等。

② 有些氧化剂遇水、遇酸能降低它们的稳定性并增强其氧化性，对此类氧化剂在贮运时应注意通风、防潮湿，并且与酸、碱、还原剂、可燃粉状物等隔离，防止发生火灾和爆炸。

4.4.4 爆炸性物质

凡是受到高热、摩擦、撞击或受到一定物质激发能瞬间起单分解或复分解的化学反应，并以机械功的形式在极短时间内放出能量的物质，统称为爆炸性物质。

1. 分类

爆炸性物质按组成分为爆炸化合物和爆炸混合物两大类。

(1)爆炸化合物。这类爆炸性物质具有一定的化学组成，它们的分子中含有一种爆炸基团，这种基团很不稳定，容易被活化，当受到外界能量的作用时，它们的键很容易破裂，从而激发起爆炸反应。根据这类物质的化学结构或爆炸基团，可分为10种，见表4.21。

表4.21 爆炸混合物按化学结构的分类

序号	爆炸混合物名称	爆炸性原子团	举例
1	硝基化合物	—N═O═O	四硝基甲烷、三硝基甲烷
2	硝酸酯	—O—N═O═O	硝化甘油、硝化棉
3	硝胺	═N—N═O═O	黑索金、特屈儿
4	叠氮化合物	—N═N═N—	叠氮化铅、叠氮化钠
5	重氮化合物	—N═N—	二硝基重氮酚
6	雷酸盐	—N═C	雷汞、雷酸盐
7	乙炔化合物	—C≡C—	乙炔银、乙炔汞
8	过氧化物和臭氧化物	—O—O—和—O—O—O—	过氧化二汞、臭氧
9	氮的卤化物	$—NX_2$	氯化氮、溴化氮
10	氯酸盐和高氯酸盐	—O—Cl═O═O	氯酸铵、高氯酸铵

(2)爆炸混合物。它是由两种或两种以上的爆炸组分和非爆炸组分经机械混合而成的，例如硝铵炸药、黑色火药等。

爆炸性物质按应用特性分为起爆药、炸药、发射药和烟火剂四种。起爆药主要作为引爆剂，用来激发次级炸药的爆轰，其特点是感度较高，在很小的能量作用下就容易爆轰，而且从燃烧到爆炸的时间非常短。常用的起爆药有雷汞、叠氮化铅和二硝基重氮酚。炸药是用来破坏障碍物，对外力作用的感度较低，一般都需要起爆药来引爆。常用的爆破药有梯恩梯(TNT)、黑索金、硝铵炸药等。发射药主要用作爆竹、枪弹、火箭和导弹的推进剂，它们的主要特点是容易点燃，在一定条件下能稳定燃烧，不易转为爆轰，如黑火药和硝化棉火药等。

烟火剂是一些成分不定的混合物，其主要成分有氧化剂、可燃剂、显现颜色的添加剂和黏结剂。它们的主要变化形式是燃烧，在一定条件下也能爆轰。常用的烟火剂有照明剂、信号剂、燃烧剂、发烟剂等，用来装填照明弹、燃烧弹、信号弹、烟幕弹等。

2. 炸药的爆炸性能

炸药的爆炸性能主要有感度、威力、猛度、殉爆、安定性等。

(1)感度。炸药的感度又称敏感度，是指炸药在外界能量的作用下发生爆炸变化的难易程度，是衡量爆炸稳定性大小的一个重要标志。通常以引起爆炸变化的最小外界能量来表示，这个最小的外界能量习惯上称之为引爆冲能。很显然，所需的引爆冲能越小，其敏感度越高；反之则越低。

影响炸药的敏感度的因素很多，主要有以下几种。

① 化学结构。一般的规律是：炸药分子中爆炸基团越活泼，数目越多，其感度越大。如$—O—NO_2$，$=N—NO_2$，$—NO_2$ 的稳定性顺序为：$—NO_2 > =N—NO_2 > —O—NO_2$，所以炸药感度就表现为：硝酸酯 > 硝胺 > 硝基化合物。

② 物态。这是指炸药所处的“相”状态。同一炸药在熔融状态的感度普遍要比固态高得多，这是因为炸药从固相转变为液相时要吸收熔化潜热，它的内能较高，另外在液态时具有较高的蒸气压，所以很小的外界能量即可激发炸药爆炸，因此在操作过程中应特别注意安全。

③ 温度。它能全面地影响炸药的感度，随着温度的升高，炸药的各种感度指标都升高。这是因为在高温下炸药的活化能降低了，极小的外界冲量即可使原子键破裂，引起爆炸变化。

④ 密度。随着炸药密度的增大，其敏感度通常是降低的。这是由于密度增加后，孔隙率减少，结构结实，不易于吸收能量，这对热点的形成和火焰的传播是不利的。

⑤ 细度。粉碎得很细的炸药，其敏感度提高，易于起爆。这是因为炸药颗粒越小，比表面越大，接受的冲击波能量越多，容易产生更多的热点，所以易于起爆。

⑥ 杂质。它对炸药的感度有很大的影响。一般来说，固体杂质，特别是硬度大、有尖棱和高熔点的杂质，如砂子、玻璃屑和某些金属粉末等，能增加炸药的感度。因为这种杂质能使外界冲击能量集中在尖棱上，形成强烈的摩擦中心而产生热点。因此，在生产、储存和运输炸药时，一定要防止硬性杂质混入，还要防止撞击。相反，松软的或液态的杂质混入炸药，则降低其敏感度。因而在储运过程中，又要注意防止炸药受潮或雨淋，否则将使炸药失效、报废。

(2)威力。它是指炸药爆炸时做功的能力，即对周围介质的破坏能力。爆炸时产生的热量越大，气态产物生成量越多，爆温越高，其威力也就越大。

测定炸药的威力，通常采用铅铸扩大法。即以一定量(10 g)的炸药，装于铅铸的圆柱形孔内爆炸，测量爆炸后圆柱形孔体积的变化，以体积增量(单位：mL)作为炸药的威力数值。

(3)猛度。它是炸药在爆炸后爆轰产物对周围物体破坏的猛烈程度，用来衡量炸药的局部破坏能力。猛度越大，则表示该炸药对周围介质的粉碎破坏程度越大。猛度的测量是用 50 g 炸药放置在铅柱上，以铅柱在爆炸后被压缩而减少的高度数值(单位：mm)表示。

(4)殉爆。这是指当一个炸药药包爆炸时，可以使位于一定距离处，与其没有什么联系的另一个炸药药包也发生爆炸的现象。起始爆炸的药包，称为主发药包，受它爆炸影响而爆炸的药包，称为被发药包。因主发药包爆炸而能引起被发药包爆炸的最大距离，称为殉爆距离。引起殉爆的主要原因是主发药包爆炸而引起的冲击波的传播作用。离药包的爆炸点越近，冲击波的强度越高；反之，则冲击波的强度越弱。

(5)安定性。这是指炸药在一定储存期间内不改变其物理性质、化学性质和爆炸性质的能力。

4.4.5 评价爆炸性物质危险性的主要技术参数

爆炸性物质的感度是指在外界能量作用下发生燃烧或爆炸的难易程度。激起炸药爆炸所需要的能量叫作引爆冲能。与这些初始冲能相对应，炸药对各种外界作用的感度常用来评价其危险性。

1.热感度

炸药热感度是指在热作用下一起燃烧或爆炸的难易程度。热感度越高，危险性越大。

2.火焰感度

它是另一种表示热感度方法。试验时利用标准黑火药柱燃烧喷出的火焰，通过一定距离作用于炸药上，观察其是否燃烧或爆炸。当100%燃烧时的最大距离为上限；当100%不燃烧时的最小距离为下限，当各种炸药火焰感度比较时，如上限和下限数值越大，其火焰感度越高，危险性越大。

3.撞击感度

撞击感度是指炸药受外界机械撞击作用的敏感程度。其试验方法为：使定量的、限制在两光滑硬表面之间的炸药试样，受到一定质量、自一定高度自由落下的落锤的一次冲击作用，观察其是否发生爆炸(包括燃烧、分解)，用其爆炸概率表征试样的撞击感度值。撞击感度的表示方法如下：

(1)上、下限法。在一个专用设备上，一定质量的落锤，在室温条件下，落锤从一定高度自由落下，即可测得上限和下限值。上限为100%的爆炸的最小落高，下限为100%的不爆炸的最大落高。

(2)爆炸百分数法。仍在上述设备上以一定质量落锤，在室温条件下，从一定高度落下测出试样的爆炸百分数，用以表明各种起爆药的冲击感度。

(3)50%爆炸的特性高度。选在一个低于50%爆炸的落锤高度实验，采用升降法找出50%爆炸的特性高度。需要时可根据此数据计算出上下限。

4.静电感度和电火花感度

静电感度包括两个方面，一是炸药在受到摩擦、产生静电的难易程度；另一个是在静电作用下，炸药发生爆炸的难易程度。

5.摩擦感度

摩擦感度是反映火炸药受到机械摩擦时的敏感程度。其试验方法为使定量炸药试样限制在两光滑硬表面之间，在恒定的挤压压力与外力作用下经受一定的摩擦作用，观察是否发生爆炸(包括燃烧、分解)，用其爆炸概率表征试样的摩擦感度值。

6.冲击波感度

在冲击波作用下，火炸药发生燃烧或爆炸的难易程度。常用的方法是隔板实验测定。

实验时，用特屈儿炸药柱作为主发药，隔板常用铝、黄铜、有机玻璃板或其他塑料板，被发药柱是被实验药柱，它的尺寸与主发药相同。被发药柱下放置一块钢板，以便判断被发药柱是否被引爆。

4.5　防火技术基本理论

4.5.1　氧化与燃烧

1. 物质的氧化与燃烧现象

物质的氧化反应由于反应的速度不同，可以体现为一般的氧化现象和燃烧现象。当氧化反应速率比较慢时，虽然在氧化反应时也是放热的，但同时又很快散失掉，因而没有发光现象。如果是剧烈的氧化反应，放出光和热，即是燃烧。这就是说，氧化和燃烧都是同一化学反应，只是反应的速度和发生的物理现象（光和热）不同。在生产和日常生活中发生的燃烧现象，大都是可燃物质与空气（氧）的化合反应，也有的是分解反应。

简单的可燃物质燃烧时，只是该物质与氧的化合。例如炭和硫的燃烧反应，其反应式为

$$C+O_2 \longrightarrow CO_2+Q$$

$$S+O_2 \longrightarrow SO_2+Q$$

复杂物质的燃烧过程先是物质受热分解，然后发生化合反应。例如，丙烷和乙炔的燃烧反应为

$$C_3H_8+5O_2 = 3CO_2+4H_2O+Q$$

$$2C_2H_2+5O_2 = 4CO_2+2H_2O+Q$$

而含氧的炸药燃烧时，则是一个复杂的分解反应。例如，硝化甘油的燃烧反应为

$$4C_3H_5(ONO_2)_3 = 12CO_2+10H_2O+O_2+6N_2$$

2. 燃烧的氧化反应

燃烧是一种放热发光的氧化反应。凡是物质的元素失去电子的反应就是氧化反应。反应中，失掉电子的物质被氧化，而获得电子的物质被还原。以氯和氢的化合为例，其反应式如下：

$$H_2+Cl_2 \longrightarrow 2HCl+Q$$

氯从氢中取得一个电子，因此，氯在此反应中即为氧化剂。这就是说，氢被氯所氧化并放出热量和呈现出火焰，此时虽然没有氧气参与反应，但发生了燃烧。又如铁能在硫中燃烧，铜能在氯中燃烧，虽然铁和铜没有和氧化合，但所发生的反应是剧烈的氧化反应，并伴有热和光发生。

放热、发光和氧化反应是燃烧现象的三个特征，据此可区别燃烧与其他的氧化现象。例如，灯泡中的灯丝当电流流通时，虽然同时放热发光，但没有氧化反应，而是由电能转化为电阻热能的能量转换，属物理现象。还有前述铁的缓慢氧化，没有同时放热发光现象，都不属于燃烧。

4.5.2　燃烧的条件

1.燃烧的必要条件

燃烧是有条件的，它必须是可燃物质、氧化剂和着火源这三个基本条件同时存在并且互相作用才能发生。也就是说，发生燃烧的条件必须是可燃物质和氧化剂共同存在，并构成一个燃烧系统；同时要有激发其着火的火源。

(1)可燃物。物质被分成可燃物质、难燃物质和不可燃物质三类。可燃物质是指在火源作用下能被点燃，并且当火源移去后能继续燃烧，直到燃尽的物质。

难燃物质是在火源作用下能被点燃并阴燃，当火源移去后不能继续燃烧的物质，如聚氯乙烯、酚醛塑料等。不可燃物质是在正常情况下不会被点燃的物质。可燃物质是防爆与防火的主要研究对象。

凡是能与空气、氧气和其他氧化剂发生剧烈氧化反应的物质，都称可燃物。可燃物的种类繁多，按其状态不同可分为气态、液态和固态三类，一般是气体较易燃烧，其次是液体，再次是固体；按其组成不同可分为无机物和有机物两类。可燃物多为有机物，少数为无机物。

(2)氧化剂。凡具有较强的氧化性能，能与可燃物发生氧化反应的物质称为氧化剂。氧气是最常见的一种氧化剂，由于空气中含有21%的氧气，因此，人们的生产和生活空间，普遍被这种氧化剂所包围。多数可燃物能在空气中燃烧，就是因为燃烧的氧化剂这个条件广泛存在着，而且在采取防火措施时，因为是有人们工作和生活的场所，它不便被消除。此外，生产中的许多元素和物质如氯、氟、溴、碘，以及硝酸盐、氯酸盐、高锰酸盐、过氧化氢等，都是氧化剂。

(3)着火源。具有一定温度和热量的能源，或者说能引起可燃物质着火的能源，称为着火源。

生产和生活中常用的多种能源都有可能转化为着火源。例如，化学能转化为化合热、分解热、聚合热、着火热、自燃热；电能转化为电阻热、电火花、电弧、感应发热、静电发热、雷击发热；机械能转化为摩擦热、压缩热、撞击热；光能转化为热能，以及核能转化为热能。同时，这些能源的能量转化可能形成各种高温表面。几种着火源的温度见表4.22。

表4.22　几种着火源的温度

着火源名称	火源温度/℃	着火源名称	火源温度/℃	着火源名称	火源温度/℃
火柴焰	500～650	气体灯焰	1 600～2 100	烟筒飞火	600
烟头中心	700～800	酒精灯焰	1 180	生石灰与水反应	600～700
烟头表面	250	煤油灯焰	700～900	焊割火星	2 000～3 000
机械火星	1 200	植物油灯焰	500～700	汽车排气管火星	600～800
煤炉火焰	1 000	蜡烛焰	640～940		

2.燃烧的充分条件

研究燃烧条件时还应当注意到，上述的燃烧三个基本条件在数量上的变化，也会直接影响燃烧能否发生和持续进行。例如，氧在空气中的浓度降低到16%～14%时，木材的燃烧即停止。又如,着火源如果不具备一定的温度和足够的热量,燃烧也不会发生。实际上,燃烧反应在可燃物、氧化剂和着火源等方面都存在着极限值。因此,燃烧的充分条件有以下几方面:

(1) 一定的可燃物浓度。可燃气体或蒸气只有达到一定的浓度时才会发生燃烧。例如,煤油在20 ℃时,接触明火也不会燃烧,这是因为在此温度下,煤油蒸气的数量还没有达到燃烧所需浓度的缘故。

(2) 一定的含氧量。几种可燃物质燃烧所需要的最低含氧量见表4.23。

(3) 一定的着火源能量。即能引起可燃物燃烧的最小能量。某些可燃物的最小着火能量见表4.24。

(4)相互作用。燃烧的三个条件须相互作用,燃烧才能发生和持续进行。

综上所述,燃烧必须在必要、充分的条件下才能进行。

表4.23 几种可燃物质燃烧所需要的最低含氧量

可燃物名称	最低含氧量/%	可燃物名称	最低含氧量/%	可燃物名称	最低含氧量/%
汽油	14.4	乙炔	3.7	乙醚	12.0
乙醇	15.0	氢气	5.9	二硫化碳	10.5
煤油	15.0	大量棉花	8.0	橡胶屑	12.0
丙酮	13.0	黄磷	10.1	蜡烛	16.0

表4.24 某些可燃物的最小着火能量

物质名称	最小着火能量/mJ	物质名称	最小着火能量/mJ	
			粉尘云	粉尘
汽油	0.2	铝粉	10	1.6
氢(28%~30%)	0.019	合成醇酸树脂	20	80
乙炔	0.019	硼	60	—
甲烷(8.5%)	0.28	苯酚树脂	10	40
丙烷(28%~30%)	0.26	沥青	20	6
乙醚(5.1%)	0.19	聚乙烯	30	—
甲醇(2.24%)	0.215	聚苯乙烯	15	—
呋喃(4.4%)	0.23	砂糖	30	—
苯(2.7%)	0.55	硫黄	15	1.6
丙酮(5.0%)	1.2	钠	45	0.004
甲苯(2.3%)	2.5	肥皂	60	3.84

3. **燃烧速度及其影响因素**

(1)火焰前沿。当混合物某一部分着火并形成火焰,此后依靠导热作用将能量输送给邻近冷混合物,使这层混合物温度升高而引起反应并形成新的火焰。这样一层一层的混合物依次着火,着火区域开始由点燃的地方向未燃混合物传播,它使已燃区和未燃区之间形成了明显的分界线，通常将这层薄薄的化学反应发光区称为火焰前沿。

(2)火焰位移速度和法向传播速度。火焰位移速度是火焰前沿在未燃混合物中前进相对于实验室坐标系的速度，其前沿的法向指向未燃混合物。火焰法向传播速度是火焰相对静止坐标系在未燃混合物法线方向上的速度。若设火焰前沿的唯一速度为 u，未燃气流速度为 ω，它在火焰前沿法向上的分速度为 ω_n，则火焰法线传播速度 S_1 为

$$S_1 = u \pm \omega_n$$

当位移速度与气流速度的方向一致时，则取负号，反之取正号；当气流速度等于零，则所观察到的火焰的移动速度就是火焰传播速度。

(3)影响火焰传播速度的主要因素。可燃混合物初始温度越高，反应速率越快，火焰传播速度也增大。

可燃混合物的最大燃烧速度是混合物所含有可燃物的量稍多于化学计算量。

混合物中氧浓度对火焰传播速度影响很大，氧浓度减小，将使燃烧温度大大下降，从而影响传播速度。

管子直径增大，火焰传播速度增大，但有个极限值，当超过极限值后，火焰传播速度不再增大；反之，管径减小，火焰传播速度减慢，当小到某一极限值时，火焰就不能传播。

4.5.3　防火技术理论

1. 防火技术的基本理论

根据燃烧必须是可燃物、助燃物和着火源这三个基本条件相互作用才能发生的原理，采取措施，防止燃烧三个基本条件的同时存在或者避免它们的相互作用，这是防火技术的基本原理。所有防火技术措施都是在这个理论的指导下采取的，或者说，防火技术措施的实质，既是防止燃烧基本条件的同时存在或避免它们的相互作用。例如，在汽油库里或操作乙炔发生器时，由于有空气和可燃物存在，所以规定必须严禁烟火，这就是防止燃烧条件之一——着火源存在的一种措施。又如，安全规则规定，气焊操作点(火焰)与乙炔发生器之间的距离必须在 10 m 以上，乙炔发生器与氧气瓶之间的距离必须在 5 m 以上，电石库距明火、散发火花的地点必须在 30 m 以上等。采取这些防火技术措施是为了避免燃烧三个基本条件的相互作用。

2. 防火条例分析

下面具体分析电石库防火条例中有关的技术措施的规定。有关防火条例如下：

(1) 禁止用地下室或半地下室作为电石仓库。

(2) 存放电石桶的库房必须设置在不受潮湿、不漏雨、不易浸水的地方。

(3) 电石库应该距离锻工、铸工和热处理等散发火花的车间和其他明火地方 30 m 以上，与架空电力线的间距应不小于电杆高度的 1.5 倍。

(4) 库房应有良好的自然通风系统。

(5) 电石库可与易爆物品仓库、氧气瓶库设置在同一座建筑物内，但应以无门、窗、洞的防火墙隔开。

(6) 仓库的电气设备应采用密闭式和防爆式；照明灯具和开关应采用防爆型，否则应将灯具和开关设在室外，再利用玻璃将光线射入室内。

(7) 严禁将热水、自来水和取暖的管道通过库房，应保持库房内干燥。

(8) 库房内积存的电石粉末要随时清扫处理,分批倒入电石渣坑内,并用水加以处理。

(9) 电石桶进库前应先检查包装有无破损或受潮等,如果发现有鼓包等可疑现象,应立即在室外打开桶,将乙炔气放掉,修理后才能入库;禁止在雨天搬运电石桶。

(10) 库内应设木架,将电石桶放置在木架上,不得随便放在地面上。

(11) 开启电石桶时不能用火焰和可能引起火星的工具,最好用防爆工具,例如,铍铜合金或铜质工具。

(12) 电石库禁止明火取暖,库内严禁吸烟。

从以上电石库的防火条例中可以看出,其中第(1),(2),(4),(7),(8),(9),(10)条都是说的防止燃烧条件之一——可燃物的存在,第(6),(11),(12)条是防止燃烧的另一条件——火源的存在。由于要在库内工作,燃烧的条件之一——氧化剂是不可防止和避免的,防火条例第(3),(5)条则是为了避免燃烧条件的相互作用。

4.5.4　防火技术措施的基本原则

从上述的电石库防火条例的分析可以看出,防火技术措施可以有十几项或几十项,但它们都是在防火技术基本理论的指导下采取的,归纳起来,主要从以下几方面采取技术措施。

1. 消除着火源

防火基本原则应建立在消除着火源基础之上。不管是在办公室里还是在生产现场,都经常处在或多或少的各种可燃物质包围之中,而这些物质又存在于人们生活所必不可少的空气中。这就是说,具备了引起火灾燃烧的三个基本条件中的两个条件。结论很简单:消除着火源。只有这样,才能在绝大多数情况下满足预防火灾和爆炸的基本要求。消除着火源的措施很多,如安装防爆灯具,禁止烟火,接地避雷,隔离和控温等。

2. 控制可燃物

防止燃烧三个基本条件中的任何一条,都可防止火灾的发生。如果采取消除燃烧条件中的两条,就更具安全可靠性。控制可燃物的措施主要有:在生活中和生产的可能条件下,以难燃和不燃材料代替可燃材料,如用水泥代替木材建筑房屋;降低可燃物质在空气中的浓度,如在车间或库房采取全面通风或局部排风,使可燃物不易积聚,从而不会超过最高允许浓度;防止可燃物质的跑、冒、滴、漏;对于那些相互作用能产生可燃气体或蒸气的物品应加以隔离,分开存放。

3. 隔绝空气

必要时可以使生产在真空条件下进行,在设备容器中充装惰性介质保护。例如,水入电石式乙炔发生器在加料后,应采取惰性介质氮气吹扫;燃料容器在检修焊补前,用惰性介质置换等。

4. 防止形成新的燃烧条件,阻止火灾范围的扩大

设置阻火装置,如在乙炔发生器上设置水封回火防止器,或水下气割时在割炬与胶管之间设置阻火器,一旦发生回火,可阻止火焰进入乙炔罐内,或阻止火焰在管道里蔓延;在车间或仓库里筑防火墙,或在建筑物之间留防火间距,一旦发生火灾,使之不能形成新的燃烧条件,从而防止扩大火灾范围。

综上所述,防火措施都包括两个方面:一是防止燃烧基本条件产生;二是避免燃烧基本条件相互作用。

4.5.5 灭火技术的基本理论和应用

一旦发生火灾，只要消除燃烧条件中的任何一条，火就会熄灭，这就是灭火技术的基本理论。

1. 隔离法

隔离法就是将可燃物与着火源（火场）隔离开来，燃烧会因此而停止。例如，装盛可燃气体、可燃液体的容器或管道发生着火事故或容器管道周围着火时，应立即采取以下措施：

① 设法关闭容器与管道的阀门，使可燃物与火源隔离，阻止可燃物进入着火区。

② 将可燃物从着火区搬走，或在火场及其邻近可燃物之间形成一道“水墙”加以隔离。

③ 阻挡正在流散的可燃液体进入火场，拆除与火源毗连的易燃建筑物。

2. 冷却法

冷却法就是将燃烧物的温度降至着火点以下，使燃烧停止；或者将邻近着火场可燃物质温度降低，避免形成新的燃烧条件。如常用水或干冰进行降温灭火。

3. 窒熄法

窒熄法就是消除燃烧的条件之一——助燃物，使燃烧停止。主要采取措施，阻止助燃物进入燃烧区，或者用惰性介质和阻燃性物质冲淡稀释助燃物，使燃烧得不到足够的氧化剂而熄灭。采取窒熄法的常用措施有：将灭火剂喷洒覆盖在燃烧物表面上，使之不与助燃物接触；用惰性介质或水蒸气充满容器设备，将正在着火的容器设备封严密闭，用不燃或难燃材料捂盖燃烧物；等等。

4. 化学抑制法

燃烧反应是极为复杂的，但中间过程都会生成自由基。消除或抑制自由基的生成都会使燃烧反应减弱或终止。

复习思考题

4.1 简述可燃气体的扩散燃烧和动力燃烧的特点。

4.2 可燃气体危险性如何分类？

4.3 可燃气体燃烧的条件是什么，燃烧极限影响因素有哪些？

4.4 评价可燃气体火灾危险性的主要技术参数有哪些？

4.5 可燃液体是如何分类的？

4.6 影响可燃液体燃烧极限的因素是什么？

4.7 评价可燃液体火灾危险性的主要技术参数有哪些？

4.8 评价可燃固体火灾危险性的主要技术参数有哪些？

4.9 评价爆炸性物质危险性的主要技术参数有哪些？

4.10 氧化剂的危险性有哪些？

4.11 火灾是如何分类的？

4.12 制订防火技术措施的原则是什么？

4.13 简述制订防火技术措施的原则。

4.14 灭火的方法有哪些？

第 5 章　爆炸理论

5.1　爆炸灾害的基本形式及特点

5.1.1　凝聚相含能材料的爆炸

这是一种人们最为熟悉的爆炸形式。在正常情况下，含能材料按人们所规定的要求，作为一种高能量密度能源为人类服务；但在某些意外情况下，也会造成危险的事故。

凝聚相含能材料的爆炸特点是高能量密度，爆炸破坏的主要形式是空气冲击波，所产生的空气冲击波初始压力为 50 MPa，其破坏作用范围可达 50 倍对比距离以上。对比距离定义为离爆心距离与炸药量的立方根的比值，即

$$\bar{R}=\frac{R}{\sqrt[3]{m}}$$

1.0 kg TNT 的破坏作用距离可达 50 m 量级，1 t TNT 的破坏作用距离可达 500 m 量级。

炸药爆炸破坏的另一种形式为破片飞散破坏作用。一般有包装的炸药爆炸时，可以产生强烈的破片杀伤作用，军用战斗部爆炸就是基于这个原理，但破片的作用范围远小于空气冲击波的作用范围。破片飞散破坏效应也包括冲击波远距离作用产生的二次破片效应，例如玻璃破碎引起的伤害效应，或者冲击波使建筑物塌陷所引起的破片破坏效应。爆炸破坏最强烈但破坏范围最小的是爆炸直接作用区，这是由于爆炸产物的超高压破坏作用，这种作用距离只有装药半径的 5～10 倍。

凝聚相含能材料在起爆后极短的时间内即发展成爆炸的最高形式——爆轰，这是一种定常的稳态流动过程。爆轰过程中的各种参数可以精确地计算出来，也可通过实验测量。

对凝聚相含能材料爆炸所产生的空气冲击波，一般在理论上被简化为一种理想点源爆炸，可以用相似理论或点源爆炸理论计算爆炸场有关参数。《工业建筑设计规范》中对危险品生产、储存、运输中规定的安全距离等参数都是利用这些理论计算出来的，并根据不同规模爆炸破坏实验数据进行了校验。

5.1.2　密闭容器中可燃气体或蒸气、可燃粉尘与空气或氧气混合物的爆炸

无论从爆炸的行为，还是从爆炸破坏效应来说，可燃气体和粉尘均要超过凝聚相含能材料。在工业上，它们所引起的事故频度远远超过由凝聚相含能材料引起的事故频度。欧盟保险公司对欧盟国家近十年的工业爆炸事故进行了统计分析，结果表明整个欧盟国家平均每一个工作日即发生一起气体或粉尘爆炸事故。我国正处于工业化进程加速阶段，国内曾发生多起爆炸事故，如哈尔滨市亚麻厂亚麻粉尘爆炸事故、黄埔港粮食筒仓爆炸事故、江苏

昆山铝粉尘爆炸、南京市蒸气云大爆炸等。可燃气体、蒸气燃烧爆炸事故也时有发生。据不完全统计，全国公交系统每年都发生油气爆炸恶性事故100多起。

气体和粉尘爆炸是一种非点源爆炸，与凝聚相炸药爆炸有很大的区别，这类爆炸强烈地取决于环境条件。例如，密闭容器中气体爆炸和敞开蒸气云爆炸可以有完全不同的爆炸形式和破坏作用。常见的碳氢化合物和空气混合后点火，敞开层流燃烧速率仅有0.5 m/s，但在密闭容器中的混合物火焰速度能达到每秒几米至几十米，容器内压力最终能达到0.7～0.8 MPa。在最危险的条件下，密闭容器中的混合物还能从燃烧转为爆轰，其爆轰速度可达2～3 km/s，压力可达到1～2 MPa，产生极严重的破坏作用。在有些情况下，这种非理想爆炸可以经历燃烧、爆燃到爆轰的全过程，火焰速度和爆炸压力等参数可以跨越4～6个数量级。非理想爆炸过程的复杂性给研究和控制带来了许多困难，科学工作者们不得不分门别类地研究这类爆炸。根据爆炸事故的特点，一般可以归纳为以下几种典型情况。

1. **燃料蒸气爆炸**

当燃料泄漏出某一容器时，便与空气混合形成可燃性混合物。这种混合物一接触到适当的点火源，就会发生有约束的爆炸事故。

油船或储罐发生泄漏时，燃料上方的油气挥发空间处在爆炸极限浓度范围，遇到适当的点火源就会引起爆炸。密闭容器中的爆炸有两种性质不同的极端情况。

(1)纯超压爆炸。实际上这是爆燃的一种形式。一般对长径比L/D约为1的封闭体，如果内部没有紧密排列的设备和隔板等障碍物，则该封闭体通常只受到单纯的超压爆炸的破坏。在这种情况下，压力上升速率相对缓慢。着火后，火焰以爆燃形式扩展，尽管这种爆炸产生的冲击波相当弱，但往往也能引起封闭体(如厂房、建筑物)的大范围破坏，因为对一般建筑物、船舱或锅炉而言，在典型的低超压(7～70 kPa)作用下，就有可能发生开裂破坏。这类爆炸的外部介质中的冲击波破坏效应比较小，是一种低能量密度的爆炸源。

(2)爆燃转爆轰型的爆炸。在长径比L/D较大($L/D>5$)且内部有紧密排列的设备和隔板等障碍物的封闭体内，点火后，火焰的传播会引起火焰前的气体加速运动，这种运动的气体能在障碍物处产生大尺寸的湍流。这种湍流可引起有效火焰面积的迅速扩大，扩大的火焰又会引起压力更快升高和湍流火焰的进一步相互作用。这个过程可导致封闭体内某些局部气相爆轰，这些局部点的压力会突然升高，可达到1.5 MPa左右，这就可能造成局部性的严重破坏。且这种局部破坏往往发生在离爆炸点较远处。这类爆炸(爆轰形式)通常产生强冲击波和高速破片，因而对外部环境的破坏比单纯超压爆炸破坏大得多。

没有按防爆结构设计的密闭容器，如果充满了可燃蒸气或可燃气体，一旦遇到点火源就会发生爆炸。用煤气、天然气或燃料油做燃料的工业炉或锅炉的爆炸事故，基本上都是纯超压爆炸。大多数油船的爆炸都是发生在具有低长径比的空间内，也属于纯超压爆炸，极个别的情况下也能转成爆轰。如曾有已经装船的油船，海面风力很小，从船舱内泄漏的可燃蒸气在甲板上形成可燃蒸气云，被火源所点燃，产生的火焰蹿入油舱，使爆燃转爆轰，产生特别严重的破坏。整个船舱甲板和船中部的舱面房间被抛向空中高达250 m，4 km外的玻璃窗被震碎，2 km内房屋都有不同程度的破坏。

2. **粉尘爆炸**

密闭体内的粉尘爆炸也能造成相当大的危害。所有的有机粉尘，还有某些无机粉尘或金属粉尘，在空气中都是可燃的，在密闭体内则能爆炸。但要使粉尘云成为可爆炸云团，粉尘浓度必须很高，要达到 100 g/m^3 量级，远远高于环保允许的浓度（0.015 g/m^3）量级。这种粉尘浓度相当于能见距离的数量级为 0.2 m 左右，基本上是不透光的。除了在管道内或工艺设备内，一般工作场合在正常条件下很少能达到这种浓度。

粉尘爆炸事故往往是在某个设备内发生小的爆炸，然后引起设备破裂，从而将燃烧的粉尘喷入工作场所。如果工作场所有堆积的层状粉尘，那么，"一次爆炸"引起的气体运动和设备振动使装置上的粉尘层成为空降物，这些粉尘就是灾难性"二次爆炸"的燃料。"二次爆炸"通过工作场所传播时就造成很大的破坏。有一种情况是由于粉尘落在热物体表面上（如电机外壳或灯头上）引起的。

像气体或蒸气爆炸那样，密闭体内粉尘爆炸也呈现两种不同的极端情况。一种是具有低长径比的密闭体内的定容爆炸，它将引起密闭体的单纯超压爆炸。另一种是具有大长径比的结构中发生的火焰加速，致使火焰有效传播速度很高，甚至转变为爆轰速度，从而造成严重破坏。而且，在这种情况下产生的破片能被抛射较远的距离，外部冲击波很强。

5.1.3 无约束气云爆炸

大量可燃气体或细小液滴与大气中的空气混合达到爆炸极限浓度范围，遇到点火源即可发生爆炸。此时一般产生一个火球并向外扩展，但在有些情况下也可以形成破坏性的爆炸波，这取决于局部湍流和旋涡，使火焰之间相互作用，造成很高的体积燃烧速率，甚至转为爆轰。强冲击波点火能使蒸气云的爆燃转爆轰，用高能炸药也可以直接激起气云的爆轰，军事上就是利用这种原理，制成"燃料空气炸弹"。将液体燃料装在弹体内，先用高能抛撒炸药将燃料抛撒到空气中，形成燃料液滴空气云团，然后，再用强起爆源起爆，使分散在空气中的气云爆轰，产生比高能炸药更大面积的杀伤，其爆炸可达到 5～8 倍质量的 TNT 炸药爆炸效果。

在一些综合性化工企业中，油气储存、运输过程和远距离输油管道输油过程中，都可能产生可燃气体或蒸气的泄漏。一旦发生泄漏，就可能发生以下四种情况：

（1）泄漏的可燃气体或蒸气在没有着火之前就消耗掉，不形成爆炸危险性。

（2）泄漏的气体或蒸气在泄放口上高速喷射、摩擦或静电点火。一般只引起着火而不爆炸。

（3）泄漏物扩散到广阔区域，经一段延迟时间后，可燃气云被点燃，接着发生一场大火。

（4）火焰经过较长距离的传播而加速，使爆燃向爆轰转变，产生危险的强冲击波。

无约束气云可以扩散到很大范围，因此是极其危险的。由于泄漏物进入开放的空间，遇到合适的气象条件，就能产生大面积的气云。例如英格兰的弗离克斯堡洛夫附近的一个化工厂就发生了一起大规模的无约束气云爆炸事故。由于一段直径为 0.5 m 的临时连接管道断裂，引起压力为 850 kPa 和温度为 155 ℃的约 45 t 环己烷泄漏，泄出的燃料急剧蒸发，形成大范围的可燃气云笼罩在厂区，被离泄漏点相当远的氢气工厂的燃烧炉引燃。开始火焰比较平稳，接着火焰加速，最终发生爆炸，产生的冲击波对工厂和附近民房破坏范围达 1 mi（英里，1 mi＝1.609 344 km）以外，事故使 28 人死亡，198 人受重伤，直接经济损失约 8 000万英镑。无约束蒸气爆轰的情况也时有发生。又如美国密苏里州丙烷蒸气云爆轰事故。在这次事故中，一条地下管道破裂，管道中以 7 MPa 压力输送的丙烷逸出，在管道上方空间形成蒸气“喷泉”，并与空气混合成燃料空气混合物，此混合物随风流动，充满大片山谷洼地，蒸气云厚度达到 6 m，在洼地另一端，泵房电机运转产生的强火花直接引爆气云，形成爆轰，爆轰产生巨大火球，造成极严重破坏。

5.1.4 沸腾液体膨胀汽化爆炸

当容器内含有高蒸气压液体时，一旦容器破裂，容器内液体迅速蒸发。例如液化石油气槽罐车，由于外部热源或者邻近区域着火等诱发因素，罐内液体会膨胀汽化，使储罐破裂，这样的破裂过程比较缓慢。在此缓慢破裂过程中，储罐破片获得较大的冲量，即破片获得较高的初速，但这种破裂过程所产生的冲击波比较弱。在这种事故中，由于液体蒸发是一个较缓慢的过程，压力上升速率小，油气储罐的爆炸强度取决于液面上方空间自由蒸气的体积浓度。接近空罐情况往往是最危险的状态，因为此时自由蒸气空间体积接近最大值，爆炸强度也达到最大值。

沸腾液体膨胀汽化爆炸(Boiling Liguid Expanding Vapor Explosions, BLEVE)往往是由外部热源加热引起的。如果储罐中的液体是可燃的，而由外部用明火加热引起的储罐 BLEVE 爆炸，则情况会复杂一些。在这种事故中，BLEVE 爆炸产生一个漂浮的火球，火球持续时间和大小由发生爆炸瞬间储罐所装燃料的总质量确定。如果储罐比较大，火球发出的热辐射还能烧伤人员裸露的皮肤和点燃附近可燃物。

最为惊人的 BLEVE 爆炸事故发生在铁路运输中，且大多数是装载高蒸气压的槽罐车。发生这种事故往往是因火车出轨，槽车无序地堆挤，使某一辆槽车的管子破裂，或者储罐车被挂钩冲破，逸出的气体着火，火焰喷射而烤热了邻近槽罐车，并使这些槽车的安全阀被冲开，于是产生更多的火炬。热量从这些火炬传播给邻近的槽车，引起其中的某个槽车发生 BLEVE 爆炸。爆炸使东倒西歪的槽车重新排列，同时产生危险的火箭发射作用，即高速喷射出的可燃气燃烧过程相当于一个火箭发动机，产生巨大的推力，撞击邻近的车辆和建筑物，引起事故的进一步扩大，产生多个爆炸源。燃料继续燃烧时，重新排列的槽车不时地再逐个发生 BLEVE 爆炸。

5.1.5 压力容器爆炸

装有惰性气体的压力容器爆炸是一种物理爆炸，即将高压气体的潜能转化为动能，对周围介质起破坏作用。高压容器爆裂的主要原因是容器结构上的缺陷、机械撞击、疲劳断裂、表面腐蚀或外部火源加热等。这种爆炸产生的破片具有相当大的危险。

锅炉内部压力上升到超过其强度极限时，就会爆裂。这种压力升高可能由锅炉内燃烧爆炸引起，也可能是由于锅炉内大直径管或管头爆裂，使大量蒸气喷出而引起。在后一种情况下，蒸气以很快速度进入锅炉中，以致正常的开阀放气也不足以排除压力的升高。这类事故尽管对锅炉的破坏很严重，但对周围的破坏较小。

压缩空气的管道也常常发生爆炸。当管壁上附着有油或炭时，再与压缩空气混合，产生爆裂加爆炸，甚至在一些长管道中形成爆轰。曾经发生压缩机中的油蒸气在管道中与空气混合，发生爆轰，几千米管道开裂成长条。这种爆炸特别容易发生在管道弯头处。

失控化学反应也往往引起容器的爆裂。化学反应器发生爆炸，主要是由于正在进行的受控化学反应是放热反应，并在工艺控制中受到了某些干扰(例如催化剂太多，失去了足够的冷却、不适当的搅拌等)。此类爆炸与容器中的物料本身爆炸所引起的容器爆裂不同。失控反应器的事故中,其压力上升明显较低,且容器通常以塑性模式破裂。如果物料是液体,并且该液体的温度高于瞬时挥发温度,则爆炸作用就像BLEVE爆炸那样。

失控的核反应也能引起容器爆裂。人们已经对核反应器失控和反应堆芯熔毁产生的后果做了大量的情况设想,其中包括反应堆污染物储槽可能发生的灾难性破裂。这种破裂或者是由内部燃烧爆炸引起的,或者是由于单纯压力爆裂引起的。建造反应堆时,要确保不发生意外的严重事故。

最严重的事故是反应堆芯熔毁。反应容器或外壳结构熔穿,使反应堆芯与外界环境中较冷的液体混合而发生物理爆炸。然而如果考虑到核反应的失控会使容器外壳严重破坏,那么物理爆炸本身所引起的危险就无足轻重了。这是因为,长期起作用的放射性污染物的释放会毁灭发生爆炸事故的地区,与之相比,爆炸产生的破坏就成为次要的。乌克兰基辅的普里皮亚特市附近切尔诺贝利核反应站爆炸事故就是很好的例子。

5.1.6　物理蒸气爆炸

当两种不同温度的液体激烈混合,或细碎的热固体材料与很冷的液体迅速混合时,就会发生物理蒸气爆炸。这里不涉及化学反应,而是当冷的液体以极快的速率转变为蒸气,以至于产生局部高压时,就发生爆炸。在炼钢、炼锌、炼铝工业中当将熔化的金属倒入含有冷水容器时,就发生过多起物理蒸气爆炸。当液化天然气溅到水上时,也会观察到物理蒸气爆炸。在这种情况下,冷液体是液化天然气,而不是水。

5.1.7　气体和粉尘爆炸的基本模式

从速度量级来考察,常见的碳氢化合物气体燃料与空气计量配比混合物的基本燃烧速度为0.5 m/s量级,而同样燃料混合物转变成爆轰时,其波阵面传播速度可达2 000 m/s量级,速度变化跨4个数量级。从压力量级来观察,从气体层流燃烧到含能材料的爆轰,压力跨6个数量级。

气体和粉尘爆炸的模式大致可以分为四种:

① 定压燃烧;② 爆燃;③ 爆轰;④ 定容爆炸。

定压燃烧是无约束的敞开式燃烧。其燃烧产物能及时排放,其压力始终保持与初始环境压力平衡,因此系统的压力是恒定的。定压燃烧的一个特征参量为定压燃烧速度,或叫基本燃烧速度。它取决于燃料的输运速率和反应速率。对大多数烃类燃料与空气的混合物,在化学计量浓度下,其典型的基本燃烧速度为0.5 m/s量级。而与氧的混合物,其基本燃烧速度值比与空气混合物要高约一个数量级。

爆燃是一种带有压力波的燃烧。与定压燃烧不同点正是在于有压力波产生。定压燃烧时,燃烧产物能及时排放,压力不会增长,也就不可能产生压力波。但当燃烧阵面后边界有约束或障碍,燃烧产物就可以建立起一定的压力,波阵面两侧就建立起一个压力差,这个压力差以当地的音速向前传播,这就是压力波。由于这个压力波传播速度比燃烧阵面要快,行进在燃烧阵面前,因此也称为前驱冲击波(或前驱压力波)。由此可见,爆燃是由前驱压力波和后随的燃烧阵面构成。爆燃是一种不稳定状态的燃烧波。它可以因约束的减弱,排气及时而使压力波减弱,直至压力波消失,爆燃就沦为定压燃烧。相反,如果爆燃的后边界约束增强，压力波强度增强，火焰加速，直至火焰阵面追赶上前驱压力波阵面，火焰阵面和压力阵面合二为一，成为一个带化学反应区的冲击波，这就是爆轰波。

爆轰是气体或粉尘燃烧爆炸的最高形式，其特征是超音速传播的带化学反应的冲击波。跨过波阵面，压力和密度是突跃增加的，对大多数碳氢化合物和空气化学计量浓度混合物，典型的爆轰压力为 1.5 MPa 量级，而同样燃料在纯氧中爆轰时，爆轰压力可提高一倍左右，约为 3 MPa 量级。相应爆轰速度，对燃料和空气混合物，约为 1.8 km/s 量级；对燃料和氧气混合物，约为 2.5 km/s 量级。

定容爆炸是燃料混合物在给定体积的刚性容器中均匀地同时点火时所发生的燃烧过程。这是一个理想的模型，实际情况是不大可能均匀同时点火的，常见的是局部点火，扩展到整体。由于爆炸过程进行得很快，密闭容器中局部点火所形成的参数与定容爆炸参数相差无几，一般就用定容爆炸模型来处理。在定容爆炸过程中，容器体积保持不变，密度也不变，而压力随燃烧释放的化学能的增加而增加。对大多数烃类燃料和空气的混合物，在化学计量浓度下，定容爆炸的压力为初始压力的 7～8 倍。

在各种不同的燃烧模式下，一些典型的燃料/空气和燃料/氧的混合物的若干主要参数列于表 5.1。

表 5.1 一些燃料一氧化剂混合物的爆炸参数

混合物	燃料浓度*/%	爆轰		定容爆炸 Δp_v/MPa	定压燃烧 V_b/V_u	基本燃烧速度/$(m \cdot s^{-1})$	比能量 Q/c_0^2
		爆速 $D/(km \cdot s^{-1})$	爆压 Δp/MPa				
C_3H_8一空气	4.0	1.80	1.75	0.845	7.98	0.46	24.15
C_2H_4一空气	6.54	1.86	1.80	0.843	7.48	0.79	23.98
C_2H_2一空气	7.75	1.87	1.82	0.892	8.38	1.58	18.12
CH_4一空气	9.51	1.80	1.65	0.770	7.25	0.45	22.23
H_2一空气	29.6	1.96	1.48	0.711	6.88	3.10	20.36
C_3H_8一氧气	16.67	2.36	3.57	1.743	15.50	3.50	116.47
C_2H_4一氧气	25.00	2.38	3.29	1.612	14.27	——	110.08
C_2H_2一氧气	28.67	2.43	3.33	1.630	14.22	11.40	69.20
CH_4一氧气	33.33	2.39	2.90	1.419	12.65	4.50	92.80
H_2一氧气	66.67	2.84	1.81	0.874	8.37	14.00	45.85

*：除做特别说明的外，本书中混合气体的浓度百分比皆指体积百分数

5.2 气体和粉尘爆炸的特点

气体和粉尘爆炸与炸药爆炸的最基本区别是由爆炸源特性确定的。爆炸源的特性主要包括：

(1)爆炸源的总能量。

(2)爆炸源的尺寸及几何形状。

(3)爆炸源的能量释放率。

(4)爆炸源的能量密度。

5.2.1　爆炸源特性分析

最简单的理想化爆炸源是一种称作"点源"的爆炸源。这种模型的基本点是认为能量瞬时释放,爆炸源尺寸无限小。若令爆炸源总能量为 E_0,大气压力为 p_0,则可以用长度比例尺,或叫爆炸源特征长度 R_0 来表征爆炸源的主要特征:

$$R_0=\left(\frac{E_0}{p_0}\right)^{1/3} \tag{5.1}$$

爆炸源爆炸产生的爆炸波性质可以表达为爆炸源特征长度(R_0)与离爆点的距离尺的比例项的函数,即

$$\Delta\bar{p}=\frac{\Delta p_s}{p_0}=f\left(\frac{R_s}{R_0}\right) \tag{5.2}$$

$$\overline{I_s}=\frac{I_s c_0}{p_0 R_0}=g\left(\frac{R_s}{R_0}\right) \tag{5.3}$$

其中,$\Delta\overline{p_s}$和$\overline{I_s}$分别为爆炸波的归一化超压和归一化冲量;而 Δp_s 和 I_s 为爆炸波超压和冲量;c_0 为爆炸源处的初始声速;R_s 为距离爆炸中心的距离。

由于能量是假定在一个点释放的,所以点源爆炸没有源尺寸,爆炸波是球对称的。

在讨论中场和远场爆炸波特性时,一般把凝聚相含能材料爆炸源都典型化为点源爆炸。这种处理是比较符合实际的,因为凝聚相含能材料爆炸的特征时间很短,在爆炸过程中的能量释放极快,源体积来不及发生明显的膨胀,所以能量释放实际上是在定容条件下发生的。

爆炸特征时间 t_R 由下式定义:

$$t_R=\frac{R_e}{v_R} \tag{5.4}$$

其中,R_s 为爆炸源初始半径;v_R 为爆炸特征速度。对气体爆炸来说,v_R 可以是爆燃速度,也可以是爆轰速度。

例如典型的 TNT 炸药,密度为 1.6 g/cm^{3}时,爆轰速度为 6 900 m/s,当炸药量为 430 g 时,爆炸源初始半径为 R=40 mm,则爆炸特征时间为

$$t_R=\frac{R_e}{v_R}=\frac{0.04}{6\ 900}=5.8\times10^{-6}(\mathrm{s})$$

当同样的 430 g TNT 炸药分散于 1 m^{3}体积内和空气混合形成的化学计量浓度的爆炸混合物,理论爆轰速度为 1 800 m/s,爆炸源初始半径为 R=620 mm,则爆炸特征时间为

$$t_R=\frac{R_e}{v_R}=\frac{0.620}{1\ 800}=344\times10^{-6}(\mathrm{s})$$

若此粉尘云没有形成爆轰,其爆燃速度为 10 m/s,则此时爆炸特征时间为

$$t_R=\frac{R_e}{v_R}=\frac{0.620}{10}=0.062(\mathrm{s})$$

估算结果列于表 5.2。

由表 5.2 看出,同样能量的爆炸源(TNT 430 g)以不同形式爆炸,有不同的爆炸特征参数,对周围介质的爆炸破坏效应也不同。

表 5.2　几种爆炸源的参数

燃料	爆炸源类型	爆炸形式	爆炸源初始半径/mm	爆炸特征速度/($m \cdot s^{-1}$)	爆炸特征时间/s
TNT 430 g	凝聚相	爆轰	40	6 900	5.8×10^{-6}
TNT 430 g	粉尘云	爆轰	620	1 800	344×10^{-6}
TNT 430 g	粉尘云	爆燃	620	10	$62\ 000\times10^{-6}$

对凝聚相炸药爆轰，可以看成一个定容爆炸过程，爆炸源可以看成一个瞬时爆炸球，这个球的初始能量可由下式估算：

$$E_0=\frac{4\pi}{3}R_e^3\frac{p_e}{(\gamma_e-1)}$$

或

$$\left(\frac{R_e}{R_0}\right)^3=\left(\frac{3\gamma_e-3}{4\pi}\right)\frac{p_0}{p_e} \tag{5.5}$$

对典型的 TNT 炸药，瞬时爆轰压力 $p_e\approx30$ GPa，初始压力 $p_0\approx0.1$ MPa；$\gamma_e=3$，则

$$\frac{R_e}{R_0}\approx0.01$$

这就是说，爆炸源的尺寸比起爆炸源特征长度来说，可以近似忽略。这样，除了装药表面直接邻近区外，爆炸波行为基本上与理想点源爆炸一致。

对气体和粉尘爆炸，如典型的烃类燃料和空气混合物的爆炸，其定容爆炸压力比 $p_e/p_0\approx15$，典型的气体等熵指数（比热容比）$\gamma_e\approx1.2$，则 $R_e/R_0\approx0.15$，即爆炸源半径大约为爆炸特征长度的 1/10。虽然这种爆炸源的能量密度比一般化学反应物要高，但与凝聚炸药爆轰相比，还是要低得多。在这种情况下，就再也不能理想化为点源爆炸模型了，它的爆炸行为与点源爆炸行为有很大不同。

对烃类燃料与空气化学计量混合物，爆炸后和爆炸前的体积比约为 8，即

$$\frac{V_1}{V_0}\approx8 \tag{5.6}$$

则爆炸后的最终半径 R_f 大约为初始半径 R_0 的两倍。

如果以总化学能来计量爆炸源特征长度 R_0，则有

$$E_0=\frac{4}{3}\pi\rho_0R_e^3Q=\frac{4\pi}{3}\frac{Q}{c_0^2}R_e^3\gamma p_0 \tag{5.7}$$

或

$$\frac{R_e}{R_0}=\left[\frac{3}{4\pi\gamma Q/c_0^2}\right]^{1/3} \tag{5.8}$$

式中，Q 为炸药爆热；c_0 为炸药初始声速。取典型值 $Q/c_0^2=20$，$\gamma\approx1.2$，则

$$\frac{R_e}{R_0}\approx0.21$$

用 $R_f=2R_e$ 表示爆炸源尺寸（爆炸源爆炸后最终半径），则

$$\frac{R_f}{R_0}\approx0.42$$

这就是说，在这种情况下，爆炸源尺寸和爆炸源特征长度为同一量级，爆炸源的能量密度比较低。因此对气体或粉尘云爆炸源不能用点爆炸源来近似了，这种低能量密度的爆炸

源爆炸行为严重偏离理想点源爆炸的行为，爆炸波参数的计算也不能沿用点源爆炸的结果。

综上所述，不同爆炸源的比例特征爆炸长度值数量级为：

(1)凝聚炸药爆轰：　　$R_e/R_0 \approx 0.01$

(2)气体或粉尘爆轰：　　$R_e/R_0 \approx 0.1$

(3)气体或粉尘爆燃：　　$R_e/R_0 \approx 1$

5.2.2　爆炸源的能量和能量释放率

气体和粉尘爆炸的能量是由燃料和空气或燃料和氧燃烧反应而释放的。这一点与炸药爆炸是根本不同的。炸药爆炸是由炸药分子基团中的氧与碳、氢原子反应而放热的。常见烃类燃料的燃烧热为 50 MJ/kg 量级(表 5.3)，而常见炸药的爆炸热为 5 MJ/kg 量级。这就是说，气体或粉尘爆源的含能量约为炸药的 10 倍。

表 5.3　常见碳氢燃料含能值

燃料	分子式	摩尔质量	燃烧热 (P_0=101 325 Pa, T_0=298 K)		燃料	分子式	摩尔质量	燃烧热 (P_0=101 325 Pa, T_0=298 K)	
			MJ/mol	MJ/kg				MJ/mol	MJ/kg
甲烷	CH_4(g)	16	0.882 6	55.164	辛烷	C_8H_{18}(l)	114	5.454 4	47.846
乙烷	C_2H_6(g)	30	1.542 5	51.416	乙烯	C_2H_4(g)	28	1.388 4	49.586
丙烷	C_3H_8(g)	44	2.203 6	50.082	丙烯	C_3H_6(g)	42	2.052 5	48.868
正丁烷	C_4H_{10}(g)	58	2.880 6	49.665	丁烯	C_4H_8(g)	56	2.720 6	48.581
异丁烷	C_4H_{10}(g)	58	2.861 4	49.334	乙炔	C_2H_2(g)	26	1.306 3	50.244
戊烷	C_5H_{12}(g)	72	3.510 0	48.750	酒精	C_2H_6O(l)	46	1.371 7	29.819
戊烷	C_5H_{12}(l)	72	3.489 5	48.465	丙酮	C_3H_6O(l)	58	1.787 0	30.811
己烷	C_6H_{14}(l)	86	4.144 3	48.189	苯	C_6H_6(l)	78	3.275 5	41.993
庚烷	C_7H_{16}(l)	100	4.841 6	48.146	氢气	H_2(g)	2	0.244	122.051

这些燃料本身不带氧，却在燃烧过程中利用周围环境中的氧反应放热。军事上正是利用这一点，研究开发出具有大面积杀伤破坏效应的燃料空气炸药(Fuel Air Explosive, FAE)。装填这种炸药的炸弹只需携带燃料(液化石油气类燃料)，无须携带氧，使炸弹载荷(装料)大大减轻，有效比能量大大增加。

对典型的烃燃料，在空气中，化学计量浓度为 125 g/m^3 量级。而 1.0 m^3 的空气质量约为 1 250 g。也就是说，125 g 燃料和 1 250 g 空气混合构成化学计量浓度的爆炸物。燃料质量约为总质量的十分之一。也就是说，在燃料空气炸弹中携带的有效载荷只有总载荷的十分之一，这是很经济和巧妙的设计方案。

对预混燃料一空气混合物，其比能量(单位质量混合物所释放的能量)比常见凝聚相炸药要低一半左右(表 5.4)，但燃料与氧的混合物比能量要比常见凝聚相炸药高一倍左右。

表 5.4　几种燃料—氧化剂混合物的比能量

混合物	燃料浓度/%	燃烧热/(MJ·kg⁻¹)	混合物	燃料浓度/%	燃烧热/(MJ·kg⁻¹)
丙烷—空气	4.00	2.791	丙烷—氧气	16.67	13.46
乙烯—空气	6.54	2.772	乙烯—氧气	25.00	11.56
乙炔—空气	7.75	2.095	乙炔—氧气	28.67	8.00
甲烷—空气	9.51	2.570	甲烷—氧气	33.33	10.73
氢气—空气	29.60	2.354	氢气—氧气	66.67	5.30

某些炸药和燃料混合物的体积能量见表 5.5。从表 5.5 可以看出,燃料空气或燃料氧混合物的体积比能量比炸药的要小得多,即能量密度较低。

表 5.5　某些炸药和燃料混合物的体积能量

炸药或燃料混合物	体积能量/($MJ \cdot m^{-3}$)
硝化甘油	9.958
梯恩梯	4.184
黑索金	8.856
碳和氧的混合物	17.20
苯蒸气与氧的混合物	18.40
氢与氧的混合物	7.1

气体和粉尘爆炸的能量释放速率比炸药要小得多。一般碳氢燃料与空气混合物的层流燃烧速度不到 1.0 m/s,大多数在 0.5 m/s 左右。这种相对缓慢的燃烧,即相对小的能量释放速率,使我们可以相对容易地采取一些防护措施,如阻爆、隔爆、泄爆或进行监测和控制,防止事故的进一步扩大,避免人员伤亡和设备破坏。但应注意,由于燃速受多种因素影响,有时,燃烧速度会大大加快,给防爆带来一定的困难。

气体和粉尘爆炸源的潜能不是百分之百释放出来的,而是只有一部分能量可以释放出来,其能量(注意:不是能量释放速率)取决于环境条件和约束条件。对密闭容器,潜能基本上能全部释放;对敞开气云,弱点火下,能量释放率大约只有百分之几,强点火下,能量释放率大约只有百分之五十。燃料和空气混合的均匀性也是影响能量释放率的重要因素。此外,对粉尘爆炸来说,颗粒度(对液滴也一样)对释放率的影响极大。大颗粒粉尘粒子,只在固体粒子表面与氧反应放热,而粒子中心残留能量未被释放,同样影响能量释放率。只有微小颗粒,才能较完全地被周围的氧氧化,释放出接近全部的能量。

总之,气体和粉尘爆炸源的爆炸总潜能、质量比能量、体积比能量、能量密度、能量释放速率等都与炸药“爆炸”有很大不同,这也就是气体和粉尘爆炸所具有的特殊性质。

5.3　爆炸极限

5.3.1　爆炸完全反应浓度计算

可燃物和助燃物的浓度比例为恰好能发生完全的化合反应时，爆炸所析出的热量最多，所产生的压力也最大，实际的完全反应的浓度稍高于计算的完全反应的浓度。当混合物中可燃物超过完全反应的浓度时，空气就会不足，可燃物就不能全部燃尽，于是混合物在爆炸时所产生的热量和压力就会随着可燃物在混合物中浓度的增加而减小；如果可燃物在混合物中的浓度增加到爆炸上限，那么其爆炸现象与在爆炸下限时所产生的现象大致相同。因此，可燃物的完全反应的浓度也就是理论上完全燃烧时在混合物中该可燃物的含量。

根据化学反应方程式可以计算可燃气体或蒸气的完全反应的浓度。

[例 1]　求一氧化碳在空气中完全反应的浓度。

解　写出一氧化碳在空气中燃烧的反应式：

$$2CO+O_2+3.76N_2 = 2CO_2+3.76N_2$$

根据反应式得知，参加反应的物质的总体积为 2+1+3.76=6.76。若以 6.76 这个总体积为 100，则 2 个体积的一氧化碳在总体积中所占的比例为

$$X=\frac{2}{6.76}\times 100\%=29.6\%$$

答：一氧化碳在空气中完全反应的浓度为 29.6%。

[例 2]　求乙炔在氧气中完全反应的浓度。

解　写出乙炔在氧气中的燃烧反应式：

$$2C_2H_2+5O_2 = 4CO_2+2H_2O+Q$$

根据反应式得知，参加反应物质的总体积为 2+5=7。若以 7 这个总体积为 100，则 2 个体积的乙炔在总体积中占

$$X_0=\frac{2}{7}\times 100\%=28.6\%$$

答：乙炔在氧气中完全反应的浓度为 28.6%。

可燃气体或蒸气的化学当量浓度，也可用以下方法计算。

可燃气体或蒸气分子式一般用 $C_\alpha H_\beta O_\gamma$ 表示，设燃烧 1 mol 气体所必需的氧的物质的量为 n，则燃烧反应式可写成

$$C_\alpha H_\beta O_\gamma+nO_2 \longrightarrow \text{生成气体}$$

如果把空气中氧气的浓度取为 20.9%，则在空气中可燃气体完全反应的浓度 X(%)一般可用下式表示：

$$X=\frac{1}{1+\frac{n}{0.209}}=\frac{20.9}{0.209+n}\% \tag{5.9}$$

又设在氧气中可燃气体完全反应的浓度为 X_0(%)，即

$$X_0=\frac{100}{1+n}\% \tag{5.10}$$

式(5.9)和式(5.10)表示出 X 和 X_0 与 n 或 $2n$ 之间的关系($2n$ 表示反应中氧的原子数)。在完全燃烧的情况下,燃烧反应式为

$$C_\alpha H_\beta O_\gamma + nO_2 \longrightarrow \alpha CO_2 + \frac{1}{2}\beta H_2O$$

式中

$$2n = 2\alpha + \frac{1}{2}\beta - \gamma \tag{5.11}$$

对于石蜡烃 $\beta = 2\alpha + 2$

因此 $2n = 3\alpha + 1 - \gamma$

根据 $2n$ 的数值,从表 5.6 中可直接查出可燃气体或蒸气在空气(或氧气)中完全反应的浓度。

[例 3] 试分别求 H_2,CH_3OH,C_3H_8,C_6H_6 在空气中和氧气中完全反应的浓度。

解 (1) 公式法:$X(H_2) = \frac{20.9}{0.209+n} = \frac{20.9}{0.209+0.5} \times 100\% = 29.48\%$

$$X_0(H_2) = \frac{100}{1+0.5} \times 100\% = 66.7\%$$

$$X(CH_3OH) = \frac{20.9}{0.209+n} = \frac{20.9}{0.209+1.5} \times 100\% = 12.23\%$$

$$X_0(CH_3OH) = \frac{100}{1+1.5} \times 100\% = 40\%$$

$$X(C_3H_8) = \frac{20.9}{0.209+n} = \frac{20.9}{0.209+5} \times 100\% = 4.01\%$$

$$X_0(C_3H_8) = \frac{100}{1+5} \times 100\% = 16.7\%$$

$$X(C_6H_6) = \frac{20.9}{0.209+n} = \frac{20.9}{0.209+7.5} \times 100\% = 2.71\%$$

$$X_0(C_6H_6) = \frac{100}{1+7.5} \times 100\% = 11.8\%$$

(2)查表法:根据可燃物分子式,用公式 $2n = 2\alpha + \frac{1}{2}\beta - \gamma$,求出其 $2n$ 值,由 $2n$ 数值,直接从表 5.6 中分别查出它们在空气(或氧)中完全反应的浓度。

由式(5.11) $2n = 2\alpha + \frac{1}{2}\beta - \gamma$,依分子式分别求出 $2n$ 值如下:

H_2 $2n=1$ CH_3OH $2n=3$

C_3H_8 $2n=10$ C_6H_6 $2n=15$

由 $2n$ 值直接从表 5.6 中分别查出它们的 X 和 X_0 值:

$X(H_2) = 29.5\%$ $X_0(H_2) = 66.7\%$

$X(CH_3OH) = 12.2\%$ $X_0(CH_3OH) = 40\%$

$X(C_3H_8) = 4\%$ $X_0(C_3H_8) = 16.7\%$

$X(C_6H_6) = 2.7\%$ $X_0(C_6H_6) = 11.76\%$

表 5.6 可燃气体(蒸气)在空气和氧气中完全反应的浓度

氧分子数	氧原子数 $2n$	完全反应的浓度/%		可燃物举例	氧分子数	氧原子数 $2n$	完全反应的浓度/%		可燃物举例
		在空气中 $X=\frac{20.9}{0.209+n}$	在氧气中 $X_0=\frac{100}{1+n}$				在空气中 $X=\frac{20.9}{0.209+n}$	在氧气中 $X_0=\frac{100}{1+n}$	
1	0.5	45.5	80.0	氢气、一氧化碳	6	10.5	3.82	16.0	丁酮、乙醚、丁烯、丁醇
	1.0	29.5	66.7			11.0	3.72	15.4	
	1.5	11.8	57.2			11.5	3.50	14.8	
	2.0	17.3	50.0			12.0	3.36	14.3	
2	2.5	14.3	44.5	甲醇、甲烷、二硫化碳、醋酸	7	12.5	3.23	13.8	丁烷、甲酸乙酯、二氯苯
	3.0	12.2	40.0			13.0	3.10	13.3	
	3.5	10.7	36.4			13.5	3.00	12.9	
	4.0	9.5	33.3			14.0	2.89	12.5	
3	4.5	8.5	30.8	乙炔、乙醛、乙烷、乙醇	8	14.5	2.80	12.12	溴苯、氯苯、苯、戊醇、乙酸丁酯、戊烷
	5.0	7.7	28.6			15.0	2.70	11.76	
	5.5	7.1	26.7			15.5	2.62	11.42	
	6.0	6.5	25.0			16.0	2.54	11.10	
4	6.5	6.1	23.5	乙烷、丙酮、甲酸乙酯、氯乙烷、	9	16.5	2.47	10.81	苯甲醇、甲酚、环己烷、庚烷
	7.0	5.6	22.2			17.0	2.39	10.52	
	7.5	5.3	21.1			17.5	2.33	10.26	
	8.0	5.0	20.0			18.0	2.26	10.0	
5	8.5	4.7	19.0	丙烯、丙醇、丙烷、乙酸乙酯	10	18.5	2.20	9.76	甲苯胺、己烷、丙酸丁酯、甲基环己醇
	9.0	4.5	18.2			19.0	2.15	9.52	
	9.5	4.2	17.4			19.5	2.10	9.30	
	10.0	4.0	16.7			20.0	2.05	9.09	

5.3.2 爆炸下限和爆炸上限计算

各种可燃气体和液体蒸气的爆炸极限可用专门仪器测定出来,也可用多种计算方法,主要根据完全燃烧反应所需的氧原子数、完全反应的浓度、燃烧热和散热等计算出近似值,以及其他的计算方法。爆炸极限的计算值与实验值一般有些出入,其原因是在计算式中只考虑到混合物的组成,而无法考虑其他一系列因素的影响,但仍不失其参考价值。

(1)根据完全燃烧反应所需的氧原子数计算有机物的爆炸下限和上限的体积分数,其经验公式如下:

计算爆炸下限公式:

$$L_X=\frac{100}{4.76(N-1)+1} \tag{5.12}$$

计算爆炸上限公式：

$$L_S=\frac{4\times100}{4.76N+4} \tag{5.13}$$

式中，L_X 为可燃性混合物爆炸下限浓度，%；L_S 为可燃性混合物爆炸上限浓度，%。

［例 4］ 试求乙烷在空气中爆炸浓度下限和上限。

解 写出乙烷的燃烧反应式：

$$C_2H_6+\frac{7}{2}O_2 = 2CO_2+3H_2O$$

求 n 值：将 n 值分别代入式(5.25)和式(5.26)

$$L_X=\frac{100}{4.76(7-1)+1}\times100\%=\frac{100}{29.56}\times100\%=3.38\%$$

$$L_S=\frac{4\times100}{4.76\times7+4}\times100\%=\frac{400}{37.32}\times100\%=10.7\%$$

答：乙烷爆炸下限的体积分数为 3.38%，爆炸上限的体积分数为 10.7%，爆炸极限的体积分数为 3.38%～10.7%。

某些有机物爆炸极限计算值与实验值的比较见表 5.7。从表 5.7 中所列数值可以看出，实验所得的爆炸上限值比计算值大。

表 5.7 一些有机物的浓度及其爆炸极限体积分数的计算值与实验值的比较

序号	可燃气体	分子式	α	化学计量浓度		爆炸下限浓度 L_X/%		爆炸上限浓度 L_S/%		
				$2n$	X/%	计算值	实验值	计算值	$2n$	实验值
1	甲烷	CH_4	1	4	9.5	5.2	5.0	14.3	2.5	15.0
2	乙烷	C_2H_6	2	7	5.6	3.3	3.0	10.7	3.0	12.5
3	丙烷	C_3H_8	3	10	4.0	2.2	2.1	9.5	4.0	9.5
4	丁烷	C_4H_{10}	4	13	3.1	1.7	1.5	8.5	4.5	8.5
5	异丁烷	C_4H_{10}	4	13	3.1	1.7	1.8	8.5	4.5	8.4
6	戊烷	C_5H_{12}	5	16	2.5	1.4	1.4	7.7	5.0	8.0
7	异戊烷	C_5H_{12}	5	16	2.5	1.4	1.3	7.7	5.0	7.6

(2)爆炸性混合气体完全燃烧时的浓度，可以用来确定链烷烃的爆炸下限和上限。计算公式如下：

$$L_X=0.55X \tag{5.14}$$

$$L_S=4.8\sqrt{X} \tag{5.15}$$

［例 5］ 试求甲烷在空气中的爆炸浓度下限和上限。

解 列出燃烧反应式：

$$CH_4+2O_2 \longrightarrow CO_2+2H_2O$$

甲烷在空气中完全燃烧的浓度计算公式为

$$X=\frac{20.9}{0.209+n}$$

将 1 mol 甲烷完全燃烧所需氧的摩尔数 $n=2$ 代入式(5.27)和式(5.28)，得

$$L_X = 0.55 \times \frac{20.9}{0.209+2} = 5.2\%$$

$$L_S = 4.8\sqrt{\frac{20.9}{0.209+2}} = 14.7\%$$

答：甲烷的爆炸极限为 5.2%～14.7%。

此计算公式用于链烷烃类，其计算值与实验值比较，误差不超过 10%。但用以估算 H_2，C_2H_2 以及含 N_2，CO_2 等可燃气体时，出入较大。

5.3.3　多种可燃气体组成混合物的爆炸极限计算

由多种可燃气体组成爆炸性混合气体的爆炸极限，可根据各组分的爆炸极限进行计算。其计算公式如下：

$$L_m = \frac{100}{\frac{V_1}{L_1} + \frac{V_2}{L_2} + \frac{V_3}{L_3} + \cdots} \tag{5.16}$$

式中，L_m 为爆炸性混合气的爆炸极限，%；L_1，L_2，L_3 分别为组成混合气各组分的爆炸极限，%；V_1，V_2，V_3 分别为各组分在混合气中的浓度，%，$V_1+V_2+V_3+\cdots=100\%$。

例如，某种天然气的组成如下：甲烷 80%，乙烷 15%，丙烷 4%，丁烷 1%。各组分的爆炸下限分别为 5%，3.22%，2.37%和 1.86%，则该天然气的爆炸下限为

$$L_X = \frac{100}{\frac{80}{5} + \frac{15}{3.22} + \frac{4}{2.37} + \frac{1}{1.86}} = 4.37\%$$

将各组分的爆炸上限代入式(5.16)，可求出天然气的爆炸上限。

式(5.16)用于煤气、水煤气、天然气等混合气爆炸极限的计算比较准确，而对于氢与乙烯、氢与硫化氢、甲烷与硫化氢等混合气及一些含二硫化碳的混合气体，计算的误差较大。

氢气、一氧化碳、甲烷混合气爆炸极限的实测值和计算值列于表 5.8。

表 5.8　氢气、一氧化碳、甲烷混合气的爆炸极限

可燃气组成（体积分数）/%			爆炸极限/%		可燃气组成（体积分数）/%			爆炸极限/%	
H_2	CO	CH_4	实测值	计算值	H_2	CO	CH_4	实测值	计算值
100	0	0	4.1～75	4.5～76.2	0	0	100	5.6～15.1	5.9～15.7
75	25	0	4.7～75.9	4.9～76.5	25	0	75	4.7～17.2	5.1～18.4
50	50	0	6.05～71.8	6～72.2	50	0	50	4.6～19.4	4.75～23.2
25	75	0	8.2～68.4	8.3～69.2	75	0	25	4.1～21.2	4.4～24.2
10	90	0	10.8～67.2	10.4～68.1	90	0	10	4.1～22.1	4.2～23.5
0	100	0	12.5～73.0	12.1－74.1	33.3	33.3	33.3	5.7～26.9	6.6～32.4
0	75	25	9.5～36.2	9.6～36.9	55	15.0	30	4.7～27.7	5.0～28.5
0	50	50	7.7～22.8	7～25.0	48.5	0	51.5	4.4～33.6	4.6～24.6
0	25	75	6.4～19.2	6.5～19.7					

5.3.4　含有惰性气体的多种可燃气混合物爆炸极限计算

如果爆炸性混合物中含有惰性气体，如氮、二氧化碳等，计算爆炸极限时，可先求出混合物中由可燃气体和惰性气体分别组成的混合比，再从相应的比例图(图 5.1 和图 5.2)中查出它们的爆炸极限，然后将各组的爆炸极限分别代入式(5.16)即可。

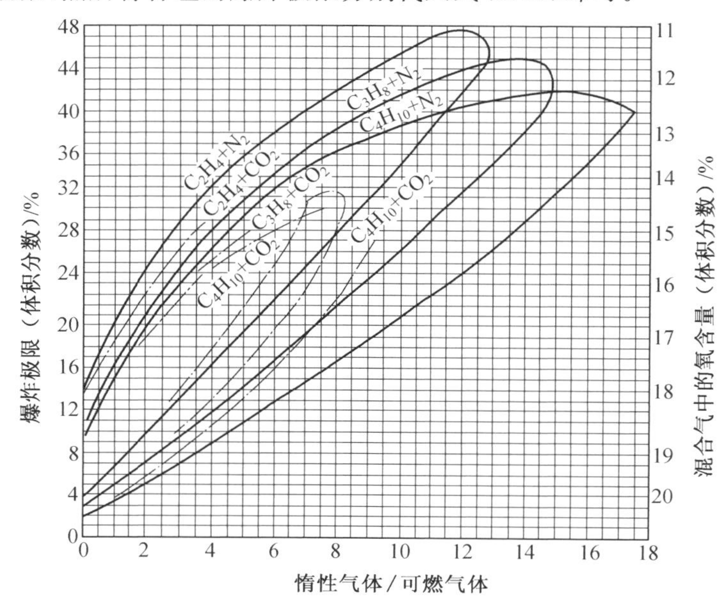

图 5.1　乙烷、丙烷、丁烷和氮、二氧化碳混合气爆炸极限

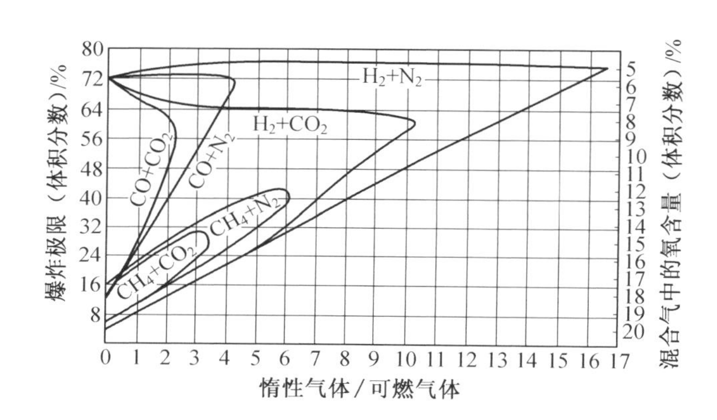

图 5.2　氢、一氧化碳、甲烷和氮、二氧化碳混合气爆炸极限

［例 6］　求某回收煤气的爆炸极限，其组成为：CO：58%，CO_2：19.4%，N_2：20.7%，O_2：0.4%，H_2：1.5%。

解　将煤气中的可燃气体和阻燃性气体组合为两组：

(1)CO 及 CO_2，即

$$58\%(CO)+19.4\%(CO_2)=77.4(CO+CO_2)$$

其中

$$\frac{CO_2}{CO}=\frac{19.4}{58}=0.33$$

从图 5.2 中查得 $L_S=70\%$，$L_X=17\%$。

(2)N_2 及 H_2，即

$$1.5\%(H_2)+20.7\%(N_2)=22.2\%(H_2+N_2)$$

其中

$$\frac{N_2}{H_2}=\frac{20.7}{1.5}=13.8$$

从图 5.2 中查得 $L_S=76\%$，$L_X=64\%$

将以上爆炸上限和下限代入式(5.16)，即可求得煤气的爆炸极限为

$$L_S=\frac{100}{\frac{77.4}{70}+\frac{22.2}{76}}=71.5\%$$

$$L_X=\frac{100}{\frac{77.4}{17}+\frac{22.2}{64}}=20.3\%$$

答：该煤气的爆炸极限为 20.3%～71.5%。

由可燃气体、惰性气体和空气(或氧气)组成混合物的爆炸浓度范围也可用三角坐标图表示。图 5.3 所示为可燃气体 A、助燃气体 B 和惰性气体 C 组成的三角坐标图，在图内任何一点，表示三种成分的不同百分比。其读法是在点上作三条平行线，分别与三角形的三条边平行，每条平行线与相应边的交点，可读出其浓度。例如，图 5.3 中 m 点表示可燃气体(A)体积分数为 50%，助燃气体(B)体积分数为 20%，惰性气体(C)体积分数为 30%；图 5.3 中 n 点表示可燃气体(A)体积分数为 30%，助燃气体(B)体积分数为 0，惰性气体(C)体积分数为 70%。依此类推。

图 5.4 是由氨、氧和氮组成的三角坐标图，图中曲线内的部分表示氨气在氨—氧—氮三元体系中的爆炸极限。图 5.4 中，A 点在爆炸极限范围内，其组成的氧气体积分数为 40%，氨体积分数为 50%，氮体积分数为 10%；B 点在爆炸极限之外，不会发生爆炸，其组成的氨体积分数为 30%，氮体积分数为 70%，氧体积分数为 0。图 5.5 是生产中常用可燃气体 H_2，CO，C_2H_2，C_2H_4，CH_4 等与空气及氮气三种成分混合气的爆炸极限三角坐标图。

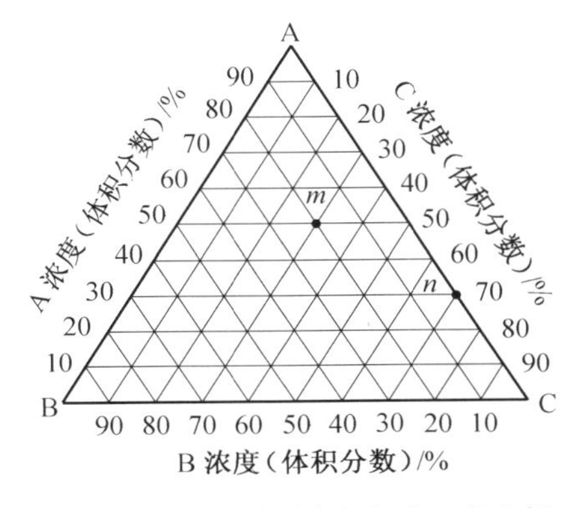

图 5.3　三成分系混合气组成三角坐标

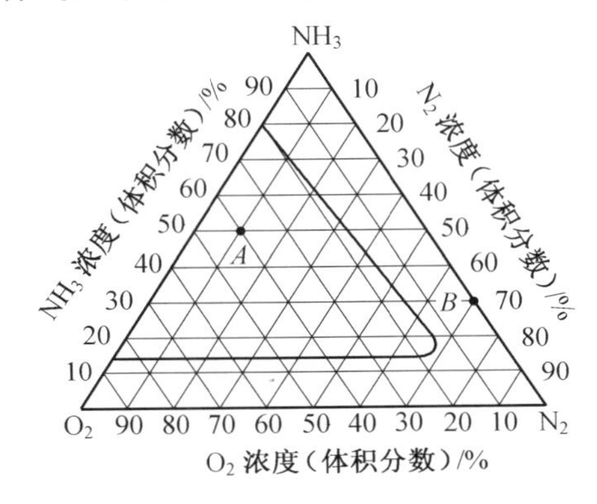

图 5.4　氨—氧—氮混合气的爆炸极限(常温、常压)

对某些可燃气体与空气（或氧气）混合的装置，为了防止发生爆炸危险，往往需要加入氮气、二氧化碳等惰性介质，使混合气体处于爆炸范围之外，这时即可利用三角坐标图来确定惰性介质的添加量。

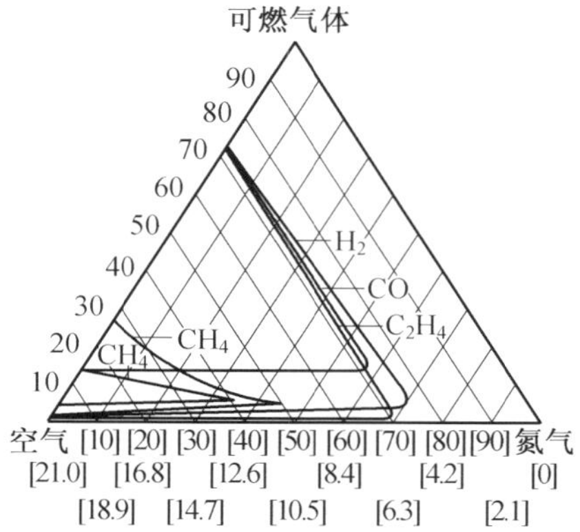

图 5.5　H_2，CO，CH_4 等可燃气体与空气及氮气三组分气体爆炸范围（括号内数据为 O_2 的体积百分数）

5.3.5　燃气爆炸上、下限 C_L 和 C_U 的工程估算

1. 按完全燃烧所需氧原于数 N 估算

$$C_L = \frac{100}{4.76(N-1)+1} \quad (\%) \tag{5.17}$$

$$C_U = \frac{4\times 100}{4.76(N)+4} \quad (\%) \tag{5.18}$$

式中，C_L 为可燃气体混合物的爆炸下限，用燃料的体积百分数（%）表示；C_U 为可燃气体混合物的爆炸上限，用燃料的体积百分数（%）表示。

2. 按化学计量浓度估算

$$C_L \approx 0.55 C_{st} (\%) \tag{5.19}$$

$$C_U \approx 4.8\sqrt{C_{st}} (\%) \tag{5.20}$$

常见烷烃系列燃料油和空气混合物的爆炸下限大致为 45～50 mg/L（0.045～0.05 kg/m^3）。这些常见的可燃气和可燃蒸气的爆炸界限见表 5.9。一些可燃粉尘的爆炸下限见表 5.10。

表 5.9　常见可燃气体—空气混合物的爆炸界限

可燃物名称	爆炸下限/%	爆炸上限/%	可燃物名称	爆炸下限/%	爆炸上限/%
甲烷	4.6	14.3	甲苯	1.2	7.0
乙烷	3.5	15.1	丙烷	2.4	8.5
乙烯	2.7	34.0	丙酮	2.5	13.0
乙炔	1.5	82.2	戊烷	1.4	7.8
环氧乙烷	2.6	100.0	汽油	1.3	7.1
甲醇	6.4	37.0	氢气	4.0	76.0

表 5.10　一些可燃粉尘的爆炸下限

粉尘	爆炸下限/%	粉尘	爆炸下限/%	粉尘	爆炸下限/%
玉米粉	45	亚麻尘	16.7	锰粉	210
大豆粉	40	铝粉	35	锶粉	160
小麦粉	9.7～60	镁粉	20	铂粉	500
糖粉	19	镁一铝合金粉	50	尼龙粉	30
硫黄	35	钛粉	45	聚乙烯粉	20
面粉	15～25	铁粉	120	醋酸纤维粉	35

［例 7］ 求丙烷在空气中的爆炸上限和下限。

解　由式(5.17)和(5.18)得

$$C_L=\frac{100}{4.76(N-1)+1}=\frac{100}{4.76(10-1)+1}\times 100\%=2.28\%$$ （实测值 2.4%）

$$C_U=\frac{4\times 100}{4.76(N)+4}=\frac{4\times 00}{4.76(10)+4}\times 100\%=7.75\%$$ （实测值 8.5%）

5.3.6　爆炸极限的影响因素

爆炸界限值与测试条件有关，如点火能量、初始温度和初始压力对爆炸极限均有显著影响。点火源向邻近的气体混合物层传输的能量越大，燃烧自发传播的浓度范围也就越宽，爆炸上限则向可燃气体浓度较高的方向移动。最新研究结果表明，最佳爆炸极限的点燃能量 E 在 10 000 J 左右。

表 5.11 所示为标准压力下点燃能量对甲烷—空气混合物的爆炸极限的影响。

表 5.11　点火能量对甲烷—空气混合物爆炸极限的影响

点火源能量/J	爆炸下限/%	爆炸上限/%	爆炸范围/%
1.0	4.9	13.8	8.9
10	4.6	14.2	9.6
100	4.25	15.1	10.8
10 000	3.6	17.5	13.9

由于化学反应与温度有很大关系，所以爆炸极限数据与混合物初始温度有关。初始温度越高，引起的反应越容易传播。

上述情况表明，决不可把爆炸极限值看作是物理常数，它与测定时所采用的方法有很大关系。通常是在常温和标准压力下测定爆炸极限值，并使用能量为 10 J 的火花作为点火源。

5.3.7　爆炸极限的应用

第一，区分可燃物质的爆炸危险程度，从而尽可能用爆炸危险性小的物质代替爆炸危险性大的物质。例如，乙炔的爆炸极限为 2.2%～81%；液化石油气组分的爆炸极限分别为丙烷 2.17%～9.5%，丁烷 1.15%～8.4%，丁烯 1.7%～9.6%，它们的爆炸极限范围比乙炔小得多，说明液化石油气的爆炸危险性比乙炔小，因而在气割时推广用液化石油气代替乙炔。

第二，爆炸极限可作为评定和划分可燃物质危险等级的标准。例如，可燃气体按爆炸下限（大于 10%或不小于 10%）分为一、二两级。

第三，根据爆炸极限选择防爆电机和电器。例如，生产或储存爆炸下限不小于 10%的可燃气体，可选用任一防爆型电气设备；爆炸下限小于 10%的可燃气体，应选用隔爆型电气设备。

第四，确定建筑物的耐火等级、层数和面积等。例如，储存爆炸下限小于 10%的物质，库房建筑最高层次限一层，并且必须是一、二级耐火等级。

第五，在确定安全操作规程以及研究采取各种防爆技术措施——通风、检测、置换、检修等时，也都必须根据可燃气体或液体的爆炸危险性的不同，采取相应的有效措施，以确保安全。

5.4　可燃气体、粉尘爆炸特性实验装置

5.4.1　哈特曼(Hartmann)管实验装置

哈特曼管装置是用来测定粉尘云点火能量和爆炸极限，最早是由美国矿山局哈特曼先生发明的。其结构如图 5.6 所示。粉尘试样均匀铺设在体积为 1.2 L 的柱型管底部，已知体积的压缩空气从柱型管底部喷入管中，将粉尘卷扬起来；采用高压放电方式产生连续火花点燃粉尘，点火电极安装在管体中部。点火判据是根据火焰是否传播到管子顶部并将顶部密封纸冲破来判定。

1. 实验仪器及其工作原理

(1)实验仪器。本实验采用的哈特曼管装置如图 5.6 所示。

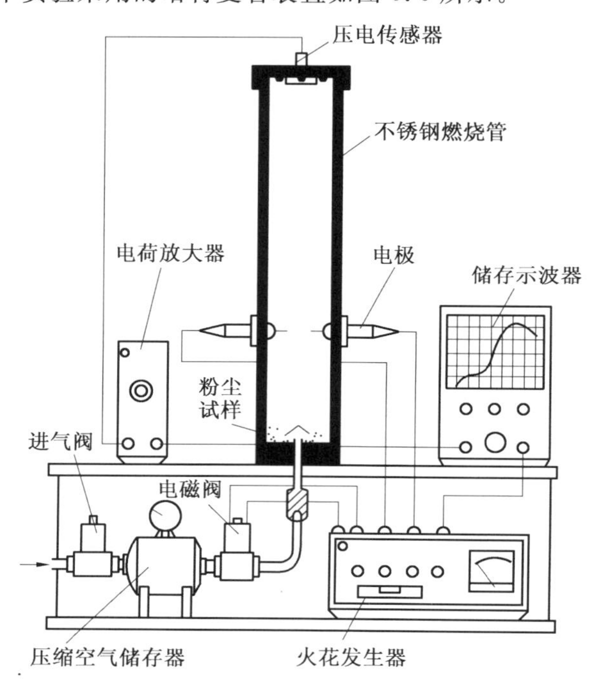

图 5.6　Hartmann 管实验装置示意图

整个测试系统由以下几部分组成。

① 主体哈特曼管。容器主体由一个内径为 69 mm，高度为 296.5 mm，壁厚为 9.5 mm 的有机玻璃管(或不锈钢管)和一个含有蘑菇形喷头的不锈钢粉尘扩散装置组成。管顶部用滤纸覆盖(不锈钢管上有顶盖)，并用密封圈固定。在有机玻璃管距其底部 10 cm 处装有点火电极，整个容器容积为 1.2 L。

② 供气系统。供气系统是为喷粉提供空气源，由空压机、进气阀、贮气室、出气阀和单

向阀组成。贮气室容积为 1.27 L，空气压力为 1.5×10^5 Pa。

③ 点火源。点火源为粉尘的点火提供能量。点火源能量的大小对粉尘最低点火浓度的测量有显著影响。为使测试结果可靠，点火源应有足够强的点火能量，因此采用高压互感器直接放电的方式。点火源由低压调节器和高压调节器组成。

(2) 仪器工作原理。Hartmann 管装置主要用于测量粉尘爆炸时的超压和压力上升速率。如果使用有机玻璃管体，可直接观察到火焰产生和传播的过程。其工作原理是用压缩空气将一定量的粉末弥散到可观察的爆炸容器内，通过控制每次实验弥散的粉末量来达到改变每次实验的粉尘浓度的目的。这时通过高压点火线路使点火电极放电并产生电火花，从而引燃粉尘。如果调节电火花的能量，还可粗略得到该粉末的最小点火能量。

2. **功能**

(1) 点火能量。粉尘云的最小点火能量是用已知能量的电容器放电来测定的。以放电火花击穿 Hartmann 管中的粉尘云，而粉尘点火与否，则根据火焰是否能自行传播来判定，一般要求火焰传播至少 10 cm 以上。确定最小点火能量的方法是依次降低火花能量。以连续 10 次相同实验中无一次发火所对应的火花能量与连续 10 次相同实验中至少一次发火所对应的火花能量的平均值定为该粉尘云的最小点火能量。

必须注意，在最小点火能量测试中应确定一组最佳参数，以使粉尘浓度、粉尘粒度、喷粉压力与电火花产生之间的延迟时间有一个合理的匹配关系。

最小点火能量与粉尘浓度有很大的关系，而每种粉尘都有一个最易点燃的浓度，所以在测量最小点火能量之前，应首先实验测定最佳粉尘浓度。

最小点火能量常用的计算方法有两种，一种是比较粗糙的方法，即

$$E=\frac{1}{2}CU^2$$

此法忽略了电路中某些因素造成的能量损失。

另一种方法是比较精确的方法。即直接测出电极两端的电压和电流波形，然后以功率曲线对时间积分，求得放电火花的能量为

$$E=\int_0^t (UI-I^2R)\,\mathrm{d}t$$

式中，U，I 为电极两端的电压和电流；I^2R 为放电回路电阻引起的功耗。

(2) 最低爆炸浓度(粉尘爆炸下限)。所谓最低爆炸浓度是指低于这个浓度，粉尘云就不能爆炸。爆炸下限浓度也是在 Hartmann 管中进行测定的。测定时，将一定量的试验粉尘用蘑菇头喷嘴喷出的压缩空气将其吹起，使其均匀悬浮在整个管中，在喷粉后延迟零点几秒后有连续的电火花放电点火。点火与否的判据与上述点火能量测量相同，一般是根据火焰是否充满容器来判定，也可用封在顶部的纸膜突然破裂来判别。粉尘在容器中虽然是不均匀的，但这种实验装置所测得的值和大规模试验所获得的结果颇相一致。

电火花放电点火，往往会干扰测量结果。一些研究试验表明，火花放电往往会出现无尘区，因此在爆炸下限测量中要注意点火装置的设计合理性。单纯的高压火花放电型装置，放电时会产生冲击波效应，形成局部无尘区，使下限浓度测量不准确，较好的一种设计方案是“高压击穿，低压续弧”。该方案设计有足够的能量释放时间，不致引起强烈的激波干扰。

(3) 爆炸压力和压力上升速率。在 Hartmann 管顶部安装一个压力传感器，可记录爆

炸压力随时间变化的过程，而最大压力上升速率则以最大压力除以从点火到出现最大压力的时间近似地得到。

5.4.2　20 L 爆炸球实验装置

1. 实验仪器及工作原理

（1）实验装置。20 L 爆炸球实验的主要设备包括球体、压力传感器、气源、测量数据记录系统等几部分。

装置的主体是一个不锈钢双层夹套球形容器（具体见图 5.7），夹层可以通冷却水。底部有粉尘入口，侧向有压缩空气或氧气入口。球顶部为点火用电极，侧向还有一个观察窗口。仪器有一个控制单元，可控制球内压力、真空度，以及从吹尘到点火的时间，以使点火发生在粉尘最佳分散状态。

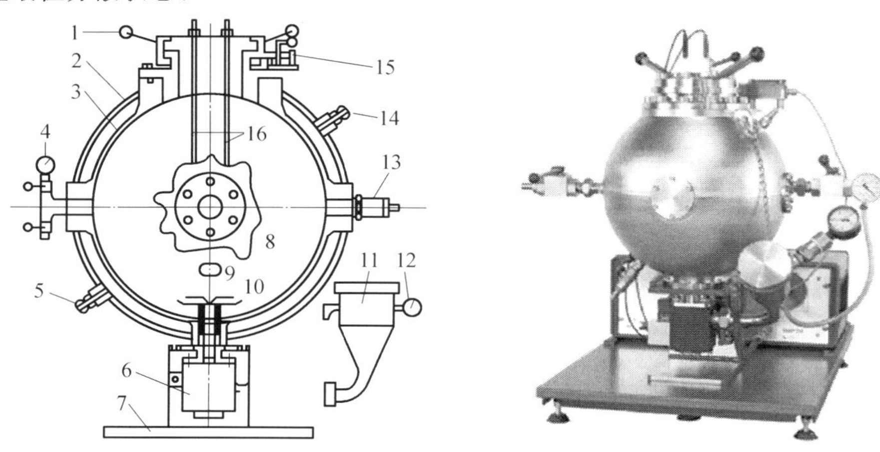

图 5.7　20 L 爆炸球实验装置

1—密封盖；2—夹套外层；3—夹套内层；4—真空表；5—循环水入口；6—机械两向阀；7—底座；8—观察孔；9—抽真空口；10—分散阀；11—储粉罐；12—电接点压力表；13—压力传感器；14—循环水出口；15—安全限位开关；16—点火杆

数据记录系统是由压力传感器和记录仪器组成。球内爆燃产生的压力由装于球底部的压力传感器采集，通过计算机进行记录和分析。

（2）仪器工作原理。用 2 MPa 的高压空气将储粉罐内的可燃粉尘经机械两相阀和分散阀喷至预先抽成真空的 20 L 球形装置内部，然后，计算机开始采样并用点火装置点火引爆粉尘和空气的混合物，最后，对采样结果进行分析、计算。完成实验。

2. 功能

通过该设备，可完成以下几种爆炸参数的测量。

（1）爆炸下限。爆炸下限的测试应该从一个可爆炸的粉尘浓度开始实验，然后逐渐降低该浓度值，直至无爆炸发生为止，而且，为确保无爆炸的发生，最少需在该浓度值上重复三次以上试验。

采用的点火能量约为 2 kJ。关于是否爆炸的判据，国际上尚无定论。根据 20 L 爆炸球创始人 R. Siwek 的观点，以比单纯点火头爆炸超压大 0.5 Bar 为爆炸判据。

(2)最大爆炸压力和最大爆炸压力上升速率及爆炸指数。最大爆炸压力 p_{max} 和最大爆炸压力上升速率 $\left(\frac{dp}{dt}\right)_{max}$ 可以从压力—时间曲线上判定。测试粉尘浓度应该在一广泛范围内变化,直到 p_{max} 和 $\left(\frac{dp}{dt}\right)_{max}$ 均无增加为止。一般,p_{max} 和 $\left(\frac{dp}{dt}\right)_{max}$ 不出现在同一粉尘浓度值上。

通过大量在 20 L 爆炸球装置和 1.0 m^3 爆炸球装置上测定的 p_{max} 值比较,在 20 L 爆炸球装置上测定的值较小,其原因在于和 1.0 m^3 爆炸装置相比,20 L 球形爆炸装置具有较大的散热面积。因此,在 20 L 爆炸球装置上测得的最大爆炸压力值应以 1.0 m^3 装置测得的结果为准进行修正。其修正公式为

$$p_{max,修} = 1.3 \times p_{max} - 0.165 \text{ (MPa)}$$

粉尘爆炸烈度等级用粉尘爆炸指数 K_{max} (MPa · m/s)来表示,其定义为

$$K_{max} = \left(\frac{dp}{dt}\right)_{max} \times V^{\frac{1}{3}}$$

式中,V 为容器容积,m^3。

经有关国际权威专家试验证明,在 20 L 球型装置中测得的 K_{max} 值与 1.0 m^3 ISO 标准装置测得的结果相当,直接或稍加修正即可用于爆炸防护的设计中。由于最大爆炸压力的变化相对较少,所以单独以压力变化速率为依据来对粉尘分类常常是很方便的。粉尘爆炸烈度等级根据联合国危险品运输推荐标准分级,见表 5.12。

表 5.12 粉尘爆炸烈度等级

级别	标准值/(MPa · m · s^{-1})
St 1 级	$0 < K_{st} \leqslant 20.0$
St 2 级	$20.0 < K_{st} \leqslant 30.0$
St 3 级	$K_{st} > 30.0$

(3)极限氧浓度。可燃粉尘云中氧浓度低于一定值时不会发生爆炸。实验时逐步降低 20 L 爆炸球内的氧气浓度并调整粉尘浓度值直到不爆炸为止,此值即为极限氧气浓度。

5.4.3 1.0 m^3/10 m^3 爆炸容器

1.0 m^3/10 m^3 爆炸容器的结构与 20 L 爆炸球相似,主要用于可燃气体粉尘爆炸点火机理、特性测试和爆炸防治技术研究。国内外相关研究机构还有几百立方的爆炸容器和实验巷道。

5.4.4 最小点火能量测量装置

1. 可燃气体与易燃液体蒸气最小静电点火能量测量装置

该设备由配气设备、空气瓶、蒸气发生器、温箱、混合器、搅拌器、水银压力计、真空泵、真空阀、电磁阀、反应器、电极、高压直流电源、程序控制器、燃气瓶等组成。气体试样的配气采用分压原理配置,敏感电极间隙是固定放电电容和试验气体浓度,只改变电极间隙,对每个

电极间隙均按升降法试验，得出各电极间所对应的50%点火能。然后作出敏感电极间隙和50%点火能的关系曲线。

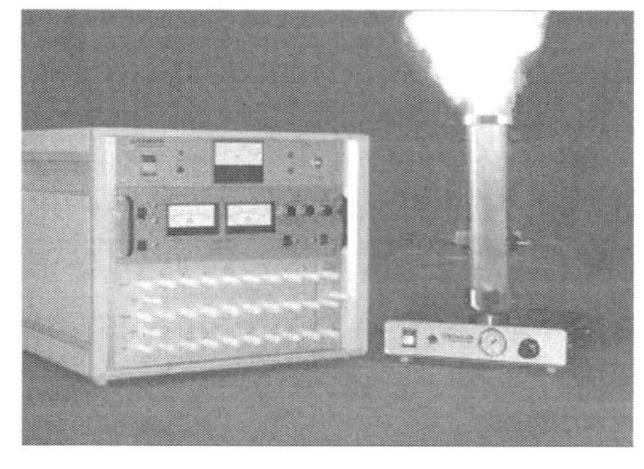

图 5.8 粉尘爆炸最小点火能量测量装置(MIE)

2. **粉尘爆炸最小点火能量测量装置**

该装置由一个带放电电极的扩散装置和一个内置火花生成部件和测量部件的控制箱构成(具体见图 5.8)。包括以下部件：

(1)扩散装置。该部件由一个 1 L 的丙烯酸或玻璃制哈特曼管构成，管子安置在空气扩散控制装置的外壳上(也可选择批量的丙烯酸哈特曼管和备用玻璃管)。操控点火弧的手持遥控器和空气扩散装置由电线连接到扩散装置底部。

(2)能量储存装置。装置能够产生 4～2 000 mJ 的火花能量，并且能量增加步长为 1 mJ，最大电压为 15 kV，稳定的高压直流电源发送 EHT，为一组电容器充电，一般为 10～15 kV。

电容器：9 个 25 pF，9 个 100 pF，9 个 1 nF，2 个 10 nF。通过推进相应的操纵杆并将其顺时针旋转四分之一圈后，可将电容器添加到放电电容。

(3)图表记录器。图表记录器作为仪器的标准配置可用来监测电压。持续电弧 A/B 筛选电源也作为标准配置提供。这个筛选设备与哈特曼管连接时电容器组断开连接，进行整个最小点火能量(MIE)测试之前它为快速筛选的目的提供一个理想的是(爆炸性)与否(非爆炸性)的答案。

3. **测试方法**

MIE 测试涉及反复在测试物质中释放已知能量的电火花。一般火花能量直到无进一步的点火时才减小。在这一点测定粉末的最小点火能量。

通过分散已知质量的粉末，在电极周围形成粉尘云来完成测试。对物质进行放电，以任何从电极蔓延开的火焰为标志进行点火观察。

测试要求在高能量(如：500 mJ)时开始反复观察。如果有点火，火花能量会减弱，重复测试。如果在任何能量下都无点火，测试就应至少重复 20 次。

为避免熄灭，火花隙不小于 2 mm。最理想的火花隙为 6 mm，但这也视具体情况而异，如果观察到没有点火，以此来研究不同放电长度对点火成功概率的影响。

通过已知能量的电火花和穿过已知粉末层密度的放电来进行测量。影响放电能量的变量包括全部被选电容、电极分离和击穿时测得的电压。

5.4.5 最小温度(MIT)测量装置

1. **系统构成**

MIT 测试在 Godbert-Greenwald 加热炉中进行。加热炉由一个竖直的透明石英管组成，管子底部为开口。石英管顶端是一个与水平安置的样品固定装置相连的玻璃观察室。来自储气罐的压缩空气使粉尘扩散到加热炉和样品固定装置内，然后到玻璃观察室和石英管内。装置如图 5.9 所示。

加热炉放置在一个支架上，以便从炉子底部观察底部或炉子出口的点火(火焰)迹象。管子下安置了一面镜子以便观察炉子的内部。炉子由电加热到预测温度，范围从室温到1 000 ℃。炉壁中央是两个热电偶，可控制监测测试温度。热电偶能持续测量高于 500 ℃(精度为± 1%)和低于 300 ℃(精度为±3%)的温度。仪器放置在一个安全罩内，粉尘和烟气可从中排除。样品可按具体的某一标准(一般湿度小于 10%，颗粒小于 63 μm)。粉尘浓度因保证其范围包含了最敏感浓度而各不相同。测试从 500 ℃开始，如果观察到点火现象便将温度以20 ℃的速度逐步减至 300 ℃。如果依然发生点火，就将温度以 10 ℃的速度逐步减至无点火状态。

图 5.9　最小温度测量装置(MIT)

2. **功能**

最小点火温度测试仪用于测试可点燃粉尘云的热表面的最低温度。本测试符合 IEC61241－2－1:1994 及 EN 50281－2－1:1999 标准。

产生点火时炉子的最低温度(炉子温度高于 300 ℃时减 20 ℃，低于 300 ℃时减 10 ℃)作为粉尘云的最小点火温度而被记录下来。MIT 测试的信息主要用于确保设备表面温度还会引起扩散粉尘自动点火。运用 MIT 数据时要求为小规模测试的不确定因素留有一个安全极限(一般三分之二的 MIT 用于确定电子设备外罩允许的最大表面温度)。粉尘云的 MIT 是在多尘环境中选择适当的电子设备操作的一项标准。与该应用相关的另一个参数是粉尘层的 LIT 值。该测试只适用于固体样品，不可测试气体和蒸气。

5.4.6　激波管

激波管主要用于燃烧和爆炸实验。各学者根据各自的研究目的建立了各种各样的激波管；加拿大的 Lee J H 等人建造了高 7 m、直径 53 mm 的立式激波管，燃料由高压气体携带从管底吹入管中。Borisov A A 等人设计一套直径 145 mm、高 2 m 的立式激波管。Dabora E K 建造了截面 50.8 mm×50.8 mm、高 2.75 m 的立式激波管。Fishburn B 等人设计了截面 41 mm×41 mm、高 4.57 m 的方型立式不锈钢材质的激波管。Tulis A J 等人建造了直径 152 mm、高度 5～48 m 的立式激波管，用此装置主要进行了超细铝粉空气混合物爆炸特性的研究。Wolanski P 等人建造了直径 100 mm、高度 25 m 的立式激波管，用于研究粉尘一空气混合物的爆炸特性。Von Vorgelegt 建造了直径 53 mm、长度分别为 1 m 和1.9 m 两套水平激波管，主要用于研究气相爆轰。美国 Kenneth W R，Nicholls J A 和 Kauffman 等人建造的立式激波管从管顶喷入燃料，利用在管体上部与管体相接的斜管中的气体爆炸作为点火源。西北核技术研究所的许学忠等人设计的直径 125 mm、高 5 m 立式激波管，主要用于复合燃料云雾的化学点火研究。南京理工大学设计了长度 20 m、直径 160 mm 的水平激波管，主要用于粉尘爆炸研究。南京理工大学、中国科技大学设计了水平方型激波管，主要用于气相爆轰研究。北京理工大学建有直径 500 mm、长 70 m 水平激波管。

1. **激波管构成**

激波管实验装置一般包括管体、喷粉/喷液系统、测压/测速系统、观测窗、点火系统、控制系统、控温系统等。如图 5.10 所示。

2. **功能**

由于激波管实验简单易行，成本较低，因而普遍被众多学者接受，用来测试碳氢燃料一空气混合物的爆轰性能。主要功能为：

测量气云爆炸临界起爆能、临界直径、爆炸参数，测量爆轰波传播的结构、燃料的氧化反应机理、爆轰反应的点火延迟期、爆轰反应区的结构、爆轰极限、稀释剂对爆轰性能的影响等。进行点火、燃烧转爆轰(DDT)、阻爆、抑爆等方面研究。

图 5.10　激波管实验装置

5.4.7　时间压力试验装置(TPTA)

时间压力装置的设计是为了评估在封闭条件下点燃化学物质而产生的影响，特别是评估该引燃导致化学物质在正规的商用包装下产生的瞬间压力使化学物质发生爆燃的可能性。

(1)压力容器。该部件由一个带泄压部件的柱型钢质压力容器构成，与压力传感器形成侧臂形状。离侧臂最远的压力容器末端由点火塞封闭，点火塞上装有两个电极，其中一个与塞体绝缘，另一个与塞体接地。压力容器的另一末端由一块铝质防爆盘封闭，并用夹持塞将防爆盘固定。两个塞都用软铅垫圈来确保良好的密封。装置由一支架固定支撑使其在使用过程中保持正确的角度。如图 5.11 所示。

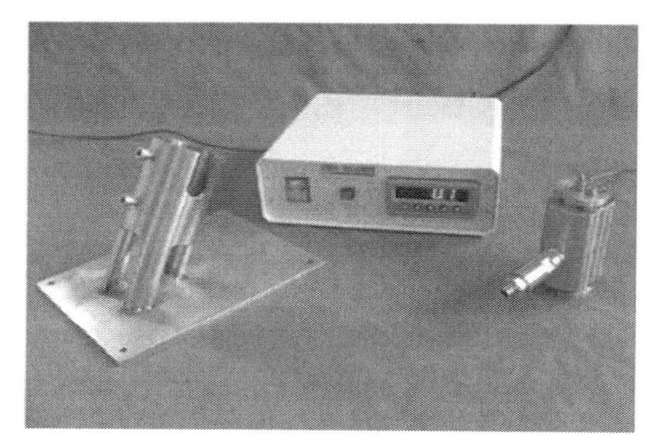

图 5.11　时间压力试验装置(TPTA)

(2)数据收集装置与点火电路控制部件。控制箱包括点火电源、控制电路、压力监测器和数据采集。

(3)计算机与 LCD 监测器。计算机运行系统为 Windows XP，时间压力的最新规格，此系统还包括一个软件程序，该程序可让操作者提取之前保存的测试数据，并在屏幕上显示相关的图作为参考(即历史数据)。历史数据程序可满足操作者打印数据图的要求。

5.4.8 爆炸极限测量装置

1. 构成

爆炸极限的测试方法和制造是依据标准 ASTM E681－04 来进行的。爆炸极限测量装置主要由实验箱体、管体、抽真空系统、搅拌系统、点火系统、测压系统、测温系统等组成(具体见图 5.12)。

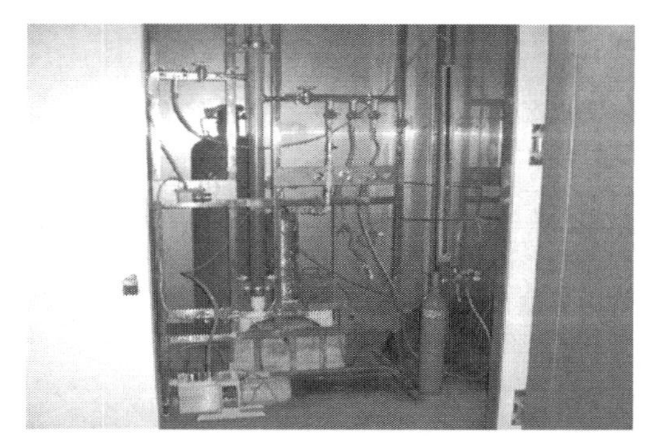

图 5.12 爆炸极限测量装置

2. 测试范围

该方法的适用测试范围是室温至 200 ℃，初始压力等于或濒于当地环境压力，最低压力极限约为 13 kPa(100 mmHg)，测试对象是气体或在测试条件下可以汽化的液体。

测试容器壁对火焰的淬火效应将影响所测得的燃烧极限值。本项参数采用足够尺寸的测试容器以消除其对大多数材料火焰淬火的影响。

空气中氧气的浓度对于 UFL 值影响重大。一般情况使用室内空气。若用储存空气来模拟室内空气，则其氧浓度必须为 20.94％±0.1％。每一储气筒内自混合的空气中氧的浓度各不相同，因此必须对氧浓度进行验证。

5.4.9 摩擦敏感度试验装置

1. 构成(图 5.13)

摩擦仪由铸钢基座及安装在该基座上的摩擦装置本身组成。这包含一个固定的瓷棒和一个可移动的瓷板。瓷板固定在一个托架上，托架可在两根导轨上运动。托架通过连接杆、偏心凸轮和适当的传动装置与电动机相连，使得瓷板在瓷棒下仅能向前和向后移动一次，距离为 10 mm。荷重装置绕一个轴旋转，因此能够更换瓷棒；荷重装置有一个荷重臂，臂上配备有 6 个挂砝码的槽口。调整平衡砝码可得到零荷重。当荷重装置向下放到瓷板上时，瓷棒的纵轴与瓷板垂直。备有直到 10 kg 的各种不同质量的砝码。荷重臂上有 6 个槽口，它们与瓷棒轴心的距离分别为 11 cm，16cm，21 cm，26 cm，31 cm 和 36 cm。用一个环和钩将砝码挂在荷重臂的槽口中。在不同的槽口挂不同的砝码，可在瓷棒上形成的荷重为 5 N，10 N，20 N，40 N，60 N，80 N，120 N，160 N，240 N，360 N。必要时，可使用中间砝码。

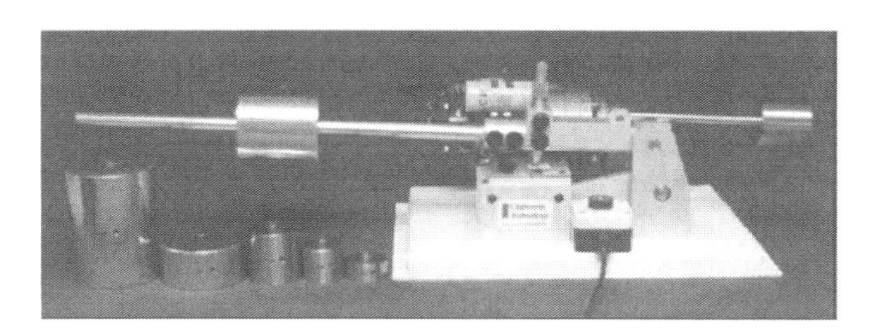

图 5.13　摩擦敏感度试验装置

2. **功能**

摩擦测试装置用来测试固体(包括膏状和胶状)物质对摩擦的敏感度,并确定物质是否过于危险而不能按测试时的状态来运输。测试还提供数据用以确定选择危险警示标志,以及选择与新的和现有产品相关的危险警示用语。测试装置符合联合国危险品运输手动测试与准则和欧盟危险材料分类、包装与标签(最新版)第二部分——测试方法。该测试装置体积小,结构紧凑,可以放置在标准的实验台上。原理如图 5.14 所示。

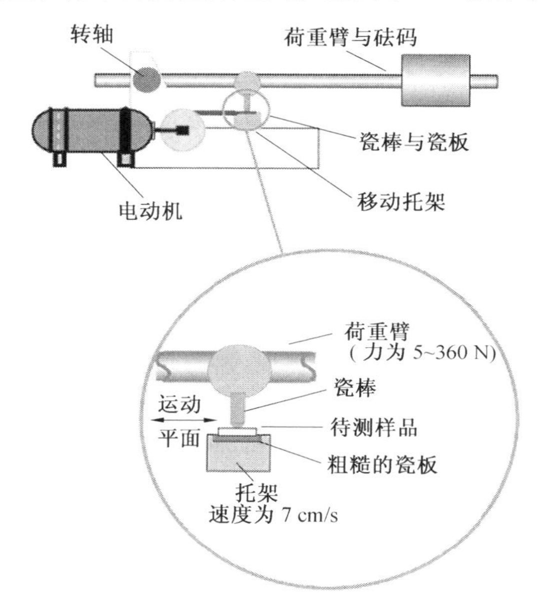

图 5.14　摩擦感度测量原理图

3. **试验标准及评估结果的方法**

试验结果的评估根据是:

①在某一特定摩擦荷重下进行的最多 6 次试验中是否有任何一次出现“爆炸”。

②在 6 次试验中至少有一次出现“爆炸”的最低摩擦荷重。

如果在 6 次试验中出现一次“爆炸”的最低摩擦荷重小于 80 N,试验结果即为“+”,即物质太危险不能以其进行试验的形式运输。否则,试验结果即为“-”。

5.4.10　撞击敏感度试验装置

1. 测试装置(图 5.15)

撞击测试仪用于测试固体物质和液体对已知的落锤撞击力的灵敏度，符合联合国危险货物运输手动测试标准，并且符合欧盟危险品分类、包装及标识测试方法。这种测试方法用于标准产量定量结果，以限制撞击力的方法测试货物是否能够符合运输标准，并且能提供测试数据，用作选择标识和危险指示，以及选择最新现有产品的危险标语。

2. 仪器原理

落锤仪的主要部分是带有底板的铸钢块、击砧、圆柱、导轨、带有释放装置的落锤和撞击装置。钢击砧拧入钢块和铸造的底板上。固定在圆柱上的支架用螺栓固定在钢块后面。用 3 个连接板固定在圆柱上的两根导轨装有一个限制落锤回跳的锯齿板和一个用于调整落高的可移动分度尺。落锤释放装置可在两根导轨之间上下移动，并通过拧紧装在两个夹钳上的杠杆螺母夹在导轨上。利用 4 个紧固在混凝土中的止动螺钉将设备固定在一个混凝土块上，使底板与混凝土全面积接触，两根导轨完全垂直。有一个带保护内衬并且容易打开的木质保护箱围着设备直到底部连接板的高度。有一个抽气系统将任何爆炸气体或者粉尘排出保护箱外。每个落锤配有两个使其落下时保持在导轨之间的定位槽、一个悬挂插销头、一个可拆卸的圆柱形撞击头和一个拧在落锤上的回跳掣子。撞击头用淬火钢制成；其最小直径为 25 mm。有三种落锤可供使用，其质量为 1 kg，5 kg 和 10 kg。1 kg 落锤有一个装撞击头的重钢心。5 kg 和 10 kg 落锤是坚实钢块。试验物质样品封闭在由两个同轴钢圆柱体组成的撞击装置中，两个钢圆柱体放在中空的圆柱形钢导向环中，一个压在另一个上面。圆柱体是表面抛光、边缘倒圆的用滚柱轴承制造的钢滚柱。撞击装置放在中间击砧上并用定位环对中，定位环上有一圈让气体逸出的排气孔。

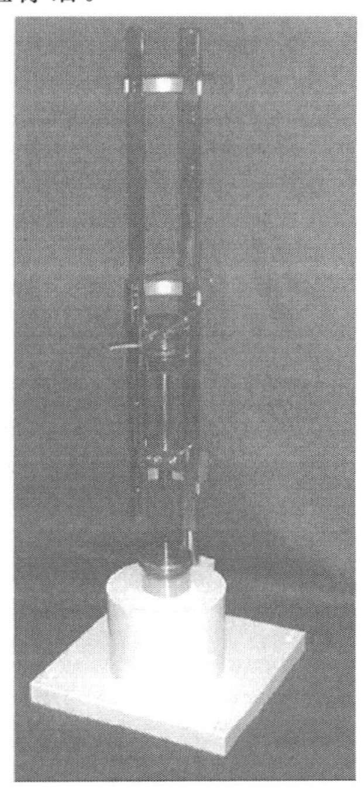

图 5.15　撞击感度测量装置

复习思考题

5.1　简述爆炸灾害的基本形式及特点。

5.2　不同爆炸源的比例特征爆炸长度值数量级是多少？

5.3　表征气体爆炸特征的参数主要有哪些？

5.4　火焰速度和燃烧速度的区别是什么？

5.5　简述定容爆炸压力、压力上升速率、爆炸强度特征值、点火能量定义。

5.6　影响火花点火的因素有哪些？

5.7　可燃气体和粉尘爆炸研究常用实验装置有哪些，可测参数是什么？

5.8　试求丙烷在空气中爆炸浓度下限和上限。

5.9　试论述爆炸极限有哪些应用？

5.10　求某混合可燃气的爆炸极限，其组成为：CO：45%，CO_2：32%，N：20%，O：1.0%，H：2.0%。

第 6 章　爆炸波及防爆理论

工业爆炸事故中，由于燃料和空气混合物快速反应释放能量，在此过程中形成爆炸波，且从爆源中心向外扩展传播。这种爆炸波与一般凝聚炸药爆炸所产生的爆炸波有很大的不同，其爆炸波与爆炸源的特性及结构密切相关。当这类爆炸波通过空气介质向外传播时，可引起相当远距离的破坏效应。

对凝聚炸药爆炸波的研究已经比较成熟，无论是理论计算，还是实验测量都做了很多工作，而对工业事故产生的爆炸波的研究，还是最近几十年的事。这些研究的目的是针对工业发展中大量事故的爆炸危害及防护工作进行的，一个很重要的任务是准确地计算某种给定具体条件下的爆炸波结构、特征及爆炸破坏效应。只有这样，才能正确地评估事故爆炸的危险性，并采用合理的预防及防护措施。

6.1　爆炸波的结构和破坏机理

工业爆炸事故的爆炸波，虽然峰值压力不高，常见的碳氢燃料－空气混合物，即便爆轰也不超过 3.0 MPa，但爆炸波的作用时间长，即具有高的冲量值，对周围有很大的破坏作用。

一个理想的点源自由场爆炸波结构如图 6.1 所示，由于这是一个行进中的波系，静止坐标系下观察者所看到的压力波形，即仪器所测量得到的波形如图 6.1(b) 所示。因为波是单向行进，即从点源离开向外扩展，波中气体流速简单地与波中压力相关。当压力高于大气压时，流动向外；当压力低于大气压时，流动向内；当爆炸波与物体相遇时，过程则很复杂，包括反射、折射和绕射，而破坏类型则因加载在物体上压力的不均匀而不相同，这主要由爆炸波的两个性质决定，即冲击波超压$(p_s - p_0)/p_0$ 和正压区冲量 I_s。

$$I_s = \int_{t_s}^{t_1} (p - p_0)\mathrm{d}t \qquad (6.1)$$

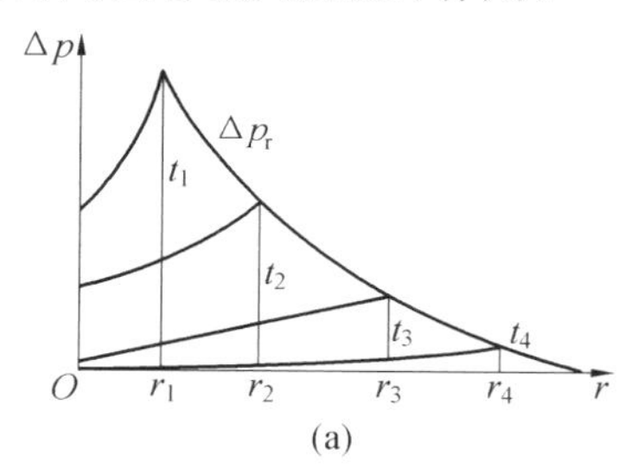

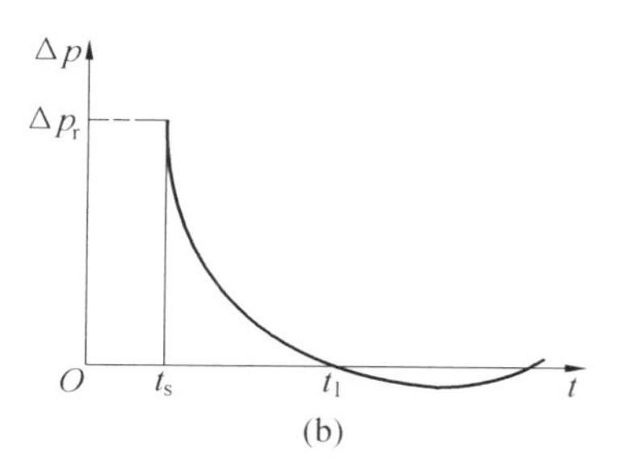

图 6.1　爆炸波结构示意图

各种类型的破坏都是很复杂的，与物体的形状、位置和方向有很大关系。研究表明，对于某种特定破坏模式或破坏等级，超压和冲量是两个重要的值。在(p,I) 平面中，任何一种特定破坏曲线都具有三种不同的破坏体制，即冲量破坏区、超压破坏区和动态破坏区。图 6.2 所示为一条特定破坏等级的等破坏线，这条等破坏线有两条渐近线：$I = I_{cr}$ 和 $p = p_{cr}$，I_{cr} 为临界破坏冲量值，p_{cr} 为临界破坏超压值。在 I_{cr} 左边和 p_{cr} 下边区域，为不破坏区，即安全区，而右上边区域均为破坏区。破坏等级不同，等破坏线位置也不同。破坏越强，等破坏线位置越趋右上方。

在冲量区，冲量是最重要的破坏指标，而最大超压不是很重要的。在这种体制下，爆炸波作用持续时间短于物体的特征响应时间。在波作用期间，物体没有明显的运动。所以冲量实际上是使动能储存在物体中，使物体产生应变，应变达到某一个值就会发生破坏。

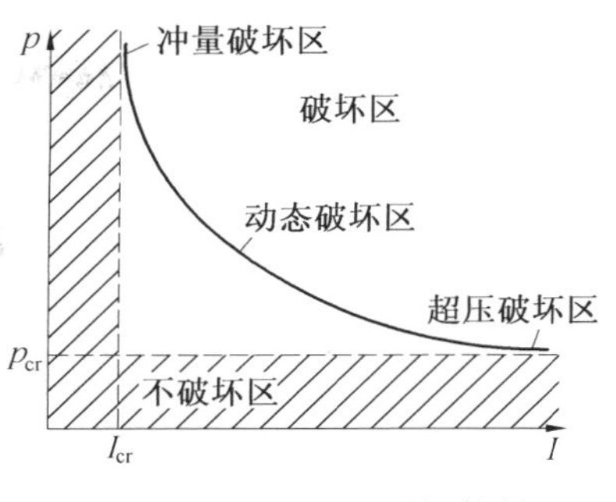

图 6.2　三种不同的破坏体制

在超压区，决定物体破坏变形的仅仅是最大超压值。在这种情况下，正压区作用时间要大于物体的特征响应时间，因此物体的最大破坏效应发生在压力急剧下降之前。这意味物体储存位能，而位能的数量级相当于破坏性永久变形所需要的应变能。

可以证明，在一般情况下，压力和冲量的渐近线与爆炸波的形状无关；但在爆炸波作用时间接近于结构的特征响应时间的动态区内，与爆炸波形状还是有一定关系的。

对给定 TNT 爆源的爆炸，已经有很多试验数据。对气体和粉尘爆炸，可用相应破坏的比例距离来等效，然后算出相应的 TNT 当量值。也就是说，给定的爆炸破坏，有相应的爆炸波峰值超压和相应的比例距离尺 R_s/R_0 值，这就可以估计同一比例距离下的 TNT 当量值。当然，这种计算的精度完全决定于爆源类型与理论 TNT 点源爆炸的相似程度。因为现有的破坏数据完全基于理想 TNT 点爆源，故爆炸离理想行为越远，计算越不精确，而对事故爆炸中那些非理想爆炸的爆源能量是很难预先确定的。所以，相同的爆炸波破坏的 TNT 当量，可能与气体或粉尘爆炸总化学能含量有很大的不同，甚至达到数量级的不同。对敞开蒸气云爆炸，TNT 当量只是蒸气云总能量的百分之几或更小。人们往往对实际事故中爆炸波破坏的 TNT 当量感兴趣，这时，可估计离爆点某距离处的 TNT 当量。根据已有的非理想爆炸的实验数据，可以建立一套经验公式，就能得到较为真实的爆炸波破坏计算结果。

6.2　描述空气爆炸波的理论方法

6.2.1　解析方法

当源尺寸 R_e 远小于爆炸长度 $R_0=(E_0/p_0)^{1/3}$ 即 $R_e/R_0\ll 1$ 时（也就是说源能量密度很高，在 $R_e<R_s<R_0$ 范围内，运动是自模拟的），可以推导得出冲击波位置：

$$R_s\sim t^{2/5} \tag{6.2}$$

冲击波速度衰减：

$$D_s\sim R_s^{-3/2} \tag{6.3}$$

冲击波压力衰减：

$$p_s\sim R_s^{-3} \tag{6.4}$$

此即所谓理想强点源爆炸的解，它适用于 $R_e<R_s<R_0$ 的情况。

冲击波足够强时，冲击状态参数 p_s，ρ_s 及 u_s 趋于其极限值：

$$\frac{\rho_s}{\rho_0}\to\frac{\gamma+1}{\gamma-1} \tag{6.5}$$

$$\frac{p_s}{\rho_0 D_s^2} \to \frac{2}{\gamma+1} \tag{6.6}$$

$$\frac{u_s}{D_s} \to \frac{2}{\gamma+1} \tag{6.7}$$

对于 $R_s/R_0 > 1$ 的情况,运动不再是自模拟的,描述这种爆炸波传播需要解一组气体动力学偏微分方程。冲击阵面性质决定于冲击波强度,而不是仅取决定于绝热指数。这时初始压力 p_0 与冲击波压力 p_s 相比已不可忽略。此时爆炸波中总内能 e_0 相对于冲击波波后内能 E_s 来说也不可忽略。此时爆炸波中的总内能与爆源能量相当,即

$$\frac{4\pi}{3}R_s^3\rho_0 e_0 = \frac{4}{3}\pi R_s^3 \frac{p_0}{\gamma-1} \approx E_0 \tag{6.8}$$

则

$$\frac{R_s}{R_0} = \left(\frac{3(\gamma-1)}{4\pi}\right)^{1/3} \tag{6.9}$$

当 $\gamma=1.4$ 时,$R_s \approx 0.45R_0$。这就是说,当 $R_s \geqslant 0.45R_0$ 时,初始总内能越来越起支配作用。

对上述这种中等强度爆炸波体制而言,有很多解析方法,但数学上最严格的要数 Sakurai 等人的扰动解。

当 $\gamma=1.4$ 时,冲击强度 $\eta=1/M_s^2$ 与冲击半径 R_s/R_0 和冲击轨迹关系如下:

$$\left(\frac{R_s}{R_0}\right)^3 = 2.362\ 46\eta + 4.531\ 5\eta^2 + 6.448\ 13\eta^3 + \cdots \tag{6.10}$$

$$\left(\frac{C_0 t}{R_0}\right) = 0.532\ 74\eta^{5/6}(1 + 1.162\ 52\eta + 1.031\ 46\eta^2 + 1.079\ 22\eta^3 + \cdots) \tag{6.11}$$

6.2.2 强爆炸波的衰减——常数能量解

强爆炸波的衰减规律可以用常数能量解。能量释放时间很短的高能量密度的点源爆炸,在近场区的衰减就属这种情况。在这种情况下,可以简化成瞬时点源爆炸模型,此模型的基本假定有两点:

(1) 能量释放是"瞬时的"。

(2) 爆炸源的体积可以忽略不计。

所谓常数能量解的基本假设是:瞬时爆炸源能量 $E(R_s)$ 等于爆炸源初始能量 E_0,即

$$E(R_s) = E_0 = 常数$$

对球形爆炸波,E_0 为球形爆炸源的总能量;对柱形爆炸波,E_0 为单位长度爆炸源能量;对平面形爆炸波,E_0 为单位面积爆炸源能量。

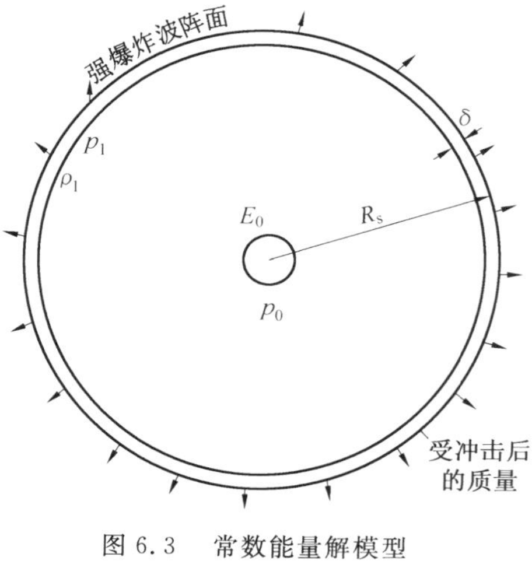

图 6.3 常数能量解模型

现在来分析球形强爆炸波的能量扩散。设想气体受冲击后的质量聚集在一个很薄的球壳中(图 6.3),球壳厚度为 δ,空气初始密度为 ρ_0,压力为 p_0,受冲击后的密度为 ρ_1,压力为 p_1。在冲击波离爆心 R_s 距离处薄球壳中聚集的气体质量 M 等于冲击波所包围体积内初始气体质量 M_0,即

$$4\pi R_s^2 \delta \rho_1 = \frac{4}{3}\pi R_s^3 \rho_0 \tag{6.12}$$

$$\frac{\delta}{R_s} = \frac{1}{3}\left(\frac{\rho_0}{\rho_1}\right) \tag{6.13}$$

对强空气冲击波，波阵面两侧参数近似有

$$\frac{\rho_1}{\rho_0} = \frac{\gamma+1}{\gamma-1} \tag{6.14}$$

$$\frac{p_1}{\rho_0 D_s^2} \approx \frac{2}{\gamma+1} \tag{6.15}$$

$$\frac{u_1}{D_s} = \frac{2}{\gamma+1} \tag{6.16}$$

当 $\gamma = 1.4$ 时，

$$\frac{\delta}{R_{s1}} = \frac{1}{3}\left(\frac{\gamma-1}{\gamma+1}\right) = \frac{1}{18} \tag{6.17}$$

当 $\gamma = 1.1$ 时，

$$\frac{\delta}{R_{s1}} = \frac{1}{3}\left(\frac{\gamma-1}{\gamma+1}\right) = \frac{1}{63} \quad (R_s \leqslant \delta) \tag{6.18}$$

在这种情况下，可以简化成一个薄球壳。在球内高压 p_c 作用下的运动(图 6.4)，其牛顿运动方程为

$$\frac{d}{dt}Mu_1 = 4\pi R_s^2 p_c = 4\pi R_s^2 \alpha p_1 = 4\pi R_s^2 \alpha \rho_0 D_s^2 \frac{2}{\gamma+1} \tag{6.19}$$

由于 $M = M_0 = \frac{4}{3}\pi R_s^3 \cdot \rho_0$，

$$u_1 \approx \frac{2}{\gamma+1} D_s \tag{6.20}$$

则

$$\frac{d}{dt}\left(\frac{R_s^3 D_s}{3}\right)_1 = \alpha R_s^2 D_s^2 \tag{6.21}$$

$$D_s = \frac{dR_s}{dt} \tag{6.22}$$

$$D_s = A R_s^{-3(1-\alpha)} \tag{6.23}$$

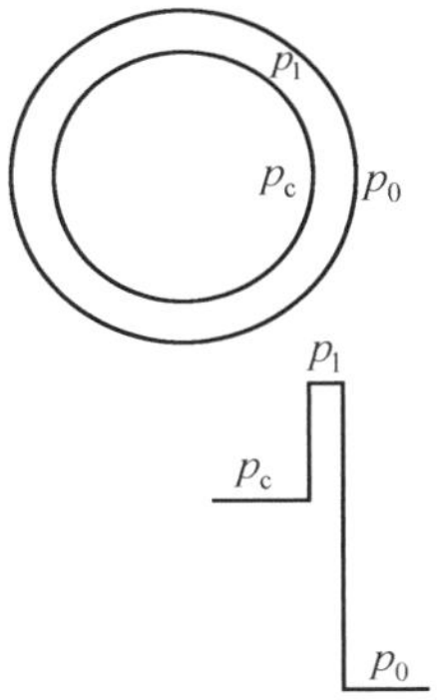

图 6.4　强击波薄球壳模型

式中，A 为积分常数。

又由能量守恒有

$$E_0 = \frac{4\pi}{3}(R_s - \delta)^3 \frac{p_c}{\gamma-1} + 4\pi R_s^2 \delta \frac{p_1}{\gamma-1} + \frac{4}{3}\pi R_s^3 \rho_0 \frac{u_1^2}{2} \tag{6.24}$$

上式中右边第一项为冲击波包围的球中的内能，第二项为球壳层中的内能，第三项为球壳层中的动能。因为 $p_c = \alpha p_1$，$\delta \ll R_s$，所以式(6.24) 前两项可写成

$$\frac{4\pi}{3}R_s^3 \frac{p_1}{\gamma-1}\left(\alpha + \frac{3\delta}{R_s}\right) \tag{6.25}$$

又因 $\delta/R_s \ll 1$，α 为 1 量级，所以可以忽略二阶项，即球壳内能可忽略不计，其内能基本上是在球内部，这样能量方程可简化为

$$E_0 \approx \frac{4\pi}{3}R_s^3\left(\frac{\alpha p_1}{\gamma-1}\right) + \frac{4}{3}\pi R_s^3 \rho_0 \frac{u_1^2}{2} \tag{6.26}$$

用 $p_1=\frac{2}{\gamma+1}\rho_0 D_s^2, u_1=\frac{2}{\gamma+1}D_s, D_s=AR_s^{-3(1-\alpha)}$ 代入式(6.26)可得

$$E_0=\frac{4\pi}{3}\rho_0 A^2 R_s^{3-6(1-\alpha)}\left[\frac{2\alpha}{\gamma^2-1}+\frac{2}{(\gamma+1)^2}\right] \tag{6.27}$$

由于 E_0 为常数，故上式右端选项不依赖于冲击波到达 R_s 的时间，即 R_s 项的指数应为零：

$$3-6(1-\alpha)=0, \text{即 } \alpha=0.5$$

常数 A 可从 E_0，ρ_0 和 γ 项中求出，可得

$$A=\left\{\frac{3}{4\pi}\frac{E_0}{\rho_0}\frac{(\gamma+1)^2(\gamma-1)}{(3\gamma-1)}\right\}^{1/2} \tag{6.28}$$

这样就可得到爆炸波的衰减规律式：

$$D_s=\frac{dR_s}{dt}=\left[\frac{3}{4\pi}\frac{E_0}{\rho_0}\frac{(\gamma+1)^2(\gamma-1)}{(3\gamma-1)}\right]^{1/2}R_s^{-3/2} \tag{6.29}$$

积分上式可得到冲击波迹线方程为

$$R_s=\left[\frac{75}{16\pi}\frac{(\gamma+1)^2(\gamma-1)}{(3\gamma-1)}\frac{E_0}{\rho_0}\right]^{1/5}t^{2/5} \tag{6.30}$$

定义爆炸波的特征长度为 $R_0=(E_0/p_0)^{1/3}$，特征时间尺度为 $t_0=R_0/c_0$，则得到通用的爆炸波衰减定律式为

$$\frac{R_s}{R_0}=\left[\frac{75}{16\pi}\frac{(\gamma+1)^2(\gamma-1)}{(3\gamma-1)}\frac{E_0}{\rho_0}\right]^{1/5}(t/t_0)^{2/5} \tag{6.31}$$

6.2.3 爆炸波的量纲分析和相似理论

各物理量之间存在着一定的联系，某些物理量的度量单位选定后，其他物理量的单位就有确定的形式，并用基本度量单位来表示，前者称为基本单位，后者称为导出单位。例如长度为基本单位，面积就是导出单位。在实践中，对三个量建立基本度量单位就能满足要求。在物理学中采用长度、时间、质量的单位作为基本单位，称作 L—T—M 单位系族。

在 L—T—M 单位系族中，力的单位是根据牛顿第二定律 $F=ma$ 导出的。

导出量的量度单位对基本量度单位的依赖关系可以表示成公式的形式。用基本单位表示的导出单位的表达式称为量纲，这种公式就称为量纲公式。力学中常见量纲列于表 6.1 中。

表 6.1 力学中常见量纲

物理量名称	符号	量纲	单位	导出单位符号	物理量名称	符号	量纲	单位	导出单位符号
质量	m	M	kg		密度	ρ	ML^{-3}	kg/m^3	kg/m^3
长度	l	L	m		压力	p	$ML^{-1}T^{-2}$	Pa	$kg/(m\cdot s^2)$
时间	t	T	s		速度	v	LT^{-1}	m/s	m/s
力	F	MLT^{-2}	N	$kg\cdot m/s^2$	功(能)	E	ML^2T^{-2}	J	$kg\cdot m^2/s^2$

如果某些物理量的量纲公式，不能由其他量的量纲公式表示成幂次单位式的形式，则这些量叫作量纲独立的量，反之，则称为量纲相关的量。在一个问题中量纲独立量的数目 k 不超过基本单位数目 m，即 $k\leqslant m$，因此在力学问题中具有量纲独立的量最多只有三个。

对于一个正确的物理关系式，其等式两边的量纲应该相同，即

$$M^{\alpha_1} L^{\beta_1} T^{\gamma_1} = M^{\alpha_2} L^{\beta_2} T^{\gamma_2} \tag{6.32}$$

式中，$\alpha_1 = \alpha_2$；$\beta_1 = \beta_2$，$\gamma_1 = \gamma_2$。

若有一个有量纲量 a 是一些相互独立的有量纲量 $a_1, a_2, \cdots, a_n$ 的函数，则表示成

$$a = f(a_1, a_2, \cdots, a_n) \tag{6.33}$$

式中，$a_1, a_2, \cdots, a_n$ 称为主定参量，它们可以是变量，也可以是常数；a 是待定参量。假定前 k 个量是具有量纲独立的量，称为基本变量，则其他量的量纲可以借助于基本变量的量纲表示。这时上式可以化为用 $(n+1)-k$ 个无量纲组合变量表示，即

$$\pi = f(\pi_1, \pi_2, \cdots, \pi_{n-k}) \tag{6.34}$$

这就是著名的 π 定律。

下面根据上述量纲分析理论来讨论强爆炸产生的爆炸波运动规律。爆炸波位置 R_s 依赖于下列因素：

$$R_s = f(t, \rho_0, E_0, \gamma) \tag{6.35}$$

式中各量的名称及量纲列于表 6.2 中。

表 6.2　强爆炸波量纲分析表

符号	名称	量纲	备注	符号	名称	量纲	备注
R_s	爆炸波阵面位置	L		E_0	单位线长能量	MLT^{-2}	线爆炸
t	时间	T		E_0	单位面积能量	MT^{-2}	面爆炸
ρ_0	波前气体密度	ML^{-3}		γ	绝热指数	无量纲	
E_0	释放总能量	$ML^{-2}T^{-2}$	点爆炸				

表中三种情况下 E_0 的量纲可用一个统一的式子表示，即

$$E_0 = ML^N T^{-2} \tag{6.36}$$

对点爆炸，$N=2$；对线爆炸，$N=1$；对面爆炸，$N=0$。

表 6.2 中 γ 是无量纲常数。有量纲主定参量只有 t, ρ_0 及 E_0，它们各自量纲独立，不能组成无量纲自变量。根据 π 定律，式(6.35) 可写成

$$R_s = \xi_0 T^{m1} \rho_0^{m2} E_0^{m3}$$

式中，ξ_0 为无量纲常数，可由实验测定或理论计算得到。

将其他各物理量的量纲代入式(6.36) 得

$$L = T^{m1} (ML^{-3})^{m2} (ML^N T^{-2})^{m3} \tag{6.37}$$

根据等式两边量纲一致原理，则有

$$m_1 - 2m_3 = 0 \tag{6.38}$$

$$m_2 + m_3 = 0 \tag{6.39}$$

$$-3m_2 + Nm_3 = 1 \tag{6.40}$$

求得指数为：$m_1 = \dfrac{2}{N+3}$，$m_2 = \dfrac{-1}{N+3}$，$m_3 = \dfrac{1}{N+3}$，将 m_1, m_2 及 m_3 代入式(6.36) 得

$$R_s = \xi_0 \left(\frac{E_0}{\rho_0}\right)^{\frac{1}{N+3}} t^{\frac{2}{N+3}} \tag{6.41}$$

令 $\xi_0=1$,则 $E=\alpha E_0$,其中 α 是常数,可由运动方程的解决定,于是上式可写为

$$R_s=\left(\frac{E_0}{\rho_0}\right)^{\frac{1}{N+3}}t^{\frac{2}{N+3}} \tag{6.42}$$

$$D_s=\frac{dR_s}{dt}=\frac{2}{N+3}\left(\frac{E_0}{\rho_0}\right)^{\frac{1}{N+3}}t^{-\frac{N+1}{N+3}}=\frac{1}{N+3}\left(\frac{E_0}{\rho_0}\right)^{\frac{1}{2}}R^{-\frac{N+1}{2}}=\frac{2}{N+3}\left(\frac{R_s}{t}\right) \tag{6.43}$$

式中,D_s 为冲击波速度。

由此可得到冲击波的运动规律如下:

对球对称波有

$$R_s=\left(\frac{E_0}{\rho_0}\right)^{\frac{1}{5}}t^{\frac{2}{5}} \tag{6.44}$$

$$D_s=\frac{2}{5}\left(\frac{E_0}{\rho_0}\right)^{\frac{1}{5}}t^{-\frac{3}{5}}=\frac{2}{5}\left(\frac{E_0}{\rho_0}\right)^{\frac{1}{2}}R_s^{-\frac{3}{2}} \tag{6.45}$$

对柱对称波有

$$R_s=\left(\frac{E_0}{\rho_0}\right)^{\frac{1}{4}}t^{\frac{1}{2}} \tag{6.46}$$

$$D_s=\frac{1}{2}\left(\frac{E_0}{\rho_0}\right)^{\frac{1}{4}}t^{-\frac{1}{2}}=\frac{1}{2}\left(\frac{E_0}{\rho_0}\right)^{\frac{1}{2}}R_s^{-1} \tag{6.47}$$

对平面波有

$$R_s=\left(\frac{E_0}{\rho_0}\right)^{\frac{1}{3}}t^{\frac{2}{3}} \tag{6.48}$$

$$D_s=\frac{2}{3}\left(\frac{E_0}{\rho_0}\right)^{\frac{1}{3}}t^{-\frac{1}{3}}=\frac{2}{3}\left(\frac{E_0}{\rho_0}\right)^{\frac{1}{2}}R_s^{-\frac{1}{2}} \tag{6.49}$$

6.2.4 普金森比例定律

制约空气中爆炸波的各物理参量有 11 个量,见表 6.3,属于力(F)、长度(L)、时间(T)单位系族,其中主定参量为 E,r,r_i,R_s,p_0,c_0,t;因变量是 p,D_s,u,ρ。根据 π 定律,减去 3 个基本量,总共能组合成 8 个无量纲群,即

$$\pi_1=r_i,\pi_2=\frac{R_s}{r},\pi_3=\frac{D_s}{c_0},\pi_4=\frac{D_s}{u},\pi_5=\frac{p}{p_0},\pi_6=\frac{pr^3}{E},\pi_7=\frac{\rho u^2}{p},\pi_8=\frac{tu}{r} \tag{6.50}$$

这组方程就构成了模型律。根据相似理论,在模型与实物之间,这 8 个无量纲群保持不变。如果用下标"1" 表示实物,下标"2" 表示模型,则式(6.50) 可写成下面的对应等式:

表 6.3 爆炸波相似律中各种物理量

符号	名称	量纲	符号	名称	量纲
E	爆炸源总能量	FL	p_0	爆炸波前方压力	FL^{-2}
r	装药尺寸	L	c_0	环境空气中音速	LT^{-1}
r_i	源和模型长度比	无量纲	p	爆炸波压力	FL^{-2}
R_s	离爆心距离	L	D_s	冲击波速度	LT^{-1}
u	波后粒子速度	LT^{-1}	t	时间	T
ρ	波后气体密度	FT^2L^{-4}			

$\pi_1 \rightarrow$ 爆炸源几何相似；

$$\pi_2 \rightarrow \frac{R_{s1}}{R_{s2}} = \frac{r_1}{r_2}, \pi_3 \rightarrow \frac{D_{s1}}{D_{s2}} = \frac{c_{01}}{c_{02}}, \pi_4 \rightarrow \frac{D_{s11}}{D_{s2}} = \frac{u_1}{u_2}, \pi_5 \rightarrow \frac{p_1}{p_2} = \frac{p_{01}}{p_{02}},$$

$$\pi_6 \rightarrow \frac{p r_1^3}{p_2 r_2^3} = \frac{E_1}{E_2}, \pi_7 \rightarrow \frac{\rho_1 u_1^2}{\rho_2 u_2^2} = \frac{p_1}{p_2}, \pi_8 \rightarrow \frac{t_1 u_1}{t_2 u_2} = \frac{r_1}{r_2} \tag{6.51}$$

因限制模型与实物是在相同的条件下研究，因此有

$$\frac{p_{01}}{p_{02}} = \frac{c_{01}}{c_{02}} = 1$$

使式(6.51) 简化成下列形式和含义：

$$\begin{aligned}
&\pi_1 \rightarrow \text{爆炸源几何相似，} \\
&\pi_2 \rightarrow \frac{R_{s1}}{R_{s2}} = \frac{r_1}{r_2}, \text{整个实验几何相似} \\
&\pi_3 \rightarrow \frac{D_{s1}}{D_{s2}} = \frac{c_{01}}{c_{02}} = 1, \text{冲击波速度相等} \\
&\pi_4 \rightarrow \frac{D_{s1}}{D_{s2}} = \frac{u_1}{u_2} = 1, \text{粒子速度相等} \\
&\pi_5 \rightarrow \frac{p_1}{p_2} = \frac{p_{01}}{p_{02}} = 1, \text{爆炸波压力相等} \\
&\pi_6 \rightarrow \frac{p r_1^3}{p_2 r_2^3} = \frac{E_1}{E_2} = 1, \text{爆炸波能量成比例} \\
&\pi_7 \rightarrow \frac{\rho_1}{\rho_2} = 1, \text{波后气体密度相等} \\
&\pi_8 \rightarrow \frac{t_1}{t_2} = \frac{r_1}{r_2}, \text{时间和空间比例相等}
\end{aligned} \tag{6.52}$$

如果从方程中去掉 4 个自动满足的关系，就只剩下 4 个无量纲组合，即

$$r_i, \frac{R_s}{r}, \frac{tu}{r}, \frac{pr^3}{E} \tag{6.53}$$

这时，式(6.51) 的相似条件可表示成下面无量纲函数关系：

$$\frac{pr^3}{E} = f\left(r_i, \frac{R_s}{r}, \frac{tu}{r}\right) \tag{6.54}$$

利用式(6.52) 中的 π_i，可组成有量纲比例参数，上式可改写成如下有量纲关系式：

$$\frac{pr^3}{E} = f\left(r_i, \frac{R}{E^{1/3}}, \frac{t}{E^{1/3}}\right) \tag{6.55}$$

上式中的 $R/E^{1/3}$ 及 $t/E^{1/3}$ 正是霍普金森得到的爆炸波比例参数，此外，他还引入了另一个物理量，即冲量

$$I = \int_{t_a}^{t_a+T} P(t)\,\mathrm{d}t \tag{6.56}$$

令，$Z = \dfrac{R}{E^{1/3}}$ 或 $\dfrac{R}{W^{1/3}}$ 为比例距离；$\tau = \dfrac{t}{E^{1/3}}$ 或 $\dfrac{t}{W^{1/3}}$ 为比例时间；$\xi = \dfrac{I}{E^{1/3}}$ 或 $\dfrac{I}{W^{1/3}}$ 为比例冲量。式中，W 为药量；Z, τ, ξ 均为有量纲量，称为霍普金森比例参量。

综上所述，霍普金森比例定律指出：两个几何相似的炸药装药，炸药成分相同，但尺寸不同，当它们在相同的大气条件下爆炸时，在对应的时间上，p, D_s, u 是 Z 的单值函数，对于同

样的 Z,模型和实物的 p, D_s, u 相同。

假定有一个 0.453 6 kg 的半球形 TNT 炸药包在地面上爆炸,在 2.745 m 的距离 R 处,产生的峰值超压 p 为 68.95 kPa,此波的正压作用时间 T 为 1.8 ms,正冲量 $I=$ 62.055 kPa·ms。对任何其他重量的半球形 TNT 装药,霍普金森比例定律能够预估出在某一特定的距离与爆炸波的参量,其计算方法如下。

已知模拟实验数据为:$W_1=0.4536$ kg,$R_{s1}=2.745$ m,$T_1=1.8$ ms,$I_1=62.055$ kPa·ms,$p_1=68.95$ kPa,$Z_1=R_1/W^{1/3}=3.57\ \mathrm{m/kg^{1/3}}$,$\tau_1=T_1/W^{1/3}=2.342\ \mathrm{ms/kg^{1/3}}$,$\xi=I_1/W^{1/3}=80.743\ \mathrm{kPa\cdot ms/kg^{1/3}}$。现有实物(TNT) $W_2=453.6$ kg,按霍普金森比例定律要求:当 $Z_1=Z_2$,及 $\tau_1=\tau_2$,则 $p_1=p_2$,$\xi_1=\xi_2$,故得

$$R_{s2}=Z_1W_2^{1/3}=27.45\ \mathrm{m},\quad I_2=\xi_1W_2^{1/3}=620.55\ \mathrm{kPa\cdot ms}$$

$$T_2=\tau_1W_2^{1/3}=18\ \mathrm{ms},\quad p_2=p_1=68.95\ \mathrm{kPa}$$

6.2.5 数值方法简介

空气中爆炸波问题数值解的方法有很多,Glimm 方法常用于解爆炸波问题。用数值计算方法解拉格朗日形式、欧拉形式或特征线形式的时间依赖的、无黏、可压缩流体的偏微分方程组,可以用特征线法,也可用有限差分法。冲击波可以处理成严格间断(Rankine－Hugoniot 关系),也可用人工黏性项,在有限差分格式中抹圆成几十种计算网格的宽度。

Golditine－von Naumann 有限差分方法和特征线方法属于迭代求解精确的冲击波方程的数值计算格式;特征线法是用标准的方法沿物理和状态特征方向 $\mathrm{d}r/\mathrm{d}t=u\pm c$ 和 $\mathrm{d}r/\mathrm{d}t=u$ 积分,用迭代求解法获得物理和状态相交网格点的性质。这种标准方法很不方便,因为流体在固定时刻的性质和参数分布要靠烦琐的二维内插计算得到。而等时线方法克服了这个缺点,该法用等时线上网格点处特征线方程求解参数。在此法中,物理特征线网格在每个计算时间内是变化的,换句话说,在每一时间间隔内,新时间线和粒子轨迹线相交,产生一套新的网格点。该法的另一个优点是流体粒子可以跟随它们的轨迹。这样一来,就可以比较容易地计算敞开蒸气云爆炸时体积膨胀的有效爆炸波能量和膨胀所做的功。这个方法的主要缺点是比标准计算法精度差,对标准计算方法,在严格的定义域中,每个新的点都是从已知各点计算求得的。而等时线方法中,每个新的点是由定义域外的点的性质计算确定的。尽管如此,这种理论上的缺点只引进很小的误差。

第二类数值方法是用有限差分,弥散稳定算法(Diffusion—stabilized Algorithms),这种方法不能解严格的冲击波方程,它用人工黏性项的连续流场取代冲击波流场中的间断,人工黏性项可以是显式的,也可以是隐式的。Von Neumann－Richtmyer 人工黏性方法明显地包含一个人工黏性项并进入动量守恒方程中,而人工黏性项的选择仅仅对已受冲击区域的解起作用。人工黏性项方法主要缺点有两个:

(1) 抹平了冲击阵面,使局部冲击波位置很不精确,特别是在事故爆炸所关心的弱冲击波体制中,这个问题很突出。因为在事故爆炸中超压 $\Delta p_s\approx 10$ kPa 时,仍能产生严重爆炸破坏。

(2) 计算费用高,因为要避免大的数值过冲和过低,必须把时间增量取得很小,空间网格也必须极细。尽管有些缺陷,Von Neumann－Richtmyer 方法还一直广泛为爆炸波研究工作者采用,如 Brode 所进行的许多计算,以及近来 CLOUD 程序的使用者都用这个方法。

CLOUD程序是20世纪70年代研究敞开蒸气云爆炸时所编制的。

所有其他弥散－稳定算法差分格式都包含有一个隐含弥散项来得到光滑的结果。Van Leer的正比于Courant数平方的弥散项一阶格式被认为是最好的格式。

美国NRL实验室发展了一种新型的FCT方法(Flux—Corrected Transport)，这种方法可以用来精确处理陡峭梯度问题。

6.3　爆炸波理论与实验研究结果

6.3.1　凝聚炸药

对凝聚炸药产生的爆炸波，已经进行了多年研究，其中包括解析方法相数值计算。Brode最先采用有限差分方法计算球对称、中小能量引爆的TNT装药爆炸波的衰减规律，Makino模拟喷脱里特装药爆炸波。这两种炸药的能量密度和爆炸特征长度R_0比较相近。

理想气体点源爆炸冲击波超压随对比距离R_s/R_0的衰减规律可拟合成下列公式：

当$\Delta p_s > 0.5$ MPa时，

$$\Delta p_s = \left[1 + 0.156\left(\frac{R_s}{R_0}\right)^{-3}\right] \times 0.010\ 13$$

当0.01 MPa $< \Delta p_s < 1.0$ MPa时，

$$\Delta p_s = \left[0.137\left(\frac{R_s}{R_0}\right)^{-3} + 0.119\left(\frac{R_s}{R_0}\right)^{-2} + 0.269\left(\frac{R_s}{R_0}\right)^{-1} - 0.019\right] \times 0.010\ 13$$

式中，R_s为距爆心距离。

6.3.2　无约束蒸气云爆炸

典型的碳氢化合物－空气的蒸气云能量密度R_0/R_e约为5，而碳氢化合物－氧的蒸气云能量密度R_0/R_e约为8，这两种蒸气云初始爆炸强度分别约为1.4 MPa和2.4 MPa。

与此相比，凝聚炸药能量密度比气体爆炸物高一个数量级，爆炸波初始强度高两个数量级。尽管它们之间有很大的不同，但对爆炸波破坏估算时，常利用TNT当量概念。即假设非理想爆炸产生的破坏可以用TNT当量来表达。由于气体爆炸时，有很大一部分燃烧能量是用于增加气体产物内能，因此实际用于破坏做功的能量只是所释放的总化学能的一部分。

用TNT当量法估算气体爆炸破坏作用时有两个困难，一个是事先不知道非理想爆炸的爆炸波能量；另一个是在近场区域内，气体爆炸和TNT爆炸之间缺乏相似性，因为TNT爆炸时，爆炸波初始超压要比燃料－空气炸药爆炸波初始超压高两个数量级。

对远场区域的破坏，气体爆炸和TNT爆炸是相似的，因为球形爆炸波远场衰减大致按以下形式进行：

$$\Delta p_s \sim R_s^{-1}\ (\ln R_s)^{-1/2}$$

尽管气体爆炸初始爆炸波超压较凝聚炸药低，但远场区域爆炸波效率要高于凝聚炸药。无约束气云爆炸波初始强度完全决定于气云的燃烧模式和气云内部反应的混合物性质。常见碳氢化合物－空气混合物爆轰所产生的空气爆炸波强度约为1.4 MPa量级，爆燃时，高速火焰可达到 0.4 MPa 量级。当有容器约束时，可以发生定容爆炸。气体爆炸产生的爆炸波的对称性完全决定于点燃的位置和气云的几何形状。

6.3.3 无约束气云的爆轰

有三种模型用来估算无约束气云爆轰所形成的爆炸波的破坏效应：

(1) 活塞模型。

(2) 零厚度爆轰模型(简称 ZTD 模型)。

(3) 有限厚度爆轰模型或热加入模型(简称 FTD 模型)。

在活塞模型中，气云的燃烧能量用膨胀活塞所做的功来表达。一个球形活塞以恒速膨胀，驱动前驱冲击波，这个前驱冲击波的强度等于 CJ 爆轰波达到气云边界时入射到空气中所产生的初始冲击波强度。也可以用前驱冲击波强度等于 CJ 爆轰压时的活塞速度来模拟。有一种模型假设当冲击波达到气云边界时，活塞运动终止；而另一种模型则认为活塞所做的总功相当于气云燃烧的总能量，但这两种模型都不能正确地模拟蒸气云的燃烧状态。第一个模型给出初始空气爆炸波正确的空间位置和气云的尺寸，但是爆炸波能量是不等于气云能量的。换句话说，膨胀活塞所做的功不等于爆炸波能量。在第二个模型中，冲击波衰减不是真正在气云边界开始的，且对有效爆炸能量也估计过高。

由膨胀活塞所产生的自模拟流场可以用初始条件计算得到，由冲击阵面和活塞面所包围的流场是等熵的。由于从冲击阵面到活塞面，面积是收敛的，因此流场性质是增加的。CJ 爆轰压力可由数值计算得到，而 CJ 爆轰入射到空气的压力可由一维激波管解析方法估算。

ZTD 模型考虑中心起爆均匀燃料－空气云雾所产生的稳态传播的 CJ 爆轰波，爆轰阵面处理成一个间断面。CJ 阵面后是已燃气体膨胀，波阵面速度由于中心稀疏波而减速，直至速度降为零。CJ 阵面后气云内部是自模拟流场，只要给定初始条件和反应混合物性质就很容易计算。CJ 阵面和气云中心之间的流动是等熵的。CJ 阵面后所有的流动状态是逐渐减小的，当爆轰阵面达到气云边界时，冲击波入射到周围大气中，稀疏波反向进入爆轰产物。与活塞模型一样，后续流场是衰减的爆炸波，失去了它的相似性，其爆炸波的结构可用数值积分气体动力学方程组来确定。因此，两种模型所产生的两种流场的初始结构是很不相同的。对活塞模型，冲击阵面后到活塞表面，流动参数是逐渐增加的；而在 ZTD 模型中，CJ 阵面后流动参数是减小的。另一方面，两种模型的初始空气冲击波的强度都相同或近似相同。

热加入模型模拟在一个计算网格中给定能量释放的爆轰过程，气云内部的流场结构可通过求解带热加入的工作流体的气体动力学方程组而得到。

可以通过计算爆炸波参数来比较上述三种模型。

对活塞模型，采用特征线方法计算；对 ZTD 和 FTD 模型，采用有限差分格式，即 CLOUD 程序和 Van Leer－FCT 格式；但对远场参数，采用 B. K 理论而不用 Van Leer－FCT 方法，以减小计算费用。

对 ZTD 和 FTD 模型，爆炸特征长度采用气云总燃烧能计算；而对活塞模型，由于假设冲击波是从气云边界开始衰减的，所以活塞所做的功仅约为总燃烧能的 21%，而相应爆炸特征长度比总能量爆炸特征长度小 40%。

在近场范围，$R_s/R_0 < 2.5$，三种模型所计算的超压反映了不同的初始流场结构。活塞模型用总燃烧能计算的超压值最小，而用活塞做功能量计算的超压值最大。ZTD 和 FTD 模型计算时与有限差分格式有关。

试验是以大规模药量进行的，装药直径为 $0.6 \sim 42$ m，大多数试验都采用碳氢化合物与空气或氧的混合物。试验证明，不管燃料、氧化剂及混合物性质多么不同，点火源位置怎样改变，以及爆炸源的形状多么复杂，爆炸波超压的衰减与对比距离图上的值都很接近。

对燃料－空气混合物爆轰，超压衰减规律可拟合成以下方程：

当 $0.08 \leqslant R_* \leqslant 0.3$ 时，

$$\Delta p_s = (0.052R_*^{-1.7}) \times 0.981 \times 10^5 (\text{Pa})$$

当 $R_* > 0.3$ 时，

$$\Delta p_s = (0.06R_*^{-1} + 0.014R_*^{-2} + 0.025R_*^{-3}) \times 0.981 \times 10^5 (\text{Pa})$$

对燃料－氧混合物爆轰，则有：

当 $0.05 \leqslant R_* \leqslant 0.3$ 时，

$$\Delta p_s = (0.068R_*^{-1.7}) \times 0.981 \times 10^5 (\text{Pa})$$

当 $R_* > 0.3$ 时，

$$\Delta p_s = (0.067R_*^{-1} + 0.017R_*^{-2} + 0.0035R_*^{-3}) \times 0.981 \times 10^5 (\text{Pa})$$

式中，Δp_s 为波阵面上超压，Pa；R_s 为离爆心距离，m；$R_* = \dfrac{1.61R_s}{Q^{1/3}}$；$Q$ 为爆炸时释放总能量，kJ。

对燃料－空气混合物爆轰，冲量实验值可拟合成下列经验式：

$$R_* > 0.1 \text{ 时：} I_s/R_s = 0.93R_*^{-2}$$

对燃料－氧混合物爆轰，则有

$$R_* > 0.1 \text{ 时：} I_s/R_s = 1.2R_*^{-2}$$

式中，I_s 单位为 Pa · s。

6.4　爆燃模型

爆燃波传播是亚音速的，它会影响波前的混合气体流动状态。由于产物被加热膨胀，火焰阵面前形成一个冲击波，并压缩未反应混合物。在球形形状下，由于从冲击波到火焰阵面之间面积收敛，还会发生附加压缩，因此，其最终的流场性质从冲击波到火焰阵面是逐渐增加的。

球形火焰在典型碳氢－空气混合物中以不大于 200 m/s 的恒速传播时，在冲击波阵面和火焰阵面上产生强度超过 110 kPa 的压力波（图 6.5），它可引起很大的结构破坏。

当事故爆炸的燃烧波在行进途径中遇有障碍物时，引起严重的湍流效应，可以使火焰速度加速到 200 m/s 量级。

火焰速度小于 100 m/s 时，所产生的冲击波比较弱，可以近似处理成声波，这个声波和火焰阵面之间的压力分布由下式表达：

$$\frac{\Delta p}{p_0} = 2\gamma_0 (1 - E^{-1}) \left(\frac{v_f}{c_0}\right)^3 \left(\frac{c_0}{r} - 1\right)$$

式中，E 表示定压爆燃的膨胀比；v_f 和 c_0 分别为火焰速度和未压缩介质中的声速；r 为火焰离点火中心距离。

对碳氢－空气混合物，膨胀比 $E \approx 8$；$\gamma_0 = 1.34$，$c_0 \approx 330$ m/s，则对火焰速度 $v_f < 100$ m/s。所计算的声学能超压值与精确解相当一致，但声学解无法计算火焰阵面前传播的弱冲击波的参数。

无约束蒸气云爆炸时，大多数情况是爆燃，但由高速火焰产生的压力波所引起的爆炸波破坏效应却与爆轰产生的爆炸波破坏效应差不多。

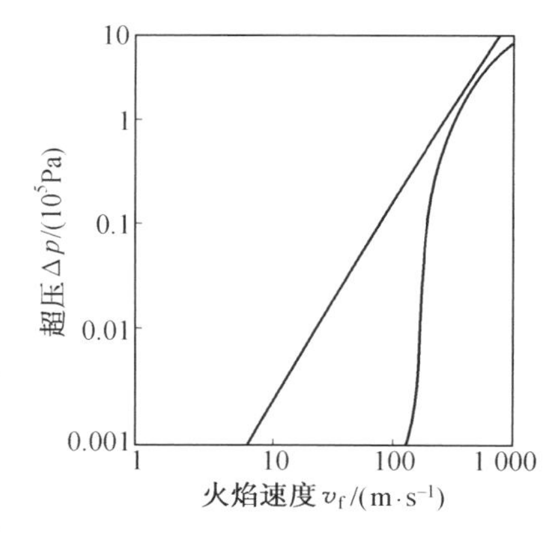

图 6.5　爆燃模型中 $\Delta p \sim v_f$ 图

假设有一恒速火焰，从中心点火，由于反应面后气体膨胀，火焰阵面前方形成一个冲击波。在停止燃烧前，冲击波就到达气云边界，并进入周围空气介质。若忽略气云和空气界面阻抗失配，则入射到空气中的冲击波强度等于入射前的强度。在冲击波入射到空气的同时，气云也开始膨胀。当气云燃烧完时，其体积增加倍数等于未燃气体密度和已燃气体密度比。

燃烧完毕后，空气冲击波继续以恒速传播，直到气云界面膨胀波追赶上空气冲击波。在此以后，爆炸波进入未扰动的空气介质中传播。当膨胀波头部向外传出，气云燃烧完，冲击波阵面到火焰阵面之间由稳态火焰产生的自模拟流场逐渐消失。火焰可以处理成一个间断面，爆燃过程可用火焰前未反应混合物冲击压缩状态的 Hugoniot 线模拟。

6.5　爆炸波破坏准则

6.5.1　超压准则

爆炸破坏试验表明，只要爆炸波的超压达到一定值，便会对目标构成一定程度的破坏或损伤。但这个准则只适用于凝聚炸药点源爆炸的特定情况。不同的爆炸源，同样的超压具有不同的破坏效应。对于事故爆炸，像常见的气体或粉尘爆炸，同样超压具有的破坏效应更大。即使是同一类爆炸源和同样的超压，即同一对比距离，大药量爆炸的破坏效应比小药量爆炸的破坏效应要大。

超压准则的一个致命弱点是它只考虑峰值超压值，不考虑超压作用的持续时间，因而它失去了普遍意义。在安全技术研究中，尤其要注意这一点，因为过去大量的超压破坏准则是由典型炸药爆炸源试验中得到的，属于点源爆炸类型。对于气相、云雾或粉尘等爆炸这种有限体积源爆炸与典型炸药的爆炸有很大区别。

6.5.2　冲量准则

出于对超压准则的修正，人们也采用冲量作为破坏准则。实践表明，不同的爆炸源具有不同的脉冲波形，同样冲量值产生的破坏效应也明显不同。

6.5.3　目标自振周期 T

当正压区作用时间 t_+ 远大于 T 时，适用超压准则；t_+ 远小于 T 时，适用冲量准则。但有许多情况介于这两者之间，很难确定采用哪个准则，其适用性和评价的准确性就更差了。

6.5.4　安全距离表

在建筑设计规范中，有安全距离表。对不同的爆炸危险源有不同的安全距离，实际上它也源于超压准则。

6.5.5　压力冲量准则（$p-I$ 准则）

爆炸波"等破坏模型"使用目标性质、毁坏水平、爆炸波压力及爆炸波总冲量四个参数作为特征值和评价准则。

受瞬变载荷的钢塑性构件，其受破坏的程度可用总冲量和特征时间两个参量表示。特征时间用下式计算：

$$t=\frac{2\int_{t_0}^{t_+}(t-t_0)p(t)\mathrm{d}t}{\int_0^{t_+}p(t)\mathrm{d}t} \tag{6.57}$$

特征时间和总冲量均可从加载数据中通过积分得到。这对爆炸破坏效应计算是很重要的，因为相似的加载参数可得到相似的等破坏效应。爆炸波破坏的相似模型将破坏效应、目标性质及爆炸源性质三者结合，可以确定爆炸波破坏的唯一模型。将爆炸波作用的比冲量定义为

$$I=\int_0^{t_+}p(t)\mathrm{d}t \tag{6.58}$$

这时把爆炸波到达的时间设为零，积分上限为大于临界压力的作用时间 t_+，$p(t)$ 是作用于目标的动态压力。用 p_{cr} 和 I_{cr} 两个参数来代表对目标产生某种破坏效应的理想化的静态载荷，用下述积分式计算修正压力：

$$\bar{p}=\frac{\left(\int_{t_0}^{t_+}p(t)\mathrm{d}t\right)^2}{2\int_{t_0}^{t_+}(t-t_0)p(t)\mathrm{d}t} \tag{6.59}$$

这样，爆炸波破坏模型可用下式表示：

$$(\bar{p}-p_{cr})(I-I_{cr})=常数 \tag{6.60}$$

在 p_{cr} 和 I_{cr} 均未知的情况下，这个模型可以用来评价爆炸波破坏的相对潜力。此时令 $p_{cr}=0$，$I_{cr}=0$，则上式变为

$$\bar{p}I=DN \tag{6.61}$$

式中，DN 表示某种等级破坏的准数。

将我国若干爆破试验数据综合处理，得到砖木结构模型房屋的爆炸波破坏参数如下：

$$p_{cr}=8.6\times10^2\,\mathrm{Pa},\quad I_{cr}=224.3\ \mathrm{Pa\cdot s}$$

对二级破坏：$DN_2=8.2\times10^5\ \mathrm{Pa^2\cdot s}$

对三级破坏：$DN_3=7.39\times10^6\ \mathrm{Pa^2\cdot s}$

对四级破坏：$DN_4=2.864\times10^7\ \mathrm{Pa^2\cdot s}$

对五级破坏：$DN_5=3.61\times10^7\ \mathrm{Pa^2\cdot s}$

二级破坏的 $p-I$ 等破坏线方程为

$$(\Delta p_{\mathrm{m}}-8.6\times10^{3})(I-224.3)=8.2\times10^{5}\ \mathrm{Pa\cdot s}$$

三级破坏的 $p-I$ 等破坏线方程为

$$(\Delta p_{\mathrm{m}}-8.6\times10^{3})(I-224.3)=7.392\times10^{6}\ \mathrm{Pa\cdot s}$$

四级破坏的 $p-I$ 等破坏线方程为

$$(\Delta p_{\mathrm{m}}-8.6\times10^{3})(I-224.3)=2.684\times10^{7}\ \mathrm{Pa\cdot s}$$

五级破坏的 $p-I$ 等破坏线方程为

$$(\Delta p_{\mathrm{m}}-8.6\times10^{3})(I-224.3)=3.61\times10^{7}\ \mathrm{Pa\cdot s}$$

以上所用破坏等级的划分标准如下：一级破坏为玻璃偶尔开裂或震落；二级破坏为玻璃部分或全部破坏；三级破坏为玻璃破坏，门窗部分破坏，砖墙出现小裂缝(5 mm以内)和稍有倾斜，瓦屋面局部掀起；四级破坏为门窗大部分破坏，砖墙有较大裂缝(5 ～ 50 mm)和倾斜(10 ～ 100 mm)，钢筋混凝土屋顶裂缝，瓦屋面掀起，并大部分被破坏；五级破坏为门窗摧毁，砖墙严重开裂(50 mm 以上)，倾斜很大，甚至部分倒塌，钢筋混凝土屋顶严重开裂，瓦屋面塌下；六级破坏(或称倒塌破坏)为砖墙倒塌，钢筋混凝土屋顶塌下。上述所得的实验等破坏线 $p-I$ 图如图 6.6 所示。

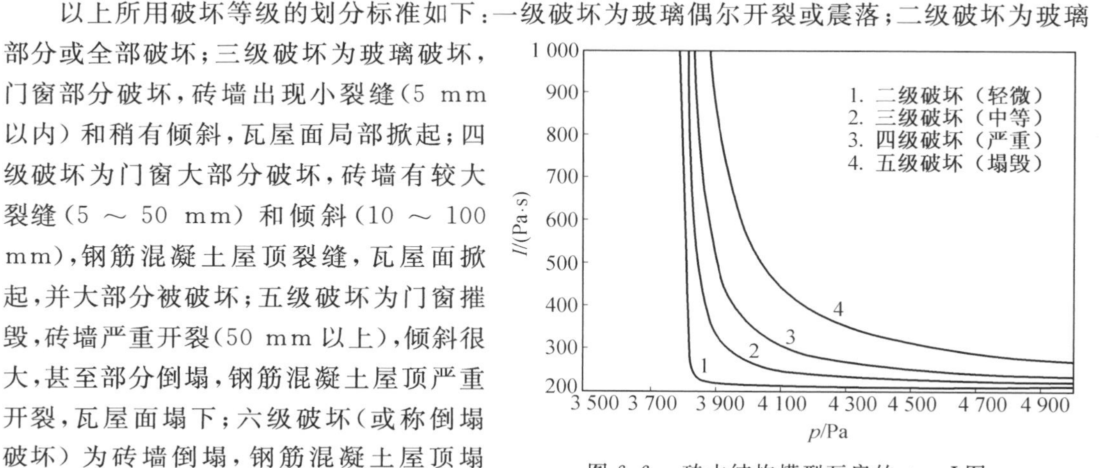

图 6.6　砖木结构模型瓦房的 $p-I$ 图

6.6　计算实例

［例 1］　求 10 t TNT 地面爆炸时对砖木结构房屋不同破坏等级的距离。

解　对地面爆炸反射系数取 2，则总药量取为 $2W=2\times10^{4}$ kgTNT。对比距离为

$$R_{*}=R_{\mathrm{s}}/(2W)^{1/3}$$

式中，R_{s} 为离爆心的距离，m；W 为炸药量，kg。

超压值参阅 Henvych 公式：

当 $1.0\leqslant R_{*}\leqslant10$ 时，$\Delta p_{\mathrm{s}}=(0.662R_{*}^{-1}+4.05R_{*}^{-2}+3.288R_{*}^{-3})\times0.981\times10^{5}$(Pa)

当 $0.3\leqslant R_{*}\leqslant1.0$ 时，$\Delta p_{\mathrm{s}}=(6.1938R_{*}^{-1}-0.3262R_{*}^{-2}+2.1324R_{*}^{-3})\times0.981\times10^{5}$(Pa)

当 $0.05\leqslant R_{*}\leqslant0.3$ 时，$\Delta p_{\mathrm{s}}=(14.0717R_{*}^{-1}+5.5397R_{*}^{-2}-0.3572R_{*}^{-3}+0.00625R_{*}^{-4})\times0.981\times10^{5}$(Pa)

正压区作用时间 t_{+} 为

$$t_{+}=1.5(2W)^{1/6}(R_{\mathrm{s}})^{1/2}\times10^{-3}\ (\mathrm{s})$$

$$I_{\mathrm{s}}=\Delta p_{\mathrm{s}}\times t_{+}\left[1-\frac{1-\mathrm{e}^{-\alpha}}{\alpha}\right]/\alpha\times10^{2}\ \mathrm{Pa\cdot s}$$

$$DN = (\Delta p_s - \Delta p_{cr})(I_s - I_{cr})$$

对最严重的五级破坏，$DN = 3.610 \times 10^7$ Pa·s，迭代求得五级破坏半径为 $R_s = 116$ m。

同理可得：四级破坏半径 $R_s = 126$ m，三级破坏半径 $R_s = 176$ m，二级破坏半径 $R_s = 270$ m。

各种破坏等级下的冲击波参数 Δp_s，I_s，DN 及 R_s 值见表 6.4。

表 6.4　10 t TNT 爆炸时不同破坏等级下冲击波参数

破坏等级	破坏距离 /m	峰值超压 /(10^5 Pa)	冲量 /(10^2 Pa·s)	DN 值 /(10^7 Pa^2·s)
五	116	0.411	13.05	3.51
四	126	0.357	11.99	2.63
三	176	0.203	8.48	0.73
二	270	0.108	5.76	0.08

[例 2]　求 10 000 m^3 丙烷和空气化学计量比混合气云在地面爆轰时的破坏区。

解　由热化学计算，求得释放总能量为

$$E_0 = 36.6 \times 10^9 \text{J}; \quad R_* = \frac{16R_s}{E_0^{1/3}}$$

超压峰值按 J. Lee 公式计算：

$$\Delta p_s = 0.052R_*^{-1.7}, I_s = 0.095R_*^{-2}R_s, DN = (\Delta p_s - \Delta p_{cr})(I_s - I_{cr})$$

爆炸波参数见表 6.5。

表 6.5　10 000 m^3 丙烷和空气混合物气云爆轰时的破坏区参数

破坏等级	R_s/m	R_*/m	p_s/(10^5 Pa)	I_s/(10^2 Pa·s)	DN 值 /(10^7 Pa^2·s)	地面爆轰时	
						R_s/m	DN 值 /(10^7 Pa^2·s)
五	49	0.236	0.682	8.20	3.543	68	3.439
四	53	0.255	0.588	7.57	2.676	73	2.681
三	75	0.361	0.319	5.35	0.727	104	0.729
二	119	0.573	0.157	3.37	0.081	166	0.08

6.7　密闭容器中的爆炸发展

密闭容器中爆炸发展过程实质上是燃烧火焰的快速传播。在此过程中，反应瞬间释放的热量使产物状态突变，此突变从爆源向外传播，形成一个波，这个波的性质取决于介质的性质、点火条件等因素。可能是燃烧波，也可能是爆炸波，或者是爆轰波；最常见的是燃烧波。这种燃烧波是不稳定的，因为容器中的状态在燃烧发展中是变化的，这种燃烧常被称为爆燃。

密闭容器中的爆炸发展过程比较复杂，在一般情况下没有解析解，只有在某些简化模型中，在一些近似假设条件下，才有解析解。即使这样，其解的形式有时也相当烦琐。

6.7.1 等温爆炸模型

1. 模型假设

等温爆炸模型(图 6.7)的基本假设是已经燃烧产物的温度和初始反应物的温度在爆炸发展过程中始终不变,即

$$T_b = T_f = 常数, \quad T_u = T_i = 常数 \tag{6.62}$$

式中,T_f 为燃烧终态产物温度,由热化学计算得到;T_u 为初始反应物的温度;T_b 为燃烧产物的温度;T_i 为反应初始状态温度,一般为常温。

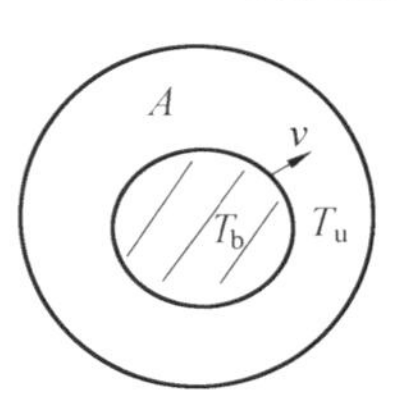

图 6.7 等温爆炸模型

该假设是一种近似状态。实际上,在爆炸成长过程中,容器中的压力是逐渐升高的,因而温度也是逐渐增加的,但一般气体或粉尘爆炸的最大压力为 0.7 ~ 0.8 MPa,未反应气体在这种压力下绝热压缩所产生的温度升高不是很大,因而做等温假设后不会带来很严重的误差,但对问题的处理可大大简化。

为了确定密闭容器中的火焰发展和压力增长的数学表达式,必须首先建立燃料 - 空气混合物的反应速率方程。假设在整个容器中燃料 - 空气混合物是完全均匀,且在容器中心位置点火,而点火源的能量相对于容器中的反应总能量可以忽略不计,同时火焰为层流。

2. 燃烧产物质量变化速率

考察一个火焰阵面,它以速度 v' 向外扩展,而在柱火焰阵面上看,反应气体或粉尘混合物在无湍流的状态下以速度 v 流入火焰面,单位时间内流入火焰面的质量为

$$\frac{dm_u}{dt} = -\rho_u A v \tag{6.63}$$

式中,m_u 为流入火焰面的未燃燃料质量;ρ_u 为燃料密度,对粉尘来说,是粉尘 - 空气混合物的密度,而不是固体粉粒的密度;A 为火焰阵面面积。

若用摩尔来表述,用密度状态方程中压力来表述,则有

$$\frac{dn_u}{dt} = -\frac{p}{RT_u} A v \tag{6.64}$$

这里 p 是绝对压力;n_u 为流入火焰阵面的未燃燃料质量。

燃料总质量等于未燃质量和已燃质量之和,即

$$m = m_u + m_b \tag{6.65}$$

或用平均分子量表述,则有

$$m = \bar{M}_u n_u + \bar{M}_b n_b \tag{6.66}$$

利用式(6.66),用已燃项表述燃烧质量变化率,再分别代入式(6.64),并写成微分形式,则得

$$\frac{dn_b}{dt} = \frac{Ap\bar{M}_u}{RT_u \bar{M}_b} v \tag{6.67}$$

式中,速度 v 等于化学输送速度 S_t,或垂直于火焰阵面的速度,即未燃混合物进入火焰阵面速度。

大量实验测定数据表明,此输送速度随未燃混合物的压力及温度而变化。

$$v = S_t \approx \frac{T_u^2}{P^\beta} \tag{6.68}$$

此输送速度可用经验式表述为

$$S_t = K_r \left(\frac{T_u}{T_r}\right)^2 \left(\frac{p_r}{p}\right)^\beta \tag{6.69}$$

将式(6.69)代入式(6.67)可得

$$\frac{\mathrm{d}n_b}{\mathrm{d}t} = \frac{K_r T_u A p \bar{M}_u}{R T_r^2 \bar{M}_b} \left(\frac{p_r}{p}\right)^\beta \tag{6.70}$$

在有湍流情况下,应乘以一个湍流因子 α,即

$$\frac{\mathrm{d}n_b}{\mathrm{d}t} = \frac{\alpha K_r T_u A p \bar{M}_u}{R T_r^2 \bar{M}_b} \left(\frac{p_r}{p}\right)^\beta \tag{6.71}$$

若 K_r 为常温下测得的燃速,则参考温度等于室温 T_0,而在等温模型中,未反应气体或粉尘混合物的温度是等温的,即 $T_u = T_0$ 或 $T_u = T_r$。若进一步假设压力升高对燃烧速度影响不大,即 $\beta = 0$,则式(6.71)简化为

$$\frac{\mathrm{d}n_b}{\mathrm{d}t} = \frac{\alpha K_r T_u A p}{R T_u} \tag{6.72}$$

3. 压力上升速率

对等温系统,未反应物和已反应物的状态方程分别为

$$\begin{aligned} pV_u &= n_u R T_u \\ pV_b &= n_b R T_b \end{aligned} \tag{6.73}$$

容器内质量守恒关系为

$$m = \bar{M}_u n_u + \bar{M}_b n_b \tag{6.74}$$

$$V = V_u + V_b \tag{6.75}$$

式中,m 和 V 分别为容器中反应物总质量和总体积。

对等温,注脚 0 表示初始状态,m 表示最终状态,则有

$$\frac{p_0}{P_m} = \frac{\dfrac{n_0 R T_u}{V_0}}{\dfrac{n_m R T_b}{V_0}} \approx \frac{T_u}{T_b} \tag{6.76}$$

式中,p_0 为初始压力;p_m 为终态压力,即最大压力;n_0 和 n_m 分别为初态和终态的质量,$n_0 = n_m$。

由状态方程(6.73)～(6.76),可以将式(6.72)质量变化速率形式换成压力上升速率的形式:

$$\frac{\mathrm{d}p}{\mathrm{d}t} = \frac{\alpha K_r A p_m (p_m - p_0)}{V p_0} \tag{6.77}$$

4. 管状容器中的爆炸

对于管状密闭容器(图 6.8),火焰阵面面积和容器总体积之比为:$A/V = A/AL = 1/L$,故式(6.77)可写成

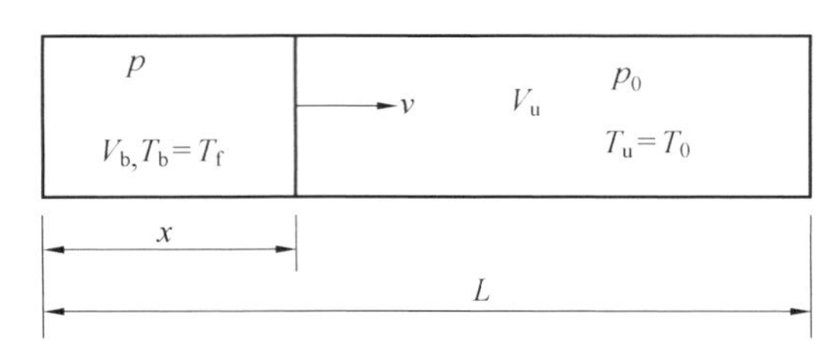

图 6.8　管状密闭容器等温爆炸示意图

$$\frac{\mathrm{d}p}{\mathrm{d}t}=\frac{\alpha K_r p_m(p_m-p_0)}{Lp_0} \tag{6.78}$$

积分可得

$$p=p_0\exp\left[\frac{\alpha K_r\left(\frac{p_m}{p_0}-1\right)}{L}\cdot t\right] \tag{6.79}$$

［**例** 3］　某爆炸气体混合物在一根 1.0 m 长的密闭容器中爆炸，此气体混合物的燃烧速度为 0.5 m/s，初始压力为 0.1 MPa，最终压力为 8 倍初始压力，无湍流，求该气体爆炸的最大压力上升速率以及到达最大压力的时间。

解　根据题意，可知：$K_r=0.5$ m/s，$p_0=0.1$ MPa，$p_m/p_0=8$。

根据式(6.78)，压力达到最大值时，压力上升速率也达到最大值，即

$$\left(\frac{\mathrm{d}p}{\mathrm{d}t}\right)_{\max}=\frac{\alpha K_r p_m(p_m-p_0)}{Lp_0}=\frac{1\times 0.5\times(0.8-0.1)}{1\times 0.1}=2.8\ (\mathrm{MPa/s})$$

根据式(6.79)可得

$$t_{\max}=\frac{\ln\frac{p_m}{p_0}}{\frac{\alpha K_r\left(\frac{p_m}{p_0}-1\right)}{L}}=0.594\ (\mathrm{s})$$

如果同样在 0.5 m 密闭管中爆炸，其最大压力上升速率为 5.6 MPa/s，上升到最大压力的时间为 0.297 s。由此可知，最大压力上升速率和上升到最大压力的时间均随容器大小变化。所以在测量这些特征参数时，必须固定容器体积。

5. **火焰速度**

由几何关系：$V=AL$，$V_b=Ax$ 及状态方程：

$$p(V-V_b)=n_uRT_u=(n_0-n_b)RT_u$$

可得

$$pAL-pAx=p_0V-pAx\frac{T_u}{T_b}=p_0V-pAx\frac{p_0}{p_m}$$

$$x=L\frac{\left(1-\frac{p_0}{p}\right)}{\left(1-\frac{p_0}{p_m}\right)} \tag{6.80}$$

将式(6.80)对时间求导可得

$$\frac{\mathrm{d}x}{\mathrm{d}t}=\alpha K_r\frac{p_m}{p}=\alpha K_r\frac{p_m}{p_0}\left[1-\frac{x}{L}\left(1-\frac{p_0}{p_m}\right)\right] \tag{6.81}$$

令

$$K_1=\frac{\alpha K_r(p_m-p_0)}{Lp_0}$$

则上式可写成

$$\frac{dx}{dt}=\alpha K_r\frac{p_m}{p_0}-K_1x \tag{6.82}$$

积分式(6.82)可得火焰阵面随时间运动位置：

$$x=\frac{Lp_m}{(p_m-p_0)}(1-e^{-K_1t}) \tag{6.83}$$

6. **球形密闭容器**

在球形密闭容器中心点火，时刻 t 时火焰阵面到达 r 位置，火焰面积为 A。将火焰面积用压力来表示，则积分式(6.77)可得压力发展历程。

由未反应状态方程：$pV_u=n_uRT_u$ 或 $p(V-V_b)=n_uRT_u=(n_0-n_b)R(\frac{p_0}{p_m}T_m)$ 可有

$$V_b=V\frac{(1-p_0/p)}{(1-p_0/p_m)} \tag{6.84}$$

又因为 $$V_b=\frac{4}{3}\pi r^3,A=4\pi r^2=4\pi\left(\frac{3V_b}{4\pi}\right)^{2/3}=4\pi\left[\frac{3Vp_m(p-p_0)}{4\pi p(p_m-p_0)}\right]^{2/3}$$

$$\frac{A}{V}=\frac{3}{r}\left[\frac{p_m(p-p_0)}{p(p_m-p_0)}\right]^{2/3} \tag{6.85}$$

将该式代入式(6.77)，则得到球形密闭容器中爆炸时压力上升速率公式为

$$\frac{dp}{dt}=\frac{3\alpha K_rp_m^{2/3}}{ap_0}(p_m-p_0)^{1/3}\left(1-\frac{p_0}{p}\right)^{2/3}p \tag{6.86}$$

或 $$\frac{dp}{\left(1-\frac{p_0}{p}\right)^{2/3}p}=\frac{3\alpha K_rp_m^{2/3}}{ap_0}(p_m-p_0)^{1/3}dt$$

令 $Y=\left(1-\frac{p_0}{p}\right)^{1/3}$，则有 $\frac{dp}{\left(\left(1-\frac{p_0}{p}\right)^{2/3}p\right)}=\frac{3dy}{1-y^2}$。

于是式(6.86)可写成

$$\frac{3dy}{1-y^3}=\frac{\alpha K_rp_m^{2/3}}{ap_0}(p_m-p_0)^{1/3}dt \tag{6.87}$$

在 $p_0\leqslant p\leqslant 2p_0$ 压力范围内，上式有近似解：

$$p=p_0+(p_m-p_0)\left(\frac{p_m}{p_0}\right)^2\frac{\alpha^3K_r^3t^3}{a^3} \tag{6.88}$$

或用容器体积 V 来表述，则有

$$p=p_0+\frac{4\pi}{3}(p_m-p_0)\left(\frac{p_m}{p_0}\right)^2\frac{\alpha^3K_r^3t^3}{V} \tag{6.89}$$

在一般情况下，可对式(6.87)作数值积分求解，再根据数据解的结果可归纳出一个经验公式。Zabetakis 曾提出如下形式的经验式：

$$p=p_0+\frac{Kp_0K_r^3t^3}{V} \tag{6.90}$$

将式(6.90)与式(6.88)比较，可知

$$K=\frac{\alpha^3(p_m-p_0)\left(\frac{p_m}{p_0}\right)^2}{\alpha^3p_0} \tag{6.91}$$

即经验式中的速度 K 与湍流度 α、终态压力 p_m、初始压力 p_0 有关，与容器尺寸无关。

7. 火焰速度

球形密闭容器中爆炸的火焰面运动速度可用推导管中火焰速度类似的方法求得。将式(6.84)对 t 求导可得

$$\frac{\mathrm{d}V_b}{\mathrm{d}t} = \frac{Vp_0}{(1-p_0/p_m)p^2}\frac{\mathrm{d}p}{\mathrm{d}t} \tag{6.92}$$

而

$$\frac{\mathrm{d}V_b}{\mathrm{d}t} = A\frac{\mathrm{d}r}{\mathrm{d}t} \tag{6.93}$$

$$\frac{\mathrm{d}p}{\mathrm{d}t} = \frac{\alpha K_r(p_m - p_0)Ap}{Vp_0}$$

这样就可以得到火焰速度的表述式：

$$\frac{\mathrm{d}r}{\mathrm{d}t} = \frac{\alpha K_r p_m}{p_0}\left[1 - \frac{r^3}{a^3}\left(1 - \frac{p_0}{p_m}\right)\right] \tag{6.94}$$

$$\frac{\mathrm{d}r}{\left[1 - \frac{r^3}{a^3}\left(1 - \frac{p_0}{p_m}\right)\right]} = \frac{\alpha K_r p_m}{p_0}\mathrm{d}t \tag{6.95}$$

用与解式(6.86)类似的方法，可解此方程而求得 $r \sim t$ 关系。

6.7.2 绝热爆炸模型

在等温爆炸模型中，$T_u = T_i =$ 常数；$T_b = T_m =$ 常数。实际上，T_u 及 T_b 都不是常数，而都随容器中压力的升高而变化。由于火焰面扩展速度较快，该过程可近似认为绝热过程，而由绝热压缩使未燃气体温度升高，即

$$T_u = T_0\left(\frac{p}{p_0}\right)^{1-\frac{1}{\gamma_u}} \tag{6.96}$$

$$T_b = T_m\left(\frac{p}{p_m}\right)^{1-\frac{1}{\gamma_b}} \tag{6.97}$$

为简化起见，设未燃气体的绝热指数等于已燃气体的绝热指数，即 $\gamma_u = \gamma_b$，则类似于等温爆炸系统中的式(6.84)，对绝热爆炸系统有

$$V = V_b\frac{\left[1 - \left(\frac{p_0}{p}\right)^{1/\gamma}\right]}{\left[1 - \left(\frac{p_0}{p_m}\right)^{1/\gamma}\right]}$$

同样，也可推导得到压力上升速度和火焰速度表达式为

$$\frac{\mathrm{d}p}{\mathrm{d}t} = \frac{\gamma\alpha K_r S p_r^{\beta} p_m^{\frac{2\gamma}{3}}}{Vp_0^{(2-1/\gamma)}}\left(p_m^{1/\gamma} - p_0^{1/\gamma}\right)^{1/3}\left[1 - \left(\frac{p_0}{P}\right)^{1/\gamma}\right]^{2/3} p^{3-\frac{2}{\gamma}-\beta} \tag{6.98}$$

$$\frac{\mathrm{d}r}{\mathrm{d}t} = \frac{\alpha K_r p_r^{\beta} p_m^{1/r}}{p_0^{(1/\gamma+\beta)}}\left\{1 - \left[1 - \left(\frac{p_0}{p_m}\right)^{1/\gamma}\right]\frac{r^3}{a^3}\right\}^{3-2\gamma+\beta\gamma} \tag{6.99}$$

式中，S 是火焰表面积，下标 m 表示终态。在式(6.98)及式(6.99)推导中已考虑到压力对燃速的影响，即 $\beta \neq 0$，因此用它们计算所得结果比等温系统 $\beta = 0$ 的情况更符合实验值。

6.7.3　一般模型

1. 模型及设计

密闭容器中爆炸发展的一般模型引进了一个新的变量——化学反应度 λ，即 $\lambda=\dfrac{m_b}{m_0}$。

图 6.9(a) 为点火前容器内初始状态，气体总质量为 m_0，总体积为 V_0，初始压力 $p_0=1.013\times10^5\,\text{Pa}$，气体绝热指数 γ_0，由于尚未点火，当然 $\lambda_0=0$。

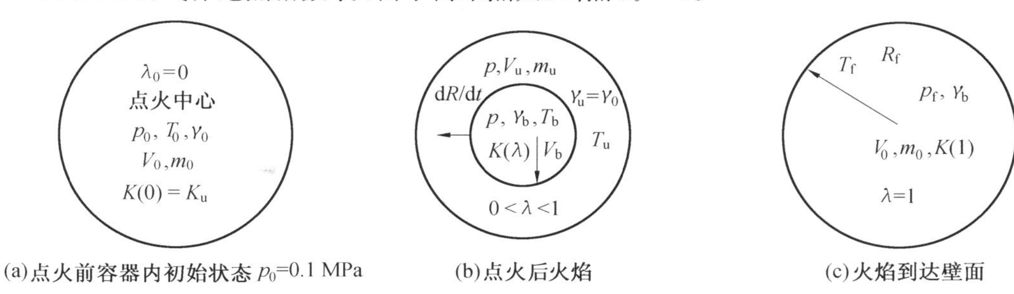

(a)点火前容器内初始状态 p_0=0.1 MPa　(b)点火后火焰　(c)火焰到达壁面

图 6.9　密闭容器中爆炸发展的一般模型

图 6.9(b) 为点火后某一时刻的状况，火焰面达到 R_f 位置(球面)，且火焰面将气体分成两个区，前方为未反应区，其体积为 V_u，压力 p，温度 T_u，质量 m_u，绝热指数 $\gamma_u=\gamma$。火焰面后方为已反应区，其质量为

$$m_b=\lambda m_0=m_0-m_u$$

体积为：$V_b=V_0-V_u$，绝热指数为 γ_b，压力为 p，温度为 T_b，波面运动速度为 $\dfrac{dR}{dt}$。

图 6.9(c) 为火焰面达到容器壁面的状况，此时燃烧终了，各参数达到终态值 $p_f, T_f, V_f=V_c, m_f=m_0$，绝热指数 $\gamma_b, \lambda=1$ 及 $R_f=R_0$。

2. 状态方程

对初始状态，可写出绝热方程和状态方程：

$$\frac{p^{1/\gamma_u}}{\rho_0}=K(0)=K_u \tag{6.100}$$

$$p_0=\rho_0\frac{RT_0}{W_0}=\frac{m_0}{V_0}\frac{RT_0}{W_0} \tag{6.101}$$

对已燃区有

$$\frac{p_b^{1/\gamma_u}}{\rho_b}=K(\lambda) \tag{6.102}$$

$$p_b=\rho_0\frac{RT_b}{W_b}=\frac{m_b}{V_b}\frac{RT_b}{W_b} \tag{6.103}$$

在以上四式中，p 为压力，V 为体积，ρ 为密度，m 为质量，W 为平均分子量，R 为气体常数，T 为温度。

对最终产物有

$$\frac{p_f^{1/\gamma_b}}{\rho_f}=K(1) \tag{6.104}$$

$$p_f=\rho_f\frac{RT_f}{W_f}=\frac{m_0}{V_0}\frac{RT_f}{W_f} \tag{6.105}$$

3. **压力发展**

在时间间隔 $\mathrm{d}t$ 内燃烧的微元质量为

$$\mathrm{d}m = m_0 \mathrm{d}\lambda \tag{6.106}$$

其中，λ 为 t 时刻的已燃物的质量分数，即 $\lambda = m_b/m_0$。$\mathrm{d}m$ 微元所占体积 $\mathrm{d}V$ 为

$$\mathrm{d}V = \frac{\mathrm{d}m}{\rho} = \frac{m_0 \mathrm{d}\lambda}{\rho} \tag{6.107}$$

$$V_0 = V_u + V_b = \frac{m_u}{p}\frac{RT_u}{W_u} + \int_0^\lambda \frac{m_0}{\rho_b}\mathrm{d}\lambda \tag{6.108}$$

根据上述等熵方程和状态方程，上式可化为

$$V_0 = \frac{m_u}{p^{1/\gamma_u}}K_u + \frac{m_0}{p^{1/\gamma_u}}\int_0^\lambda K(\lambda)\mathrm{d}\lambda \tag{6.109}$$

由于 $m_0 = m_u + m_b$ 或者$\frac{m_u}{m_0} + \frac{m_b}{m_0} = 1$，$\frac{m_u}{m_0} = 1 - \lambda$，这样(6.109)就可以写成

$$\frac{V_0}{m_0} = (1-\lambda)\frac{K_u}{p^{1/\gamma_b}} + \frac{1}{p^{1/\lambda_b}}\int_0^\lambda K(\lambda)\mathrm{d}\lambda \tag{6.110}$$

或

$$\int_0^\lambda K(\lambda)\mathrm{d}\lambda = \frac{V_0}{m_0}p^{1/\gamma_b} - (1-\lambda)K_u p^{\left(\frac{1}{\gamma_b}-\frac{1}{\gamma_u}\right)} \tag{6.111}$$

微分后得

$$K(\lambda)\mathrm{d}\lambda = \left[\frac{V_0}{m_0}p^{\left(\frac{1}{\gamma_b}-1\right)} - (1-\lambda)K_u\frac{\gamma_u-\gamma_b}{\gamma_u\cdot\gamma_b}p^{\left(\frac{1}{\gamma_b}-\frac{1}{\gamma_u}\right)}\right]\mathrm{d}p + K_u p^{\left(\frac{1}{\gamma_b}-\frac{1}{\gamma_u}\right)}\mathrm{d}\lambda \tag{6.112}$$

式中，$K(\lambda)$ 可由无耗散的定压燃烧过程能量守恒求得，即

$$\overline{c_{pb}}T_b - \overline{c_{pu}}T_u = Q \tag{6.113}$$

式中，Q 为定压燃烧过程中单位质量燃料所释放的热，$\overline{c_p} = \gamma R/(\gamma-1)$ 为平均定压热容。

将 $\frac{p^{1/\gamma_b}}{\rho_b} = K(\lambda)$，$\frac{p^{1/\gamma_u}}{\rho_u} = K_u$，$p = \frac{m_b}{V_b} = \frac{RT_b}{W_b}$ 代入式(6.112)可得 $K(\lambda)$ 表达式为

$$K(\lambda) = \frac{\gamma_b-1}{\gamma_b}p^{\frac{1-\gamma_b}{\gamma}}\gamma_u p_0^{\frac{\gamma_u-1}{\gamma_u}}\left[q + \frac{1}{\gamma_u-1}\left(\frac{p}{p_0}\right)^{\frac{\gamma_u-1}{\gamma_u}}\right] \tag{6.114}$$

式中，$q = \frac{Q}{C_0^2} = \frac{Qp_b^{\frac{1-\gamma_u}{\gamma_0}}}{\gamma_u K_u}$，其中 C_0 为初始声速。

令 $\bar{p} = p/p_0$ 为无因子量压力，将式(6.114)代入式(6.112)并化简后可得

$$(\gamma_b-1)q\mathrm{d}\lambda = \frac{\mathrm{d}\bar{p}}{\gamma_u} + \frac{\gamma_u-\gamma_b}{\gamma_u(\gamma_u-1)}\left[\bar{p}^{\left(1-\frac{1}{\gamma_u}\right)}\mathrm{d}\lambda - \left(\frac{\gamma_u-1}{\gamma_u}\right)(1-\lambda)\bar{p}^{-\frac{1}{\gamma_u}}\mathrm{d}\bar{p}\right] \tag{6.115}$$

[ ]中恰好为全微分 $\mathrm{d}\left[\bar{p}^{\left(1-\frac{1}{\gamma_u}\right)}(1-\lambda)\right]$，于是有

$$[\gamma_b-1]q\mathrm{d}\lambda = \frac{\mathrm{d}\bar{p}}{\gamma_u} - \frac{\gamma_u-\gamma_b}{\gamma_u(\gamma_u-1)}\mathrm{d}\left[\bar{p}^{\left(1-\frac{1}{\gamma_u}\right)}(1-\lambda)\right] \tag{6.116}$$

积分可得未反应质量分数$(1-\lambda)$与 $\bar{p}$ 的关系式：

$$(1-\lambda) = \frac{(p_f - p)}{\gamma_u\left[(\gamma_b-1)q - \frac{\gamma_u-\gamma_b}{\gamma_u(\gamma_u-1)}\right]\bar{p}^{\left(1-\frac{1}{\gamma_u}\right)}} \tag{6.117}$$

其中，$\bar{p}_f$ 为燃烧终态的无因子量压力，$\bar{p}_f = p_f / p_0$，即 $\lambda = 1$ 时的压力。

4. **火焰运动速度**

火焰位置 R_f 可由下述推导确定：

$$m_u = m_0 - m_b = \rho_u V_u = \rho_u (V_0 - V_b) = \rho_u V_0 \left(1 - \frac{V_b}{V_0}\right) \tag{6.118}$$

或

$$m_u = \rho_u V_0 \left[1 - \left(\frac{R_f}{R_0}\right)^3\right] \tag{6.119}$$

而

$$V_b = \frac{4\pi}{3} R_f^3, \quad V_0 = \frac{4\pi}{3} R_0^3$$

则

$$\frac{R_f}{R_0} = \left[1 - \frac{V_u}{V_0}\right]^{1/3} = \left[1 - \frac{V_0 - V_b}{V_0}\right]^{1/3} \tag{6.120}$$

或

$$\frac{R_f}{R_0} = [1 - (1 - \lambda)\, \bar{p}^{-\frac{1}{\gamma_u}}]^{1/3} \tag{6.121}$$

火焰速度可由下述密闭容器中质量守恒方程求得：

$$\frac{dm_u}{dt} = -\frac{dm_b}{dt} \tag{6.122}$$

如果在 dt 时间内，火焰以速度 s 消耗一个微元质量 $dm_u = \rho_u dV$，则燃烧质量的增长速率为

$$\frac{dm_b}{dt} = \rho_u \frac{dV}{dt} = \rho_u A_f s \tag{6.123}$$

若用无因子量表述，则有

$$\frac{d\lambda}{dt} = 4\pi \left(\frac{R_f}{R_0}\right)^2 \frac{s}{R_0} p^{1/\gamma_u} \tag{6.124}$$

未燃质量变化速率为

$$\frac{dm_u}{dt} = \frac{d}{dt}(\rho_u V_u) \tag{6.125}$$

式中，$V_u = V_0 - V_b = V_0 \left[1 - \left(\frac{R_f}{R_0}\right)^3\right]$。

将 V_u 值代入式(6.125)，再利用等熵方程 $p^{1/\gamma_u} / \rho_u = K_u$ 和 $p^{1/\gamma_b} / \rho_b = K_b$ 可得

$$\frac{d\lambda}{dt} = \frac{3\left(\frac{R_f}{R_0}\right)^2 \bar{p}^{1/\gamma_u} \left(\frac{dR_f}{dt}\right)}{R_0 \left[1 + \left\{1 - \left(\frac{R_f}{R_0}\right)^3\right\} \frac{\bar{p}^{\left(\frac{1}{\gamma_u} - 1\right)}}{\gamma_u} \frac{d\bar{p}}{d\lambda}\right]} \tag{6.126}$$

微分式(6.117) 并代入上式，再简化后得到火焰速度的表达式为

$$\frac{dR_f}{dt} = s\left\{1 + \frac{\frac{(1-\lambda)}{\gamma_u \bar{p}}\left[\bar{p}_f - 1 + \frac{\gamma_b - \gamma_u}{\gamma_u - 1}\left(\bar{p}^{\left(1 - \frac{1}{\gamma_u}\right)} - 1\right)\right]^2}{\bar{p}_f - 1 + \frac{\gamma_b - \gamma_u}{\gamma_u - 1}\left(\bar{p}^{\left(1 - \frac{1}{\gamma_u}\right)} - 1\right) + \left(\frac{\gamma_b - \gamma_u}{\gamma_u}\right)\frac{\bar{p}_f - \bar{p}}{\bar{p}^{1/\gamma_u}}}\right\} \tag{6.127}$$

对碳氢化合物 / 空气混合物，燃烧速度表达式可写成

$$s = [11.5 + 0.98\ln P(10^5\,\mathrm{Pa})](T/T_0)^2 \tag{6.128}$$

绝热指数 γ 值可由热化学计算求得，对未燃气体有

$$\gamma_u = -\frac{1}{1 - R\sum_i n_{i,u} / \sum_i n_{i,u} C_{p_{i,u}}} \tag{6.129}$$

对 $H_2 + O_2$ 混合气体($H_2 + \frac{1}{2}O_2 \longrightarrow H_2O$)，$\gamma_u = 1.401\ 5$。

对已燃气体，其 γ 值可由定压燃烧能量守恒求得

$$\gamma_b = \left[1 - \frac{\sum_i n_{i,b} RT_b}{\frac{\gamma_u}{\gamma_u - 1} RT_u \sum_i n_{i,u} + Q}\right]^{-1} \tag{6.130}$$

$$Q = \sum_i n_{i,u} \Delta H^0_{f,i,u} - \sum n_{i,b} \Delta H^0_{f,b,b} \tag{6.131}$$

对化学计量比的 H_2，O_2 混合物，$n_{i,b} = 1$，$T_b = 3\ 080$ K，$Q = 0.239$ MJ，$\gamma_b = 1.131$。

5. **计算结果举例**

对氢氧混合气在密闭容器中爆炸过程的计算，求得各参数为：$\gamma_u = 1.401\ 5$，$\gamma_b = 1.131$，$Q = 0.239$ MJ，$T_b = 3\ 089$，$p_f = 0.9$。

图 6.10(a) 为爆炸压力发展过程计算结果图。从图看出，开始 80% 体积内压力增加较慢，化学反应速率也较小，而在接近壁面的最后阶段，压力增长很快，反应也激烈加剧。在反应度 $\lambda = 0.1$ 时，燃烧面已达到容器半径的 90% 以上，即接近于容器壁面了。

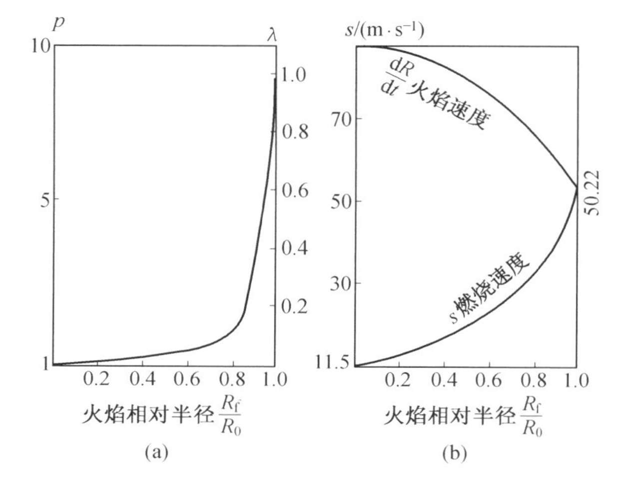

图 6.10　计算 $H_2 + O_2$ 爆炸压力和火焰速度

从图 6.10(b) 中可以看出，火焰速度 dR/dt 随火焰面的推进而逐渐减小，这是由于火焰面前后两边的压力逐渐较小的缘故，而燃料的燃烧速度从开始的 11.5 m/s 增加到终态的 50.22 m/s，当火焰达到壁面时，火焰速度等于燃烧速度。

6.7.4　理论和实验结果比较分析

比较上述三个模型，等温爆炸模型最简单，对大多数实际应用，此模型所得的计算结果足以表明爆炸过程中的压力发展趋势。等温爆炸模型计算偏差主要出现在接近容器壁的地方，因为在火焰接近容器壁时，通过容器壁的热损失是一个不可忽略的因素。实验表明，最大压力上升速率出现在火焰达到容器半径的大约 95% 处。由于器壁热损失和燃烧不完全等因素，实验测定的最大压力总是低于理论值。为了与实验相一致，往往从实测压力值反推燃烧速度 K_r，称此反推所得燃烧速度为表现燃烧速度，此值高于由理论计算压力所得的 K'_r 值。

表 6.6 列有乙炔 — 空气、一氧化碳 — 氧和玉米粉 — 空气三种爆炸混合物的一些常数

值。表中粉尘燃烧速度是一个变化值，这些数值是将实验数据代入等温和绝热爆炸计算式中拟合得到的，可供实际应用。表中气体绝热燃速 K_r 与一般文献中所报的数据比较一致。而等温燃速值偏低。图 6.11，6.12，6.13 分别表示乙炔－空气，一氧化碳－氧气和玉米粉－空气的爆炸压力随时间发展规律，图中等温爆炸模型计算使用式(6.86)，绝热爆炸模型计算使用式(6.98)。从图中看出来，等温系统的爆炸压力发展比绝热系统要快，也比实测的要快，但对玉米粉尘，不管等温还是绝热计算的结果都与实验结果一致。K_r 和 β 值还可由式(6.98) 求得。

表 6.6　计算爆炸参数所用的常数值

常数	乙炔－空气混合物		一氧化碳－氧气混合物		玉米粉－空气混合物	
	等温	绝热	等温	绝热	等温	绝热
γ(绝热指数)	1	1.31	1	1.45	1	1.22
β(燃速指数)	0	0.25	0	0.27	0	0.36
K_r(燃烧速度)/($m \cdot s^{-1}$)	1.09	1.52	1.19	1.85	2.36	3.15
T_0(初始温度)/K	295	295	298	298	289	289
T_r(参考温度)/K	298	298	298	298	298	298
p_0(初始压力)/MPa	0.083 4	0.083 4	0.101 4	0.101 4	0.098 6	0.098 6
p_r(参考压力)/MPa	0.101 4	0.101 4	0.101 4	0.101 4	0.101 4	0.101 4
p_m(最大压力)/MPa	0.934	0.934	0.934	0.934	0.934	0.934
a(容器半径)/cm	8	8	12.2	12.2	90.6	90.6

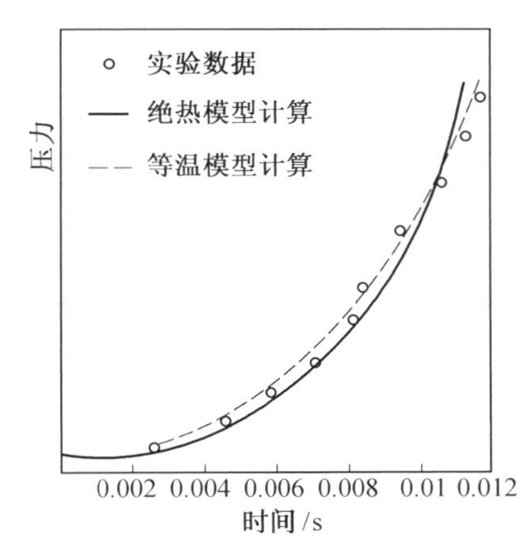

图 6.11　乙炔－空气的爆炸压力发展过程

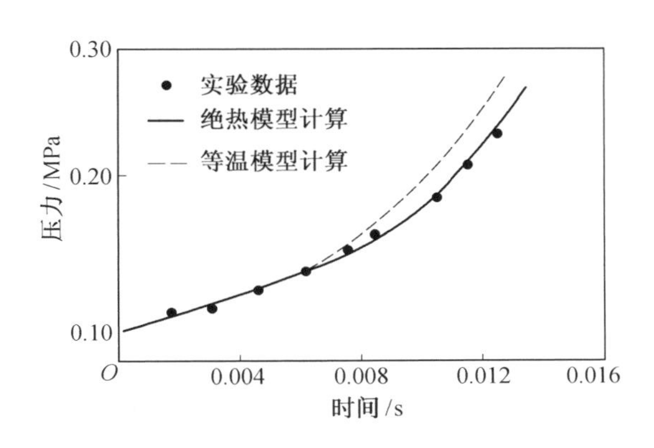

图 6.12　一氧化碳－氧气的爆炸压力发展过程

$$\ln \frac{\dfrac{dp}{dt}}{\left[1-\left(\dfrac{p_0}{p}\right)^{1/\gamma}\right]^{2/3}} = \ln K_1 + \left(3-\frac{2}{\gamma}-\beta\right)\ln p \tag{6.132}$$

$$K_1 = \frac{\alpha\gamma K_r s p_r^{\beta}}{V p_0^{(2-1/\gamma)}}\ (p_m^{1/\gamma} - p_0^{1/\gamma})^{1/3}$$

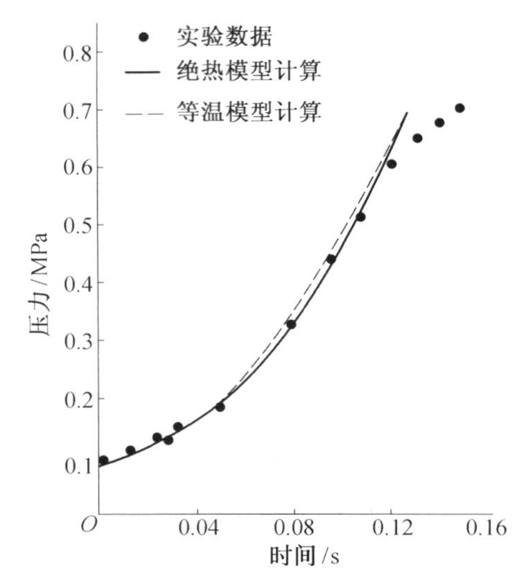

图 6.13　玉米粉－空气的爆炸压力发展过程

6.7.5　爆炸发展的影响因素

1. 容器的尺寸和形状

在密闭容器气体或粉尘爆炸的最大压力 p_m，若忽略容器热损失，它与容器尺寸和形状无关，而只与反应终了状态有关，即

$$p_m = p_i \frac{n_f T_f}{n_i T_i} \tag{6.133}$$

但容器尺寸和形状对压力上升速率有很大的影响，这可从式(6.86)看出。密闭容器中爆炸压力上升速率与容器的表面积与体积比 S/V 成正比。对球形容器，$S/V=3/a$，其中 a 为容器半径。图 6.14 为在五种不同 S/V 值容器中实测的 $\mathrm{d}p/\mathrm{d}t$ 值，以 $\mathrm{d}p/\mathrm{d}t$ 对 S/V 作图得直线。容器尺寸和形状对达到最大压力的时间 t_m 也有较大影响。S/V 越大，达到最大压力时间越短。

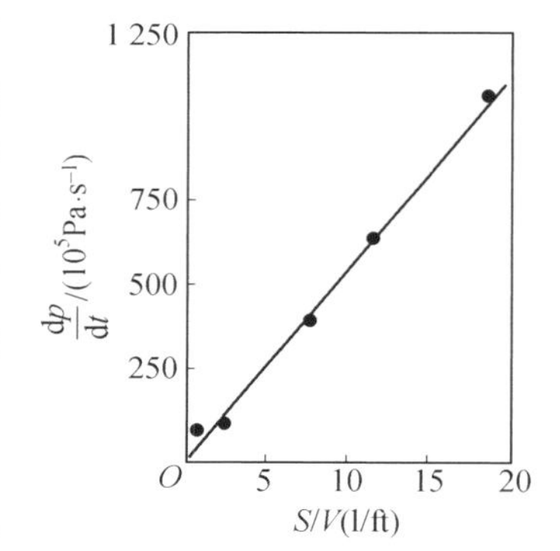

图 6.14　容器形状对$\frac{\mathrm{d}p}{\mathrm{d}t}$的影响

2. 湍流的影响

从图 6.15 看出，湍流使最大压力 p_m 略有增加，且使压力上升速率大大增加。

3. 初始压力的影响

最大爆炸压力 p_m 与初始压力 p_i 成正比，这从初、终态状态关系式可以看出

$$p_m = p_i \frac{n_f T_f}{n_i T_i}$$

实测结果也与上式相符，p_m 与 p_i 呈线性关系。

初始压力对最大压力上升速率影响也有类似的线性关系。初始压力对压力上升速率的

影响可将状态方程

$$p_{\mathrm{m}}=\frac{\overline{M_{\mathrm{u}}}T_{\mathrm{b}}}{\overline{M_{\mathrm{b}}}T_{\mathrm{b}}}p_{\mathrm{i}} \tag{6.134}$$

代入式(6.86)得到

$$\left(\frac{\mathrm{d}p}{\mathrm{d}t}\right)=\frac{\alpha K_{\mathrm{r}}sT_{\mathrm{b}}\overline{M_{\mathrm{u}}}}{VT_{\mathrm{b}}\overline{M_{\mathrm{b}}}}\left(\frac{\overline{M_{\mathrm{u}}}T_{\mathrm{b}}}{\overline{M_{\mathrm{b}}}T_{\mathrm{u}}}-1\right)p_{\mathrm{i}} \tag{6.135}$$

实验也证明了最大压力上升速率随初始压力的增加而线性增加。

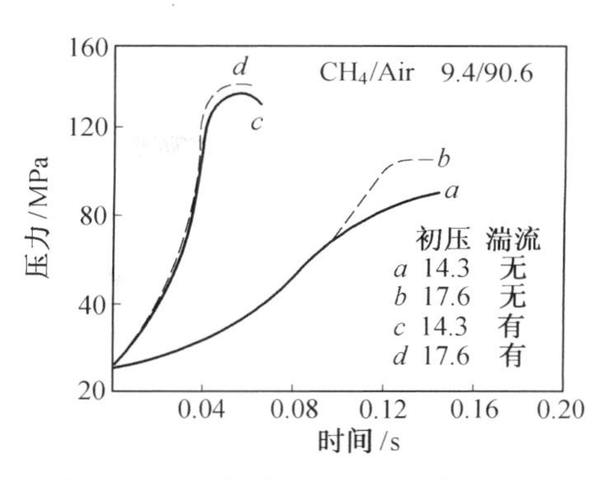

图 6.15　湍流对压力上升速率的影响

4. 初始温度的影响

从式(6.134)、式(6.135)可以看出，初始温度对最大压力和最大压力上升速率的影响不大，而主要受火焰温度的影响。通过热化学计算，归纳出如下燃烧温度与初始温度的关系式：

$$T_{\mathrm{b}}=K_{1}T_{\mathrm{u}}+K_{2}$$

9.9% 甲烷和 90.1% 空气混合物爆炸时，$K_1=0.75$，$K_2=2\ 317$ K，于是最大压力表示式可为

$$p_{\mathrm{m}}=p_{0}\frac{\overline{M}_{\mathrm{u}}}{\overline{M}_{\mathrm{b}}}\left(0.75+\frac{2\ 317}{T_{\mathrm{u}}}\right)$$

这说明，p_{m} 随 T_{u} 增大而减小，实验证实，最大压力与初始温度的倒数呈线性关系。

初始温度对最大压力上升速率的影响可由下式看出：

$$\left(\frac{\mathrm{d}p}{\mathrm{d}t}\right)_{\mathrm{m}}=\frac{\alpha K_{\mathrm{r}}sp_{0}}{VT_{\mathrm{u}}^{2}}\left(\frac{\overline{M}_{\mathrm{u}}}{\overline{M}_{\mathrm{b}}}\right)^{2}\left[\left(0.75-\frac{\overline{M}_{\mathrm{u}}}{\overline{M}_{\mathrm{b}}}\right)\times0.75T_{\mathrm{u}}^{2}+\left(1.5-\frac{\overline{M}_{\mathrm{u}}}{\overline{M}_{\mathrm{b}}}\right)\times2\ 317T_{\mathrm{u}}+2\ 317^{2}\right]$$

该式表明，p_{m} 是 T_{u} 的二次方函数，但从上式看出，T_{u}^2 和 T_{u} 的系数项与常数 $2\ 317^2$ 相比要小得多。实验结果表明，低于 400 ℃ 时，$(\mathrm{d}p/\mathrm{d}t)_{\mathrm{m}}$ 与 T_{u} 基本无关。

5. 燃料浓度

图 6.16 和图 6.17 分别显示了美国矿山局将煤粉和玉米粉在不同尺寸容器中试验时，粉尘浓度对最大压力和压力上升速率的影响，其中 1 ft(英尺)=12 in(英寸)=0.304 8 m。

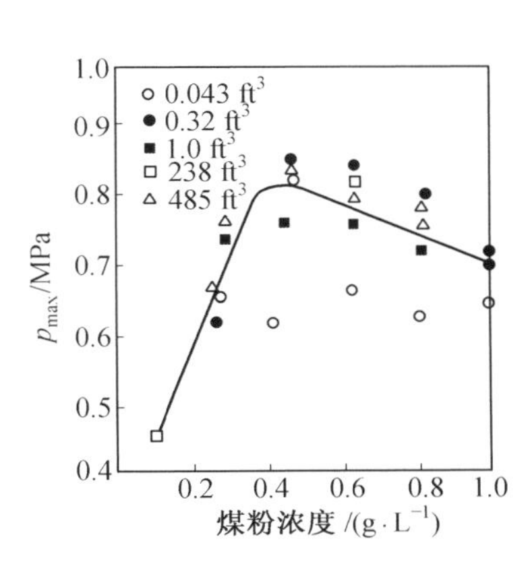

图 6.16　浓度对最大压力的影响

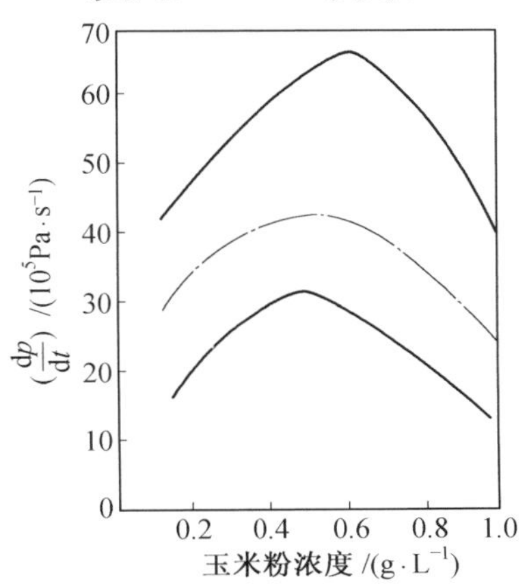

图 6.17　浓度对 $(\mathrm{d}p/\mathrm{d}t)_{\mathrm{m}}$ 的影响

6.8　无约束泄压容器中的爆炸发展

无约束泄压(Unrestricted Vent)容器是指带有开放的泄压口，爆炸气流可以直接泄放到大气中，而不受任何阻挡的容器；与此相反，有约束泄压容器是指在泄压口上覆盖有膜片的容器。这两种泄压装置都是防爆工程中常用的。

无约束泄压口设计中，首先应考虑的是给定容器在允许承受压力下，所要求的泄压面积的计算问题，当然，精确计算是比较困难的，但可以在一定的近似假设条件下，推导泄压面积的计算公式，并考虑各种因素对泄压面积的影响，包括反应速率、容器尺寸、点火源的强度和位置、湍流和气体通过泄压口的流动等。

在安全工程应用中，多数情况都是考虑亚音速泄压流动(例如超压 0.1 MPa 以下)，这种情况可以简化数学表达式，得到近似解析解，这种解析解与实验结果一般还是比较一致的。

6.8.1　气体通过泄压口的流动

一般气体动力学著作中都论述了气体通过小孔的流动方程，这些流动方程同样适用于气体通过泄压口的流动。

1. 气体一维等熵变截面流动的基本方程

在忽略黏性和热传导的情况下，泄压流动可以看成一维定常等熵流动，其基本方程为：

连续方程
$$\frac{d\rho}{\rho}+\frac{dv}{v}+\frac{dA}{A}=0 \tag{6.136}$$

运动方程
$$v dv=-\frac{1}{\rho}dp \tag{6.137}$$

能量方程
$$h_0=\frac{v^2}{2}+h=\text{const} \tag{6.138}$$

状态方程
$$p=\rho RT \tag{6.139}$$

式中，ρ 为密度；p 为压力；v 为速度；A 为截面积；h 为焓；R 为气体常数；T 为温度。

对变截面流动来说，式(6.137) 可写成

$$\rho v dv=-\frac{dp}{d\rho}d\rho=-c^2 d\rho \tag{6.140}$$

$$\frac{d\rho}{\rho}=-\frac{v^2}{c^2}\frac{dv}{v}=-M^2\frac{dv}{v} \tag{6.141}$$

将式(6.141) 代入式(6.136) 可得

$$\frac{dA}{A}=(M^2-1)\frac{dv}{v} \tag{6.142}$$

式中，C 是当地音速；M 是马赫数。上式反映截面变化和速度变化之间的关系，压力变化可由速度变化来确定。根据运动方程 $\rho v dv=-dp$ 可以看出，在定常流动下，dp 和 dv 的正负号始终相反，即速度增大($dv>0$)，压力下降($dp<0$)；速度减小($dv<0$)，压力升高($dp>0$)。

下面分三种情况讨论式(6.142)。

(1) 亚音速流动($M<1, M^2-1<0$)，dv 与 dA 符号相反，即速度增加，截面积缩小；速度减小，截面积扩大。一般爆炸泄压均为截面积减小，即泄压面积比管面积小。

(2) 等音速流动($M=1, M^2-1=0$)，这时 $dA=0$，也就是不管哪种类型的流动，在 $M=1$ 时截面积具有极小值，即 $A=A_{\min}$。

(3) 超音速流动($M>1, M^2-1>0$)，dv 与 dA 符号相同，即速度增加时，截面积扩大；速度减小时，截面积缩小。截面积和速度的变化关系与亚音速情况刚好相反。

一般容器中气相和粉尘爆炸所形成的气流都是亚音速的，只有在截面积减小的情况下才能使速度增大到音速，此时泄压口面积达到极小值，即

$$A=A_{\min}$$

上游亚音速流通过泄压口流出的气流速度，最大可达到极值音速，进一步减小泄压面积时，此气流速度也不会超过音速。这个结论可从式(6.142)看出，对超音速流动，dA 与 dv 为同号，即泄压面积增大时，气流速度也增大，这在泄压流动中是不可能的。

2. 气体通过泄压口的流动

对无加热或散热流动的理想气体，其能量方程，即伯努利方程为

$$h+\frac{v^2}{2}=\text{const} \tag{6.143}$$

其中 h 为气体热焓；v 为气体流速。

在绝热流动中，气体热焓是随动能的减小而增大的，即单位质量的热焓与动能之和保持常数(图 6.18)。对容器内任一点 1 和泄压口上的点 2，可写出

$$h_1+\frac{v_1^2}{2}=h_2+\frac{v_2^2}{2}=\text{const} \tag{6.144}$$

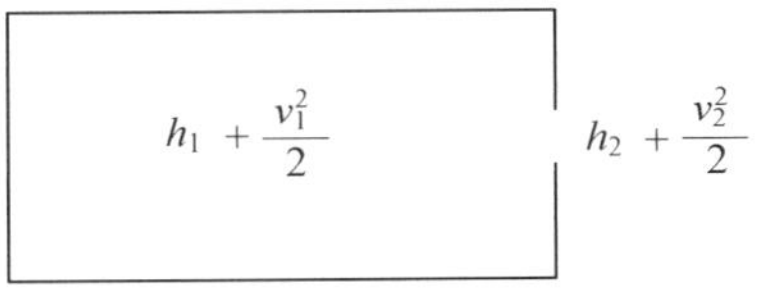

$h_1+\frac{v_1^2}{2}$　　$h_2+\frac{v_2^2}{2}$

图 6.18　气体通过泄压口时的能量守恒

理想气体的热焓与气体状态 p, V 之间有如以下关系：

$$h=\frac{\gamma}{\gamma-1}pV \tag{6.145}$$

式中，γ 为比热容比，于是，式(6.144)可以写成

$$\frac{v_2^2}{2}=\frac{v_1^2}{2}+\frac{\gamma}{\gamma-1}(p_1V_1-p_2V_2) \tag{6.146}$$

对初始静止气体，其爆炸后流动速度 v_1 比泄压口处流速 v_2 小得多，因而可以忽略，如再考虑理想气体等熵方程：

$$p_2V_2^{\gamma}=p_1V_1^{\gamma} \tag{6.147}$$

则(6.146)简化为

$$\frac{v_2^2}{2}=\frac{\gamma}{\gamma-1}p_1V_1\left[1-\left(\frac{p_2}{p_1}\right)^{\frac{\gamma-1}{\gamma}}\right] \tag{6.148}$$

此外单位时间内以速度 v_2 流过面积 A_V 的泄压口的气体量为

$$\frac{dm}{dt}=\frac{A_Vv_2}{V_2} \tag{6.149}$$

其中 $V_2=\left(\frac{p_1}{p_2}\right)^{1/\gamma}\cdot V_1$，$v_2=\left\{\frac{2\gamma}{\gamma-1}p_1V_1\left[1-\left(\frac{p_2}{p_1}\right)^{\frac{\gamma-1}{\gamma}}\right]\right\}^{1/2}$，将 V_2 及 v_2 值代入式(6.149)可

得

$$\frac{\mathrm{d}m}{\mathrm{d}t}=\frac{A_{\mathrm{V}}p_1}{T_1^{1/2}}\left\{\frac{2\gamma}{R(\gamma-1)}\left[\left(\frac{p_2}{p_1}\right)^{2/\gamma}-\left(\frac{p_2}{p_1}\right)^{\frac{\gamma+1}{\gamma}}\right]\right\}^{1/2} \tag{6.150}$$

或

$$\frac{\mathrm{d}n_{\mathrm{e}}}{\mathrm{d}t}=\frac{A_{\mathrm{V}}p_1}{\overline{M}T_1^{1/2}}\left\{\frac{2\gamma}{R(\gamma-1)}\left[\left(\frac{p_2}{p_1}\right)^{2/\gamma}-\left(\frac{p_2}{p_1}\right)^{\frac{\gamma+1}{\gamma}}\right]\right\}^{1/2} \tag{6.151}$$

式中，n_{e} 为流出泄压口的物质的量，mol；t 为时间，s；A_{V} 为泄压口面积，m^2；$\overline{M}$ 为流出泄压口气体的平均摩尔质量，对空气 $\overline{M}=0.028\ 97$ kg/mol；p_1 为泄压口上游气体压力，Pa；p_2 为泄压口下游气体压力，Pa；γ 为气体等熵指数；R 为空气的气体常数，即

$$R=\frac{\overline{R}}{\overline{M}}=\frac{8.314\ \mathrm{J/(mol\cdot K)}}{0.028\ 97\ \mathrm{kg/mol}}=287\ \mathrm{J/(kg\cdot K)}$$

式中，$\overline{R}$ 为通用气体常数，J/mol · K；$\overline{M}$ 为空气平均摩尔质量，kg/mol。

若将常数 $\gamma=1.39$ 及 R，$\overline{M}$ 值代入(6.151)，即得

$$\frac{\mathrm{d}n_{\mathrm{c}}}{\mathrm{d}t}=5.44\ \frac{A_{\mathrm{V}}p_1}{T_1^{1/2}}\left[\left(\frac{p_2}{p_1}\right)^{2/\gamma}-\left(\frac{p_2}{p_1}\right)^{\frac{\gamma+1}{\gamma}}\right]^{1/2}\quad(\mathrm{mol/s}) \tag{6.152}$$

3. 音速气体通过泄压口

对某一泄压面积 A_{V}，当泄压口上游压力 p_1 增大到临界值 p_{c} 时，通过泄压口的气体速度达到音速，再增大压力也不会超过音速。因此，当上游压力等于或大于临界压力 p_{c} 时，泄压口气体流动速度达到音速，即 $v_2=c_*$，此时的音速即为临界音速 c_*：

$$c_*=(\gamma p_* V_*)^{0.5} \tag{6.153}$$

由式(6.148) 知

$$v_2^2=c_*^2=\frac{2\gamma}{\gamma-1}p_* V_*\left[1-\left(\frac{p_2}{p_*}\right)^{\frac{\gamma-1}{\gamma}}\right]=\gamma p_* V_* \tag{6.154}$$

故可得

$$\frac{p_2}{p_*}=\left(\frac{\gamma+1}{2}\right)^{\frac{\gamma}{\gamma-1}} \tag{6.155}$$

对空气有

$$\gamma=1.39,\quad p_2=1.89p_* \tag{6.156}$$

在 v_2 达到临界音速 c_* 值时，伯努利方程可写成

$$\frac{c_*^2}{2}+\frac{c_*^2}{\gamma-1}=\frac{c_2^2}{\gamma-1} \tag{6.157}$$

由此可得

$$c_*=\sqrt{\frac{2}{\gamma+1}}c_2 \tag{6.158}$$

对空气有

$$c_*=0.915c_2 \tag{6.159}$$

式(6.155) 表明，当容器中压力达到临界值 p_* 时，泄压流动由亚音速流动变为音速流动。向大气($p_2=1.013\times10^5$ Pa) 中泄压时，$p_{\mathrm{c}}=1.89p_2$。在 $p_1\geqslant p_*$ 的情况下均属于音速泄压流动，此时通过泄压口的质量流速为

$$\frac{\mathrm{d}m}{\mathrm{d}t}=\frac{A_{\mathrm{V}}p_1}{T_1^{1/2}}\left\{\frac{2\gamma}{R(\gamma-1)}\left[\left(\frac{2}{\gamma+1}\right)^{\frac{2}{\gamma-1}}-\left(\frac{2}{\gamma+1}\right)^{\frac{\gamma+1}{\gamma-1}}\right]\right\}^{1/2} \tag{6.160}$$

摩尔表达的质量流速为

$$\frac{\mathrm{d}n_{\mathrm{e}}}{\mathrm{d}t}=\frac{A_{\mathrm{V}}p_1}{\overline{M}T_1^{1/2}}\left\{\frac{2\gamma}{R(\gamma-1)}\left[\left(\frac{2}{\gamma+1}\right)^{\frac{2}{\gamma-1}}-\left(\frac{2}{\gamma+1}\right)^{\frac{\gamma+1}{\gamma-1}}\right]\right\}^{1/2} \tag{6.161}$$

式中，常数 $R=287\ \mathrm{J/(kg \cdot K)}$，$\gamma=1.39$，$\overline{M}=0.028\ 97\ \mathrm{kg/mol}$。

则式(6.160) 和(6.161) 变为

$$\frac{\mathrm{d}m}{\mathrm{d}t}=40.32\times 10^{-3}\frac{A_{\mathrm{V}}p_1}{T_1^{1/2}}\quad (\mathrm{kg/s}) \tag{6.162}$$

$$\frac{\mathrm{d}n_{\mathrm{e}}}{\mathrm{d}t}=1.392\frac{A_{\mathrm{V}}p_1}{T_1^{1/2}}\quad (\mathrm{mol/s}) \tag{6.163}$$

式中，A_{V} 单位用 m^2，p_1 用 Pa，T_1 用 K。

容器中的压力变化速率可由状态方程计算，假设空气温度保持常数，则

$$\frac{\mathrm{d}p}{\mathrm{d}t}=\frac{RT_1}{V}\left(-\frac{\mathrm{d}n_{\mathrm{e}}}{\mathrm{d}t}\right) \tag{6.164}$$

将式(6.163) 代入式(6.164) 得

$$\frac{\mathrm{d}p}{\mathrm{d}t}=\frac{RT_1}{V}\left(-1.392\frac{A_{\mathrm{V}}p_1}{T_1^{1/2}}\right) \tag{6.165}$$

设 $T_1=293\ \mathrm{K}$，$R=8.314\ \mathrm{J/(mol \cdot K)}$，则

$$\frac{\mathrm{d}p}{\mathrm{d}t}=-198\frac{A_{\mathrm{V}}p}{V} \tag{6.166}$$

$$\ln\frac{p}{p_{\mathrm{m}}}=-198\frac{A_{\mathrm{V}}}{V}t \tag{6.167}$$

该式表明，在 $p\geqslant p_*$，即在临界压力以上时，容器中对数压力随时间直线下降。

4. 亚音速流通过泄压口

对空气，$\gamma=1.39$，$R=287\ \mathrm{J/(kg \cdot K)}$，则式(6.150) 可写成

$$\frac{\mathrm{d}m}{\mathrm{d}t}=0.157\ 6\frac{A_{\mathrm{V}}p_1}{T_1^{1/2}}\left[\left(\frac{p_2}{p_1}\right)^{2/\gamma}-\left(\frac{p_2}{p_1}\right)^{\frac{\gamma+1}{\gamma}}\right]^{1/2} \tag{6.168}$$

将(6.168) 右边项变形，可得

$$\frac{\mathrm{d}m}{\mathrm{d}t}=0.157\ 6\frac{A_{\mathrm{V}}p_2}{T_1^{1/2}}\left[\left(\frac{p_1}{p_2}\right)^{\frac{2\gamma-2}{\gamma}}-\left(\frac{p_1}{p_2}\right)^{\frac{\gamma-1}{\gamma}}\right]^{1/2} \tag{6.169}$$

若 $\gamma=1.39$，则式(6.169) 中的平方根项可做如下近似处理。在防爆泄压工程中感兴趣的范围 $1\leqslant p_1/p_2\leqslant 2$ 内，有

$$\left(\frac{p_1}{p_2}\right)^{0.56}\approx\left[1+\left(\frac{p_1}{p_2}-1\right)\right]^{0.56}=1+0.56\left(\frac{p_1}{p_2}-1\right) \tag{6.170}$$

$$\left(\frac{p_1}{p_2}\right)^{0.28}\approx\left[1+\left(\frac{p_1}{p_2}-1\right)\right]^{0.28}=1+0.28\left(\frac{p_1}{p_2}-1\right) \tag{6.171}$$

则

$$\left[\left(\frac{p_1}{p_2}\right)^{0.56}-\left(\frac{p_1}{p_2}\right)^{0.28}\right]^{1/2}\approx\left[1+0.56\left(\frac{p_1}{p_2}-1\right)-1-0.28\left(\frac{p_1}{p_2}-1\right)\right]^{1/2}\approx 0.53\left(\frac{p_1-p_2}{p_2}\right)^{1/2}$$

于是式(6.169) 可写为

$$\frac{\mathrm{d}m}{\mathrm{d}t}=85.53\times 10^{-3}\frac{A_{\mathrm{V}}p_2}{T^{1/2}}\left(\frac{p_1-p_2}{p_2}\right)^{1/2}\quad (\mathrm{kg/s}) \tag{6.172}$$

或
$$\frac{\mathrm{d}n_e}{\mathrm{d}t}=2.883\frac{A_V p_2}{T^{1/2}}\left(\frac{p_1-p_2}{p_2}\right)^{1/2}\quad(\mathrm{mol/s})\tag{6.173}$$

设 $p_2=10^5\,\mathrm{Pa}$，则
$$\frac{\mathrm{d}n_e}{\mathrm{d}t}=918A_V\left(\frac{p_1-10^5}{T}\right)^{1/2}\quad(\mathrm{mol/s})\tag{6.174}$$

$$\frac{\mathrm{d}p}{\mathrm{d}t}=\frac{RT}{V}\frac{\mathrm{d}n}{\mathrm{d}t}\quad(\mathrm{Pa/s})$$

或
$$\frac{\mathrm{d}p}{\mathrm{d}t}=\frac{RT}{V}\left[-918A_V\left(\frac{p_1-10^5}{T^{1/2}}\right)^{1/2}\right]\quad(\mathrm{Pa/s})\tag{6.175}$$

若室温为 293 K，$R=8.314\ \mathrm{J/(kg\cdot K)}$，则
$$\frac{\mathrm{d}p}{\mathrm{d}t}=-129\ 789\frac{A_V}{V}(p_1-10^5)^{1/2}\quad(\mathrm{Pa/s})\tag{6.176}$$

积分可得
$$(p_m-10^5)^{1/2}-(p-10^5)^{1/2}=64\ 895\frac{A_V}{V}t\tag{6.177}$$

式中，p_m 为初始容器绝对压力；V 为容器体积；A_V 为泄压面积。

以上的音速和亚音速泄压流动的公式和实验都是指常温状态的，其计算和实验结果一致。可以预料，对高温状态气体，上述计算公式仍适用。

6.8.2 无约束泄压容器中的爆炸发展

1. 一般情况(不带时间因子)

先考虑不带时间因子的泄压容器的爆炸情况(图 6.19)。该容器体积为 V，内装燃料 — 空气混合物，其初始压力为大气压力 p_0，初始温度为 T_u。容器壁上有一泄压口，为便于说明，用图 6.19 中圆管容器一端开口泄压来表示，这不影响推广到球形、方形及其他所有的情况。点火后，火焰燃烧体积为 V_b，温度为 T_b。如容器封闭，则容器中最大绝对压力为 p_m，而在泄压容器中，此压力用 p(泄压容器中的瞬时压力或最大压力) 表示。容器中开始时质量为 n_0，已燃烧质量为 n_b，未燃烧质量为 n_u，在时刻 t 时通过泄压口泄放质量为 n_e，由质量守恒可知

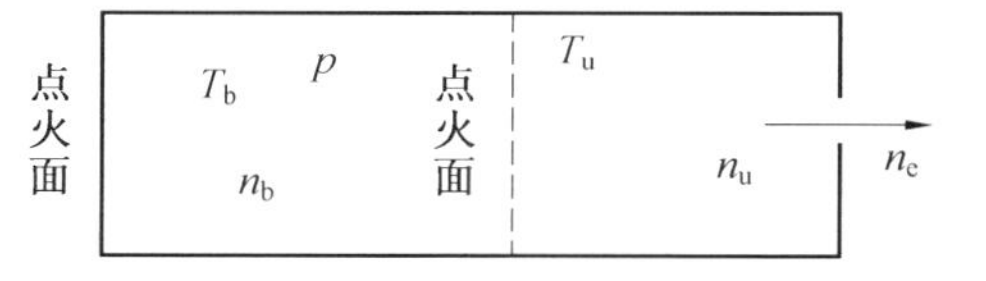

图 6.19 无约束泄压容器一般情况

$$n_b+n_u+n_e=n_0\tag{6.178}$$

已燃气体状态方程为
$$pV_b=n_bRT_b\tag{6.179}$$

未燃气体状态方程为
$$pV_u=p(V-V_b)=n_uRT_u\tag{6.180}$$

点火前的气体状态方程为
$$pV_0=n_0RT_u\tag{6.181}$$

爆炸终了的气体状态方程(不考虑泄出气体，即 $n_e=0$) 为
$$p_mV=n_0RT_b\tag{6.182}$$

将式(6.180) 中的 n_u 和式(6.179) 中的 n_b 代入式(6.180) 得

$$pV - pV_b = RT_u n_0 - \frac{RT_u pV_b}{RT_b} - RT_u n_e \tag{6.183}$$

上式中 RT_u 和 RT_b 项可分别用(6.181) 和(6.182) 消去，整理后得到燃烧体积 V_b 的计算式为

$$V_b = \frac{1 - \frac{p_0}{p}(\frac{n_0 - n_e}{n_0})}{1 - \frac{p_0}{p_m}} V \tag{6.184}$$

此式与式(6.84) 相似，只是$\frac{n_0 - n_e}{n_0}$不同。当 n_e 为零，即无气体泄出时，式(6.184) 适用于密封容器。

当火焰充满容器时，$V_b = V$，式(6.184) 变为

$$p = \frac{n_0 - n_e}{n_0} p_m \tag{6.185}$$

式中，p 为泄压容器中的绝对压力。

该式表明，在泄压容器中爆炸终态压力 p 等于密闭容器中爆炸最大压力 p_m 乘以容器中剩余物质量。例如，在泄压容器中终态压力 p 为 13.8 kPa，而在密闭容器中最大压力 p_m 为 793 kPa，代入(6.185) 得

$$n_e = 0.98 n_0 \tag{6.186}$$

这表明，98% 的物质从泄压口泄放。当然此值是近似的，因为这里假设泄压容器中的爆炸温度与密闭容器中的爆炸温度相同。

2. 火焰扩展及压力增长

(1) 肥皂泡模型。假定在一个没有强度的肥皂泡容器内装有燃料 — 空气混合物，中心点火，燃烧过程中由于向四周整体泄压，肥皂泡内压力始终不变，燃烧温度也为常数，未燃气体温度仍按等温假设，即 $T_u = T_i$(初始气体温度)。

肥皂泡内已燃气体状态方程为

$$pV_b = n_b RT_b \tag{6.187}$$

燃烧体积变化速度为

$$\frac{dV_b}{dt} = 4\pi r^2 \frac{dr}{dt} \tag{6.188}$$

根据等温爆炸模型，可有

$$\frac{dn_b}{dt} = \frac{\alpha K_r A p}{RT_u} \tag{6.189}$$

将式 (6.187) 对 t 求导可得

$$\frac{dV_b}{dt} = \frac{RT_b}{p dt} \frac{dn_b}{dt} = \frac{\alpha K_r A p RT_b}{RT_u p} \tag{6.190}$$

或

$$\frac{dV_b}{dt} = \frac{\alpha K_r A T_b}{T_u} \tag{6.191}$$

将式(6.188) 代入式(6.191)，即得火焰速度公式：

$$\frac{dr}{dt} = \frac{\alpha K_r T_b}{T_u} \tag{6.192}$$

该式表明肥皂泡中燃烧体积的半径以恒速向外增长，在肥皂泡中燃烧期间，肥皂泡的体积是逐渐增加的，在爆炸终态，肥皂泡的体积达到最大值，即

$$V_f = V_i \frac{T_b}{T_i} \tag{6.193}$$

在这种情况下，虽然气体向四周膨胀泄压，但始终在肥皂泡这个系统中，气体没有流出这个系统。

(2) 在泄压圆管的密闭端点火。在管子一端点火，管的另一端有一截面为 A_V 的泄压口。可写出如下基本方程：

$$pV_b = n_b RT_b \tag{6.194}$$

$$p(V - V_b) = n_u RT_u \tag{6.195}$$

$$p_0 V = n_0 RT_u \tag{6.196}$$

$$p_m V = n_0 RT_b \tag{6.197}$$

$$\frac{dn_e}{dt} = \frac{\alpha K_r Ap}{RT_u} \tag{6.198}$$

式(6.198)为简化的燃料消耗速率公式。另外，由质量守恒，可写出下述方程：

$$n_0 = n_u + n_b + n_e \tag{6.199}$$

由式(6.174)可得

$$\frac{dn_e}{dt} = K_V \frac{A_V}{T^{1/2}} (p - p_2)^{1/2} \tag{6.200}$$

式中，常数 $K_V = 918\ \text{mol} \cdot \text{K}^{1/2}/(\text{m}^2 \cdot \text{Pa}^{1/2} \cdot \text{s})$，它是亚音速流通过泄压口的一个系数。

若容器中最大压力超过临界压力，则要用另一种形式的气体流动变化速率公式，即

$$\frac{dn_e}{dt} = \frac{A_V p_1}{MT^{1/2}} \left\{ \frac{2\gamma}{R(T-1)} \left[\left(\frac{2}{\gamma - 1} \right)^{\frac{2}{\gamma-1}} - \left(\frac{2}{\gamma + 1} \right)^{\frac{\gamma+1}{\gamma-1}} \right] \right\}^{1/2} \tag{6.201}$$

或

$$\frac{dn_e}{dt} = K'_V \frac{A_V p_1}{T_u^{1/2}} \tag{6.202}$$

式中，$K'_V = 1.392\ \text{mol} \cdot \text{K}^{1/2}/(\text{m}^2 \cdot \text{Pa}^{1/2} \cdot \text{s})$ 为音速流通过泄压口的一个系数。

根据质量守恒定律可得

$$\frac{dn_u}{dt} + \frac{dn_b}{dt} + \frac{dn_e}{dt} = 0 \tag{6.203}$$

对亚音速泄压流有

$$\frac{dn_u}{dt} = -\frac{dn_b}{dt} - \frac{dn_e}{dt} \tag{6.204}$$

或

$$\frac{dn_u}{dt} = -\frac{\alpha K_V Ap}{RT_u} - \frac{K_V A_V (p - p_0)^{1/2}}{T_u^{1/2}} \tag{6.205}$$

将式(6.194)对 t 求导，用式(6.195)和式(6.204)消去 $\frac{dV_b}{dt}$ 和 $\frac{dn_u}{dt}$，即可得压力上升速率的表达式：

$$\frac{dp}{dt} = -\frac{\alpha K_r Ap(p_m - p_0)}{Vp_0} - \frac{RT_u^{1/2} K_V A_V (p - p_0)^{1/2}}{V} \tag{6.206}$$

由式(6.194)和式(6.195)消去 p，并对 t 求导，求得火焰速度表达式：

$$\frac{\mathrm{d}x}{\mathrm{d}t}=\left[\frac{p_{\mathrm{m}}}{p_0}-\frac{x}{L}\left(\frac{p_{\mathrm{m}}-p_0}{p_0}\right)\right]\alpha K_{\mathrm{r}}+\frac{xRT_{\mathrm{u}}^{1/2}K_{\mathrm{V}}T_{\mathrm{V}}\,(p-p_0)^{1/2}}{Vp} \tag{6.207}$$

令式(6.206)和式(6.207)中 $A_{\mathrm{V}}/V=\dfrac{V_{\mathrm{r}}}{100}$($V_{\mathrm{r}}$ 为泄压比)，则式(6.206)可写成

$$\frac{\mathrm{d}p}{\mathrm{d}t}=-\frac{\alpha K_{\mathrm{r}}p(p_{\mathrm{m}}-p_0)}{Lp_0}-\frac{RT_{\mathrm{u}}^{1/2}K_{\mathrm{V}}\,(p-p_0)^{1/2}V_{\mathrm{r}}}{100} \tag{6.208}$$

式(6.207)可写成

$$\frac{\mathrm{d}x}{\mathrm{d}t}=\left[\frac{p_{\mathrm{m}}}{p_0}-\frac{x}{L}\left(\frac{p_{\mathrm{m}}-p_0}{p_0}\right)\right]\alpha K_{\mathrm{r}}+\frac{xRT_{\mathrm{u}}^{1/2}K_{\mathrm{V}}\,(p-p_0)^{1/2}V_{\mathrm{r}}}{100p} \tag{6.209}$$

式(6.208)和式(6.209)是假定泄出气体为常温而推导得到的。当火焰达到泄压口时，泄出气体温度应为 T_{b}，而不是 T_{u}，此时压力上升速率和火焰速度公式变为

$$\frac{\mathrm{d}p}{\mathrm{d}t}=\frac{\alpha(p_{\mathrm{m}}-p_0)K_{\mathrm{r}}Ap}{Vp_0}-\frac{RT_{\mathrm{u}}K_{\mathrm{V}}A_{\mathrm{V}}\,(p-p_0)^{1/2}}{VT_{\mathrm{b}}^{1/2}} \tag{6.210}$$

$$\frac{\mathrm{d}x}{\mathrm{d}t}=\left[\frac{p_{\mathrm{m}}}{p_0}-\frac{x}{L}\left(\frac{p_{\mathrm{m}}-p_0}{p_0}\right)\right]\alpha K_{\mathrm{r}}+\frac{xRT_{\mathrm{u}}A_{\mathrm{V}}K_{\mathrm{V}}\,(p-p_0)^{1/2}}{VT_{\mathrm{b}}^{1/2}p} \tag{6.211}$$

由上述两式得不到简单形式的 $p\ t$，$x\ t$ 积分表示式，但从中可以看出：

① 压力上升速率 $\mathrm{d}p/\mathrm{d}t$ 与火焰行进的距离 x 无关。

② 当 $x=0$ 时，火焰速度为 $\alpha K_{\mathrm{r}}p_{\mathrm{m}}/p_0$。

$x=L$ 时，$\dfrac{\mathrm{d}x}{\mathrm{d}t}=\alpha K_{\mathrm{r}}+\dfrac{LRT_{\mathrm{u}}^{1/2}K_{\mathrm{V}}V_{\mathrm{r}}\,(p-p_0)^{1/2}}{100p}$。

③ 泄压容器中压力上升速率由两项决定，其中一项包含泄压比，另一项不包含泄压比，当泄压面积为零时，式(6.210)即为密闭容器中的 $\mathrm{d}p/\mathrm{d}t$ 式。

(3) 在泄压圆管道泄压端点火。在泄压端点火时情况与上例相类似，但点火位置不同。在这种情况下，上述状态方程式(6.194)～(6.209)仍然适用，但式(6.198)变为

$$\frac{\mathrm{d}n_{\mathrm{b}}}{\mathrm{d}t}=\frac{\alpha K_{\mathrm{r}}Ap}{RT_{\mathrm{u}}}-\frac{\mathrm{d}n_{\mathrm{e}}}{\mathrm{d}t} \tag{6.212}$$

由于泄放的是已燃烧气体，所以式(6.212)可写成

$$\frac{\mathrm{d}n_{\mathrm{b}}}{\mathrm{d}t}=\frac{\alpha K_{\mathrm{r}}Ap}{RT_{\mathrm{u}}}-\frac{K_{\mathrm{V}}A_{\mathrm{V}}\,(p-p_0)^{1/2}}{T_{\mathrm{b}}^{1/2}} \tag{6.213}$$

由于

$$\frac{\mathrm{d}n_{\mathrm{u}}}{\mathrm{d}t}=-\frac{\mathrm{d}n_{\mathrm{b}}}{\mathrm{d}t}-\frac{\mathrm{d}n_{\mathrm{e}}}{\mathrm{d}t} \tag{6.214}$$

故

$$\frac{\mathrm{d}n_{\mathrm{u}}}{\mathrm{d}t}=-\frac{\alpha K_{\mathrm{r}}Ap}{RT_{\mathrm{u}}} \tag{6.215}$$

用与密闭端点火的类似方法，可推导得

$$\frac{\mathrm{d}p}{\mathrm{d}t}=\frac{(p_{\mathrm{m}}-p_0)\alpha K_{\mathrm{r}}p}{Lp_0}-\frac{RT_{\mathrm{b}}^{1/2}K_{\mathrm{V}}\,(p-p_0)^{1/2}V_{\mathrm{r}}}{100} \tag{6.216}$$

$$\frac{\mathrm{d}x}{\mathrm{d}t}=\left[\frac{p_{\mathrm{m}}}{p_0}-\frac{x}{L}\left(\frac{p_{\mathrm{m}}-p_0}{p_0}\right)\right]\alpha K_{\mathrm{r}}+\frac{(L-x)RT_{\mathrm{b}}^{1/2}K_{\mathrm{V}}\,(p-p_0)^{1/2}V_{\mathrm{r}}}{100p} \tag{6.217}$$

比较式(6.208)和(6.216)可以看出，不管是在封闭端点火，还是在开口端点火，其压力上升速率式是相同的，但火焰速度式不同。比较式(6.209)和(6.217)可看出，两式中第二项符号相反，在开口端点火时，式中第二项为负号，这说明在开口端点火时，火焰速度是逐渐降低的；相反，在封闭端点火时，火焰速度是逐渐增加的。

(4) 在泄压圆管的中心点火。与前两种情况相类似，但点火面位于管中间，此时有左右两个火焰面，燃烧体积也分成两部分，左边为 V_{b1}，右边为 V_{b2}，此时亚音速流通过泄压口的方程，其右侧为

$$\frac{\mathrm{d}p_2}{\mathrm{d}t}=\frac{\alpha(p_m-p_0)K_r p_1}{Lp_0}-\frac{RT_u^{1/2}K_V(p_2-p_0)^{1/2}V_r}{100} \tag{6.218}$$

$$\frac{\mathrm{d}x_2}{\mathrm{d}t}=\left[\frac{p_m}{p_0}-\frac{x_2}{L}\left(\frac{p_m-p_0}{p_0}\right)\right]\alpha K_r+\frac{x_2RT_u^{1/2}K_V(p_2-p_0)^{1/2}V_r}{100p_2} \tag{6.219}$$

左侧为

$$\frac{\mathrm{d}p_1}{\mathrm{d}t}=\frac{\alpha(p_m-p_0)K_r p_1}{Lp_0}-\frac{RT_uK_V(p_1-p_0)^{1/2}V_r}{100T_b^{1/2}} \tag{6.220}$$

$$\frac{\mathrm{d}x_1}{\mathrm{d}t}=\left[\frac{p_m}{p_0}-\frac{x_1}{L}\left(\frac{p_m-p_0}{p_0}\right)\right]\alpha K_r+\frac{(L-x_1)RT_uK_V(p_1-p_0)^{1/2}V_r}{100p_1T_b^{1/2}} \tag{6.221}$$

由于容器中压力是均匀的，即 $p_1=p_2$，故容器中总的压力上升速率为两项之和，即

$$\frac{\mathrm{d}p}{\mathrm{d}t}=\frac{2\alpha(p_m-p_0)K_r p}{Lp_0}-\frac{R\left(T_u^{1/2}+\frac{T_u}{T_b^{1/2}}\right)K_V(p-p_0)^{1/2}V_r}{100} \tag{6.222}$$

总火焰速度也为两项之和，即

$$\frac{\mathrm{d}x}{\mathrm{d}t}=\frac{\mathrm{d}x_1}{\mathrm{d}t}+\frac{\mathrm{d}x_2}{\mathrm{d}t}$$

或

$$\frac{\mathrm{d}x}{\mathrm{d}t}=\left[\frac{p_m}{p_0}-\frac{(x_1+x_2)(p_m-p_0)}{Lp_0}\right]\alpha K_r+\left[x_2T_u^{1/2}-(L-x_1)\frac{T_u}{T_b^{1/2}}\right]\left[\frac{RK_V(p-p_0)^{1/2}V_r}{100p}\right] \tag{6.223}$$

显然，中心端点火比开口端点火更复杂。实际上，式(6.223) 不是连续函数，当火焰充满容器时，火焰速度有间断。

(5) 球形泄压容器。假定在球中心点火，如图 6.20 所示，则亚音速流通过泄压口的基本方程可写成如下形式：

$$pV_b=n_bRT_b \tag{6.224}$$

$$p(V-V_b)=n_uRT_u \tag{6.225}$$

$$p_0V=n_0RT_u \tag{6.226}$$

$$p_mV=n_0RT_b \tag{6.227}$$

$$\frac{\mathrm{d}n_b}{\mathrm{d}t}=\frac{\alpha K_rAp}{RT_u} \tag{6.228}$$

$$n_0=n_u+n_b+n_e \tag{6.229}$$

$$\frac{\mathrm{d}n_e}{\mathrm{d}t}=\frac{K_VA_V(p-p_0)^{1/2}}{T^{1/2}} \tag{6.230}$$

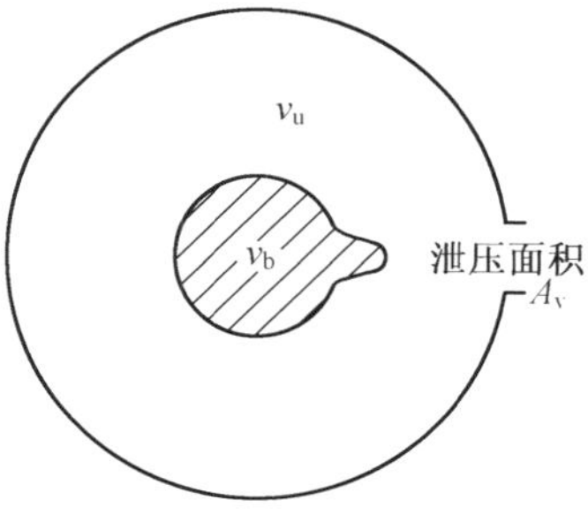

图 6.20　在球形泄压容器，中心点火时的爆炸

在式(6.230) 中温度项在火焰达到泄压口前以 T_u 表示，在此之后以 T_b 表示。式(6.228) 中 A 为火焰面积，它不能用简单的值表达。

由球形泄压容器中心点火推导所得的方程和圆管容器中心点火所得方程相类似，其主要不同点是，对球形容器来说，火焰阵面不能被处理成平面。实验表明，在泄压容器中，火焰

阵面不是球。对球形泄压容器，相应的压力上升速率方程在火焰到达泄压口之前为

$$\frac{\mathrm{d}p}{\mathrm{d}t}=\frac{\alpha(p_{\mathrm{m}}-p_0)K_{\mathrm{r}}pA}{Vp_0}-\frac{RT_{\mathrm{u}}^{1/2}K_{\mathrm{V}}\,(p-p_0)^{1/2}V_{\mathrm{r}}}{100} \tag{6.231}$$

在火焰到达泄压口之后为

$$\frac{\mathrm{d}p}{\mathrm{d}t}=\frac{\alpha(p_{\mathrm{m}}-p_0)K_{\mathrm{r}}Ap}{Vp_0}-\frac{RT_{\mathrm{u}}^{1/2}K_{\mathrm{V}}\,(p-p_0)^{1/2}V_{\mathrm{r}}}{100T_{\mathrm{b}}^{1/2}} \tag{6.232}$$

为了得到一个容易处理的火焰速度方程式，可以假设火焰是径向发展的，这样就可利用下列方程：

$$V_{\mathrm{b}}=\frac{\mathrm{d}r}{\mathrm{d}t} \tag{6.233}$$

则在火焰达到泄压口前，火焰速度式为

$$\frac{\mathrm{d}r}{\mathrm{d}t}=\left[\frac{p_{\mathrm{m}}}{p_0}-\frac{(p_{\mathrm{m}}-p_0)\,r^3}{p_0a^3}\right]\alpha K_{\mathrm{r}}+\frac{3rRT_{\mathrm{u}}^{1/2}K_{\mathrm{V}}\,(p-p_0)^{1/2}V_{\mathrm{r}}}{100p} \tag{6.234}$$

式中，a 是球形容器半径；r 是球形火焰半径。

(6) 音速流泄压。音速流通过泄压口时，通过泄压口的气体质量流速为绝对压力的函数：

$$\frac{\mathrm{d}n_{\mathrm{e}}}{\mathrm{d}t}=\frac{K'_{\mathrm{V}}A_{\mathrm{V}}p}{T^{1/2}} \tag{6.235}$$

其中 $K'_{\mathrm{V}}=1.392\ \mathrm{mol\cdot K^{1/2}/(m^2\cdot Pa^{1/2}\cdot s)}$，而温度项 T 在火焰达到泄压口前以 T_{u} 表示，之后以 T_{b} 表示，对圆管泄压和密封端点火时有

$$\frac{\mathrm{d}p}{\mathrm{d}t}=\frac{(p_{\mathrm{m}}-p_0)}{Lp_0}\alpha K_{\mathrm{r}}p-\frac{RT_{\mathrm{u}}^{1/2}K'_{\mathrm{V}}pV_{\mathrm{r}}}{100L} \tag{6.236}$$

$$\frac{\mathrm{d}x}{\mathrm{d}t}=\alpha K_{\mathrm{r}}\left[\frac{p_{\mathrm{m}}}{p_0}-\frac{x}{L}\,\frac{(p_{\mathrm{m}}-p_0)}{p_0}\right]+\frac{xRT_{\mathrm{u}}^{1/2}K'_{\mathrm{V}}V_{\mathrm{r}}}{100} \tag{6.237}$$

将上两式积分可得：

压力
$$\ln\frac{p}{p_0}=\left[\alpha K_{\mathrm{r}}\,\frac{(p_{\mathrm{m}}-p_0)}{Lp_0}-\frac{RT_{\mathrm{u}}^{1/2}K'_{\mathrm{V}}V_{\mathrm{r}}}{100}\right]t \tag{6.238}$$

火焰位置
$$\ln\left[1-\frac{x}{L}\left(\frac{(p_{\mathrm{m}}-p_0)}{p_{\mathrm{m}}}\right)-\frac{xRT_{\mathrm{u}}^{1/2}K'_{\mathrm{V}}A_{\mathrm{V}}p_0}{\alpha K_{\mathrm{r}}Vp_{\mathrm{m}}}\right]=t \tag{6.239}$$

以上式说明，在泄压容器中，压力 p 和火焰位置 x 均随时间指数增加，当燃料燃尽时，压力达到最大值，实验结果也证实了这一点。

(7) 泄压方程。密封端点火，泄压圆管中的亚音速流在泄压安全设计中最具典型性，其压力发展方程为

$$\frac{\mathrm{d}p}{\mathrm{d}t}=\frac{\alpha(p_{\mathrm{m}}-p_0)K_{\mathrm{r}}Ap}{Vp_0}-\frac{RT_{\mathrm{u}}K_{\mathrm{V}}A_{\mathrm{V}}\,(p-p_0)^{1/2}}{VT_{\mathrm{b}}^{1/2}} \tag{6.240}$$

考虑到最大压力发生在 $\mathrm{d}p/\mathrm{d}t=0$ 时，可有

$$\frac{p}{(p-p_0)^{1/2}}=\frac{RT_{\mathrm{u}}K_{\mathrm{V}}p_0LV_{\mathrm{r}}}{100T_{\mathrm{b}}^{1/2}\alpha K_{\mathrm{r}}(p_{\mathrm{m}}-p_0)} \tag{6.241}$$

式(6.237)～(6.241)中，p 为泄压容器中达到的最大压力，Pa；L 为泄压管长度，m；V_{r} 为泄压比，$100\ \mathrm{m^2/m^3}$；T_{b} 为已燃温度，K，可近似用 $T_{\mathrm{b}}/T_{\mathrm{u}}=p_{\mathrm{m}}/p_0$ 计算求得；p_{m} 为密闭容器中爆炸最大压力，Pa；α 为湍流度(无因子量)，可由实验测定；K_{r} 为燃料的燃烧速度，m/s，粉尘

爆炸的 K_r 很难单独精确测定，一般能测定表观燃烧速度 αK_r 值；p_0 为大气压力，Pa，即系统中初始压力；T_u 为初始温度，K，即环境温度，但此温度不一定是常数；K_V 为亚音速气流通过泄压口的系数，$K_V = 918\ \text{mol} \cdot \text{K}^{1/2}/(\text{m}^2 \cdot \text{Pa}^{1/2} \cdot \text{s})$；$K'_V$ 为音速气流通过泄压口的系数，$K'_V = 1.392\ \text{mol} \cdot \text{K}^{1/2}/(\text{m}^2 \cdot \text{Pa}^{1/2} \cdot \text{s})$；$R$ 为气体常数，对空气 $R = 287\ \text{J}/(\text{kg} \cdot \text{K})$。

式(6.241) 即为泄压圆管密封端点火、亚音速流泄压方程。

6.8.3 泄压爆炸压力发展的精确解

在一个完全封闭的容器中，不管混合物的燃烧速度多大，其最大压力 p_m 不变，即为定容爆炸压力。对多数计量比的碳氢—空气的混合物，定容爆炸压力量级为 0.7 ~ 0.8 MPa，大多数混合物的燃烧速度 K_r 为 0.5 m/s 左右，容器中气体混合物爆炸压力的成长过程比固体炸药爆炸要慢得多，随容器尺寸和其他条件不同，增长到最大压力的时间为毫秒到秒量级。对这样一种比较慢速的爆炸压力增长过程，泄压防爆是一个相当有效的措施。

前面介绍了泄压容器中爆炸压力发展的分析方法。在推导中，每一模型都做了一些近似假设，其目的便于工程应用，但所得结果精度低。本节介绍有关精确分析的理论及计算结果。

设有一泄压爆炸容器(图 6.21)，长度为 L，截面积为 A，反应混合物初温和初压分别为 T_0 和 p_0。在管子封闭端点火(左端)，右端有一横截面积为 A_0 的泄压口，高温膨胀的已燃气体推动未燃气体，通过泄压口泄放于大气。又假设为平面点火源，火焰阵面也为平面，且已知初始混合物的音速 c_0，而初始火焰传播速度小于 $0.2c_0$。在这种情况下，密闭容器中的压力上升有确定的值，所以可假设每个微元气体层的燃烧是在定压下进行的。而燃烧后气体膨胀引起已燃气体和未燃气体的等熵压缩，由于任一微元气体层在燃烧之前受到压缩，它燃烧后的状态决定于燃烧程度和燃烧气体中的温度梯度。已燃气体的等熵压缩方程为

$$\frac{p^{1/\gamma_b}}{\rho_b} = K(\lambda) \tag{6.242}$$

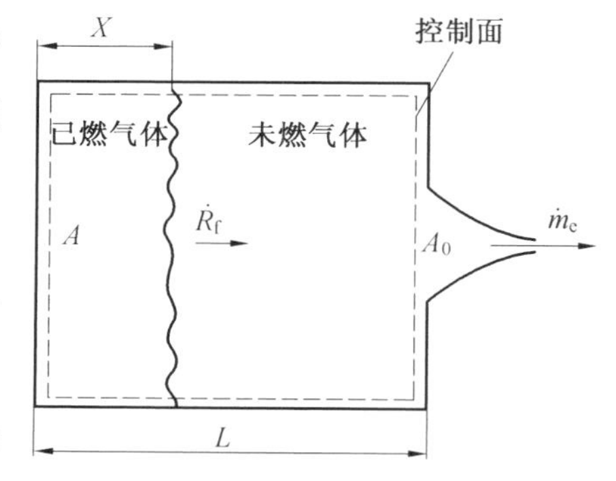

图 6.21 泄压容器示意图

式中，λ 为燃烧质量分数，$\lambda \equiv m_b/m_0$，下标 b 和 0 分别表示燃烧后状态和初始状态。

未燃气体的等熵压缩式为

$$\frac{p^{1/\gamma_u}}{\rho_u} = \frac{p_0^{1/\gamma_b}}{\rho_0} = K_u \tag{6.243}$$

下标 u 表示未燃气体。设式(6.242) 及(6.243) 中的已燃气体和未燃气体的比热容比 γ_b 和 γ_u 在燃烧过程中均为常数，同时，已燃和未燃气体均符合理想气体行为，则

$$p = \rho \frac{RT}{W} = \frac{m}{V} \frac{RT}{W} \tag{6.244}$$

于是可以写出控制体积中质量守恒方程：

$$\frac{\partial}{\partial t}(m_{cv}) = \frac{\partial}{\partial t}(m_u + m_b) = \dot{m}_e \tag{6.245}$$

式中，$\dot{m}_e = dm_e/dt$ 表示未燃气体通过泄压口的质量流速。在时间间隔 dt 中，火焰消耗微元质量 $dm = \rho_u dV$，其燃烧速度为 s，则已燃气体质量增加速率可用下式表示：

$$\frac{\mathrm{d}m_e}{\mathrm{d}t}=\rho_u\frac{\mathrm{d}V}{\mathrm{d}t}=\rho_u AS \tag{6.246}$$

管中未燃气体质量变化速率由下式给出：

$$\frac{\mathrm{d}m_u}{\mathrm{d}t}\frac{\mathrm{d}}{\mathrm{d}t}(\rho_u V_u) \tag{6.247}$$

式中

$$V_u=A(L-x) \tag{6.248}$$

其中 x 为火焰位置。将式(6.243) 和(6.248) 代入式(6.108) 可得

$$\frac{\mathrm{d}m_u}{\mathrm{d}t}=\frac{p^{1/\gamma_u}A}{K_u}\left[\frac{L-x}{\gamma_u p}\frac{\mathrm{d}p}{\mathrm{d}t}-\frac{\mathrm{d}x}{\mathrm{d}t}\right] \tag{6.249}$$

假定未燃气体流出泄压口是准定常的，则有

$$\dot{m}_e=\rho_e V_e A_e \tag{6.250}$$

下标 e 表示泄压口的条件，在泄压口的流动近似为一维的。若忽略管中未燃气体动能项 $\frac{1}{2}v_u^2$，则能量方程可写成

$$\frac{1}{2}v_e^2+C_{pu}T_e\approx C_{pu}T_u \tag{6.251}$$

由于气体流出泄压口是等熵的，将式(6.243) 及式(6.244) 代入式(6.251) 可得

$$v_e=\left(\frac{2\gamma_u}{\gamma_u-1}K_u\right)^{1/2}p^{\frac{\gamma_u-1}{2\gamma_u}}\left[1-\left(\frac{p_0}{p}\right)^{\frac{\gamma_u-1}{\gamma_u}}\right]^{1/2} \tag{6.252}$$

若定义排放系数为

$$C_D\equiv A_e/A_0 \tag{6.253}$$

可将式(6.250) 变为

$$\dot{m}_e=C_D A_0\left[\frac{2\gamma_u}{(\gamma_u-1)K_u}\right]^{1/2}p_e^{1/\gamma_u}p^{\frac{\gamma_u-1}{2\gamma_u}}\left[1-\left(\frac{p_0}{p}\right)^{\frac{\gamma_u-1}{\gamma_u}}\right]^{1/2} \tag{6.254}$$

用可压缩流体理论推导可得到排放系数公式，对亚音速排放($p_e=p_a$) 有

$$C_D=\frac{(p/p_e)^{1/\gamma_u}}{2f_i}\left\{1-\left[1-\frac{4f_i\left(1-\frac{p_e}{p}\right)\left(\frac{p_e}{p}\right)^{2/\gamma_u}}{K^2}\right]^{1/2}\right\} \tag{6.255}$$

其中

$$K^2=\frac{2\gamma_u}{\gamma_u-1}\left(\frac{p_0}{p}\right)^{2/\gamma_u}\left[1-\left(\frac{p_e}{p}\right)\frac{\gamma_u-1}{\gamma_u}\right] \tag{6.256}$$

$$f_i=c_i^{-1}-\frac{c_i^{-2}}{2} \tag{6.257}$$

c_i 为不可压缩收缩系数，对狭缝开口：

$$c_i=\frac{\pi}{\pi+2} \tag{6.258}$$

对于音速流排放：$p_e=\left(\frac{2}{\gamma_u+1}\right)^{\frac{\gamma_u}{\gamma_u+1}}p\neq p_a$，于是可有

$$C_D^*=\frac{(p/p_e)^{1/\gamma_u}}{2f_i}\left[1+\frac{\left(\frac{p_e}{p}-\frac{p_a}{p}\right)\left(\frac{p_e}{p}\right)^{1/\gamma_u}}{K^2}-\right.$$

$$\left\{1+\frac{\left(\frac{p_e}{p}-\frac{p_a}{p}\right)\left(\frac{p_e}{p}\right)^{1/\gamma_u}}{K^{*2}}-\frac{4f_i\left(\frac{p_e}{p}\right)^{2/\gamma_u}\left(1-\frac{p_a}{p}\right)^{1/2}}{K^{*2}}\right\}\Bigg]$$
(6.259)

$$K^{*2}=\gamma_u\left(\frac{2}{\gamma_u+1}\right)^{\frac{\gamma_u+1}{\gamma_u-1}} \tag{6.260}$$

联立式(6.245),(6.246),(6.249),(6.254)及式(6.255)～(6.260),可得到3个微分方程组,但有4个未知量:m_b,m_e,p和x,所以还需要有另一个方程才能求解这4个未知数。令$\mathrm{d}m$为$\mathrm{d}t$时间内燃烧的微元质量,则

$$\mathrm{d}m=m_0\mathrm{d}\lambda \tag{6.261}$$

其中λ为时刻t时已燃气体质量分数。$\mathrm{d}m$微元质量所占有的体积为

$$\mathrm{d}V=\frac{\mathrm{d}m}{\rho}=\frac{m_0\mathrm{d}\lambda}{\lambda} \tag{6.262}$$

管中总体积为

$$V_0=V_u+V_b=\frac{m_u}{p}\frac{RT_u}{W_u}+\int_0^\lambda\frac{m_0}{(\rho_b)_p}\mathrm{d}\lambda \tag{6.263}$$

利用理想气体状态方程和等熵条件,上式可写成

$$V_0=\frac{m_0}{p^{1/\gamma_b}}\int_0^\lambda K(\lambda)\mathrm{d}\lambda+\frac{m_uK_u}{p^{1/\gamma_u}} \tag{6.264}$$

由于$m_0=m_u+m_b+m_e$或

$$1=\frac{m_u}{m_0}+\lambda+\beta \tag{6.265}$$

于是式(6.264)可变为

$$\frac{V_0}{m_0}=\frac{1}{p^{1/\gamma_b}}\int_0^\lambda K(\lambda)\mathrm{d}\lambda+(1-\lambda-\beta)\frac{K_u}{p^{1/\gamma_u}} \tag{6.266}$$

或

$$\int_0^\lambda K(\lambda)\mathrm{d}\lambda=\frac{V_0}{m_0}p^{1/\gamma_u}-(1-\lambda-\beta)K_up^{\left(\frac{1}{\gamma_b}-\frac{1}{\gamma_u}\right)}$$

微分上式可得

$$K(\lambda)\mathrm{d}\lambda=\left[\frac{V_0}{m_0}p^{\left(\frac{1}{\gamma_b}-1\right)}-(1-\lambda-\beta)K_u\frac{\gamma_u-\gamma_b}{\gamma_u\gamma_b}p^{\left(\frac{1}{\gamma_b}-\frac{1}{\gamma_u}-1\right)}\right]\mathrm{d}\rho+K_up^{\left(\frac{1}{\gamma_b}-\frac{1}{\gamma_u}\right)}(\mathrm{d}\lambda+\mathrm{d}\beta)$$
(6.267)

利用定压燃烧过程能量守恒定律可得

$$\bar{c}_{pb}T_b-\bar{C}_{pu}T_u=Q \tag{6.268}$$

式中Q表示单位质量气体在定压燃烧过程中释放的能量,$\bar{c}=\frac{\gamma R}{(\gamma-1)}$是平均定压比热容。

将式(6.242)～(6.244)代入式(6.268),则得$K(\lambda)$的表达式为

$$K(\lambda)=\left(\frac{\gamma_b-1}{\gamma_b}\right)p^{\left(\frac{1-\gamma_b}{\gamma_b}\right)}\gamma_uK_up_0^{\frac{\gamma_u-1}{\gamma_u}}\left[q+\frac{1}{\gamma_u-1}\left(\frac{p}{p_0}\right)^{\frac{\gamma_u-1}{\gamma_u}}\right] \tag{6.269}$$

式中

$$q\equiv\frac{Q}{c_0^2}=\frac{Qp_0^{\frac{1-\gamma_u}{\gamma_u}}}{\gamma_uK_u}$$

又将式(6.269)代入式(6.267)可得到 p,λ,β 关系式。于是综上所述，可得到下列 4 个方程：

$$\frac{\mathrm{d}\lambda}{\mathrm{d}t}=\frac{sA_0}{m_0K_u}p^{1/\gamma_u}$$

$$\frac{\mathrm{d}x}{\mathrm{d}t}=\frac{m_0}{A}\frac{K_u}{p^{1/\gamma_u}}\left(\frac{\mathrm{d}\lambda}{\mathrm{d}t}+\frac{\mathrm{d}\beta}{\mathrm{d}t}\right)+\frac{L-x}{\gamma_u p}\frac{\mathrm{d}p}{\mathrm{d}t}$$

$$\frac{\mathrm{d}\beta}{\mathrm{d}t}=\dot{m}_e$$

$$[K(\lambda)-K_u p^{1/\gamma_b-1/\gamma_u}]\mathrm{d}\lambda=K_u p^{1/\gamma_b-1/\gamma_u}\mathrm{d}\beta+$$

$$\left\{\frac{V_0}{m_0}\frac{p^{\frac{1-\gamma_b}{\gamma_b}}}{\gamma_b}-(1-\lambda-\beta)K_u\frac{\gamma_u-\gamma_b}{\gamma_u\gamma_b}p^{(1/\gamma_b-1/\gamma_u-1)}\right\}\mathrm{d}p$$

为方便起见，选定火焰位置 x 作为独立变量来解 p,t,λ 和 β 4 个参数。我们已有 4 个一阶微分方程，此方程组可以用龙格库塔方法求数值解：

$$\frac{\mathrm{d}\lambda}{\mathrm{d}x}=\frac{\beta E}{\Delta}\tag{6.270}$$

$$\frac{\mathrm{d}\beta}{\mathrm{d}x}=\frac{D\beta}{\Delta}\tag{6.271}$$

$$\frac{\mathrm{d}\tau}{\mathrm{d}x}=\frac{-\beta}{\Delta}\tag{6.272}$$

$$\frac{\mathrm{d}p}{\mathrm{d}x}=\frac{-AE+CD}{\Delta}\tag{6.273}$$

式中

$$\Delta\equiv G(AE+CD)-FB(E+D)\tag{6.274}$$

$$A\equiv\frac{p^{1/\gamma_b}}{\gamma_b}\left[\left(\frac{\gamma_b-\gamma_u}{\gamma_u-1}\right)p^{-1/\gamma_u}+\gamma_u(\gamma_b-1)qp^{-1}\right]\tag{6.275}$$

$$B\equiv\left[\frac{\gamma_u-\gamma_b}{\gamma_u}(1-\lambda-\beta)p^{-1/\gamma_u}-1\right]\frac{p^{\frac{1-\gamma_b}{\gamma_b}}}{\gamma_b}\tag{6.276}$$

$$C\equiv-p^{\frac{1}{\gamma_b}-\frac{1}{\gamma_u}}\tag{6.277}$$

$$E\equiv-\frac{s}{c_0}p^{1/\gamma_u}\tag{6.278}$$

$$F\equiv-p^{-1/\gamma_u}\tag{6.279}$$

$$G\equiv(x-L)/\gamma_u p\tag{6.280}$$

对亚音速流：$p_e=1,p<\left(\frac{\gamma_u+1}{2}\right)^{\frac{\gamma_u}{\gamma_u-1}}$

$$D\equiv-C_D\frac{A_0}{A}\left[\frac{2}{\gamma_u-1}(p^{\frac{\gamma_u-1}{\gamma_u}}-1)\right]^{1/2}\tag{6.281}$$

$$C_D\equiv\frac{p^{1/\gamma_u}}{2f_i}\left[1-\left\{\frac{1-2f_i(1-p^{-1})}{K_1^2}\right\}^{1/2}\right]\tag{6.282}$$

$$K_1^2=\frac{\gamma_u}{\gamma_u-1}[1-p^{\frac{1-\gamma_u}{\gamma_u}}]\tag{6.283}$$

$$f_i=c_i^{-1}-e_i^{-2}/2\tag{6.284}$$

对狭缝口：$c_i=\pi/(\pi+2)$

对音速流：$p \geqslant \left(\frac{\gamma_u+1}{2}\right)^{\frac{\gamma_u}{\gamma_u-1}}$

$$D \equiv -c_D^* \frac{A_0}{A}\left[\left(\frac{2}{\gamma_u+1}\right)^{\frac{1}{\gamma_u-1}} p^{1/\gamma_u}\right]^{\frac{\gamma_u+1}{2}} \tag{6.285}$$

$$c_D^* = \left(\frac{\gamma_u+1}{2}\right)^{-\frac{1}{\gamma_u-1}}\left[1+\frac{\left(\frac{2}{\gamma_u+1}\right)^{\frac{\gamma_u}{\gamma_u-1}}-p^{-1}}{K_1^{*2}}-\left\{\left[1+\frac{\left(\frac{2}{\gamma_u+1}\right)^{\frac{\gamma_u}{\gamma_u-1}}-p^{-1}}{K_1^{*2}}\right]^2-\frac{4f_i(1-p^{-1})\left(\frac{2}{\gamma_u-1}\right)^{\frac{\gamma_u}{\gamma_u-1}}}{K_1^{*2}}\right\}^{1/2}\right] \tag{6.286}$$

$$K_1^{*2} = \gamma_u\left[\frac{2}{\gamma_u+1}\right]^{\frac{\gamma_u}{\gamma_u-1}} \tag{6.287}$$

$$p \equiv p_m/p_0 \tag{6.288}$$

$$x \equiv x/L \tag{6.289}$$

$$\tau \equiv c_0 t/L \tag{6.290}$$

为了说明上面的解析计算式，人们对典型的碳氢化合物－空气混合物的压力发展做了计算，计算中使用如下燃速公式：

$$s = \alpha\left(s_0 - K\ln\frac{p}{p_0}\right)\left(\frac{T}{T_0}\right)^2 \tag{6.291}$$

式中 $s_0 = 0.6$ m/s；$K = 4.34$；α 为湍流因子，$1 \leqslant \alpha \leqslant 1.5$，$\alpha = 1$ 对应于层流情况。

为了比较，还计算了燃速不依赖压力和温度时的情况，即 $s = \alpha s_0$，计算中使用的其他参数如下：音速 $c_0 = 345$ m/s，比热容比（绝热指数）$\gamma_u = 1.38$，$\gamma_b = 1.22$，定容爆炸最大压力 $p_m = 9.25 p_0$；归一化燃烧能量 $\frac{Q}{c_0^2} = 26$。

泄压面积为零时，容器内最大超压即为定容爆炸压力。对缓慢燃烧的混合物（$\alpha \approx 1$），泄压是非常有效的。例如，在层流情况下，即 $\alpha = 1$ 时，仅仅 0.1 的泄压比就可以使容器中最大超压从 $\Delta p_m = 825$ kPa 剧烈下降到 2 kPa。而在大湍流度下，泄压效果变差。同样 0.1 的泄压比，当湍流度 $\alpha = 15$ 时，最大超压只下降一半。而对层流情况下，$\alpha = 1$ 时，最大超压可下降为原来的 1/400。结果还表明，压力和温度对燃速的影响不很大。由于混合物的燃速增加而引起的预压缩很弱，所以除非燃烧速度很大（α 远大于 1）而泄压面积很小时，才能使未燃混合物高度预压缩。上述圆柱容器平面点火的情况很容易推广到球形容器，只要考虑火焰面积随火焰扩张而增加的关系式即可。对于一圆管，火焰面积为常数；而对球形容器，火焰面积 $A = 4\pi R_f^2$（R_f 为火焰半径）。一般来说，不管是已燃或未燃气体泄放，也不论开始时是对称球面或平面火焰，在泄放过程中均会引起火焰面的畸变。加上一般都是单一泄压口泄放气体，这必然在未反应气体中产生高度不对称流场而使火焰畸变。为了真实地模拟燃烧过程，然后适当调整湍流因子，这样计算就更符合实际，更精确。

为了在给定容器内最大容许压力下设计合适的泄压面积，可以推导得到简单准则。

容器中混合物内能增加速率为

$$\frac{\mathrm{d}E}{\mathrm{d}t}\dot{m}_{\mathrm{e}}Q=\rho_{\mathrm{u}}A_{\mathrm{f}}sQ \tag{6.292}$$

$$E=m_0\ \bar{c}_V\bar{T} \tag{6.293}$$

式中，m_0 为容器内可燃物总质量；$\bar{c}_V$ 和 $\bar{T}$ 为平均定容比热容和平均温度。这里的平均值既适用已燃气体，也适用于未燃气体。对理想气体有

$$E=\left(\frac{m_0\ \overline{RT}}{\bar{\gamma}-1}\right)=\frac{m_0V_0}{\bar{\gamma}-1} \tag{6.294}$$

式中，$\bar{\gamma}$ 为平均比热容比；V_0 为容器体积。

容器中的压力上升速率式为

$$\frac{\mathrm{d}p}{\mathrm{d}t}=\left(\frac{\bar{\gamma}-1}{V_0}\right)\dot{m}_{\mathrm{b}}Q=\left(\frac{\bar{\gamma}-1}{V_0}\right)\rho_{\mathrm{u}}A_{\mathrm{f}}sQ \tag{6.295}$$

若未燃气体泄放，容器内压力下降，泄压容器内部压力发展可写成

$$\frac{\partial p}{\partial t}=(\dot{m}_{\mathrm{e}}Q-\dot{m}_{\mathrm{V}}h)\left(\frac{\bar{\gamma}-1}{V_0}\right) \tag{6.296}$$

式中，$\dot{m}_{\mathrm{V}}$ 为泄放质量流速，$\dot{m}_{\mathrm{V}}=\rho_{\mathrm{V}}C_{\mathrm{D}}A_{\mathrm{V}}V_{\mathrm{V}}$；$\rho_{\mathrm{V}}$，$C_{\mathrm{D}}$，$V_{\mathrm{V}}$ 和 A_{V} 分别表示密度、泄放系数、泄放速度和泄压面积。

合理设计泄压面积准则，使容器内部压力上升到给定的值，然后保持这个值不变，即

$$\frac{\mathrm{d}p}{\mathrm{d}t}=0,\quad \dot{m}_{\mathrm{b}}Q\leqslant\dot{m}_{\mathrm{V}}h$$

或

$$\rho_{\mathrm{u}}sA_{\mathrm{f}}Q\leqslant C_{\mathrm{D}}\rho_{\mathrm{V}}A_{\mathrm{V}}V_{\mathrm{V}}h \tag{6.297}$$

假定燃烧在任何情况下都是定压的，则

$$\rho_{\mathrm{u}}Q=\frac{\bar{\gamma}p(E-1)}{(\bar{\gamma}-1)} \tag{6.298}$$

式中，E 为膨胀比，$E=\rho_{\mathrm{u}}/\rho_{\mathrm{b}}$，对等熵流动，有

$$\frac{\rho}{\rho_{\mathrm{V}}}=\left(\frac{p}{p_{\mathrm{V}}}\right)^{1/\gamma} \tag{6.299}$$

泄放速度

$$\frac{V_{\mathrm{V}}^2}{2}=\bar{C}_P(\bar{T}-T_{\mathrm{V}}) \tag{6.300}$$

或

$$V_{\mathrm{V}}=\left\{\frac{2\bar{\gamma}}{\bar{\gamma}-1}\,\frac{p}{\rho}\left[1-\left(\frac{p_{\mathrm{V}}}{p}\right)^{\frac{\bar{\gamma}-1}{\bar{\gamma}}}\right]\right\}^{1/2} \tag{6.301}$$

对亚音速流泄压，$p_{\mathrm{V}}=p_{\mathrm{a}}=p_0$，$p_{\mathrm{V}}$，$p_{\mathrm{a}}$，$p_0$ 分别表示泄压口压力、大气压力和容器中初始压力，因此对亚音速流，V_{V} 可写成

$$V_{\mathrm{V}}=\left\{\frac{2\bar{\gamma}}{\bar{\gamma}-1}\,\frac{p}{\rho}\left[1-\left(\frac{p_0}{p}\right)^{\frac{\bar{\gamma}-1}{\bar{\gamma}}}\right]\right\}^{1/2} \tag{6.302}$$

对于音速流，泄压速度为当地音速，即有

$$\frac{p_{\mathrm{V}}}{p}=\left(\frac{2}{\bar{\gamma}+1}\right)^{\frac{\bar{\gamma}-1}{\bar{\gamma}}} \tag{6.303}$$

临界速度为

$$V_{\mathrm{V}}^{*}=\left[\frac{2\bar{\gamma}}{\bar{\gamma}+1}\frac{\bar{p}}{\bar{\rho}}\right]^{1/2} \tag{6.304}$$

又定义归一化泄压面积：

$$\bar{A}=\frac{C_{\mathrm{D}}A_{\mathrm{V}}}{A_{\mathrm{f}}} \tag{6.305}$$

归一化火焰速度：

$$\bar{s}=\frac{s}{\bar{c}}(E-1) \tag{6.306}$$

归一化音速：

$$\bar{c}^{2}=\frac{\bar{\gamma}\bar{p}}{\bar{\rho}} \tag{6.307}$$

则可得到亚音速泄压口设计准则：

$$\frac{\bar{A}}{\bar{S}}\geqslant\left\{\frac{2}{\bar{\gamma}-1}\left(\frac{p}{p_{0}}\right)^{\frac{2}{\gamma}}\left[1-\left(\frac{p}{p_{0}}\right)^{\frac{\bar{\gamma}-1}{\bar{\gamma}}}\right]\right\}^{-1/2} \tag{6.308}$$

对音速流，泄压口设计准则为

$$\frac{\bar{A}}{\bar{S}}\geqslant\left(\frac{\bar{\gamma}+1}{2}\right)^{\frac{\bar{\gamma}+1}{2(\bar{\gamma}-1)}} \tag{6.309}$$

Bradley 等人根据大量实验数据，提出了下列无约束泄压口泄压面积设计准则经验式：

当 $\Delta p_{\mathrm{m}}>10^{5}$ Pa 时

$$\frac{\bar{A}}{\bar{S}}\geqslant\exp\left(\frac{0.64-\Delta p_{\mathrm{m}}}{2}\right) \tag{6.310}$$

当 $\Delta p_{\mathrm{m}}<10^{5}$ Pa 时

$$\frac{\bar{A}}{\bar{S}}\geqslant\left(\frac{0.7}{\Delta p_{\mathrm{m}}}\right)^{0.5} \tag{6.311}$$

对有约束泄压口，为保证最大压力不超过泄压口压力 p_{V}，则泄压面积设计准则为：

当 $p_{\mathrm{V}}>10^{5}$ Pa 时

$$\frac{\bar{A}}{\bar{S}}\geqslant\left(\frac{2.4}{p_{\mathrm{V}}-1}\right)^{1.43} \tag{6.312}$$

当 $p_{\mathrm{V}}<10^{5}$ Pa 时

$$\frac{\bar{A}}{\bar{S}}\geqslant\left(\frac{12.3}{p_{\mathrm{V}}-1}\right)^{0.5} \tag{6.313}$$

式中，$\bar{A}=C_{\mathrm{D}}A_{\mathrm{V}}/A_{\mathrm{S}}$，其中 C_{D} 为泄放系数，A_{V} 为泄压口面积，A_{S} 为容器总面积；$\bar{S}=\frac{S_{0}}{c_{0}}\left(\frac{\rho_{\mathrm{u}}}{\rho_{\mathrm{b}}}-1\right)$，其中 S_{0} 为层流燃速，$\rho_{\mathrm{u}}/\rho_{\mathrm{b}}$ 为火焰两侧密度比，c_{0} 为未燃介质的音速。

上述经验式仅适用于压力振荡不大且火焰加速很小的情况。

6.9　防爆理论

6.9.1　可燃物质化学性爆炸的条件

可燃物质的化学性爆炸必须同时具备下列三个条件才能发生：

① 存在着可燃物质，也包括可燃气体、蒸气或粉尘。

② 可燃物质与空气（或氧气）混合并且达到爆炸极限，形成爆炸性混合物。

③ 爆炸性混合物在火源作用下。

对于每一种可燃气体（蒸气）的爆炸性混合物，都有一个引起爆炸的最小点火能量，低于该能量，混合物就不爆炸。例如，引起烷烃爆炸的电火花的最小电流强度分别为：甲烷 0.57 A，乙烷 0.45 A，丙烷 0.36 A，丁烷 0.4 8A，戊烷 0.55 A。

6.9.2　燃烧和化学性爆炸的感应期

可燃物质的温度在达到自燃点或着火点之后，并不立即发生自燃或着火，其间有段延滞的时间，称为感应期。

如前所述，可燃物质的自行着火，并不能在自燃点 T_C 时发生，而是在较高的温度 $T_{C'}$ 时才出现，T_C 至 $T_{C'}$ 的间隔，即是物质发生自燃之前的延滞时间，以 t 表示。感应期的这种现象可以在测定可燃物质的自燃点时观察到。将测定的容器加热到某一物质的自燃点，但该物质导入后并不立即自行着火，而要经过若干时间后才出现火焰。

可燃物质与火焰直接接触而着火时，也存在感应期。但由于火焰的高温，使感应期大大地缩短了，所以不易察觉到着火以前的时间延滞。可燃性混合物的爆炸实质是瞬间燃烧，因此，任何这类爆炸的发生也都有时间上的延滞。

可燃物质的燃烧和可燃性混合物的爆炸之所以存在感应期，是因为要使化学反应的活性中心发展到一定的数目需要一定的时间，也就是说，这类燃烧和爆炸都需要经过连续发展过程所必需的一定时间后才能发生。

感应期在安全问题上有着实际意义。例如，煤矿中虽然有甲烷存在，但仍可用无烟火药进行爆破，这就是利用甲烷的感应期。因为甲烷的感应期为 8 ～ 9 s，而无烟火药的发火时间仅为 2 ～ 3 s，故可保证安全。

6.9.3　防爆技术基本理论及应用

防止可燃物质化学性爆炸三个基本条件的同时存在，就是防爆技术的基本理论。也可以说，防止可燃物质化学性爆炸全部技术措施的实质，就是制止化学性爆炸三个基本条件的存在。现代用于生产和生活的可燃物种类繁多，数量庞大，而且生产过程情况复杂，因此需要根据不同的条件，采取各种相应的防护措施。但从总体来说，预防爆炸的技术措施，是在防爆技术基本理论指导下采取的。

首先在消除可燃物这一基本条件方面，通常采取防止可燃物（可燃气体、蒸气和粉尘）的泄漏，即防止跑、冒、滴、漏。这是化工、炼油、制药、化肥、农药和其他使用可燃物质的工矿企业，甚至居民住宅所必须采取的重要技术措施。又如，某些遇水能产生可燃气体的物质

(如碳化钙遇水产生乙炔气,$CaC_2 + 2H_2O \longrightarrow C_2H_2 + Ca(OH)_2 + Q$),则必须采取严格的防潮措施,这是电石库为防止爆炸事故而采取一系列防潮技术措施的理论依据。凡是在生产中可能产生可燃气体、蒸气和粉尘的厂房必须通风良好。

其次,为消除可燃物与空气(或氧气)混合形成爆炸性混合物,通常采取防止空气进入容器设备和燃料管道系统的正压操作、设备密闭、惰性介质保护以及测爆仪等技术措施。

再次控制着火源,例如采用防爆电机电器、静电防护;采用不产生火花的铜质工具或镀铜合金工具,严禁明火,保护性接地或接零以及采取防雷技术措施,等等。

复习思考题

6.1　描述空气爆炸波的理论方法有哪些?

6.2　简述估算无约束气云爆轰所形成的爆炸波的破坏效应的三个模型。

6.3　爆炸波破坏准则有哪些?

6.4　求 1 t TNT 地面爆炸时对砖木结构房屋不同破坏等级的距离。

6.5　某爆炸气体混合物在一根1.0 m长的密闭容器中爆炸,此气体混合物的燃烧速度为0.8 m/s,初始压力为0.1 MPa,最终压力为1.2倍初始压力,湍流系数为2,求该气体爆炸的最大压力上升速率以及到达最大压力的时间。

6.6　试论述爆炸发展的影响因素有哪些,如何影响?

第7章　气相爆轰

随着天然气、液化石油气在各个领域中的广泛应用,可燃气体广泛存在于人们的日常工作和生活场所,特别是西气东输工程以及LNG(液化天然气)站线项目等重大工程的建设,预防这类工程项目可燃气体爆炸灾害的发生及保证危险物质储运安全显得尤为突出和急迫。可燃气体爆炸是工业爆炸灾害的重要形式,根据爆炸所释放能量速率大小和产生的爆炸波传播速度的快慢,把爆炸分为爆燃和爆轰。爆燃波以每秒数米至数百米的亚音速传播,而爆轰波则以每秒千米以上的超音速在未反应介质中传播。爆轰是一种前导冲击波和化学反应强耦合,自持传播具有强间断的现象,波前介质经冲击波压缩至较高的温度和密度,从而能够在很小尺度内迅速发生化学反应,而释放的化学能量又反过来恰能支持前导冲击波的传播。爆轰是物质化学能量释放的极限状态,是物质化学反应最迅速、能量释放最充分的化学爆炸过程,也是爆炸事故中最危险的状态。

气相爆轰作为安全科学与工程学科中爆炸安全的重要内容,对其进行研究对于判断各可燃气体的爆轰敏感性具有重要的参考价值,并对可燃气体爆炸事故预防与防护具有直接指导作用。可燃气体爆轰过程包括点火、爆轰的形成和爆轰波自持传播三个阶段。爆轰波在传播阶段速度极快、释放能量极大,不仅是一个流体动力学过程,还包括复杂的化学反应动力学过程、力学和物理化学因素的耦合过程,通常还伴随着高强度的热、光、电等效应,因此其现象极端复杂,研究难度极大,也是目前研究的热点之一。

7.1　气体爆炸基本知识

工业气体事故爆炸中绝大多数以爆燃形式出现。爆燃与爆轰有着本质的区别,其研究方法也不同。爆燃区别于爆轰的一个根本特点是前者为亚音速流动,因此它与超音速流动的爆轰有很大的不同,特别是受环境条件和物理因素的影响极大,因此有一些特殊的方法来表征气体爆炸的特征参数和参数之间的相互关系。

7.1.1　爆炸极限

要使气体爆炸,必须有三个基本条件:

① 有合适浓度的燃料气体。

② 有合适浓度的氧气。

③ 有足够能量的点火源。

所谓“合适浓度”是指可以发生爆炸的浓度。每种燃料气体在氧气或在空气中,都有一个可以发生爆炸的浓度范围。超出这个范围,即便使用很强的点火源也不能激发爆炸。这个浓度范围叫爆炸极限。因此气体的爆炸极限实际上指燃料气体的爆炸浓度极限。

1. **最佳体积浓度** C_m

燃料和空气或氧气混合物的燃烧速度和放热量均随燃料浓度而变化，当混合比达到某一值时，其基本燃烧速度达到极值，此时的燃料浓度称为最佳浓度 C_m。C_m 一般用体积百分数表示。如丙烷—空气混合气体，当丙烷的浓度为 4.8%时，基本燃烧速度达到极值 0.46 m/s，密闭容器中峰值压力也达到 0.76 MPa（表压），相应的爆炸反应热也达到极值。

必须指出，最佳浓度 C_m 不等于化学计量浓度，由于化学反应的不完全性和燃烧产物的离解和二次反应等原因，最佳浓度总是要高于化学计量浓度。常见可燃气体和空气混合物，其最佳浓度为化学计量浓度的 1.1～1.5 倍。而粉尘和空气混合物的最佳浓度可以达到化学计量浓度的 3～5 倍，这与粉尘粒子燃烧不完全有关。

从安全角度看，最佳浓度即为最危险的浓度，在此浓度下，爆炸威力最大，破坏效应最严重，因此要尽力避免达到这个浓度。

2. **化学计量浓度** C_{st}

所谓化学计量浓度即为可燃剂恰好被氧化剂全部氧化生成 CO_2 和 H_2O 时的浓度。

化学计量浓度 C_{st} 可用 CO_2 和 H_2O 简化法则计算。对含碳、氢、氧的燃料（$C_aH_bO_c$）和空气混合气体，可以写成如下反应式：

$$C_aH_bO_c+\frac{2a+b/2-c}{2}(O_2+3.773N_2)\longrightarrow aCO_2+\frac{b}{2}H_2O+3.773\left(a+\frac{b}{4}-\frac{c}{2}\right)N_2$$

据此，化学计量浓度 C_{st} 可由下式计算：

$$C_{st}=\frac{100}{1+4.773\left(a+\frac{b-2c}{4}\right)}$$

对常见烷烃类燃料 C_nH_{2n+2} 和空气混合物：

$$C_{st}=\frac{100}{1+4.773(1.5n+0.5)}$$

3. **极限浓度**

当从化学计量浓度增加或减少可燃物浓度时，燃烧速度都会减小，并存在一个下限和上限，称为爆炸极限。凡是浓度低于爆炸下限或高于爆炸上限的混合物与点火源接触时都不会引起火焰自行传播。浓度低于爆炸下限时，由于过量的空气作为惰性介质参与燃烧反应，消耗一部分反应热，起了冷却作用，阻碍火焰自行传播；相反，浓度高于爆炸上限时，由于可燃物过剩，即空气量不足，导致化学反应的不完全，反应放出的热量小于损耗的热量，因而也阻碍火焰蔓延。

4. **计量比浓度** Φ

燃料计量比浓度 Φ 的定义可用下式表示：

$$\Phi=\frac{f/a}{(f/a)_{st}}$$

式中，f 是燃料浓度；a 是空气或氧化剂浓度；下标 st 表示化学计量浓度下的值。因此，计量比浓度小于 1（$\Phi<1$），意味着该混合物中有过剩的空气，属于正氧平衡混合物，或称为缺油型混合物；计量比浓度大于 1，意味着该混合物中含有过多的燃料，属于负氧平衡混合物，或称为富油型混合物。上述两种情况，燃烧都不可能完全。一般火焰温度和燃烧速度，都是随

着混合物趋近于化学计量浓度(计量比浓度 $\Phi=1$)而增加的，在计量比浓度 $\Phi=1$ 时，绝大多数火焰达到最高温度和最大燃速。

5. **化学计量浓度的精确计算**

化学计量浓度的计算是基于最大放热原则，即假定混合物完全燃烧生成 CO_2 和 H_2O(但实际上这是不可能的)。在火焰温度相当高的情况下，产物气体的离解就变得很重要了。要精确计算化学计量浓度，就必须精确计算燃烧产物的组成，即确定化学反应方程式。燃烧温度或定容爆炸压力达到极值时所对应的燃料浓度，即为实际化学计量浓度，它应当与实测的最佳浓度 C_m 一致。这种计算过程采用计算机可以进行，但比较烦琐。

不同燃料浓度下计算的燃烧产物组计算所得的化学计量浓度 C_m 大于按 CO_2-H_2O 法则所得的计算值，小于按 $CO-H_2O$ 或 CO_2-H_2 法则得到的，这一点从实测定容爆炸温度和压力随燃料油浓度变化规律中对应的 3 个点可以看出。实测燃料油最大爆炸压力所对应的最佳浓度在 0.1 kg/m^3 左右，而按 CO_2-H_2O 法则计算的当量浓度小于此值，按 $CO-H_2O$ 或 CO_2-H_2 法则计算的当量浓度则大于此值。

7.1.2　气体爆炸的基本参数

表征气体爆炸特征的参数主要有火焰速度、燃烧速度、绝热火焰温度、定容爆炸压力、压力上升速率、爆炸强度特征值、点火能量及点火温度等。

1. **火焰速度和燃烧速度**

火焰相对于前方已扰动气体的运动速度称为燃烧速度，它与反应物质有关，是反应物质的特征量。常温、常压下的层流燃烧速度叫标准层流燃烧速度，或基本燃烧速度。常见碳氢化合物燃料和空气化学计量混合物的基本燃烧速度见表 7.1。

表 7.1　常见碳氢燃料和空气混合物的基本燃烧速度　m/s

气体	分子式	基本燃烧速度/(m·s^{-1})	气体	分子式	基本燃烧速度/(m·s^{-1})	气体	分子式	基本燃烧速度/(m·s^{-1})
甲烷	CH_4	0.40	丁烯	C_4H_8	0.51	一氧化碳	CO	0.46
乙烷	C_2H_6	0.47	乙炔	C_2H_2	1.80	二硫化碳	CS_2	0.58
丙烷	C_3H_8	0.46	丙炔	C_3H_4	0.82	苯	C_6H_6	0.48
正丁烷	C_4H_{10}	0.45	丁炔	C_4H_6	0.68	甲苯	C_7H_8	0.41
正戊烷	C_5H_{12}	0.46	丙酮	C_3H_6O	0.54	汽油	—	0.40
正己烷	C_6H_{14}	0.46	丁酮	$CH_3COC_2H_5$	0.42	航空燃料	JP—1	0.40
乙烯	C_2H_4	0.80	甲醇	CH_3OH	0.56	航空燃料	JP—4	0.41
丙烯	C_3H_6	0.52	氢气	H_2	3.12			

燃料与纯氧混合物的基本燃烧速度比燃料空气混合物可提高一个数量级，如丙烷/氧混合物的值可达 3.5 m/s，甲烷/氧可达 4.5 m/s。火焰速度是火焰相对于静止坐标系的运动速度，它不是燃料的特征量，而取决于火焰阵面前气流的扰动情况。

混合气体的燃烧速度和火焰速度是与爆炸猛烈程度直接相关的参量，燃烧速度大的气体具有大的危害性和破坏效应。

燃烧速度较难测量，而火焰速度则较易测量，例如用光导纤维探头或电离探针能较方便地测定管道中的火焰传播速度。由于火焰传播的不稳定性，故火焰速度的测定易受各种条件的影响。例如，气体流动中的耗散性、界面效应、管壁摩擦、密度差、重力作用、障碍物绕流及射流效应等可能引起湍流和旋涡，使火焰不稳定，其表面变得褶皱不平，从而增大火焰面积、体积和燃烧速率，增强爆炸破坏效应。在极端情况下，由于火焰加速而使燃烧转变为爆轰。

2. **火焰温度**

绝热火焰温度计算虽较烦琐，但不困难，利用现有化学热力学和化学平衡的知识和数据，可以得到相当满意的计算结果。

一般混合气体的燃烧可写成了下述包括 7 种产物的反应式：

$$C_aH_bO_c+\left(a+\frac{b}{4}-\frac{c}{2}\right)(O_2+3.773N_2)\rightarrow$$
$$n_1O_2+n_2[O]+n_3CO+n_4CO_2+n_5[H]+n_6[OH]+$$
$$n_7H_2+n_8H_2O+n_9[NO]+n_{10}N_2+n_{11}[N]$$

其中 4 个质量守恒(元素平衡)方程为

$$C:n_3+n_4=a \tag{7.1}$$

$$N:n_9+2n_{10}+n_{11}=(2a+0.5b-c)\times 3.773 \tag{7.2}$$

$$O:2n_1+n_2+n_3+2n_4+n_6+n_8+n_9=2a+0.5b \tag{7.3}$$

$$H:n_5+n_6+2n_7+n_8=b \tag{7.4}$$

7 个化学平衡方程为

$$0.5O_2\overset{K_1}{\Leftrightarrow}[O] \tag{7.5}$$

$$CO+0.5O_2\overset{K_{21}}{\Leftrightarrow}CO_2 \tag{7.6}$$

$$0.5N_2+0.5O_2\overset{K_{31}}{\Leftrightarrow}[NO] \tag{7.7}$$

$$0.5N_2\overset{K_{41}}{\Leftrightarrow}[N] \tag{7.8}$$

$$0.5H_2O+0.25O_2\overset{K_{51}}{\Leftrightarrow}[OH] \tag{7.9}$$

$$0.5O_2+H_2\overset{K_{61}}{\Leftrightarrow}H_2O \tag{7.10}$$

$$2[H]+0.5O_2\overset{K_{71}}{\Leftrightarrow}H_2O \tag{7.11}$$

式中，K_1，$K_{21}\sim K_{71}$ 分别为相应反应的平衡常数。

由以上方程可以计算燃料产物的理论组分 $n_1\sim n_{11}$。

根据燃烧产物组分就可算出反应热和火焰温度。由于化学平衡常数是温度的函数，因此计算时首先要假设一个温度，迭代计算火焰温度。不同燃料浓度有不同的火焰温度 T_f，Baker 等人研究结果表明，绝大多数气体混合物系统的引燃温度范围大体上是在 900～1 200 K。这说明，低于此温度，火焰就不能层层点火，即不能自动传播，因而与此温度相对应的爆炸浓度，应为爆炸极限浓度。

当火焰温度高于 2 100 K 时，产物气体的离解就变得很重要了。常见的可燃气混合物最高火焰温度在 2 500 K 左右。表 7.2 列出了几种可燃气的实测火焰温度值。

表 7.2　几种混合气体的实测火焰温度值

燃料名称	燃料浓度/%	火焰温度/K	燃料名称	燃料浓度/%	火焰温度/K
甲烷	10.0	2 230	丙烷	4.0	2 250
乙烯	6.5	2 380	丁二烯	3.5	2 380
乙炔	7.7	2 600	氧化乙烯	7.7	2 420

3. 定容爆炸压力

理论上定容爆炸是指在刚性壁面容器内瞬时整体点火，且系统绝热，即不考虑容器壁的冷却效应与气体泄漏而带走的热损失情况下的爆炸，因此定容爆炸压力应当是爆炸最高压力。实际上，瞬时整体点火是不可能的，一般是在球形容器中心点火。在这种情况下测得的峰值压力接近于定容爆炸压力，因为只有火焰接近球壁时，才会产生壁面导热冷却效应，虽然此压力维持时间极短，并很快就衰减下去，但此时压力峰值接近定容爆炸压力值。

如已计算得到绝热火焰温度，则定容爆炸压力就可利用理想气体状态方程计算得到：

$$P_f = P_i \frac{n_f T_f}{n_i T_i} \tag{7.12}$$

式中，P_i，n_i，T_i 分别为初始压力、摩尔数、温度；下标 f 是指终态参数。

由于一般的混合气体爆炸前后摩尔数变化很小，所以实际上定容爆炸压力值主要取决于火焰温度 T_f。

普通燃料－空气混合物的火焰温度大致为 8～9 倍初始温度，因而定容爆炸压力大致为 0.8～0.9 MPa，超压 0.7～0.8 MPa。

爆炸压力测量技术比较成熟，常采用应变式压力计和压电式压力计测定。对一个球形密闭容器，它相应于瞬时整体点火，且系统是绝热的，即不通过容器壁对外界进行热交换，而容器内也没有任何耗散效应。这种理想化的波形在实际上是不存在的，因为实际上既不可能瞬时整体点火，也不可能是理想的绝热系统。对中心点火的过程，压力随燃烧分数增大而增大，如果没有热损失，则压力极限值能维持不变。

从爆炸压力波形可看出，爆炸过程分三个阶段：

(1)爆炸压力上升阶段。此阶段的特点是爆炸反应放出的能量大于向周围热传导而损失的能量，因此反应过程中能量不断积累，使压力不断增高。压力上升速率与化学反应动力学和燃烧速度有关。

(2)爆炸压力高值区。当反应放出能量等于向周围传播而损失的能量时，爆炸压力曲线出现高值段(曲线中间段)，此值大小与化学反应热效应和热力学有关。

(3)爆炸压力衰减区。当反应放出的能量小于向周围热传导而损失的能量时，压力开始逐渐下降。能量的散失主要是由于容器周壁的冷却效应和气体泄漏而带走能量所致，因此压力衰减快慢应考虑热传导和可压缩气体的流动。

一些气相燃料－空气混合物的爆炸参数见表 7.3。

表 7.3　一些气相燃料—空气混合物的爆炸参数

燃料名称	最佳浓度 C_m/%	当量浓度比 $\varphi=C_m/C_{st}$	定容爆炸超压 /($\times10^5$ Pa)	最高火焰温度/K	实际测量峰值超压/($\times10^5$ Pa)
甲烷	10.1	1.07	8.6	2 340	6.6
甲醇	15.3	1.30	7.7	2 280	6.2
乙炔	13.3	1.83	10.5	2 740	10.4
乙烯	8.0	1.24	8.0	2 510	7.9
乙醚	11.0	1.48	7.5	2 200	6.8
乙烷	7.0	1.25	7.5	2 330	6.8
乙醇	12.0	1.95	7.5	2 100	6.8
丙烯	8.8	1.71	8.0	2 100	7.6
丙酮	5.8	1.16	7.6	2 630	5.7
丙烷	4.8	1.19	7.6	2 380	6.7
异丙基醇	6.9	1.54	7.4	2 140	6.4
丁烷	4.5	1.46	7.6	2 230	6.9
丁醇	5.8	1.77	7.5	2 070	7.2
乙醚	5.2	1.57	7.9	2 150	7.2
苯	3.7	1.37	7.7	2 490	6.8
环已烷	2.6	1.12	7.6	2 300	7.2
已烷	2.8	1.30	7.7	2 300	6.4
异丙基醚	3.0	1.33	8.1	2 380	7.0
甲苯	3.7	1.66	7.7	2 400	6.4
氢	33.1	1.13	9.0	2 330	7.7

4. 爆炸压力上升速率

爆炸压力上升速率定义为压力—时间曲线上升段拐点处的切线斜率，即压力差除以时间差的商。压力上升速率是衡量燃烧速度的标准，也就是衡量爆炸强度的标准。

容器的容积对爆炸强度具有显著影响。例如，在不同容积的密闭容器中，丙烷爆炸产生的最终压力是相同的（约 0.7 MPa），但达到最大压力所需的时间相差很大。在容积为 20 m^3 的容器里反应的全过程比在容积为 0.01 m^3 里多用 0.5 s。

可燃气体（或可燃蒸气）的最大压力上升速度与容器的关系可用“三次方定律”表示：

$$\left(\frac{dP}{dt}\right)_{max}\cdot V^{1/3}=\text{常数}=K_G \tag{7.13}$$

这就是说，最大压力上升速率与容器容积的立方根的乘积等于常数。上式必须满足以下四个条件才能成立：

① 可燃气的最佳混合浓度相同。

② 容器的形状相同。

③ 可燃气与空气混合气的湍流度相同。

④ 点火源相同。

在这些条件下，K_G 值可视为一个特定的物理常数。因此，当引用最大压力上升速率时，还应同时提出容积数据，否则对爆炸技术的研究是不够的。

7.2　爆轰理论和模型

7.2.1　爆轰

19 世纪 80 年代初,法国物理学家 M. 贝特洛、P. 维埃耶、E. 马拉尔和 H. —L. 勒夏忒列等做过火焰传播实验。他们将一个充满可燃气体混合物的管子一端点燃,发现火焰通常以每秒数厘米到数米的低速传播,但是在某些特殊情况下,这种缓慢的燃烧过程能够转变为高速的特殊燃烧过程,他们称这种现象为爆轰。后来发现,固相和液相炸药也能发生爆轰。

爆轰波阵面的结构可看成是由冲击波波阵面区域和化学反应区域构成,但对波阵面内的化学反应进程等通过简单的模型结构不能解决。由于爆轰波阵面的前导部分为强冲击波,冲击波压缩物质使得它的温度升高,因而触发了化学反应。化学反应释放出的能量支持了波的定常发展,使伴随化学反应的冲击波转化成了定常传播的爆轰波。在爆轰过程中,物质发生化学反应的速度要比在一般燃烧的火焰中发生化学反应的速度快 $10^3\sim10^8$ 倍。

爆轰过程不仅是一个流体动力学过程,还包括复杂的化学反应动力学过程。两者互相影响、互相耦合。爆轰还伴随着热、光、电等效应。爆轰同周围介质相互作用时,周围介质中会产生激波或应力波,推动物体运动,造成物体破坏。人们通常把燃烧(即爆燃)和爆轰联系起来考察。爆轰同燃烧最明显的区别在于传播速度不同。燃烧时火焰传播速度在 $10^{-4}\sim$ 10 m/s 的量级,小于燃烧物料中的声速;而爆轰波传播速度则在 $10^3\sim10^4$ m/s 的量级,大于物料中的声速。例如,化学计量的氢、氧混合物在常压下的燃烧速度为 10 m/s,而爆轰速度则约为 2 820 m/s。爆轰中的化学反应过程高速释放能量。因此,爆轰的功率很大,高效炸药每平方厘米爆轰波阵面的功率高达 1 010 W。这个特点使爆轰成为一种独特的能量转换方式。

7.2.2　爆轰波经典理论和基本模型

1. CJ 理论

爆轰波理论的研究伴随着爆轰的发现应运而生,Chapman 和 Jouguet 提出定量预测可燃混合气体爆轰特性的理论。1899 年,Chapman 首先提出可计算爆轰波速的理论,它将爆轰波面视为一道间断,波前气体跨越间断立即转化为高温产物。1905 年,Jouguet 也独立提出了声速解理论,即爆轰波后的气流相对波面以声速运动。实际上他们描述的都是跨波阵面守恒方程的解,但 Jouguet 从理论上解释了该解的物理必然性。关于该问题的讨论以及此后逐步完善的相关理论就是 Chapman—Jouguet 理论(简称 CJ 理论)。

CJ 解也称为相切解,即为 Rayleigh 线和 Hugoniot 曲线相切时,可得到两个解,一个是爆轰速度的最小值解,另一个为爆燃速度的最大值解,如图 7.1 所示。由于 CJ 解可提供守恒定律的一个额外条件,因此不需要考虑爆轰波的具体传播机理而只需从守恒定律出发就可得到 CJ 解。然而 CJ 解是否具有物理意义就要看这些解是否和实验结果吻合。对于爆轰波,其相切解和实验非常吻合,然而在实验中并没有发现爆燃波的最大速度解,因此对于爆燃波最大速度解的理论还需要进一步完善。

2. ZND **模型**

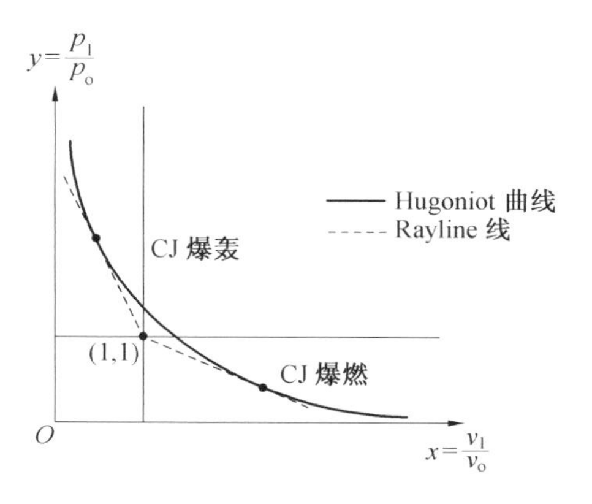

图 7.1 相切解(CJ 解)

CJ 理论能够很好地预测理想状况下爆轰波的传播现象，然而 CJ 理论完全忽视了爆轰的结构(也即爆轰波从反应物到产物的转变过程)，因此它不能用于解释爆轰波的传播机理。研究同时发现，真实的爆轰波并非如一维稳定的 CJ 爆轰，Fickett 等证明了在爆炸性混合气体中的爆轰波具有自持性和不稳定性，并且为三维非固定的胞状结构。Zeldovich，Von Neumann 和 Doring 引入有限速率化学反应，将爆轰波面视为前导冲击波与波后反应区的组合结构，其中前导冲击波将波前气体压缩至较高的温度和密度，直接引发一定距离后的化学反应，反应释热又反过来支持前导冲击波前进。这种层流爆轰波面结构被称为 Zeldovich-Neumann-Doring 模型，简称 ZND 模型，如图 7.2 所示。由 ZND 爆轰模型可知，爆轰波是一种伴随有化学反应热放出的强间断面的传播。爆轰波波阵面产生热动力学参数(如压力、温度)的强间断，而紧随波阵面之后的是 Taylor 稀疏波。

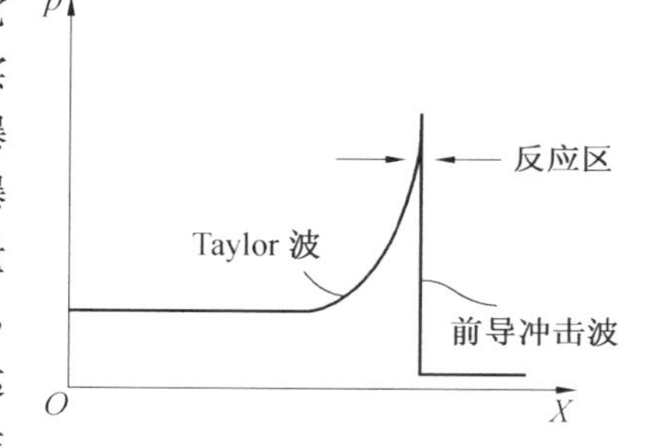

图 7.2 一维 ZND 爆轰模型结构图

虽然 ZND 模型仍是简单的层流结构，但是它已经包含了爆轰点火、传播、熄灭等机制，很多真实爆轰波现象在此基础之上能够得到一定的解释，爆轰特征参数都是基于 ZND 爆轰模型结构得到。爆轰波面结构受管壁阻力和热传导作用，热量和动量发生损失，因此自点火引发的爆轰波速有所降低，管径越小则壁面损失效应越为显著，当这种损失达到某种程度，冲击波减弱和反应速率降低形成恶性循环，爆轰波面将不可避免地发生前导冲击波和反应区分离以致爆轰熄灭。

然而，经典的一维爆轰理论并没有因此失去它们的价值，不管是一维还是多维的不稳定爆轰现象，它们在平均意义上仍然具有一维理论预测的相关特性。经典 CJ 理论本质上并不否定波面的厚度，波面特征在平均意义上不随时间而改变，这可能正是 CJ 理论能够预测真实爆轰波速的原因所在。但 ZND 模型单纯反映动力学控制下的层流波面结构显然已经不能描述多维爆轰波面的平均效果(如波面厚度、反应进度等)，从而也难以正确给出多维爆轰现象的一些特征参数。因此，目前爆轰研究的一个方向是希望回归至一维理论并对经典 ZND 模型进行修正与完善。

3. SWACER **机理**

在爆轰波 DDT(爆燃转爆轰)过程和直接起爆过程中，热点起爆过程广泛存在，也是最基本的爆轰波形成机理。热点起爆是一个非常迅速的爆炸过程，而且热点的出现往往具有随机性，由于实验手段的限制很难对其内部的热化学反应过程进行研究。为了解释弱激波或者压缩波在热点起爆过程中形成强激波的现象，Lee 等提出了激波与能量释放的同步放大机制，也即SWACER(Shock Wave Amplification by Coherent Energy Release)，并认为热点周围的流场存在化学反应诱导时间(或温度)梯度，如果梯度场产生的自发反应波路径与激波/压缩波轨迹重合，就会导致激波/压缩波在传播过程中不断受到化学反应释放能量的支持而加速，最后达到较高的马赫数，实现激波和反应的耦合传播，即形成爆轰波。这个理论对爆轰波的热点起爆过程给出了较好的定性解释，也得到了一些实验和数值结果的支持。

4. **爆轰波的多波结构**

真实的气相爆轰波的前导冲击波并不是一个平面，其后方也不是ZND模型所假定规则的诱导区和反应区，而是存在着复杂的多波结构，如图7.3(Radulescu等)所示。图7.3的纹影显示图像表明：与爆轰波运动垂直方向存在着横向运动的激波，这些横波与前导激波三波点的运动轨迹在烟熏薄膜上留下的痕迹就是常见的菱形爆轰胞格图案。可以推测实际爆轰波面是由前导激波和横向激波构成的蜂窝状结构，这种结构本身与可燃烧气体的物理特性紧密相关。对于复杂的碳氢燃料和氧气的混合物，爆轰波的横波结构是非常复杂的，可以看作很多频率的往复横波的叠加，体现为非规则胞格爆轰；而对于较为简单的可燃混合气体，如掺混了氩气的氢氧混合气体，爆轰波的横波运动与三波点的复现只有一种频率，表现为规则胞格爆轰。

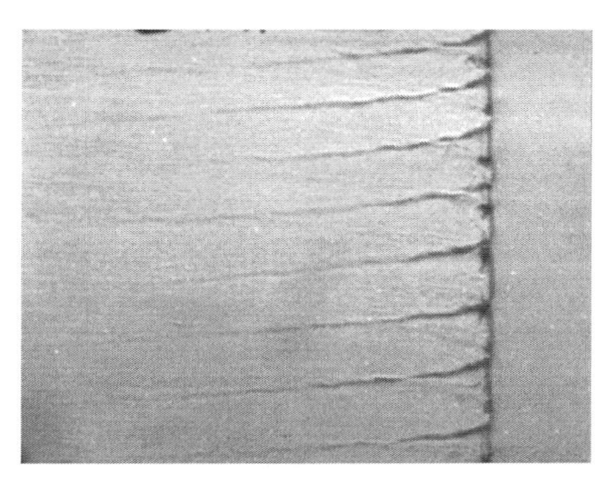

图7.3 爆轰波的多波结构纹影图

7.3 气相爆轰

7.3.1 直接起爆形成爆轰的基本理论

爆轰的直接起爆指的是爆轰瞬间形成而没有经历火焰加速的预爆轰阶段。所谓的“瞬间”是指起爆源在极短的时间内产生强爆炸波能量，并作用于混合气体而形成爆轰，而不是一般通过火焰加速引起爆轰。在可燃气体发生爆炸的事故中，绝大部分的事故都是由于可燃物质的燃烧转化为爆燃而对周围的设施和人员产生危害，由于直接起爆需要点火源在瞬间产生足以引起爆轰的起爆能量，对于起爆源点火能量要求比较苛刻，也因此通常被忽略，不能引起足够的重视。对于给定的爆炸性混合气体，通过实验的方法来测定形成爆轰的最小起爆能量，是判断该混合物敏感性最直接和有效的方法。

一些学者通过实验的方法进行直接起爆形成爆轰，其点火方式主要有：高能炸药和爆炸导线点火、电火花点火、冲击波或者爆轰诱导点火和激光诱导点火。虽然采用的方式不同，但其目的都是在各初始条件下为爆轰直接形成创造不同的临界条件。以上几种点火方式中最为常用的是高能炸药起爆，其通过对药量的计算来估算起爆能量，如解立峰等和姚干兵等通过高能炸药点火，在立式激波管中对环氧丙烷(PO)、正己烷、癸烷分别与空气组成的混合气体进行了直接起爆实验，直接起爆通常在非常短的时间内完成，远小于炸药能量的完全释放时间，因此炸药释放的全部能量有可能并非全部作用于直接起爆，所以采用经验估算的方法来计算起爆能量其可靠性和准确性值得商榷。

为了突破这个难题，Knystautas 和 Lee 进行了探索性的研究，他们首先通过研究发现真正沉积于混合气体中的能量为电流函数的平方与电火花电阻乘积的积分（即 $\int_0^{\infty} i^2 R_S \mathrm{d}t$），但通过实验同时发现爆轰形成的时间“$t_e$”小于电火花整个放电时间，约为放电的最初 1/4 周期，在“t_e”后的放电能量对于直接起爆并没有显著影响，且通过理论分析得出作用于直接起爆的有效能量约为电流最初的 1/4 周期放电能量，由此提出电流最初的 1/4 周期放电能量是作用于直接起爆的有效能量，但该假设缺少必要的实验数据支持。因此如何建立起爆能量的准确计算方法是研究直接起爆首先需要解决的问题。

在研究直接起爆的临界能量规律方面，Bach 等把起爆能量低于、等于和高于临界起爆能分为三种区域，分别是低临界、临界和超临界区域。Ng 和 Lee 对于起爆能量的三种状态分别进行研究，并对三种不同的起爆能量引起的爆炸波规律进行总结。Zeldovich 等早期对直接起爆研究表明，直接起爆的本质就是起爆源在瞬间产生足够强的能量，并提出直接起爆的临界能量与 ZND 模型中的诱导区长度的三次方成正比关系（$E_C \sim \Delta_I^3$），即所谓的 Zeldovich 准则。虽然 Zeldovich 等的研究没有得到临界起爆能量的定量理论，但是通过该模型可以定性分析起爆能量与诱导区厚度之间的关系，并且得出起爆能量依赖于混合物化学诱导区长度的定性关系。

研究直接起爆目前面临的难题是：首先由于起爆能量的计算大多采用经验估算，如何准确地计算点火能量缺乏统一的标准，因此所得到的起爆能量是否为直接起爆形成爆轰的有效点火能量值得探讨；其次，虽然文献已收录了部分可燃混合气体在不同状态下的直接起爆形成爆轰的临界能量，但实验结果采用的是不同起爆源得到的能量，数据缺乏系统性和全面性，有待于进一步丰富和完善；再次，人们对直接起爆形成爆轰的临界能量还没有系统的研究，因此直接起爆形成爆轰的临界能量的规律和特性还没有被很好地理解和把握。

7.3.2　爆轰临界直径的基本理论

Zeldovich 等早期对爆轰的研究表明，边界条件对爆轰波能否在管道中顺利传播影响极大，边界条件中最重要的因素之一是管道的直径。Lee 通过研究发现，在管道中传播的平面爆轰传播至自由空间，如果管道的直径大于某个临界值（即 $d > d_c$），则平面爆轰波进入自由场后发展为球形爆轰波；而如果 $d < d_c$，则稀疏波导致反应区和前导冲击波解耦，进入自由场后形成球形的爆燃波。

1965 年，Mitrofanov 等最早试图证明所有混合气体都适用的爆轰临界直径与胞格结构尺寸之间的普遍关系。Mitrofanov 等人研究了圆管中的平面爆轰波传播至自由场的衍射现象，并发现在圆管中爆轰临界直径与爆轰胞格之间的关系为 $d_c = 13\lambda$，在正方形的管道中，管道的宽度 W_c 与胞格结构尺寸之间的关系为 $W_c = 10\lambda$。由于 Mitrofanov 等得出的结论仅基于一种混合气体（即 $C_2H_2 - 2.5O_2$），并且测试压力范围较小（$p_0 < 13$ kPa），因此得出的结论和其具有的意义并没有得到广泛的认同。

1979 年，Edwards 等重新研究了爆轰临界直径与胞格结构尺寸之间关系的问题，通过重复 Mitrofanov 等的实验，验证了其得出的 $d_c = 13\lambda$ 结论，并提出该关系式应适用于其他可燃气体。Moen 等通过对 $C_2H_4-O_2-N_2$ 混合气体的实验也得出爆轰临界直径与胞格之间的关系为 $d_c=13\lambda$ 。Knystautas 等进行了系统的实验，并对一系列的碳氢燃料（H_2，C_2H_2，C_2H_4，C_3H_6，C_2H_6，C_3H_8，CH_4 和 MAPP）的爆轰临界直径和胞格结构尺寸同时测量，通过测得的临界直径与胞格结构尺寸的对比，进一步验证 $d_c=13\lambda$ 对于以上混合气体都适用。Guirao 等和 Moen 等对燃料与空气的混合气体进行研究，得出混合气体当量比与爆轰临界直径的关系，并发现 $d_c=13\lambda$ 与实验数据比较吻合。Carnasciali 等发现，如果在可燃性混合气体中自由基浓度非常高，或者混合物用高浓度的惰性气体（如 Ar）稀释，$d_c=13\lambda$ 关系式不再适用。

由于缺少惰性气体稀释的可燃混合物的爆轰临界直径数据，因此爆轰临界直径与胞格结构尺寸的比例系数和稀释浓度之间的关系还未知，不稳定爆轰和稳定爆轰在临界直径条件下起爆、传播和熄灭机理有待于进一步探索。

7.3.3　爆轰胞格结构尺寸的基本理论

可燃气体爆轰波的本质是不稳定的，不稳定性为爆轰的传播提供关键的机理。尽管早在 1927 年爆轰波传播的不稳定性就已经被 Campbell 等所注意到，但对爆轰波的不稳定性与三维结构的系统研究是在烟迹技术应用和瞬态流场捕捉技术充分发展的 20 世纪 50～60 年代。1959 年，Denisov 和 Troshin 首次以烟迹法获得三维爆轰波面传播所留下的鱼鳞状胞格结构。此时就有学者发现可燃气体爆轰波的前导冲击波由多个间隔排列的马赫杆（Mach Stem）和入射冲击波（Incident Shock）组成。横波（Transverse Wave）与马赫杆和入射冲击波相交于三波点并形成三波结构，在前导冲击波之后为一定厚度的化学反应层，胞格波系结构中还包含三波相互作用引起的剪切流，如图 7.4 所示（Lee 等）。

图 7.4 中，垂直于爆轰波传播方向上的两个相邻三波点的间隔为胞格宽度（λ），也即胞格结构尺寸长度。如果爆轰处于不稳定状态，爆轰胞格在烟迹薄膜上留下的轨迹也是不规则的，如图 7.5 所示。由图 7.5 可知，利用爆轰管壁内的烟熏薄膜记录下真实的爆轰波三波点的运动轨迹并非如图 7.4 那样规则，因此虽然可以在平均尺度上对某种可燃混合气体的胞格尺寸进行估算，但每个胞格单元之间的差异较大，由于测量者主观判断的差异导致最大误差可达两倍。

如果爆炸性混合气体中加入高摩尔浓度的惰性气体（如 Ar），从所得到的胞格烟迹图片可发现胞格结构非常规则，横波波系的痕迹不明显，表明横波波系在稳定爆轰中已经衰减为弱声波。而且随着惰性气体稀释浓度的提高，爆轰胞格趋于规则的同时尺寸也相应变大，如可燃混合气体经高浓度氩气稀释后，胞格不稳定性在爆轰波的形成和传播过程中起的作用很小，故爆轰能稳定传播，也即为稳定爆轰。

Kaneshige 等归纳总结了大量的实验结果，给出了氢气、甲烷、乙炔等常见混合气体在不同热力学参数下的胞格尺度，并通过分析各种条件下的胞格尺度，得到了一些定性的规律：化学当量比的混合气体能够形成一定尺度的胞格，而增加燃料或者氧化剂的比例都会导致胞格宽度增加；在能够形成爆轰波的条件下，可燃混合气体的压力越小、温度越低，其胞格宽度越大；在混合气体中添加稀释气体也能够增加爆轰波的胞格宽度。

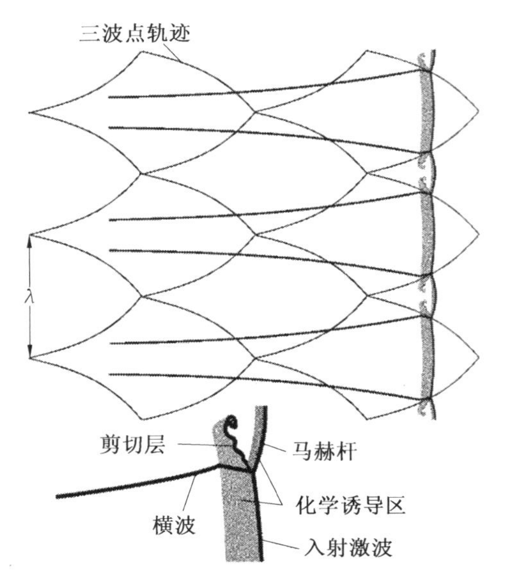

图 7.4　爆轰胞格中的三波结构

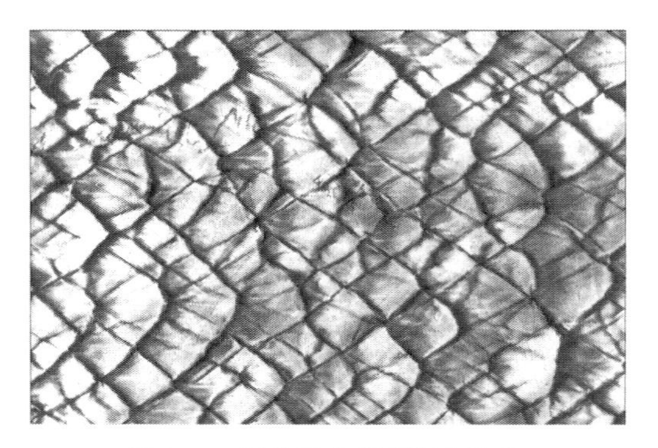

图 7.5　烟熏技术得到爆轰胞格

虽然对可燃气体爆轰胞格结构尺寸的规律有很好的总结，但对其研究始终未曾中止过，这是由于随着全球经济的发展，工业生产对新能源的需求与日俱增，燃料能否得到广泛应用首先要研究其使用的安全性，其中最为重要的是易燃易爆特性。因此通过对气体燃料的爆轰胞格结构尺寸的测量，可以为燃料安全性的评估提供非常有价值的参考信息，也因此一直受到重视。

7.3.4　爆轰极限的基本理论

爆轰极限是指爆轰波可以传播必须满足的条件，其包括爆轰波传播的初始和边界条件，因此爆轰极限依赖于一系列因素，如管道直径、混合物的初始热力学状态 (p,T) 以及混合物的组分等。对于某一特定的混合物，如果稀释的惰性气体浓度过高、处于极度富氧或富燃料、初始压力过低、管道直径过小等都可能形成爆轰极限。在爆轰极限范围之内，爆轰波以稳定的 CJ 爆轰速度传播。通过降低混合气体的初始压力(Chao 等、Kitano 等、Jackson 等和 Fischer 等)或者减小管径(Ishii 等)可接近其爆轰极限，并发现在爆轰极限附近，爆轰速度比 CJ 速度小 15%～50%。

Camargo 等通过高速扫描成像技术得到 CH_4-2O_2 混合气体爆轰波传播轨迹，并发现在螺旋爆轰之后将出现驰振爆轰(Galloping Detonation)。所谓驰振爆轰就是在爆轰接近极限时，爆轰波传播至数百管径长度处，爆轰出现周期性的失效和重新起爆的现象。驰振爆轰也被视为不稳定自持爆轰的极限模型，在反应区与前导冲击波解耦之后爆轰波其实已经失效，但驰振爆轰仍可以自持传播数个周期。Camargo 等同时发现虽然在驰振爆轰中爆轰速度波动非常大，但传播速度的平均值仍接近 CJ 值，并且更重要的是驰振爆轰可以自持传播。

Dupré 等研究表明，绝大多数的爆轰达到极限时，满足的条件为 $\lambda=\pi d_c$(λ 为爆轰胞格结构尺寸，d_c 为爆轰临界直径)，这个标准最早是由 Lee 提出。Lee 认为 πd_c 代表了管道的最大特征长度尺寸，因此可以与混合气体的爆轰敏感性的特征参数，也即与爆轰胞格结构尺寸相联立。然而，爆轰极限并非是爆轰可以传播和失效的明确分界，而是爆轰由自由传播至失效的一段过渡区域，如果要得出精确的爆轰极限比较困难。

7.4　爆轰动态参数

Chapman 和 Jouguet 提出了最简单的爆轰模型，如忽略爆轰波的结构，则可对爆轰静态参数（如爆轰速度、压力、温度、密度和产物气体的平衡组分）进行计算。而 ZND 模型则考虑了爆轰波的结构，并把爆轰波视为由前导冲击波和紧随其后的化学反应区组成的强间断。在 ZND 模型下，爆轰波的一些动态参数，如爆轰极限、胞格尺寸和临界管径都可理论计算。爆轰极限、胞格尺寸和临界管径是爆轰的重要特性，也可作为判断可燃混合气体爆轰敏感性的参数。

7.4.1　爆轰极限

爆轰波能在管道中传播通常要满足一定的初始条件（如压力、含氧量、管径的大小、管壁的粗糙度、管道中是否有障碍物产生扰动等），如果不能满足这些条件，爆轰则不能自持传播，并最终衰减为声波，爆轰可自持传播所必须满足的初始条件则称为爆轰极限。对于某一特定的混合物，如果稀释的惰性气体浓度过高、处于极度富氧或富燃料、初始压力过低、管道直径过小等都可能形成爆轰极限。在爆轰极限之内，爆轰波以稳定的 CJ 爆轰速度传播，如果通过减小管径使得爆轰接近其爆轰极限，爆轰速度将会下降并远离 CJ 速度。

图 7.6 是 Jesuthasan 得到的 $C_2H_2-2.5O_2-70\%Ar$ 混合气体在管径 44 mm 的管道中，实际爆轰速度和 CJ 爆轰速度比率与初始压力之间的变化趋势。由图可知，当压力大于 10 kPa，爆轰传播的速度约为 97%CJ 爆轰速度。当初始压力小于 10 kPa，其爆轰速度与 CJ 爆轰速度的比率也相应下降，而压力小于5 kPa 时，其比率值衰减幅度大，因而此处接近爆轰极限。

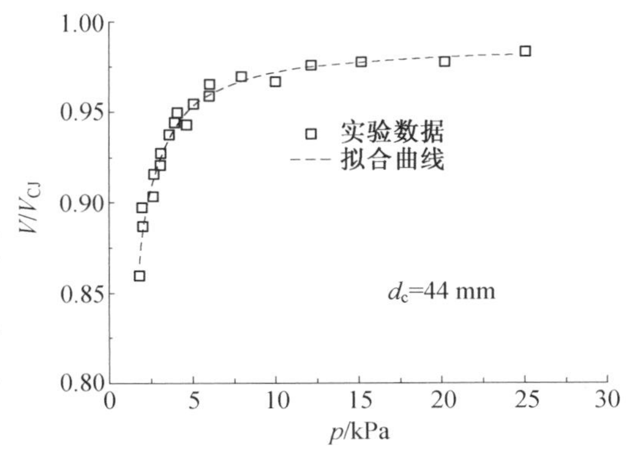

图 7.6　$C_2H_2-2.5O_2-70\%Ar$ 混合气体爆轰速度与初始压力的关系图（管长 d_c = 44 mm）

在接近爆轰极限处，爆轰变得不稳定，爆轰速度波动剧烈。在爆轰极限的临界处，发现存在单头螺旋爆轰。图 7.7 是单头螺旋爆轰的烟迹图片，图 7.8 是螺旋爆轰的模型图。

Manson 等研究表明当爆轰接近极限时，爆轰波结构的不稳定性幅度增加，并发现驰振爆轰现象。所谓驰振爆轰就是在爆轰接近极限时，爆轰波传播至数百管径长度处，爆轰出现周期性的失效和重新起爆的现象。驰振爆轰也被视为不稳定自持爆轰的极限模型，在反应区与前导冲击波解耦之后爆轰波其实已经失效，但驰振爆轰仍可以自持传播数个周期。随后 St－Cloud 等使用丙烷－氧气和 60%摩尔浓度的氮气组成的混合气体，并详细研究了驰振爆轰的结构，发现驰振爆轰在下个周期爆轰重新起爆之前的爆轰低速传播阶段中，反应区与前导冲击波已经完全分离，因此在爆轰极限时，爆轰发展为爆燃波并在下个周期内重新起爆形成爆轰。

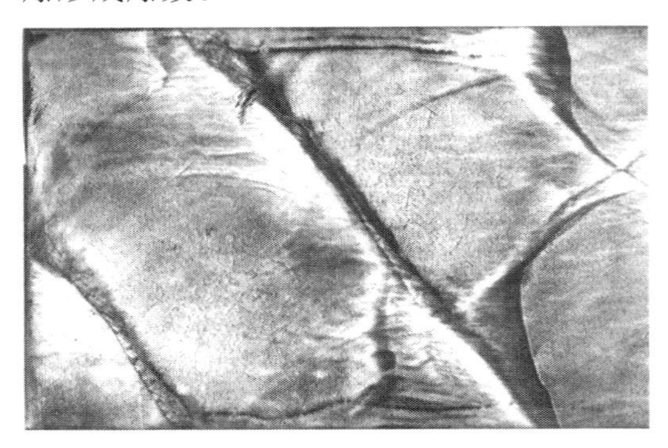

图 7.7　单头螺旋爆轰的烟迹图片

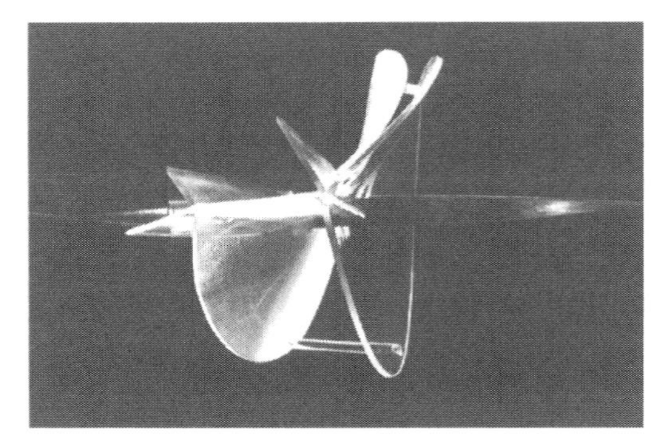

图 7.8　三维螺旋爆轰模型(Schott)

Lee 等研究了不稳定混合气体 $C_3H_8-5O_2$ 在接近爆轰极限时爆轰波传播速度的变化规律，如图 7.9 和图 7.10 所示。由图 7.9 可知，低速区的速度约为 CJ 爆轰速度的一半。而图 7.9 也表明，低速区持续的时间远多于高速区，且持续的距离约为 100 个管径长度。在此之后爆轰又重新起爆和加速，如此周期性地反复。

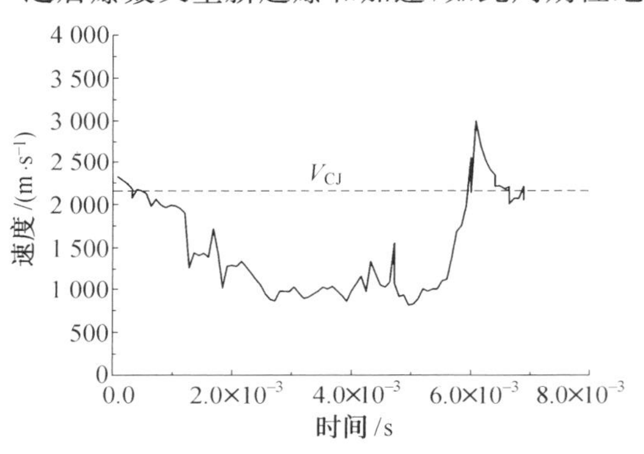

图 7.9　不同时间爆轰的传播速度(Lee)

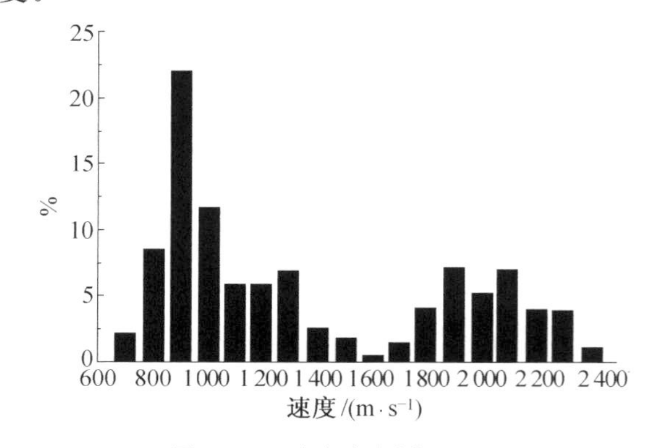

图 7.10　速度直方图(Lee)

Fay 等基于一维 ZND 模型计算爆轰速度，提出预测爆轰极限的模型，Jesuthasan 通过测定 $C_2H_2-2.5O_2-70\%Ar$ 和 CH_4-2O_2 两种混合气体在不同管间距的环形管道中的爆轰速度，并与 Fay 理论模型对比发现：在较大间距的圆管中，Fay 模型得出的爆轰速度与 CJ 爆轰速度的比率与实验结果比较接近，并且接近爆轰极限时两者的变化规律基本相同，如图 7.11 所示；但在较小间距的圆管中理论模型与实验值相差甚远，如图 7.12 所示。所以，爆轰极限的研究目前主要是以实验测量为主，理论预测模型也是未来研究的发展方向。

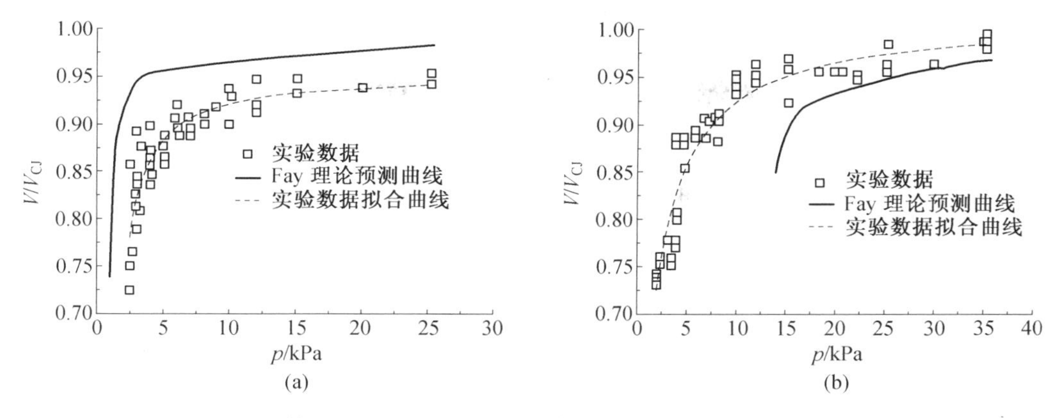

图 7.11　管间距为 9.525 mm 的管道，Fay 模型与实验结果的对比

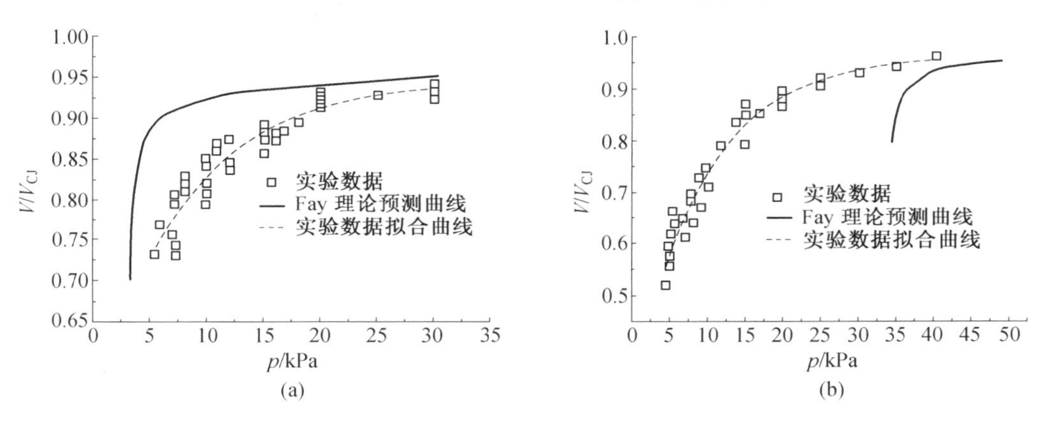

图 7.12　管间距为 3.175 mm 的管道，Fay 模型与实验结果的对比

7.4.2　爆轰胞格尺寸

所谓爆轰胞格是指主要用烟熏技术记录下爆轰在管道中由横波、入射波和马赫杆交合的三波点运动轨迹。尽管早在 1927 年爆轰波传播的不稳定性就已经被 Campbell 等所注意到，但对爆轰波的不稳定性与三维结构的系统研究是在烟迹技术应用和瞬态流场捕捉技术充分发展的 20 世纪 50～60 年代。1959 年，Denisov 和 Troshin 首次以烟迹法获得三维爆轰波传播所留下的鱼鳞状胞格结构。1997 年，Kaneshige 和 Shepherd 所整理的爆轰数据库(Detonation Database)收录了大量的不同物质的爆轰胞格数据。

通过对爆轰胞格尺寸的相关研究表明，对于绝大部分的燃料氧气或者燃料空气混合物，爆轰波在其中都是不稳定传播，也即在同一胞格间距内爆轰波传播速度反复波动，因此爆轰胞格都不规则，大小各异。如果爆炸性混合气体中加入一定的惰性气体(如 N_2，Ar)，从所得到的胞格烟迹图片可以发现胞格结构非常规则，横波波系的痕迹不明显，表明横波波系在稳定爆轰中已经衰减为弱声波。而且随着氩气稀释浓度的提高，爆轰胞格趋于规则的同时尺寸也相应变大，高浓度氩气稀释后的混合气体，胞格不稳定性在爆轰波的形成和传播过程中起的作用很小，故爆轰能稳定传播，也即为稳定爆轰。而不稳定爆轰是指不稳定性和湍流在反应区中起主导作用的爆轰。

图 7.13 是具有代表性的各混合气体($2H_2-O_2-17Ar$,$2H_2-O_2-12Ar$,$H_2-N_2O-1.33N_2$,$C_3H_8-5O_2-9N_2$)的爆轰结构纹影图片及爆轰胞格。由图 7.13 可知,H_2-O_2混合气体经高浓度氩气稀释后,爆轰波波前具有稳定的薄片层状结构,反应区中的湍流不明显,横波具有周期性且间距基本相等,胞格也非常规则。而在 $H_2-N_2O-1.33N_2$和 $C_3H_8-5O_2-9N_2$混合气体中,反应区中湍流比较明显,横波毫无规律,并且胞格也没有规则。

据此,Austin 等通过计算各种混合气体的活化能 (Θ) 和相对释放化学能量($\frac{Q}{RT_1}$),见表 7.4,根据表 7.4 中所计算的参数对爆轰在各种混合气体传播的稳定性进行判断。

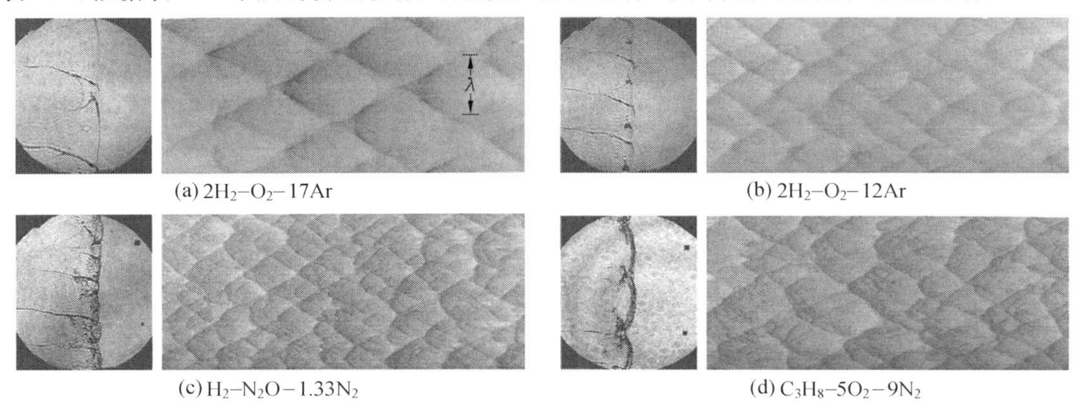

(a) $2H_2-O_2-17Ar$　(b) $2H_2-O_2-12Ar$　(c) $H_2-N_2O-1.33N_2$　(d) $C_3H_8-5O_2-9N_2$

图 7.13　各种混合气体的爆轰结构及胞格,$p_0=20$ kPa

表 7.4　各种混合气体的爆轰参数及爆轰稳定性

混合气体	U_{CJ} /(m·s^{-1})	Δ_I /mm	T_{VN} /K	p_{VN} /MPa	Θ	$\frac{Q}{RT_1}$	不稳定性
$2H_2-O_2-12Ar$	1 517.9	0.7	1 899.3	0.49	5.2	24.2	弱
$2H_2-O_2-17Ar$	1 415.0	1.3	1 775.3	0.44	5.4	14.7	弱
$2H_2-O_2-3.5Ar$	1 958.0	0.7	1 501.4	0.54	6.2	45.3	中等
$2H_2-O_2-5.6Ar$	1 796.6	1.4	1 403.2	0.49	6.9	36.3	中等
$H_2-N_2O-1.33N_2$	2 017.5	1.5	1 613.7	0.72	11.1	55.2	强
$H_2-N_2O-1.77N_2$	1 954.7	2.3	1 574.4	0.68	11.5	52.2	强
$C_2H_4-3O_2-8N_2$	1 870.1	2.6	1 627.4	0.72	12.4	53.7	强
$C_2H_4-3O_2-10.5N_2$	1 844.1	3.2	1 613.5	0.69	12.1	56.9	强
$C_3H_8-5O_2-9N_2$	1 934.4	1.7	1 643.7	0.82	12.7	65.3	强

通过对 $C_2H_2-O_2$加入不同浓度的氩气混合气体的各爆轰参数的计算(表 7.5),得出氩气稀释浓度的提高使得爆轰在 $C_2H_2-O_2$混合气体中的稳定性增加,因而爆轰胞格更加规则。

表 7.5　$C_2H_2-O_2$加入不同浓度氩气后的爆轰敏感参数

Ar	p_0/kPa	$Ea/(R_1T_s)$	Δ_I /cm	Δ_R /cm	χ
70%	16	4.77	2.25×10^{-2}	3.32×10^{-2}	3.24
81%	41.7	4.77	1.52×10^{-2}	3.03×10^{-2}	2.39
85%	60	4.86	1.51×10^{-2}	3.41×10^{-2}	2.15
90%	100	5.07	1.92×10^{-2}	5.30×10^{-2}	1.83

7.4.3　爆轰临界直径

由于通过实验得到的爆轰胞格尺寸的大小有一定的误差，尤其对于不稳定性混合气体，胞格的结构非常不规则，而且大小不一，因此对于爆轰胞格测量的最大误差可达两倍，而爆轰临界管径的测定相对比较精确。所谓爆轰临界管径是指爆轰波可从管道中成功传播至无约束空间的最小管道直径。Lafitte 早期在 7 mm 管道中对 CS_2+3O_2混合物进行起爆得到爆轰波，并使爆轰波由管道向自由场传播试图得到球面爆轰波，但是遗憾的是最终以失败而告终。Zel′dovich 等随后的研究发现 Lafitte 之所以没能得到球面爆轰，是因为爆轰波在由管道向自由场传播过程中，管道的直径小于可以形成球面爆轰的临界值。研究并发现如果管径大于该临界直径，管道中的爆轰波进入自由场后能成功发展为球面爆轰而不会熄灭，如图 7.14(a)所示。如果管径小于临界直径，平面爆轰波最终不能成功发展为球面爆轰，如图 7.14(b)所示。

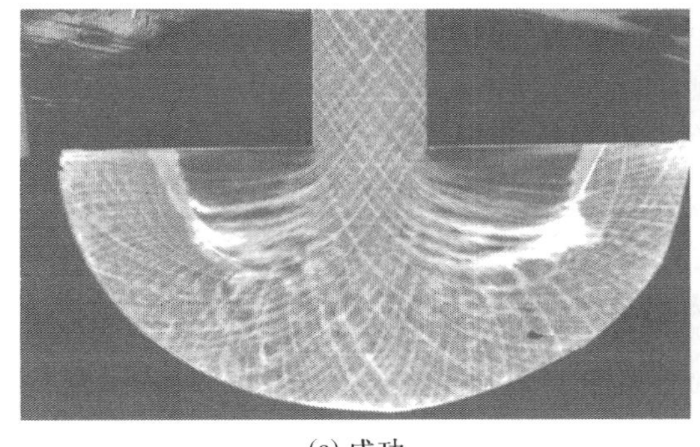

(a) 成功

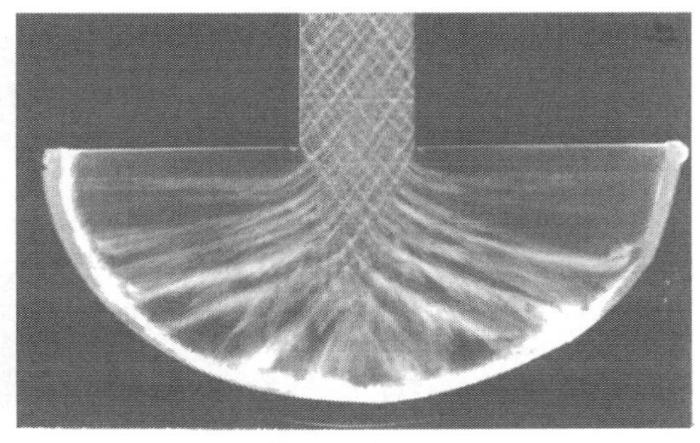

(b) 不成功

图 7.14　爆轰波由管道向自由场传播

由 CJ 理论得到爆轰速度不依赖于初始和边界条件，而仅仅依赖于可燃物质的热力学特性。然而，在实验中发现初始和边界条件对于爆轰波的传播影响非常大，其原因是爆轰的反应区厚度的存在使得爆轰易受边界效应的影响，考虑到这个因素之后，Moen 等用爆轰管径 d_c 而不是爆轰胞格宽度 λ 来作为真实爆轰波波前的特征。

由于爆轰波波前是以反应区域长度为特征，而冲击波的衍射过程由管径决定，从空间角度考虑，这两个特征参数应该具有一定的关系。Mitrofanov 和 Soloukhin 从 $C_2H_2-O_2$混合气体的实验中发现临界直径和胞格宽度的经验关系式：$d_c\approx 13\lambda$ 。随后，Edwards 等人用同样的混合气体验证了该公式，并且提出该公式也适用于其他的混合气体。Knystautas 等开展了系统的工作，证明了该关系式适用于其他燃料－氧气和燃料－空气混合物，并利用

Lee 和 Matsui 提出的爆轰敏感度(D_H)来评价爆轰危害程度。然而，并非所有的混合气体都符合 $d_c \approx 13\lambda$ 关系式，Carnasciali 和 Lee 发现，如果在可燃性混合气体中自由基浓度非常高，或者混合物用高浓度的氩气稀释，$d_c \approx 13\lambda$ 关系式不再适用。当有高浓度氩气稀释，关系式为 $d_c \approx 30\lambda$ 或者比例系数更高。张博等，Zhang 等通过实验对几种典型混合气体($C_2H_2-O_2$，$C_2H_2-2.5O_2$，$C_2H_2-4O_2$，$C_2H_4-O_2$，$C_3H_8-O_2$，$C_2H_2-2.5O_2-X\%Ar$)爆轰临界管径的测量，得出对于未用氩气稀释的混合气体，临界管径与爆轰胞格之间的关系基本满足 $d_c \approx 13\lambda$，而 50%，65%和 70%氩气稀释的 $C_2H_2-2.5O_2$ 混合气体，其临界管径与爆轰胞格尺寸之间的比例分别为 21，25 和 29。

对 $C_2H_2-O_2$ 混合气体用物质的量浓度为 80%或者更高的氩气稀释，爆轰变得稳定，通过烟熏技术仍然能够得到爆轰运动的胞状结构的痕迹，发现胞格结构图比较规则，并且横波波系的痕迹不明显，说明横波波系衰减为弱声波，在爆轰波的发展过程中起的作用很小。因此，虽然通过实验观察到相向运动的弱横波相互作用，但它们在本质上类似于马赫波或者超音速流场，故横波在该爆轰结构的形成中不起关键作用。$d_c \approx 13\lambda$ 关系式的失效也是由于在稳定和非稳定的爆轰中其失效和重起爆的机理不同。对于稳定爆轰，前导冲击波诱导化学反应引发起爆，然而在不稳定爆轰中，冲击波相互作用以及与湍流的作用而引起的热点是导致起爆的主要原因。

爆轰临界直径的现象同样存在于二维的情况，当管道中的平面爆轰波向无约束空间传播，产生柱面爆轰。混合物的反应速率对温度非常敏感，所以沿着管轴传播的中央稀疏波波头的温度扰动足以引起爆轰的熄灭，使得反应区和冲击波波前解耦。Lee 得出爆轰直径和胞格宽度在二维和三维空间中的关系，并用这关系式来区别稳定和不稳定爆轰。

7.5　气相爆轰测试技术

爆轰波在介质中的传播速度极快，是一个瞬态过程，因此要研究气相爆轰的各种现象和传播机理，首选必须选择适当的设备和成熟的测试技术。本节主要介绍爆轰压力信号的采集、到达时间测量及爆轰反应图像捕捉的方法和技术，并为爆轰现象的讨论提供依据。

7.5.1　爆轰压力信号采集

(1)压阻式传感器。压阻式压力传感器的核心部件是一块圆形的硅胶片，在膜片上面通过集成电路的方法扩散了 4 个阻值相等的电阻，构成平衡电桥。当膜片的两侧压力不一样时，在应力的作用下，电阻值发生变化，电桥失去平衡，输出相应电压，该电压和膜片的压力差成正比。因此，由输出电压可以求得膜片所受的压力差。

压阻式压力传感器具有不重复性和迟滞性小等特点，精度在 0.5%以上。因此此类传感器抗过载能力不强，动态测量时须认真估算脉冲的过冲量，量程可按过冲量的 90%选取。

(2)压电式传感器。有些晶体沿一定方向拉伸或压缩时，内部会极化，从而在其表面产生束缚电荷。外力去除后，又恢复到不带电状态。这种将机械能转化为电能的现象称为正压电效应。压电式压力传感器正是利用正电压效应来测量压力值。图 7.15 是 PCB 公司生产的压电式传感器。

传感器为敏感元件，因此其内阻很高，输出的信号能量很小，这要求测量电路的输入电阻非常大。因此，在压电式传感器的输出端，总是先接入高输入阻抗的前置放大器，然后再接一般放大电路。前置放大器有两个作用，一是放大传感器输出的微弱信号，二是将传感器的高阻抗输出变换为低阻抗输出。由于压电式传感器可等效为电压源或电荷源，输出量可以是电压，也可以是电荷，因此，前置放大器也有电压型和电荷型两种，目前使用较多的是电荷放大器。

图 7.16 是经电荷放大器最终在示波器上成像的爆轰压力波形图。通常情况下，在爆轰波传播的管道壁面上分布数个传感器，通过传感器得到的时间差计算爆轰波的传播速度，而通过峰值电压可换算成压力，即可得到爆轰压力值。

图 7.15　PCB 压电式传感器

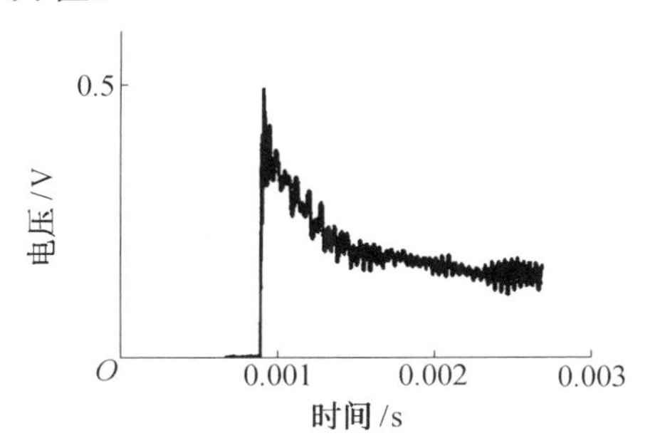

图 7.16　爆轰波典型压力波形图

7.5.2　爆轰到达时间测量

由于压力传感器的使用成本较高，在一些只需测量爆轰波到达时间的实验中，可以选择使用离子探针(Ionization Probe)、光学探针(Photo Probe)、光纤传感器或者冲击波探针(Shock Pin)。

(1)离子探针。Edwards 最早使用离子探针测定爆轰波在氢氧、乙炔氧气混合气中的传播时间，并随后被 Cooper，Chao 等在研究气体爆轰问题中广泛应用。图 7.17 是离子探针的电路示意图，其工作的原理是：爆轰波是由前导冲击波与紧随其后的化学反应区所组成，当反应区经过离子探针时，探针的正负极瞬时形成短路，由此形成信号的突跃，通过和爆轰触发时间的对比得出爆轰到达时间，并最终计算爆轰速度。

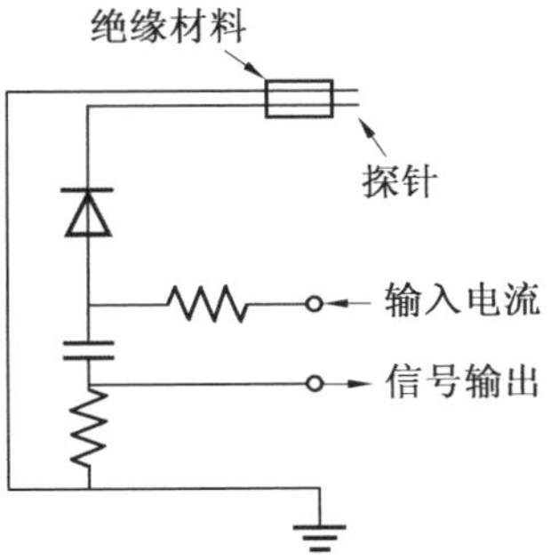

绝缘材料
探针
输入电流
信号输出

图 7.17　离子探针电路图

(2)光学探针。光学探针的工作原理与离子探针的相类似，由于剧烈化学反应区伴随着强光，通过光学探针可探测强光到达的时间，并由此计算爆轰速度。图 7.18 是 Jesuthasan 在爆轰管的壁面上分布 12 个光学探针，在爆轰波通过每个光学探针时激发的信号。

(3)光纤传感器。诸多物理因素，如声场、磁场、压力、温度、加速度、流量等，都可导致光纤中光的强度、相位、偏正态或波长等的变化。据此，可以构成各种测试不同物理量的传感器。

光纤传感器分为传感型(功能型)与传光型(结构型)两类。传感型的光纤直接用作敏感元件，既感知信息，又传输信息。而传光型的光纤仅为光的传输媒介，另一端须接上敏感元件。光纤传感器又分振幅调制、相位调制、偏振态调制及波长调制四种形式。振幅调制传感器的结构比较简单，多模和单模光纤都可以使用，但灵敏度不够高；而相位调制光纤传感器使用单模光纤，灵敏度高，具有发展前途。相位调制光纤传感器的检查线路常为干涉型电路，所以也称为干涉型传感器，也可用作测量爆轰到达时间。

(4)冲击波探针。冲击波探针与压力传感器相类似，都可得到爆轰压力到达的信号，但有所区别的是，当压力信号到达冲击波探针时，虽然冲击波探针能得到压力突跃的信号，但是该信号得到的压力并不能准确代表压力值。因此，利用冲击波探针测量爆轰波仅能得到爆轰波到达时间。

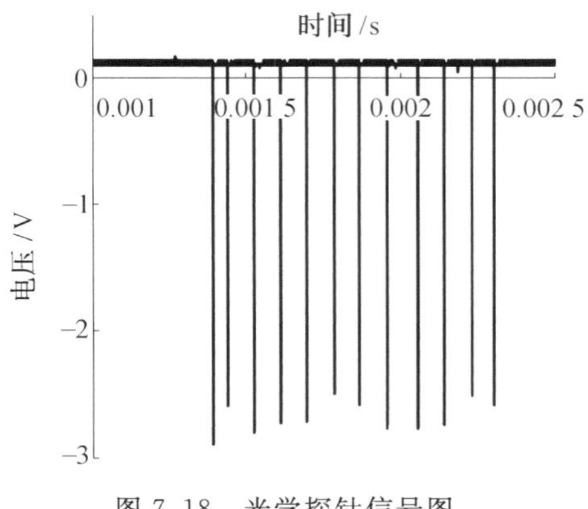

图 7.18 光学探针信号图

图 7.19 是张博等、Zhang 等测定一系列可燃混合气体的爆轰临界管径时，利用冲击波探针和光学探针得到的爆轰到达时间，依此作为是否形成爆轰的依据。

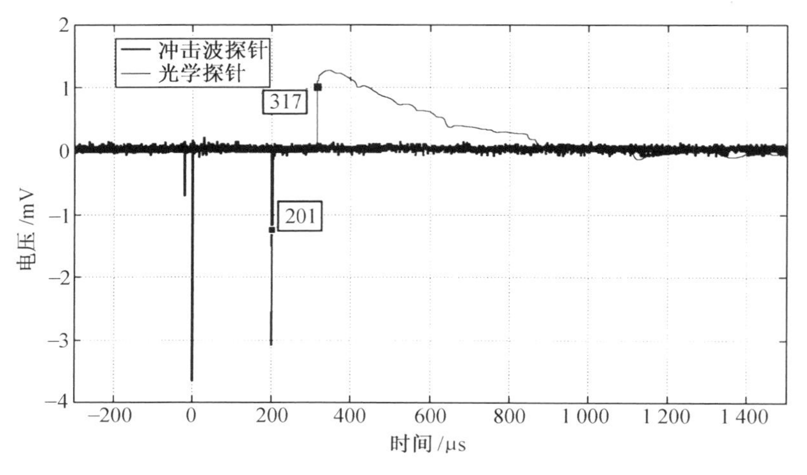

图 7.19 爆轰波到达光学探针和冲击波探针的时间轨迹

($C_2H_2-2.5O_2$混合气体，$p_0=12$ kPa，$d_c=19.05$ mm)

7.5.3 爆轰反应图像捕捉

1. 烟熏技术

通过烟熏聚酯薄膜，使得薄膜上布有一层烟迹，然后把薄膜放于爆轰管的内侧或者底部，用于记录爆轰波在管道中由横波、入射波、马赫杆交合的三波点运动轨迹，所得到的爆炸运动轨迹也即爆轰胞格，而胞格是研究爆轰结构的重要依据。

对于气相爆轰的系统研究得益于烟熏技术的发明和应用。1959 年，Denisov 和 Troshin 首次以烟迹法获得三维爆轰波传播所留下的鱼鳞状胞格结构，Murray 等利用该方法得到了多头螺旋爆轰在管道壁面和管道末端留下的胞格痕迹，分别如图 7.20 和图 7.21 所示。

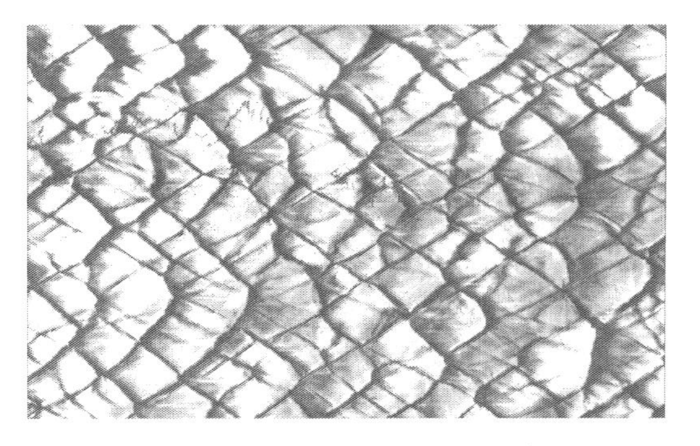

图 7.20　烟熏技术得到的管壁爆轰胞格

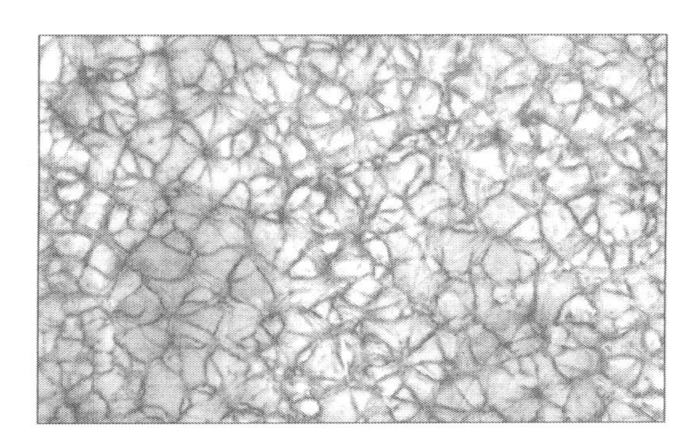

图 7.21　烟熏技术得到管道末端的爆轰胞格

管道侧壁得到的爆轰胞格与管道末端相比则相对规则，这是由于管道末端所得到的爆轰胞格是入射爆轰波与反射爆轰波相互作用形成的，因此管道末端的胞格痕迹相对比较复杂。因此通常所说的爆轰胞格，指的是通过烟熏技术得到的在管壁上的爆轰胞格痕迹。

2. 纹影技术

图 7.22(a)是 Radulescu 等最近通过纹影技术得到的二维爆轰波阵面的胞状结构，图 7.22(b)是其示意图。图中边界是由于横波与前导冲击波相互作用形成。横波从侧面穿过前导冲击波的表面并且相互碰撞，横波偶尔会与反应区的剪切流耦合。冲击波之间的相互反射作用，导致前导冲击波有规律地以强马赫杆和弱入射冲击波交替向前传播。

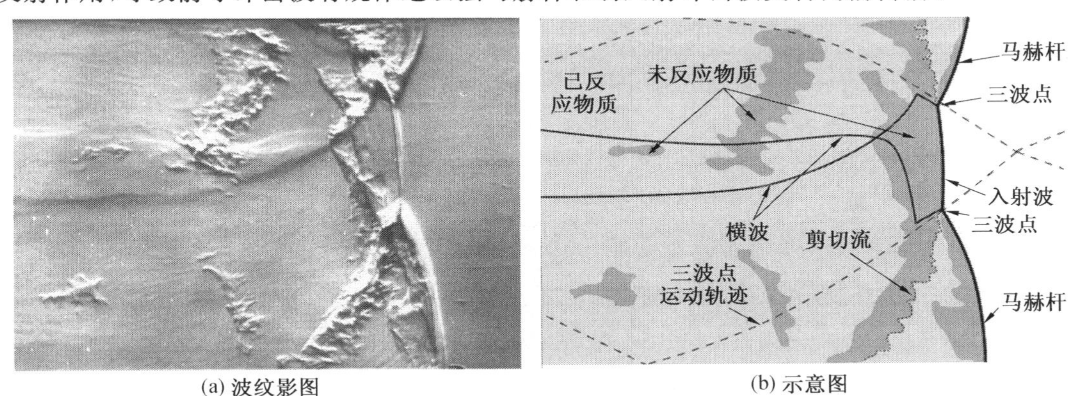

图 7.22　二维爆轰(CH_4+2O_2，$p_0=6$ kPa)

Grondin 等通过纹影成像技术，捕捉爆轰波在管道中通过孔塞障碍后的爆轰结构，如图 7.23 所示，其使用的混合气体为 $C_2H_2-2.5O_2-70\%Ar$。图 7.23(a)中混合气体的初始压力为 14 kPa，由于此时的胞格尺寸比孔塞小得多，因此爆轰波通过孔塞之后其波阵面非常齐整，并与管轴线垂直，以平面爆轰继续传播。而随着初始压力的逐渐降低，如图 7.23(d)所示，爆轰波阵面出现弯曲，这是由于随着压力的降低，其胞格尺寸增加，孔塞开始影响爆轰波的传播，因而爆轰波阵面出现变形。

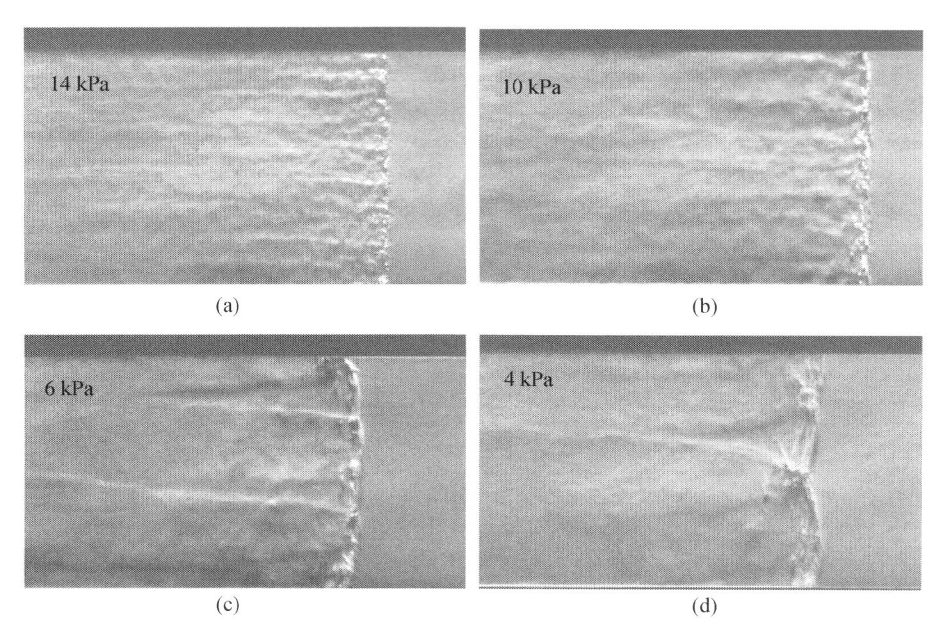

(a)　(b)　(c)　(d)

图 7.23　$C_2H_2-2.5O_2-70\%Ar$ 混合气体爆轰波通过孔塞后爆轰结构纹影图

3. 激光诱导荧光技术

被激光照射的粒子(分子或原子),吸收光子后由基态跃迁到激发态。激发态的粒子是不稳定的,通过各种方式释放能量返回基态,该过程称为弛豫过程。回迁时,以光能形式释放能量称为辐射弛豫,以热能形式释放能量称为无辐射弛豫。

处于电子激发态的粒子可通过自发辐射回迁到基态。如果自发辐射与受激吸收的时间间隔仅在微秒量级,则由此发射的光称为荧光。它对应于相同电子旋转态,不同电子能态间的辐射,发光寿命为 $10^{-10}\sim10^{-5}$ s。与激发光波长一致的荧光,称为共振荧光,与激发光波长不同的称为非共振荧光。比激发态波长长的为斯托克斯荧光,短的为反斯托克斯荧光。除了自发辐射外,还有其他一些去活化过程,如通过受激辐射使激发态粒子返回基态、将激化能量转化为振动和转动能量、通过碰撞将能量传递给周围粒子(该过程称为"淬火",降低荧光发射率)、粒子发生离子化或在发射光子前发生预离解等等。

激光诱导荧光技术与经典的流场显示技术(如阴影法、纹影法和干涉法等)相比,激光光谱成像技术在定量描述流场参数分布方面具有明显的优势。而平面荧光成像(Planar Laser－Induced Fluorescence,PLIF),是一种广为采用的激光光谱成像技术。例如,冷流体中的热射流与垂直平板碰撞,在壁面附近的反射区域内,形成具有相干结构的旋涡。

加州理工大学 Pintgen 等建立平面激光诱导产生荧光的测试系统,如图 7.24 所示。通过柱形棱镜,入射激光被展成很薄的平面片光,照射被测流场后,在与片光成直角的方向上,由透镜聚光,再通过滤色片,直接成像于二维固态阵列探测器上。ICCD 相机为常用的探测器,它可与微机对接。由于相机的像素采集速度可达到 8～12 MHz,超出微机的处理速度,故两者之间常添置缓冲存储器。被采集的数据经存储和计算机软件处理后,在显示屏上显示流场图像。

利用平面激光诱导产生荧光的方法来得到爆轰反应区中的 OH 基团,即[OH]的成像,丰富了对于爆轰三维结构的认识。图 7.25 是相对稳定的混合气体 $2H_2-O_2-17Ar$ 在初压 20 kPa 时得到的 OH 基团荧光图像。由于爆轰波中横波、入射波和马赫杆三波的相互作用导致波阵面中 OH 基团呈楔形，其中马赫杆和入射波处的 OH 基团特别明亮，表明此处反应最剧烈。

而图 7.26 是相对不稳定混合气体 $N_2O-H_2-N_2$ 的 OH 基团荧光图像，之所以称 $N_2O-H_2-N_2$ 混合气体为不稳定，是因为通过观察该物质的爆轰胞格烟迹可知，其胞格非常不规则，大小不一，因此爆轰在其中传播稳定性较差。

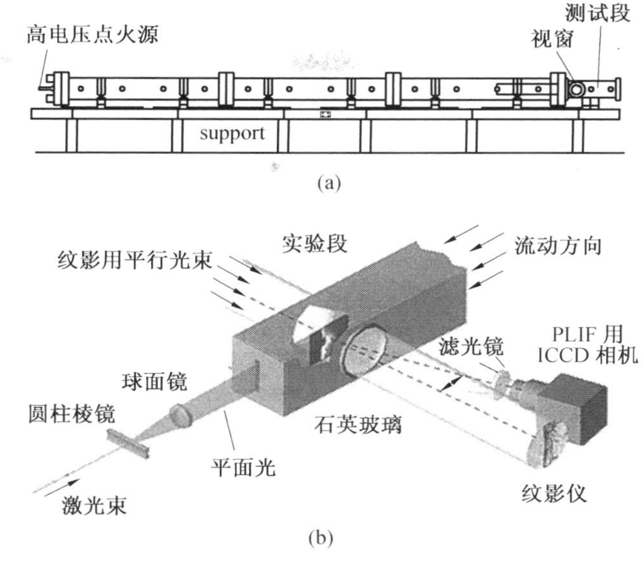

图 7.24　PLIF 测试系统

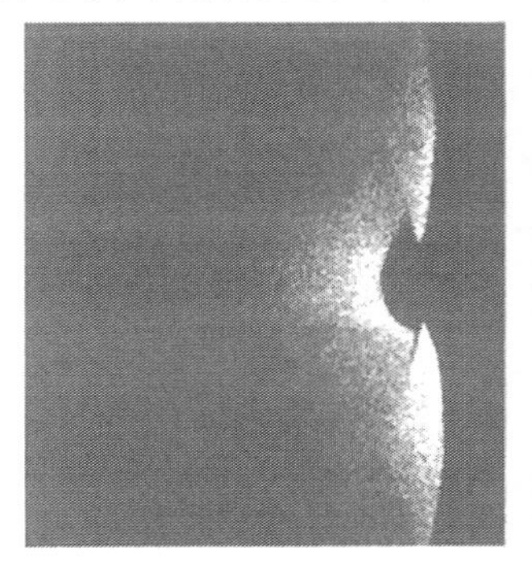
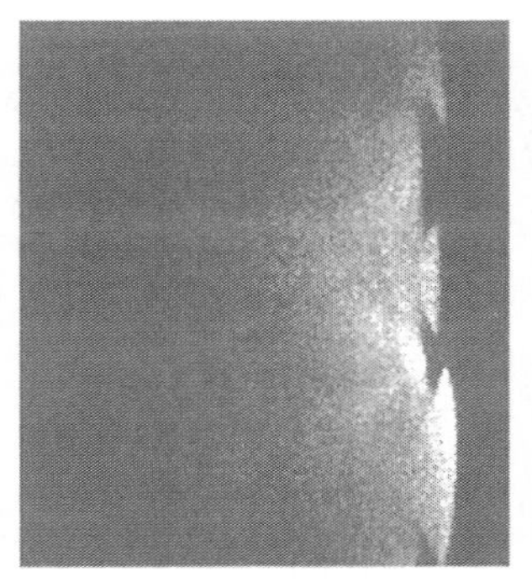

图 7.25　稳定爆轰荧光图片($2H_2-O_2-17Ar$)

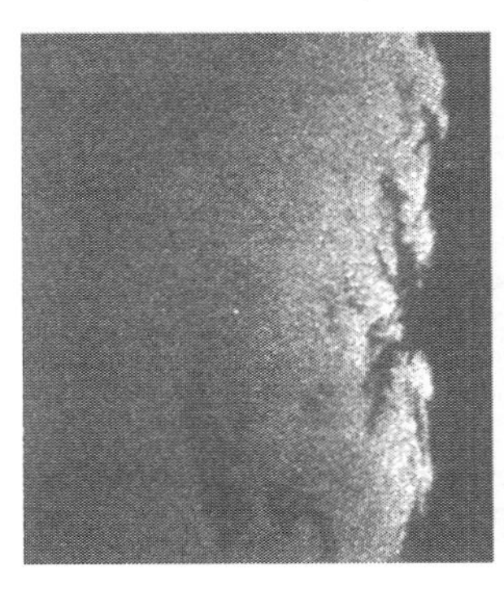

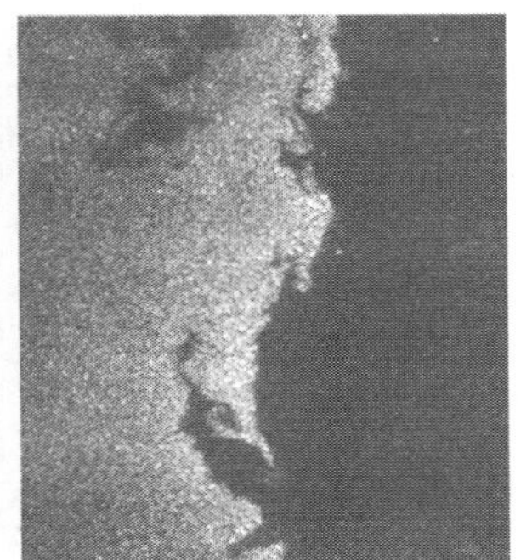

图 7.26　不稳定爆轰荧光图片($N_2O-H_2-N_2$)

通过图 7.26 与图 7.25 的对比可知，$N_2O-H_2-N_2$ 混合气体在爆轰反应区中存在较多尚未燃烧的物质，这些物质被不规则的湍流边界所包围。通过波前结构也可看出，在稳定混合气体中的楔形结构被一些随机的相互作用的激波波系所代替。

平面激光诱导荧光技术与纹影技术相结合使用，可以加深对爆轰波反应区结构的理解。如图 7.27 是混合气体 $2H_2-O_2-12Ar$ 在初压 20 kPa 时纹影(图 7.27(a))和激光荧光图像(图 7.27(b))以及两者的叠加成像(图 7.27(c))。图 7.27(b)中，如以图像中间垂直线为基准，从上侧依次往下可观察到 OH 基团浓度达到最大值之后又缓慢衰减，图 7.28 是其示意图。Shepherd 认为，OH 基团浓度的差异是各前导冲击波传播速度的快慢引起的。在 $2H_2-O_2-12Ar$ 弱不稳定混合气体中，前导冲击波的速度变化范围为 $0.85<V/V_{CJ}<1.25$(图 7.29)，因而导致反应区厚度存在一个数量级的差异。

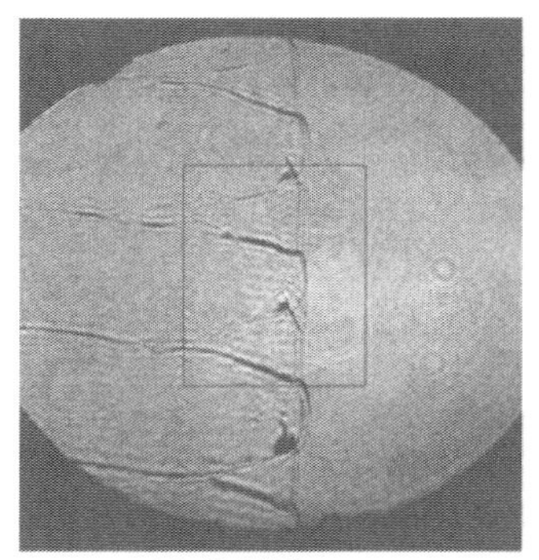

(a) 纹影图

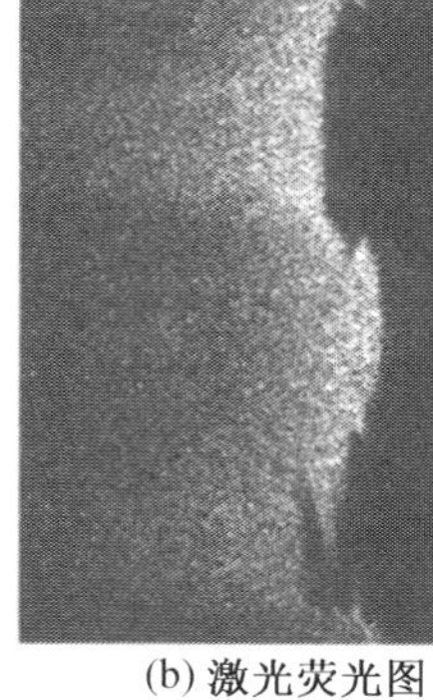

(b) 激光荧光图

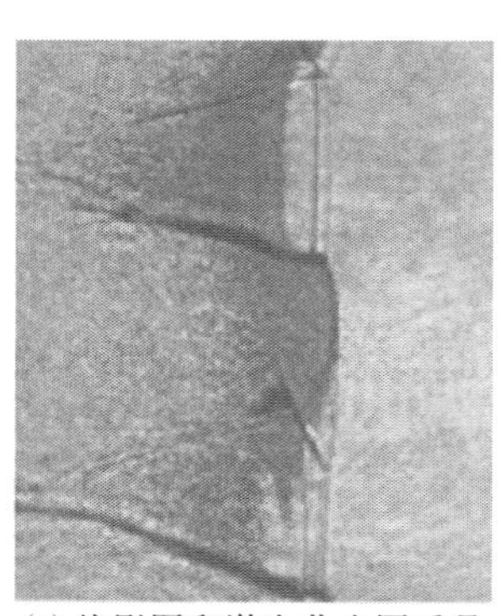

(c) 纹影图和激光荧光图重叠

图 7.27 纹影和 PLIF 技术得到的爆轰波结构图像

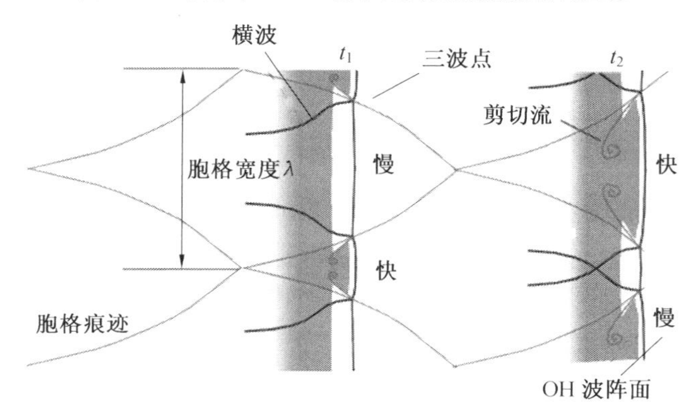

图 7.28 PLIF 技术所得到的爆轰波波阵面示意图

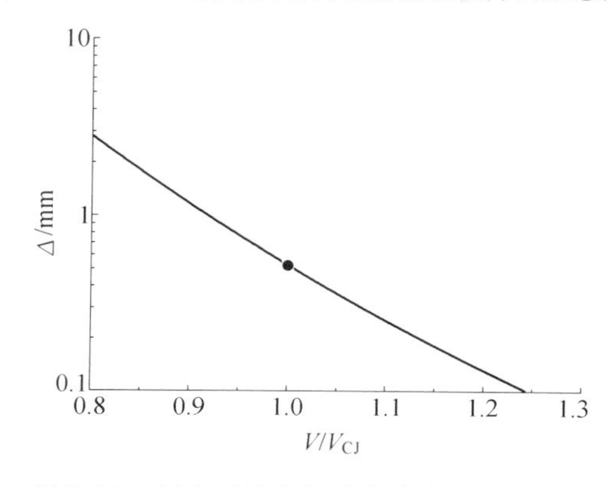

图 7.29 反应区长度与冲击波速度的关系图

由图 7.27(c)平面激光诱导荧光图像与纹影图像的结合可观察到，爆轰波前导冲击波所到之处引起剧烈的化学反应。

7.5.4　高速扫描成像技术

在黑暗环境中开启转鼓式扫描相机，当爆轰波进入相机的取景范围之内，在相机的胶片上留下连续的运动轨迹，进而通过轨迹斜率计算爆轰传播速度，即所谓高速扫描成像技术。图 7.30 是高速扫描成像装置图，图 7.31 是典型的扫描图片。

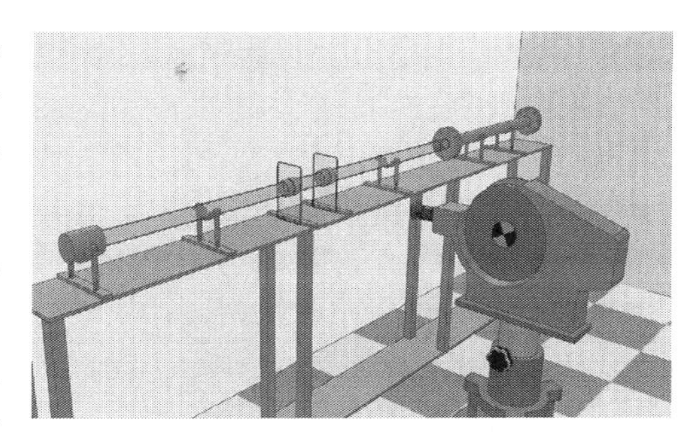

图 7.30　高速扫描成像装置图

图 7.32 是 Camargo 等通过高速扫描成像技术得到的 $C_2H_2-O_2$ 混合气体在管径为 9.5 mm的管道中传播过程，图中初始压力为 10 kPa。

当初始压力为 10 kPa(图 7.32)时，由图中爆轰波传播的距离和时间的斜率在各个点都基本保持一致，因此认为在该管道中爆轰波可以稳定传播。

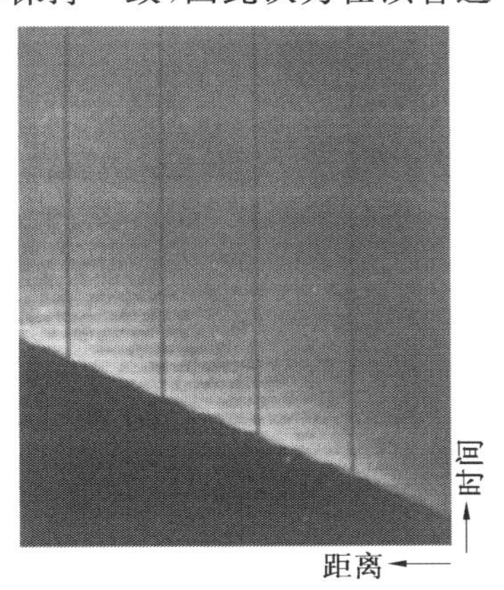

图 7.31　爆轰波在管道中运动的扫描图片

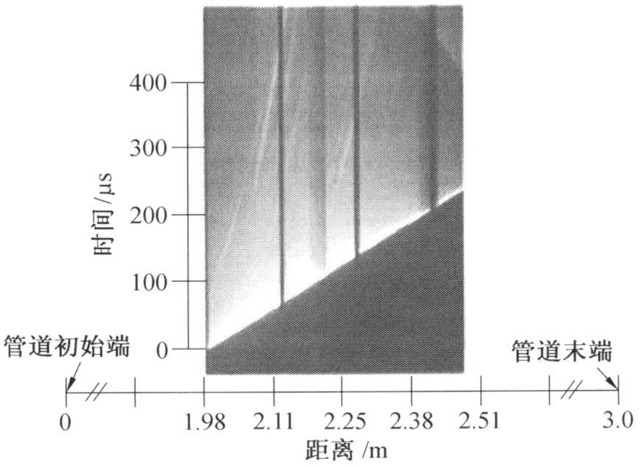

图 7.32　$C_2H_2-O_2$ 混合气体的爆轰波在管径为 9.5 mm管道中传播过程($p_0=10$ kPa)

复习思考题

7.1　爆轰的经典模型有哪些？各模型有何特点？

7.2　爆轰胞格产生的原因及影响其尺寸大小的因素有哪些？

7.3　爆轰的动态参数有哪些？

7.4　气相爆轰的测试技术有哪些？

7.5　激光诱导荧光技术的基本原理是什么？

第8章　点火源

当能量以迅速而不受控制的形式向外释放时，会引起爆炸。这样释放出来的能量可以表现为热、光、声和机械振动。但是在某些情况下，并非所有这些形式都会出现。最常见的爆炸源是化学反应，但是爆炸也可以由于机械能或核能的释放而引起。例如，锅炉因应力过大而发生爆炸；或当大量可裂变物质突然处于临界条件时所引起的裂变爆炸。

对于工业生产中常见的燃爆事故来说，其爆炸须具备三个先决条件：

①易燃物质。

②空气或其他助燃物质。

③点火源或高于燃点的温度。

8.1　燃爆事故发生的基本要素

8.1.1　可燃物

任何易燃性粉末、蒸气或气体，若混入空气或其他助燃物质，在适当条件下，被引燃时就发生爆炸。爆炸性易燃物质有：

①细粉粒易燃固体，包括某些金属粉尘或粉末。

②易燃液体的蒸气。

③易燃气体。

某些物质的化学成分使物质本身就处于不稳定的状态。它们犹如标准的炸药一样，当受到撞击、摩擦或受热时，就会爆炸。例如在照相工业和制药工业中，曾发生过亚碘酰化合物和碘酰化合物的严重爆炸事故。染料工业的中间产品偶氮化合物和硝基化合物也曾发生过爆炸。而有机过氧化物，如过氧化苯甲酰曾出现过意外爆炸。它用于漂白粉的生产中，并在塑料制造业中用来激发聚合反应。在缺少防护措施的情况下，有些混合物的组分，例如铝热剂混合物，能够引起强烈的爆炸反应。

一般来说，化学反应引起的爆炸其生成产物是气体，或气体和固体的混合物。例如乙炔只生成气体，而“黑色火药”则生成固体和气体。在有些情况下，如镁粉剂的爆炸，其生成产物只是固体。爆炸生成的气体产物，其体积一般比爆炸物质的体积大得多。爆炸时总会释放出大量的热，这些热足以使爆炸从起始点或部位扩散到整片物质。释放的热量能大大提高爆炸产物的温度，并由此产生很高的压力，可用来做功。“炸药”所做的功主要取决于爆炸时释放的热量。

8.1.2　助燃物

所谓助燃物，通俗地说是指帮助可燃物燃烧的物质，确切地说是指能与可燃物质发生燃烧反应的物质。广义上的氧化剂是指在氧化还原反应中得到电子的物质。危险物品分类中的氧化剂是指具有强烈氧化性能且易引起燃烧或爆炸的一类物质，这类物质按其不同性质，在不同条件下，遇酸、碱或受潮湿、强热、摩擦、撞击或与易燃的有机物、还原剂等接触，即能分解引起燃烧或爆炸。

通常燃烧过程中的助燃物主要是氧，它包括游离的氧或化合物中的氧。空气中含有大约 21%的氧，可燃物在空气中的燃烧以游离的氧作为氧化剂，这种燃烧是最普遍的。此外，某些物质也可作为燃烧反应的助燃物，如氯、氟、氯酸钾等。也有少数可燃物，如低氮硝化纤维、硝酸纤维的赛璐珞等含氧物质，一旦受热后，能自动释放出氧，不需要外部助燃物就可发生燃烧。

火灾和爆炸事故中最常见的助燃物是空气。因此，在研究某种可燃物的火灾爆炸特性时，如果未指明助燃物，则均指助燃物为空气。

8.1.3 点火源

点火源又称着火源，是指具有一定能量，凡能够引起可燃烧的热能源。点火源是引起火灾和爆炸事故的重要条件。为了预防火灾和爆炸，要对点火源进行严格管理。在生产中，引起火灾和爆炸的常见点火源有以下八种：

(1)明火。例如火炉、火柴、烟道喷出火星、气焊和电焊喷火等。

(2)高热物及高温表面。例如加热装置、高温物料的输送管、冶炼厂或铸造厂里熔化的金属等。

(3)电弧放电。例如高电压的电弧放电、开闭电闸时的弧光放电等。

(4)电火花。例如液体流动引起的带电、人体的带电等静电火花。

(5)摩擦与撞击。例如机器上轴承转动的摩擦；磨床和砂轮的摩擦；铁器工具相撞等。

(6)物质自行发热。例如油纸、油布、煤的堆积，金属钠接触水发生反应等。

(7)绝热压缩。如硝化甘油液滴中含有气泡时，被落锤冲击受到绝热压缩，瞬时升温，可使硝化甘油液滴被加热至着火点而爆炸。

(8)化学反应热及光线和射线等。

8.2 燃爆事故中常见点火源

8.2.1 明火

明火是指能看得见的火，如看得见的火焰、火星及火苗等。明火的安全使用范围包括：明火作业、明火取暖、明火照明等。明火的主要存在范围包括：

①各种焊接、切割作业。

②火炉、电炉、液化气炉。

③烧烤、熬沥青、炒砂子、锤击物件及产生火花的作业。

④生产时用电或使用非防爆电动工具等。

⑤机动车辆或畜力车。

⑥非防爆的电器。

8.2.2 高热物及高温表面

高热物或者热源的高温表面是事故中常见的点火源之一，如机器护罩、涡轮增压器、排放管汇、膨胀罐等。任何表面温度超过 71 ℃的设备应采取防护措施，以防止操作人员在正常工作和行走区域内意外接触；任何温度超过 204 ℃的热源表面应予以保护，以使其不暴露于有液态烃溢出或泄漏的地方；温度超过 385 ℃(该温度约为天然气着火温度的 80%)的热源表面也必须予以保护，以使其不暴露于有可燃气体和蒸气聚集的地方。保护措施可采用隔热、屏蔽、水冷却等。

8.2.3 电弧放电

电弧放电是指两个电极在一定电压下由气态带电粒子，如电子或离子，维持导电的现象。电弧放电主要发射原子谱线，是发射光谱分析常用的激发光源。通常分为直流电弧放电和交流电弧放电两种。电弧放电(Arc Discharge)是气体放电中最强烈的一种自持放电。当电源提供较大功率的电能时，若极间电压不高(约几十伏)，两极间气体或金属蒸气中可持续通过较强的电流(几安至几十安)，并发出强烈的光辉，产生高温(几千至上万度)，这就是电弧放电。电弧是一种常见的热等离子体(见等离子体应用)。

电弧通常可分为长弧和短弧两类。长弧中弧柱起重要作用。短弧长度在几毫米以下，阴极区和阳极区起主要作用。根据电弧所处的介质不同又分为气中电弧和真空电弧两种。液体(油或水)中的电弧实际在气泡中放电，也属于气中电弧。真空电弧实际是在稀薄的电极材料蒸气中放电。

开关分断电路时会出现电弧放电。由于电弧弧柱的电位梯度小，如大气中几百安以上电弧电位梯度只有 15 V/cm 左右。在大气中开关分断 100 kV 5 A 电路时，电弧长度超过 7 m。电流再大，电弧长度可达 30 m。因此要求高压开关能够迅速地在很小的封闭容器内使电弧熄灭，为此，专门设计出各种各样的灭弧室。灭弧室的基本类型有：①采用六氟化硫、真空和油等介质；②采用气吹、磁吹等方式快速从电弧中导出能量；③迅速拉长电弧等。

8.2.4 电火花

当高压电源的功率不太大时，高电压电极间的气体被击穿，出现闪光和爆裂声的气体放电现象。在通常气压下，当在曲率不太大的冷电极间加高电压时，若电源供给的功率不太大，就会出现火花放电，火花放电时，碰撞电离并不发生在电极间的整个区域内，只是沿着狭窄曲折的发光通道进行，并伴随爆裂声。由于气体击穿后突然由绝缘体变为良导体，电流猛增，而电源功率不够，因此电压下降，放电暂时熄灭，待电压恢复再次放电。所以火花放电具有间隙性。

因静电火花点燃某些易燃物体而发生爆炸。漆黑的夜晚，人们脱尼龙、毛料衣服时，会发出火花和“叭叭”的响声，这对人体基本无害。但在手术台上，电火花会引起麻醉剂的爆炸，伤害医生和病人；在煤矿，则会引起瓦斯爆炸，会导致工人死伤，矿井报废。总之，静电危害起因于静电火花，静电危害中最严重的静电放电引起可燃物的起火和爆炸。人们常说，防患于未然，防止产生静电的措施一般都是降低流速和流量，改造起电强烈的工艺环节，采用起电较少的设备材料等。最简单又最可靠的办法是用导线把设备接地，这样可以把电荷引入大地，避免静电积累。细心的乘客大概会发现，在飞机的两侧翼尖及飞机的尾部都装有放电刷，飞机着陆时，为了防止乘客下飞机时遭到电击，飞机起落架上大都使用特制的接地轮胎或接地线，以泄放掉飞机在空中所产生的静电荷。我们还经常看到油罐车的尾部拖一条铁链，这就是车的接地线。适当增加工作环境的湿度，让电荷随时放出，也可以有效地消除静电。潮湿的天气里不容易做好静电试验，就是这个道理。科研人员研究的抗静电剂，则能很好地消除绝缘体内部的静电。

8.2.5　摩擦与撞击

摩擦与撞击是事故常见的点火源之一。摩擦或撞击过程中有可能会生热或产生火花，其结果可能会造成周边可燃物的燃烧继而发生爆炸。如机器轴承等摩擦发热起火；铁器和机件的撞击起火；铁质工具互相撞击或和水泥地面撞击摩擦产生火花；导管或容器破裂，内部液体和气体喷出时的摩擦起火。

8.2.6　物质自行发热

根据危险化学品分类，其中的第四类物质中的自燃物质（表 8.1）和遇湿易燃物质（表 8.2）都属于这一种情况。同时，由于可燃或易燃物品的堆积时间过长，在堆积物品内部会产生局部热点，继而造成燃烧爆炸事故发生的情况也属于物质自行发热的范畴。

表 8.1　常见的自燃物质

序号	物质名称	序号	物质名称
1	二乙基锌	6	4－亚硝基－N,N－二甲基苯胺
2	三乙基铝	7	连二亚硫酸钠
3	三甲基铝	8	铪粉
4	三异丁基铝	9	黄磷
5	4－亚硝基－N,N－二乙基苯胺	10	硫化钠（无水或含结晶水小于 30%）

表 8.2　常见的遇湿易燃物质

序号	物质名称	序号	物质名称
1	三氯硅烷	15	氨基化钠
2	甲醇钠	16	氨基化锂
3	四氢化铝锂	17	锌粉
4	金属钠	18	铝粉
5	金属钾	19	氰氨化钙
6	金属钙	20	硼氢化钠
7	金属铯	21	硼氢化钾
8	金属铷	22	碳化钙
9	金属锂	23	碳化铝
10	金属锶	24	镁粉
11	钠汞齐	25	磷化钙
12	氢化钙	26	磷化铝
13	氢化锂	27	磷化锌
14	钾钠合金		

8.2.7 绝热压缩

绝热压缩一般指流体在稳流状态下，在其位能和动能可忽略的情况下，经历绝热节流，通过压缩导致压力增大，此压缩为绝热压缩。根据热力学第一定律，可证明这是等熵过程，经常用于升高流体的温度，起到加热的效应。常见的绝热压缩燃爆事故有：氧气罐装过程中的爆炸事故；气缸内燃油的燃爆事故；硝化甘油等爆炸物在绝热压缩条件下的爆炸事故等。

8.2.8 化学反应热及光线、射线

化学反应热爆炸是目前燃爆事故常见的点火源之一。有些化学反应会放出大量热或者大量气体或者二者兼有，如果反应是在一个密闭容器里，放出的热量使容器内气体膨胀（或者是反应放出的气体）而使容器内压强增大，当膨胀到容器无法承受的压力时，容器就会发生破裂而爆炸。

光线或射线长时间集中照射在易燃物品上时，由于易燃物品表面温度升高，能量积聚，同样易引发燃烧爆炸事故。

8.3 工业生产中点火源的预防控制

8.3.1 明火及其控制对策

常见的明火焰有：火柴火焰、打火机火焰、蜡烛火焰、煤炉火焰、液化石油气灶具火焰、工业蒸汽锅炉火焰、酒精喷灯火焰、气焊气割火焰等。

经实验证明：绝大多数明火焰的温度超过 700 ℃，而绝大多数可燃物的自燃点低于 700 ℃。所以，在一般条件下，只要明火焰与可燃物接触（有助燃物存在），可燃物经过一定延迟时间便会被点燃。当明火焰与爆炸性混合气体接触时，气体分子会因火焰中的自由基和离子的碰撞及火焰的高温而引发连锁反应，瞬间导致燃烧或爆炸。当明火焰与可燃物之间有一定距离时，火焰散发的热量通过导热、对流、辐射三种方式向可燃物传递热量，促使可燃物升温，当温度超过可燃物自燃点时，可燃物将被点燃。在明火焰与可燃物之间的传热介质为空气时，通常只考虑它们之间的辐射换热；在传热介质为固体不燃材料时，通常只考虑它们之间的导热传热。在实际中曾有过液化石油气灶具火焰经 2 h 左右点燃 13 cm 远木板墙壁而造成火灾的事例。在火场上也有油罐火灾时的冲天火焰点燃周围 50 m 以内地面上杂草的事例。

对于明火焰的常见控制对策大致有：

（1）对于储存易燃物品的仓库，应有醒目的“禁止烟火”等安全标志，严禁吸烟，入库人员严禁带入火柴、打火机等火种。

（2）烘烤、熬炼、蒸馏使用明火加热炉时，应用砖砌实体墙完全隔开。烟道、烟囱等部位与可燃建筑结构应用耐火材料隔离，操作人员必须临场监护。

（3）使用气焊气割、喷灯进行安装或维修作业时，应遵守规章制度办理动火证，危险场所备好灭火器材，确认安全无误后才能动火。

8.3.2 高温物体及其控制对策

所谓高温物体一般是指在一定环境中向可燃物传递热量，能够导致可燃物着火的具有较高温度的物体。高温物体按其本身是否燃烧可分为无焰燃烧放热（如木炭火星）和载热体放热（如电焊金属熔渣）两类；按其体积大小可分为较大体积的和微小体积的两类。

常见较大体积的高温物体有：铁皮烟囱表面、火炕及火墙表面、电炉子、电熨斗、电烙铁、白炽灯泡及碘钨灯泡表面、铁水、加热的金属零件、蒸汽锅炉表面、热蒸汽管及暖气片、高温反应器及容器表面、高温干燥装置表面、汽车排气管等。

常见微小体积的高温物体有：烟头、烟囱火星、蒸汽机车和船舶的烟囱火星、发动机排气管排出的火星、焊割作业的金属熔渣等。另外还有撞击或摩擦产生的微小体积的高温物体，如砂轮磨铁器产生的火星、铁质工具撞击坚硬物体产生的火星、带铁钉鞋摩擦坚硬地面产生的火星等。

对高温物体的常见控制对策是：

(1)铁皮烟囱：一般烧煤的炉灶烟囱表面温度在近炉灶处可超过 500 ℃，在烟囱垂直伸到平房屋顶天棚处，烟囱表面温度往往也能达到 200 ℃左右。因此，应避免烟囱靠近可燃物，烟囱通过可燃材料时应用耐火材料隔离。

(2)发动机排气管：汽车、拖拉机、柴油发电机等运输或动力工具的发动机是一个温度很高的热源。发动机燃烧室内的温度一般可达 2 000 ℃，排气管的温度随管的延长逐渐降低，在排气口处，温度一般还可能高达 150～200 ℃。因此，在汽车进入棉、麻、纸张、粉尘等易燃物品储存场所时，应保证路面清洁，防止排气管高温表面点燃易燃物品。

(3)无焰燃烧的火星：煤炉烟囱、蒸汽机车烟囱、船舶烟囱及汽车和拖拉机排气管飞出的火星是各种燃料在燃烧过程中产生的微小碳粒及其他复杂的碳化物等。这些火星一般处于无焰燃烧状态，温度可达 350 ℃以上，若与易燃的棉、麻、纸张及可燃气体、蒸气、粉尘等接触便有点燃危险。因此，规定汽车进入火灾爆炸危险场所时，排气管上应安装火星熄灭器（俗称防火帽）；蒸汽机车进入火灾爆炸危险场所时烟囱上应安设双层钢丝网、蒸汽喷管等火星熄灭装置。在码头及车站货场上装卸易燃物品时，应注意严防来往船舶和机车烟囱飞出的火星点燃易燃物品。蒸汽机车进入货场时应停止清灰、防止炉渣飞散到易燃物品附近而造成火灾。

(4)烟头：无焰燃烧的烟头是一种常见的引火源。烟头中心部温度在 700 ℃左右，表面温度为 200～300 ℃。烟头一般能点燃沉积状态的可燃粉尘、纸张、可燃纤维、二硫化碳蒸气及乙醚蒸气等。因此，在储运或加工易燃物品的场所，应采取有效的管理措施，设置“禁止吸烟”安全标志，严防有人吸烟，乱扔烟头。

(5)焊割作业金属熔渣：气焊气割作业时产生的熔渣，温度可达 1 500 ℃；电焊作业时产生的熔渣，温度要超过 2 000 ℃，熔渣粒径大小一般在 0.2～3 mm。在地面作业时熔渣水平飞散距离可达 0.5～1 m，在高处作业时熔渣飞散距离较远。熔渣在飞散或静止状态下，温度随时间的延长而逐渐下降。一般来说，熔渣粒径越大，飞散距离越近，环境温度越高，则熔渣越不容易冷却，也就越容易点燃周围的可燃物。

在动火焊接检修设备时，应办理动火证。动火前应撤除或遮盖焊接点下方和周围的可燃物品和设备，以防焊接飞散出的熔渣点燃可燃物。

(6)照明灯:白炽灯泡表面温度与功率有关,60 W灯泡可达137～180 ℃,100 W灯泡可达170～216 ℃,200 W灯泡可达154～296 ℃。1 000 W的碘钨灯的石英玻璃管表面温度可高达500～800 ℃。400 W的高压汞灯玻璃壳表面温度可达180～250 ℃。易燃物品与照明灯接触便有被点燃的危险,因此,在有易燃物品的场所,照明灯下方不应堆放易燃物品;在散发可燃气体和可燃蒸气的场所,应选用防爆照明灯具。

(7)其他高温物体:电炉的电阻丝在通电时呈炽热状态,能点燃任何可燃物。火炉、火炕及火墙等表面,在长时间加热温度较高时,能点燃与之接触的织物、纸张等可燃物。工业锅炉、干燥装置、高温容器的表面若堆放或散落有易燃物,如浸油脂废布、衣物、包装袋、废纸等,在长时间蓄热条件下都有被点燃的危险。化学危险物品仓库内存放的二硫化碳、黄磷等自燃点较低的物品,若一旦泄漏接触到暖气片(温度100 ℃左右)也会被立即点燃。因此,在储运或生产加工过程中,应针对高温物体采取相应的控制对策,如使高温物体与可燃物保持一定安全距离、用隔热材料遮挡等。

8.3.3 电火花及其控制对策

电火花是一种电能转变成热能的常见引火源。常见的电火花有:电气开关开启或关闭时发出的火花、短路火花、漏电火花、接触不良火花、继电器接点开闭时发出的火花、电动机整流子或滑环等器件上接点开闭时发出的火花、过负荷或短路时保险丝熔断产生的火花、电焊时的电弧、雷击电弧、静电放电火花等。

通常的电火花,因其放电能量均大于可燃气体、可燃蒸气、可燃粉尘与空气混合物的最小点火能量,所以,都有可能点燃这些爆炸性混合物。雷击电弧、电焊电弧因能量很高,能点燃任何一种可燃物。

对电火花的主要控制对策包括以下几个方面。

1.防雷电主要对策

(1)对直击雷采用避雷针、避雷线、避雷带、避雷网等,引导雷电进入大地,使建筑物、设备、物资及人员免遭雷击,预防火灾爆炸事故的发生。

(2)对雷电感应,应采取将建筑物内的金属设备与管道以及结构钢筋等予以接地的措施,以防放电火花引起火灾爆炸事故。

(3)对雷电侵入波应采用阀型避雷器、管型避雷器、保护间隙避雷器、进户线接地等保护装置,预防电气设备因雷电侵入波影响造成过电压,避免击毁设备,防止火灾爆炸事故,保证电气设备的正常运行。

2.防静电火花的主要对策

(1)采用导电体接地消除静电。接地电阻不应大于1 000 Ω。防静电接地可与防雷、防漏电接地相连并用。

(2)在爆炸危险场所,可向地面洒水或喷水蒸气等,通过增湿法防止电介质物料带静电。该场所相对湿度一般应大于65%。

(3)绝缘体(如塑料、橡胶)中加入抗静电剂,使其增加吸湿性或离子性而变成导电体,再通过接地消除静电。

(4)利用静电中和器产生与带电体静电荷极性相反的离子,中和消除带电体上的静电。

(5)爆炸危险场所中的设备和工具,应尽量选用导电材料制成。如将传动机械上的橡胶带用金属齿轮和链条代替等。

(6)控制气体、液体、粉尘物料在管道中的流速,防止高速摩擦产生静电。管道应尽量减少摩擦阻力。

(7)爆炸危险场所中,作业人员应穿导电纤维制成的防静电工作服及导电橡胶制成的导电工作鞋,不准穿易产生静电的化纤衣服及不易导除静电的普通鞋。

8.3.4 摩擦撞击及其控制对策

撞击和摩擦属于物体间的机械作用。一般来说,在撞击和摩擦过程中机械能转变成热能。当两个表面粗糙的坚硬物体互相猛烈撞击或摩擦时,往往会产生火花或火星,这种火花实质上是撞击和摩擦物体产生的高温发光的固体微粒。

撞击和摩擦发出的火花通常能点燃沉积的可燃粉尘、棉花等松散的易燃物质,以及易燃的气体、蒸气、粉尘与空气的爆炸性混合物。实际中的火镰引火、打火机(火石型)点火都是撞击和摩擦火花具体应用的实例。实际中也有许多撞击和摩擦火花引起火灾的案例,如铁器互相撞击点燃棉花、乙炔气体等。因此在易燃易爆场所,不能使用铁质工具,而应使用铜质或木质工具;不准穿带钉鞋,地面应为不发火花地面等。

硬度较低的两个物体,或一个较硬与另一个较软的物体之间互相撞击和摩擦时,由于硬度较低的物体通常熔点、软化点较低,则使物体表面变软或变形,因而不能产生高温发光的微粒,即不能产生火花。但撞击和摩擦的机械能转变成的热能却会点燃许多易燃易爆的物质。实际中也有许多撞击和摩擦发热引起火灾的案例。如爆炸性物质、氧化剂及有机过氧化物等受振动、撞击和摩擦而引起的火灾爆炸事故;车床切削下来的废铁屑(温度很高)点燃周围可燃物而造成的火灾事故等。在装卸搬运爆炸性物品、氧化剂及有机过氧化物等对撞击和摩擦敏感度较高的物品时,应轻拿轻放,严禁撞击、拖拉、翻滚等,以防引起火灾和爆炸。对于车床切削应有冷却措施。对机械传动轴与轴套,应定期加润滑油,以防摩擦发热引燃轴套附近散落的可燃粉尘等。

8.3.5 绝热压缩及其控制对策

绝热压缩点燃是指气体在急剧快速压缩时,气体温度会骤然升高,当温度超过可燃物自燃点时,发生的点燃现象。气体绝热压缩时的温度升高值可通过理论计算和实验求得。据计算,体积为 10 L,压力为 1 atm,温度为 20 ℃的空气,经绝热压缩使体积压缩成 1 L,这时的压力可达 21.1 atm,温度会升高到 463 ℃。如果压缩的程度再大(压缩后的体积再小一些),则温度上升会更高。

在生产加工和储运过程中应注意这种点火危险。设想在一条高压气体管路上安设两个阀门,阀门预先是关闭的,两个阀门之间的管路较短,管内存留有低压空气。当快速开启近高压气源一端的阀门时,两个阀门间的空气会受到高压气体的压缩,由于时间很短,这一压缩过程可近似地看成绝热的。如果高压气体的压力足够高,则会使两个阀门之间管路内的空气急剧升高温度,达到很高的温度。如果阀门或管路连接法兰中的密封件是可燃的或易熔、易分解的,这时则会发生泄漏,导致火灾爆炸事故。另外,如果阀门之间的管路中的气体或高压气体是可燃的,或者高压气体是氧气,则会因这种绝热压缩作用,有可能引起混合气体爆炸或引起铁管在高压氧气流中的燃烧等事故。因此，在开启高压气体管路上的阀门时，应缓慢开启，以避免这种点火现象。

在化学纤维工业生产中也有这种绝热压缩点火的实例。如大量黏胶纤维胶液注入反应容器时，由于黏胶纤维胶液中包含有空气气泡，胶液由高处向下投料便使空气气泡受到绝热压缩而升高温度，因而使容器底部残留的二硫化碳蒸气发生爆炸或燃烧。在生产和使用液态爆炸性物质（如硝化甘油、硝化乙二醇、硝酸甲酯、硝酸乙酯、硝基甲烷等）和熔融态炸药（如梯恩梯、苦味酸、特屈儿等）以及某些氧化剂与可燃物的混合物（如过氧化氢与甲醇的混合物）时，物料中若混有气泡，便会因撞击或高处坠落而发生这种绝热压缩点火现象。

8.3.6　光线照射聚焦及其控制对策

光线照射和聚焦点燃主要是指太阳热辐射线对可燃物的照射（暴晒）点火和凸透镜、凹面镜等类似物体使太阳热辐射线聚焦点火。另外，太阳光线和其他一些光源的光线还会引发某些自由基连锁反应，如氢气与氯气、乙炔与氯气等爆炸性混合气体在日光或其他强光（如镁条燃烧发出的光）的照射下会发生爆炸，这种情况也应引起注意。

日光照射引起露天堆放的硝化棉发热而造成的火灾在国内已发生多起。因此，易燃易爆物品应严禁露天堆放，避免日光暴晒。还应对某些易燃易爆容器采取洒水降温和加设防晒棚措施，以防容器受热膨胀破裂，导致火灾爆炸。

日光聚焦点火引起的火灾也时有所闻。引起聚焦的物体大多为类似凸透镜和凹面镜的物体。如盛水的球形玻璃鱼缸及植物栽培瓶、四氯化碳灭火弹（球状玻璃瓶）、塑料大棚积雨水形成的类似凸透镜、不锈钢圆底（球面一部分）锅及道路反射镜的不锈钢球面镶板等。因此，对可燃物品仓库和堆场，应注意日光聚焦点火现象。易燃易爆化学物品仓库的玻璃应涂白色或用毛玻璃。

8.3.7　化学反应放热及其控制对策

化学反应放热能够使参加反应的可燃物质和反应后的可燃产物升高温度，当超过可燃物自燃点时，则使其发生自燃。能够发生自燃的物质在常温常压条件下发生自燃都属于这种化学反应放热点火现象。这类点火现象举例如下：

（1）黄磷在空气中与氧气反应生成五氧化二磷，并放出热量，导致自燃。其反应式为

$$P_4+5O_2 = P_4O_{10}+3\ 098.23\ \text{kJ}$$

（2）金属钠与水反应生成氢氧化钠与氢气，并放出热量，导致氢气和钠自燃。其反应式为

$$2Na+2H_2O = 2NaOH+H_2+371.79\ \text{kJ}$$

（3）过氧化钠与甲醇反应生成氧化钠、二氧化碳及水，反应放出热量，而导致自燃。其反应式为

$$CH_3OH+3Na_2O_2 = 3Na_2O+CO_2+2H_2O$$

能发生化学反应放热点火现象的物质有自燃物品、遇湿易燃物品、氧化剂与可燃物的混合物等。对这些能自燃的物质，生产加工与储运过程中应避免造成化学反应的条件，如自燃物品隔绝空气储存；遇湿易燃物品隔绝水储存及防雨雪、防潮等；氧化剂隔绝可燃物储存；混合接触有自燃危险的两类物品分类分库和隔离储存等。

另外，还有一类放热反应，反应过程中的反应物和产物都不是可燃物，反应放出的热量不能造成反应体系自身发生自燃，但可以点燃与反应体系接触的其他可燃物，造成火灾爆炸事故。如生石灰与水反应放热点燃与之接触的木板、草袋等可燃物。生石灰与水发生的放热反应为

$$CaO + H_2O \longrightarrow Ca(OH)_2 + 64.9\ kJ$$

反应放热能使氢氧化钙的温度升高到792.3 ℃(56 kg氧化钙与18 kg水反应)，这一温度超过了木材等可燃物的自燃点，因此能引起燃烧造成火灾。能发生此类化学反应放热点火现象的物质还有许多。如漂白精、五氧化二磷、过氧化钠、过氧化钾、五氯化磷、氯磺酸、三氯化铝、三氧化二铝、二氯化锌、三溴化磷、浓硫酸、浓硝酸、氢氟酸、氢氧化钠、氢氧化钾等遇水都会发生放热反应导致周围可燃物着火。因此，对易发热的物质应避免使用可燃包装材料，储运中应加强通风散热，以防化学反应放热点火引起火灾爆炸事故。

以上简要介绍的能够引起火灾爆炸的七大类点火能量，尚未包括原子能、微波(一种电磁波)能、冲击波能等能量来源，但这些能量都可归入七大类点火能量中。例如原子能可看作是化学能转变成热能，可归入化学反应放热点火源；微波可看作是电能转变为热能，可归入电火花点火源；冲击波可以看作是绝热压缩作用由机械能转变成热能，可归入绝热压缩点火源。系统中的点火能量因素是系统发生火灾爆炸事故的最重要因素，因此控制和消除点火源也就成为防止一个系统发生火灾爆炸事故的最重要手段。在实际防火工作中，应针对产生点火源的条件和点火源释放能量的特点，采取控制和消除点火源的技术措施及管理措施，以防止火灾爆炸事故的发生。

8.4 燃爆事故研究中常用点火方式

在燃爆事故的调查研究过程及实验室研究过程中，常采用的点火方式有：(1)高压放电点火；(2) 电点火头点火；(3)电阻丝加热点火；(4)雷管、钝感药剂点火；(5)激光点火等。

8.4.1 高压放电点火

电容放电式点火系统(Capacitor Discharge Ignition，CDI)是电子点火系统之一，被广泛地应用在摩托车、除草机、电锯、小型引擎、涡轮动力飞行器和一些汽车上面。为了缩短点火线圈(高压线圈)的二次电压产生时间，让点火系统更适合用在高转速的引擎上(例如小型引擎、赛车引擎和转子引擎)，采用了电容器充电储存所需的电量，并在需要的时候一口气放出电流经过点火线圈，使其产生高压电触发火花塞点火。

实验室中，常将电容放电的点火原理加以应用做成适用于各种点火状态的点火器，如不同规格的高压脉冲放电装置、高压单次放电装置等。

图8.1为点火系统示意图，主要包括高压电源(最高可达30 kV)、电容、间隙开关、触发开关(TM－11A)、电流转化系统和电火花点火装置。电路中的电流信号通过电流转化器转化为示波器中的电压信号，并通过对信号分析得出电火花放电能量。在电极的末端是间隙为3.5 mm的火花塞，电路触发后通过火花塞产生放电能量，放电能量的大小通过控制放电电压的高低和改变电容大小来实现，点火系统简化为如图8.2所示的*RLC*电路。

计算电火花放电能量的步骤为：

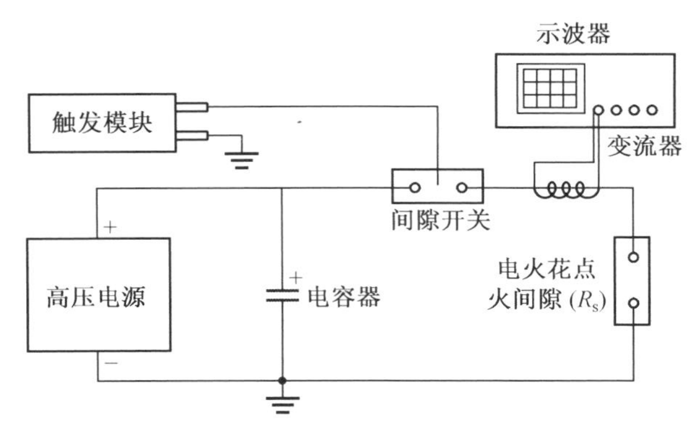

图 8.1　点火系统示意图

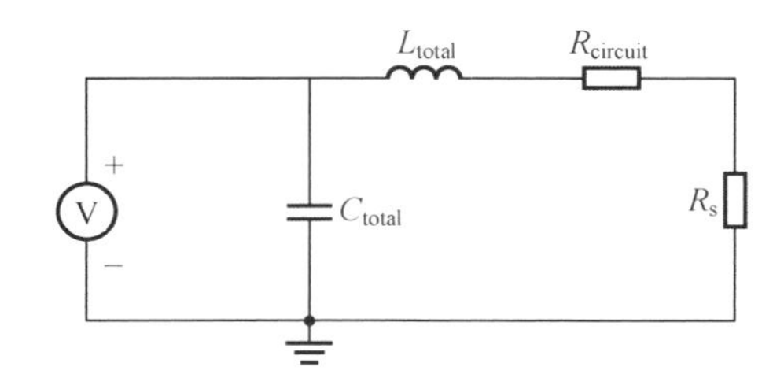

图 8.2　点火系统等效的 RLC 电路示意图

(1)使用 Matlab 程序将示波器中的电压信号还原为电流信号。

(2)放电电流的计算公式为

$$i(t)=A\mathrm{e}^{-\alpha\cdot t}\sin(\omega_{\mathrm{d}}t) \tag{8.1}$$

其中衰减系数 $\alpha=R_{\text{total}}/(2L)=\sqrt{(\omega_{\mathrm{n}}^2-\omega_{\mathrm{d}}^2)}$，$R_{\text{total}}$ 表示电路中总电阻，L 表示电路总电感，ω_{n} 是放电电流的自然频率，ω_{d} 是衰减频率。

(3) 衰减频率(ω_{d}) 为：$\omega_{\mathrm{d}}=2\pi/T=\sqrt{1/(LC)-[R/(2L)]^2}=\omega_{\mathrm{n}}\sqrt{1-\zeta^2}$。其中 T 是周期，C 为电路中总电容，ζ 是阻尼系数。由于每个放电电流信号的周期 T 可由示波器测得，因此可直接计算得出 ω_{d}。

(4) 电路中电感大小为：$L=1/(\omega_{\mathrm{n}}{}^2C)$，由于通过步骤(3) 可得出 ω_{n}，电容 C 已知，即可计算得出电感 L。

(5) 电路的总电阻为：$R_{\text{total}}=2L\alpha$。$\alpha$ 由其表达式得出，并通过步骤(4) 得出电感 L，计算得出电路中总电阻 R_{total}。

(6) 使用导电性能良好的金属线连接点火棒顶部的正极和负极，在相同的电压和电容下，对电路再次进行触发，得到另一个电流的放电曲线。

(7) 电路中的总电阻等于回路电阻与电火花电阻的总和，也即 $R_{\text{total}}=R_{\text{circuit}}+R_{\mathrm{s}}$，因此当点火棒短路时，电火花电阻为零，即 $R_{\mathrm{s}}\approx 0$，因此得出电路总电阻等于回路电阻，即 $R_{\text{total}}=R_{\text{circuit}}$。而点火棒开路时电路总电阻为 $R_{\text{total}}=R_{\text{circuit}}+R_{\mathrm{s}}$，通过两者的差值可确定电火花电阻 R_{s}。

(8) 利用公式 $E_{\mathrm{S}}=\int_0^\infty i^2R_{\mathrm{s}}\mathrm{d}t$ 的积分计算得出电火花放电能量。其中电流 i 和电火花电阻 R_{s} 可分别通过步骤(2) 和(7) 确定。

8.4.2　电点火头点火

电点火头是目前在烟花燃放过程中普遍采用的一种点火方法，它对燃放的整体气势、空中画面效果、时间的节奏、燃放人员的人身安全，都能起到良好的保障作用。

在实验室燃爆过程研究中，根据不同需要，加工制作不同能量的电点火头作为点火源。

8.4.3　电阻丝加热点火

电阻丝是一个将电能转换成热能的装置，当电流 I 经过电阻 R 的导体时，经过时间 t 便可产生热量：

$$Q = 0.24 I^2 Rt \quad (\text{cal})$$

可见，通过控制 I, R, t 即可达到控制发热体的目的。电阻丝一般分为金属和非金属两大类。在金属电阻丝中常用的有铁铬铝合金和镍铬合金、铂铑、钼、钨、钽等。非金属的有石墨电阻丝和碳化硅电阻丝。

(1)铁铬铝合金电阻丝。目前国产的有三个型号：Cr25A15，Cr17A15，Cr13A14，适用于1 000～1 300 ℃的温度范围。其具有抗氧化、易加工、电阻大、电阻温度系数小、价格低廉的优势。在高温下能生成Cr_2O_3的致密氧化膜，阻止空气对合金的进一步氧化，但不宜在还原气氛中使用，还应尽量避免与碳、酸性介质、水玻璃、石棉及有色金属等接触以免破坏保护膜。这种电阻丝的主要缺点是高温强度低，经高温后由于晶粒变大而变脆。

(2)镍铬合金电阻丝。这类合金电阻丝适用于 1 000 ℃以下的温度，其型号为Cr20Ni80，Cr15Ni60。此种材料易加工、有较高的电阻率和抗氧化性，在高温下能生成Cr_2O_3或 $NiCr_4$氧化膜，但不宜在还原气氛中使用。Ni－Cr 合金经高温使用后，只要没有过烧仍然很柔软。

8.4.4　雷管、钝感药剂点火

雷管加钝感药剂因其能量较大常用于直接起爆或爆轰过程的研究中。其作为点火具，点火能量为雷管内药剂能量和钝感药剂的能量之和。

8.4.5　激光点火

激光点火是把激光作为一种精密的点火源，起爆或点燃火工品的技术。激光点火是一种安全、可靠、轻便的新型点火技术，目前公认的激光点火机理为：(1)激光热点火，主要通过激光瞬间产生的高热能量；(2)激光的化学反应点火，含能材料分子吸收特定频率的激光光子并发生离解，产生的高活性高速粒子进一步引起化学链反应，实现点火；(3)激光的冲击起爆作用；(4)激光的电离与等离子体点火。

8.5　气体和粉尘爆炸的点火

点火(Ignition)可定义为引发自持燃烧的过程。所谓自持燃烧(Self－Sustained Combustion)是指在撤去点火源后，仍能维持燃烧的过程，即燃烧能自动传播下去的过程。

可燃气体和粉尘燃烧爆炸的点火敏感度是爆炸安全技术中最受关注的问题之一，也是爆炸的三大要素(可燃剂、氧化剂和点火源)之一。许多防火防爆规范,都对点火参数有明确的规定和标准,例如最小点火温度、最小点火能量等都是防火防爆工程中最基本的参数,许多安全设计都是以这些基本参数为基础的。

粉尘和气体的点火机理,基本上是相同的,但各有其特殊性。气体的点火理论比较成熟,而粉尘的点火理论相对要复杂得多,目前还不够完善。

粉尘云和粉尘层的点火机理也有很大的不同,粉尘云的点火主要取决于粉尘粒子表面的氧化反应,即气固两相界面反应。在界面处由于高温,粒子表面熔化、蒸发、扩散、点火,开始化学反应,形成自持爆炸波传播。对层状粉尘来说,燃烧过程是一个化学反应放热的波,称为燃烧反应波,其燃烧过程可以是火焰,也可以是阴燃或发烟的传播过程。

从防火防爆技术角度考虑,需要确定不同环境条件下,粉尘点火的阈值参数。这些阈值参数是在实验室模拟实际生产过程的仪器设备上测定的。

8.5.1 气体的热点火理论

气体热点火的基本理论是 Van't Hoff 在 1884 年提出的。根据他的理论,放热超过散热是反应自动加速的条件。热自动点火理论的量的关系,是 Semenov 首先建立的。这种理论的实质就是在一定的条件下(温度、压力及其他条件),反应放热速率超过热损失速率,混合气体中形成热积累而自动加热,从而使反应不断地自动加速,直至达到爆燃。

设混合气体是由 A 和 B 两种组分组成的,它们按下式进行双分子反应:

$$A + B \longrightarrow AB$$

在这种情况下,反应速率由下式决定:

$$\dot{R} = Z[A][B]\exp(-E/RT) \tag{8.2}$$

式中,[A],[B]分别为 A,B 气体组分的浓度;Z 为指前因子;E 为活化能;T 为热力学温度。

对理想气体,它们的浓度可用分压表示,即

$$[A] = pn_A \tag{8.3}$$

p 为系统压力,n_A 为气体组分 A 的摩尔分数。设 n_B 为气体组分 B 的摩尔分数,显然有

$$n_A + n_B = 1 \tag{8.4}$$

于是

$$[B] = p(1 - n_A) \tag{8.5}$$

混合气体单位时间放热 q_G 为

$$q_G = QR = QZp^2 n_A(1 - n_A)\exp(-E/RT) \tag{8.6}$$

式中,Q 为单位质量混合气体反应放热量。

由式(8.6)可以看出,混合气体反应放热速率 q_G 随温度指数形式增长而增长,并在一定温度下,同混合气体的压力平方成正比。混合气体向周围介质(容器壁面),由单纯热传导而散失热量的速率可简单地与温差成正比:

$$q_L = \alpha S(T - T_0) \tag{8.7}$$

式中,α 为导热系数;S 为传热面积。

稳态热点火应满足下列条件:

$$QZp^2 n_A(1 - n_A)\exp(-E/RT) = \alpha S(T - T_0) \tag{8.8}$$

$$\frac{dq_G}{dT} = \frac{dq_L}{dT} \tag{8.9}$$

在临界条件下，$T-T_0 \ll 1$，采用 $T-T_0=T_{CR}$ 近似，则由式(8.6) 可得

$$\frac{Zp^2 n_A(1-n_A)E}{RT_{CR}^2}\exp(-E/RT)=\alpha S \tag{8.10}$$

令

$$\frac{\lambda SR}{Zn_A(1-n_a)E}=c \tag{8.11}$$

则式(8.10) 可写为

$$\frac{p^2}{T_{CR}^2}=c\exp(E/RT) \tag{8.12}$$

或

$$\ln\frac{p}{T_{cr}}=\frac{E}{2RT_{cr}}+\frac{1}{2}\ln c \tag{8.13}$$

对任意复杂反应，则有

$$R=Z[A]^m[B]^l\exp(-E/RT) \tag{8.14}$$

或

$$R=Zp^{m+l}n_a^m(1-n_A)^l\exp(-E/RT)$$

则稳定态热点临界条件可写成

$$\ln\frac{p}{T_{cr}}=\frac{E}{(m+l)RT_{cr}}+\frac{1}{m+l}\ln\frac{\lambda ARE}{QZn_A^m(1-n_A)} \tag{8.15}$$

上述理论是建立在容器中各点温度都相等的假设下所得到的，但一般点火过程往往是在温度最高的局部体积内开始的，然后火焰向周围传播。

根据上述理论，气体的点火是由于加热和温度升高而引起的，但实际过程中有许多例外。例如，有些缓慢的反应，在一定条件下也可自动加速，但这不是由于加热，而是由于在混合气体中积累了具有催化作用的活化中间产物造成的。

活化中间产物与原始混合气体反应时，就使它变成反应的最终产物。这些过程所需要的活化能比较小(特别是活化产物为游离基或原子时)，因此反应过程以极快的速度进行。但是，在开始时，由稳定的原始分子形成活化中心需要的活化能量极大，因此在初始形成阶段不可能以极快的速度进行反应。

为了利用活化中心来促使反应更快地进行，必须使活化中心在反应时再生，也就是说，当活化产物与原始物相互作用时，不仅要产生稳定的最终产物，而且还要产生新的活化中间产物。

活化中间产物再生反应称为链式反应。每个活化分子在反应过程中消失的同时，便引起下一反应的长链。

链式理论已经成功地用来解释光(hν)化学反应机理，氯和氢的相互作用可作为链式反应的一个例子。

$$Cl_2+h\nu\longrightarrow Cl^*+Cl^*$$

$$Cl^*+H_2\longrightarrow HCl+H^*$$

$$H^*+Cl_2\longrightarrow HCl+Cl^*+Q$$

点火的上下限可以用链式反应进行的条件来解释，而这些条件是在压力大大低于大气压下，根据氢气、一氧化碳、甲烷以及其他含氧混合气体确定的。氢氧混合气体的点火极限条件的典型图如图 8.3 所示。

点火下限的特点是在每一温度下都存在某一最小的压力 p_1，低于这个压力时，气体自

动点火是不可能的。

点火极限可以用下面的方法确定。设容器内的混合气体已加热到所需的温度，同时混合气体的压力也超过相应于下限的压力 p_1。在此条件下，缓慢的反应就会产生。但如果逐渐将混合气体抽出，使最初压力降低，当压力降到一定数值后，就会点火反应，反应产物使体系压力升到 p_1 后，混合气体又一次停止点火。随着温度下降，上下限逐渐靠近，最后重合在一起。

上限的存在无疑可以作为链式反应机理的标志。在这种情况下，压力的降低使链式分支反应的速度较中断反应的速度为高。因此，当低于某种临界压力时，反应过程就加快点火。这种现象在反应的热机理中是不可能产生的。

在点火上限以外的区域进行化学反应动力学研究中还出现了第三个点火极限。当压力连续增加时，缓慢的反应会转变为爆炸。此极限曲线的特点是：当压力由某一点开始进一步提高时，自动点火的温度下降很慢，因此在某一温度范围内存在的不仅是 1 个极限，而是 3 个。自动点火的温度与压力的曲线一般具有图 8.4 所示的形式。必须指出，电火花点火与热自动点火不同，用电火花点火时，不存在压力上限。

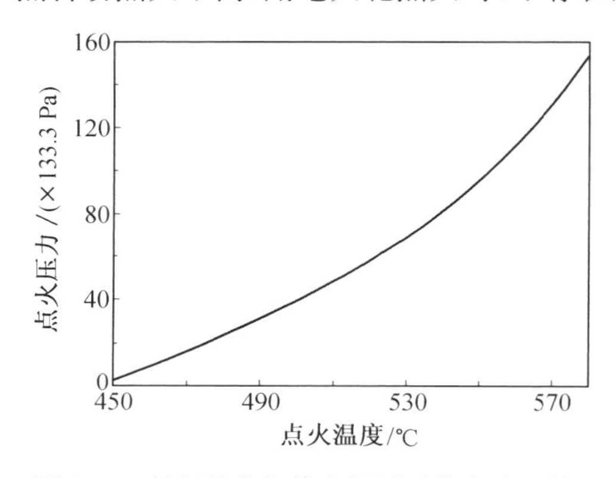

图 8.3　氢氧混合气体在低压下的点火区域

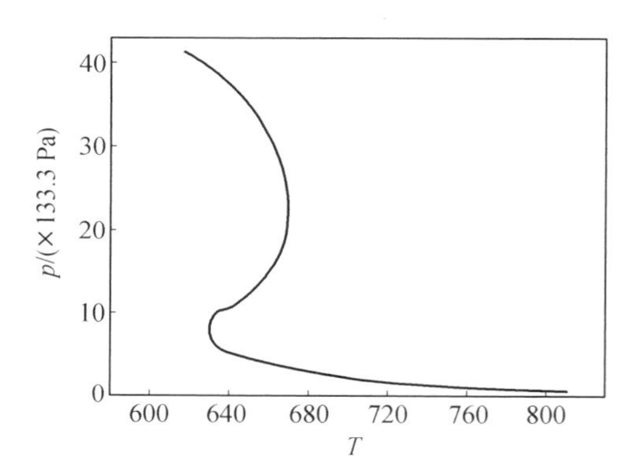

图 8.4　化学计量甲烷一氧混合气点火温度随压力变化

8.5.2　粉尘云点火理论

与气体热点火理论不同的是，粉尘云点火中燃料和氧化剂分子扩散和对流在点火过程中起决定性作用。

对一个点火系统，一般可用一个无因子量特征数 Da，即 Damkohler 数来表征。Da 是系统反应放热速率与热传导、对流和辐射引起的散热速率之比，它经常用两个特征时间常数表达：一个是散热时间常数 τ_L，一个是放热时间常数 τ_G，即

$$Da = \tau_L / \tau_G \tag{8.16}$$

温度对化学反应速率的影响通常用阿伦尼乌斯公式来表征：

$$k = A\exp(-E/RT) \tag{8.17}$$

式中，k 为反应速率常数；A 为指前因子；E 为活化能；R 为气体常数；T 为温度。

一般燃烧反应的化学反应速率可写成

$$R_C = kC_f^p C_{OR}^q \tag{8.18}$$

式中，$p+q=m$ 是反应级数；C_f 和 C_{OR} 分别为反应区中燃料和氧化剂的质量浓度。若燃料过量，且 $q=1$，则

$$R_C = kC_{OR} \tag{8.19}$$

氧从环境扩散到反应区的速率为

$$R_D = D(C_{OS} - C_{OR}) \tag{8.20}$$

这里 D 是热扩散速率常数，C_{OS} 是环境氧浓度。随着反应区中温度的升高，化学反应速率增加，当反应速率等于扩散速率时，有

$$R_C = R_D$$

或

$$kC_{OR} = D(C_{OS} - C_{OR}) = C_{OS}\delta \tag{8.21}$$

式中

$$\delta = kD/(k+D) \tag{8.22}$$

δ 称为弗朗克 — 卡米涅茨基参数。若化学反应热为 Q，则

$$R_G = QC_{OS}\delta \tag{8.23}$$

将反应速率常数 k 表达式代入 δ 表达式中，所得结果代入上式可得

$$R_G = \frac{QC_{OS}DA\exp(-E/RT)}{D + A\exp(-E/RT)} \tag{8.24}$$

而系统的散热速率可写成如下一般形式：

$$R_L = U(T - T_0)^n \tag{8.25}$$

式中，U 和 n 为系统的特征常数，$n \geqslant 1$；T 为反应区中的温度；T_0 为环境温度。

图 8.5 所示为按式(8.12) 和式(8.13) 系统放热速率 R_G 和散热速率 R_L 表达式所得两条曲线的关系，它解释了系统的稳定性条件。图中 R_G 曲线呈 S 型，而对 R_L，若只考虑热传导，$n=1$；考虑对流时，$n=5/4$；考虑辐射时，$n=4$。

图 8.5 中的 R_L 线是只考虑热传导，即 $n=1$ 的情况，所以 R_L 为一条直线，它与 R_G 线相交有 3 个交点，其中上交点 ③ 和下交点 ① 是稳定状态，因为在这两状态附近的任何一个小扰动，即增加或减小一个温度微量 $\pm\Delta T$，状态还会回复到原位，不会无限偏离这一状态；而交点 ② 是不稳定的，一旦温度减小一个微量 $-\delta T$，则系统温度会越来越低，一直降到下交点状态 ①；反之，如果系统温度增加一个微量 $+\delta T$，则系统温度会越来越高，一直达到上下交点状态 ③。

若式(8.25) 中常数改变而使散热速度减小，则 R_L 线向右倾斜，最后使 ①，② 两点逼近临界相切点 ④；与此同时，上交点 ③ 这一稳定点向上移至更高的温度。

若式(8.25) 中的 U 值增加，R_L 线就可达到另一个临界切点 ⑤，当 U 进一步增加，点火就成为不可能了，因为此时散热太快，系统中不可能形成热积累，火焰无法传播。

若用系统温度上升幅度参数 δT 对 Da 作图，则可得到图 8.6 所示的稳态和不稳态区域图。其下支为稳定的，对应于缓慢的无火焰的反应，上支也是稳定的，对应于稳态传播的燃烧或分解波，中间支是不稳定的。反应速率略微增加，就可使系统温度升高，直至通过点火点 ②，然后系统跳跃到上支的稳态火焰传播状态。当冷却时，即增加 U 或 n，或 U 和 n 都增加时，反应速率降低。

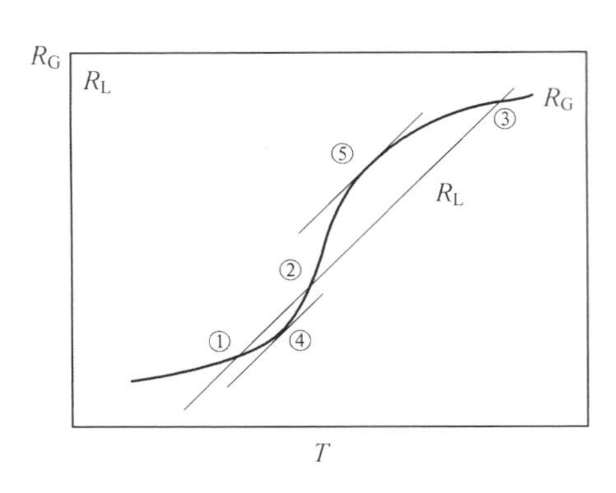

图 8.5　放热速率和散热速率随温度变化

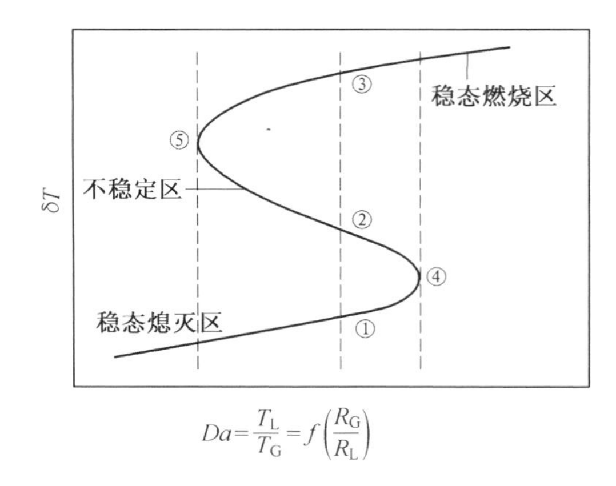

图 8.6　可燃系统的稳定性示意图

8.5.3　层状粉尘的点火

层状粉尘的点火原因很多，大致可以归纳成以下几种。

1. 自燃点火

自燃点火往往容易被人们忽视。容易引起自燃点火的物质必须满足以下条件：

(1) 为使化学反应不向外发散而积蓄——热积累，这类物质必须是多孔性的，且具有良好的绝热性和保温效果。因此，发生自燃的物质多是那些纤维状、粉末状或重叠堆积的片状物质。

(2) 必须是比较容易进行放热反应且产生反应热的物质。例如在化学上不稳定、容易分解而产生反应热的；或吸收空间中的氧而产生氧化热的；或吸收湿气而产生水合热的；或由于混合接触而产生反应热的；以及由于发酵而产生发酵热的物质。

(3) 化学反应热的产生速率超过散热速率。

自燃着火与其他点火源引起的着火不同，其他点火源都需要由与反应物质无关的外界给予点火能，而自燃着火的特点则是由反应物质本身的化学反应引起着火。

近年来，有机过氧化物被大量用作聚合促进剂，这类物质很容易发生自燃着火，且具有较强的爆炸性，撞击感度也很高，如丁酮过氧化物，5 kg 落锤、落高 2 cm 就可引起爆炸。

大量自由堆积的粉尘，如煤山、面粉和玉米粉等粮食仓库，聚集金属粉尘等经常会发生自燃着火。

吸水会引起某些堆积粉尘自燃着火，如粮食粉尘遭水浸后会发热，铁粉或铁屑在船舶运输过程中，因船舱内浸入雨水或海水而引起自燃着火的事故时有发生。

煤本身为多孔物质，它不仅具有隔热性，且含有不饱和键，因此是一种容易引起自燃着火的物质。特别是含有适量水分的煤粉，更容易发生自燃着火。工厂中的煤场堆积的煤常因自燃发热而引起温度上升。

近来人们开始重视生物材料的生化加热效应。植物或动物材料由于具有生物活性，能够激发起自加热，特别是在堆放体积量很大、湿度较高、储存时间很长的情况下更容易发生生化加热效应；但是由于生物微观组织只能在 75 ℃ 以下生存，因此生化加热效应一般只能加热到此温度水平。所以，还需要有非生物氧化放热继续作用，才能进一步加热达到点火。

2. **粉尘层点火的实验研究**

一般是在实验室里观察粉尘层中一点或数点的温度发展变化规律，粉尘试样可以是密封的，或者是敞开的，即空气可由于粉尘内部加热气体的浮力而在粉尘间隙中流动。

粉尘层自动点火的最小环境温度与粉尘试样的形状、尺寸和比表面积有关。图8.7表示各种形状和尺寸的焦炭粉尘试样的最小自燃着火最小环境温度与试样体积表面积比的关系。

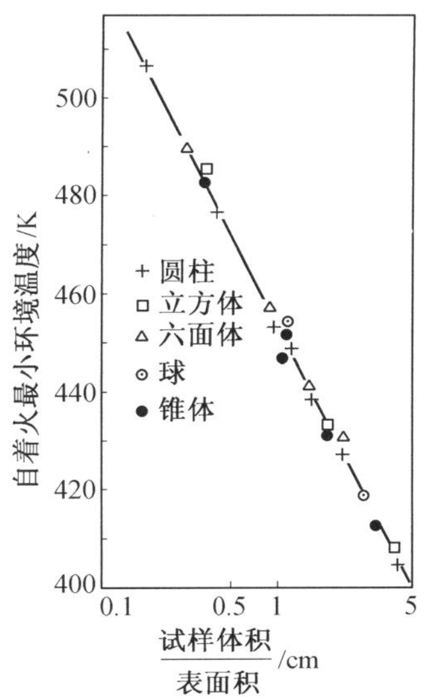

图8.7 焦炭粉尘自燃着火最小环境温度与试样体积表面积比的关系

从图8.7可以看出，最小点火温度随试样的体积与面积比的对数成线性下降，这可由弗朗克—卡米涅茨基参数δ说明：

$$\delta = Ea^2 Q\rho A\exp(-E/RT_a)/RT_a^2\psi$$

式中，R为通用气体常数；A为指前因子；E为反应活化能；a为粉尘试样的特征线性尺寸；T_a为环境温度（在恒温箱中粉尘周围空气的温度）；Q为单位质量粉尘的反应热；ρ为粉尘试样的堆积密度；ψ为粉尘试样的导热系数。

上式中，特征线性尺寸a是指粉尘试样中心到表面的最短距离，此距离越大，自着火的温度越低，越容易着火。

沉积在热表面上的粉尘热点火与上述整体加热着火情况不同，用12.7 mm厚的粉尘层堆积在热表面上，测定粉尘最小热表面点火温度，最小点火温度随粉尘层厚度增加而降低，也随粉尘粒度减小而下降。粉尘层上空气的流动条件对最小点火温度影响非常大，且试验顺序对测定结果也有很大影响，例如对亚硫酸钠粉热板试验，若从高温往下测量时，测得最小热表面点火温度为400 ℃，而从低温往上测量时，测得最小热表面点火温度仅为190 ℃，其原因是亚硫酸钠粉尘具有两阶段热分解效应，在350～400 ℃高温下，由于粉尘在热板上的时间很短，故难以觉察第一阶段的热分解。

粉尘的热导率是影响点火的一个重要因素，表8.3列出了某些粉尘的热导率及其他有关参数。

表8.3 某些粉尘的热导率参数

物质	密度/(g·cm^{-3})		粉体空隙率/%	比热容/(J·g^{-1}·K^{-1})	热导率 W/(m·K)	
	固体	粉体			固体	粉体
空气	0.001 2	—	0	1.0	0.088	—
水	1.0	—	0	4.2	2.0	—
铝	2.7	0.31	88.5	0.88	730	0.23
硫	2.1	0.67	67.5	0.75	0.96	0.042
糖	1.6	0.65	59.0	1.25	2.2	0.063
木材	0.55	0.15	90.0	2.5	0.5～1.25	0.059
软木	—	0.074	96.0	2.5	—	0.033
褐煤	1.16	0.39	74.0	1.05	0.61	0.067

8.5.4　粉尘云的点火

1. 火花放电点火

两个金属电极之间的火花放电点火已成为粉尘爆炸的标准试验方法，但对于点火能量的确定方法有很大差别。欧姆定律可以运用火花放电间隙，其方法与用于任何其他载流导体一样，但有一点是不同的，就是两电极之间间隙中单位长度空气的电阻不是常数，因为间隙中的空气在火花放电过程中发生电离，电离程度不同，电阻率不同。又因为间隙中气体电离温度不同，因而单位时间内间隙中能量耗散情况也不同。如果系统处于一种热平衡状态，则对给定的某种气体，在给定温度和环境压力条件下，可以得到单位长度间隙电阻和流过间隙的电流之间的关系。

Echohoff 在其著作中列出了 $l_s=2$ mm 间隙空气火花放电的火花电阻与电流之间的经验关系式：

$$R_s=40l_sI_s^{-1.46}$$

式中，R_s 为火花电阻，Ω；l_s 为火花间隙长度，mm；I_s 为火花电流，A。

通常在火花间隙中欧姆能量耗散值 E_s 称为"净火花能量"。此值的获得需要实验测定瞬时火花放电时的电流和火花间隙电压 U_s 随时间变化过程，然后用下式计算：

$$E_s=\int_0^{t_{max}}I_sU_s\mathrm{d}t$$

假定欧姆定律在任何时刻均适用，则有

$$U_s=R_sI_s$$

而
$$U_s=R_sI_s=40l_sI_s^{-0.46}$$

则
$$E_s=40l_s\int_0^{t_{max}}I_s^{0.54}\mathrm{d}t$$

根据此式，在测量最小点火能量时，只需要测定火花电流波形 $I_s(t)$，就可计算得到火花放电净能量 E_s。同样，E_s 也可表示为 U_s 的函数，亦即只要测出火花放电电压曲线 $U_s(t)$，就可计算得到火花放电净能量 E_s。

2. 火花放电时间对粉尘云最小点火能量的影响

火花放电时间对粉尘云最小点火能量有很大的影响，实验证实，火花放电时产生的压力波，可以使火花间隙周围的粉尘粒子发生位移，使火花间隙周围粉尘浓度大大降低，在高电容能量、短放电时间条件下，甚至在火花间隙周围形成无粉尘区，一些高速摄影记录还证实了这个无粉尘区，这必然引起点火能力急剧下降，但这种点火能力的下降是一种假象，并不代表粉尘云本身的性质，而是由点火源的点火方式引起的。放电回路中串联一个大电感（0.1～1.0 H）或串联一个大电阻（0.45～0.9 MΩ），可使放电时间大大增长，最小点火能量明显减小，有时可减小一个数量级。

Line H. 等人研究发现用直径 25 mm 的壳体约束的，浓度为 80 g/m^3 的杜松子粉尘云，其点火频率明显高于无约束粉尘，显然，在无约束情况下，由于火花放电产生的压力波，干扰了粉尘云，使火花间隙附近粉尘云浓度大大减小，使所需要的点火能量增大，因而在同一点火能量下，点火频率降低。

在无串联电阻、无壳体约束的情况下，即使火花能量 $E=\frac{1}{2}CU^2$ 达到 10 J，点火频率也达不到 100%。Echhoff 等人的试验表明，对能量 100 ~ 200 mJ 的电容放电时间为 1 μs 量级时，可吹开 4 mm×5 mm 用细线支持的纸片，试验结果列于表 8.4。

表 8.4　纸片在爆炸波作用下的位移

火花能量 /mJ	火花间隙长度 /mm	位移距离 /mm	
		“短”火花	“长”火花
10	0.1	< 0.5	0
25	0.2	2.5	0
100	1.0	12	< 0.5
300	2.0	35	1.0

从表 8.4 可以看出，火花能量超过 100 mJ 时，“短”火花作用下纸片位移距离相当可观；相反，当火花能量降到 10 mJ 时，纸片位移距离实际上可忽略。

综上所述，可以得出下列火花放电的若干基本概念：

(1) 火花放电时间是很短的，对 1 J 能量的火花，火花放电小于 0.1 μs；1 mJ 火花，小于 0.01 μs。这说明火花放电是在任何热气体发生膨胀之前就完成的。

(2) 1.0 J 火花在 2 μs 时间内放电，放电间隙的瞬时峰值温度可达 5 000 K。因此可估计，在实际放电极短时间内，热气体膨胀之前，峰值温度可达 6 000 K。

(3) 初始火花是球形的，热气体向周围绝热膨胀时，在整个过程中温度分布保持球内均为高温，球外常温，此过程可采用理想气体状态方程：

$$U_{\mathrm{V}}=\frac{5}{2}R,\quad \frac{U_P}{c_{\mathrm{V}}}=1.5$$

(4) 快速膨胀完成后，热气体向周围气体热传导而冷却到环境温度，此过程包括热量和质量扩散，可以用下列方程描述：

$$\frac{\partial u}{\partial \theta}=u^3\left[\frac{\partial^2 u}{\partial x^2}+\frac{2}{x}\frac{\partial u}{\partial x}\right] \tag{8.26}$$

式中，u 是无因子量火花温度；x 为离火花中心的无因子量距离；θ 是无因子量时间。

(5) 热气体由于浮力而发生的向上运动可以忽略。

(6) 在整个热气体向环境压力做超音速膨胀过程中，假设气体压力的径向分布均为矩形分布(即球内均为相同温度)。

(7) 粉尘粒子首先由于极快速冲击波阵面而被加速，随后由于气体快速向外膨胀流动而被加速，当达到某一点时，由于惯性作用，粒子速度超过气体速度，在此之后，粒子速度将逐渐降低。

3. 其他影响火花点火的因素

(1) 湍流。粉尘云的湍流作用对火花点火有较大影响。随着粉尘云流动速度的增加，最小点火能量也增加。由于粉尘云流过火花间隙时，带走一部分能量，改变了散热条件，使点火变得困难，最小点火能量有所增加。

(2) 火花间隙距离。对每一种粉尘云都有一个最佳火花间隙距离，即在此最佳火花间隙距离下，其点火能量降到极小值。减小或增大火花间隙距离，都会使最小点火能量增加，这一点与预混合气体的情况是一致的。在预混合气体点火中，熄灭距离与最小点火能量之间有一定的关系。

常见粉尘云最佳火花间隙距离大致为 6.0 ～ 8.0 mm，电容器火花是短时间型的（串联电感和电阻很小），其最佳点火能量在 1.0 ～ 6.0 mJ 范围。

4. **机械作用下的点火**

工业粉尘爆炸事故中，许多事故是由机械作用点火引起的，Echhoff 等人的实验数据说明，物体之间摩擦火花点火引起的事故在整个事故中占有相当大比例（表 8.5）。

表 8.5　摩擦火花在初始点火源中的比例

时间	爆炸次数	摩擦点火 /%	未知点火源	摩擦点火＋未知点火源 /%
1860 ～ 1873	535	20	46	66
1873 ～ 1941	128	17	27	44
1941 ～ 1945	91	54	18	72
1958 ～ 1975	137	9	62	71
1965 ～ 1980	93	28	5	33
1980 ～ 1995	83	24	11	35

从表 8.5 可以看出，摩擦火花点燃粉尘云是一个重要原因。实际上，未知点火原因中有相当一部分也是由于摩擦引起点火的。

工业生产中产生的点火源大致可分为三类。第一类：摩擦起火，发热，火星；第二类：由于碰撞引起发热和火星；第三类：摩擦引起静电火星。

对第一类潜在的机械火源 —— 摩擦起火，可以由以下原因引起：

（1）轴承故障。由于设计不良、使用不当或维修不善而引起的发热、起火或火星。

（2）输送机或驱动轮轴与输送机架或壳体摩擦。这一般是由于轴弯曲太大、鼓轮壳体设计欠佳、安装不好等原因引起火星、发热或起火。

（3）驱动轮打滑。由于驱动轮上无板条，皮带张紧程度不够，电动机过大，鼓轮支架堵塞，没有运行检测开关等原因导致发热起火。

（4）输送机鼓轮打滑。

（5）皮带与外壳摩擦。由于运转净空不够，接头不对中，支架倾斜，驱动轮磨平，驱动轴不水平，负荷不均，皮带吸潮而伸展不均，张紧装置重量不足等原因引起发热。

（6）主轴与外壳摩擦产生火星。

第二类潜在的机械火源 —— 碰撞起火，这类火源有以下几种：

（1）粉碎机中的杂物引起火星、发热或着火。

（2）物料装卸系统中的杂物引起碰撞发火。

（3）皮带下垂引起碰撞，产生火星。

（4）机件螺栓突出或脱落，引起撞击火花。

（5）金属疲劳故障，内部零件松动等。

任何机械火源的危险性取决于三个方面的因素：① 机械失灵的可能性；② 潜在的能量；③ 起火与蔓延的一般条件。

对易爆粉尘与空气混合物，当粉尘颗粒干燥且大小为 5 ～ 10 μm 时，这是理想的点火条件，在低湍流或相对静止的粉尘云中，点火更为容易。粮食仓中的火星可以点燃粉尘云，但同样能量的火星在斗式提升机中却不一定能引起燃烧，因为其间空气流动过快，不易形成热点火。

5. **静电火花点火**

两个物体尤其是两个不同材质的物体紧密接触时，电子往往会通过界面而重新分配，一旦电子再分配达到平衡状态，就会形成引力。这时，欲使这两个物体分离，必须在引力的反方向上做功。随着两界面的电压增大，分离界面所做的功增大，如果这时存在导电通路，则被分离的电荷会立即重新结合；如果不存在导电通路，即如同绝缘体上的情况，则随着两物体分离，其电位可能会很容易达到几千伏。

火花产生点燃作用的能力，主要取决于其点燃能量的大小，而点燃能量在总储备中只占一定的比例。储备能可按下式计算：

$$E=\frac{1}{2}CU^2\times 10^{-9}(\mathrm{mJ})$$

式中，E 是储备能，mJ；C 是电容，pF；U 是电压，V。

许多实验表明，对饱和碳氢化合物气体和蒸气与空气组成的混合物，火花点燃所需总储备能约为 0.25 mJ。实验结果还表明，当电位差小于 1 500 V 时，所产生的静电火花一般不会对这些混合物构成危险。点燃这些混合物所需电容的最小值为

$$C=\frac{0.5\times 10^9}{U^2}(\mathrm{pF})$$

若电容等于或大于 20 pF，则 5 000 V 电压就能构成危险，对 10 000 V 的静电电压，带电体的电容必须小于 $0.5\times 10^9/U^2=5$ pF 才能保证安全。

在某些开阔的表面上，例如在某个油面上，若其中某些部位的电荷密度已达 3×10^{-9} C/cm^2，则该部位的电位梯度将超过空气的绝缘强度（30 000 V/cm），所以将出现小刷形放电，或称电晕放电。这将造成该区域导电，而如果放电过程足够强烈，则随后可从该导电表面区发现火花，其能量可能足以点燃易燃蒸气和空气的混合物。

机器的电容取决于其实际大小及邻近物体的相对距离，常见工业机器的电容一般为 100～1 000 pF，人体的电容大约为 200 pF。所以，如静电电压为 10 000V，则对一台已采取绝缘措施的大型机器，其静电火花放电能量约为 50 mJ，人体火花放电的能量约为 10 mJ。

根据美国矿山局资料，常见粉尘云的点火能量为几十毫焦耳，见表 8.6。

表 8.6　某些粉尘云和粉尘层的点火能量　mJ

粉尘名称	粉尘云	粉尘层	粉尘名称	粉尘云	粉尘层	粉尘名称	粉尘云	粉尘层
苜蓿	320	—	可可	100	—	酚醛树脂	10	40
丙烯醇树脂	20	80	玉米淀粉	30	—	聚乙烯	30	—
铝	10	1.6	软木	35	—	聚苯乙烯	15	—
硬脂酸铝	10	40	铁锰合金	80	8	硅	80	2.4
阿司匹林	25	160	沥青	25	4	大豆	50	40
硼	60	—	谷物	30	—	硫	15	1.6
棉花纤维	60	—	铁	20	7	钛	10	0.008
醋酸纤维	10	—	镁	20	0.27	锌	100	400
烟煤	60	560	锰	80	3.2	锆	5	0.000 4

6. **影响粉尘云点火的因素**

(1)点火温度。

① 粉尘浓度的影响。粉尘的浓度对点火温度有很大的影响,这一点可由图 8.8 中看出。当粉尘浓度从爆炸下限增加到最佳浓度时,点火温度降低。

② 氧浓度的影响。粉尘云的点火温度随氧浓度的减小而增加。图 8.9 表示美国匹茨堡煤粉、玉米粉和有机废料三种粉尘在不同氧浓度下的点火温度,显然氧浓度的增加使点火温度下降。

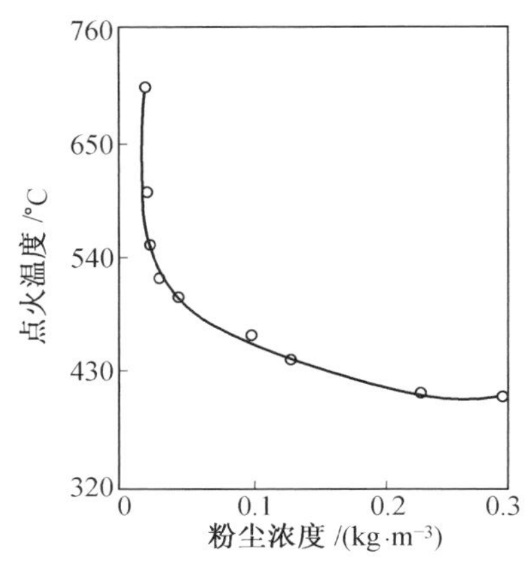

图 8.8 粉尘浓度对点火温度的影响

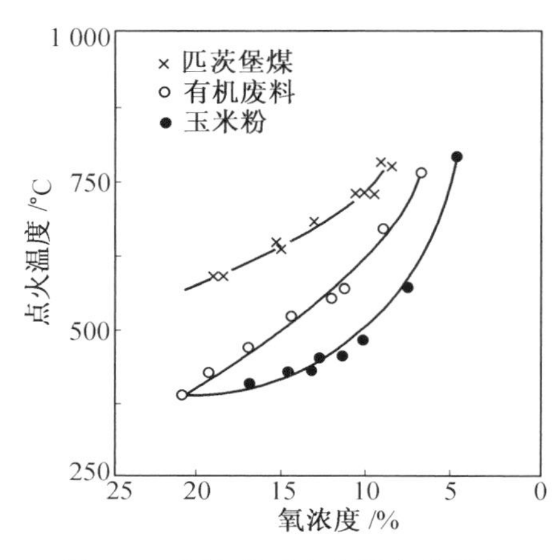

图 8.9 氧浓度对点火温度的影响

③ 水分(湿度)的影响。粉尘云的点火温度随粉尘湿度增大而增加。湿度对木粉点火温度的影响特别大。图 8.10 表示湿度对木粉和玉米粉点火温度的影响。

④ 挥发物含量的影响。一般来说,粉尘云的点火温度随碳化物中挥发物含量的增加而降低。图 8.11 所示为 100 多种碳化物实验所得的结果,其中沥青粉比其他碳化物粉的点火温度高。

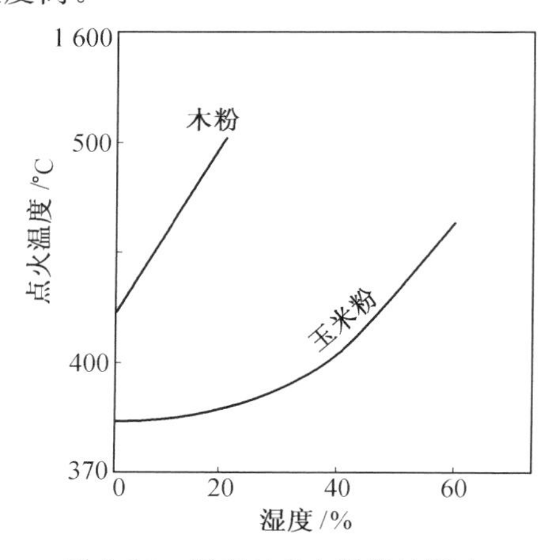

图 8.10 湿度对点火温度的影响

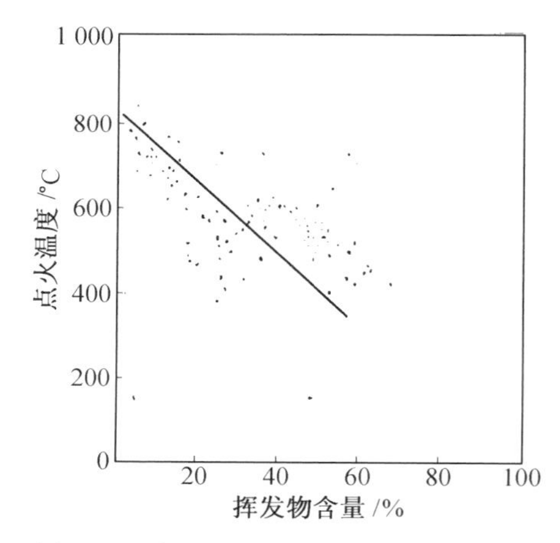

图 8.11 挥发物含量对点火温度的影响

⑤ 惰性粉尘的影响。当可燃粉尘混有惰性材料时,点火温度增加。因为在燃烧过程中,这种惰性粉尘会吸收热量。图 8.12 所示为匹茨堡煤粉、有机废料和玉米粉掺入惰性粉

尘后点火温度的变化。所用煤粉较粗，只有 20%通过 200 目筛。所用的碳酸钙粉 100%通过 200 目筛，而土粉只有 30%通过 200 目筛。试验中粉尘浓度均保持在 1.0 kg/m^3。

⑥ 颗粒度的影响。颗粒越小，点火温度越低，也越逼近于极限点火温度值。粉尘颗粒越细，比表面越大，氧化反应速率越高，且反应较完全。图 8.13 表示烟煤粉尘在空气中和在氧气中点火时，粒度对点火温度的影响。

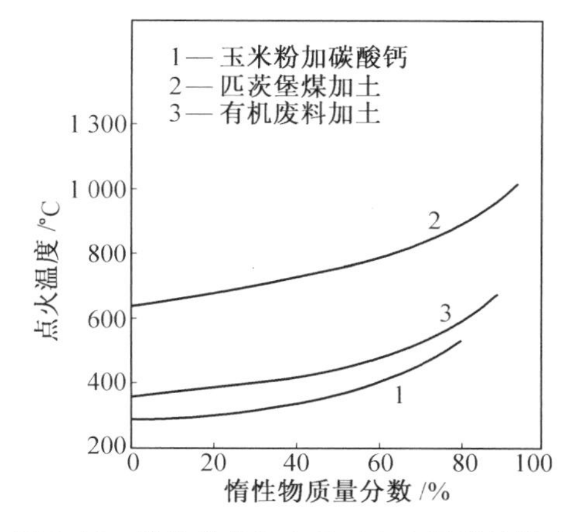

图 8.12　惰性粉的加入量对点火温度的影响

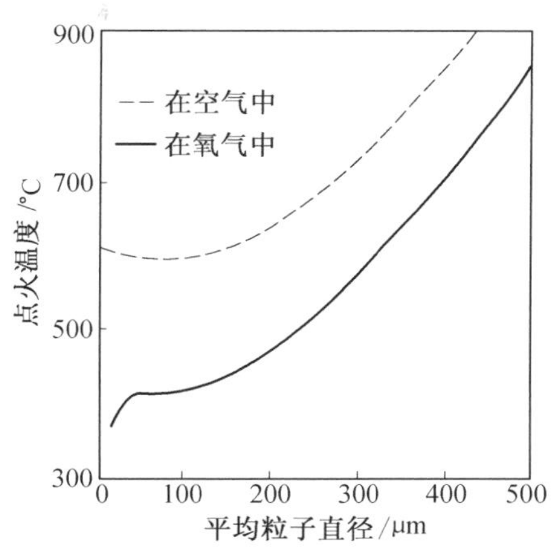

图 8.13　烟煤粉粒度对点火温度的影响

(2)最小点火能量。用静电火花点燃粉尘云时，点火能量受很多因素的影响，例如，粉尘浓度和粒度对粉尘的点火能量有明显的影响。

① 粉尘浓度的影响。图 8.14 表示几种不同类型粉尘的浓度对最小点火能量的影响。当粉尘浓度在 500 g/m^3 以下时，随粉尘浓度的增加，点火能量降低很快；而大于 500 g/m^3 时，浓度对点火能量影响不大。图中镁粉是粗粒子，所以所需点火能量较高。

② 氧浓度的影响。氧浓度减小，粉尘引爆较难，也就是所需点火能量增加。当逼近极限氧浓度时，点火能量增加速率很快。图 8.15 表示玉米粉在浓度为 1 620 kg/m^3 时和铝粉浓度在 400 kg/m^3～300 kg/m^3 时所得到的实验结果。

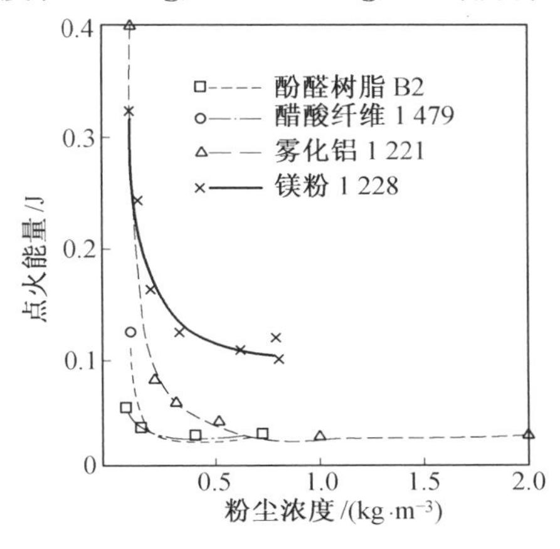

图 8.14　粉尘浓度对点火能量的影响

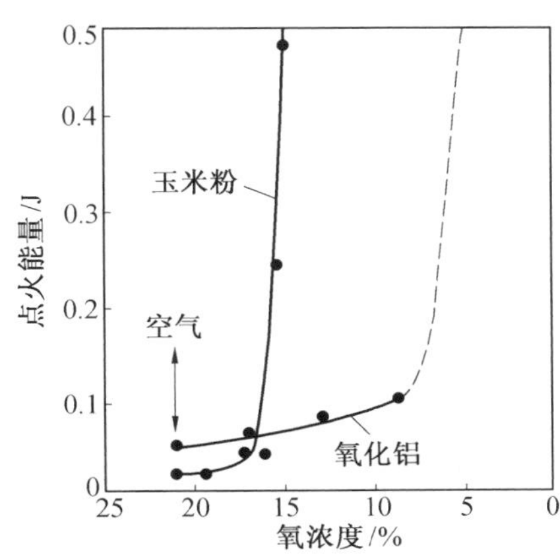

图 8.15　氧浓度对最小点火能量的影响

③ 湿度的影响。粉尘含水量增加，点火能量增大。加水增湿实际上和加入惰性粉尘的影响是类似的。当逼近湿度极限值时，点火能量快速增加。图 8.16 所示为 810 kg/m^3 浓度

下，玉米粉和煤粉含水量对最小点火能量影响的实验数据。

④ 挥发物含量。挥发物含量增大，点燃粉尘所需的电火花点火能量降低，并接近于一个极限值。图 8.17 表示煤粉挥发物质量分数对点火能量的影响。

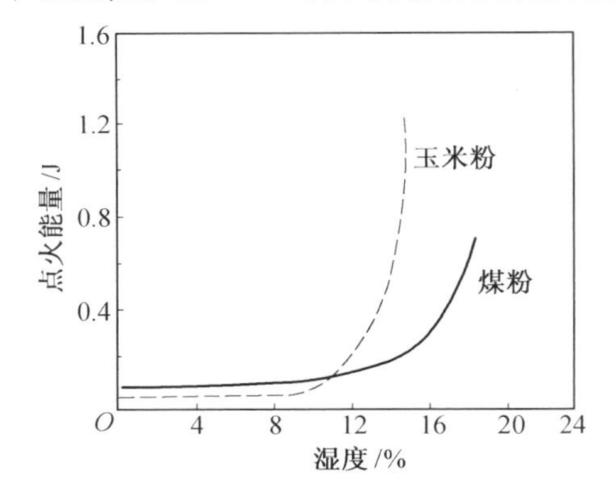

图 8.16　湿度对最小点火能量的影响

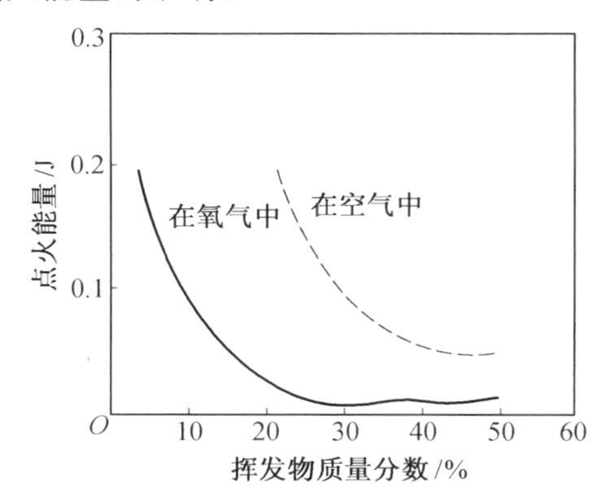

图 8.17　挥发物质量分数对最小点火能量的影响

⑤ 惰性粉尘的影响。往可燃粉尘中掺入惰性粉尘（如漂白粉土）时，点火能量增加。当逼近极限惰性物浓度时，点火能量增加很快。图 8.18 表示玉米粉和匹茨堡煤粉在可燃粉尘浓度为 1 000 kg/m^3 和 1 600 kg/m^3 时惰性粉尘对点火能量影响的实验数据。

⑥ 颗粒度的影响。图 8.19 表示匹茨堡煤粉的颗粒度对点火能量的影响。从图中可以看出，当煤粉平均粒径大于 100 μm 时，在空气中用电火花不可能使其点火，但随着粒径减小，最小电火花能量很快下降。

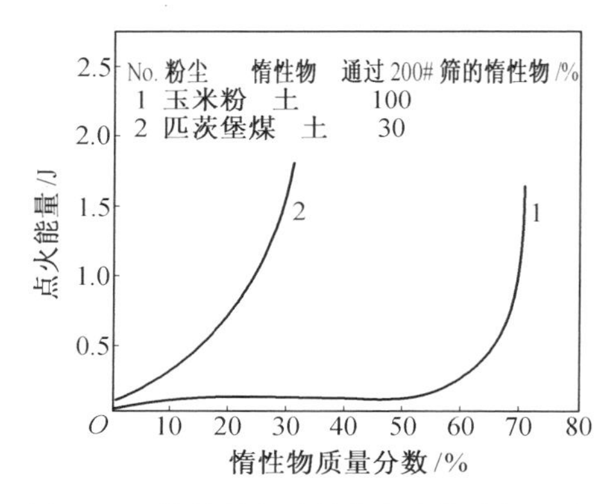

图 8.18　惰性粉尘对最小点火能量的影响

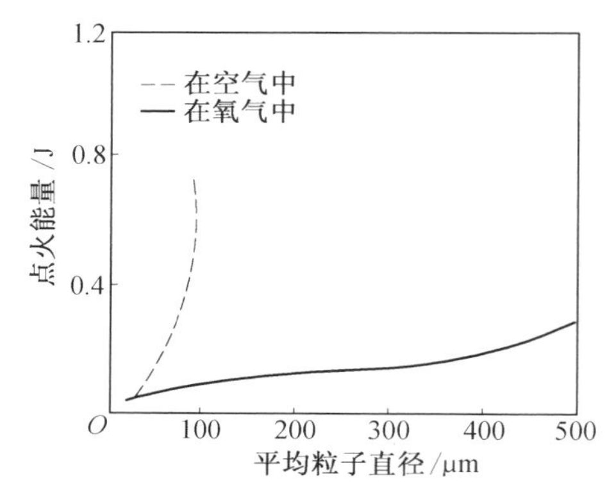

图 8.19　粉尘粒度对最小点火能量的影响

(3)爆炸下限。

① 氧浓度的影响。随着大气中氧浓度的减小，爆炸下限增加，此影响与对点火温度和点火能量的影响是类似的。当逼近极限氧浓度时，爆炸下限增加速度加快。图 8.20 表示氧浓度对几种粉尘爆炸下限的影响。

② 含水量的影响。随着可燃粉尘含水量的增加，爆炸下限浓度增加。图 8.21 表示粉尘含水量对爆炸下限的影响。

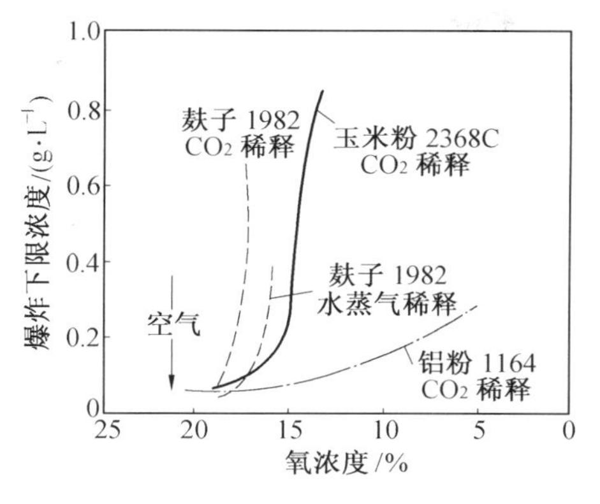

图 8.20　氧浓度对爆炸下限的影响

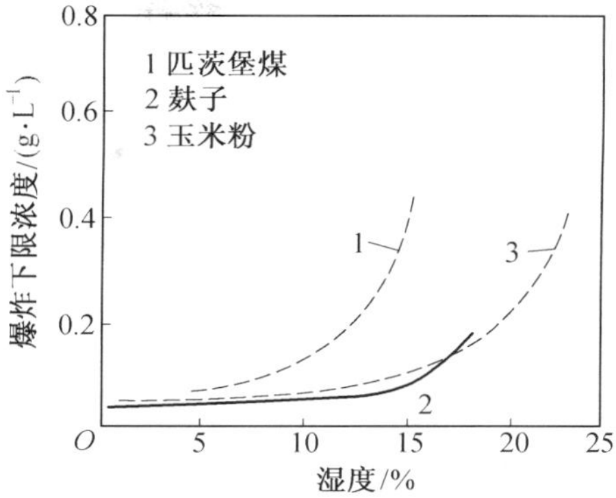

图 8.21　湿度对爆炸下限的影响

③ 挥发物含量的影响。随着可挥发物含量增加，爆炸下限浓度降低，挥发物含量对爆炸下限的影响与对最小点火能量影响类似。图 8.22 为煤粉尘(过 200 目筛)的实验结果。

④ 惰性粉尘的影响。可燃粉尘中掺入惰性粉尘时，随掺入量的增加而使爆炸下限增加。图 8.23 表示几种粉尘掺入漂白土和石灰石时，爆炸下限的变化。

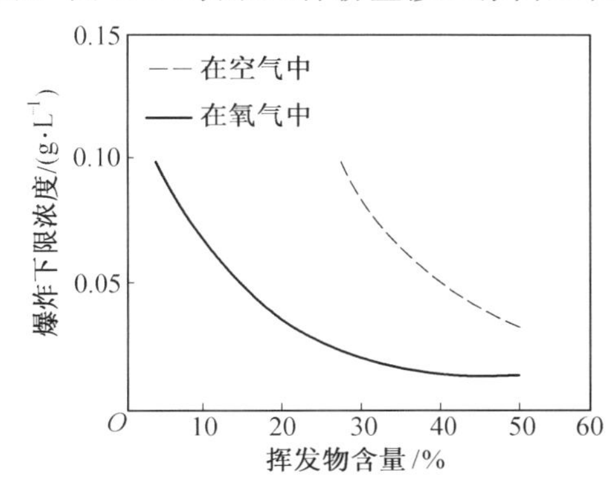

图 8.22　挥发物含量对煤粉爆炸下限的影响

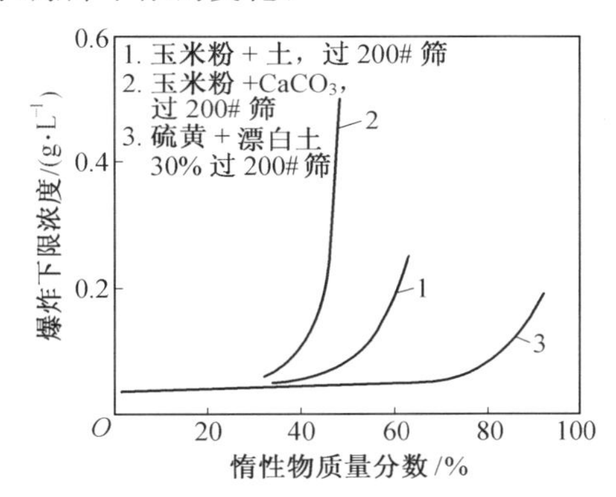

图 8.23　惰性粉尘对爆炸下限的影响

⑤ 粒度影响。随着粉尘粒度减小，爆炸下限浓度逼近一个极限值。图 8.24 是玉米粉筛成不同的粒度，当粒径为 20～90 μm 时，爆炸下限值近似不变；若再增加粒度，爆炸下限迅速提高。玉米粉粒度大小在筛号 $65^{\#}$～$100^{\#}$ 之间时，其粉尘云在密闭容器中爆炸时会产生非常高的压力。

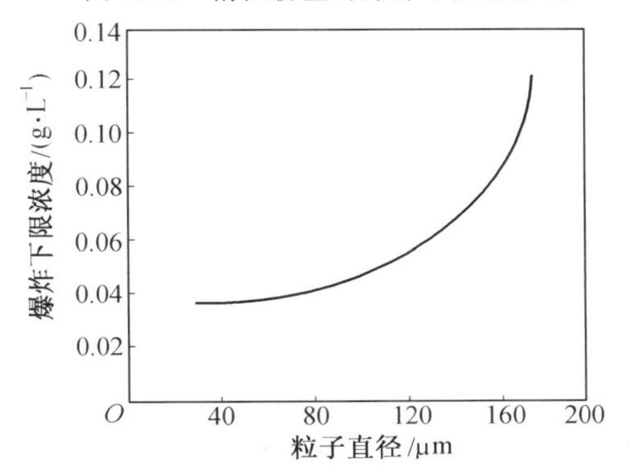

图 8.24　粒径对爆炸下限的影响

(4)惰性物参数比较。

① 惰性物类型。惰性气体可作为大气的稀释剂。惰性效应与其热容有关，其惰化效应次序为氟氯烷(二氟二氯甲烷)，CO_2，N_2，He，Ar。

以这五种惰性气体稀释大气时，玉米粉点火所需的氧浓度分别为 17％，14％，12％，12％和 8％。虽然 He 和 Ar 的热容大体相同，但是 He 的稀释作用比 Ar 好。这可能是它有较好的导热性的缘故。CO_2和N_2有较好的稀释作用,用CO_2稀释时,极限氧浓度比以N_2稀释时高2%。对小麦粉、水蒸气和CO_2的稀释作用大致相同。当大气温度为77 ℃时,相对湿度为67%时,极限氧浓度为17%;用CO_2稀释时,也是17%。

对金属粉尘,Ar和He作为阻止点火的惰性稀释剂是最有效的;但人们发现,对钍、钛、锌的氢化物,CO_2稀释最有效。CO_2和N_2对纯金属粉肯定有较好的稀释作用,因为在高温下,大多数金属粉尘都与这两种气体反应。对铝粉,CO_2和N_2更有效。

一些矿物粉尘对点火有抑制作用,这与它们的热容有关。碱金属盐类的阻爆效率比根据热容量预测的还要高。钠钾复合盐是最有效的惰性材料。有关数据见表8.7。

表8.7　干粉的惰化效率

惰化物	惰化物占混合物百分比/%	惰化物	惰化物占混合物百分比/%	惰化物	惰化物占混合物质量百分比/%
Na_2CO_3	35	$K_2C_4O_6$	65	$KHCO_3$	50
K_2CO_3	40	矾林土	65	KI	50
$NaHCO_3$	40	NaCl	70	SiO_2	80
KCl	45	$CaCO_3$	80		
$BaCO_3$	50	NH_4Cl	80		

② 惰性粉尘对氧浓度的影响。图8.25表示加入惰性粉尘对点火所需氧浓度的影响。玉米粉和纸粉的初始粉尘浓度分别为800 kg/m³和500 kg/m³,随着加入惰性物量的增加,粉尘点火所需氧浓度也线性增加。空气中水分虽是惰性物,但在一般室温下,湿度对点火和爆炸参数影响很小,可以忽略不计。

③ 惰性粉尘和增湿作用比较。增湿的惰化效应和加入惰性粉尘的惰化效应间存在线性关系。实验结果如图8.26所示。图8.26所示的试验是在实验室测量炉内进行的,线上各点是恰好不能点火的临界点。试验粉尘选用匹茨堡煤粉(20%通过200目筛),浓度为1 000 kg/m³,炉温为670 ℃。

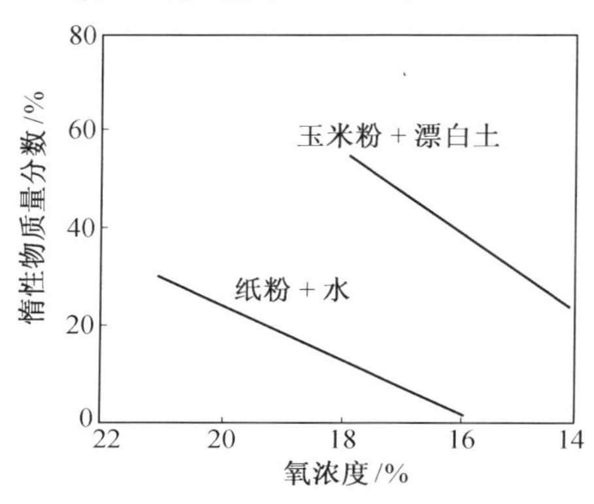

图8.25　加入惰性物和氧的相对效率

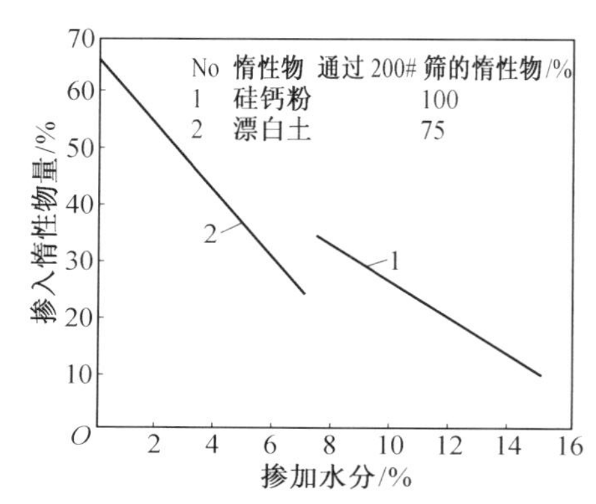

图8.26　加入惰性粉尘和增湿的相对效率

有人曾做了两种惰化物阻爆效率的比较实验,结果表明,增湿阻爆效果是加入矾林土的6倍,是加硅钙氢氧化物效率的3倍。

④ 大气氧浓度和固体燃料粉尘颗粒度影响的比较。粉尘平均粒度影响极限浓度，图 8.27是由玉米粉所得实验数据，平均粒度为 710 μm 时，粉尘能在大气条件下点火。当进一步减小粒度时，不影响玉米粉点火所需的极限氧浓度。

粒径增大时，粉尘的点火需要的氧浓度有一个突然变化，纤维和木粉也有类似的情况。

⑤ 惰性粉尘的粒度。惰性粉尘对可燃粉尘的阻燃和阻爆作用随惰性粉尘粒度减小而增加。实验结果表明，阻爆所需的惰性细粉百分数小于粗粉质量百分数。

图 8.28 中的曲线表明，匹茨堡煤粉（P 煤）的最低爆炸浓度（下限）随加入惰性物量的增加而增加，且细粉最小爆炸浓度（下限）增加得比粗粉快。

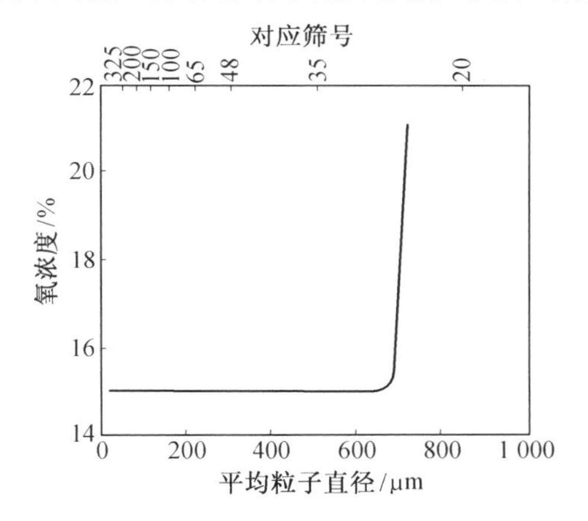

图 8.27　用火花点火时平均粒径对极限氧浓度的影响

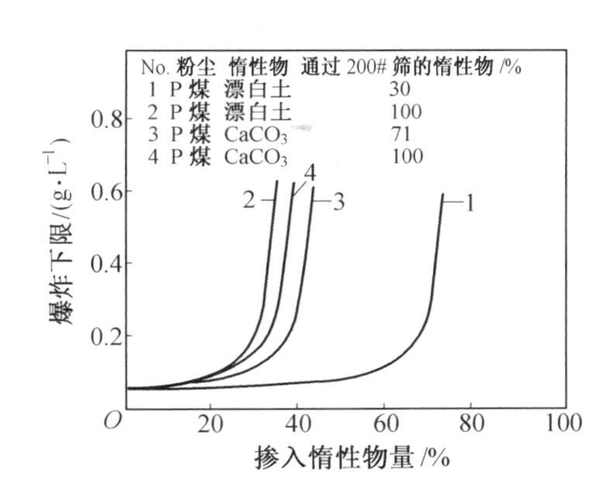

图 8.28　惰性物粒度对火花点燃煤粉的影响

8.5.5　粉尘层的点火

1.试验方法

从理论上来说，粉尘层不存在绝对的点火温度；但在一般给定条件下，可得到一个特定的点火温度。安全工程师必须使用特定的点火温度来设计工厂的安全性。在工业作业中，粉尘往往是产品或副产品。它们可能积累在受热的暴露表面上，若粉尘在一定条件下被卷扬起来时，就可能引起爆炸。粉尘层的点火和整体材料的瞬时点火是相互关联的两个现象，但粉尘层点火通常应施加外部热源，而瞬时点火是由较低温度下的自加热引起的。

在美国矿山局的试验装置中，粉尘试样置于直径 25.4 mm 的 40 目不锈钢圆柱筛网篮中，圆柱底为 200 目不锈钢网，用线托住样品篮，将其放入炉内，试样放在长 230 mm、直径 32 mm 的加热管中心，粉尘试样中心的温度用热电偶测量。空气或其他气体以 0.5～1.0 L/min的速度通过试样，从低炉温度到高炉温度连续试验，直至测得粉尘层的最小点火温度。

上述试验的重复性可用煤粉检验。对过 200 目的匹茨堡煤粉，点火概率如下：160 ℃时为 1/10，165 ℃时为 7/10，170 ℃时为 10/10，点火延滞期为 15 min 左右，范围为 12～15 min，点火是由发红光来指示的。

发生 5 次点火的最低温度定义为点火温度。

粉尘层的点火温度也可用热板试验测定，在此方法中，于电热板上放一块厚 12.7 mm、直径 203 mm 的不锈钢板，钢板上放一层 1 mm 厚硅粉。这种方法能使上表面两侧的温度比较均匀。粉尘放在直径 25.4 mm、高 12.7 mm 底部开口的 40 目不锈钢网圆桶顶上，试验采用 5 个热电偶，一个控制加热线圈中的电流，一个放在离粉尘层 1.6 mm 的钢板上，三个放在粉尘中，此三者都沿轴线放置，一个在粉尘一钢板截面，一个在粉尘中部，一个在粉尘表面。匹茨堡煤粉热板试验所得的温度对时间数据和 Godber-Greenwald 加热炉中所得的数据相似，热板初始温度为 170 ℃，即匹茨堡煤粉点火所需最低温度，粉尘层外部热板也基本上保持此温度，一直到煤粉点着为止。

大多数粉尘层在空气中加热到足够高温度时会着火。着火时，粉尘层内温度会升高到高于炉温，并发出红光，或火焰扩展，所以点火温度可定义为粉尘层能发光或扩展火焰时的层内最低温度。

图 8.29 表示匹茨堡煤粉和惰性粉尘的典型温度一时间曲线。

2. 粉尘层的点火温度影响因素

图 8.30 表明煤粉温度升高与时间指数成反比。

当重复匹茨堡煤粉在 165 ℃炉温下的试验时(或低于图 8.30 中炉温 5 ℃)，粉尘中温度可增加到大约 175 ℃(或高于炉温 10 ℃)，但不点火，既不发光，也没有观察到折点。

(1)挥发物量的影响。如图 8.30 所示，碳素材料粉尘层的点火温度随挥发物量的增加而降低。当挥发物量为 30%时，点火温度接近于平均极限值 190 ℃。这些数据是由 65 种碳素材料试验得到的，包括活性炭、炭黑煤、焦炭、石墨、沥青等。

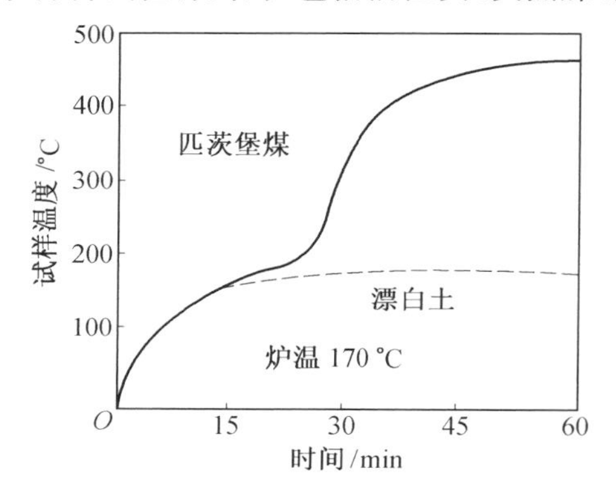

图 8.29 匹茨堡煤粉和漂白粉尘在炉中点火温度一时间曲线

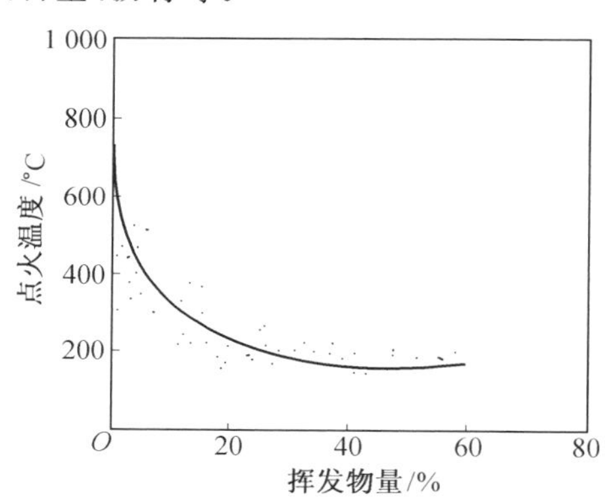

图 8.30 粉尘层点火温度与碳素粉尘挥发物量的关系

(2)掺入可燃粉尘的影响。两种可燃粉尘混合在一起时，混合粉尘层点火温度范围介于两种粉尘点火温度之间，但对不同混合物的点火温度变化不能准确预测。

表 8.8 列举了一些混合物粉尘的试验数据。

表 8.8 混合粉尘层点火温度

	煤—苜蓿混合物					
煤的质量分数/%	100	80	50	20	10	0
苜蓿的质量分数/%	0	20	50	80	90	100
点火温度/℃	170	200	210	—	230	290
	煤—醋酸纤维混合物					
煤的质量分数/%	100	80	50	20	10	0
醋酸纤维的质量分数/%	0	20	50	80	90	100
点火温度/℃	170	190	320	350	—	340
	煤—椰子炭混合物					
煤的质量分数/%	100	80	50	20	10	0
椰子炭的质量分数/%	0	20	50	80	90	100
点火温度/℃	170	190	220	250	270	290
	煤—铬混合物					
煤的质量分数/%	100	80	50	20	10	0
铬的质量分数/%	0	20	50	80	90	100
点火温度/℃	240	230	230	230	230	340

(3)惰性物的影响。在可燃粉尘中混入惰性粉尘时，有几个因素可影响点火温度。有些材料，如玉米粉、糖在加热时状态和性质发生变化。玉米粉加热时，在 210 ℃下转变成草黄色，240 ℃时变为棕黑色，250 ℃时松散鼓起，270 ℃时炭化，380 ℃时烧红。点火后，残余物是一薄层中空的黑渣，体积约为原始体积的 5 倍，玉米粉中加入惰性粉尘后，点火温度降低，重复性较好。掺入 50%惰性矾林土时，发生正常的加热反应。粉尘在 250 ℃下点火。玉米粉中含有食用油或氧化剂，在加热时会爆发成火焰。

许多化学粉尘层在点火试验中发生熔化和蒸发，如蒸发物是可燃的，则当温度足够高和有氧化剂存在时，这类粉尘可点火。试样中混入惰性粉时会出现第二个点火温度。例如，纯聚乙烯粉点火温度为 380 ℃，当混入 50%矾林土时，200 ℃就点火了。纯镁粉在炉中试验时会熔化，掺入 50%矾林土时，点火温度为 250 ℃。

对多数可燃粉尘，掺入惰性物后点火温度提高。为了说明此效应，可在煤粉中分别加矾林土、石灰石粉或 WO_2 粉。当惰性物含量为 0 时，点火温度为 170 ℃，若含 20%，40%，60%，80%惰性粉尘，点火温度为 180 ℃，190 ℃，210 ℃和 230 ℃。

(4)氧化剂的影响。在可燃粉尘中加入氧化剂，对粉尘层点火温度究竟有什么影响，目前还没有定论。当木粉中混入过氯酸镁时，点火温度从 250 ℃降到 210 ℃。当混入 20%质量分数的过氯酸镁时，会发生猛烈点火。当混入 50%时，发生爆炸反应。但加入不同量的重铬酸钾和硝酸钠时，对木粉的点火温度没有明显影响。木粉中加入高锰酸钾时，可使点火温度下降到 215 ℃。

混入氧化剂后粉尘的温度一时间曲线的初始阶段和其他可燃粉尘相似;但整个粉尘试样的点火和反应几乎是瞬时的。图 8.31 所示是一种硝基化合物的复合物(80% 3—nitro—4—hydrogy phenyl arsonis acid +20% sodinm bentonite)的反应温度一时间图。实践经验表明,在可燃粉尘中混入氧化剂后,可降低粉尘的稳定性甚至使其变成炸药。这些混入氧化剂的可燃粉尘可以因低温、冲击、摩擦、静电火花等引起瞬时点火。

(5) 大气氧浓度。图 8.32 是用煤粉粒度均通过 200 目筛的煤粉进行实验所得的结果。空气中的氧浓度是用二氧化碳稀释空气来控制的。

表 8.9 所列数据表明,氧浓度从 16.5%变为 100%时,粉尘层点火温度几乎是不变的。氧浓度低于 16.5%时,试验测得粉尘层的点火温度是增加的。试验是在炉温 250 ℃下进行的,氧浓度高于 2.5%时,就可观察到放热反应。这表明,放热反应在很低的氧浓度下就可发生。

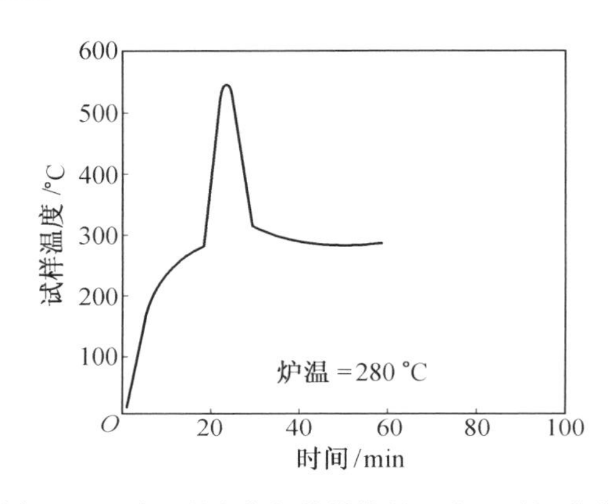

图 8.31 硝基混合物加热燃烧的温度一时间曲线

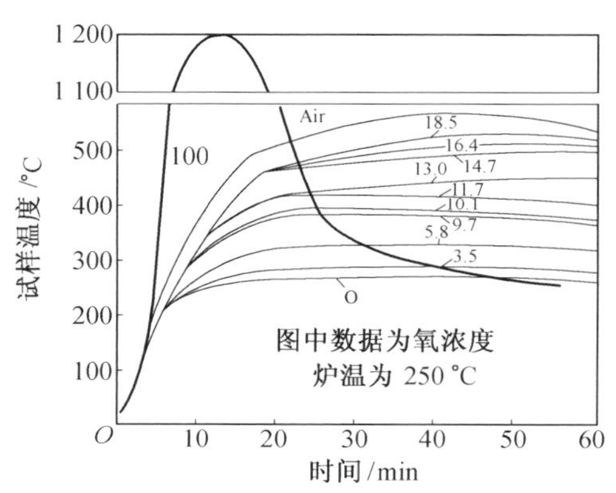

图 8.32 匹茨堡煤粉在不同氧浓度下的温度一时间曲线

表 8.9 匹茨堡煤粉在 6%~100%氧浓度下的粉尘点火温度

大气氧浓度/%	粉尘层点火温度/℃	大气氧浓度/%	粉尘层点火温度/℃
100	160	10.5	180
21	170	9.7	250
16.5	170	6.0	250

(6)粒度的影响。当粒度增大时,粉尘层的点火温度也升高。不管是单一粉尘或混合粉尘,都符合此规律。表 8.10 列举了匹茨堡煤粉单一粉尘试验所得数据。

若以平均粒子范围作为纵坐标,点火温度倒数为横坐标作图,可得一条直线。由该线可计算出煤粉尘的活化能约为 80 kJ/mol。煤粉尘的点火温度范围为 400~160 ℃。

表 8.10　匹茨堡煤粉点火温度

粒度范围/μm	平均粒径/μm	点火温度/℃
2 660～3 350	2 855	400
1 400～2 360	2 030	370
830～1 400	1 275	320
550～830	725	300
380～550	512	270
270～380	362	240
212～270	256	220
150～212	181	200
109～150	128	180
75～109	90	170
53～75	64	160
45～53		

表 8.11 列举了不同比例煤粉(通过 200 目筛)的点火温度，由此表可以看出，通过 200 目筛的细粉比例增加，粉尘层点火温度降低。

表 8.11　匹茨堡煤粉粒度对点火温度的影响

通过 0.074 mm(200 目)筛粉尘质量百分数/%	点火温度/℃	通过 0.074 mm(200 目)筛粉尘百分数%	点火温度/℃
0	230	40	190
10	220	50	180
20	210	75	170
30	200	100	160

复习思考题

8.1　爆炸事故发生须具备哪三个先决条件?

8.2　点火源的定义及常见点火源有哪些?

8.3　高压放电点火的原理是什么?

8.4　电阻丝点火的热量如何计算?

第9章　防火与防爆技术措施

9.1　火灾与爆炸过程和预防基本原则

9.1.1　火灾发展过程与预防基本原则

1.火灾发展过程的特点

当燃烧失去控制而发生火灾时，将经历下列发展阶段：

(1)酝酿期。可燃物在热的作用下蒸发析出气体、冒烟和阴燃。

(2)发展期。火苗蹿起，火势迅速扩大。

(3)全盛期。火焰包围整个可燃物体，可燃物全面着火，燃烧面积达到最大限度，燃烧速度最快，放出强大辐射热，温度高，气体对流加剧。

(4)衰灭期。可燃物质减少，火势逐渐衰弱，终至熄灭。

2.影响火灾变化的因素

(1)可燃物的数量。可燃物越多，火灾载荷密度越高，则火势发展越猛烈；如果可燃物较少，火势发展较弱；如果可燃物之间不相互连接，则一处可燃物燃尽后，火灾会趋向熄灭。

(2)空气流量。室内火灾初起阶段，空气量足够时，只要可燃物量多，燃烧就会不断发展。但随着火势逐步扩大，室内空气量逐渐减少，这时只有不断从室外补充新鲜空气，即增大空气的流量，燃烧才能继续，并不断扩大。如果空气供应量不足，火势会趋向减弱阶段。

(3)蒸发潜热。可燃液体和固体会在受热后蒸发出气体。液体和固体需要吸收一定的热量才能蒸发，这热量称蒸发潜热。

一般是固体的蒸发潜热大于液体，液体大于气体。蒸发潜热越大的物质越需要较多的热量才能蒸发，火灾发展速度也较慢。反之，蒸发潜热越小的物质，越容易蒸发，火灾发展越快。因此，液体或固体单位时间内蒸发产生的气体与供给热量成正比，与它们的蒸发潜热成反比。

3.预防火灾的基本原则

防火的要点是根据对火灾发展过程特点的分析，采取以下基本措施：

(1)严格控制着火源。为了预防火灾事故发生，最重要的是防止可燃物质着火。要采取一切措施消除生产过程中的明火，凡是用明火加热设备必须与有火灾危险性区域相隔一定的防火间距。采取技术措施防止焊接产生的火花、摩擦撞击火花；消除电火花和静电火花，防止高温物体、日光照射和聚焦作用；控制各个生产工艺参数(进料量和速度、反应温度、压力、搅拌速度等)。

(2)监视酝酿期特征。在生产中，针对各种生产火灾初期特点(烟气、热流、火花、辐射热)，配备火灾检测仪表，及时发现火灾并实施灭火，将火灾消灭在萌发阶段。

(3)采用耐火材料。设备的本体及基础，管道及其支架应采用非燃烧材料，对火灾危险性大的设备采取隔热耐火物质覆盖；配备喷淋水膜防护等措施。

(4)阻止火焰的蔓延。火灾危险隐患大的设备要安装安全液封、水封井、阻火器、单向阀等火焰隔断装置，防止火焰在设备和管道间扩展蔓延。

(5)限制火灾可能发展的规模。对生产区域进行防火分区等设计；减少火灾发生的规模。

(6)组织训练消防队伍。对具有甲、乙火灾危险企业要组织训练专、兼消防队伍，及时扑灭各种火灾。

(7)配备相应的消防器材。在有火灾危险的生产区域，根据可能发生火灾的类型配备合适的消防器材，一旦发生火灾能及时扑救，减少损失。

9.1.2　爆炸发展过程与预防基本原则

1.爆炸发展过程的特点

可燃性混合物的爆炸虽然发生于顷刻之间，但它还是有下列的发展过程：

(1)可燃气体、蒸气或粉尘与空气或氧气的相互扩散、均匀混合而形成爆炸性混合物。

(2)爆炸性混合物遇着火源，爆炸开始。

(3)由于连锁反应过程的发展，爆炸范围的扩大和爆炸威力的升级。

(4)最后是完成化学反应，爆炸威力造成灾害性破坏。

2.预防爆炸的基本原则

防爆的基本原则是根据对爆炸过程特点的分析，采取相应措施，防止第一过程的出现，控制第二过程的发展，削弱第三过程的危害。其基本原则有以下几点：

(1)防止爆炸性混合物的形成。

(2)严格控制着火源。

(3)燃爆开始就及时泄出压力。

(4)切断爆炸传播途径。

(5)减弱爆炸压力和冲击对人员、设备和建筑的损坏。

(6)检测报警。

9.2　工业生产防火与防爆

9.2.1　生产和储存中的火灾危险性分类

为防止火灾和爆炸事故，首先应了解该生产过程和储存的火灾危险是属于哪一类型，存在哪些可能发生着火或爆炸的因素，发生火灾爆炸后火势蔓延扩大的条件等。

生产与储存的火灾危险性分类原则是在综合考虑基础上，确定生产过程和储存的火灾危险性类别。主要根据生产和储存中物料的燃爆性质及其火灾爆炸危险程度，反应中所用物质的数量，采取的反应温度、压力以及使用密闭的还是敞开的设备进行生产操作等条件来进行分类。具体分类见表 9.1 和表 9.2。

表 9.1　生产的火灾危险性分类

生产类别	火灾与爆炸危险的特征
甲	使用或生产下列物质： (1)闪点小于 28 ℃的液体； (2)爆炸下限小于 10%的气体； (3)常温下能自行分解或在空气中氧化即能导致迅速自燃或爆炸的物质； (4)常温下受到水或空气中的水蒸气的作用，能产生可燃气体并引起燃烧或爆炸的物质； (5)遇酸、受热、撞击、摩擦、催化以及遇有机物质或硫黄等易燃无机物，极易引起燃烧或爆炸的强氧化剂； (6)受撞击、摩擦或与氧化剂、有机物接触时能引起燃烧或爆炸的物质； (7)在密闭设备内操作温度大于等于物质本身自燃点的生产
乙	使用或生产下列物质： (1)闪点大于或等于 28 ℃且小于 60 ℃的液体； (2)爆炸下限大于或等于 10%的气体； (3)不属于甲类的氧化剂； (4)不属于甲类的化学易燃危险固体； (5)助燃气体； (6)能与空气形成爆炸性混合物的浮游状态的粉尘、纤维、闪点大于或等于 60 ℃的液体雾滴
丙	(1)闪点不小于 60 ℃的液体； (2)可燃固体
丁	具有下列情况的生产： (1)对非燃烧物质进行加工，并在高热或熔化状态下经常产生辐射热、火花或火焰的生产； (2)利用气体、液体、固体作为燃料或将气体、液体进行燃烧作其他用的各种生产； (3)常温下使用或加工难燃烧的物质生产
戊	常温下使用或加工不燃烧物质的生产

生产和储存物品的火灾危险性分类，是确定建(构)筑物的耐火等级、布置工艺装置、选择电器设备形式等，以及采取防火防爆措施的重要依据，而且依此确定防爆泄压面积、安全疏散距离、消防用火、采暖通风方式以及灭火设置数量等。举例见表 9.3。

表 9.2　储存物品的火灾危险性分类

储存物品类别	火灾与爆炸危险性特征	举例
甲	(1)闪点小于 28 ℃的液体； (2)爆炸下限小于 10%的可燃气体，以及受到水或空气中的水蒸气作用，能产生爆炸下限小于 10%的固体物质； (3)常温下能自行分解或在空气中氧化即能导致迅速自燃或爆炸的物质； (4)常温下受到水或空气中的水蒸气作用，能产生可燃气体并引起燃烧或爆炸的物质； (5)遇酸、受热、撞击、摩擦以及遇有机物质或硫黄等易燃无机物，极易引起燃烧或爆炸的强氧化剂； (6)受撞击、摩擦或与氧化剂、有机物接触时能引起燃烧或爆炸的物质	(1)乙烷、戊烷、石脑油、环戊烷、二硫化碳； (2)乙炔、氢、甲烷、煤气、硫化氢； (3)硝化棉、硝化纤维胶片、喷漆棉、赛璐珞棉、黄磷； (4)钾、钠、锂、钙、锶、氢化锂、氢化钠； (5)赤磷、五硫化磷； (6)氯酸钾、过氧化钠
乙	(1)闪点大于或等于 28 ℃且小于 60 ℃的液体； (2)爆炸下限不小于 10%的可燃气体； (3)不属于甲类的氧化剂； (4)不属于甲类的化学危险易燃固体； (5)助燃气体； (6)常温下与空气接触能缓慢氧化，积热不散引起自燃的危险物品	(1)煤油、松节油、溶剂油； (2)氨气； (3)硝酸铜、发烟硫酸； (4)硫黄、铝粉、樟脑、萘； (5)氧气、氟气； (6)桐油漆布及制品，漆布及制品，纸张，浸油金属屑
丙	(1)闪点大于 60 ℃的液体； (2)可燃固体	(1)动物油、沥青、机油、重油； (2)化学、人造纤维、棉、丝、谷物、橡胶
丁	难燃烧物品	酚醛塑料及其制品，水泥刨花板
戊	不燃烧物品	钢材、玻璃、陶瓷等

同一座厂房或厂房的任一防火分区内有不同火灾危险性生产时，该厂房或防火分区内的生产火灾危险性分类应按火灾危险性较大的部分确定。当符合下述条件之一时，可按火灾危险性较小的部分确定：

(1)火灾危险性较大的生产部分占本层或本防火分区面积的比例小于 5%或丁、戊类厂房内的油漆工段小于 10%，且发生火灾事故时不足以蔓延到其他部位或火灾危险性较大的生产部分采取了有效的防火措施。

(2)丁、戊类厂房内的油漆工段，当采用封闭喷漆工艺，封闭喷漆空间内保持负压、油漆工段设置可燃气体自动报警系统或自动抑爆系统，且油漆工段占其所在防火分区面积的比例小于等于 20%。

同一座仓库或仓库的任一防火分区内储存不同火灾危险性物品时，该仓库或防火分区的火灾危险性应按其中火灾危险性最大的类别确定。丁、戊类储存物品的可燃包装重量大于物品本身重量1/4的仓库，其火灾危险性应按丙类确定。

表 9.3　根据生产、储存火险分类采取的防灾措施举例

措施举例	火险类别				
	甲	乙	丙	丁	戊
建筑耐火等级	一、二级	一、二级	一至三级	一至四级	一至四级
防爆泄压面积/($m^2 \cdot m^{-3}$)	0.05～0.10	0.05～0.10	不需要	不需要	不需要
安全疏散距离（多层厂房）/m	≤25	≤50	≤50	≤50	≤75
室外消防用水量（1 500 m^3库房依次灭火用水量）/($L \cdot s^{-1}$)	15	15	15	10	10
通风	空气不应循环使用，风机防爆	空气不应循环使用，风机防爆	空气净化后可循环使用	不做专门要求	不做专门要求
采暖	热水蒸气或热风采暖，不允许用电炉	热水蒸气或热风采暖，不允许用电炉	不做具体要求	不做具体要求	不做具体要求
灭火器设置量	1个/80 m^3，但至少2个	1个/80 m^3，但至少2个	1个/100 m^3，但至少2个	不做具体要求	不做具体要求

9.2.2　火灾和爆炸危险场所等级

为防止电气设备和线路引起火灾爆炸事故，在电力装置设计中，根据发生火灾和爆炸的可能性和后果，按危险程度及物质状态，将爆炸和火灾危险场所划分为三类八级，见表9.4。

在可燃易爆物质的生产、使用、储存和运输过程中，能够形成爆炸性混合物或爆炸性混合物能够侵入的场所，称爆炸危险场所。

在划分爆炸和火灾危险场所的类别和等级时，应考虑可燃物质在该场所内的数量、爆炸极限和自燃点、设备和工艺条件、厂房体积和结构、通风设施等，综合全面情况进行评定。

表9.4中的“正常情况”包括正常的开车、停车、运转，也包括设备和管线正常允许的泄漏情况。“不正常情况”则包括装置损坏、误操作及装置的拆卸、检修、维护不当造成泄漏等。

表9.4 爆炸和火灾危险场所的类别和等级

类别	等级	特征
有可燃气体或易燃液体蒸气爆炸危险场所	Q—1	正常情况下(如开车、运转、停车或敞开装料、卸料等)能形成爆炸性混合物
	Q—2	在正常情况下不能形成,但在不正常情况下(如设备损坏、误操作、检修、拆卸、泄漏等)能形成爆炸性混合物
	Q—3	在不正常情况下虽也能形成爆炸性混合物,但可能性或范围均较小。如爆炸危险物质的数量较小、爆炸下限较高、所形成的爆炸性混合物的密度很小而难于积聚等
有可燃粉尘和可燃纤维爆炸危险的场所	G—1	正常情况下能形成爆炸性混合物
	G—2	正常情况下不能形成,但在不正常情况下能形成爆炸性混合物
有火灾危险性的场所	H—1	在生产过程中,生产、使用、储存和输送闪点高于场所环境温度的可燃液体,在数量和配置上,能引起火灾危险的场所
	H—2	在生产过程中,不可能形成爆炸性混合物的悬浮状或堆积状的可燃粉尘或可燃纤维,但在数量和配置上能引起火灾危险的场所
	H—3	有固体状可燃物质,在数量和配置上能引起火灾危险的场所

9.2.3 工业建筑的耐火等级

建筑物的耐火能力对限制火灾蔓延扩大和及时进行扑救、减少火灾损失具有重要意义。厂房和库房的耐火等级是由建筑构件的燃烧性能和最低耐火极限决定的,是衡量建筑物耐火程度的标准。建筑物的耐火等级见表9.5。

根据国家建筑设计防火规范,建筑物的耐火等级分为4级。表9.5中非燃烧材料在空气中受到高温作用和火烧时,其耐火极限不低于1.5 h,如钢筋、水泥、砖石、混凝土等;难燃材料在空气中受到高温作用或火烧时,其耐火等级不低于0.75 h,如沥青混凝土、经过防火处理的材料、用有机物填充的混凝土等;燃烧材料在空气中受到高温作用或火烧时,立即能起火或微燃,在火源移走后,仍能继续燃烧,如木材等。

表 9.5　建筑物耐火等级

构件名称	燃烧性能和耐火极限/h			
	一级	二级	三级	四级
承重墙和楼梯间的墙	不燃烧体 3.00	不燃烧体 2.50	不燃烧体 2.50	难燃烧体 0.50
支承多层的柱	不燃烧体 3.00	不燃烧体 2.50	不燃烧体 2.50	难燃烧体 0.50
支承单层的柱	不燃烧体 2.50	不燃烧体 2.00	不燃烧体 2.00	燃烧体
梁	不燃烧体 2.00	不燃烧体 1.50	不燃烧体 1.00	难燃烧体 0.50
楼板	不燃烧体 1.50	不燃烧体 1.00	不燃烧体 0.50	难燃烧体 0.25
吊顶(包括吊顶格栅)	不燃烧体 0.25	难燃烧体 0.25	难燃烧体 0.15	燃烧体
屋顶的承重构件	不燃烧体 1.50	不燃烧体 0.50	燃烧体	燃烧体
疏散楼梯	不燃烧体 1.50	不燃烧体 1.00	不燃烧体 1.00	燃烧体
框架填充墙	不燃烧体 1.00	不燃烧体 0.50	不燃烧体 0.50	难燃烧体 0.25
隔墙	不燃烧体 1.00	不燃烧体 0.50	不燃烧体 0.50	难燃烧体 0.25
防火墙	不燃烧体 4.00	不燃烧体 4.00	不燃烧体 4.00	不燃烧体 4.00

厂房耐火等级的选择见表 9.6。库房的耐火等级列于表 9.7 中。

甲、乙类厂房，甲、乙、丙类仓库建筑中的防火墙，其耐火极限应按表 9.5 的规定提高 1.0 h；一、二级耐火等级的单层厂房(仓库)的柱，其耐火极限可按表 9.5 的规定降低 0.5 h。

设置自动灭火系统的单层丙类厂房，丁、戊类厂房(仓库)的建筑的梁、柱可采用无防火保护的金属结构，其中能受到甲、乙、丙类液体或可燃气体火焰影响的部位，应采取外包敷不燃材料或其他防火隔热保护措施。

一、二级耐火等级建筑的非承重外墙应符合下列规定：

(1)除甲、乙类仓库和高层仓库外，当非承重外墙采用不燃烧体时，其耐火极限不应低于 0.25 h；当采用难燃烧体时，不应低于 0.50 h。

(2)4 层及 4 层以下的丁、戊类地上厂房(仓库)，当非承重外墙采用不燃烧体时，其耐火极限不限；当非承重外墙采用难燃烧体的轻质复合墙体时，其表面材料应为不燃材料、内填充材料的燃烧性能不应低于 B2 级。B1，B2 级材料应符合 GB 8624—2006《建筑材料燃烧性能分级方法》的有关要求。

表 9.6　厂房的耐火等级、层数和占地面积

生产类别	耐火等级	最多允许层数	防火分区最大允许占地面积/m^2			
			单层厂房	多层厂房	高层厂房	厂房的地下室和半地下室
甲	一级	除生产必须采用多层者外,宜采用单层	4 000	3 000	—	—
	二级		3 000	2 000	—	—
乙	一级	不限	5 000	4 000	2 000	—
	二级	6	4 000	3 000	1 500	—
丙	一级	不限	不限	6 000	3 000	500
	二级	不限	8 000	4 000	2 000	500
	三级	2	3 000	2 000	—	—
丁	二级	不限	不限	不限	4 000	1 000
	三级	3	4 000	2 000	—	—
	四级	1	1 000	—	—	—
戊	二级	不限	不限	不限	6 000	1 000
	三级	3	5 000	3 000	—	—
	四级	1	1 500	—	—	—

注:①防火分区间应用防火墙分隔。一、二级耐火等级的单层厂房(甲类厂房除外)如面积超过本表规定,设置防火墙有困难时,可用防火卷帘加水幕分隔

②一级耐火等级的多层及二级耐火等级的单层、多层纺织厂房(麻纺厂除外)可按本表的规定增加50%,但上述厂房的原棉开包、清花车间均应设防火墙分隔

③一、二级耐火等级的单层多层造纸生产联合厂房,其防火分区最大允许占地面积可按本表的规定增加1.5倍

④甲、乙、丙类厂房装有自动灭火设备时,防火分区最大允许占地面积可按本表的规定增加1倍;丁、戊类厂房装有自动灭火设备时,其占地面积不限。局部设置时,增加面积可按该局部面积的1倍计算

⑤一、二级耐火等级的容物筒仓工作塔,且每层人数不超过2人时,最多允许层数可不受本表限制

二级耐火等级厂房(仓库)中的房间隔墙,当采用难燃烧体时,其耐火极限应提高0.25 h。

二级耐火等级的多层厂房或多层仓库中的楼板,当采用预应力和预制钢筋混凝土楼板时,其耐火极限不应低于0.75 h。

一、二级耐火等级厂房(仓库)的平屋顶,其屋面板耐火极限分别不应低于1.50 h。

一级耐火等级的单层、多层厂房(仓库)中采用自动喷水灭火系统进行全保护时,其屋顶承重构件的耐火极限不应低于1.00 h。

二级耐火等级厂房的屋顶承重构件可采用无保护层的金属构件,其中能受到甲、乙、丙类液体火焰影响的部位应采取防火隔热保护措施。

一、二级耐火等级厂房(仓库)的屋面板应采用不燃烧材料,但其屋面防水层和绝热层可采用可燃材料;当丁、戊类厂房(仓库)不超过4层时,其屋面可采用难燃烧体的轻质复合屋面板,但该板材的表面材料应为不燃烧材料,内填充材料的燃烧性能不应低于B2级。

表 9.7 库房的耐火等级、层数和面积

储存物品类别		耐火等级	最多允许层数	最大允许占地面积/m²						
				单层库房		多层库房		高层库房		库房的地下室半地下室
				每座库房	防火墙间	每座库房	防火墙间	每座库房	防火墙间	防火墙间
甲	(3),(4)项	一级	1	180	60	—	—	—	—	—
	(1),(2),(3),(4)项	一、二级	1	750	250	—	—	—	—	—
乙	(1),(3),(4)项	一、二级	3	2 000	800	900	300	—	—	—
		三　级	1	500	500	—	—	—	—	—
	(2),(5),(6)项	一、二级	5	2 800	700	1 500	500	—	—	—
		三　级	1	900	300	—	—	—	—	—
丙	(1)项	一、二级	5	4 000	1 000	2 100	700	—	—	150
		三　级	1	1 200	400	—	—	—	—	—
	(2)项	一、二级	不限	6 000	1 500	3 000	1 000	2 800	700	300
		三　级	3	2 100	700	1 200	400	—	—	—
丁		一、二级	不限	不限	3 000	不限	1 500	4 000	1 000	500
		三　级	3	3 000	1 000	1 500	500	—	—	—
		四　级	1	2 100	700	—	—	—	—	—
戊		一、二级	不限	不限	不限	不限	2 000	6 000	1 500	1 000
		三　级	3	3 000	1 000	2 100	700	—	—	—
		四　级	1	2 100	700	—	—	—	—	—

注：①仓库中防火分区之间采用防火墙分隔

②石油库内桶装油品库应按 GB 50074《石油库设计规范》规定执行

③一、二级耐火等级库，每个防火分区最大允许面积不大于 12 000 m²

④独立建造硝酸铵库、电石库、高分子制品库、尿素库、配煤库、造纸厂成品库以及车站、码头、机场内中转库，当耐火等级不低于二级时，每座库最大允许面积和防火分区最大允许面积可按本表规定增加 1 倍

⑤一、二级耐火等级粮库最大允许面积不应大于 12 000 m²，每个防火分区最大允许建筑面积不应大于 3 000 m²；三级耐火等级粮仓最大允许占地面积不应大于 3 000m²，每个防火分区的最大允许面积不大于 1 000m²

⑥一、二级耐火等级冷库最大允许面积和防火分区的最大允许面积，应按 GB 50072《冷库设计规范》规定执行

⑦酒精度为 50%(v/v)以上的白酒仓库不宜超过 3 层

⑧本表中“—”表示不允许

以木柱承重且以不燃烧材料作为墙体的厂房(仓库),其耐火等级应按四级确定;预制钢筋混凝土构件的节点外露部位,应采取防火保护措施,且该节点的耐火极限不应低于相应构件的规定。厂房内设置自动灭火系统时,每个防火分区的最大允许建筑面积可按表 9.6 的规定增加 1.0 倍。当丁、戊类的地上厂房内设置自动灭火系统时,每个防火分区的最大允许建筑面积不限。仓库内设置自动灭火系统时,每座仓库最大允许占地面积和每个防火分区最大允许建筑面积可按表 9.7 规定增加 1.0 倍。

厂房内局部设置自动灭火系统时,其防火分区增加面积可按该局部面积的 1.0 倍计算。使用或储存特殊贵重的机器、仪表、仪器等设备或物品的建筑,其耐火等级应为一级。建筑面积小于等于 300 m^2的独立甲、乙类单层厂房,可采用三级耐火等级的建筑。

使用或生产丙类液体的厂房和有火花、炽热表面、明火的丁类厂房,均应采用一、二级耐火等级建筑,当上述丙类厂房的建筑面积小于等于 500 m^2,丁类厂房的建筑面积小于等于 1 000 m^2时,也可采用三级耐火等级的单层建筑。

甲、乙类生产场所不应设置在地下或半地下。甲、乙类仓库不应设置在地下或半地下。

厂房内严禁设置员工宿舍。办公室、休息室等不应设置在甲、乙类厂房内,当必须与本厂房贴邻建造时,其耐火等级不应低于二级,并应采用耐火极限不低于 3 h 的不燃烧体防爆墙隔开和设置独立的安全出口。在丙类厂房内设置的办公室、休息室,应采用耐火极限不低于 2.5 h 的不燃烧体隔墙和 1 h 的楼板与厂房隔开,并应至少设置 1 个独立的安全出口。如隔墙上需开设相互连通的门时,应采用乙级防火门。

厂房内设置甲、乙类中间仓库时,其储量不宜超过一昼夜的需要量。中间仓库应靠外墙布置,并应采用防火墙和耐火极限不低于 1.5 h 的不燃烧体楼板与其他部分隔开。厂房内设置丙类仓库时,必须采用防火墙和耐火极限不低于 1.5 h 的楼板与厂房隔开,设置丁、戊类仓库时,必须采用耐火极限不低于 2.5 h 的不燃烧体隔墙和 1.0 h 的楼板与厂房隔开。

厂房中的丙类液体中间储罐应设置在单独房间内,其容积不应大于 1 m^3。设置该中间储罐的房间,其围护件耐火极限不低于二级耐火等级建筑要求,房间的门应采用甲级防火门。

除锅炉的总蒸发量小于等于 4 t/h 的燃煤锅炉房可采用三级耐火等级的建筑外,其他锅炉房均应采用一、二级耐火等级的建筑。

油浸变压器室、高压配电装置室的耐火等级不应低于二级,其他防火设计应按 GB 50229—2006《火力发电厂和变电所设计防火规范》有关规定执行。变、配电所不应设置在甲、乙类厂房内或贴邻建造,且不应设置在爆炸性气体、粉尘环境的危险区域内。供甲、乙类厂房专用的 10 kV 及以下的变、配电所,当采用无门窗洞口的防火墙隔开时,可一面贴邻建造,并应符合 GB 50058—1992《爆炸和火灾危险环境电力装置设计规范》规定。乙类厂房的配电所必须在防火墙上开窗时,应设置密封固定的甲级防火窗。

仓库内严禁设置员工宿舍。甲、乙类仓库内严禁设置办公室、休息室等,并不应贴邻建造。在丙、丁类仓库内设置的办公室、休息室,应采用耐火极限不低于 2.5 h 的不燃烧体隔墙和楼板与库房隔开,并设置独立的安全出口。如隔墙上需开设相互连通门时,应采用乙级防火门。

高架仓库的耐火等级不应低于二级。粮食筒仓的耐火等级不应低于二级;二级耐火等级的粮食筒仓可采用钢板仓。粮食平房仓的耐火等级不应低于三级;二级耐火等级的散装粮食平房仓可采用无防火保护的金属承重构件。甲、乙类厂房(仓库)内不应设置铁路线。

丙、丁、戊类厂房(仓库),当需要出入蒸汽机车和内燃机车时,其屋顶应采用不燃烧体或采取其他防火保护措施。

9.2.4 防火分隔与防爆泄压

为实现安全生产,应强调防患于未然,把预防放在第一位。但一旦发生事故,则应设法限制火灾的蔓延和削弱爆炸破坏,以减少损失。而这些措施在厂房或库房等建筑设计时就应重点考虑。通常采取的措施有防火墙、防火门、防火间距和防爆泄压装置等。

1. 防火墙

根据在建筑物中的位置和构造形式,有与屋脊方向垂直的横向防火墙、与屋脊方向平行的纵向防火墙、内墙防火墙、外墙防火墙和独立防火墙等。内防火墙是把厂房或库房划分成防火单元,可以阻止火势在建筑物内的蔓延扩展;外防火墙是邻近两幢建筑的防火间距不足而设置的无门窗洞的外墙,或两幢建筑物之间的室外独立防火墙。

防火墙应直接设置在建筑物基础或钢筋混凝土框架、梁等承重结构上,轻质防火墙可不受此限。防火墙应从地面基层隔断至顶板底面基层。当屋顶承重结构和屋面板耐火极限低于0.5 h,高层厂房屋面板耐火极限低于1.0 h时,防火墙应高出不燃烧体屋面0.4 m以上,高出燃烧体或难燃烧体屋面0.5 m以上。其他情况时,防火墙可不高出屋面,但应砌至屋面底面。

防火墙横截面中心线距天窗端面的水平距离小于4.0 m,且天窗端面为燃烧体时,应采取防止火势蔓延的措施。当建筑物外墙为难燃烧体时,防火墙应凸出墙外表面0.4 m以上,且防火墙两侧外墙应为宽度不小于2.0 m的不燃烧体,其耐火极限不应低于该外墙的耐火极限。当建筑物外墙为不燃烧体时,防火墙可不凸出墙面。紧靠防火墙两侧的门、窗之间最近边缘的水平距离不应小于2.0 m;但装有固定窗扇或火灾时可自动关闭的乙级防火窗时,该距离可不限。建筑物内的防火墙不宜设置在转角处。

防火墙上不应开设门窗洞口,当必须开设时,应设置固定的或火灾时能自动关闭的甲级防火门窗。可燃气体和甲、乙、丙类液体的管道严禁穿过防火墙。当必须穿过时,应采用防火封堵材料将墙与管道之间的空隙填实;当管道为可燃材质时,应在管道上采取防火措施。

防火墙内不应设置排气道。防火墙的构造应使防火墙任意一侧的屋架、梁、楼板等受到火灾的影响而破坏时,不致使防火墙倒塌。

2. 防火门和防火卷帘

采取防火分隔的相邻区域需要互相通行时,可在中间设防火门。按开启方式不同有平开门、推拉门、升降门和卷帘门等。防火门是一种活动防火分隔,要求防火门应能关闭紧密,不会蹿入烟火;应有较高耐火极限,甲级防火门耐火极限不低于1.2 h,一级不低于0.9 h,丙级不低于0.6 h;为保证在着火时,防火门能及时关闭,最好在门上设置自动关闭装置。

防火门的设置应符合下列规定:

① 应具有自闭功能,双扇防火门应具有按顺序关闭的功能。

② 常开防火门应能在火灾时自行关闭,并应有信号反馈的功能。

③ 防火门内外两侧应能手动开启(国家标准建筑设计防火规范第7.4.12条第4款规定除外)。

④ 设置在变形缝附近时，启后，其门扇不应跨越变形缝，并应设置在楼层较多的一侧。

防火分区间采用防火卷帘分隔时，应符合下列规定：

① 防火卷帘的耐火极限不应低于 3 h。当防火卷帘的耐火极限符合 GB 7633—2005《门和卷帘耐火试验方法》有关背火面温升判定条件时，可不设置自动喷水灭火系统保护；符合背火面辐射热的判定条件时，应设置自动喷水灭火系统保护。自动喷水灭火系统设计应符合 GB 50084—2005《自动喷水灭火系统设计规范》规定，但其火灾延续时间不应小于 3.0 h。

② 防火卷帘应具有防烟性能，与楼板、梁和墙、柱之间空隙应采用防火封堵材料封堵。

3. **防火间距**

(1)厂房防火间距。

厂房之间及与乙、丙、丁、戊类仓库、民用建筑等之间的防火间距不应小于表 9.8 的规定。

表 9.8　厂房之间及与乙、丙、丁、戊类仓库、民用建筑等之间的防火间距　　m

名称			甲类厂房	单层、多层乙类厂房（仓库）	单、多层丙、丁、戊类厂房			高层厂房（仓库）	民用建筑		
					耐火等级				耐火等级		
					一、二级	三级	四级		一、二级	三级	四级
甲类厂房			12.0	12.0	12.0	14.0	16.0	13.0	25.0		
单层、多层乙类厂房			12.0	10.0	10.0	12.0	14.0	13.0	25.0		
单层、多层丙、丁类厂房	耐火等级	一、二级	12.0	10.0	10.0	12.0	14.0	13.0	10.0	12.0	14.0
		三级	14.0	12.0	12.0	14.0	16.0	15.0	12.0	14.0	16.0
		四级	16.0	14.0	14.0	16.0	18.0	17.0	14.0	16.0	18.0
单层、多层戊类厂房		一、二级	12.0	10.0	10.0	12.0	14.0	13.0	6.0	7.0	9.0
		三级	14.0	12.0	12.0	14.0	16.0	15.0	7.0	8.0	10.0
		四级	16.0	14.0	14.0	16.0	18.0	17.0	9.0	10.0	12.0
高层厂房			13.0	13.0	13.0	15.0	17.0	13.0	13.0	15.0	17.0
室外变、配站变压器总油量/t	≥5,≤10				12.0	15.0	20.0	12.0	15.0	20.0	25.0
	>10,≤50		25.0	25.0	15.0	20.0	25.0	15.0	20.0	25.0	30.0
	>50				20.0	25.0	30.0	20.0	25.0	30.0	35.0

注：①建筑之间的防火间距应按相邻建筑外墙的最近距离计算，如外墙有凸出的燃烧构件，应从其凸出部分外缘算起

②乙类厂房与重要公共建筑之间的防火间距不宜小于 50.0 m。单层、多层戊类厂房之间及其与戊类仓库之间的防火间距，可按本表的规定减少 2.0 m。为丙、丁、戊类厂房服务而单独设立的生活用房应按民用建筑确定，与所属厂房之间的防火间距不应小于 6.0 m。必须相邻建造时，应符合本表注③，④的规定

③两座厂房相邻较高一面的外墙为防火墙时，其防火间距不限，但甲类厂房之间不应小于 4.0 m。两座丙、丁、戊类厂房相邻两面的外墙均为不燃烧体，当无外露的燃烧体屋檐，每面外墙上的门窗洞口面积之

和各小于等于该外墙面积的 5%，且门窗洞口不正对开设时，其防火间距可按本表的规定减少 25%

④两座一、二级耐火等级的厂房，当相邻较低一面外墙为防火墙且较低一座厂房的屋顶耐火极限不低于 1.00 h，或相邻较高一面外墙的门窗等开口部位设置甲级防火门窗或防火分隔水幕或按建筑设计防火规范第 7.5.3 条规定设置防火卷帘时，甲、乙类厂房之间的防火间距不应小于 6.0 m；丙、丁、戊类厂房之间的防火间距不应小于 4.0 m

⑤变压器与建筑之间的防火间距应从距建筑最近的变压器外壁算起。发电厂内的主变压器，其油量可按单台确定

⑥ 耐火等级低于四级的原有厂房，其耐火等级应按四级确定

甲类厂房建筑之间的防火间距不应小于 50.0 m，与明火或散发火花地点之间的防火间距不应小于 30.0 m。散发可燃气体、蒸气的甲类厂房与铁路、道路等的防火间距不应小于表 9.9 的规定，但甲类厂房所属厂内铁路装卸线当有安全措施时，其间距可不受表 9.9 规定的限制。

表 9.9　甲类厂房与铁路、道路等的防火间距　m

名　　称	厂外铁路线中心线	厂内铁路线中心线	厂外道路路边	厂内道路路边	
				主要	次要
甲类厂房	30.0	20.0	15.0	10.0	5.0

注：厂房与道路路边的防火间距按建筑距道路最近一侧路边的最小距离计算

高层厂房与甲、乙、丙类液体储罐，可燃、助燃气体储罐，液化石油气储罐，可燃材料堆场（煤和焦炭场除外）的防火间距，应符合建筑设计防火规范第 4 章的有关规定，且不应小于 13.0 m。

当丙、丁、戊类厂房与公共建筑耐火等级均为一、二级时，其防火间距可按下列规定执行：

①当较高一面外墙为不开设门窗洞口的防火墙，或比相邻较低一座建筑屋面高 15.0 m 及以下范围内的外墙为不开设门窗洞口的防火墙时，其防火间距可不限。

②相邻较低一面外墙为防火墙，且屋顶不设天窗、屋顶耐火极限不低于 1.00 h，或相邻较高一面外墙为防火墙，且墙上开口部位采取了防火保护措施，其防火间距可适当减小，但不应小于 4.0 m。

厂房外附设有化学易燃物品的设备时，其室外设备外壁与相邻厂房室外附设设备外壁或相邻厂房外墙之间的距离，不应小于表 9.8 中的规定。用不燃烧材料制作的室外设备，可按一、二级耐火等级建筑确定。

总储量小于或等于 15 m^3 的丙类液体储罐，当直埋于厂房外墙外，且面向储罐一面 4 m 范围内的外墙为防火墙时，其防火间距可不限。

同一座 U 形或山形厂房中相邻两翼之间的防火间距，不宜小于表 9.8 中的规定，但当该厂房的占地面积小于表 9.7 中规定的每个防火分区的最大允许建筑面积时，其防火间距可为 6.0 m。除高层厂房和甲类厂房外，当厂房建筑高度小于或等于 7.0 m 时，组内厂房之间的防火间距不应小于 4.0 m；当厂房建筑高度大于 7.0 m 时，组内厂房之间的防火间距不应小于 6.0 m。组与组或组与相邻建筑之间的防火间距，应根据相邻两座耐火等级较低的建筑，按表 9.8 的规定确定。一级汽车加油站、一级汽车液化石油气加气站和一级汽车加油加气合建站不应建在城市建成区内。汽车加油、加气站和加油加气合建站的分级，汽车加

油、加气站和加油加气合建站及其加油机、储油罐等与站外明火或散发火花地点、建筑、铁路、道路之间的防火间距，以及站内各建筑或设施之间的防火间距，应符合 GB 50156—2002《汽车加油加气站设计与施工规范》规定。电力系统电压为 35～500 kV 且每台变压器容量在 10 MV·A 以上的室外变、配电站以及工业企业的变压器总油量大于 5 t 的室外降压变电站，与建筑之间的防火间距不应小于表 9.8 中的规定。厂区围墙与厂内建筑之间的间距不宜小于 5.0 m，且围墙两侧的建筑之间还应满足相应的防火间距要求。

(2)仓库的防火间距。

甲类仓库之间及其与其他建筑、明火或散发火花地点、铁路、道路等的防火间距不应小于表 9.10 的规定。厂内装卸线的甲类仓库的防火间距，可不受表 9.10 规定的限制。

表 9.10　甲类仓库之间及其与其他建筑、明火或散发火花地点、铁路等的防火间距　m

名称		甲类仓库及其储量/t			
		甲类储存物品第 3,4 项		甲类储存物品第 1,2,5,6 项	
		≤5	＞5	≤10	＞10
重要公共建筑		50.0			
甲类仓库		20.0			
民用建筑、明火或散发火花地点		30.0	40.0	25.0	30.0
其他建筑	一、二级耐火等级	15.0	20.0	12.0	15.0
	三级耐火等级	20.0	25.0	15.0	20.0
	四级耐火等级	25.0	30.0	20.0	25.0
电压为 35～500 kV 且每台容量在 10 MV·A 以上的室外变、配电站，总油量大于 5 t 的室外变电站		30.0	40.0	25.0	30.0
厂外铁路线中心线		40.0			
厂内铁路线中心线		30.0			
厂外道路路边		20.0			
厂内道路路边	主要	10.0			
	次要	5.0			

注：甲类仓库之间的防火间距，当第 3,4 项物品储量小于等于 2 t，第 1,2,5,6 项物品储量小于等于 5 t 时，不应小于 12.0 m，甲类仓库与高层仓库之间的防火间距不应小于 13 m

除另有规定者外，乙、丙、丁、戊类仓库之间与民用建筑之间的防火间距，不应小于表 9.11的规定。

表 9.11 乙、丙、丁、戊类仓库之间及其与民用建筑之间的防火间距 m

<table>
<tr><th colspan="2" rowspan="2">建筑类型</th><th colspan="6">单层、多层乙、丙、丁、戊类仓库</th><th rowspan="2">高层仓库</th><th rowspan="2">甲类厂房</th></tr>
<tr><th colspan="3">单层、多层乙、丙、丁类仓库</th><th colspan="3">单层、多层戊类仓库</th></tr>
<tr><td rowspan="4">单层、多层乙、丙、丁、戊类仓库</td><td>耐火等级</td><td>一、二级</td><td>三级</td><td>四级</td><td>一、二级</td><td>三级</td><td>四级</td><td>一、二级</td><td>一、二级</td></tr>
<tr><td>一、二级</td><td>10.0</td><td>12.0</td><td>14.0</td><td>10.0</td><td>12.0</td><td>14.0</td><td>13.0</td><td>12.0</td></tr>
<tr><td>三 级</td><td>12.0</td><td>14.0</td><td>16.0</td><td>12.0</td><td>14.0</td><td>16.0</td><td>15.0</td><td>14.0</td></tr>
<tr><td>四 级</td><td>14.0</td><td>16.0</td><td>18.0</td><td>14.0</td><td>16.0</td><td>18.0</td><td>17.0</td><td>16.0</td></tr>
<tr><td>高层仓库</td><td>一、二级</td><td>13.0</td><td>15.0</td><td>17.0</td><td>13.0</td><td>15.0</td><td>17.0</td><td>13.0</td><td>13.0</td></tr>
<tr><td rowspan="3">民用建筑</td><td>一、二级</td><td>10.0</td><td>12.0</td><td>14.0</td><td>6.0</td><td>7.0</td><td>9.0</td><td>13.0</td><td rowspan="3">25.0</td></tr>
<tr><td>三 级</td><td>12.0</td><td>14.0</td><td>16.0</td><td>7.0</td><td>8.0</td><td>10.0</td><td>15.0</td></tr>
<tr><td>四 级</td><td>14.0</td><td>16.0</td><td>18.0</td><td>9.0</td><td>10.0</td><td>12.0</td><td>17.0</td></tr>
</table>

注:① 单层、多层戊类仓库之间的防火间距,可按本表减少 2.0 m

②两座仓库相邻较高一面外墙为防火墙,且总占地面积小于等于建筑设计防火规范第 3.3.2 条一座仓库的最大允许占地面积规定时,其防火间距不限

③ 除乙类第 6 项物品外的乙类仓库,与民用建筑之间的防火间距不宜小于 25.0 m,与重要公共建筑之间的防火间距不宜小于 30.0 m,与铁路、道路等的防火间距不宜小于表 9.10 中甲类仓库与铁路、道路等的防火间距

当丁、戊类仓库与公共建筑的耐火等级均为一、二级时,其防火间距可按下列规定执行:

①当较高一面外墙为不开设门窗洞口的防火墙,或比相邻较低一座建筑屋面高 15.0 m 及以下范围内的外墙为不开设门窗洞口的防火墙时,其防火间距可不限。

② 相邻较低一面外墙为防火墙,且屋顶不设天窗、屋顶耐火极限不低于 1.00 h,或相邻较高一面外墙为防火墙,且墙上开口部位采取了防火保护措施,其防火间距可适当减小,但不应小于 4.0 m。

粮食筒仓与其他建筑之间及粮食筒仓组与组之间的防火间距,不应小于表 9.12 的规定。

表 9.12 粮食筒仓与其他建筑之间及粮食筒仓组与组之间的防火间距 m

<table>
<tr><th rowspan="2">名称</th><th rowspan="2">粮食总储量 W/kt</th><th colspan="3">粮食立筒仓</th><th colspan="2">粮食浅圆仓</th><th colspan="3">建筑的耐火等级</th></tr>
<tr><th>$W\leqslant 40$</th><th>$40<W\leqslant 50$</th><th>$W>50$</th><th>$W\leqslant 50$</th><th>$W>50$</th><th>一、二级</th><th>三级</th><th>四级</th></tr>
<tr><td rowspan="4">立筒仓</td><td>$0.5<W\leqslant 10$</td><td rowspan="2">15.0</td><td rowspan="3">20.0</td><td rowspan="3">25.0</td><td rowspan="3">20.0</td><td rowspan="3">25.0</td><td>10.0</td><td>15.0</td><td>20.0</td></tr>
<tr><td>$10<W\leqslant 40$</td><td>15.0</td><td>20.0</td><td>25.0</td></tr>
<tr><td>$40<W\leqslant 50$</td><td>20.0</td><td>20.0</td><td>25.0</td><td>30.0</td></tr>
<tr><td>$W>50$</td><td colspan="5">25.0</td><td>25.0</td><td>30.0</td><td>—</td></tr>
<tr><td rowspan="2">浅圆仓</td><td>$W\leqslant 50$</td><td>20.0</td><td>20.0</td><td>25.0</td><td>20.0</td><td>25.0</td><td>20.0</td><td>25.0</td><td>—</td></tr>
<tr><td>$W>50$</td><td colspan="5">25.0</td><td>25.0</td><td>30.0</td><td>—</td></tr>
</table>

注:①当粮食立筒仓、粮食浅圆仓与工作塔、接收塔、发放站为一个完整工艺单元的组群时,组内各建筑之间的防火间距不受本表限制

② 粮食浅圆仓组内每个独立仓的储量不应大于 10 000 t

库区围墙与库区内建筑之间的间距不宜小于5.0 m，且围墙两侧的建筑之间还应满足相应的防火间距要求。

4.防爆泄压装置

有爆炸危险的甲、乙类厂房应设置泄压装置，构成薄弱环节，一旦爆炸发生，这些薄弱部位首先遭受破坏，瞬时把大量气体和热量泄入大气，削弱爆炸威力的升级，从而减轻承重结构受到的爆炸压力，避免造成倒塌。有爆炸危险的甲、乙类厂房宜独立设置，并宜采用敞开或半敞开式。其承重结构宜采用钢筋混凝土或钢框架结构。

厂房的泄压装置可采用轻质板制成的屋顶和易于泄压的门、窗(应向外开启)，也可用轻质墙体泄压。当厂房周围环境条件较差时，宜采用轻质屋顶泄压。

泄压面积应布置在靠近易发生爆炸的部位，但应避开人员较多和主要通道等场所。有爆炸危险的生产部位，宜布置在单层厂房的靠外墙处和多层厂房的顶层靠外墙处，以减少爆炸时对其他部位的影响。

5.泄压面积设计计算

泄放是为防止空间内部因爆炸而发生破坏所广泛采用的方法，其基本理念为在爆炸初始或扩展阶段，将包围体内燃烧物通过泄爆口向安全方向泄出，使包围体内的压力无法上升到其破裂或变形的程度；其设计关键是合理、有效的泄压面积。泄压面积的计算固然牵涉到建筑体的重量、外观、选用的材料、采光、通风等问题；但是在考虑这些因素之前，必须要进行泄压面积的计算。有防爆厂房设计经验的建筑设计人员都知道，中国建筑防爆设计的主要依据为GB 50016—2006《建筑设计防火规范》。

(1)厂房泄爆面积计算

①我国厂房泄爆设计。GB 50016—2006《建筑设计防火规范》(以下简称新规范)中，关于厂房(仓库)的防爆部分对2001年版的《建筑设计防火规范》(以下简称旧规范)做出了重大的调整。其中，在泄压设计方面，提出了比以往高得多的要求。对建筑设计人员来说，要想在有爆炸危险的甲、乙类厂房的建筑设计中，既确保泄爆设计方面符合规范要求，保证使用者的生命安全，又要令厂房美观大方，难度大大增加了。

在旧规范中，与泄压有关的内容主要体现在：作为泄压面积的轻质屋盖和轻质墙体的每平方米质量不宜超过120 kg。泄压面积与厂房体积的比值(m^2/m^3)宜采用0.05～0.22。爆炸介质威力较强或爆炸压力上升速度较快的厂房，应尽量加大比值。体积超过1 000 m^3的建筑，如采用上述比值有困难，可适当降低，但不宜小于0.03。

而新规范则规定：作为泄压面积的轻质屋盖和轻质墙体的每平方米质量不宜超过60 kg。有爆炸危险的甲、乙类厂房，其泄压面积宜按下式计算，但当厂房的长径比大于3时，宜将该建筑划分为长径比小于或等于3的多个计算段，各计算段中的公共截面不得作为泄压面积。

$$A_V = 10CV^{2/3} \tag{9.1}$$

式中，A_V为泄压面积，m^2；V为厂房的容积，m^3；C为厂房容积为1 000 m^3时的泄压比，可按表9.13选取。

表 9.13　厂房内爆炸性危险物质的类别与泄压比值　　m^2/m^3

厂房内爆炸性危险物质的类别	C 值
氨以及粮食、纸、皮革、铅、铬、铜等，$K_{st}<10\ MPa\cdot m\cdot S^{-1}$	0.03
木屑、炭屑、煤粉、锑、锡等，$10\ MPa\cdot m\cdot S^{-1}<K_{st}<30\ MPa\cdot m\cdot S^{-1}$	0.055
丙酮、汽油、甲醇、液化石油气、甲烷喷漆间或干燥室以及苯酚树脂、铝、镁、锆等，$K_{st}>30\ MPa\cdot m\cdot S^{-1}$	0.11
乙烯	0.16
乙炔	0.2
氢	0.25

注：长径比为建筑平面几何外形尺寸中的最长尺寸与其横截面周长的积和 4.0 倍的该建筑横截面积之比

可以看出，旧规范中的措施界限比较模糊，并没有对不同的物质、具体的场所做分类。新规范的措施对物质、空间有了粗略的界定，能运用公式，代入参数，得出相应的泄压面积。其针对性和准确性都有了很大的提高，能更有效地起到减爆效果。

②美国厂房泄爆设计（NFPA68）。在新规范防爆设计的条文说明中，多次提到 NFPA68，它是美国防火协会（National Fire Protection Association）制定的。国内关于它的介绍非常有限。美国的泄爆设计与防爆设计分为两个不同的标准，NFPA69《防爆系统标准》（Standardon Explosion Prevention Systems），主要阐述防爆设计；NFPA68《爆炸泄压指南》（Guide for Venting of Deflagrations 2002 Edition）主要阐述泄爆设计。

NFPA68 共分 10 个章节。第一、二、三章为实施、引用的出版物和定义，第四章为爆燃的基本原理，第五章为泄爆的基本原理，第六章为气体混合物和雾的泄爆设计，第七章为粉尘和合成混合物的泄爆设计，第八章为在大气压力或接近大气压力作用下管道内气体和粉尘的泄爆设计，第九章为对泄爆开关装置的说明，第十章为检修与维护。措施的界限十分清晰，对不同的物质、具体的场所都做了相应的分类。泄爆设计中，运用对应的公式，代入对应的参数，得出对应的泄压面积。

NFPA68 中，规定泄压面积构配件的每平方米质量不应超过 12.5 kg。第六章对气体混合物和雾的泄爆设计做了详细的阐述。其中 6.2 节是关于低强度封闭空间内气体或雾气爆燃的泄爆设计。里面给出一条关于低强度封闭空间泄压面积的计算公式：

$$A_V=C(A_s)/p_{red}^{1/2} \tag{9.2}$$

式中，A_V 为泄压面积，m^2；A_s 为封闭空间的内表面积，m^2；C 为泄压换算常量；p_{red} 为介质爆炸泄放过程的最大压力（此最大压力不超过容器所能承受的压力）。

该公式只适应于低强度的结构，应用此方程式不考虑容器的形状，长宽比不可超过 3，且 $p_{red}\leqslant 10$ kPa。目前该方程用于计算爆破片的静态动作压力不超过 0.1 MPa，容器内介质为甲烷和丙烷等类可燃气体，p_{red} 是燃爆泄放过程的最大爆炸超压。该方程不适用于燃烧速度快的如氢气类介质，因为燃烧速度过快，有可能发生爆轰。即使没有爆轰，也必须考虑泄放装置的动态响应。当 $p_{red}>10$ kPa 时，属于高强度封闭空间。

［例 1］　中美某合资公司拟在中国建设生产产品为羧甲基纤维素钠的厂房，要求按美国防火协会的 NFPA68 进行厂房泄爆设计。该产品生产过程中涉及酒精。建设的厂房为

单层结构，长 50 m，宽 24 m，高 6 m，长/宽＝2.08<3，其内表面积为 3 288 m^2。经美国派来的专家组确定，得出生产过程中的 $C=0.450(\text{kPa})^{\frac{1}{2}}$，$p_{\text{red}}=4.8\ \text{kPa}<10\ \text{kPa}$，试求算所需要的泄压面积。

解　根据美国 NFPA68 设计中的公式，泄爆需要面积为

$$A_V=C(A_s)/p_{\text{red}}^{1/2}=0.45\times 3\ 288/4.8^{1/2}=675.3\ (\text{m}^2)$$

如果依据我国新规范《建筑设计防火规范》，按甲醇的类别得出 $C=0.11$，$V=50\times 24\times 6=7\ 200\ (\text{m}^3)$，则

$$A_V=10\times 0.11\times 7\ 200^{2/3}=410.2\ (\text{m}^2)$$

从这个计算算例可以看出，美国防火协会《爆炸泄压指南》对厂房泄爆面积的要求要比我国《建筑设计防火规范》规定更严格。

美国防火协会对建筑物防爆泄压面积的计算公式还有下列表示形式：

$$A_V=CL_1L_2/p^{1/2} \tag{9.3}$$

约束条件　$L_3\leqslant 3\ (L_1L_2)^{1/2}$

式中，L_3 为建筑物的最大尺寸，m；L_1 为矩形建筑物的最小边尺寸，m；L_2 为矩形建筑物的次最大边尺寸，m；p 为建筑物强度最弱的构件所能承受建筑物内部的最大压力，kPa；C 为燃料气体的特性常数，具体取值见表 9.14。

表 9.14　一些燃料气体的特性常数

燃料	特性常数 $C/(\text{kPa})^{1/2}$
火焰扩展速率类似丙烷的各种气体	6.8
乙烯	10.5
氢	17.0
有机粉尘	6.8
有机烟雾	6.8
火焰扩展速率高的金属粉尘	10.5

上式对长宽比小于 3 的一般建筑物是适用的，对长宽比大于 3 的空间，应将建筑划分为几个单元，以便使每个单元的长宽比都不大于 3。对于 L_1 与 L_2 不相等的矩形建筑物，面积的有效值为 L_1L_2。就大多数可燃气体而言，它们的基本燃烧速度值几乎相同。这些气体采用式(6.40)计算时，C 值大约等于 6.8。需要指出的是实际燃烧速度可为基本燃烧速度的很多倍。事实上，火焰在某些湍流程度状态下，C 值会增大，且主要取决于下列因素：

①工艺设备、管道和建筑物构件的阻挡和障碍作用。

②泄压引起的气体紊流作用。

③大量火焰直接引起的紊流作用。

［**例** 2］　计算图 9.1 所示的构筑物所需要的防爆泄压面积（构筑物内的易燃物为有机烃）。

解　首先将此构筑物分为三个部分：

第一部分

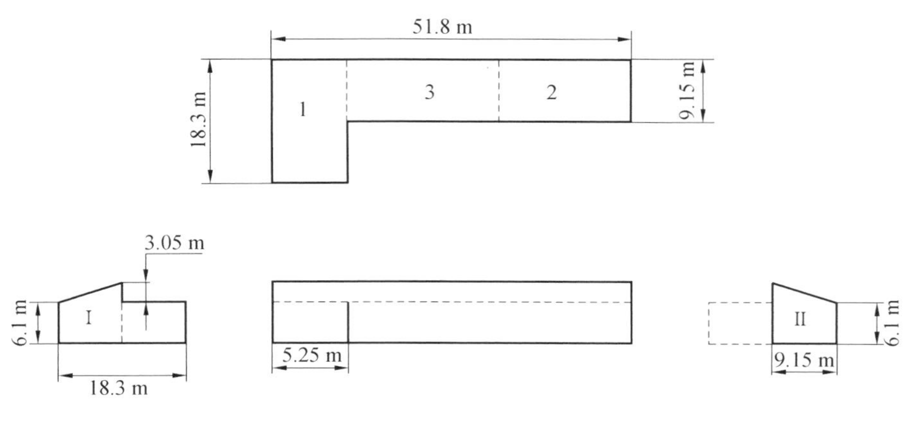

图 9.1 计算实例构筑物

端面墙Ⅰ面积＝18.3×6.1＋0.5×(9.15×3.05)＝125.4(m^2)

规范化成为矩形：

规范化矩形高度 L_1＝125.4/18.3＝6.86(m)；L_2＝15.25(m)；L_3＝18.3(m)

端面墙Ⅱ面积＝9.15×6.1＋0.5×9.15×3.05＝69.7(m^2)

规范化成为矩形：

规范化矩形高度 L_1＝69.7/9.15＝7.62(m)；L_2＝9.15(m)

对上述 L_1 与 L_2 而言，容许采用最大长度为

$$L_3=3\ (L_1L_2)^{1/2}=3\times(7.62\times9.15)^{1/2}=25.1(\text{m})$$

对竖边的实际长度为 51.8－15.25＝36.6 (m)，因而竖边应分成两部分，即第二部分和第三部分，这两部分有相同的泄压面积。

设该构筑物容许最大超压值为 3.45 kPa，构件物内的易燃物为常见脂肪族烃和芳香族烃，其常数 $C=6.8(\text{kPa})^{1/2}$，则构筑物各个部分所需要的泄压面积为：

第一部分

$$A_V=6.8\times6.86\times15.25/3.45^{0.5}=383(\text{m}^2)$$

在生产实践中，建议将泄压口只安排在屋顶和外墙上，内墙以及为了便于泄压面积计算所采用的假设界限，不能计入泄压面积之内。因而，第一部分布置泄压最大面积为：

外墙表面＝18.3×6.1＋0.5×(9.15＋3.05)＋15.25×6.1×2＋15.25×3.05＋9.15×6.1＝413.4(m^2)

屋顶表面＝15.25×18.3＝278.7(m^2)

即可利用的泄压面积的最大值为 692.1 m^2。

生产实际中，墙面全部能安排防爆泄压口的情况比较少见。实际上，部分泄压面积必须分配布置在屋顶部位。

对第二部分和第三部分

$$L_1=7.62(\text{m}),\quad L_2=9.15(\text{m})$$

$$A_V=6.8\times7.62\times9.15/3.45^{0.5}=256.2(\text{m}^2)$$

第二、第三部分所需要的总泄压面积为

$$2A_V=2\times256.2=512.4(\text{m}^2)$$

构筑物(竖边部分)可利用墙面面积为(36.6×18.3)=669.7(m^2),屋顶表面积为(36.6×9.15+5.25×9.15)=382.9(m^2),可利用的泄压面积较富裕,宜尽可能均匀地分配到各侧面上。

(2) 管道泄压面积计算。对于管道及长形容器的泄压要用另一种计算方法。当气体在长形容器的中部点火时,燃烧产物一开始可以自由膨胀,直到火焰到达容器的壁面。此后,燃烧产物将沿着容器的两个方向膨胀。在此期间,如果可燃气体是碳氢化合物,其火焰最初以每秒几米的速度传播。火焰面后的燃烧产物膨胀会引起火焰前未燃气体运动。在一定的时间后,这种运动的未燃气体会呈现湍(紊)流状况,其作用之一是火焰阵面的燃速增大,会使火焰加速到相当高的程度。火焰加速运动伴随而产生的冲击波,还可能使火焰前面及后面的压力大幅度增大,同时还将对燃烧转为爆轰起重要作用。

工程上一般应该这样来安排泄压口,即尽可能使火焰阵面后的已燃气体从泄压口排出,这样可使该气体的爆炸作用对火焰前未燃气体运动的影响减至最小,因而,泄压口应安设在容易存在点火源的各个部位。如果点燃作用的部位发生变化,可能在容器或管道的任意一个部位上发生点燃,则泄压口应在管道的整个长度安设。另外,气体爆炸泄压封口(盖板),尤其是处于火焰后面和火焰附近的气体爆炸泄压盖板,应当在发生爆炸的较早阶段启动,否则可迅速引起火焰加速,使未燃气体加速运动。

泄压口尺寸规格,一般以系数 k 表示,k 是管道横截面积与泄压口面积之比 A/A_V。$k=1$ 即表示爆炸泄压口的面积等于管道横截面积,$k=2$ 即表示爆炸泄压口的面积等于管道横截面积的一半。下面分几种情况计算管道泄压口面积。

①静止气体或运动速度小于 3 m/s 的运动气体。

(a)长径比 L/D 小于 30 的无障碍直通管道。对于这种情况,一般只需要设置一个爆炸泄压口就够了,且可用下列两式中的任何一式来确定最大压力:

$$\begin{aligned} &k=1\text{ 时},p=0.48L/D \\ &k=2\sim32\text{ 时},p=12.4k \end{aligned} \tag{9.4}$$

$k=1\sim2$ 时,最大压力可看成上述两式的中值解,即

$$p=0.24L/D+6.2k$$

式中,p 为最大压力,kPa;k 为管道横截面积与泄压口面积之比。

如果只采用单个泄压口,则它应安设在尽可能靠近最易出现点火源的部位;如果不能确定这样的部位,则泄压口应当尽可能安设在靠近容器的中心部位。

对于上述这种泄压封口,可采用每平方米质量约为 10 kg 的盖板,且用磁铁或弹簧夹紧;也可以采用断裂防护圆盘,其压力超过所求得的压力一半时,它就断裂。

[**例** 3]　某反应器,其长度为 6.0 m,直径为 0.6 m。该反应器在放料期间可能发生爆炸,假设可允许的最大压力为 70 kPa,求爆炸泄压口所需要的面积。

解　根据式(9.3)计算求得 70 kPa 时所对应的 k 值

$$L/D_{管}=10<30$$

$$k=p/12.4=70/12.4=5.645$$

$$k=\frac{A}{A_V}=\left(\frac{0.6}{D}\right)^2=5.645$$

$$D=0.253\ \text{m}$$

即泄压口直径为 253 mm。

若采用断裂防护圆盘，可以按 $p=35$ kPa 的断裂压力要求进行计算。当然，必须将泄压口安设在反应器端部。

［例 4］ 某废气燃烧烟道，其顶部完全敞开，底部装有水封装置，该烟道的高度为 12 m，直径 0.6 m，它将碳氢化合物蒸气排放到大气，若燃料气体—空气混合物在该烟道内燃烧，其最大压力为多少？

解　根据式(9.3)

$$L/D_{管}=20<30;\quad p=0.48\times12/0.6=9.6\ (\text{kPa})$$

(b)L/D 大于 30 的无障碍直通管道。对于 L/D 大于 30 的管道，必须配备多个泄压口。如果泄压口沿管道长度布置，则对泄压更为有效。泄压口最大间隔和爆炸产生的最大压力，取决于泄压口的大小，其具体计算数据及公式见表 9.15。在长形管道泄压设计中，可以认为管道敞开端的泄压口尺寸规格 k 值等于 1。为此，当管道处于下列情况时，均定义它为敞开端：无障碍通往大气的管端；通往其自身已相应配置了爆炸泄压设施的容器支管端；通往其容积大于管道容器 200 倍的房间支管端。如果管道端部并非敞开，或者其端部有时会关闭，则泄压口应当尽可能靠近管端的部位。

表 9.15　长形无障碍管道爆炸泄压口的最大间距和最大压力

泄压口尺寸规格（每个泄压口的 k 值）	最大间隔距离	最大压力	在最大距离间隔条件下的最大压力/kPa
1	$60D$	$0.27L_1/D$	16.5
2	$30D$	$0.41L_1/D+0.69$	13.1
4	$20D$	$0.48L_1/D+1.38$	11.0
8	$15D$	$0.55L_1/D+2.07$	10.3

注：表中 L_1 为爆炸泄压口的间隔距离

［例 5］ 某直通管道，其长度为 90 m，直径为 0.6 m，需要安设泄压口加以防护。该管道一端为敞开，而另一端通常为关闭或部分关闭。若每个泄压口的尺寸规格为：①等于该管道的横截面面积；或者②等于该管道横截面面积的 1/8。试问需要配置多少个泄压口（该管道能承受的最大压力为 7 kPa）？

解　一端敞开的管道，其泄压口尺寸规格的 k 值等于 1，所以在该管道的闭口端安装一个大小与其相等的泄压口。按照表 9.15 所列的数据计算，当 $k=1$ 且最大压力为 7 kPa 时，泄压口间隔应当为 15 m，这样，总共需要 5 个爆炸泄压口，再加上两端各一个泄压口。当 $k=8$时，泄压口间距应为 5.4 m，这样总共需要 16 个泄压口，另外两端各有一个泄压口。

(c)具有障碍物的容器及管件。管道中具有某种障碍物件，会增大爆炸过程的最大压力。一个障碍物件，即使只阻塞管道横截面面积的 5%，它也会使压力增大 2～3 倍。对于诸如“T”字形管件或阻塞管道横截面积 30%的障碍物，最大压力值会增大 10 倍左右。对有障碍物管道，要使最大压力减小到 14 kPa，需要在其长度方向上每间隔 6 倍管径距离就设置一个面积等于管道横截面积的泄压口。

②运动速度为 3～18 m/s 的运动气体的爆炸泄压口的安设间隔。

(a)无障管道。表 9.16 中泄压系统，可以用来限制最大爆炸压力不超过 14 kPa，此时管道内所含混合物气体运动速度不超过 18 m/s。这种泄压系统，都应采用磁铁或者弹簧夹紧就位的泄压盖板。这种盖板自身所允许的最大质量，随气体运动而定。速度为 7.6 m/s 的运动气体，其关闭件自身每平方米质量不大于 50 kg；速度为 7.6～18 m/s 的运动气体，其关闭件自身每平方米质量不大于 25 kg。

表 9.16　运动气体管道爆炸泄压口间距和尺寸规格

管道直径	k(管道横截面面积与泄压口面积之比)	L/D(相邻的泄压口之间距离与管道半径之比值)
0.45 m 以下	<1	<12
	<2	<6
0.45～0.76 m	<1	<9
	<2	<5

(b)有障管道。有障管道在其障碍物件的邻近需要更大的排气孔面积。在这方面设计，现有的研究成果只有管径为 0.45 m 以下管道的资料。对这种管道，在障碍物件两侧相距 3 倍管径的位置上，应该安设其横截面面积等于该管道横截面面积的排气孔，并在其两侧按 6 倍管径的间隔安设排气孔。管道的其余部分应当根据无障碍管道的情况而定。

对速度为 7.6 m/s 的运动气体，离障碍物件最近的 6 个排气孔盖板的每平方米质量，不应大于 7 kg。排气孔盖板可以用磁铁或弹簧夹紧就位。

关闭泄压口的器件，多半必须气密和坚固耐用。同时，应当按照这样的工作性能进行设计：即在它发生自然裂变和缺少维修时，不至于在爆炸过程增加最大压力。

对管道系统泄压，断裂防护圆盘的应用稍受限制。一般说来，这种圆盘在较高爆炸压力的场合更为适合，且将它应用于有障管道系统时，其爆炸压力可能会增加很大，但在无障的直通管道系统内，可以采用这种断裂防护圆盘。这种装置通常可采用预制组件的形式进行装配，也可采用材料的装配使用方式。断裂防护圆盘多半采用金属制造，但在需要低的断裂时，则采用石墨制造。

如泄压盖板必须承受高温，则断裂材料可能需要采用石棉板。这种材料的断裂压力，需对板件采用压缩空气进行静压试验确定。

还可以采用其强度足以承受压力骤增的板件，但它们的加紧或夹持方式必须是当发生爆炸时，整块板件应能很容易地被推开。板件应当轻质，这一点甚为重要。因为只有这样，板件的运动惯性才能减至最小，板件自身才不致成为有危险作用的发射体。板件的质量不应超过规定的质量。安装密封件的普通方式是：在框缘四周用厚度约为 6 mm 的嵌条，在其两表面间施加小的摩擦力，这样就能夹持板件。这种夹紧方法的缺点是，压力需要克服摩擦力的影响，因而板件飞离的压力不能成为定值。工作更为可靠的夹紧方式是应用磁铁或弹簧将板件在框缘上夹紧。采用这种夹紧方式时，板件的夹持力可根据磁铁或弹簧的强度加以控制。

就本节中涉及的各种使用情况而言，夹持力与板件每平方米质量之和，通常应不超过 150 kg。但如管道内持续存在一定正压，则作用于泄压口的磁力或弹簧力应相应增大，以免发生泄漏，使得盖板在最大压力高达 250 kg/m^2 时才发生位移，但必须不致使盖板质量增加。

泄压设施宜采用轻质屋面板、轻质墙体和易于泄压的门、窗等，不应采用普通玻璃。泄压设施的设置应避开人员密集场所和主要交通道路，并宜靠近有爆炸危险的部位。作为泄压设施的轻质屋面板和轻质墙体的每平方米质量不宜超过 60 kg。屋顶上的泄压设施应采取防冰雪积聚措施。

散发较空气轻的可燃气体、可燃蒸气的甲类厂房，宜采用轻质屋面板的全部或局部作为泄压面积。顶棚应尽量平整、避免死角，厂房上部空间应通风良好。散发较空气重的可燃气体、可燃蒸气的甲类厂房以及有粉尘、纤维爆炸危险的乙类厂房，应采用不发火花的地面。采用绝缘材料作为整体面层时，应采取防静电措施。散发可燃粉尘、纤维的厂房内表面应平整、光滑，并易于清扫。厂房内不宜设置地沟，必须设置时，其盖板应严密，地沟应采取防止可燃气体、可燃蒸气及粉尘、纤维在地沟积聚的有效措施，且与相邻厂房连通处应采用防火材料密封。

有爆炸危险的甲、乙类生产部位，宜设置在单层厂房靠外墙的泄压设施或多层厂房顶层靠外墙的泄压设施附近。有爆炸危险的设备宜避开厂房的梁、柱等主要承重构件布置。有爆炸危险的甲、乙类厂房的总控制室应独立设置。有爆炸危险的甲、乙类厂房的分控制室宜独立设置，当贴邻外墙设置时，应采用耐火极限不低于 3.00 h 的不燃烧体墙体与其他部分隔开。

使用和生产甲、乙、丙类液体厂房的管、沟不应和相邻厂房的管、沟相通，该厂房的下水道应设置隔油设施。甲、乙、丙类液体仓库应设置防止液体流散的设施。遇湿会发生燃烧爆炸的物品仓库应设置防止水浸渍的措施。

有粉尘爆炸危险的筒仓，其顶部盖板应设置必要的泄压设施。粮食筒仓的工作塔、上通廊的泄压面积应按表 9.12 的规定执行。有粉尘爆炸危险的其他粮食储存设施应采取防爆措施。有爆炸危险的甲、乙类仓库，宜按本节规定采取防爆措施、设置泄压设施。

9.3 火灾与爆炸监测

9.3.1 火灾监测仪表

火灾监测仪表是表现火灾苗头的设备。在火灾酝酿期和发展期陆续出现的火灾信息，有臭气、烟、热流、火光、辐射热等，这些都是监测仪表的探测对象。

1. 感温报警器

感温报警器可分为定温式和差动式两种。定温式感温报警器是在安装检测器的场所温度上升至预定的温度时，在感温元件的作用下发出警报。自动报警的动作温度一般采用 65～100 ℃。图 9.2 所示为空气模盒式感温探头，它是利用气体的膨胀性使报警信号电触点接通。

定温式感温报警器有采用低熔点合金作为感温元件的，其原理是低熔点的金属在达到预定温度时，感温元件熔断。采用双金属片、双金属筒作为感温元件的报警器是在达到预定温度时，元件变形达到某一限度，完成断开或接通电气回路中的触点，从而断开或接通信号电气回路，发出警报。采用热敏半导体作为感温元件，是因为此元件对温度的变化比较敏感，在检测地点的温度发生变化时，它的电阻值将发生较大的变化。采用铂金属丝感温元件，遇温度变化时也会改变其电阻值，从而改变信号电气回路中的电流，当达到预定温度时，信号电气回路中的电流也变化到某一定值，即会报警。

由于火灾发生时，检测地点的温度在较短时间内急剧升高，根据这个特点，差动式感温报警器采用双金属片等感温元件，使得在一定时间内的温升差超过某一限值时，即发出警报。例如在 1 min 内温升超过 10 ℃或 45 s 内温升超过 20 ℃时即可报警。这就更接近于发生火灾的实际情况，严格限制在这样的条件下报警可以减少误报。

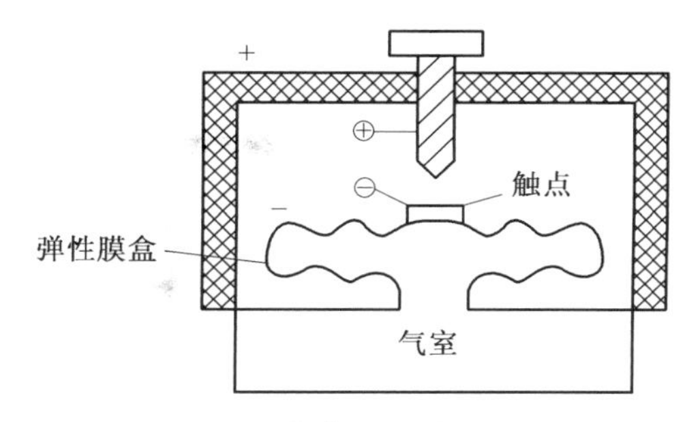

图 9.2　空气模盒式感温探头

为了提高报警准确性，有的感温报警器同时采用差动和定温两种感温元件，因而在检测温度变化时，既要达到差动式感温元件所预定时间内的温升差，又要同时达到定温式感温元件所预定的温度，才发出警报。这种报警器称为定温差动式感温报警器。

感温报警器适用于那些经常存在大量烟雾、粉尘或水蒸气等场所。

2. 感烟报警器

感烟报警器能在事故地点刚发生阴燃冒烟还没有出现火焰时，即发出警报，所以它具有报警早的优点。根据敏感元件的不同，下面介绍离子感烟报警器和光电感烟报警器。

(1) 离子感烟报警器。如图 9.3 所示，它是由两片镅 241 放射源片与信号电气回路构成内电离室和外电离室。内电离室是密闭的，与安装场所内的空气不相通，场所内的空气可以在外电离室的放射源与电极间自由流通。当发生火灾时，可燃物阴燃产生的烟雾进入报警器的外电离室，室内的部分离子被烟雾的微粒所吸附，使到达电极上的离子减少，即相当于外电离室的等效电阻值变大，而内电离室的等效电阻值不变，从而改变了内电离室和外电离室的电压分配。利用这种电信号将烟雾信号转换为直流电压信号，输入报警器而发出声、光警报。

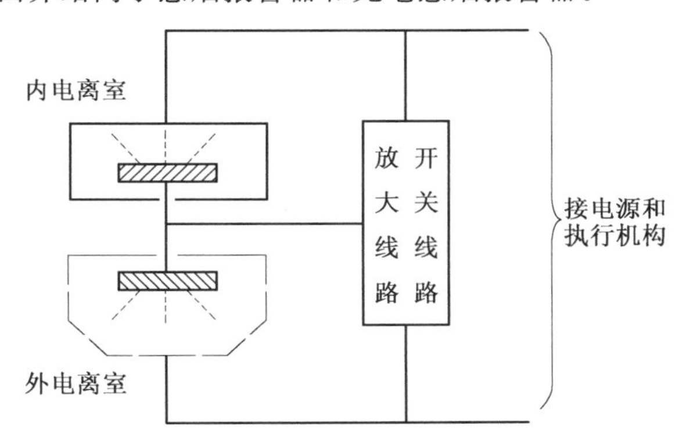

图 9.3　离子感烟报警器原理示意图

(2) 光电感烟报警器。这种报警器设有一个光电暗室(暗盒)，将光电敏感元件安装在暗盒内，如图 9.4 所示。没有烟尘进入暗室时，发光二极管放出的光因有光屏障阻隔而不能投射到光敏二极管上，检测器没有电信号输出；如有烟尘进入暗室时，发光二极管发出的光因散射作用而照射到光敏二极管上，光敏二极管工作状态发生变化，检测器发出电信号。

采用光电感烟报警器时，可以从检测场所的各检测点设管路分别与检测器相连，再利用风机抽吸检测点的空气，使空气由光电暗盒通过。当发生火灾时，由于空气中含有大量烟雾，检测器检测到烟雾并发出信号。这种检测器适用于装设有排风装置的场所。

感烟报警器灵敏度较高，寿命较长，价格较低，适用于火灾初起阶段有阴燃的场所。不适用于灰尘较大、水蒸气弥漫等场所。

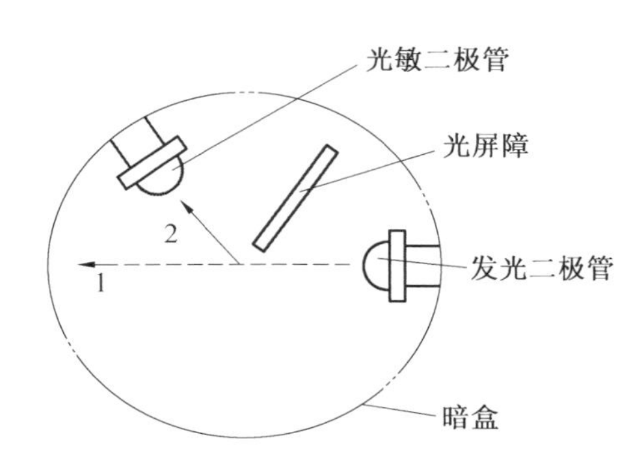

图 9.4 光电感烟式报警器原理示意图

3. 感光报警器

感光报警器利用物质燃烧时火焰辐射的红外线和紫外线，制成红外检测器和紫外检测器。前者的敏感元件是硫化铝、硫化镉等制成的光导电池，这种敏感元件遇到红外辐射时即可产生电信号。后者的敏感元件是紫外光敏二极管，它只对光辐射中的紫外线波段起作用。光电报警器不适于在明火作业的场所中使用，在安装检测器的场所也不应划火柴、烧纸张，报警系统未切断时也不能动火，否则易发生误报。在安装紫外线光电报警器的场所，还应避免使用氙气灯和紫外线灯，以防误报。

9.3.2 测爆仪

爆炸事故是在具备一定的可燃气、氧气和着火源这三要素的条件下出现的。其中可燃气的偶然泄漏和积聚程度，是现场爆炸危险性的主要监测指标，相应的测爆仪和报警器便是监测现场爆炸性气体泄漏危险程度的重要工具。

厂矿常用的可燃气测量仪表的原理有热催化、热导、气敏等多种。

1. 热催化原理

热催化检测原理如图 9.5 所示。在检测元件 R_1 作用下，可燃气发生氧化反应，释放出燃烧热，其大小与可燃气浓度成比例。检测元件通常用铂丝制成。气样进入工作室后在检测元件上放出燃烧热，由灵敏电流计 P 指示出气样的相对浓度，这种仪表的满刻度值通常等于可燃气的爆炸下限。

2. 热导原理

用被测气体的导热性与纯净空气的导热性的差异，把可燃气体的浓度转换为加热丝温度和电阻的变化，在电阻温度计上反映出来。其检测原理与热催化原理的电路相同。

3. 气敏原理

气敏半导体检测元件吸附可燃性气体后，电阻大大下降(可由 50 kΩ 下降到 10 kΩ 左右)，与检测元件串联的微安表可给出气样浓度的指示值，检测电路如图 9.6 所示。图中 VG 为气敏检测元件，由电源 E_1 加热到 200～300 ℃。气样经扩散到达检测元件，引起检测元件电阻下降，与气样浓度对应的信号电流在微安表 PA 上指示出来。E_2 是测量检测元件电阻用的电源。

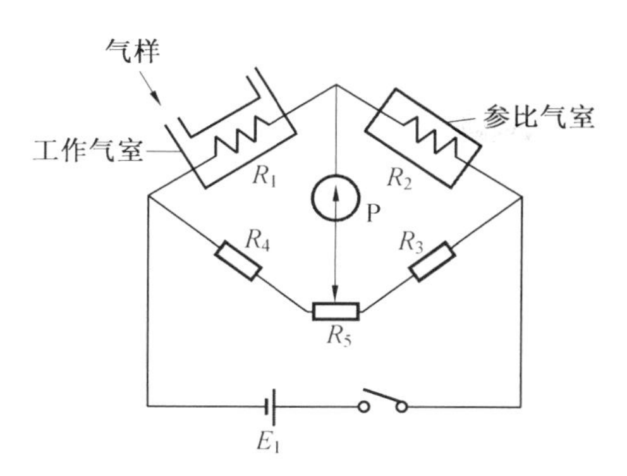

图 9.5　催化检测与热导检测原理图

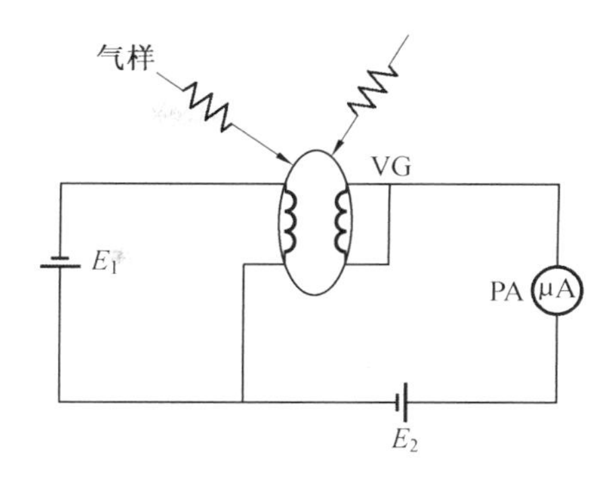

图 9.6　气敏检测电路图

9.4　防火与防爆安全装置

防火与防爆安全装置主要有阻火装置、泄压装置和指示装置等。

9.4.1　阻火装置

阻火装置的作用是防止火焰蹿入设备、容器与管道内，或阻止火焰在设备内扩展。其工作原理是在可燃气体进出口两侧设置阻火介质，当任一侧着火时，火焰的传播被阻而不会烧向另一侧。常用的阻火装置有安全水封、阻火器和单向阀。

1. 安全水封

这类阻火装置以液体作为阻火介质。目前广泛使用安全水封，它以水作为阻火介质，一般装置在气体管线与生产设备之间。常用的安全水封有开敞式和封闭式两种。

(1)开敞式安全水封。其构造和工作原理如图 9.7 所示，它由罐体 1 和两根管子——进气管 2 和安全管 3 组成，管 3 比管 2 短些，插入液面较浅。正常工作状态时，可燃气体经进气管 2 进入罐内，再从出气管 5 逸出，此时安全管里的水柱与罐内气体压力平衡。发生火焰倒燃时，由于进气管插入液面较深，安全管首先离开水面，火焰被水所阻而不会进入另一侧。

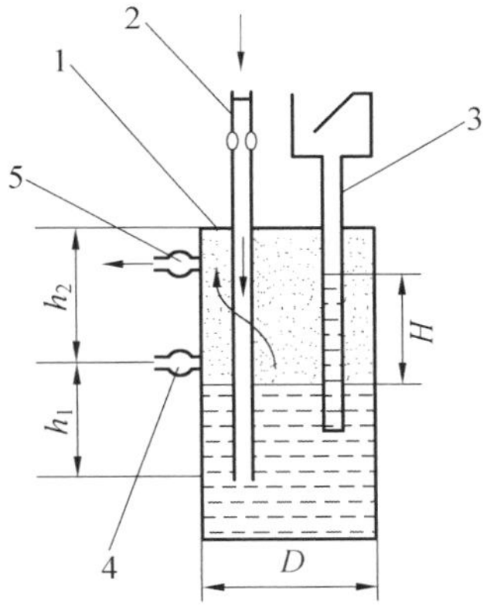

图 9.8 所示为安全管与进气管同心安置的开敞式安全水封，它的结构比较紧凑，其工作原理与上述安全水封相同。图中水位计用以观察罐内的水量是否符合要求；分气板 7 为减少进气时引起水的剧烈搅动，避免形成水泡；分水板 4 促使气水分离，避免可燃气出时带水过多。

图 9.7　开敞式安全水封示意图
1—罐体；2—进气管；3—安全管；4—水位截门；5—出气管

开敞式安全水封适用于压力较低的燃气系统。

(2)封闭式安全水封。其构造和工作原理如图 9.9 所示。正常工作时，可燃气体由进气管 9 流入，经逆止阀 8、分气板 7、分水板 4 和分水管 3(减少乙炔带水现象)，从出气管 1 输出。发生火焰倒燃时，罐内压力增加，压迫水面，并通过水层使逆止阀做瞬时关闭，进气管暂停供气；同时，倒燃的火焰和气体

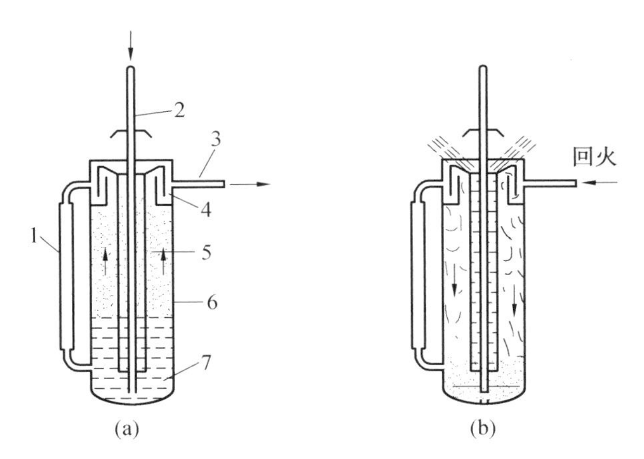

图 9.8　安全管与进气管同心安置的开敞式安全水封

1—水位计；2—进气管；3—出气管；4—分水板；5—水封安全管；6—罐体；7—分气板

将罐体顶部的防爆膜冲破，散发到大气中。由于水层也起着隔火作用，因此能比较有效地防止火焰进入另一侧。

逆止阀在火焰倒燃过程中只能暂时切断可燃气气源，所以在发生倒燃后，必须关闭可燃气总阀，更换防爆膜，才能继续使用。

封闭式水封适用于压力较高的燃气系统。

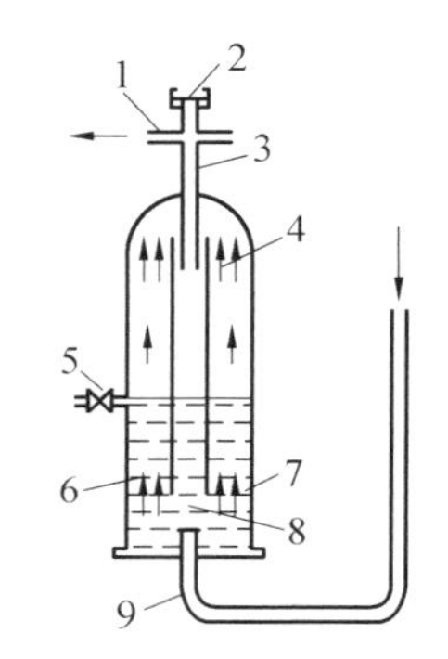

图 9.9　封闭式安全水封

1—出气管；2—防爆膜；3—分水管；4—分水板；5—水位阀；6—罐体；7—分气板；8—逆止阀；9—进气管

(3)安全液封的计算。

① 进气管内径 d_1(mm)为

$$d_1=\sqrt{\frac{G\times10^6}{0.785\times3\ 500\times v}}=18.8\sqrt{\frac{G}{v}}$$

式中，G 为可燃气体流量，m^3/h；v 为进气管中气体的平均速度，m/s。

② 安全管内径 d_3(mm)。

当管子同心安置时：

$$d_3=(1.4\sim1.5)d_2 \tag{9.5}$$

当管子并排安置时：

$$d_3=(0.8\sim1.2)d_1 \tag{9.6}$$

两式中的 d_1，d_2 分别为进气管的内径和外径。

③ 罐体内径 D(mm)为

$$D=18.8\sqrt{\frac{G}{v_1}} \tag{9.7}$$

式中，v_1 为罐体内气体的平均速度，m/s。

④罐体壁厚 b(mm)。

开敞型：

$$b=\left(\frac{1}{180}\sim\frac{1}{70}\right)D \tag{9.8}$$

封闭型：

$$b=\frac{pD}{2\tau_0\varphi-p}+C \tag{9.9}$$

式中，p 为设计压力，MPa；D 为罐体内径，mm；τ_0 为许用应力，MPa；φ 为焊缝系数，取 0.7；C 为锈蚀附加量，一般取 0.5 mm。

⑤ 气室高度 h_2(mm)。为了保证把可燃气体中所带走的小水珠充分地分离出来，需给所形成的气水乳液分配一定的容积，气室高度按下式选取：

对于开敞型，$$h_2=(1\sim3.5)D \tag{9.10}$$

对于封闭型，$$h_2=(1.1\sim3.8)D \tag{9.11}$$

高度 h_2数值较小，适用于具有分水板(器)的回火防止器。

⑥ 水室高度 h_1(mm)。

开敞型，$$h_1=(0.45\sim1.3)D \tag{9.12}$$

封闭型，$$h_1=(1.85\sim3)D \tag{9.13}$$

在选择开敞型的 h_1值时，应使得罐体中一部分水排到安全管中，并达到相当于罐体里气体最高压力的 H 值。此时，罐体中的水平面仍然要高于安全管的下端面。

⑦ 气体分配板的孔径 d_0(mm)为

$$d_0=18.8\sqrt{\frac{G}{v_0 z}} \tag{9.14}$$

式中，v_0为分气板孔中气体的许用平均速度，m/s；z 为分气板的孔数。

(4)使用安全要求。

① 使用安全水封时，应随时注意水位不得低于水位计(或水位截门)所标定的位置。但水位也不应过高，否则除了可燃气体通过困难外，水还可能随可燃气体一道进入出气管。每次发生火焰倒燃后，应随时检查水位并补足。安全水封应保持垂直位置。

② 冬季使用安全水封时，在工作完毕后应把水全部排出、洗净，以免冻结。如发现冻结现象，只能用热水或蒸汽加热解冻，严禁用明火或红铁烘烤。为了防冻，可以水中加少量食盐以降低冰点(溶液内含食盐量为13.6%时，冰点为−10.4 ℃；22.4%时，为−21.2 ℃)。

③ 使用封闭式安全水封时，由于可燃气体中可能带有黏性油质的杂质，使用一段时间后容易糊在阀和阀座等处，所以需要经常检查逆止阀的气密性。

2. 阻火器

阐明阻火结构能使火焰发生淬熄的理论有两种，一种是器壁效应理论(连锁反应理论)，一种是热理论。

(1)器壁效应理论。当火焰通过阻火结构狭窄通道时，由于自由基与通道壁的碰撞概率增大，因与器壁碰撞而被销毁自由基数量变多，参加反应的自由基减少。当阻火结构的通道宽度减小到一定程度时，自由基与通道壁的碰撞占主导地位，自由基数量急剧减少，反应不能继续进行，火焰发生淬熄。

(2)热理论。认为燃烧的必要条件之一是火焰的温度要高于淬熄温度。当火焰进入阻火结构的细小通道时被细分成若干细小的火焰，在设计阻火结构时要尽可能扩大火焰和通道壁的接触面积，强化传热，使火焰的热量尽可能多地传给金属元件。按照热损失的观点来分析，管壁受热面积和混合气体体积之比为

$$\frac{2\pi rh}{\pi r^2 h}=\frac{2}{r}\text{或}\frac{4}{h} \tag{9.15}$$

当管径为10 cm时，其比值等于0.4。当管径为2 cm时，其比值等于2。由此可见，随着管子直径的减少，热损失就逐渐加大，燃烧温度和火焰传播速度就相应降低。当管径小到某个极限值时，管壁的热损失大于反应热，从而使火焰熄灭，不能传播火焰的管子最大临界

直径一般称为消焰直径或猝灭距离。阻火器就是根据上述原理制成的，即在管路上连接一个内装细孔金属网或砾石的圆筒，则可以阻止火焰从圆筒的一侧蔓延到另一侧。阻火器常用结构形式有金属网型、波纹型、填料型、泡沫金属填充型、多孔板型、平行板型等。

影响阻火器性能的因素是阻火层的材质、厚度及其空隙直径和通道的大小。某些气体和蒸汽阻火器空隙的临界直径如下：甲烷 1.4 ～ 0.5 mm，氢及乙炔 0.1 ～ 0.2 mm，汽油及天然石油气 0.1 ～ 0.2 mm。

金属网阻火器如图 9.10 所示，是用若干具有一定孔径的金属网把空间分隔成许多小空隙。对于一般有机溶剂采用 4 层金属网已可阻止火焰扩展，通常采用 6 ～ 12 层。砾石阻火器使用沙粒、卵石、玻璃球或铁屑、铜屑等作为填充料，这些阻火介质使阻火器内的空间被分隔成许多非直线型小空隙，当可燃气体发生倒燃时，这些非直线型微孔能有效地阻止火焰的蔓延，其阻火效果比金属网阻火器更好。阻火器的内径与内壳长度和管道直径的关系见表 9.17。阻火介质可采用 3 ～ 4 mm 直径的砾石，也可用小型金属环、陶土环等。

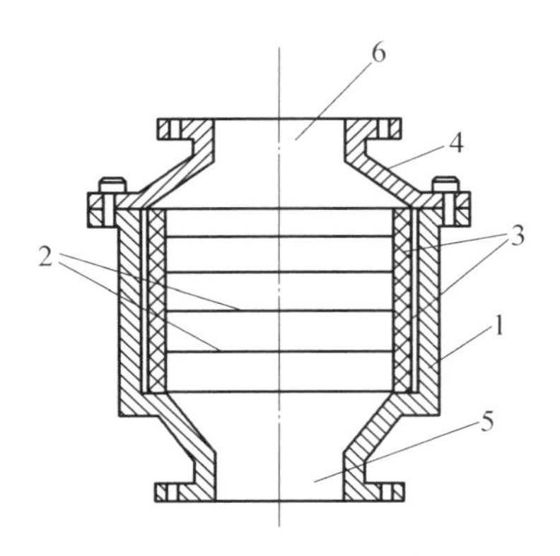

图 9.10　金属网阻火器

1—阀体；2—金属网；3—垫圈；4—上盖；5—进口；6—出口

表 9.17　阻火器的内径和外壳长度与管道直径的关系

管道直径		阻火器内径		阻火器外壳长度/mm	
mm	英寸	mm	英寸	波纹金属片式	砾石式
12	1/2	50	2	100	200
20	3/4	75	3	130	230
25	1	100	4	150	250
38	3/2	150	6	200	300
50	2	200	8	250	350
65	5/2	250	10	300	400
75	3	300	12	350	450
100	4	400	16	450	500

3. 阻火闸门

阻火闸门又称为防火闸门，是为了防止火焰沿通风管道或生产管道蔓延而设置的阻火装置。一般分为手动式和自动式。

4. 火星熄灭器

一般安装在能产生火星设备的排空系统，以防止飞出的火星引燃易燃易爆物质。火星熄灭基本方法有以下几种：

①将带有火星的烟气从小容积引入大容积，使其流速减慢，压力降低，火星沉降下来。

②设置障碍，改变烟气流动方向，增大火星流动路程，使火星熄灭。

③设置网络或叶轮，将大火星挡住或分散，加速火星熄灭。

④用水喷淋或水蒸气熄灭火星。

5. **单向阀**

单向阀也称逆止阀，其作用是仅允许可燃气体或液体向一个方向流动，遇有倒流时即自行关闭，从而避免在燃气或燃油系统中发生流体倒流，或高压蹿入低压造成容器管道的爆裂，或发生回火时火焰的倒吸和蔓延等事故。

在生产上，通常在系统中流体进口与出口之间，与燃气或燃油管道及设备相连接的辅助管线上，高压与低压系统之间的低压系统上，或压缩机与油泵的出口管线上安置单向阀。

9.4.2　泄压装置

1. **安全阀**

安全阀按其结构和作用原理分为静重式、杠杆式和弹簧式等。目前多用弹簧式安全阀，其结构如图 9.11 所示。它由弹簧、阀杆、阀芯、阀体和调节螺栓等组成。弹簧式安全阀是利用气体压力与弹簧压力之间压力差变化，来达到自动开启或关闭的要求。弹簧的压力由调节螺栓来调节，这种安全阀有结构紧凑、轻便和灵敏可靠等优点。

为使安全阀经常保持灵敏有效，应定期做排气试验，防止排气管、阀体及弹簧等被气流中的灰渣、黏性杂质及其他物料堵塞黏结；应经常检查是否有漏气或不停排气等现象，并及时检修。安全阀漏气的原因一般是密封面被腐蚀或磨损而产生凹坑沟痕，阀芯与阀座的同心度由于安装不正确或其他原因而被破坏，以及装配质量不好等。

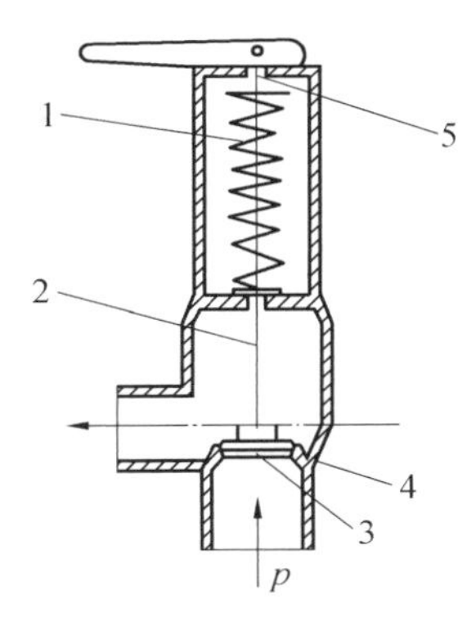

图 9.11　弹簧式安全阀

1—弹簧；2—阀杆；3—阀芯；4—阀体；5—调节螺栓

设置安全阀时应注意下列几点：

(1)压力容器的安全阀最好直接设在容器本体上。同时装有液体和气体容器上的安全阀应安装于气相部分，防止排出液态物料，发生事故。

(2)如安全阀用于排泄可燃气体，直接排入大气，则必须引至远离明火或易燃物，而且通风良好的地方，排放管必须逐段用导线接地以消除静电的作用。如果可燃气体的温度高于它的自燃点，应考虑防火措施或将气体冷却后再排入大气。

(3)安全阀用于泄放可燃液体时，宜将排泄管接入事故贮槽、污油罐或其他容器；用于泄放高温油气或易燃、可燃液体等遇空气可能立即着火的物质时，宜接入密闭系统的放空塔或事故贮槽。

(4) 室内的设备如蒸馏塔、可燃气体压缩机的安全阀、放空口宜引出房顶，并高于房顶 2 m以上。

2. **爆破片**

爆破片又称防爆膜、泄压膜，是一种断裂型的安全泄压装置。它的一个重要作用是当设备发生化学性爆炸时，保护设备免遭破坏。其工作原理是根据爆炸过程的特点，在设备或容器的适当部位设置一定大小面积的脆性材料(如铝箔片等)，构成薄弱环节。当爆炸刚发生时，这些薄弱环节在较小的爆炸压力作用下，首先遭受破坏，立即将大量气体和热量释放出去，爆炸压力也就很难再继续升高，从而保护设备或容器的主体免遭更大损坏，使在场的生产人员不致遭受致命的伤害。

爆破片的另一个作用是，如果压力容器的介质不洁净、易于结晶或聚合，这些杂质或结晶体有可能堵塞安全阀，使得阀门不能按规定的压力开启，失去了安全阀泄压作用，在此情况下就只得用爆破片作为泄压装置。

此外，对于工作介质为剧毒气体或在可燃气体(蒸气)里含有剧毒气体的压力容器，其泄压装置也应采用爆破片，而不宜用安全阀，以免污染环境。因为对于安全阀来说，微量的泄漏是难免的。

爆破片的安全可靠性决定于爆破片的厚度、泄压面积和膜片材料的选择。设备或容器运行时，爆破片需长期承受工作压力、温度或腐蚀，还要保证设备的气密性，而且遇到爆炸增压时必须立即破裂。这就要求泄压膜材料要有一定的强度，以承受工作压力；有良好的耐热、耐腐蚀性；同时还应具有脆性，当受到爆炸波冲击时，易于破裂；厚度要尽可能薄，但气密性要好等。爆破片的材料有石棉板、塑料、铝、铜、橡皮、碳钢、不锈钢等，应根据不同设备的工作介质、压力、温度等技术参数，合理选择。

爆破片应有足够的泄压面积，以保证膜片破裂时能及时泄放容器内的压力，防止压力继续迅速增加而导致容器发生爆炸。一般按 1 m^3 容积取 0.035～0.18 m^2，但对氢和乙炔的设备则应大于 0.4 m^2。

爆破片的厚度可按下式计算：

$$\delta=\frac{pD}{K} \tag{9.16}$$

式中，δ 为爆破片厚度，mm；p 为设计的爆破压力，Pa；D 为泄压孔直径，mm；K 为应力系数，根据不同材料选择(铝：$2.4\times10^3\sim2.9\times10^3$(温度小于 100 ℃)；铜：$7.7\times10^3\sim8.8\times10^3$(温度小于 200 ℃))，其中当材料完全退火，膜片厚度较薄时，K 值取下限值。

安装于室内的设备，其工作介质为可燃易爆物质或含有剧毒物质时，应在爆破片上接装导爆筒，并使其通向室外安全地点，以防止爆破片破裂后，大量可燃易爆物质和剧毒物质在室内扩散，扩大火灾爆炸和中毒事故。设备的工作介质具有腐蚀性时，应在膜片上涂上聚四氟乙烯防腐剂。对于泄压孔直径较大的爆破片，当厚度很薄时，往往会有鼓包现象。为避免采用过薄的爆破片，可在爆破片上刻划刀痕或滚花。加工后的爆破片，强度会发生变化，其爆破压力可按下式计算：

铜：$\delta=0.226\times0.001\times p\times D$；　铝：$\delta=0.79\times0.001\times p\times D$

式中，δ 为加工后的爆破片的剩余厚度，mm。

应当指出，爆破片的可靠性必须经过爆破试验鉴定。铸铁爆破片破裂时，会发生火花，因此采用铝片或铜片比较安全。

凡有重大爆炸危险性的设备、容器及管道，都应安装爆破片，例如气体氧化塔、球磨机、进焦煤炉的气体管道、乙炔发生器等。

3. 组合型防爆泄压装置

安全阀具有动作后回复的优点，但不能完全密封。爆破片则有排放量大密封性好的特点，但破裂后不能恢复。因此在一些特殊场合，可将两者组合使用。

(1)安全阀入口处装设爆破片。这种安装方法适应于密封和耐腐蚀要求高以及黏污介质,爆破片对安全阀起保护作用,安全阀也可使容器暂时继续运行。

(2)安全阀出口处装设爆破片。这种安装方法适应于介质是昂贵气体或剧毒气体,且无黏性物质,或者容器内压力有脉动的场合。安全阀对爆破片起稳定作用,而爆破片又可防止安全阀泄漏。

(3)容器上同时安装安全阀和爆破片。这种安装方式是将安全阀作为一级泄放装置,当因物理原因超压时,由安全阀排放;而爆破片作为二级泄放装置,当因化学反应原因急剧升压时,由爆破片与安全阀共同排放。这种结构适用于保护露天装置或半敞开式厂房内设备。

9.4.3　指示装置

用于指示系统的压力、温度和水位的装置为指示装置。它使操作者能随时观察了解系统的状态,以便及时加以控制和妥善处理。常用的指示装置有压力表、温度计和水位计(或水位龙头)。图 9.12 所示为弹簧管式压力表,当气体流入弹簧弯管时,由于内压作用,使弯管向外伸展,发生角位变形,通过阀杆 6 和扇形齿轮 7 带动小齿轮 8 转动。小齿轮轴上装有指针,指示设备或系统内介质的压力。压力表的使用应注意下列几点:

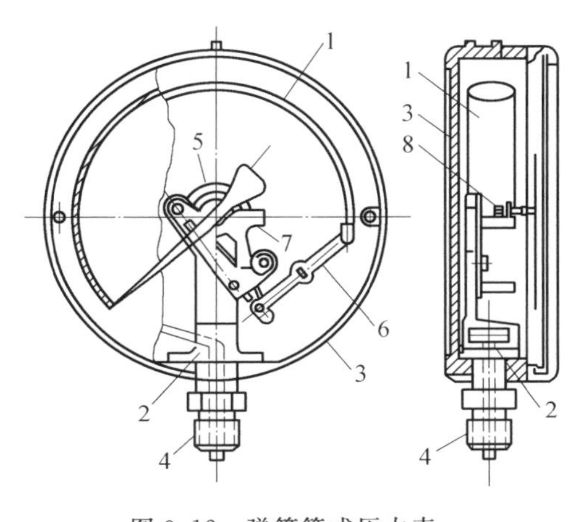

图 9.12　弹簧管式压力表

1—弹簧弯管;2—支座;3—表壳;4—接头;5—游丝;6—阀杆;7—扇形齿轮;8—小齿轮

①应经常检查指针转动与波动是否正常,指示不正常时,应停止使用,并报请维修。

②压力表应保持洁净,表盘上的玻璃明亮清晰,指针所指示的压力值能清楚易见。

③压力表的连接管要定期吹洗,防止堵塞。

④压力表应定期校验。

9.4.4　抑爆装置

1. 爆轰抑制器

当设备具有爆轰危险时,应安设爆轰抑制器抑制爆轰或减弱其危害。其类型一般分为直接式和间接式两种。直接式是靠消焰元件的间隙来阻止爆轰的传播,其原理与阻火器相同,但要求阻火元件的间隙相当小或厚度相当大。其缺点是抑制器的压力损失很大。间接式是采用将管道直径急剧加大,在爆轰波初始生成时,使管路中压力降低,降低火焰速度,从而抑制爆轰传播,但此时火焰并未消除,还应与阻火器联合使用,效果更好。

近年来,网状金属抑爆材料技术研究已经成为国内外研究的热点(图 9.13)。美国、加拿大等西方国家早在 20 世纪 60 年代就已开始对抑爆材料进行研究。美国于 1982 年颁布了"用于飞机油箱的抑爆网状防护材料"的规范。我国在 20 世纪 80 年代末开始研制铝合金网状与球状抑爆材料,并且其性能指标完全达到国际同类产品的先进水平。

网状金属抑爆材料抑爆原理的原型来源于排放管道、容器排放口上的阻火器原理(阻火器一般由铜、铝丝网或波纹板制成，置于排放管端口稍下的部位，当顶部火焰穿过阻火器时，金属丝网或波纹板迅速吸收燃烧气体的热量，致使火焰熄灭，以阻止其进入装置内部）。网状金属抑爆材料在一定程度上是管道阻火器应用的延伸，已有的研究都认为，其对燃爆的抑制机理主要有器壁效应（连锁反应理论）和吸热效应两个方面。

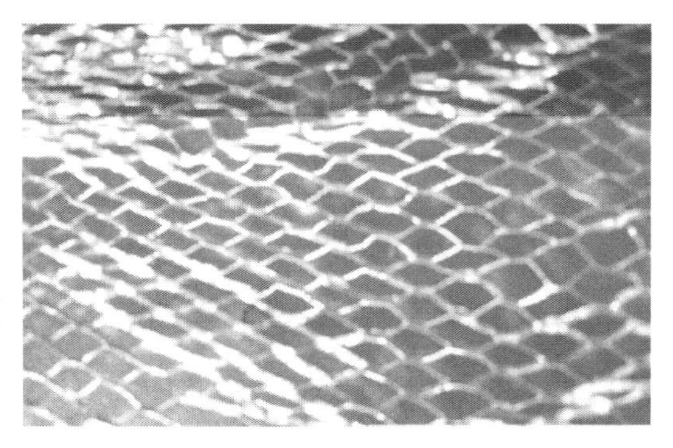

图 9.13 网状金属抑爆材料

(1)器壁效应。连锁反应理论认为，燃烧、爆炸反应并不是分子间的直接反应，而是一种游离基的连锁反应，燃烧速度随着游离基数量的增加而增大。当火焰在充满可燃混合气体的管道或容器中传播时，若管径变小，游离基撞击管壁而销毁的概率就增加，当管径小到一定数值（火焰蔓延临界直径）时，火焰将不能继续传播。网状金属抑爆材料技术就是运用了此原理。在装有易燃易爆气（液）体容器中填装该材料后，容器内腔形成无数狭小的通道，当火焰通过时，燃烧产生的游离基就会与器壁频繁碰撞而使能量降低直至销毁，进而达到阻隔防爆目的。

(2) 吸热效应。参与连锁反应的游离基的活性随着温度升高而增大，而燃烧产生的热量被消耗于加热燃烧产物和反应区的物质和器壁，如果燃烧产生的热量被大大消耗，那么反应区的温度就不能升高，游离基的活性也就大大减弱。另外，爆炸所产生的压力主要取决于燃烧过程中温度上升速度，控制温度的上升，就可以控制压力的增大。网状金属抑爆材料技术即应用了吸热效应的原理，一方面，金属材料的导热系数一般都比较大，这种良好的导热性能使燃烧产生的热量能够很快散失；另一方面，由于抑爆材料被加工成蜂窝状网状结构，而蜂窝的每一个小孔可以被看成一小段孔径，当发生燃烧时，由于小孔非常小，则燃烧的热损失也会增大，即受热表面积和混合气体体积的比值增大。因此 JFJ 型特种铝合金材料可迅速传导、吸收燃烧释放的绝大部分热量，迅速降低燃烧产物的温度，使火焰峰失去传播扩散的能力，最终将燃烧限制在一个有限的空间内；同时也使反应后的最终温度大大降低，反应气体的膨胀程度大大减小，有效地抑制了压力增大速度，因而起到抑制爆炸的作用。

抑爆机理主要有以下几个方面：

(1)抑爆材料蜂窝状的高孔隙结构把容器分成许多很小的“小室”，这些“小室”能高效地遏制火焰的传播，从而使燃爆压力波急剧衰减。

(2)抑爆材料蜂窝状的高孔隙结构有“容纳”和“束缚”可燃液体的作用，能极大地减少因贮罐运动而造成的可燃液体晃动，减少或避免因摩擦产生静电火花而引发的爆炸，同时也减少了罐内气态油的产生。

(3)金属抑爆材料具有极高的表面效能和良好的吸热性，在由点火源导致燃爆时，能将燃爆释放的能量很快地吸收掉，使燃爆压力难以升高。

(4)金属材料具有良好的导电性，有很好的防静电特性。

2. 粉尘爆炸抑制装置

由于粉尘燃烧有一个加热、熔融、热分解和着火等系列过程，从接触着火源到爆炸所需要的时间较长，为爆炸的抑制、泄压提供了时间。粉尘爆炸抑制分被动式抑爆和主动式抑爆。

被动式粉尘爆炸抑制原理是由超前于爆炸火焰传播的压力波，将盛装抑爆剂容器击碎或被爆风掀翻，使抑制剂(水或岩粉)分散，弥散于通道空间形成一个高浓度的岩粉云或水雾带。当滞后于压力波和爆风的爆炸火焰到达棚区时恰好被抑制剂扑灭。

煤矿井下巷道主要采用岩粉棚、隔爆水袋、塑料水槽、ABS塑料水槽、泡沫水槽、密封式水袋等被动式爆炸抑制装置。布置方式为集中式布置和分散式布置。集中式布置是将抑制瓦斯煤尘爆炸所需的抑制剂总量，平均分装在数架棚子组成的一组棚架上。分散式布置是将抑制剂分装在多架棚子上，一架或两架为一组，分散设置在可能发生爆炸区域的一段巷道内，形成不小于200 m的抑制带。常用被动式抑爆装置如图9.14所示。

(a) KYG型快速移动式隔爆棚

(b) GD型防爆水袋

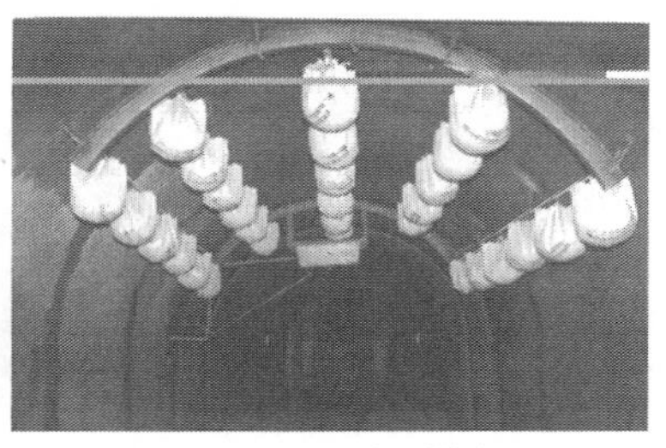
(c) XGS型隔爆容器

图9.14　我国矿业常用被动式抑爆装置

主动式粉尘爆炸抑制装置在粉尘爆炸初期，迅速喷洒灭火剂，将火焰熄灭，达到抑制粉尘爆炸的目的。它由爆炸检测机构和灭火剂喷洒机构组成。爆炸检测机构必须反应迅速、动作准确，以便迅速发出信号。用于爆炸检测机构中的传感器通常有热电传感器、光学传感器和压力传感器三种类型。爆炸检测发出的信号传送到喷洒机构后，喷洒机构立即快速地(一般在0.01 s以下)把灭火剂喷洒出去。喷洒方法可用电雷管起爆，使充满灭火剂的容器破裂，从而将灭火剂喷出，可以在装满灭火剂容器内用氮气加压，使得当雷管起爆时容器比较薄弱部分破裂，喷出灭火剂。

主动式抑爆装置主要包括传感器、控制器、喷洒装置等部件。常用的传感器种类为：压力传感器(接受爆炸动力效应)，热电传感器(接受爆炸热效应)，光电传感器(接受爆炸光效应)。我国目前在煤矿井下常用的主动式爆炸抑制装置有EGB－Y型自动隔爆装置、YBW－1型无电源自动抑爆装置、YWB－S型自动抑爆装置等产品(图9.15)。

(a) ZGB–Y型自动隔爆装置

(b) YWB–S型抑爆装置

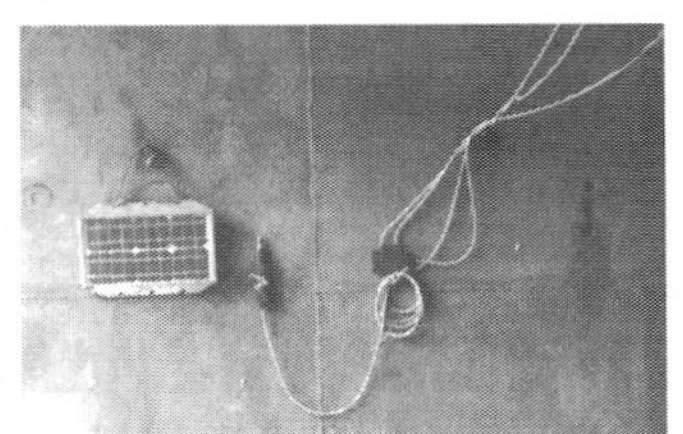
(c) YBW–I型无电源抑爆装置

图9.15　我国矿业常用主动式抑爆装置

我国研制的EGB－Y型主动抑爆装置、YWB－S型自动抑爆装置采用的是HW－4型传感器，这类传感器是一种抗干扰能力强的红外线传感器；CHZ50型紫外传感器对矿灯等电光源不敏感，只对瓦斯煤尘爆炸特征光谱反应。

控制器功能是测量火焰传播速度，诊断火焰到达喷洒装置位置的时间，发出喷洒指令。

9.4.5 自动控制和安全保险装置

1. 自动控制系统

自动控制系统按功能可分为自动检测系统、自动调节系统、自动操纵系统、自动信号连锁和保护系统。自动检测系统是对机械、设备或过程进行连续检测，把检测对象的参数，如温度、压力、流量、液位、物料成分等信号由自动装置转换为数字，并显示或记录，自动调节系统是通过自动装置的作用，使工艺参数保持在设定值的系统。自动操纵系统是对机械、设备或过程的启动、停止及交换等，由自动装置进行操纵的系统。自动信号连锁和保护系统是机械、设备或过程出现不正常情况下，会发出报警并自动采取措施，防止事故发生的安全系统。

2. 安全保护装置

(1)信号报警装置。在生产过程中，安装信号报警装置，过程发生异常时发出报警，以便及时采取措施消除故障。报警装置与测量仪器连接，用声、光或颜色示警。

(2)保险装置。信号报警装置只能提醒人们注意事故正在形成或即将发生，但不能自动排除事故。而保险装置则能在危险状态下自动消除危险状态。

(3)安全连锁装置。安全连锁装置是利用机械或电气控制依次接通各个仪器和设备，使之彼此发生联系，达到安全运行的目的。

9.5 预防形成爆炸性混合物

9.5.1 设备密闭

盛装可燃易爆介质的设备和管路，如果气密性不好，就会由于介质的流动性和扩散性，而造成跑、冒、滴、漏现象，逸出的可燃物质，可使设备和管路周围空间形成爆炸性混合物。同样的道理，当设备或系统处于负压状态时，空气就会渗入，使设备或系统内部形成爆炸性混合物。设备密闭不良是发生火灾和爆炸事故的主要原因之一。

容易发生可燃物质泄漏的部位有设备的转轴与壳体或墙体的密封处，设备的各种孔(人孔、手孔、清扫孔)盖及风头盖与主体的连接处，以及设备与管道、管件的各个连接处等。

为保证设备和系统的密闭性，在验收新的设备时，在设备修理之后及在使用过程中，必须根据压力计的读数用水压试验来检查其密闭性，测定其是否漏气并进行气体分析。此外，可于接缝处涂抹肥皂液进行充气检验。为了检查无味气体(氢、甲烷等)是否漏出，可在其中加入显味剂(硫醇、氨等)。

当设备内部充满易燃物质时，要采用正压操作，以防外部空气渗入设备内。设备内的压力必须加以控制，不能高于或低于额定的数值。压力过高，轻则渗漏加剧，重则破裂而致大量可燃物质排出；压力太低也不好，如煤气导管中的压力应略高于大气压，若压力降低，就有渗入空气、发生爆炸的可能。通常可设置压力报警器，在设备内压力失常时及时报警。

对爆炸危险度大的设备和系统，在连接处应尽量采用焊接接头，减少法兰连接。

9.5.2　厂房通风

要使设备达到绝对密闭是很难办到的，总会有一些可燃气体、蒸气或粉尘挥发出，为使其浓度不致达到危险的程度，一般应控制在爆炸下限的 1/5 以下。如果挥发物既有爆炸性又对人体有害，其浓度应同时控制到满足国标《工作企业设计卫生标准》的要求。

在设计通风系统时，应考虑到气体的相对密度。某些比空气重的可燃气体或蒸气，即使是少量物质，如果在地沟等低洼地带积聚，也可能达到爆炸极限，此时车间或库房的下部也应设通风口使可燃易爆物质及时排出。从车间中排出含有可燃物质的空气时，应设置防爆的通风系统，鼓风机的叶片应采用碰击时不会发生火花的材料制造，通风管内应设有防火遮板，使一处失火时能迅速遮断管路，避免波及他处。

9.5.3　惰性气体保护

当可燃性物质可能与空气或氧气接触时，向混合物中送入氮、二氧化碳、水蒸气、烟道气等惰性气体(或称阻燃性气体)，有很大的实际意义。这些阻燃性气体在通常条件下化学活泼性差，没有燃烧爆炸危险。

向可燃气体、蒸气或粉尘与空气的混合物中加入惰性气体，可以达到两种效果，一是缩小甚至消除爆炸极限范围；二是将混合物冲淡。例如易燃固体物质的压碎、研磨、筛分、混合以及粉状物料的输送，可以在惰性气体的覆盖下进行；当厂房内充满可燃性物质而具有危险时(如发生事故使车间、库房充满有爆炸危险的气体或蒸气)，应向这一地区放送大量惰性气体加以冲淡；在生产条件允许的情况下，可燃混合物在处理过程中也应加入惰性气体作为保护气体；还有用惰性介质充填非防爆电器、仪表；在停车检修或开工生产前，用惰性气体吹扫设备系统内的可燃物质。总之，合理利用惰性气体，对防火与防爆有很大的实际作用。生产上目前常用的惰性气体有氮、二氧化碳和水蒸气。采用烟道气时应经过冷却，并除去氧及剩余的可燃组分。氮气等惰性气体在使用前应经过气体分析，其中含氧量不得超过 2%。

惰性气体的需用量取决于混合物中允许的最高含氧量(氧限值)，即在确定惰性气体的需用量时，一般并不是根据惰性气体的浓度达到哪一数值时可以遏止爆炸，而是根据加入惰性气体后，氧的浓度降到哪一数值时爆炸即不发生。可燃物质与空气的混合物中加入氮或二氧化碳，成为无爆炸性混合物时氧的浓度，见表 9.18。

表 9.18　可燃混合物不发生爆炸时氧的最高含量

可燃物质	氧的最大安全浓度/%		可燃物质	氧的最大安全浓度/%	
	CO_2 稀释剂	N_2 稀释剂		CO_2 稀释剂	N_2 稀释剂
甲烷	14.6	12.1	丁二烯	13.9	10.4
乙烷	13.4	11.0	氢	5.9	5.0
丙烷	14.3	11.4	一氧化碳	5.9	5.6
丁烷	14.5	12.1	丙酮	15	13.5
戊烷	14.4	12.1	苯	13.9	11.2
己烷	14.5	11.9	煤粉	16	

续表 9.18

可燃物质	氧的最大安全浓度/%		可燃物质	氧的最大安全浓度/%	
	CO_2稀释剂	N_2稀释剂		CO_2稀释剂	N_2稀释剂
汽油	14.4	11.6	麦粉	12	
乙烯	11.7	10.6	硬橡胶粉	13	
丙烯	14.1	11.5	硫	11	

惰性气体的需用量，可根据表 9.17 中的数值用下列公式计算：

$$X=\frac{21-\omega_0}{\omega_0}V \tag{9.17}$$

式中，X 为惰性气体的需用量，L；ω_0 为从表中查得的最高含氧量，%；V 为设备内原有空气容积(即空气总量，其中氧占 21%)。

例如，某可燃混合物不发生爆炸时氧的最高体积分数为 12%，设备内原有空气容积为 100 L，则惰性气体的需用量为

$$X=\frac{21-12}{12}\times 100=75(\mathrm{L})$$

这就是说，必须向空气容积为 100 L 的设备输入 75 L 的惰性气体，然后才能进行操作。而且在操作中每输入或渗入 100 L 的空气，必须同时引入 75 L 的惰性气体，才能保证安全。

必须指出，以上计算的惰性气体是不含有氧和其他可燃物的，如使用的惰性气体含有部分氧，则惰性气体的用量用下式计算：

$$X=\left[\frac{21-\omega_0}{\omega_0-\omega'_0}\right]V$$

式中，ω'_0 为惰性气体中的含氧量，%。

例如在前述条件下，如所加入惰性气体中含氧 6%，则 $X=\left(\frac{21-12}{12-6}\right)\times 100=150(\mathrm{L})$。

在向有爆炸危险的气体或蒸气中加入惰性气体时，应避免惰性气体漏失以及空气渗入。

[例 6]　某新置苯贮罐，$V=200\ \mathrm{m}^3$，使用前需充入多少氮气(氮气中含氧 1%)才能保证安全？

解　由表 9.16 查得：$\omega_0=11.2$，$\omega'_0=1$

所需氮气容积为

$$X=\left[\frac{21-\omega_0}{\omega_0-\omega'_0}\right]V=\frac{21-11.2}{11.2-1}\times 200=192(\mathrm{m}^3)$$

答：必须充入氮气 192 m^3 才能保证安全。

9.5.4　以不燃溶剂代替可燃溶剂

以不燃或难燃的材料代替可燃或易燃材料，是防火与防爆的根本性措施。因此，在满足生产工艺要求的条件下，应当尽可能地用不燃溶剂或火灾危险性较小的物质代替易燃溶剂或火灾危险性较大的物质，这样可防止形成爆炸性混合物，为生产创造更为安全的条件。常

用的不燃溶剂主要有甲烷和乙烷的氯衍生物，如四氯化碳、三氯化碳、三氯甲烷和三氯乙烷等。使用汽油、丙酮、乙醇等易燃溶剂的生产可以用四氯化碳、三氯乙烷或丁醇、氯苯等不燃溶剂或危险性较低的溶剂代替。又如四氯化碳可用来代替溶解脂肪、沥青、橡胶等所采用的易燃溶剂。但这类不燃溶剂具有毒性，在发生火灾时它们能分解放出光气，因此应采取相应的安全措施。例如为避免泄漏必须保证设备的气密性，严格控制室内的蒸气浓度，使之不得超过卫生标准规定的浓度等。

评价生产中所使用溶剂的火灾危险性时，饱和蒸气压和沸点是很重要的参数。饱和蒸气压越大，蒸发速度越快，闪点越低，则火灾危险性越大；沸点较高的液体，在常温时所挥发出来的蒸气是不会到达爆炸危险浓度的。危险性较小的物质的沸点和蒸气压见表 9.19。

表 9.19　危险性较小的物质的沸点及蒸气压

物质名称	沸点/℃	20 ℃时的蒸气压/Pa
戊醇	130	267
丁醇	114	534
醋酸戊酯	130	800
乙二醇	126	1 067
氯苯	130	1 200
二甲苯	135	1 333

9.5.5　危险物品的储存

性质相互抵触的化学危险物品如果储存不当，往往会酿成严重的事故。例如无机酸本身不可燃，但与可燃物质相遇能引起着火及爆炸；氯酸盐遇到可燃的金属相混时能使金属着火或爆炸；松节油、磷及金属粉末在卤素中能自行着火，等等。由于各种化学危险品的性质不同，因此，它们的储存条件也不相同。为防止不同性质物品在储存中互相接触而引起火灾和爆炸事故，应了解各种化学危险品混存的危险性及储存原则，见表 9.20、表 9.21 和表 9.22。

表 9.20　接触或混合后能引起燃烧的物质

序号	接触或混合后能引起燃烧的物质
1	溴与磷、锌粉、镁粉
2	浓硫酸、浓硝酸与木材、织物等
3	铝粉与氯仿
4	王水与有机物
5	高温金属磨屑与油性织物
6	过氧化钠与醋酸、甲醇、丙酮、乙二醇等
7	硝酸铵与亚硝酸钠

表 9.21 形成爆炸混合物的物质

序号	形成爆炸混合物的物质
1	氯酸盐、硝酸盐与磷、硫、镁、铝、锌等易燃固体粉末以及酯类等有机物
2	过氯酸或其盐类与乙醇等有机物
3	过氯酸盐或氯酸盐与硫酸
4	过氧化物与镁、锌、铝等粉末
5	过氧化二苯甲酰和氯仿等有机物
6	过氧化氢与丙酮
7	次氯酸钙与有机物
8	氢与氟、臭氧、氧、氧化亚氮、氯
9	氨与氯、碘
10	氯与氮、乙炔与氯、乙炔与二倍容积的氯、甲烷与氯等加上日光
11	三乙基铝、钾、钠、碳化铀、氯磺酸遇水
12	氯酸盐与硫化物
13	硝酸钾与醋酸钠
14	氟化钾与硝酸盐、氯酸盐、氯、高氯酸盐共热时
15	硝酸盐与氯化亚锡
16	液态空气、液态氧与有机物
17	重铬酸铵与有机物
18	联苯胺与漂白粉(135 ℃时)
19	松脂与碘、醚、氯化氮及氟化氮
20	氟化氮与松节油、橡胶、油脂、磷、氨、硒
21	环戊二烯与硫酸、硝酸
22	虫胶(40%)与乙醇(60%)(140 ℃时)
23	乙炔与铜、银、汞盐
24	二氧化氮与很多有机物的蒸气
25	硝酸铵、硝酸钾、硝酸钠与有机物
26	高氯酸钾与可燃物
27	黄磷与氧化剂
28	氯酸钾与有机可燃物
29	硝酸与二氧化硫、松节油、乙醇及其他物质
30	氯酸钠与硫酸、硝酸
31	氯与氢(见光时)

表 9.22　禁止一起储存的物品

组别	物品名称	不准一起储存的物品种类	备注
1	爆炸物品：苦味酸、梯恩梯、火棉、硝化甘油、硝酸铵炸药、雷汞等	不准与任何其他种类的物品共同储存，必须单独隔离储存	起爆药如雷管等，与炸药必须隔离储存
2	易燃液体：汽油、苯、二硫化碳、丙酮、乙醚、甲苯、酒精(醇类)、硝基漆、煤油	不准与其他种类物品共同储存	如数量少，允许与固体易燃物品隔开后储存
3	易燃气体：乙炔、氢、氢化甲烷、硫化氢、氨等	除惰性不燃气体外，不准和其他种类的物品共同储存	
	惰性气体：氮、二氧化碳、二氧化硫、氟利昂等	除易燃气体、助燃气体、氧化剂和有毒物品外，不准和其他种类物品共同储存	
	助燃气体：氧、氟氯等	除惰性不燃气体和有毒物品外，不准和其他物品共同储存	氯兼有毒害性
4	遇水或空气能自燃的物品：钾、钠、电石、磷化钙、锌粉、黄磷等	不准与其他种类的物品共同储存	钾、钠须浸入煤油中，黄磷浸入水中，单独储存
5	易燃固体：赛璐珞、影片、赤磷、萘、樟脑、硫黄、火柴等	不准与其他种类的物品共同储存	赛璐珞、影片、火柴均须单独隔离储存
6	氧化剂：能形成爆炸混合物的物品：氯酸钾、氯酸钠、硝酸钾、硝酸钡、次氯酸钙、亚硝酸钠、过氧化钡、过氧化钠、过氧化氢(30%)等	除惰性气体外，不准和其他种类的物品共同储存	过氧化物遇水有发热爆炸危险，应单独储存。过氧化氢应储存在阴凉处
	能引起燃烧的物品：溴、硝酸、铬酸、高锰酸钾	不准和其他种类的物品共同储存	与氧化剂也应隔离
7	有毒物品：光气、氰化钾、氰化钠等	除惰性气体外，不准和其他种类的物品共同储存	

9.6 控制点火源

工业生产过程中，存在着多种引起火灾和爆炸的火源，例如化工企业中常见的火源有明火、化学反应热、化工原料的分解自燃、热辐射、高温表面、摩擦和撞击、电气设备及线路的过热和火花、静电放电、雷击和日光照射等。消除火源是防火与防爆的最基本措施，控制着火源对防止火灾和爆炸事故的发生具有极其重要的意义。

9.6.1 化学点火源

这里指的是有明显的氧化还原反应的点火源。如敞开的火焰、火星和火花等。敞开火焰具有很高的温度和很大的热量，是引起火灾的主要着火源。

1. 明火

工厂中熬炼工序是容易发生事故的明火作业。熬炼过程中由于物料中含有水分、杂质，或由于加料过满而在沸腾时溢出锅外，或是由于烟道裂缝蹿火及锅底破漏，或是加热时间长、温度过高等，都有可能导致着火事故。因此，在工艺操作过程中，加热易燃液体时，应当采用热水、水蒸气或密闭的电器以及其他安全的加热设备。如果必须采用明火，设备应该密闭，炉灶应用封闭的砖墙隔绝在单独的房间内，周围不得存放可燃物质。点火前炉膛应用惰性气体吹扫，排除可燃气体或蒸气与空气混合气，而且对熬炼设备应进行检查，防止烟道蹿火和熬锅破漏。为防止易燃物质漏入燃烧室，设备应定期做水压试验和气压试验。熬炼物料时，不能装盛过满，应流出一定空间；为防止物料溢出锅外，可在锅沿外围设置金属防溢槽，使溢出锅外的物料不致与灶火接触。此外，应随时清除锅沿上积垢。为避免锅内物料温度过高，操作者一定要坚守岗位，监护温升情况，有条件的可采用自动控温仪表。

喷灯是常用的加热器具。火焰温度高，使用不当时，就会造成火灾或爆炸危险。使用喷灯解冻时，应将设备和管道内的可燃材料清掉，加热点周围的可燃易爆物质也应彻底清除。

在爆炸危险场所内选用电气设备时，不但要按爆炸危险场所的危险程度选型，而且所选用的防爆电气设备的防爆性能还要与爆炸性混合物的分级分组情况相适应。爆炸性混合物按传爆间隙大小分级和自燃点高低分组及举例见表 9.23；按传爆间隙大小的危险程度不同，分为 4 级，并据此制造适用于各种爆炸性混合物的隔爆型电器。电气设备按爆炸危险场所等级的选型，见表 9.24。从表中可以看出，隔爆型的防爆性能比较好，一级爆炸危险场所应优先应用。防爆安全型的防爆性能比较差，宜用于危险程度较低的场所。各种爆炸性混合物按自燃点高低分为 a，b，c，d，e 五组（表 9.25），并据此制造适用于不同自燃点的防爆电气设备。

表 9.23　爆炸性混合物按传爆间隙和自燃温度分级分组及举例

按传爆间隙 δ(mm)① 分级的级别	按自燃温度 t(℃)分组的组别				
	a $t>450$	b $300<t\leqslant 450$	c $200<t\leqslant 300$	d $135<t\leqslant 200$	e $100<t\leqslant 135$
$1(\delta>1.0)$	甲烷、氨	丁醇、醋酸	环己烷	—	—
2 $(0.6<\delta\leqslant 1.0)$	乙烷、丙烷、丙酮、苯、苯乙烯、氯苯、氯乙烯、甲醇、甲苯、一氧化碳、醋酸乙酯	丁烷、醋酸丁酯、乙醇、醋酸戊酯、丙烯、	戊烷、己烷、庚烷、辛烷、癸烷、汽油、硫化氢	乙醛、乙醚	
3 $(0.4<\delta\leqslant 0.6)$	城市煤气	环氧乙烷、环氧丙烷、丁二烯	异戊二烯	—	—
$4(\delta\leqslant 0.4)$	水煤气	乙炔	—	—	二硫化碳

注：①该间隙按长度为 25 mm 时的最大不传爆宽度(mm)表示

表 9.24　爆炸危险场所电气设备选型

场所等级		Q−1	Q−2	Q−3	Q−4	Q−5
电机		隔爆型、防爆通风充气型	任意防爆类型	H43 型①	任意一级隔爆型、防爆通风充气型	H44 型②
电器和仪表	固定安装	隔爆型、防爆充油型、防爆通风充气型、安全火花型	H45 型③	H45 型④	任意一级隔爆型、防爆通风充气型、防爆充油型	H45 型
	移动式	隔爆型、防爆充气型、安全火花型	隔爆型、防爆充气型、安全火花型	防爆充油型外任意一种、防爆类型乃至 H57 型	任意一级隔爆型、防爆通风充气型	
	携带式	隔爆型、安全火花型	隔爆型、安全火花型	隔爆型、防爆安全型、H57 型	任意一级隔爆型	
照明灯具	固定及移动	防爆型、防爆充气型	防爆安全型	H45 型	任意一级隔爆型	H45 型
	携带式⑤	隔爆型	隔爆型	隔爆型、防爆安全型乃至 H57 型	任意一级隔爆型	任意一级隔爆型

续表 9.24

场所等级	Q—1	Q—2	Q—3	Q—4	Q—5
变压器	隔爆型、防爆通风型	防爆安全型、防爆充油型	H45 型⑥	任意一级隔爆型、防爆充油型、防爆通风充气型	H45 型
通信电器	隔爆型、防爆充油型、防爆通风充气型、安全火花型	防爆安全型	H57	任意一级隔爆型、防爆充油型、防爆通风充气型	H45 型
配电装置	隔爆型、防爆通风充气型	任意一种防爆类型	H57	任意一级隔爆型、防爆通风充气型	H45 型

注:①电动机正常发生火花的部件(如滑环)应在 H44 型的罩子内,事故排风机应选用任意一种防爆类型

②电动机正常发生火花的部件(如滑环)应在下列类型之一的罩子内:任意一级隔爆型、防爆通风充气型乃至 H57 型

③具有正常发生火花的部件或按工作条件发热超过 80 ℃的电器和仪表,应选用任意一级防爆类型

④事故排风机用电动机的控制设备(如按钮)应选用任意一种防爆类型

⑤应有金属网保护

⑥指干式或充以非燃性液体的变压器

有可燃气体爆炸危险的场所,防爆电气设备外壳的表面最高温度不得超过表 9.25 的规定。在有粉尘爆炸的场所内,电气设备外壳的表面温度不应超过 125 ℃。如必须采用超过该温度的电气设备时,则其温度必须比粉尘自燃点低 75 ℃或低于自燃点的 2/3,所用防爆型设备外壳的表面温度不得超过 200 ℃。工厂用防爆电气设备的环境温度为 40 ℃,煤矿用的为 35 ℃。

表 9.25　爆炸危险场所电气设备的极限温度和极限温升/℃

爆炸性混合物的组别	防爆电气设备的外壳表面及可能与爆炸性混合物直接接触的零部件		充油型的油面	
	极限温度	极限温升	极限温度	极限温升
a	360	320	100	60
b	240	200	100	60
c	160	120	100	60
d	110	70	100	60
e	80	40	80	40

注:极限温度指环境温度为 40 ℃的允许温升

爆炸性混合物按最小引爆电流分为三级，见表 9.26。

表 9.26　爆炸性混合物按最小引爆电流分级及举例

最小引爆电流 i(mA)级别	防爆性能标志	爆炸性混合物举例
Ⅰ ($i>120$)	HⅠ (KH)①	甲烷、乙烷、丙烷、汽油、环氧乙烷、环氧丙烷、甲醇、乙醇、乙醛、丙酮、醋酸、醋酸甲酯、丙烯酸甲酯、苯、一氧化碳、氨
Ⅱ ($70<i\leqslant 120$)	HⅡ	乙烯、丁二烯、丙烯、二甲醚、乙醚、环丙烷
Ⅲ ($i\leqslant 70$)	HⅢ	氢、乙炔、二硫化碳、城市煤气、焦炉煤气、水煤气、氧化乙烯

注：①KH 表示矿用防爆安全火花型电气设备

爆炸危险场所所用电气线路，应根据危险等级选用相应类型的电缆或导线，见表 9.27。

表 9.27　爆炸危险场所电缆或导线选型

线路用途	场所等级				
	Q—1	Q—2	Q—3	G—1	G—2
固定照明	铜芯绝缘导线或铠装电缆	铜、铝芯绝缘导线或非铠装电缆	铜、铝芯绝缘导线或非铠装电缆	铜芯绝缘导线或铠装电缆	铜、铝芯绝缘导线或非铠装电缆
移动照明	中型橡套电缆	非铠装电缆	非铠装电缆	中型橡套电缆	非铠装电缆
固定动力	铜芯绝缘导线或铠装电缆	铜芯、多股铝芯绝缘导线	铜、铝芯绝缘导线或非铠装电缆	铜芯绝缘导线或铠装电缆	铜、铝芯绝缘导线或非铠装电缆
移动动力	重型橡套电缆	重型橡套电缆	中型橡套电缆	重型橡套电缆	中型橡套电缆
仪器、仪表	铜芯绝缘导线	铜芯绝缘导线	铜芯绝缘导线	铜芯绝缘导线	铜芯绝缘导线

2. **自燃着火**

自燃着火有几种情况：一种是因为化学反应，反应热的产生速度大于散热速度，致使反应物的温度不断升高，当达到该体系着火温度时，反应物质就会在空气中开始燃烧。这种现象称为自燃着火。

容易引起自燃着火的物质有以下特点：第一，物质产生的反应热不是很快地散掉而是积累起来，这类物质必须是多孔性的，且具有良好的绝热性和保温效果。因此，发生自燃着火的物质多是纤维状、粉末状或堆积片状物质。第二，必须是比较容易进行放热反应的物质。第三，物质反应的放热速度大于散热速度。

自燃着火的特点是由于反应物质本身的化学反应引起的，而其他点火源则需要由与反应物质无关的外界给予点火能。自燃着火的另一个特点是需要相当长的诱导时间才能着火。

要根据自燃物质发生自燃的原理分别采取措施。若是靠空气缓慢氧化反应，而使热逐步积累直到达到发火点的物质，主要措施是加强通风散热；若是自氧化剧烈自燃物质，就应采取无水矿物油使之与氧或空气隔绝；若是与水接触反应较猛，升温也快者，就严防与水和潮气接触。若是两种固体或液体混合接触即自燃者，就应分隔存放。

9.6.2　机械点火源

两个固体物质，在一定的条件下，发生机械运动（如装机、摩擦、针刺、绝热压缩空气等）而产生高温或火花，这种高温或火花的温度如果达到周围可燃性固、液和气体的燃点或闪点以上，就有可能引起该物质燃烧或爆炸。

1. 摩擦、撞击和针刺点火源

各种机器上的轴承，在无润滑油的条件下长时间转动摩擦；机床加工金属件；高压容器裂开；内部溶液或气体高速喷射时的摩擦等都可能造成升温或产生火花而构成点火源。

两种固体，以一定的速度相对运动而发生撞击也都很容易形成高温或火花而构成点火源。某些化学物质受到快速针刺导致升温而立即发生燃烧或爆炸。

采取的措施可分为两种情况来处理：第一种情况是可燃物质的存在是不可避免的，而且这些存在的物质发火点又比较低时，就要千方百计设法不让摩擦或撞击存在。第二种情况是可燃物质可减少或不存在或设法与点火源隔离。

对第一种情况应采取的措施是：在生产工房里，加强通风，增湿降温，地面采用不发生火花并且容易导电软材料铺设；设备上加润滑油降温，严格限制机器运转速度；使用传热导热、散热性能好的材料来制造设备部件，或涉及散热性能好的形式和结构；使用不发火材料制造设备零部件；在容易产生火花的部位采用局部密封隔离装置；在有可燃性气体或易燃液体的场所，必须严禁使用含镁或铝的合金制造的工具和设备。

在生产管理上，采用先进的自动监控仪表，当某个部位温度接近危险温度，某处火花隔离装置失效时，便立即自动报警或自动停机，定期检查和保养设备，严格执行规章制度。

对第二种情况应采取的措施是：在工房设计上，应设有通风除尘、除气系统，保证工房内的气体、粉尘浓度始终处于爆炸浓度下限以下。

2. 绝热压缩空气

若在一个绝热压缩的装置中，用一压力通过活塞使空气迅速压缩，由于气体分子受挤压和摩擦而产生的热量来不及散失而导致温度上升。当其温度达到燃点时，就燃烧或爆炸。

预防措施主要是在各种液压装置中，注意排除各种气泡；在各种气缸中，要控制压缩速度，增加导热、散热效率。

9.6.3　热点火源

热点火源主要是指无火焰、无机械运动、无电源的高温热源载体，这类点火源有高温表面、热辐射、凸透镜聚焦和冲击波等。

常见的高温表面点火源为蒸汽管道和暖气片表面，烟囱、烟道的高温部位，动力发动机排气管，干燥器高温部位，炉渣，焊接火星等。

高温表面点火源一般难以消除，只能采取预防措施。通常从以下几方面考虑：制定严格管理制度，定期检查各项安全规章落实情况；烘烤可燃物时，应严格控制烘烤温度，防止局部温度升高超过允许温度；禁止在高温管道上烘烤衣服或其他可燃物件，凡是高温表面存在的场所，对易燃气体和蒸气必须及时消除。

热辐射点火源是热传递的一种基本形式，物体因自身温度高而向周围发射能量，其热量不靠任何介质而以电磁波形式在空间传播。

冲击波是压力瞬间突跃升高的传播方式，它是由压缩波叠加形成的。由于冲击波压力瞬间突跃升高，当它作用到燃爆物质上时，燃爆物质也可以看成是处于一个绝热压缩过程，其结果是物质温度突跃升高。如果温度超过燃爆物质的发火点，则造成燃烧或爆炸。防止冲击波点火源引起的火灾，一般的办法是将有可能受到冲击波点火源引起的燃爆物只存放在冲击波安全距离以外。

9.6.4 电点火源

燃烧事故中，由于电引起的事故比例比较大。电点火源可分为电火花点火源和电热点火源。电火花点火源又分为电路电火和电场电火；电热点火源又分为电路电热、磁路电热和电场电热。

电路电火都是发生在电路的间隙中，间隙两侧都是导体所构成的两极，间隙中的空气构成击穿介质。当电路带电，同时在间隙两极出现的电压差达到一定时，空气击穿就产生电火花或电弧，同时发出光和热。

电场电火是由于电场或磁场的作用而产生的电火。包括静电、雷电和高频磁场感应电火。

电路电热是指电路中，电流流经导体或半导体而产生热效应。磁路电热主要是铁芯发热，包括磁滞损耗和涡流损耗，合称铁损。

电点火源预防的原则如下。

①对于电气设备和电路中的工作电火和工作热电点火源，其能量既不能消除也不能减少，必须保证仍按设计的技术指标工作。为了安全，不使电火和电热引起周围燃烧爆炸事故发生，最好的办法是将易燃易爆物质放在一定安全距离之外；或设法将电火和电热屏蔽起来，严加隔离，使距点火源较近的易燃易爆物质温度始终达不到发火温度。

②对于电气设备和电路正常电火和电热点火源，应尽力设法消除或减少到最低程度，然后采取严格的管理和隔离措施，或将设备密封。

③对于电气设备和电路的事故电火和电热点火源，制定合理的管理制度和安全操作规范，保证设备始终处于正常运行状态。

电火电热的产生和预防具体措施列于表 9.27 中。

表 9.27　电火电热的产生和预防

灾害原因	电火与电热产生原因	预防措施
短路	(1)线路失去绝缘能力； (2)两导线相碰； (3)电压超过额定值，绝缘被击穿； (4)保险丝过粗	(1)及时检查更换； (2)应相隔一定距离并固定； (3)严禁超过额定电压； (4)按章使用合格保险丝

续表 9.27

灾害原因	电火与电热产生原因	预防措施
线路过载	(1)设计时导线过细； (2)负载超过安全载流量； (3)私自乱拉电线，扩大负载； (4)保险丝过粗	(1)更换粗导线； (2)不允许过载； (3)严禁私自拉线加负载； (4)按章使用
接触电阻过大	(1)导体连接处不紧，不牢，氧化皮未去掉； (2)细小导线之间连接、导线与仪表连接不牢； (3)粗导线连接不牢	(1)去掉导体表面氧化皮，连接牢固； (2)可加焊锡，或加垫圈或扭结，或弯成小环套等； (3)用过渡接头压接法或焊接法加固
火花、电弧	(1)短路； (2)大负荷处连接松动； (3)工作电火、电热； (4)正常电火、电热	(1)按预防短路措施处理； (2)加固连接，不许松动； (3)维持工作，与燃爆物质隔开一定距离； (4)维持工作，与燃爆物质隔开或加屏蔽
电动机	(1)轴承转动不畅，过热； (2)定子、转子绕组和铁芯接触电阻过大； (3)线圈匝间和相间短路； (4)机壳接地； (5)过负载； (6)三相电线中，一相烧断； (7)电压过低或过高； (8)定子与转子相碰或相摩擦； (9)转子电刷与润环配合不好； (10)安装在可燃载体上	(1)及时检查，超过 55 ℃马上维修； (2)改善接头质量； (3)加强质量检查； (4)接牢，接地电阻符合标准； (5)立即减少负荷； (6)装三个指示灯便于检查维修； (7)规定不低于 5%，不高于 10%范围； (8)轴不直或定子、转子不对称、不圆； (9)配合应符合要求； (10)安装在水泥板(地)等非燃载体上
变压器	(1)变压器油中有杂质，降低绝缘能力被击穿； (2)绝缘零部件炭化短路引起电弧； (3)连接处电阻过大； (4)矽钢片之间或铁夹与螺钉之间绝缘破损； (5)油中电弧闪络； (6)油少使油面下降； (7)外部电线短路； (8)油温过高(应在 85 ℃以下)	(1)换油； (2)更换零部件； (3)连接牢固； (4)更换； (5)增大间距，加大与外壳距离、换油，安装避雷器； (6)增加油量； (7)选择合适的熔断器或自动开关保护； (8)加强通风、散热，安装自动报警装置

续表 9.27

灾害原因	电火与电热产生原因	预防措施
低压配电盘	(1)接触不良、电阻过大、过负载发热,开关、仪表、熔断器选择不当; (2)室外漏雨短路; (3)木质盘易着火; (4)离地面太近; (5)盘上线短路; (6)高低压配电在一起; (7)开关接在地线上; (8)燃爆场所用普通开关等	(1)连接牢固、不许超载; (2)按规定选择安装; (3)严防雨水淋湿; (4)涂防火漆或铺设铁皮保护距地 1.4～1.8 m,或太近可采用配电箱; (5)必须用绝缘线,分置合理; (6)必须分开,防止跨步电压,高压配电应有安全栅栏; (7)必须接在火线上; (8)必须用防爆型
电加热设备(电炉、电烘箱、电烙铁等)	(1)无专人管理,随意放置使用; (2)导线不绝缘,无熔断丝保险,无插头等; (3)超载运行,工艺上无单独线路; (4)用于烘烤燃爆物质; (5)温度过高,时间过长	(1)专人管理,只能放在耐火材料基座上使用; (2)必须齐备,否则一律不准使用; (3)不许,工艺上必单设线路; (4)严禁烘烤燃爆物; (5)应加温度、时间监控报警
照明灯具	(1)灯具安装未考虑使用环境要求; (2)燃爆品室内安装白炽灯和普通灯; (3)燃爆物室内用防爆灯,与可燃物距离很近; (4)短路、超负载; (5)燃爆品室内灯罩有气泡	(1)按场所类型使用合格灯具; (2)绝对不许室内普通灯具,但可移到室外投射; (3)安全距离应足够; (4)必用耐湿钢化玻璃罩; (5)灯上不许有雨、水滴

复习思考题

9.1 试说明火灾和爆炸发展过程的特点。

9.2 预防火灾和爆炸的基本原则有哪些?

9.3 生产与储存的火灾危险性如何分类?

9.4 爆炸和火灾危险场所的三类别和八等级的特征是什么?

9.5 某合资公司拟在中国建设生产产品为苯磺酸的厂房,该产品生产过程中涉及丙烷气体。建设的厂房为单层结构,长 40 m,宽 20 m,高 8 m,长/宽=2<3。经美国派来的专家组确定,得出生产过程中的 $p_{red}=0.05\ bar<0.1\ bar$,试分别按美国和中国有关标准求算所需要的泄爆面积。

9.6 某化工企业需要在可燃气体输送管道上增设安全液封装置,已知管道中的可燃气体的流量为 100 m^3/h,安全液封装置进气管中可燃气体的平均速度为 4 m/s 。采用气体分配板结构,分气板孔中气体许用平均速度为 1 m/s,分气板孔数不少于 4 个。请你计算确定该安全液封装置的尺寸参数。

9.7 简述阻火器设计的依据原理。

9.8 某直通管道，其长度为 110 m，直径为 0.5 m，需要安设泄压口加以防护。该管道一端为敞开，而另一端通常为关闭或部分关闭。若每个泄压口的尺寸规格为：①等于该管道的横截面面积；或者②等于该管道横截面面积的 1/8。试问需要配置多少个泄压口(该管道能承受的最大压力为 8 kPa)?

9.9 试论述在生产过程中预防形成爆炸性混合物的措施。

9.10 试说明工业生产过程中，存在哪些引起火灾和爆炸的点火源?

9.11 试论述防火分区、防火间距在工业火灾防治中的意义和作用。

第10章　厂房防火防爆设计

有爆炸危险的厂房，一旦爆炸，就会造成房倒人亡，设备摧毁，生产停顿，甚至引起相邻厂房或设备设施连锁爆炸和火灾。因此，从厂房设计阶段，就应考虑防爆抗爆措施。

10.1　厂房设计

10.1.1　合理布置爆炸危险厂房

(1)有爆炸危险的厂房与周围建筑物、构筑物应保持一定防火间距。如与民用建筑的防火间距不应小于25 m，与明火或散发火花地点的防火间距不应小于30 m，与重要公共建筑的防火间距不应小于50 m。

(2)有爆炸危险的厂房平面布置最好采用矩形，与主导风向垂直或夹角不小于45°，以有效利用穿堂风，将爆炸性气体吹散。在山区，宜布置在迎风山坡一面且通风良好的地方。

(3)防爆厂房宜单独设置。如必须与非防爆厂房贴邻时，只能一面贴邻，并在两者之间用防火墙或防爆墙隔开。相邻两厂房之间不应直接有门相通，以避免爆炸冲击波的影响。

(4)有甲、乙类爆炸危险性的生产工序不得设在建筑物的地下室或半地下室内，以免发生事故影响上层，同时也不利于疏散和扑救。这类生产应安排在单层厂房靠近外墙或多层厂房的最上一层靠外墙处；如有可能，尽量设在敞开或半敞开式建筑物内，以利于通风和防爆泄压，减少发生事故所造成的损失。

(5)有爆炸危险的设备应尽量避开厂房的梁、柱等承重结构。有爆炸危险的高大设备应布置在厂房中间，矮小设备应靠近外墙布置，以免挡风。

(6)有爆炸危险的厂房内不应设置办公室、休息室。如必须贴近本厂房设置时，应采取一、二级耐火等级建筑，并应采取耐火极限不低于3 h的防火墙隔开和设置直通室外的安全出口。

(7)有爆炸危险的甲、乙类生产厂房总控制室应单独设置；其分控制室可毗连外墙设置，并应用防火墙与其他部分隔开。

10.1.2　采用耐爆框架结构

有爆炸危险的厂房，如采用敞开或半敞开式建筑，再选用耐火性能好、抗爆能力强的框架结构，则在发生爆炸时可以避免厂房遭受严重破坏。耐爆框架结构一般有如下三种：

(1)现浇式钢筋混凝土框架结构。这种耐爆框架结构的厂房整体性好，耐爆能力强，但工程造价高，通常用于抗爆能力要求高的防爆厂房。

(2)装配式钢筋混凝土框架结构。这种框架结构由于梁、柱与楼板等接点处的刚性较差，抗爆能力不如现浇式钢筋混凝土框架结构。若采用装配式钢筋混凝土框架结构，则应在梁、柱与楼板处等接点预留钢筋焊接头并用高标号混凝土现浇成刚性接头，可以提高耐爆强度。

(3)钢框架结构。这种框架结构虽然耐爆强度较高，但耐火极限低，能承受的极限温度仅 400 ℃，超过该温度，便会在高温作用下变形倒塌。如果在钢构件外面加装耐火被覆物或喷刷特制防火涂料，可以提高耐火极限，但并非十分可靠，只要部分开裂或剥落则同样会失效，故较少采用。

10.1.3 设置泄压设置

防爆厂房的泄压主要靠轻质房盖、轻质外墙和泄压门窗等来实现。这些泄压构件就建筑整体而言是人为设置的薄弱部位，当发生爆炸时，它们最先遭受破坏或开启向外释放大量的气体和热量，使室内爆炸产生的压力迅速下降，从而达到主要承重结构不破坏、整座厂房不倒塌的目的。

对泄压构件材质和泄压面积以及设置的要求如下：

(1)泄压轻质屋盖。根据需要可分别由石棉水泥波形瓦和加气混凝土等材料制成，并有保温层或防水层，无保温层或无防水层之分。

(2)泄压轻质外墙分为有保温层和无保温层两种形式。常采用石棉水泥瓦作为无保温层泄压轻质外墙，而有保温层的轻质外墙则是在石棉水泥瓦外墙的内壁加装难燃木丝板做保温层，主要用于要求采暖保温或隔热降温的防爆厂房。

(3)泄压窗可有多种形式，如轴心上中悬泄压窗、抛物线型塑料板泄压窗、弹簧扎头外开泄压窗等。窗户上通常安装厚度不超过 3 mm 的普通玻璃。要求泄压窗在爆炸力递增稍大于室外风压时，自动向外开启泄压。

(4)泄压设施的泄压面积要按 GB 50016—2006 中的公式计算得出，但当厂房的长径比大于 3 时，宜将该建筑划分为长径比小于或等于 3 的多个计算段，各计算段中的公共截面不得作为泄压面积。

(5)作为泄压面积的轻质屋盖和轻质墙体质量每平方米不宜超过 60 kg。

(6)散发较空气轻的可燃气体、蒸气的甲类厂房宜采用全部或局部轻质屋盖作为泄压设施。甲、乙、丙类液体仓库应设置防止液体流散的设施。遇湿会发生燃烧爆炸的物品仓库应设置防止水浸渍的措施。有粉尘爆炸危险的筒仓，其顶部盖板应设置必要的泄压设施。有粉尘爆炸危险的其他粮食储存设施应采取防爆措施。有爆炸危险的甲、乙类仓库采取防爆措施、设置泄压设施。

(7)泄压面积设置应避开人员集中的场所和在主要交通通道，并宜靠近容易发生爆炸部位。

(8)当采用活动板、窗户、门或其他铰链装置作为泄压设置时，必须注意防止打开的泄压孔在爆炸正压冲击波之后出现负压而关闭现象。

(9)爆炸泄压孔不能受到其他物体的阻碍，也不允许冰、雪妨碍泄压孔和泄压窗的开启，需要经常检查和维护。

(10)当爆炸点能确定时，泄压孔应设置在距爆炸点尽可能近的地方。当采用管道把爆炸产物引导到安全地点时，管道必须尽可能短而直，且应朝向放置物最小的方向设置。任何管道泄压的有效性都随着管道的长度增加而按比例减小。

10.1.4　安装隔爆设置

在容易发生爆炸事故的场所，设置隔爆设施，如防爆墙、防爆门和防爆窗等，是为了限制爆炸事故波及的范围，减轻爆炸事故所造成的损失。

1. 防爆墙

防爆墙必须具有抵御爆炸冲击波的作用，同时具有一定的耐火性能。防爆墙的构造设计，按照材料可分为防爆砖墙、防爆钢筋混凝土墙、防爆单层或双层钢板墙、防爆双层钢板中间装填混凝土墙等。防爆墙上不得设置通风孔，不宜开门窗洞口，必须开设时应加装防爆门窗。

2. 防爆门

防爆门的骨架一般采用角钢和槽钢拼装焊接，门板选用抗爆强度高的钢板或装甲钢板，故防爆门又称为装甲门。门的铰链装配时，衬有青铜材质的套轴和垫圈，门扇四周衬贴橡皮带软垫，以防止防爆门起闭时因摩擦撞击而产生火花。

3. 防爆窗

防爆窗的窗框应用角钢制作，窗玻璃应选用抗爆强度高、爆炸时不易破碎的安全玻璃。如夹层内有两层或多层窗用平板玻璃，以聚乙烯醇缩丁醛塑料做衬片，在高温下加压黏合而成的安全玻璃，抗爆强度高，一旦爆炸冲击波击破能借助中间塑料的黏合作用，不致使玻璃碎片抛出而引起伤害。

10.1.5　安装爆炸减压板

在现代连续化生产的石油化工厂，由于厂房高大、设备众多，单靠增加泄压面积不仅在实际上难以做到，即使能做到也难以抵御像甲烷气、丙烷气和液化石油气在爆炸后期出现的强烈振荡不稳定燃烧压力峰和压力振荡而被炸毁。

爆炸减压板是一种难燃烧体的板材，以一定方式附于有爆炸危险的建筑物的天花板上、墙壁面上，当发生可燃气体爆炸时，能有效地消除爆炸期间产生的不稳定燃烧压力峰和压力振荡，可使最大压力由 9.8 MPa 减至 0.08 MPa，从而保证建筑物主要结构免遭破坏。安装工艺简单易行，新建的厂房可作为墙面的装饰，已建的厂房也易于重新附设。

在下述建筑或部位应当安装爆炸减压板，可以弥补现有爆炸泄压防护技术的不足：

(1)有甲烷、丙烷、天然气、液化石油气及易燃液体的车间、厂房、库房、控制室等，邻近居民住宅和人口密度大的区域时。

(2)使用液化石油气的厂房，如果将附有储量较多的储罐及气化装置设在与生产车间相邻的单独房间内。

(3)一些设有贵重控制仪器的操纵室，或者在建筑内设有可燃气体、易燃液体容器及管道的油、气泵房等。

10.1.6　其他防爆要求

(1)散发较空气轻的可燃气体、可燃蒸气的甲类厂房的顶棚应尽量平整无死角，且厂房上部空间要通风良好。

(2)散发可燃粉尘、纤维的乙类厂房内表面应平整、光滑,并易于清扫。

(3)散发较空气轻的可燃气体、可燃蒸气的甲类厂房以及有粉尘爆炸危险的乙类厂房,应采用不发火的地面。如果采用绝缘材料做整体面层,应采取防静电措施。

(4)散发较空气重的可燃气体、蒸气的甲类厂房以及有粉尘爆炸危险的乙类厂房,其地面不宜设地沟。如必须设置时,其盖板应严密,并采用非燃烧材料紧密填实,与相邻厂房连通处应采用非燃烧材料密封。

(5)生产甲、乙类危险液体的厂房的管、沟不应和相邻厂房的管、沟相通,该厂房的下水道应有隔油设施。

(6)甲、乙类设备或有爆炸危险的粉尘的封闭式厂房的采暖、通风和空调设计,应符合国家标准《建筑设计防火规范》和《采暖通风和空气调节设计规范》中的有关规定。

(7)防爆厂房的电气设备和防雷设计,应分别按国家标准《爆炸和火灾危险环境电力装置设计规范》和《建筑防雷设计规范》中的有关规定执行。

10.1.7 工艺安全设计

工艺安全设计除了工艺线路的安全设计外,还包括工艺装置布置、安全装置配置和工艺管道敷设等的安全设计。

1. 工艺装置安全设计

(1)工艺装置设计的安全要求。在工艺装置设计中,必须把生产和安全紧密结合起来,加以妥善处理,并应符合以下基本要求:

① 从保障生产系统的安全出发,全面分析原料、成品、加工过程、设备装置等的各种危险因素,以确定安全的工艺线路,选用可靠的设备装置,并采用有效的安全装置和设施。

② 在生产运行过程中能有效地控制和防止火灾、爆炸的发生。在防火设计上,应分析研究生产中存在的可燃物、助燃物和点火源的情况,以及可能形成的火灾爆炸危险,采取相应的防止措施。对于石油化工企业,分组布置的容器和设备组与族之间、容器设备或工艺装置区与建筑物、堆场、道路等设施的安全距离均应符合 GB 50016—2006《建筑设计防火规范》和 GB 50160—1992《石油化工企业设计防火规范》所规定的要求。在防爆设计上,应分析研究可能形成爆炸性混合物的条件、起爆原因及传播条件,并采取相应的措施,以控制和消除形成爆炸的条件,阻止爆炸破坏作用的扩大。

③ 有效地控制化学反应中的超温、超压和爆聚等不正常情况,预先分析反应过程中可能出现的各种动态特性,并采取相应的预防措施。

④ 对可能产生大量泄漏危险的设备系统,应采取可靠的检测和安全防护措施,避免泄漏物料造成火灾、爆炸、中毒等灾害。

(2)工艺装置内的平面布置。从防爆安全角度出发,工艺装置内布置应尽可能满足以下要求:

① 工艺装置内的设备、建筑物平面布置的防爆间距除另有特别规定外,均不应小于国家标准《建筑设计防火规范》中的要求。

② 工艺装置内的设备宜布置在露天或半露天的建筑物、构件物内,尽量缩小爆炸危险场所范围,并按生产工艺、地势、风向等要求分别集中布置。

③ 明火加热设备应远离可能泄漏的可燃气体或蒸气的设备。有两个或两个以上的明

火设备应集中布置在装置区的边缘，并处于散发可燃气或蒸气的设备全年最小频率风向的下侧。

④ 甲、乙类生产装置的设备、建（构）筑物宜布置在装置区内的边缘；有爆炸危险的极高压设备，通常布置在一侧或放在防爆构筑物内。

⑤ 装置的控制室、变配电室、化验室、办公室和生活间等，应布置在装置的一侧，并位于爆炸危险区范围以外和甲类设备全年最小频率风向的下风侧。控制室、变配电室、化验室如设在可能散发比空气重的可燃气或蒸气的装置内时，其室内地面应比室外地平高 0.6 m 以上。

⑥ 可燃气体、液化烃、可燃液体储罐应分组布置，同一罐组内布置火灾危险性相同或相近的储罐。沸溢性液体不应与非沸溢性液体同组布置。可燃气体、液化烃、可燃液体输送管道除需要采用法兰连接外，均应采用焊接连接；管道应架空或沿地面敷设，当必须采用管沟敷设时，应采取防止气、液在管沟内积聚措施。在线分析一次仪表与工艺设备的防火间距可不限制，但设在爆炸危险区内的非防爆型在线分析一次仪表间，应该采取正压通风。

⑦ 根据厂房类型、火险类别、建筑、工艺设备的容量或物质数量，单位实际情况以及相邻单位消防协作情况，设置相应的灭火设施，如灭火器材、固定灭火设施等。设置消火栓时，宜选用地上式消火栓。对火灾爆炸危险生产，还应考虑消防水泵房、泡沫灭火系统、干粉灭火系统、火灾报警系统等消防设施以及配置相应的小型灭火机。

2. 安全装置的设计

安全装置设计的基本要求：在工艺路线和工艺设备确定之后，必须从防火防爆控制异常危险状况发生并使灾害局限化的要求出发，采用不同类型和不同功能的安全装置。

对安全装置设计的基本要求如下：

① 能及时准确地对生产过程的各种参数进行检测、调节和控制；在出现异常情况时，能迅速地显示、报警和调节，使之恢复正常运行。

② 能保证预定的工艺指标和安全控制界限的要求；对火灾、爆炸危险性大的工艺过程的装置，应采取综合性的安全装置和控制系统，以保证其可靠性。

③ 能有效地对装置、设备进行保护，防止过负荷或超限。

10.2 爆炸危险环境的电气防爆技术

10.2.1 爆炸危险场所用防爆电气设备

前面已讲过爆炸性物质以及存在这些物质的场所的分类、分级与分组。防爆电气设备也需要划分成类、级与组别，以便与使用的场所对应，便于对号选用。划分的方法与场所一致，即Ⅰ类设备表示煤矿用；Ⅱ类设备表示工厂用，Ⅱ类设备中又分ⅡA，ⅡB，ⅡC 三级和 $T_1 \sim T_6$ 六个组别。

粉尘场所用防爆电气设备根据电气设备外壳的防护能力分为两个等级，即 DT 级表示尘密构型（防护能力为 IP6X），可以使用在 10 区；DP 级防尘结构（防护能力为 IP5X），可以使用在 11 区存在有非导电性粉尘的地方。

10.2.2 防爆电气设备防爆类型

1. 隔爆型电气设备

将带电部件放在一个外壳内，这个外壳称为隔爆外壳。当外壳内的带电部件由于电气火花、电弧或发热引起壳内爆炸性混合物爆炸时，该外壳不但能承受爆炸压力及爆炸火焰的高温而不破损、变形，又能阻止内部爆炸生成物通过外壳缝隙向外传播引起壳外周围爆炸性混合物爆炸的电气设备。

防爆原理：隔爆型电气设备用一外壳将带电部件包住，在加工制造时，这个外壳又不可能是全封闭的，比如电机有转轴、磁力启动器有开关和按钮轴、杆等，外壳上存在缝隙是不可避免的。能否使有缝隙的外壳具有防爆性能，是研究隔爆外壳的主要内容。通过大量爆炸试验证明，当外壳上的缝隙较长并很窄时，壳内爆炸火焰及灼热质点将不能通过窄缝引燃壳外爆炸性混合物。这是由于当火焰通过既长又窄的缝隙时，受到了阻力，并将热量散掉，传出的热能已经很小的缘故，这就是“间隙隔爆”原理。利用这个原理我们制成了多层钢网、一定厚度的微粒钢珠以及粉末冶金等形式的微孔防爆结构。它们多应用在可燃气体检测、防爆扬声器产品中。

隔爆外壳的结构参数：火焰通过外壳间隙不能引起壳外爆炸时，这样的间隙具有隔爆作用。外壳的容积、形状、间隙的长度和宽度以及结构形式对隔爆作用都有影响。容积越大的外壳，因为壳内含有更多的爆炸性混合物，爆炸产物的热量及爆炸压力较容积小的外壳大，因此就容易传爆。间隙越长越窄时，火焰越不容易通过间隙，也就不容易传爆。间隙配合处的构件刚度越好，配合的方式越牢固可靠，当壳内爆炸时产生的压力越不容易使构件产生变形（弹性变形或塑性变形），也越能保证间隙值不变，不容易传爆。外壳上间隙处的配合形式可归纳为三种，平面法兰式接合、圆筒式接合及圆筒加平面的止口接合。

最大安全间隙是通过实际试验得出的，通过对不同容积、不同结构形式和不同的间隙尺寸的外壳采用不同的爆炸性气体进行爆炸试验，得出了不同容积和不同结构形式以及不同气体的最大安全间隙。将这个间隙除以 1.5～2.0 即是隔爆外壳的实际制造间隙。这样做的目的是为了考虑安全裕度，因为最大试验安全间隙是不传爆的临界间隙，比它稍大即传爆，如以试验测得的间隙值作为制造间隙，则没有安全裕度，不能保证安全。

最大安全间隙是通过几十次爆炸试验得出的，一般为 50 次，即 50 次爆炸不传爆一次，假如进行更多次试验时，是不能在此间隙下保证不传爆一次，所以最大试验安全间隙是一个和概率有关的值而不是一个绝对安全可靠的值。我们用传爆概率来表示这一现象。

通过概率分析计算得出几十次不传爆一次的概率是 10^{-3}，因此最大试验安全间隙的传爆概率为 1/1 000，就是说几十次试验不传爆，如果做 1 000 次试验就有一次传爆的可能，要想保证安全，经过概率分析计算出只有当传爆概率为 10^{-6}～10^{-8}时才是可靠的概率。当传爆概率为 10^{-6}时，安全裕度为 1.5；当传爆概率为 10^{-8}时，安全裕度为 2.0。

隔爆外壳的实际制造间隙 W（圆筒配合时为直径差），间隙长度 L，L_1 和外壳净容积都是在保证了传爆概率达到 10^{-6}～10^{-8} 即安全系数为 1.5～2.0 的基础上给出的，见表 10.1～10.6。L_1 是指隔爆接合面上有紧固螺栓孔时，螺孔边缘至隔爆面边缘的长度因这个部件有紧固螺栓，比其他部件隔爆面配合得紧密，因此长度可以短些。

表 10.1　Ⅰ类隔爆接合面结构参数

接合面形式	L /mm	L_1 /mm	W/mm 外壳容积 V/L	
			$V\leqslant 0.1$	$V>0.1$
平面、止口或圆筒结构	6.0	6.0	0.30	—
	12.5	8.0	0.40	0.40
	25.0	9.0	0.50	0.50
	40.0	15.0	—	0.60
带有滚动轴承的圆筒结构	6.0	—	0.40	0.40
	12.5	—	0.50	0.50
	25.0	—	0.60	0.60
	40.0	—	—	0.80

表 10.2　ⅡA 类隔爆接合面结构参数

接合面形式		L /mm	L_1 /mm	W/mm 外壳容积 V/L		
				$V\leqslant 0.1$	$0.1<V\leqslant 2.0$	$V>2.0$
平面、止口或圆筒结构		6.0	6.0	0.30	—	—
		12.5	8.0	0.30	0.30	0.20
		25.0	9.0	0.40	0.40	0.40
		40.0	15.0	—	0.50	0.50
带有右列轴承的电动机的圆筒结构	滑动轴承	6.0	—	0.30	—	—
		12.5	—	0.35	0.30	0.20
		25.0	—	0.40	0.40	0.40
		40.0	—	0.50	0.50	0.50
	滚动轴承	6.0	—	0.45	—	—
		12.5	—	0.50	0.45	0.30
		25.0	—	0.60	0.60	0.60
		40.0	—	0.75	0.75	0.75

表 10.3　ⅡB 类隔爆接合面结构参数

接合面形式		L /mm	L_1 /mm	W/mm 外壳容积 V/L		
				$V\leqslant0.1$	$0.1<V\leqslant2.0$	$V>2.0$
平面、止口或圆筒结构		6.0	6.0	0.20	—	—
		12.5	8.0	0.20	0.20	0.15
		25.0	9.0	0.20	0.20	0.20
		40.0	15.0	—	0.25	0.25
带有右列轴承的电动机的圆筒结构	滑动轴承	6.0	—	0.20	—	—
		12.5	—	0.25	0.20	—
		25.0	—	0.30	0.25	0.20
		40.0	—	0.40	0.30	0.25
	滚动轴承	6.0	—	0.30	—	—
		12.5	—	0.40	0.30	0.20
		25.0	—	0.45	0.40	0.30
		40.0	—	0.60	0.45	0.45

表 10.4　ⅡC 类(不包括乙炔)隔爆接合面结构参数①

接合面形式	L /mm	L_1 /mm	W/mm 外壳容积 V/L		
			$V\leqslant0.1$	$0.1<V\leqslant2.0$	$V>2.0$
平面、止口或圆筒结构	6.0	6.0	0.10	—	—
	12.5	8.0	0.15	0.10	—
	25.0	9.0	0.15	0.10	0.10
滚动轴承	6.0	—	0.15	—	—
	12.5	—	0.20	0.15	—
	25.0	—	0.25	0.20	0.20

注：①可在保证安全系数不小于 1.5 的条件下，通过试验确定结构参数

表 10.5　ⅡC 类(乙炔)隔爆接合面结构参数①

接合面形式	L /mm	L_1 /mm	W/mm 外壳容积 V/L			
			$V\leqslant0.02$	$0.02<V\leqslant0.1$	$0.1<V\leqslant0.5$	$V>0.5$
止口结构	6.0	—	0.10	—	—	—
	12.5	—	0.15	0.10	0.01	—
	25.0	—	0.20	0.15	0.10	0.10

续表 10.5

接合面形式	L /mm	L_1 /mm	W/mm			
			外壳容积 V/L			
			V≤0.02	0.02<V≤0.1	0.1<V≤0.5	V>0.5
爆炸时隔爆间隙趋向压缩的平面结构（如电机轴承内盖与端盖接触的平面）	25.0	9.0	—	—	—	0.05
操纵杆圆筒结构	6.0	—	0.15	—	—	—
	12.5	—	0.25	0.20	—	—
	25.0	—	0.25	0.25	—	—
电动机滚动轴承	6.0	—	0.15	—	—	—
	12.5	—	0.25	0.20	—	—
	25.0	—	0.25	0.25	—	—

注：①可在保证安全系数不小于 1.5 的条件下，通过试验确定结构参数

表 10.6　其他类型隔爆结构参数

外壳净容积 V/cm^3	最小拧入深度/mm	最小齿合扣数	
		Ⅰ，ⅡA，ⅡB	ⅡC
V≤100	5.0	6	1
100<V≤2 000	9.0		
V>2 000	12.5		

除上述的隔爆结构外，还有螺纹隔爆结构、衬垫隔爆结构、胶封隔爆结构等。这方面的更详细内容可参见 GB 3836—2000《爆炸性环境用防爆电气设备、隔爆型电气设备》。

现举例说明制造间隙与最大试验安全间隙的关系。以氢气为例，它属于ⅡC 级，用 0.02 L法兰，长为 25 mm 的标准球形外壳试验得出的最大试验安全间隙为 0.29 mm，表 10.4 中平面止口或圆筒结构，L 为 25 mm，$V\leqslant 0.1$ L 的间隙值 W 为 0.15 mm，其安全裕度为 0.29/0.15＝1.933（接近 2）。又如用 8 L 球形外壳，法兰长为 25 mm，试验得出最大试验安全间隙为 0.2 mm，表 10.4 中查得 L 为 25 mm，$V>2.0$ L 的 W 为 0.1 mm，这时的安全裕度为 0.2/0.1＝2。

(1)隔爆型电气设备的防爆要点。隔爆型电气设备能够防爆的关键在于隔爆外壳。对外壳的设计制造需按规定的要求进行。此外对设备的正确使用、电缆引入处的可靠密封及可靠的接线与接地等。总体说来有以下要点：

① 外壳应有一定的强度，能承受壳体内部可燃气体产生的爆炸压力的作用，应不损坏和变形。

② 外壳及隔爆接合面的部位应用良好的耐燃性和耐老化性的材质。

③ 隔爆接合面的结构形式、紧固形式、隔爆参数及加工的表面粗糙度须按规定加工制

造。

④ 电气接线部位的特殊要求，如接线盒中接线端子的电气间隙、爬电距离要求、电缆引入装置的密封要求、接地要求。

⑤ 外壳的其他要求，如外壳所适应的环境条件（温度、湿度、沙尘、腐蚀、雨水等）以及外壳材质的防静电要求。

(2)隔爆型电气设备的检验。工厂生产的隔爆型电气设备，除了厂家按该产品技术条件规定所做的各项试验外，还必须将产品图纸、技术条件、使用说明书以及样机送到国家指定的防爆检验单位进行资料审查和样机试验。合格后发给防爆合格证，这时厂家方可投入生产。这种检验不是每台产品都进行，而是投产前或生产一定时间后的抽样检验方式。隔爆型电气设备的样机检验包括以下项目：

① 隔爆外壳的强度考核。在成品样机的外壳上安装爆炸性气体进出气口、压力测定装置、浓度检测装置、打火塞，再根据样机防爆的类、级别，向壳内通入表 10.7 所规定的爆炸性混合物，进行引燃爆炸试验，并记录产生的爆炸压力。表 10.7 规定的浓度是该种气体能产生最大爆炸压力的浓度。测得的爆炸压力为参考压力。强度考核时，是将测得的参考压力增大 1.5 倍，(安全系数)用此压力来考核隔爆外壳的强度，外壳不许破损和产生影响隔爆性能的永久变形。强度考核可用水压或爆炸压力方法进行。检验单位使用爆炸压力法，即向考核的外壳充入能产生 1.5 倍参考压力的爆炸性气体(可用气体预压方法)。制造厂也必须进行水压试验，考核隔爆外壳的强度在砂眼、焊接外壳的焊缝是否可靠等。

表 10.7　试验参数

类、级别	试验气体	混合物浓度(体积比)/%
Ⅰ	甲烷	9.8±0.5
ⅡA	氢	32.0±1.0
ⅡB	氢	32.0±1.0
ⅡC	乙炔	14.0±1.0
	氢	32.0±1.0

② 隔爆性能试验。强度考核后用同一台样机进行，试验时将样机放入防爆试验罐中，样机外壳及防爆试验罐中均通入表 10.8 规定的气体，然后进行爆炸试验，看壳外是否传爆。每一个隔爆空腔都必须分别进行传爆试验，试验进行 10 次，没有一次传爆为合格。试验合格的样机，在隔爆性能方面已有 1.5～2 的安全裕度，使用中安全性是非常可靠的。例如Ⅰ类为煤矿用设备，使用在甲烷场所，现在我们用 14%的氢气试验，而 14%的氢气的最大试验安全间隙为 0.5 mm，甲烷最大试验安全间隙为 1.14 mm(隔爆接合面 25 mm 时)。如果试验不传爆，就意味着样机外壳隔爆接合面的间隙没有超过 0.5 mm，这时的安全裕度为 1.14/0.5=2.28，足够安全。ⅡA 及ⅡB 的情况也是一样的，如ⅡA 的最大试验安全间隙为 0.9 mm，试验时采用 55%的氢气，它的最大试验安全间隙为 0.45 mm，因此安全系数为 0.9/0.45=2。

ⅡC 级电气设备使用在氢气、乙炔环境中，再找不出比这两种气体的最大试验安全间隙更小的气体用上述的方法试验，因此试验ⅡC 设备时，采用扩大间隙法，即将样机隔爆接合面的制造间隙(按符合表 10.4～10.5 规定的生产图纸中给出的最大间隙)扩大 1.5～2.0 倍,然后再用表 10.8 规定的氢气、乙炔分别进行试验,以不传爆为合格,这时的安全裕度也自然为 1.5～2.0。另一种方法是样机不扩大间隙,还是按图纸加工的最大间隙,试验时按表 10.8 规定的氢气、乙炔将其预压,预压后气体的最大试验安全间隙比预压前要小,以此来考核隔爆性能所含的安全裕度。例如氢气和乙炔预压 0.15 MPa 时,最大试验安全间隙:氢气为 0.13 mm(常压时为 0.2 mm),乙炔为 0.04 mm(常压时为 0.1 mm),样机试验如不传爆,氢气具有 0.2/0.13=1.54 的安全裕度,乙炔具有 0.1/0.04=2.5 的安全裕度。当乙炔预压为 0.128 MPa 时所具有的安全裕度为 0.1/0.067=1.5。

表 10.8　实验参数

类、级别	试验气体	混合物浓度(体积比)/%
Ⅰ	氢气	14.0±0.4
ⅡA	氢气	55.0±0.5
ⅡB	氢气	37.0±0.5
ⅡC	氢气	28.0±1.0 采用扩大间隙
	乙炔	7.5±1.0 或预压法

③ 电缆引入装置的密封性能及机械强度试验。考核电缆引入到接线盒时的密封情况,以及引入装置各部件是否坚固可靠。

④ 引入装置密封圈的老化试验。考核橡胶密封圈耐高、低温的老化情况。

⑤ 塑料隔爆外壳及胶封材质的热稳定性试验。考核用塑料制作的隔爆外壳以及采用胶封隔爆结构时,材质的耐高、低温及湿热情况。

⑥ 塑料隔爆外壳的耐燃烧性试验。

⑦ 铝合金外壳的含镁量分析及抗拉强度试验。铝合金中因含镁量过大时,容易产生危险的机械碰撞和摩擦火花,因此其含镁量不许超过一定数量(我国标准为不超过 0.5%,IEC 标准为 6%)。抗拉强度是考核铝合金具备的机械强度不能低于 120 N/mm^2。

⑧ 塑料外壳表面电阻测试。要求塑料外壳表面电阻不超过 $1\times10^9\ \Omega$,以避免产生静电的危险。

⑨ 隔爆外壳及其部件的冲击试验。考核外壳承受外部冲击的能力。

⑩ 携带式设备的跌落试验。考核设备摔落地面时而不致破损影响隔爆性能的能力。

2. 增安型防爆电气设备

在正常运行条件下不会产生电弧、火花或可能点燃爆炸性混合物的高温电气设备上,采取措施提高设备在运行中的可靠性,避免在正常运行以及认可的故障条件下,出现电弧、火花或危险高温的设备叫增安型防爆电气设备。它的防爆原理是使其本身不能成为引燃源。增安型防爆要点在于以电气设备中所有带电元、部件,在正常运行时不会产生火花、电弧和危险温度为基础,并且又采取了一定措施使设备外壳内部杜绝引燃源的产生。采取的主要措施有以下几点:

① 降低电气元、器件及导线的电流密度,使其在运行中所产生的温度较低。这样无疑会增长这些元器件及导线绝缘的寿命,保证运行可靠性。增强电气设备的绝缘能力,提高耐

电压抗击穿的绝缘强度,保证设备运行时的可靠性。

② 增加裸露导体间及对地间的电气间隙和爬电距离,并选用较好的绝缘材料,这样可以避免裸露导体部位击穿和爬电引起的危险。

③ 导体之间的连接采用可靠措施,比如螺纹压紧连接、焊接或挤压连接等,以保证在设备运行中,不能由于连接部位的松动和脱落引起火花危险。

④ 设备外壳须有一定的防护性能,保护壳内带电部件免受外界灰尘、水等的侵入。对于绝缘带电体要求有 Ip44 等级的防护外壳,对于裸导体要求有 Ip54 的防护外壳。

10.3　厂房中的消防给水和灭火设施

10.3.1　一般规定

消防给水和灭火设施的设计应根据建筑用途及其重要性、火灾特性和火灾危险性等综合因素进行。在工厂、仓库等的规划和建筑设计时,必须同时设计消防给水系统。厂房、储罐、堆场应设室外消火栓。民用建筑、厂房应设室内消火栓。

消防用水可由城市给水管网、天然水源或消防水池供给。利用天然水源时,其保证率不应小于 97%,且应设置可靠的取水设施。耐火等级不低于二级,且建筑物体积小于或等于 3 000 m^3的戊类厂房,可不设置消防给水。

室外消防给水当采用高压或临时高压给水系统时,管道的供水压力应能保证用水总量达到最大且水枪在任何建筑物的最高处时,水枪的充实水柱仍不小于 10.0 m;当采用低压给水系统时,室外消火栓栓口处的水压从室外设计地面算起不应小于 0.1 MPa。

建筑的低压室外消防给水系统可与生产、生活给水管道系统合并。合并的给水管道系统,当生产、生活用水达到最大小时用水量时,仍应保证全部消防用水量。如不引起生产事故,生产用水可作为消防用水,但生产用水转为消防用水的阀门不应超过 2 个。该阀门应设置在易于操作的场所,并应有明显标志。

建筑的全部消防用水量应为其室内外消防用水量之和。室外消防用水量应为厂房(仓库)、储罐(区)、堆场室外设置的消火栓、水喷雾、水幕、泡沫等灭火、冷却系统等需要同时开启的用水量之和。室内消防用水量应为厂房(仓库)室内设置的消火栓、自动喷水、泡沫等灭火系统需要同时开启的用水量之和。厂房(仓库)、储罐(区)、堆场应设置灭火器;灭火器的配置设计应符合现行国家标准 GB 50140《建筑灭火器配置设计规范》的有关规定。

10.3.2　室外消防用水量、消防给水管道和消火栓

工厂、仓库、堆场、储罐(区)和民用建筑的室外消防用水量,应按同一时间内的火灾次数和一次灭火用水量确定:

① 工厂、仓库、堆场、储罐(区)在同一时间内的火灾次数不应小于表 10.9 的规定。

② 工厂、仓库一次灭火的室外消火栓用水量不应小于表 10.10 的规定。

③ 一个单位内有泡沫灭火设备、带架水枪、自动喷水灭火系统以及其他室外消防用水设备时,其室外消防用水量应按上述同时使用的设备所需的全部消防用水量加上表 10.10 规定的室外消火栓用水量的 50%计算确定,且不应小于表 10.10 的规定。

表 10.9　工厂、仓库、堆场、储罐(区)在同一时间内的火灾次数

名称	基地面积/hm^2	附有居住区人数/万人	同一时间内的火灾次数/次	备　注
工厂	≤100	≤1.5	1	按需水量最大的一座建筑物(或堆场、储罐)计算
		>1.5	2	工厂、居住区各一次
	>100	不限	2	按需水量最大的两座建筑物(或堆场、储罐)之和计算
仓库	不限	不限	1	按需水量最大的一座建筑物(或堆场、储罐)计算

注:采矿、选矿等工业企业当各分散基地有单独的消防给水系统时,可分别计算

表 10.10　工厂、仓库和民用建筑一次灭火的室外消火栓用水量　L/s

耐火等级	建筑物类别		建筑物体积 V/m^3					
			$V\leqslant 1\,500$	$1\,500<V\leqslant 3\,000$	$3\,000<V\leqslant 5\,000$	$5\,000<V\leqslant 20\,000$	$20\,000<V\leqslant 50\,000$	$V>50\,000$
一、二级	厂房	甲、乙类	10	15	20	25	30	35
		丙类	10	15	20	25	30	40
		丁、戊类	10	10	10	15	15	20
	仓库	甲、乙类	15	15	25	25	—	—
		丙类	15	15	25	25	35	45
		丁、戊类	10	10	10	15	15	20
	民用建筑		10	15	15	20	25	30
三级	厂房(仓库)	乙、丙类	15	20	30	40	45	—
		丁、戊类	10	10	15	20	25	35
	民用建筑		10	15	20	25	30	—
四级	丁、戊类厂房(仓库)		10	15	20	25	—	—
	民用建筑		10	15	20	25	—	—

注:①室外消火栓用水量应按消防用水量最大的一座建筑物计算。成组布置的建筑物应按消防用水量较大的相邻两座计算

②国家级文物保护单位的重点砖木或木结构的建筑物,其室外消火栓用水量应按三级耐火等级民用建筑的消防用水量确定

③铁路车站、码头和机场的中转仓库其室外消火栓用水量可按丙类仓库确定

可燃材料堆场、可燃气体储罐(区)的室外消防用水量,不应小于表 10.11 的规定。

表 10.11　可燃材料堆场、可燃气体储罐(区)的室外消防用水量　L/s

名称		总储量或总容量	消防用水量
粮食 W/t	土圆囤	$30<W\leqslant500$	15
		$500<W\leqslant5\ 000$	25
		$5\ 000<W\leqslant20\ 000$	40
		$W>20\ 000$	45
	席穴囤	$30<W\leqslant500$	20
		$500<W\leqslant5\ 000$	35
		$5\ 000<W\leqslant20\ 000$	50
棉、麻、毛、化纤百货 W/t		$10<W\leqslant500$	20
		$500<W\leqslant1\ 000$	35
		$1\ 000<W\leqslant5\ 000$	50
稻草、麦秸、芦苇等易燃材料 W/t		$50<W\leqslant500$	20
		$500<W\leqslant5\ 000$	35
		$5\ 000<W\leqslant10\ 000$	50
		$W>10\ 000$	60
木材等可燃材料 V/m^3		$50<V\leqslant1\ 000$	20
		$1\ 000<V\leqslant5\ 000$	30
		$5\ 000<V\leqslant10\ 000$	45
		$V>10\ 000$	55
煤和焦炭 W/t		$100<W\leqslant5\ 000$	15
		$W>5\ 000$	20
可燃气体储罐(区)V/m^3		$500<V\leqslant10\ 000$	15
		$10\ 000<V\leqslant50\ 000$	20
		$50\ 000<V\leqslant100\ 000$	25
		$100\ 000<V\leqslant200\ 000$	30
		$V>200\ 000$	35

注:固定容积的可燃气储罐总容积按其几何容积(m^3)和设计工作压力(绝对压力,10^5 Pa)的乘积计算

甲、乙、丙类液体储罐的室外消防用水量应按灭火用水量和冷却用水量之和计算。灭火用水量应按罐区内最大罐泡沫灭火系统、泡沫炮和泡沫管枪灭火所需的灭火用水量之和确定,并应按现行国家标准 GB 50151《低倍数泡沫灭火系统设计规范》、GB 50196《高倍数、中倍数泡沫灭火系统设计规范》或 GB 50338《固定消防炮灭火系统设计规范》的有关规定计算。

冷却用水量应按储罐区一次灭火最大需水量计算。距着火罐罐壁 1.5 倍直径范围内的相邻储罐应进行冷却,其冷却水的供给范围和供给强度不应小于表 10.12 的规定。

表 10.12　甲、乙、丙类液体储罐冷却水的供给范围和供给强度

<table>
<tr><th>设备类型</th><th colspan="3">储罐名称</th><th>供给范围</th><th>供给强度
/(L·s⁻¹·m⁻¹)</th></tr>
<tr><td rowspan="8">移动式水枪</td><td rowspan="4">着火罐</td><td colspan="2">固定顶立式罐(包括保温罐)</td><td>罐周长</td><td>0.60</td></tr>
<tr><td colspan="2">浮顶罐(包括保温罐)</td><td>罐周长</td><td>0.45</td></tr>
<tr><td colspan="2">卧式罐</td><td>罐壁表面积</td><td>0.10</td></tr>
<tr><td colspan="2">地下立式罐、半地下和地下卧式罐</td><td>无覆土罐壁表面积</td><td>0.10</td></tr>
<tr><td rowspan="4">相邻罐</td><td rowspan="2">固定顶立式罐</td><td>不保温罐</td><td rowspan="2">罐周长的一半</td><td>0.35</td></tr>
<tr><td>保温罐</td><td>0.20</td></tr>
<tr><td colspan="2">卧式罐</td><td>罐壁表面积的一半</td><td>0.10</td></tr>
<tr><td colspan="2">半地下、地下罐</td><td>无覆土罐壁表面积的一半</td><td>0.10</td></tr>
<tr><td rowspan="4">固定式设备</td><td colspan="2" rowspan="2">着火罐</td><td>立式罐</td><td>罐周长</td><td>0.50</td></tr>
<tr><td>卧式罐</td><td>罐壁表面积</td><td>0.10</td></tr>
<tr><td colspan="2" rowspan="2">相邻罐</td><td>立式罐</td><td>罐周长的一半</td><td>0.50</td></tr>
<tr><td>卧式罐</td><td>罐壁表面积的一半</td><td>0.10</td></tr>
</table>

注:①冷却水的供给强度还应根据实地灭火战术所使用的消防设备进行校核

②当相邻罐采用不燃材料作为绝热层时,其冷却水供给强度可按本表减少 50%

③储罐可采用移动式水枪或固定式设备进行冷却。当采用移动式水枪进行冷却时,无覆土保护的卧式罐的消防用水量,当计算出的水量小于 15 L/s 时,仍应采用 15 L/s

④地上储罐的高度大于 15 m 或单罐容积大于 2 000 m^3时,宜采用固定式冷却水设施

⑤ 当相邻储罐超过 4 个时,冷却用水量可按 4 个计算

覆土保护的地下油罐应设置冷却用水设施。冷却用水量应按最大着火罐罐顶的表面积(卧式罐按其投影面积)和冷却水供给强度等计算确定。冷却水的供给强度不应小于 0.10 L/(s·m^2)。当计算水量小于 15 L/s 时,仍应采用 15 L/s。

液化石油气储罐(区)的消防用水量应按储罐固定喷水冷却装置用水量和水枪用水量之和计算,其设计应符合下列规定:

①总容积大于 50 m^3的储罐区或单罐容积大于 20 m^3的储罐应设置固定喷水冷却装置。固定喷水冷却装置的用水量应按储罐的保护面积与冷却水的供水强度等经计算确定。冷却水的供水强度不应小于 0.15 L/(s·m^2),着火罐的保护面积按其全表面积计算,距着火罐直径(卧式罐按其直径和长度之和的一半)1.5 倍范围内的相邻储罐的保护面积按其表面积的一半计算。

②水枪用水量不应小于表 10.13 的规定。

③埋地的液化石油气储罐可不设固定喷水冷却装置。

表 10.13　液化石油气储罐(区)的水枪用水量

总容积 V/m^3	$V\leqslant500$	$500<V\leqslant2500$	$V>2500$
单罐容积 V/m^3	$V\leqslant100$	$V\leqslant400$	$V>400$
水枪用水量/(L·s^{-1})	20	30	45

注:① 水枪用水量应按本表总容积和单罐容积较大者确定

②总容积小于 50 m^3的储罐区或单罐容积小于或等于 20 m^3的储罐,可单独设置固定喷水冷却装置或移动式水枪,其消防用水量应按水枪用水量计算

室外油浸电力变压器设置水喷雾灭火系统保护时，其消防用水量应按国家标准 GB 50219《水喷雾灭火系统设计规范》的有关规定确定。室外消防给水管道的布置应符合下列规定：

①室外消防给水网应布置成环状，当室外消防用水量小于或等于 15 L/s 时，可布置成枝状。

②向环状管网输水的进水管不应少于两条，当其中一条发生故障时，其余的进水管应能满足消防用水总量的供给要求。

③环状管道应采用阀门分成若干独立段，每段内室外消火栓的数量不宜超过 5 个。

④室外消防给水管道的直径不应小于 DN100。

⑤室外消防给水管道设置的其他要求应符合现行国家标准 GB 50013—2006《室外给水设计规范》的有关规定。

室外消火栓的布置应符合下列规定：

①室外消火栓应沿道路设置。当道路宽度大于 60.0 m 时，宜在道路两边设置消火栓，并宜靠近十字路口。

②甲、乙、丙类液体储罐区和液化石油气储罐区的消火栓应设置在防火堤或防护墙外。距罐壁 15 m 范围内的消火栓，不应计算在该罐可使用的数量内。

③室外消火栓的间距不应大于 120.0 m。

④室外消火栓的保护半径不应大于 150.0 m；在市政消火栓保护半径 150.0 m 以内，当室外消防用水量小于或等于 15 L/s 时，可不设置室外消火栓。

⑤室外消火栓的数量应按其保护半径和室外消防用水量等综合计算确定，每个室外消火栓的用水量应按 10～15 L/s 计算；与保护对象的距离在 5～40 m 范围内的市政消火栓，可计入室外消火栓的数量内。

⑥室外消火栓宜采用地上式消火栓。地上式消火栓应有 1 个 DN150 或 DN100 和 2 个 DN65 的栓口。采用室外地下式消火栓时，应有 DN100 和 DN65 的栓口各 1 个。寒冷地区设置的室外消火栓应有防冻措施。

⑦消火栓距路边不应大于 2.0 m，距房屋外墙不宜小于 5.0 m。

⑧工艺装置区内的消火栓应设置在工艺装置的周围，其间距不宜大于 60.0 m。当工艺装置区宽度大于 120.0 m 时，宜在该装置区内的道路边设置消火栓。

建筑的室外消火栓、阀门、消防水泵接合器等设置地点应设置相应的永久性固定标识。

寒冷地区设置市政消火栓、室外消火栓确有困难的，可设置水鹤等为消防车加水的设施，其保护范围可根据需要确定。

10.3.3 室内消火栓的设置场所

下列建筑应设置 DN65 的室内消火栓：

①建筑占地面积大于 300 m^2 的厂房（仓库）。

②体积大于 5 000 m^3 的车站、码头、机场的候车（船、机）楼、展览建筑、商店、旅馆建筑、病房楼、门诊楼、图书馆建筑等。

③特等、甲等剧场，超过 800 个座位的其他等级的剧场和电影院等，超过 1 200 个座位的礼堂、体育馆等。

④超过 5 层或体积大于 10 000 m^3 的办公楼、教学楼、非住宅类居住建筑等其他民用建筑。

⑤超过 7 层的住宅应设置室内消火栓系统，当确有困难时，可只设置干式消防竖管和不带消火栓箱的 DN65 的室内消火栓。消防竖管的直径不应小于 DN65。

注：耐火等级为一、二级且可燃物较少的单层、多层丁、戊类厂房（仓库），耐火等级为三、四级且建筑体积小于等于 3 000 m^3 的丁类厂房和建筑体积小于等于 5 000 m^3 的戊类厂房（仓库），粮食仓库、金库可不设置室内消火栓。

室内消防用水量及消防给水管道、消火栓和消防水箱用水量应按下列规定经计算确定：

①建筑物内同时设置室内消火栓系统、自动喷水灭火系统、水喷雾灭火系统、泡沫灭火系统或固定消防炮灭火系统时，其室内消防用水量应按需要同时开启的上述系统用水量之和计算；当上述多种消防系统需要同时开启时，室内消火栓用水量可减少 50%，但不得小于 10 L/s。

②室内消火栓用水量应根据水枪充实水柱长度和同时使用水枪数量经计算确定，且不应小于表 10.14 的规定。

③水喷雾灭火系统的用水量应按国家标准 GB 50219《水喷雾灭火系统设计规范》的有关规定确定；自动喷水灭火系统的用水量应按国家标准 GB 50084《自动喷水灭火系统设计规范》的有关规定确定；泡沫灭火系统的用水量应按国家标准 GB 50151《低倍数泡沫灭火系统设计规范》、GB 50196《高倍数、中倍数泡沫灭火系统设计规范》的有关规定确定；固定消防炮灭火系统的用水量应按国家标准 GB 50338《固定消防炮灭火系统设计规范》的有关规定确定。

表 10.14　室内消火栓用水量

建筑物名称	高度 h(m)、层数、体积 V(m^3)或座位数 n(个)		消火栓用水量/($L \cdot s^{-1}$)	同时使用水枪数量/支	每根竖管最小流量/($L \cdot s^{-1}$)
厂房	$h \leqslant 24$	$V \leqslant 10\ 000$	5	2	5
		$V > 10\ 000$	10	2	10
	$24 < h \leqslant 50$		25	5	15
	$h > 50$		30	6	15
仓库	$h \leqslant 24$	$V \leqslant 5\ 000$	5	1	5
		$V > 5\ 000$	10	2	10
	$24 < h \leqslant 50$		30	6	15
	$h > 50$		40	8	15
科研楼、试验楼	$H \leqslant 24, V \leqslant 10\ 000$		10	2	10
	$H \leqslant 24, V > 10\ 000$		15	3	10

注：① 丁、戊类高层厂房（仓库）室内消火栓的用水量可按本表减少 10 L/s，同时使用水枪数量可按本表减少 2 支

② 消防软管卷盘或轻便消防水龙及住宅楼梯间中的干式消防竖管上设置的消火栓，其消防用水量可不计入室内消防用水量

室内消防给水管道的布置应符合下列规定：

①室内消火栓超过 10 个且室外消防用水量大于 15 L/s 时，其消防给水管道应连成环状，且至少应有两条进水管与室外管网或消防水泵连接。当其中一条进水管发生事故时，其余的进水管应仍能供应全部消防用水量。

②高层厂房（仓库）应设置独立的消防给水系统。室内消防竖管应连成环状。

③室内消防竖管直径不应小于 DN100。

④室内消火栓给水管网宜与自动喷水灭火系统的管网分开设置；当合用消防泵时，供水管路应在报警阀前分开设置。

⑤高层厂房（仓库）、设置室内消火栓且层数超过 4 层的厂房（仓库）、设置室内消火栓且层数超过 5 层的公共建筑，其室内消火栓给水系统应设置消防水泵接合器。

消防水泵接合器应设置在室外便于消防车使用的地点，与室外消火栓或消防水池取水口的距离宜为 15.0～40.0 m。

消防水泵接合器的数量应按室内消防用水量计算确定。每个消防水泵接合器的流量宜按 10～15 L/s 计算。

⑥室内消防给水管道应采用阀门分成若干独立段。对于单层厂房（仓库），检修停止使用的消火栓不应超过 5 个。对于其他厂房（仓库），室内消防给水管道上阀门的布置应保证检修管道时关闭的竖管不超过 1 根，但设置的竖管超过 3 根时，可关闭 2 根。

阀门应保持常开，并应有明显的启闭标志或信号。

⑦消防用水与其他用水合用的室内管道，当其他用水达到最大小时流量时，应仍能保证供应全部消防用水量。

⑧允许直接吸水的市政给水管网，当生产、生活用水量达到最大且仍能满足室内外消防用水量时，消防泵宜直接从市政给水管网吸水。

⑨严寒和寒冷地区非采暖的厂房（仓库）及其他建筑的室内消火栓系统，可采用干式系统，但在进水管上应设置快速启闭装置，管道最高处应设置自动排气阀。

室内消火栓的布置应符合下列规定：

① 除无可燃物的设备层外，设置室内消火栓的建筑物，其各层均应设置消火栓。

单元式、塔式住宅的消火栓宜设置在楼梯间的首层和各层楼层休息平台上，当设 2 根消防竖管确有困难时，可设 1 根消防竖管，但必须采用双口双阀型消火栓。干式消火栓竖管应在首层靠出口部位设置便于消防车供水的快速接口和止回阀。

②消防电梯间前室内应设置消火栓。

③室内消火栓应设置在位置明显且易于操作的部位。栓口离地面或操作基面高度宜为 1.1 m，其出水方向宜向下或与设置消火栓的墙面成 90°角；栓口与消火栓箱内边缘的距离不应影响消防水带的连接。

④冷库内的消火栓应设置在常温穿堂或楼梯间内。

⑤室内消火栓的间距应由计算确定。高层厂房（仓库）、高架仓库和甲、乙类厂房中室内消火栓的间距不应大于 30.0 m；其他单层和多层建筑中室内消火栓的间距不应大于 50.0 m。

⑥同一建筑物内应采用统一规格的消火栓、水枪和水带。每条水带的长度不应大于 25.0 m。

⑦室内消火栓的布置应保证每一个防火分区同层有两支水枪的充实水柱同时到达任何

部位。建筑高度小于或等于 24.0 m 且体积小于或等于 5 000 m^3 的多层仓库，可采用 1 支水枪充实水柱到达室内任何部位。

水枪的充实水柱应经计算确定，甲、乙类厂房，层数超过 6 层的公共建筑和层数超过 4 层的厂房(仓库)，不应小于10.0 m；高层厂房(仓库)、高架仓库不应小于 13.0 m；其他建筑，不宜小于 7.0 m。

⑧高层厂房(仓库)和高位消防水箱静压不能满足最不利点消火栓水压要求的其他建筑，应在每个室内消火栓处设置直接启动消防水泵的按钮，并应有保护设施。

⑨室内消火栓栓口处的出水压力大于 0.5 MPa 时，应设置减压设施；静水压力大于 1.0 MPa时，应采用分区给水系统。

⑩设有室内消火栓的建筑，如为平屋顶时，宜在平屋顶上设置试验和检查用的消火栓。

设置常高压给水系统并能保证最不利点消火栓和自动喷水灭火系统等的水量和水压的建筑物，或设置干式消防竖管的建筑物，可不设置消防水箱。

建筑的室内消火栓、阀门等设置地点应设置永久性固定标识。设置临时高压给水系统的建筑物应设置消防水箱(包括气压水罐、水塔、分区给水系统的分区水箱)。消防水箱的设置应符合下列规定：

①重力自流的消防水箱应设置在建筑的最高部位。

②消防水箱应储存 10 min 的消防用水量。当室内消防用水量小于或等于 25 L/s，经计算消防水箱所需消防储水量大于 12 m^3时，仍可采用 12 m^3；当室内消防用水量大于 25 L/s，经计算消防水箱所需消防储水量大于 18 m^3时，仍可采用 18 m^3。

③消防用水与其他用水合用的水箱应采取消防用水不作他用的技术措施。

④发生火灾后，由消防水泵供给的消防用水不应进入消防水箱。

⑤消防水箱可分区设置。

10.3.4　自动灭火系统的设置场所

下列场所应设置自动灭火系统，除不宜用水保护或灭火者以及本规范另有规定者外，宜采用自动喷水灭火系统：

①大于或等于 50 000 纱锭的棉纺厂的开包、清花车间；大于或等于 5 000 锭的麻纺厂的分级、梳麻车间；火柴厂的烤梗、筛选部位；泡沫塑料厂的预发、成型、切片、压花部位；占地面积大于 1 500 m^2 的木器厂房；占地面积大于 1 500 m^2 或总建筑面积大于 3 000 m^2 的单层、多层制鞋、制衣、玩具及电子等厂房；高层丙类厂房；飞机发动机试验台的准备部位；建筑面积大于500 m^2 的丙类地下厂房。

②每座占地面积大于 1 000 m^2 的棉、毛、丝、麻、化纤、毛皮及其制品的仓库；每座占地面积大于 600 m^2 的火柴仓库；邮政楼中建筑面积大于 500 m^2 的空邮袋库；建筑面积大于 500 m^2 的可燃物品地下仓库；可燃、难燃物品的高架仓库和高层仓库(冷库除外)。

③设置有送回风道(管)的集中空气调节系统且总建筑面积大于 3 000 m^2 的办公楼等。

下列工业部位宜设置水幕系统：

①应设防火墙等防火分隔物而无法设置的局部开口部位。

②需要冷却保护的防火卷帘或防火幕的上部。

下列工业场所应设置雨淋喷水灭火系统：

①火柴厂的氯酸钾压碾厂房;建筑面积大于 100 m^2生产、使用硝化棉、喷漆棉、火胶棉、赛璐珞胶片、硝化纤维的厂房。

②建筑面积超过 60 m^2或储存量超过 2 t 的硝化棉、喷漆棉、火胶棉、赛璐珞胶片、硝化纤维的仓库。

③日装瓶数量超过 3 000 瓶的液化石油气储配站的灌瓶间、实瓶库。

下列场所应设置自动灭火系统,且宜采用水喷雾灭火系统:

①单台容量在 40 MV·A 及以上的厂矿企业油浸电力变压器、单台容量在 90 MV·A 及以上的油浸电厂电力变压器,或单台容量在 125 MV·A 及以上的独立变电所油浸电力变压器。

②飞机发动机试验台的试车部位。甲、乙、丙类液体储罐等泡沫灭火系统的设置场所应符合现行国家标准 GB 50074《石油库设计规范》、GB 50160《石油化工企业设计防火规范》、GB 50183《石油天然气工程设计防火规范》等的有关规定。

建筑面积大于 5 000 m^2且无法采用自动喷水灭火系统的丙类厂房,宜设置固定消防炮等灭火系统。

10.3.5　消防水池与消防水泵房

符合下列规定之一的,应设置消防水池:

①当生产、生活用水量达到最大时,市政给水管道、进水管或天然水源不能满足室内外消防用水量。

②市政给水管道为枝状或只有 1 条进水管,且室内外消防用水量之和大于 25 L/s。

消防水池应符合下列规定:

①当室外给水管网能保证室外消防用水量时,消防水池的有效容量应满足在火灾延续时间内室内消防用水量的要求。当室外给水管网不能保证室外消防用水量时,消防水池的有效容量应满足在火灾延续时间内室内消防用水量与室外消防用水量不足部分之和的要求。

当室外给水管网供水充足且在火灾情况下能保证连续补水时,消防水池的容量可减去火灾延续时间内补充的水量。

②补水量应经计算确定,且补水管的设计流速不宜大于 2.5 m/s。

③消防水池的补水时间不宜超过 48 h;对于缺水地区或独立的石油库区,不应超过 96 h。

④容量大于 500 m^3的消防水池,应分设成两个能独立使用的消防水池。

⑤供消防车取水的消防水池应设置取水口或取水井,且吸水高度不应大于 6.0 m。取水口或取水井与建筑物(水泵房除外)的距离不宜小于 15 m;与甲、乙、丙类液体储罐的距离不宜小于 40 m;与液化石油气储罐的距离不宜小于 60 m,如采取防止辐射热的保护措施时,可减为 40 m。

⑥消防水池的保护半径不应大于 150.0 m。

⑦消防用水与生产、生活用水合并的水池,应采取确保消防用水不作他用的技术措施。

⑧严寒和寒冷地区的消防水池应采取防冻保护设施。

不同场所的火灾延续时间不应小于表 10.15 的规定:

表 10.15 不同场所的火灾延续时间

建筑类别	场所名称	火灾延续时间/h
甲、乙、丙类液体储罐	浮顶罐	4.0
	地下和半地下固定顶立式罐、覆土储罐	
	直径小于等于 20.0 m 的地上固定顶立式罐	
	直径大于 20.0 m 的地上固定顶立式罐	6.0
液化石油气储罐	总容积大于 220 m^3 的储罐区或单罐容积大于 50 m^3 的储罐	
	总容积小于或等于 220 m^3 的储罐区且单罐容积小于或等于 50 m^3 的储罐	3.0
可燃气体储罐	湿式储罐	
	干式储罐	
	固定容积储罐	
可燃材料堆场	煤、焦炭露天堆场	
	其他可燃材料露天、半露天堆场	6.0
仓库	甲、乙、丙类仓库	3.0
	丁、戊类仓库	2.0
厂房	甲、乙、丙类厂房	3.0
	丁、戊类厂房	2.0
	居住建筑	
灭火系统	自动喷水灭火系统	应按相应现行国家标准确定
	泡沫灭火系统	
	防火分隔水幕	

独立建造的消防水泵房，其耐火等级不应低于二级。消防水泵房设置在首层时，其疏散门宜直通室外；设置在地下层或楼层上时，其疏散门应靠近安全出口。消防水泵房的门应采用甲级防火门。

消防水泵房应有不少于两条的出水管直接与消防给水管网连接。当其中一条出水管关闭时，其余的出水管应仍能通过全部用水量。出水管上应设置试验和检查用的压力表和 DN65 的放水阀门。当存在超压可能时，出水管上应设置防超压设施。

一组消防水泵的吸水管不应少于 2 条。当其中一条关闭时，其余的吸水管应仍能通过全部用水量。消防水泵应采用自灌式吸水，并应在吸水管上设置检修阀门。

当消防水泵直接从环状市政给水管网吸水时，消防水泵的扬程应按市政给水管网的最低压力计算，并以市政给水管网的最高水压校核。

消防水泵应设置备用泵，其工作能力不应小于最大一台消防工作泵。当工厂、仓库、堆场和储罐的室外消防用水量小于或等于 25 L/s 或建筑的室内消防用水量小于或等于 10 L/s时，可不设置备用泵。消防水泵应保证在火警后 30 s 内启动。

10.4 防烟与排烟

10.4.1 一般要求

建筑中的防烟可采用机械加压送风防烟方式或可开启外窗的自然排烟方式。建筑中的排烟可采用机械排烟方式或可开启外窗的自然排烟方式。防烟楼梯间及其前室、消防电梯间前室或合用前室应设置防烟设施。下列场所应设置排烟设施：

①丙类厂房中建筑面积大于 300 m^2的地上房间；人员、可燃物较多丙类厂房或高度大于 32.0 m 的高层厂房中长度大于 20.0 m 的内走道；任一层建筑面积大于 5 000 m^2的丁类厂房。

②占地面积大于 1 000 m^2的丙类仓库。

③总建筑面积大于 200 m^2或一个房间建筑面积大于 50 m^2且经常有人停留或可燃物较多的地下、半地下建筑或地下室、半地下室。

④其他建筑中长度大于 40.0 m 的疏散走道。

机械排烟系统与通风、空气调节系统宜分开设置。当合用时，必须采取可靠的防火安全措施，并应符合机械排烟系统的有关要求。防烟与排烟系统中的管道、风口及阀门等必须采用不燃材料制作。排烟管道应采取隔热防火措施或与可燃物保持不小于 150 mm 的距离。排烟管道的厚度应按现行国家标准 GB 50243《通风与空调工程施工质量验收规范》的有关规定执行。机械加压送风管道、排烟管道和补风管道内的风速应符合下列规定：

①采用金属管道时，不宜大于 20.0 m/s。

②采用非金属管道时，不宜大于 15.0 m/s。

10.4.2 自然排烟

设置自然排烟设施的场所，其自然排烟口的净面积应符合下列规定：

①防烟楼梯间前室、消防电梯间前室，不应小于 2.0 m^2；合用前室，不应小于 3.0 m^2。

②靠外墙的防烟楼梯间，每 5 层内可开启排烟窗的总面积不应小于 2.0 m^2。

③其他场所，宜取该场所建筑面积的 2%～5%。

当防烟楼梯间前室、合用前室采用敞开的阳台、凹廊进行防烟，或前室、合用前室内有不同朝向且开口时，该防烟楼梯间可不设置防烟设施。作为自然排烟的窗口宜设置在房间的外墙上方或屋顶上，并应有方便开启的装置。自然排烟口距该防烟分区最远点的水平距离不应超过 30.0 m。

10.4.3 机械防烟

下列场所应设置机械加压送风防烟设施：

①不具备自然排烟条件的防烟楼梯间。

②不具备自然排烟条件的消防电梯间前室或合用前室。

③设置自然排烟设施的防烟楼梯间，其不具备自然排烟条件的前室。

机械加压送风防烟系统的加压送风量应经计算确定。当计算结果与表 10.16 的规定不一致时，应采用较大值。

表 10.16　最小机械加压送风量

条件和部位		加压送风量/($m^3 \cdot h^{-1}$)
前室不送风的防烟楼梯间		25 000
防烟楼梯间及其合用前室分别加压送风	防烟楼梯间	16 000
	合用前室	13 000
消防电梯间前室		15 000
防烟楼梯间采用自然排烟，前室或合用前室加压送风		22 000

注：表内风量数值是按开启宽×高=1.5 m×2.1 m 的双扇门为基础的计算值。当采用单扇门时，其风量宜按表列数值乘以 0.75 确定；当前室有 2 个或 2 个以上门时，其风量应按表列数值乘以 1.50～1.75 确定。开启门时，通过门的风速不应小于 0.70 m/s

防烟楼梯间内机械加压送风防烟系统的余压值应为 40～50 Pa；前室、合用前室应为 25～30 Pa。防烟楼梯间和合用前室机械加压送风防烟系统宜分别独立设置。防烟楼梯间的前室或合用前室的加压送风口应每层设置 1 个。防烟楼梯间的加压送风口宜每隔 2～3 层设置 1 个。

机械加压送风防烟系统中送风口的风速不宜大于 7.0 m/s。高层厂房(仓库)的机械防烟系统的其他设计要求应按现行国家标准 GB 50045《高层民用建筑设计防火规范》的有关规定执行。

10.4.4　机械排烟

设置排烟设施的场所当不具备自然排烟条件时，应设置机械排烟设施。需设置机械排烟设施且室内净高小于或等于 6.0 m 的场所应划分防烟分区；每个防烟分区的建筑面积不宜超过 500 m^2，防烟分区不应跨越防火分区。防烟分区宜采用隔墙、顶棚下凸出不小于 500 mm的结构梁以及顶棚或吊顶下凸出不小于 500 mm 的不燃烧体等进行分隔。机械排烟系统的设置应符合下列规定：

①横向宜按防火分区设置。

②竖向穿越防火分区时，垂直排烟管道宜设置在管井内。

③穿越防火分区的排烟管道应在穿越处设置排烟防火阀。排烟防火阀应符合现行国家标准 GB 15931《排烟防火阀的试验方法》的有关规定。

在地下建筑和地上密闭场所中设置机械排烟系统时，应同时设置补风系统。当设置机械补风系统时，其补风量不小于排烟量的 50%。机械排烟系统的排烟量不应小于表 10.17 的规定。

表 10.17　机械排烟系统的最小排烟量

<table>
<tr><th colspan="2">条件和部位</th><th>单位排烟量/($m^3 \cdot h^{-1} \cdot m^{-2}$)</th><th>换气次数/(次·$h^{-1}$)</th><th>备　注</th></tr>
<tr><td colspan="2">担负 1 个防烟分区</td><td rowspan="2">60</td><td rowspan="2">—</td><td rowspan="2">单台风机排烟量不应小于 7 200 m^3/h</td></tr>
<tr><td colspan="2">室内净高大于 6.0 m 且不划分防烟分区的空间</td></tr>
<tr><td colspan="2">担负 2 个及 2 个以上防烟分区</td><td>120</td><td>—</td><td>应按最大的防烟分区面积确定</td></tr>
<tr><td rowspan="2">中庭</td><td>体积小于或等于 17 000 m^3</td><td>—</td><td>6</td><td rowspan="2">体积大于 17 000 m^3 时，排烟量不应小于 102 000 m^3/h</td></tr>
<tr><td>体积大于 17 000 m^3</td><td>—</td><td>4</td></tr>
</table>

机械排烟系统中的排烟口、排烟阀和排烟防火阀的设置应符合下列规定：

①排烟口或排烟阀应按防烟分区设置。排烟口或排烟阀应与排烟风机连锁，当任一排烟口或排烟阀开启时，排烟风机应能自行启动。

②排烟口或排烟阀平时为关闭时，应设置手动和自动开启装置。

③排烟口应设置在顶棚或靠近顶棚的墙面上，且与附近安全出口沿走道方向相邻边缘之间的最小水平距离不应小于 1.50 m。设在顶棚上的排烟口，距可燃构件或可燃物的距离不应小于 1.00 m。

④防烟分区内的排烟口距最远点的水平距离不应超过 30.0 m；排烟支管上应设置当烟气温度超过 280 ℃时能自行关闭的排烟防火阀；排烟口的风速不宜大于 10.0 m/s。

机械加压送风防烟系统和排烟补风系统室外进风口宜布置在室外排烟口的下方，且高差不宜小于 3.0 m；当水平布置时，水平距离不宜小于 10.0 m。排烟风机的设置应符合下列规定：

①排烟风机的全压应满足排烟系统最不利环路的要求。其排烟量应考虑 10%～20% 的漏风量。

②排烟风机可采用离心风机或排烟专用的轴流风机；排烟风机应能在 280 ℃的环境条件下连续工作不少于 30 min；在排烟风机入口处的总管上应设置当烟气温度超过 280 ℃时能自行关闭的排烟防火阀，该阀应与排烟风机连锁，当该阀关闭时，排烟风机应能停止运转。

当排烟风机及系统中设置有软接头时，该软接头应能在 280 ℃的环境条件下连续工作不少于 30 min。排烟风机和用于排烟补风的送风风机宜设置在通风机房内。

复习思考题

10.1　厂房设计应考虑的防爆抗爆措施有哪些？

10.2　试说明隔爆型电气设备的防爆要点。

10.3　试说明厂房室外消防给水管道的布置要求。

10.4　生产中哪些场所应设置排烟设施？

10.5　建筑耐火等级如何划分？

第 11 章　企业各工种的防火防爆

企业主要工种与一般工种是相对而言的，不同性质的企业其含义也不同。以下对一般企业主要工种的防火防爆要求进行介绍。

11.1　焊接工种的防火防爆

焊接有气焊和电焊之分，以火灾危险性来讲，气焊大于电焊。气焊要用氧气、乙炔、天然气、汽油、煤油等，所以，本节重点介绍使用氧气、乙炔气进行焊割的火灾危险性。

11.1.1　气焊、气割设备的安全使用

在气焊作业中多数企业都使用比较安全的溶解乙炔气瓶，但不少中、小企业仍然在使用乙炔发生器，故分别对乙炔发生器和溶解乙炔气瓶的安全使用进行介绍。

1. 乙炔发生器的安全使用

乙炔发生器按乙炔的工作压力分为低压 6.865 kPa 以下，中压 6.865～147.1 kPa。乙炔发生器大小是按其生产率，即每小时发气量决定的。中压式乙炔发生器的生产率一般在 1.0 m^3/h 以下，桶体容量 63 kg，临界压力 107.87 kPa，电石装入量为 5 kg。按碳化钙与水分解方法，乙炔发生器又可分为电石入水式和水管给水式。移动式乙炔发生器过去采用低压挂篮式，现已改为中压接触式。

乙炔发生器发生燃烧和爆炸的原因如下：

(1)氧或空气进入乙炔发生器，形成爆炸性混合物，遇焊炬回火，当水封安全器失效时，即引起爆炸。

(2)乙炔发生器内温度过高，乙炔产生“聚合”反应而爆炸。水管给水式乙炔发生器的电石抽斗在换料时，如发生器内温度未冷却，接触空气时，其内会引起燃烧。

(3)碳化钙中含磷化钙过多，遇水产生磷化氢自燃或爆炸。

(4)乙炔发生器大量漏气时，乙炔气遇明火、火花或灼热物体，即能引起燃烧或爆炸。

(5)电石中铁屑未消除，在加料时，可能产生火花引起爆炸。

乙炔发生器的安全使用必须注意以下几点：

(1)必须安装符合要求的回火防止器。多台乙炔发生器汇气总管与每台乙炔发生器之间，必须设置回火防止器；接至车间的乙炔管道，必须设置回火防止器；每把焊炬与每台乙炔发生器之间必须设置回火防止器。

(2)中压式乙炔发生器上应装压力表和爆破片(厚度不大于 0.18 mm 的铝质薄片)。

(3)要按照规定使用粒度大小适当的电石，禁止使用含磷化物量超过允许限量和含杂质太多的电石，禁止使用过小的电石。一次加入电石量不能太多，应按规定操作。

(4)乙炔发生器内的水要保持在规定的水位线上，在工作中每班应检查水位两次，发现

水位降低，应补充，但水位不得高于控制阀，水温不得超过 50～80 ℃，并经常保持清洁。电石分解后的灰浆、灰渣要及时清除。

(5)乙炔发生器在使用前，应把可能存在的乙炔一空气混合气体排出，有条件的企业可用氮气吹洗固定式乙炔发生器，并将气体从乙炔放空管排至室外。

(6)只能采用肥皂水检查乙炔发生器及附件、管道是否漏气，严禁使用明火。在寒冷天气要防止乙炔发生器结冰。如结冰，只能用热水或蒸汽解冻，严禁使用明火烘烤。

(7)乙炔发生器上的附件及检查用的工具，只能使用含铜量在 70%以下的黄铜。动火检修应取得安全、消防部门的同意。检修时，必须将乙炔站内设备中、管道中的气体全部清除。

(8)工作结束，应立即关闭回火防止器前面的进气阀门，使用移动式乙炔发生器，在下班前，要把发生器内的残渣清除干净，不得残留乙炔余气。在下班前应将电石渣运到指定地点，进行彻底消除。

2. 溶解乙炔气瓶的安全使用

(1)禁止敲击、碰撞，严禁遭受剧烈振动，以免瓶内多孔填料下沉而形成空洞。

(2)不得靠近热源和电气设备，夏季要防晒，与明火距离不小于 10 m。

(3)瓶阀冻结时严禁用明火烘烤，应用 40 ℃温水解冻。

(4)严禁采用电池吸盘、链绳吊装。

(5)严禁放置在不通风、有放射性射线的场所及橡胶绝缘体上。

(6)使用时应妥善安放，防止倾倒，严禁卧放使用。当卧放的乙炔瓶直立使用时，必须静置 20 min 才能使用。

(7)使用时不能与氧气瓶同放一处。

(8)必须使用专用的减压器、回火防止器。

(9)开启瓶阀时，应站在阀口侧后方，动作要轻缓，一般不要超过一转半，通常只须开启四分之三。

(10)使用压力不得超过 147 kPa，输气流速不应超过 1.5 m^2/(h · 瓶)。

(11)严禁使用铜、银、汞及其制品与乙炔接触，使用时其合金含铜、银量应小于 70%。

(12)瓶内气体严禁用尽，必须留有一定的剩余压力(余压)。在一般情况下，剩余压力应不小于 0.1 MPa。

3. 回火防止器的作用和使用要求

回火是指氧一乙炔混合气体，在焊炬的混合气室燃烧并向输送乙炔气的胶管扩散倒燃的现象。回火能引起乙炔发生器爆炸。产生回火的主要原因是：

(1)火焰燃速大于混合气体供应的速度，气体补充不上，火焰就向焊(割)炬里燃烧。

(2)焊(割)嘴堵塞，使气体供应不上。

(3)焊(割)嘴过热，引起燃烧速度加快。

(4)焊(割)炬与工作场地距离过小，气体导管受压阻塞，使混合气体流出速度降低。

(5)气体导管内存在氧一乙炔混合气体。

回火防止器有以下作用：

(1)根据水封安全器的原理，切断乙炔通路，防止继续燃烧。并应用泄压孔和防爆泄压膜的原理，将爆炸混合气体排入大气，防止进入乙炔发生器，保护乙炔发生器和导管在发生器回火时，不致爆炸。

(2)保护乙炔发生器和导管不致进入空气和氧气。

回火防止器分低压式和中压式两种。低压式实际上是一种水封安全器，当发生回火时，爆炸性气体沿安全管排到大气中，而乙炔管内仍充满水柱，防止爆炸性气体进入乙炔发生器。中压式回火防止器顶部有防爆泄压膜片，能被高压、爆炸性气体冲破，其底部的逆止阀能切断乙炔气源。

回火防止器的使用要求如下：

(1)性能必须可靠，一切失效的和不相适应的不能使用。

(2)一个回火防止器只能接一个焊(割)炬。

(3)必须垂直放置。

(4)回火发生后，要将回火防止器重新灌水，调换膜片，检查逆止阀，调至正常。

4.焊(割)炬的安全使用

(1)焊(割)炬主要是喷式。使用前要检查射、吸情况是否正常。检查方法是将氧气软管接上焊(割)炬，向焊(割)炬内输送氧气，再将乙炔阀门打开，用手指按压检查焊(割)炬上乙炔接头处是否有一股抽吸力(负压)，如果没有抽吸力，应拆下来检查，排除故障后方可使用。

(2)乙炔和氧气软管也应事先分别用乙炔气和氧气吹涤，排除落入其中的固体微粒及乙炔软管内的空气，并检查软管有无破损漏气，接口螺丝是否拧紧。

(3)点火工作时，应先开氧气阀，再开乙炔气阀，点火后再调节火焰至要求的焰性(如中性焰、氧化焰等)。使用割炬，预热火焰调节正常后，再开启切割氧气焰。

(4)熄火时，先关乙炔阀，再关氧气阀，防止回火。

(5)当焊(割)炬发生回火，立即关闭乙炔气阀，然后再关氧气阀。

(6)工作完毕，一定要将乙炔、氧气来源切断。将焊(割)炬放在通风处的固定架子上，不能乱放在不通风的地点。

(7)焊(割)炬嘴如被金属溶渣或杂物堵塞迫使氧气和火焰向压力低的乙炔管倒流，是造成回火爆炸的一个原因。遇焊嘴堵塞，应用黄铜针清理。

11.1.2　非固定的焊、割地点的防火要求

(1)对焊接、气割操作人员应进行防火安全技术培训和定期考核，操作人员应严格遵守焊接、气割的各项安全规程。焊、割人员需要经安全技术考试合格后，才能独立进行操作。

(2)具有易燃、爆炸和有重大火灾危险的工矿企业，必须执行“明火作业审批制度”，未经本单位领导和安全、保卫部门三级审批，不得在禁火区内进行焊接、气割作业。

(3)如需要进行临时焊接、气割作业，事先也必须向本单位的安全、消防、保卫部门报告，并采取必要的安全措施，方可进行。

(4)临时用的移动式乙炔发生器，电石盛装量不得大于10 kg，并应放置在室外，不得放在架空电线下、锅炉旁边、通风机吸气口附近以及储气罐、油罐等的周围。

(5)氧气瓶、乙炔发生器与焊接地点及各种明火之间的距离不得小于10 m，如工作特殊需要，至少应有5 m的距离。乙炔发生器与氧气瓶之间也保持5 m以上的距离。

(6)应彻底清除焊接、气割地点周围10 m范围内的一切可燃物，因特殊情况，确实无法

清除的可燃物，应当采取措施，用耐火材料进行严密遮盖和隔离，以防焊接、气割的火星引起燃烧。并派专人监视，准备好灭火设备。可燃物包括建筑、构造物上的可燃材料。特别是在风较大时或高处进行焊接和气割作业，火星飞溅范围广，更要注意防范工作。

(7)用铁板分隔的船舱等部位，进行焊接、气割作业前，要对周围相邻舱间进行仔细检查，清除可燃物并采用降温等方法防止铁板传热，防止引燃隔舱中可燃物、隔音材料和油漆。

(8)在船舱内焊接后，应将焊炬设备拿出舱外，放置在安全地点，作业前应对焊、割地点进行检查，察看建筑结构、周围环境、通风条件、作业对象以及附近有无可燃物等，再对焊、割工具、设备和附件进行检查。作业后，也应对作业地点周围进行仔细检查，检查有无遗漏火种，有无阴燃物质，焊、割设备是否漏气等。

(9)企业内专、兼职义务消防队、安全值班员应对临时性焊接、气割作业地点进行重点防火检查。在火灾危险性大的场所进行焊接、气割作业时，还要派消防人员或消防车值班。

11.1.3 焊接、检修盛装易燃、易爆物品容器与管道的防火防爆措施

盛装易燃、易爆物品容器，在工作中因承受内部介质的压力、温度、化学与电化腐蚀的作用，或由于结构、材料及焊接工业的缺陷，在使用过程中可能产生裂缝和穿孔。所以抢修和定期检查时，经常会遇到盛装易燃、易爆物品容器与管道需要动火焊补。这类焊接往往是在任务急、时间紧，处于易燃、易爆、易中毒情况下进行的。尤其是在化工、炼油和冶炼等具有连续性生产特点的企业，有时还要在高温高压下进行抢修，稍有疏忽，容易发生火灾、爆炸和中毒事故，这类事故往往引起整个厂房或整个燃料供应系统的爆炸，后果十分严重。

(1)盛装易燃、易爆物品容器、设备、管道等，需要检修时，首先清除容器、设备、管道内的所有物料，打开入孔或罐盖，进行通风，然后拆掉阀门和管道接头及通油罐的管道，油罐的自然通风时间为 7 天左右。

(2)储存不同性质的易燃液体的设备需清除铁锈、残渣时，必须用水或水蒸气冲洗 3 次，然后用气体测爆仪进行测定，测定的成分指标都在爆炸下限的 2/3 时，才符合安全作业条件，经单位消防、保卫部门和公安消防监督机关批准后，才能进行焊接、气割。

(3)如油罐、设备距动火地点比较近，这些油罐和设备也应清除剩油，喷水冷却，罐上注入孔、阀门应采用湿麻布包扎好。特别要注意附近是否有架空气体管道及其是否有气体排出，如果有，必须采取措施，以避免遇到火星引起燃烧。

(4)焊工在油罐区进行焊接前，应领取“动火用火证”，才能进行工作。

(5)进油罐或设备内检修使用的移动式照明灯具，应用电压不超过 12 V 的手提防爆灯，导线绝缘层必须保持良好。

(6)在焊接时应注意风向，防止火星飞溅。应注意周围油沟和下水道是否有剩油，如有剩油必须清理干净，或采取遮盖措施。

(7)检修完毕后，检查是否有漏掉之处，如有，应及时补焊好。

(8)焊接、气割处尚未冷却前，不能投料生产。

11.1.4 电弧焊的防火要求

电弧焊是利用电弧产生的热来熔化金属，达到连接工件的目的。焊接时以焊条为一极，工件为另一极，在两电极之间气体介质中产生强烈而持久的放电现象。

电弧焊是把电能转换为热能。产生电弧时，在弧柱中间充满了高达 6 000 ℃的电离气体，溶液的温度也在 2 000 ℃左右，飞溅的灼热铁屑，温度也很高，所以电弧焊防火、防爆的安全工作是十分重要的。此外，高温电弧还会产生强烈的辐射和有毒气体、粉尘以及触电事故等。

在大量存放易燃、易爆物料的设备、储罐厂进行电弧焊作业时，安全问题尤为突出。对盛放易燃、易爆物品容器、设备的修焊以及在易燃、易爆物品周围焊接时的防火、防爆安全技术，电弧焊与气焊、气割有相同之处。此外，电焊时还需要注意焊机接地回路的安设问题。

焊机接地回线是为了焊接时形成一个电路回路，如果接地不良，也可能引起事故。因此，使用接地回线必须符合下述要求：

(1)接地回线可使用焊接电缆，但不应用裸电缆，而且电缆不得与易燃液体和可燃气体触碰产生火花，引起燃烧爆炸。

(2)接地回路也允许借用各种导电良好并接地的金属构架、构件、管道。但接地线路不允许连接在可燃气体、易燃液体的管道、容器和设备上。否则，当焊机工作时，由于连接处存在较大的接触电阻，产生电阻热，或在引弧时，由于冲击电流的作用产生火花，导致可燃气体、蒸气燃烧爆炸。

(3)接地回路的线路应尽可能短，过长会增加线路电能损耗，又容易使线路复杂。特别是石油化工厂，有许多金属构架、管道，其相互接触，又会与各种可燃、易燃物料的容器、设备接触。因此，选用接地回线要慎重，否则就有可能引起意想不到的燃烧、爆炸事故。

11.2　沥青熬炼工种的防火防爆

沥青熬炼和配制沥青制品既要用沥青、汽油等可燃、易燃物质，又要使用明火加温，稍有不慎就会发生火灾。

11.2.1　沥青熬炼的生产工艺及火灾危险性

建筑施工临时现场熬炼沥青使用的燃料，一般有柴、煤、焦炭、柴油等。固定的沥青熬炼点，使用的热源有蒸气、天然气、炉煤气、烟道气和红外线，一般设在固定的房子里。建筑单位多用临时灶，烧大锅进行熬炼。在公路养护中采用活动炉桥，上面砌砖放桶进行熬炼。

沥青熬炼较好的方法是采用蒸气加热熬炼沥青。熬炼分为两步：第一步是用蒸气加热，其温度在 115 ℃左右，使沥青熔化后流入锅内。第二步用煤作为燃料，加热装在锅内的沥青。沥青受热升温，在规定温度范围内，脱去水分，这种加热熬炼方法比较安全。更为先进的方法是用红外线来熬炼沥青。该方法既提高了熬炼质量，又能防止熬炼温度过高，引起火灾。

1. 沥青熬炼的火灾危险性

沥青熬炼和稀释中的火灾危险性主要是：

(1)温度过高，发生燃烧。由于熬炼沥青是明火熬炼，一旦加热时温度过高，超过升温的允许规定就会着火。

(2)沥青中含水过多，熬炼过程中容易发生火灾。由于石油沥青比水轻，煤沥青比水重，因此沥青与水分层。沥青中若含水过多，受到高热后就会使水迅速汽化，使沥青膨胀引起沸溢或喷溅。

(3)熬炼时,操作人员擅离职守,温度过高,发生燃烧。

(4)如锅中含水过多,加料过快、过多,也会造成锅内沥青沸溢,遇火燃烧。

(5)熬锅中加入沥青过满,超过熬锅容量的80%,温度过高就会外溢。

(6)熬炼沥青的容器破漏,沥青流出遇火发生燃烧。

(7)沥青与河沙、石子混合时,如果河沙、石子温度过高也容易引起燃烧。

(8)使用天然气作为热源时,因天然气压力突然升高,导致沥青温度过高而燃烧。在使用天然气作为热源进行保温时,如果小火焰被风吹灭,炉膛内的天然气一旦达到爆炸极限(5%～15%),重新点火时,还会发生炉膛爆炸。

(9)在加热桶装沥青,从桶中取出沥青时,尤其在将桶进行横式加热时,若桶的出口被堵塞就会发生爆炸。爆炸后,热沥青从桶的两端薄弱环节冲出会造成人员伤亡。

(10)熬炼沥青的地点选择不当,如发生火灾,会扩大火势蔓延。如果熬炼沥青地点与周围的房屋距离太近或高于建筑物,或在熬炼地点附近树木茂密,可燃物较多,沥青膨胀一旦外流或沥青锅翻倒、塌落,沥青着火后四处扩散,使火势蔓延扩大。

2.沥青稀释过程中的火灾危险性

在稀释沥青过程中,有高温液态下的沥青,又有汽油等易燃液体作为稀释剂,稍有不慎就容易发生燃烧造成火灾。汽油的理化性质简述如下。

汽油是从原油中提炼出来的,是易燃液体。在常温下易挥发。按火灾危险性分类,汽油属于一级危险性液体,其闪点为－45～10 ℃,相对体积质量为0.67～0.71,沸点为50～150 ℃,自燃点为415～530 ℃,爆炸浓度极限为1%～6%,爆炸温度极限为－36～17 ℃。从汽油分子式的组成中,可以看出它的成分都是由碳和氢两种元素组成的,是一种碳氢化合物。其含碳量在80%以上,因此着火后,燃烧快,火苗长,火势猛,温度高,辐射热强。汽油蒸气相对体积质量比空气大,因此接近地面漂流较远。即使在30 m远处,若遇到明火就会产生回燃,使散发汽油蒸气地点发生火灾。当其蒸气与空气混合后,达到爆炸极限,遇到明火时就会发生爆炸,产生很大压力,使建筑物和容器受到破坏,造成人员伤亡,物质受到严重损失。

汽油是一种能带电荷的介质,它在运动中容易产生静电,会导致火灾。若汽油与桶壁、罐壁、管壁摩擦,或在汽油倾倒中,或在外力作用下,造成汽油本身相互冲击等,都会产生静电(电压最高可达2～3万伏),当静电达到500 V以上时,就会产生电火花,而使汽油着火。

汽油对温度反应也很敏感,受热容易膨胀,蒸气压力会随着温度上升而增大,因此桶装、罐装过满时易发生物理性爆炸。

在稀释过程中,由于沥青温度高,稀释剂中的汽油是一级危险液体,因此在加稀释剂时火灾危险性很大,需要特别注意。在沥青稀释时,火灾危险性主要是:

(1)兑溶剂时,离明火太近会发生火灾。这是因为汽油蒸气比空气重,接近地面,漂流出来后,接触加热点的明火,产生回流引起稀释点汽油燃烧,造成火灾。例如,某公司在面粉厂修建圆筒仓库时,由于稀释沥青地点距熬炼沥青的明火地点只有十米多,稀释沥青产生的汽油蒸气靠近地面漂流,遇到熬炼地点的明火,产生回燃,引燃稀释点的沥青和汽油,火又蹿至充满汽油蒸气的仓库内,造成重大损失。

(2)沥青温度过高,未冷却到110 ℃以下就加入汽油,引起燃烧。

(3)违反稀释操作安全规程，错误地将沥青倒入汽油中，引起燃烧。

11.2.2　沥青熬炼中防火安全措施

1.防火安全措施

(1)熬炼沥青必须严格遵守安全操作规程。

(2)加强对熬炼工人的安全教育和定期进行技术操作知识、安全操作知识的培训；把安全操作规程纳入技术考核中去，作为晋级、评奖的重要内容。未经安全教育和安全知识教育考试不合格者，特别是新工人和调换工种的人员，不能进入生产岗位进行操作。

(3)熬炼地点不应放在地势较高处，应选择地势较平坦的地方，不能靠近居民区，与四周居民房屋要保持10 m的安全距离，并将10 m以内可燃物打扫干净。

(4)固定熬炼沥青工作点的厂房应是耐火一、二级的结构，即砖混结构以上的房屋。严禁在易燃简易棚房内熬炼。

(5)无论是固定或临时熬炼沥青的地点，均应准备一定数量的灭火器材，例如泡沫灭火器、干砂、干粉、铁板、铁盖、石棉毯等。

(6)要对新工人加强防火训练，一旦沥青燃烧着火，能及时将火扑灭。

2.熬炼沥青应注意的安全操作事项

(1)固定熬炼沥青的工作点，如果沥青熬炼量较大，建议采用红外线加热法。

(2)沥青熬炼中应有专人值班，尤其是使用天然气熬炼沥青的单位，在进行沥青保温时，必须专人值班。在熬炼过程中要勤搅拌、勤量温度，避免升温过高酿成火灾。

(3)熬炼沥青的灶的位置要设在建筑物的下风方向，如果受条件限制，操作工人必须提高警惕，加强安全检查，防止事故。

(4)严禁将沥青灶设在高压线下面。

(5)沥青熬炼灶要坚实稳固，要能承受熬锅的重量，避免倒塌，引起熬锅倾覆、沥青外流，造成火灾。

(6)熬锅内的沥青不要装得过满，加入的沥青应为熬锅容量的80%，留出20%的空位，以免膨胀、沸腾溢出。

(7)施工现场的小型熬油桶应随时清理。油锅一般一周应清理一次，经常检查熬油桶和熬油锅是否漏油。

(8)从装有沥青的桶内取沥青时，为防止加热过程中桶爆，不要用大火烧，在动桶时要特别注意，桶烧后要将沥青一次倒干净，烧后的桶不要去摸它，防止桶爆伤人。

(9)如何防止沥青在熬炼时的喷溅、外溢是安全熬炼的关键。因此在沥青加热脱水时，为防止膨胀，对含水较多的沥青要一点一点地慢慢加，严防把冷沥青加得过多、过快、过急。

(10)在对沥青加热时，应按规范要求，不要超温。$10^{\#}$，$30^{\#}$，$60^{\#}$，$200^{\#}$沥青的熬炼温度分别不得超过240 ℃，210 ℃，180 ℃，150 ℃，煤沥青最高不得超过150 ℃。

(11)熬炼过程中突然遇到雷阵雨时，要用防雨工具盖上，尤其在夏天的雷雨季节，要充分做好防雨准备。盖的方法是先盖上硬的物质(铁板等)，后盖软的物质(河沙等)。

(12)对熬炼好的沥青也要采取防雨措施。出厂时要严格检查，防止雨水渗入，并向运输人员交代清楚，要做好防雨工作。

(13)运输高温沥青的工具要牢固。运输工具不牢固,绳断后易烫伤人。要用氧焊的油桶,不能用锡焊,因锡焊的桶容易被烫化。

3. 沥青加溶剂时应注意的事项

(1)只能在沥青冷却到110 ℃以下时,才能逐渐加稀释用的溶剂。加稀释剂时要先少后多,充分搅匀,不用时要加盖密封。

(2)加稀释剂的地点要远离明火 30 m,在加稀释剂的地方不许吸烟、划火柴、用打火机。

(3)沥青加热点要放在加稀释剂地点的上风方向,以汽油作为稀释剂为例表示如下:

上风　30 m →下风　12 m→下风　12 m

沥青加热点→稀释点→ 建筑物

(4)加稀释剂的地点要充分做好灭火准备工作,即准备好灭火工具。灭火一般采用窒息法,即密封办法,先用铁板盖,再盖干河沙、干煤灰等。河沙、煤灰不能用湿的,越湿火越大,因水分多更易使高温沥青膨胀。

11.3 木工工种的防火防爆

木材作业中,由于有大量的可燃物(木材)、易燃物(刨花等)、易爆物质(粉尘等),如果用火不慎,违反防火规定或防火措施不力,则有可能引起火灾爆炸。

11.3.1 木工生产中的火灾危险性

(1)木工生产过程中的火灾危险性是很大的。木材是可燃的,生产过程中形成的锯屑、刨花、粉尘等也是可燃物。加工生产时要用电、用热,因此,具备了发生火灾的条件。

(2)有些建筑公司的木工生产车间、木工房等为简陋的建筑结构,其内部堆放大量原料、半成品、成品,往往在通道上也堆积了一些原料、半成品或废料,有的单位还将木工房设在重要物资仓库和生产车间的附近等。因此,一旦着火,就会迅速扩大蔓延,形成更大的火灾。机床和磨光的局部排尘系统也是火势蔓延的重要途径。

(3)用管道蒸气或用烟道气干燥木材的危险性在于锯末和刨花掉落在管道、烟道里或烘房底部铁板上,长时间烘烤有可能着火。烟气干燥的火灾危险性更大。因为这种干燥的载热介质是烟气,温度很高(进口温度为600～700 ℃,出口温度约为2 000 ℃),通过墙壁将热传到干燥室内,或者将热气直接送入干燥室,这就有可能由于烟气温度过高或烟道破裂,火星蹿入室内,使木材过热或接触明火而发生燃烧。尤其是有不少中小型木器厂和企事业单位利用火窑烤烘木材,锯末、木屑会由暗燃转为有火焰的燃烧,势必引起被干燥的木材着火。

(4)在锯木和加工过程中,电锯与木材中的铁钉等碰击产生火花,电锯曲扭引起激烈摩擦生热,皮带卡子与皮带轮摩碰以及砂轮机位置安装不当等,均会产生火星,有可能引燃锯末和刨花。

(5)制品在涂漆和喷漆过程中,使用大量易燃和可燃液体,如油漆、硝基漆、各种溶剂、干性油和植物油等,特别是喷刷硝基漆时,会产生大量蒸气,与空气混合形成爆炸性混合物。

(6)电气设备线路安装不符合要求,乱拉乱接电线,或者在使用中由于超负荷,绝缘破坏,发生短路,或者电气开关下边堆放可燃物质,还有把大灯泡挂在木板上,都能引起木材或废料着火。

(7)有部分木工生产车间、木工房等存在着无章可循或有章不循的情况。有的工人在生产的地方吸烟，乱丢烟头，以及生火取暖和使用明火熬胶，违反安全操作规程等，这都是造成火灾的重要原因之一。

11.3.2　建筑和设备上的防火安全措施

(1)木工生产车间、厂房、木工房、干燥室等应符合《建筑设计防火规范》的要求，如不要将木工生产车间、木工房等靠近或毗邻重要物资仓库和其他重要建筑物等处修建。

(2)木工厂房内一般均采用自然通风，但有锯材、刨制加工、涂漆等车间内应设局部机械排风装置，对有锯末、刨花、废料车间还应设旋风除尘器，在排风管道上须安装阻火闸门。

(3)一般车间的电气设备应按 H－3 级要求进行配装，属于 H－Z 级刨制、磨光车间，电动机应用封闭型，电气照明等设备应采用防爆型，涂漆车间的电气照明，应选用防火防爆形式。

(4)干燥室（烘烤)的热源应尽量不用明火，室内的支架或格板，要用非燃性材料制作。蒸气散热管最好采用光滑面管散热器，不要采用翼形和柱形散热器。要设置两套温度计，以便控制温度。为能及时扑灭火灾，干燥室内应装设消防雨淋管网，其控制阀门要设在室外，不要采用直接烟气干燥，以免蹿入火星引燃木料，要通过耐火隔层烘烤，并要保证烘烤面平整无裂缝，干燥室要有单独的通风装置，通风道中应设闸门，当发生火灾时能及时关闭风道，防止空气流入干燥室内。

(5)在木工房内或门外侧，应根据需要设置必要的灭火器材和消防装置，如灭火器、消防桶、水带、消火栓等。

11.3.3　木工生产中的防火规定

(1)禁止在车间、木工房等场所吸烟、用火熬胶、烧水取暖等。

(2)锯屑、刨花和其他废料要及时清除，下班前一定要清扫，保持木工房的清洁。

(3)禁止在散热片上或蒸气导管上烤抹布、工作服、木材等可燃物质，禁止把半成品堆放在散热片上或把材料放在散热片附近 0.5 m 内的地方。

(4)在生产车间和木工房内严禁保存超量的材料，严禁存放易燃液体以及各种油漆。

(5)设备和电动机上严禁积灰，禁止堆放木料、锯屑、刨花，并应经常扫打，定期检查，发现问题及时整改。

(6)在锯材过程中要注意控制电锯、轴承和电动机运转摩擦部分的温度，不要使用钝锯和弯曲的锯片，以免强烈摩擦生热。要勤检查机器的转动部分，并应勤注油。电锯片的冷却剂应用水，不准用油。

(7)干燥过程中，不要使木料接触或靠近热源，木料与热源的空间距离一般不能小于 40 cm。室内温度要严格控制在 80 ℃，水平烟道的表面温度不得超过 100 ℃。每班都要注意检查烟道有无裂缝，一旦发现裂缝应立即停止使用。每次烘烤要清除室内和散热器上沉落的粉尘和废料。不准用火窑干燥木材。被烘烤的木材摆放要牢固，防止支架或隔板变形，防止木材掉在蒸气管道或烟道上，更不能将烘烤的木材紧靠管道或烟道放置，要专人看管，严格控制排烟量与温度的升高。干燥后开门不宜过早，待温度大幅度下降后再开。

(8)对成品涂漆、喷漆要按漆工的防火规定进行操作。

(9)管理好电源和电气设备,生产停止时,必须断电。

(10)严格遵守安全操作规程。

(11)要学会使用灭火器材和懂得扑救火灾的基本常识。

(12)要制定切实可行的制度,定期学习、检查和讲评。

11.4 油漆、喷漆工种的防火防爆

油漆具有保护物体和美化装饰物体两大作用,因此,广泛用于工业企业的各个领域。但是,油漆中含有大量易燃、可燃物品,如硝化纤维素,有机易燃溶剂等,在使用、储存、运输过程中,稍不注意就会发生火灾或爆炸事故。

11.4.1 油漆作业中的火灾危险性

(1)油漆中使用了大量的易燃液体作为溶剂,它们的闪点低,很容易挥发,其蒸气与空气易形成爆炸性混合物,通风不好遇到明火或火星就会发生燃烧爆炸。

(2)违章吸烟,引起火灾。

(3)冬季违章使用火炉取暖或为加快漆干,用火炉提高油漆场所温度等,也会引起火灾。

(4)油漆涂件烘烤中使用有电阻丝外露的烘箱或烘房,由于电阻丝属明火,因此会引燃油漆涂件或电烘箱,发生爆炸。

(5)在喷漆场所违章进行电焊发生火灾。

(6)喷漆车间电气设备不符合防爆要求。有的厂由于喷漆或浸漆场所抽风机的电机不是防爆型的,线路不符合防爆要求,又违章使用碘钨灯、大灯泡烘烤浸漆件,致使电机接线头松动,产生火花和碘钨灯爆炸掉入浸漆桶内导致火灾。

(7)喷漆设备没有静电接地装置或在静电喷漆中喷枪距涂漆件太近,产生静电火花引燃喷漆,发生火灾。

(8)沾有油漆的布、棉纱、手套、工作服等保管不善,会氧化发热,一旦通风不良,积热不散时,温度就会升高达到自燃点,以致发生自燃。

(9)硝基清漆在有机溶剂挥发掉之后,留下的硝化棉残渣,若不经常打扫、清除,不仅遇火易燃烧,而且遭撞击后还可能发生爆炸。

(10)油漆堆码过高时,一旦“倒垛”,就会使油漆铁桶互相碰撞产生火花,引燃油漆,发生火灾。

11.4.2 油漆作业的防火安全措施

1. 一般防火安全要求

(1)油漆工人必须经过防火安全知识的培训,并经考试合格后才能从事油漆作业,否则不许进行操作。

(2)油漆车间、工段、小组必须建立严格的安全操作规程和防火安全制度,并随时检查贯彻执行情况,进行奖惩。

(3)油漆场所是防火防爆重点部位,应制定和落实班(组)日检查制度,班前、班后勤检查,及时消除火源、火险。

(4)油漆作业场所,除在吸烟室吸烟外,其他地方严禁抽烟。禁止携带打火机、火柴等进入油漆生产地点,禁止穿带有铁钉的鞋进入工作地点。

(5)油漆车间需要动火抢修焊接,必须经消防、保卫、技安部门到现场检查合格,办理动火手续,经主管领导批准后方能进行。动火时应停止油漆作业。动火前应将作业场地30 m以内的漆垢、可燃物质清扫干净,固定的浸漆、涂漆、喷漆设备以及传送带等必须用非燃性材料严密搭盖,其通风量应保证油漆中的有机溶剂挥发量不超过爆炸下限的1/3。

(6)油漆车间应设置强力通风或抽风设备。调漆房、喷漆柜、干燥室也应设局部通风,并随时测定混合气体浓度,防止达到爆炸浓度极限。一旦发生火灾,应立即关闭通风设备。

(7)禁止在油漆作业场所生火炉采暖,采暖宜用蒸汽、热水、热风等集中采暖,暖气管上不准烘烤棉织品,特别是沾漆的布、手套等。

(8)不准在油漆车间积存大量易燃、可燃材料,车间出入口也不得堆积货物,必须保持通道畅通。

(9)油漆作业场地和调漆房必须经常打扫,随时清除漆垢、残渣和可燃物。沾有油漆的棉纱、抹布应每天清除掉,不能乱丢,应放入装有清水的金属槽内并加盖密封。沾油漆的工作服应挂在固定通风的地方,工作服内不要装沾漆的布和棉纱团等,防止自燃。

(10)调漆房内只准存放一天可用完的油漆和稀释剂。油漆和稀释剂应选择安全地方妥善摆放,不得放在门口和人经常走动的地方。漆桶应盖好,防止挥发或遇火燃烧。

2. 建筑防火要求

(1)喷漆车间距其他建筑物的防火间距,应符合《建筑设计防火规范》的要求。

(2)喷漆车间应设在耐火等级为一、二级的建筑物内,使用毛刷来涂刷的油漆车间耐火等级一般不应低于二级。

(3)喷漆车间的建筑应满足防爆泄压要求,泄压面积与厂房体积的比值应不小于0.05。喷漆车间宜采用平房,若采用平房有困难,可布置在楼房的顶层靠墙处。

(4)油漆车间、调漆房、烘房的门应一律向外开启。

3. 电气设备的防火要求

(1)油漆作业场所的电气设备应由专职电工进行安装、维修,检修电气设备应有严格的批准制度。检修时应停止油漆作业,并将带有和装有油漆的设备搬到安全地方用非燃性材料搭盖,检修人员应懂得灭火知识。

(2)油漆车间的电气设备和照明装置必须符合防爆要求。抽风机应用防爆型电机,抽风机的叶轮应用有色金属制作,因黑色金属碰撞后会产生火花。线路应穿管敷设。不得使用非防爆灯泡(包括碘钨灯)照明,必须使用防爆灯具。

(3)油漆车间漆房的闸刀、配电盘、断路器应安在室外便于操作的地方。

(4)为了避免静电聚积,凡是喷漆设备(如喷漆柜、抽风机、喷枪、传送带等)均应安装静电接地装置,其接地电阻不应大于10 Ω。

(5)在静电喷漆中,为了安全,电压以8～9万伏为宜。从安全和质量出发,喷枪和涂件距离,一般在25～30 cm为宜。静电喷漆中若喷枪和涂件距离太近就会放电,产生火花,造成火灾。因静电喷漆通常在6万伏以上。据实验,当电压为1万伏时,在空气中喷枪距离涂件1 cm时就会放电,静电涂漆装置必须有接地装置。

4. **烘烤的安全要求**

(1)严禁使用有电阻丝外露的电烘箱、烘房烘烤油漆涂件。严禁用碘钨灯、大灯泡和未加玻璃罩的移动式红外线灯泡烘烤。对油漆件应用蒸汽、热气、自动烘干机等进行烘烤。烘房、烘箱内的电阻丝一定要密闭。若采用红外线灯烘烤,应将红外线灯固定在壁盒内,外面用玻璃罩保护。

(2)喷漆件不要急于放进烘烤设备烘烤,因为物件刚刚喷好,大部分的溶剂尚未从漆膜中挥发,如果马上送进烘箱,溶剂就会变成气体散布在烘箱里,在高温下,易造成爆炸事故。在烘箱中烘时,必须鼓风,使溶剂蒸气不致聚积在烘箱内达到爆炸极限浓度。如果烘箱无鼓风装置,可延长其室外晾放时间,使溶剂在烘干前充分挥发。

(3)烘房或大型烘箱应在其顶部装通风管,并在适当位置设置"防爆门"。防爆门的面积大小应视烘房或烘箱的体积而定,即按每 15 m^3 的烘房或烘箱,制作 1 m^2 的防爆门,以便爆炸时泄压,保护人和设备的安全。

(4)烘箱、烘房内不允许烘烤工作服和其他棉织品。

5. **储存的安全要求**

(1)油漆和溶剂等应储存在干燥、阴凉、通风、隔热、无阳光直射的库房内,库房的耐火等级应为一、二级。不准与普通物质混存。

(2)储存油漆和溶剂的库房,其 30 m 内不得动用明火,不许吸烟,并应在显眼的地方张贴"严禁烟火"标志。

(3)油漆进库,应严格按照先进库先使用的原则,以免积压过久。

(4)油漆库的堆码不能过高,人工堆码不宜超过 1.8 m,机械堆码可适当高一些,但要防止"倒垛"事故发生。

(5)储存库内必须设木架,漆桶放在木架上,要放稳固,防止互相摩擦产生火星。漆桶太重且需要放在地面时,应将桶底垫高 10 cm 以上,使之通风。

11.5 电气工种的防火防爆

电气作业是企业里最常见的一种作业。因此,安全用电,包括在电气作业中切实注意防火防爆十分重要。

对电工防火防爆的一般要求为:

(1)从事电气工作的人员,必须经有关部门考试考核合格,持有操作证方可独立操作。

(2)未经审核的电气线路、设备和不符合规定的供电设施,作业人员应拒绝安装。

(3)敷设线路时不准用钉子代替绝缘子,通过木质房梁、木柱或铁架子时,要用磁导管,通过地下或砖时要用铁管保护,改装或移动工程时要彻底拆除原线路。

(4)电气设备(包括配电箱、开关、变压器及烘箱等)要勤检查,不准在其周围附近堆放易燃易爆物品和金属等其他物体,并经常做好清洁保养工作。

(5)安装在易燃、易爆等危险场所的电气设备,应该符合环境内介质特性的要求。在有爆炸性场所,应装用防爆灯具。

(6)变电室的值班人员,不得擅自离开岗位,不得从事与本岗位工作无关的工作,要严格执行交接班手续，认真监护，做好运行记录，工作时间内不准喝酒，操作间(台)内严禁吸烟和明火作业。

(7)变压器附件有缺陷需要进行焊接时，应将附件内的油放尽，移到安全地点进行。

(8)蓄电池室内严禁烟火，并不许装设开关、插销、熔断器等，以免因产生火花而引起爆炸。

(9)使用喷灯时油量不得超过容积的 3/4，打气要适当。不得使用漏油、漏气的喷灯；不得在带电导线、带电设备、变压器、油开关及易燃易爆物品附近使用。喷灯火焰与带电部分的安全距离应大于下列规定：

设备电压在 10 kV(含 10 kV)以下，距离应该大于 1.5 m。

设备电压在 35 kV(含 35 kV)以下，距离应该大于 3.0 m。

(10)使用柴油、煤油清洗零件时，附近不准吸烟和明火作业，用毕应将油盘盖好，保管好，禁止使用汽油清洗。

(11)电气设备引起火警时，应立即切断电源，并使用四氯化碳、二氧化碳、1211 灭火器或黄沙来灭火。严禁使用水或泡沫灭火器扑救。

(12)电瓶充电之前，应检查电瓶有无破裂或漏出电解液情况，确认没有问题之后，再打开盖子进行充电。充电或检查电瓶时，严禁将金属工具放在电瓶上，以防止由于电瓶短路而导致爆炸。

(13)浸漆场地应该备有消防器材，严禁明火、吸烟和拖拉临时电线。照明灯具必须符合防爆的安全要求。

(14)为了防止气体将电瓶爆破，电瓶充电之后，必须经过 1.2 h 后方可将盖子盖妥。

(15)车辆修理电工在车辆加油时，严禁试验高压火花、调换电瓶及其他明火作业。

(16)车辆修理电工在试验高压火花时，附近不得有易燃易爆物品，同时严禁在汽油箱周围进行，以免发生燃烧爆炸。

(17)要根据电气设备容量大小选用保险丝油，其熔断电流等于额定电流的 1.5～2 倍为宜。要防止电气设备超负荷运行。

(18)操作和维修一切电气设备时，应该严格执行有关的规程制度，并必须穿戴好适当的防护用品。

(19)经常检查和维护电气线路、设备，及时排除安全隐患。

(20)工作结束后，应整理好设备、工具，切断电源，做到工完、料清、场地净，搞好文明生产，杜绝燃爆事故。

11.6　铸锻、冶炼工种的防火防爆

铸造、锻造和冶炼作业俗称“热加工”。因此，在作业中做好防火防爆工作是必要的。对铸锻、冶炼工种防火防爆的要求为：

(1)操作人员在选配砂箱时，手应离开上下砂箱的结合面。配好的砂箱应有足够的排气眼，并在气眼上安放纸塞，使浇注时引火排出气体，防止阻气，从而造成熔液飞溅爆炸伤人。

(2)烘房工在烧煤烘炉时，加煤前应检查煤块内是否混有雷管等易爆物质，防止爆炸；砂箱模型出炉前，严禁无关人员通行。不准进入烘房取暖、烘烤衣物等，以免发生意外事故。

(3)大炉熔炼工在金属炉料加入前,必须检查炉底焦炭的高度,以保证正常熔化。不准将易爆物、密封容器、带水料加入炉内,以防爆炸事故发生。

(4)大炉熔炼工在鼓风机停止运转后,应该关闭风管闸门,防止煤气倒灌,并将风眼盖打开,防止爆炸。

(5)浇注工浇注之前要检查砂箱的浇口、气眼等重要部分;浇注之后如果遇阻塞不燃烧,应该及时引火,以防气体堵塞,造成爆炸事故。

(6)铸件退火工在使用煤炉时,应认真检查煤中有无爆炸物。停风压火时,煤层不得加得过厚,以防煤气发生爆炸。煤渣要随时处理,不准堆积。

(7)铸件退火工如使用油炉,点火前应先吹尽炉内余气和关闭风门,点燃引火棒,微开油门,点着后再调节空气阀门和油门,使之完全燃烧。禁止风压油。

(8)电炉熔炼工的炉料也要有专人检查。严禁将易爆物、密封器或带水炉料加入炉内。

(9)电炉熔炼工在加矿石吹氧时,要掌握好温度。在自动流渣时,严禁使用湿材料掩压。

(10)钢水、铁水、钢渣及铁渣遇水会爆炸。因为液态钢、铁、渣的温度通常高达 1 000~1 600 ℃,遇水之后迅速使水汽化。水汽化后,体积膨胀 1 700 倍左右;当蒸汽继续获得热量变成过热蒸汽时,体积可膨胀到 2 000 倍左右。因此,当水进入液态金属、渣子中或下面后,必然会发生剧烈的物理爆炸。这种爆炸破坏力大,波及面广,往往造成严重损失。因此,要求接触液体钢、铁、渣的所有工具容器必须保证干燥。工作场地要有较好操作环境,渣场地势较高,排水通畅;渣包使用前应检查渣包干燥情况;隔热水箱水套不渗不漏,冷却水不喷不溅,溢流通畅。

(11)修理炉子时要注意安全。修炉之前,必须将钢水、钢渣全部倒空,如遇炉内冻结,留有钢渣和钢水,则严禁浇水冷却。凡用水冷却的炉子,首先禁止摇动炉子,经一段时间冷却后,需摇动炉子时,应以防止发生爆炸为目的,禁止人员站立或通过炉子前方。

11.7 油类清洗工种的防火防爆

在机械生产、仪器仪表和汽车修理中,大量使用汽油、煤油、柴油等作为清洗剂,清洗机械零件。在清洗中(特别是用汽油清洗),如果遇到明火就会发生火灾,给人民的生命财产造成重大损失。因此,为搞好洗件过程中的安全工作,下面介绍一些防火安全常识。

11.7.1 洗件过程中的火灾危险性

多年来工业企业用油类(特别是用汽油作为清洗剂)洗件过程中,经常发生火灾,其原因多种多样。主要是:

(1)在使用汽油清洗零件的车间内划火柴吸烟引起火灾。因汽油的闪点较低,为一级易燃液体。液体的挥发与温度、液体表面积的大小、液体流动速度以及时间各因素有关,特别是在炎热的夏季,气温很高,在洗件过程中汽油挥发很快,遇明火就会燃烧,造成火灾。

(2)在用汽油洗引擎时,如果电瓶线路未切断,在刷洗过程中,金属刷子或金属工具碰着马达火线会产生火星,火星引燃汽油蒸气或掉入汽油盘内,即发生火灾。

(3)在紧靠清洗零件的油盆处吸烟引起火灾。部分洗件工人不懂防火安全常识,在不应该吸烟的地方划火柴吸烟引起火灾也较多。

(4)在洗件的汽油盆附近烧电焊引起火灾。

(5)汽油洗件用过的物质未干就放入烘柜内发生爆炸燃烧。

(6)清洗零件时距电炉等电气设备太近,由于电阻丝温度过高,引起油盆着火。

(7)用洗件后的废油烧炉子引起火灾。在洗件过程中,由于采用的清洗剂不同以及清洗零件种类不同,产生了大量的、不同种类的混合油,诸如汽油与机油,汽油与润滑油的混合物等。根据理论计算,两种可燃液体混合后,其闪点一般低于两种液体的平均值。一般来说,闪点越低,火灾危险越大。如果用废混合油烧煤油炉就容易引起火灾。

(8)在洗件过程中不慎将油倾倒在地面上,随后将未熄灭的火柴梗扔在浸有汽油的地面上发生火灾。

(9)在洗件的同时检修线路,因检查不认真,误以为设备不带电,因而在操作过程中产生火星引起火灾。

(10)在洗件过程中,将清洗剂溅在活动灯泡上,使灯泡爆炸,灯丝与空气接触发生瞬间燃烧产生火星,引起油盆燃烧。例如:1999 年 12 月,某公司汽车队将一个 36 V 的低压活动灯泡放在被清洗的汽车下面,在洗件过程中汽油滴在灯泡上,灯泡受热不均发生爆炸,引起地面和油盆内的汽油燃烧。

(11)清洗零件用过的油棉纱不及时处理,引起油棉纱自燃起火。在清洗零件过程中,使用后的大量棉纱、油抹布等,如果将这些油棉纱或油手套堆积在一起,创造了氧化面积大、散热面积小的良好蓄热条件,易发生自燃。

(12)将废油倒入下水道,引起爆炸。

(13)洗件后的废油不妥善处理,废油盆随意乱放,小孩玩火引起油盆着火,此类事故多次发生。

(14)部分单位在冬天洗件时,使用明火加热油类清洗剂,在加热过程中,操作人员擅自离开工作岗位,因温度过高,油品达到自燃点,或溢出遇明火发生火灾事故。

11.7.2　安全防范措施

1. 清洗车间

就清洗车间而言,使用的易燃、可燃液体较多,加之又是连续作业,易燃、可燃液体的蒸气充满着整个厂房的空间(特别是厂房空间的下部分)。因此,电气设备短路、机械摩擦、碰撞产生的火星,电焊、气焊、吸烟等产生的明火,都易引起燃烧或爆炸,为此,在安全上,应采取以下主要防范措施。

(1)洗件车间厂房应采用耐火等级为一、二级的敞开或半敞开建筑,提高建筑耐火度(建筑材料的燃烧性能和耐火极限的统称)和自然通风能力。

(2)将车间 30 m 内划为禁火区,并建立、健全严格的动火用火、防火防爆、安全操作制度;车间内禁止一切明火作业;禁止在车间内用钢丝刷子洗件,一切工具应采用有色金属(铜、铝等)及合金制作;禁止穿带钉的鞋和带引火物进入车间。

(3)被清洗的机器设备接地应良好。

(4)车间应采用机械通风。通风的吸取装置要设置在离地面不超过 0.5 m 之处。

(5)车间内不得存放大量的易燃、可燃液体,力争做到用多少领多少,对用后的废油、废棉纱和油手套要妥善处理。

(6)车间厂房内的全部电气设备应按 Q—1 级场所考虑;厂房外墙门窗口以外水平3 m、门窗口上缘向上 3 m 和门窗口两侧 3 m(半径)范围以内的一切电气设备,应按 Q—2 级场所要求安装,具体要求如下:

①用隔爆型的防爆通风型电动机。

②用油浸开关和启动器。

③采用铜芯导线和电缆敷设,如采用绝缘导线时,导线应敷设在钢管中。

④用隔爆型和防爆充气灯头、斜光灯或将普通电灯装在严密的壁盒内。

⑤保险装置和指示灯要安装在室外易发现并能防雨的地方。

(7)定期和不定期地进行防火安全检查,及时发现和消除火灾隐患。

(8)配备一定数量的泡沫、干粉、二氧化碳等灭火器材。

2. 用油量小的临时洗件场所

在一些小型洗件场所,汽修和机修洗件工作点多、面广、机动性强,人们往往对防火安全工作不太重视,虽然是在露天或敞开的耐火为一、二级建筑物内洗件,但易燃、可燃液体都会蒸发和扩散,在一定范围内,如果遇明火,就会引起火灾或爆炸事故。因此,根据多年来的教训,应采取以下主要防范措施:

(1)不得在席棚内进行洗件作业,在二级耐火的建筑物内,或在洗件时间不超过一小时的露天场所,油盆距离明火(包括吸烟)不得小于 15 m。

(2)洗件场所不得存放大量的可燃液体。一个洗件场所使用的油盆最好不超过两个,一个油盆内的油品清洗剂不宜多于 2.0 kg。洗件后的废油,不得倒入下水道,要统一妥善处理。严禁用混合油(废油)烧煤油炉。

(3)清洗机器设备时,一定要切断电源,特别是刷洗汽车引擎时,一定要拆掉电瓶线。

(4)洗件场所 15 m 范围内严禁动火用火,并远离高温设备。

(5)沾油的棉纱、抹布、手套等应统一放在专设的金属容器内,并定期进行处理。

(6)进行经常性的防火安全检查,清除不安全因素。

(7)配备泡沫、干粉、二氧化碳等灭火器以及麻袋和沙子等,以便发生事故时及时扑救。

11.8　烘烤工种的防火防爆

在进行烘烤作业时,如果没有可行的防火安全措施,或者忽视防火措施,违犯防火规章制度,则会引起火灾事故,给国家和人民的财产带来严重的损失。

烘干物质的方法有电加热干燥法、蒸气加热干燥法和用火加热干燥法。下面就这几种方法,对作业时的火灾爆炸危险性及其预防措施做一介绍。

11.8.1　电加热干燥法

电流通过有电阻的导体必定产生热量,这是电流的热效应。电热器之所以能产生热就是这个道理。电热器是电加热烘干的设备,它的电阻丝是用镍铬合金制作的。电热器有两种:移动式电烘箱、电加热烘炉。

1. 电烘箱

电烘箱的功率有大有小,位置不固定,可视需要随时移动。它主要用来烘干小件物质和设备零件。使用移动式的电烘箱烘干物质是有火灾危险性的。

(1)烘烤的时间过长，超过规定，使物质水分除净过分干燥。如烘烤的物质是木材、针棉织品等可燃物，受热后，就开始氧化。受热时间越长，氧化就逐渐加快，其散发的热量就会增大。当散发的热量大大超过损失的热量，并使其温度达到该物质的自燃点，就自燃着火。

(2)温度控制失灵，温度升高。当烘箱的温度过高，使被烘物质的温度达到自燃点，而发生燃烧。因此，烘烤时一定要严格控制温度。

(3)在非密闭式烘烤箱中烘烤用汽油、酒精等洗过的零件，若该零件上的汽油、酒精蒸气未挥发完，就放进烘箱烘烤，则会引起燃烧或爆炸。这是因为零件上的汽油、酒精等易燃液体挥发出的蒸气，在空中能形成爆炸性混合物，这种爆炸性混合物如遇火，就会爆炸燃烧。汽油蒸气在空气中的爆炸极限是 0.76%～6%。酒精蒸气在空气中的爆炸极限是 3.5%～18%。

(4)在物质烘干过程中，电烘箱放置的位置不当，也会引起火灾。如有的单位将电烘箱紧紧靠近可燃物质，由于烘箱长时间运行，表面温度相应增高，致使紧靠烘箱的可燃物质炭化，慢慢着火燃烧，造成火灾。

(5)下班或中途离开使用电烘箱的场所时，忘记切断电源，使烘箱长时间运行，引起火灾。根据焦耳定律，热量与时间成正比，电烘箱运行的时间越长，发出的热量就越多，温度就越高，温度超过被烘烤物质的自燃点，或者超过烘箱旁边可燃物的自燃点时，就会有着火燃烧的危险。

2. 电加热烘炉

目前，电机制造工厂采用电加热烘炉烘烤发电机、电动机的定子、石棉纸(绝缘纸)等，烘烤过程中也是有火灾危险性的。

(1)涂漆的定子送进烘炉烘烤时，有的为了抢时间，当即关闭烘炉门，忘记打开排气闸板，就通电烘烤，这就有发生爆炸的危险。如某地区一工厂在用烘炉烘烤涂有绝缘漆的直流发电机的机座时，因为刚上生产岗位的新工人不懂安全操作规程，当把机座送进烘炉后，立即关闭炉子的大门，通电加热烘烤，不到 5 min，烘炉爆炸燃烧，造成火灾。

(2)涂有绝缘漆的定子未滴干，送进烘炉后不开鼓风机排出可燃蒸气或鼓风的时间过短，使可燃蒸气在炉子里达到爆炸极限和爆炸温度，一旦通电，电阻丝发热就会发生爆炸起火的事故。例如贵州省某厂在用电加热炉烘烤定子时，定子浸漆后没滴干就送进烘炉，因鼓风时间过短，可燃蒸气没有吹完，通电后约 10 min 就发生了爆炸。

(3)烘炉无防爆门和防爆孔，若烘炉爆炸，则破坏性极大。

(4)烘炉无温度计，无自动控制烘烤温度的装置，会因超温而发生危险。

(5)工人擅离职守，超过烘烤时间和温度都是十分危险的。

(6)电阻丝不密闭而起到明火作用，是造成爆炸燃烧的主要原因。

为了预防电烘箱、固定式电加热干燥装置、电烘炉在烘烤过程中发生火灾和爆炸事故，应做到以下几点：

(1)从事电加热烘烤工作的人员要牢固树立安全生产的思想，定期对操作人员经过防火防爆安全教育，使其懂得防火防爆安全常识，做好烘烤中的防火防爆安全管理工作。新工人未经教育培训，不熟悉烘烤安全常识，不得上生产岗位。

(2)制定烘烤安全操作规程和防火安全制度，并认真执行。烘干设备要做到定人、定温、定时操作，严禁超温超时。操作过程中要注意随时检查，坚守岗位，不得擅离职守。下班时一定要切断电源。

(3)采用移动式的电烘箱烘烤用汽油、酒精等易燃液体洗过的零件，要特别注意要等该零件上的易燃液体挥发完后，才能将其送至电烘箱内，以免发生爆炸。电烘箱不准放在靠近易燃、可燃物质的地方，以防电烘箱温度高烤燃这些物质。

(4)使用固定烘干装置烘干浸有易燃液体的生产场所，其房屋的耐火等级应为一、二级，宜采用轻型屋顶，房屋要有一定的防爆泄压面积，室内的电气设备和照明装置应采用防爆型，要有通风设备。另外，要随时清扫墙上的灰尘，被烘烤的物件浸渍易燃液体时不要过量。千万注意密封好电阻丝盘，并应与被烘烤的物件保持一定的距离。

(5)使用电烘炉烘干涂有绝缘漆的电机零件时，要先把漆滴干后再放进烘炉。要安装鼓风机排出烘炉中的可燃蒸气，使烘炉内不能形成爆炸性混合物。设置有烘炉的房屋耐火等级宜为一、二级，烘炉应用非燃材料制造，通向屋顶的排气烟囱如为铁烟囱，应在烟囱外壁加石棉层。如铁烟囱通过木房架时，应加石棉隔离，并保持不小于 0.4 m 间距。电烘炉应在适当位置设置防爆孔、防爆门，以减少爆炸危险。

(6)烘干设备要有温度计、自动控温装置、自动报警器等安全仪器仪表，并要随时注意检查，如有损坏及时修复，使之处于良好状态。

(7)用固定烘干装置和烘炉，烘烤涂有绝缘漆的零件，要定期清扫排气烟囱，清除烟囱内壁的油“锅巴”，以防烘烤温度过高引燃烟囱内壁的油“锅巴”发生火灾。

(8)禁止在烘干设备内外烘烤衣服，以防衣服烤燃着火。

11.8.2 蒸汽烘干法

目前，烘干各种物质，特别是烘干可燃物质都广泛采用蒸汽加热的方法，这是因为用水蒸气加热比用电、用火加热安全，但是也不能麻痹，也有一定的火灾爆炸危险性。

1.蒸汽烘干木材

木材是一种有机物，通常含有一定的水分。要用木材制作各种构件，就先得进行干燥除去水分。目前，用蒸汽烘干木材通常是在烘干室内进行。烘干室内安装有蒸汽管、散热器。室内有支架，用于放置木材，烘烤木材的蒸汽压力一般为 98～490 kPa。烘烤不同规格的木材，要求的温度也不一样，一般为 100 ℃左右。用蒸汽烘烤木材的火灾危险性在于木材的着火点和自燃点较低。木材着火点为 200～300 ℃，自燃点为 350 ℃。木材中的有机物含量高达 99%，有机物中又以纤维质、木材质为主，这些成分都是碳氢化合物。虽然在干燥时温度只有 100 ℃，但由于有的工厂烘烤木材的时间长，长时间加热使其分解炭化，能引起自燃。有的即使不是长时间加热，当温度达到 150 ℃左右时，木材的水分很快消失，并分解出一氧化碳，有时还会冒青烟。一氧化碳是一种容易燃烧的气体，同时，木材的水分被蒸发之后，其本身分解出的大量分解物，如氢气和甲烷等，也是易燃物，再加上干燥室长期残留下来的木屑和碎片（均处于极干状态），这就很容易燃烧引起火灾。

近年来，全国用蒸汽烘木材由于烘烤时间过长、温度过高而着火燃烧造成火灾的事例不少。为了预防火灾爆炸事故，要注意以下几点：

(1)必须严格控制烘烤的温度，烘烤的温度一定要低于木材的燃点和自燃点。

(2)不准超过规定的烘烤时间，木材送进烘房烘烤，应规定其烘烤时间，不得任意超时。

(3)严格控制蒸汽压力。蒸汽压力与温度成正比,蒸汽压力高,其温度就高。要控制蒸汽温度,必须控制好蒸汽压力。蒸汽压力与温度的关系见表 11.1。

表 11.1　饱和水蒸气的压力与温度的关系

压力/kPa	温度/℃	压力/kPa	温度/℃	压力/kPa	温度/℃	压力/kPa	温度/℃
98.067	99.1	294.20	132.9	882.60	174.5	1 471.00	167.4
117.68	104.3	292.27	142.9	980.67	179.0	1 569.10	200.4
137.29	108.7	490.33	151.1	1 078.73	183.2	1 667.13	203.4
156.91	112.7	588.40	158.1	1 176.80	187.1	1 765.20	206.2
176.52	116.3	686.47	164.2	1 274.86	190.7	1 863.26	208.8
196.13	119.6	784.53	169.6	1 372.93	194.1	1 961.33	211.4

(4)不同规格、不同湿度的木材应分开烘烤,不得混在一起同时烘烤。因为薄板烘干需要的时间较短,温度较低,而方木烘干需要的时间较长,温度较高,由于烘烤时间和温度不同,混在一起烘烤就会发生危险。

水分含量多的木材烘烤时间比较长,水分含量少的木材烘烤时间较短,所以不同湿度的木材混在一起同时烘烤也是很危险的。因此,在烘烤中,要注意掌握木材的干湿度和同体积下表面积的大小。

2. 蒸汽烘烤赛璐珞

赛璐珞是一种易燃物质,它由硝化棉、樟脑和酒精等原料制成,在通风不良的情况下,长时间堆放、积热不散,达到 100 ℃时分解出一种酸性物质,发生变质,在变质过程中发热,同时变质部分的自燃点有所降低。赛璐珞的自燃点为 150～180 ℃,变质后只有 154 ℃。如长时间堆放,积热不散,温度很容易达到其自燃点而自行着火燃烧。

烘烤赛璐珞应做到以下几点:

(1)严格控制烘烤温度。烘房要有温度表,在烘烤过程中,烘烤温度不要超过 80 ℃,否则会发生燃烧。

(2)烘房内不得堆放赛璐珞废品,先进入烘房内的物料要搬出。

(3)烘房应用一、二级耐火材料修建,烤干室应用非燃性材料建造,门应为防火门。

(4)生产工人在进行烘烤时,要随时注意检查,坚守岗位,不得擅离职守。

3. 蒸汽烘烤针棉织品

棉花是一种可燃物质,它的自燃点为 407 ℃,在 120 ℃下能受热分解自燃,燃点为 210 ℃。麻也是一种可燃物质,在 107 ℃下能受热分解自燃。蚕丝也是一种可燃物质,接近火源能燃烧,自燃点为 456 ℃,235 ℃时可分解。

用蒸汽烘烤棉织、针织、丝织的半成品,也有一定的危险。这是因为这些物质的燃点和自燃点低,如果在烤干这些物质时,蒸汽温度过高,烘烤时间过长,工人擅离职守等,都会引起棉、麻、蚕丝制品着火燃烧。

用蒸汽烘烤棉、麻、蚕丝、纸张制品等,在防火安全上应做到以下几点:

(1)控制蒸汽温度。进入烘房的蒸汽管要安装气压表,烘房要有温度计。烘烤温度一定不得高于被烤干物质所规定的温度。

(2)烘房室内温度力求均匀,使室内被烘物质在不同位置上所得到的热量基本一致。

(3)严格按照操作规程操作,严禁烘烤时间超过规定。

(4)工人要坚守岗位,不得擅离职守,尤其在物质处于半干状态时要随时注意检查,控制温度,以防着火燃烧。

(5)烘房应用非燃性材料建造,室内支架、隔板均应用非燃性材料制作,门应为防火门。

(6)禁止在烘房内或烘干机内烘烤私人的衣服等。

11.8.3　用火加热干燥法

用火加热干燥物质,其燃料一般用煤、木材和天然气。加热方法有明火和暗火直接加热,用明火通过非燃性材料隔热后间接加热,用烟道气加热三种方法。

(1)用明火和暗火直接加热很危险,因木材直接接触火源,很容易发生火灾,这种方法应力戒使用。

(2)明火间接加热烘烤,通常是在专门的烘房内进行,即被烘干物质不直接接触明火,被烘物质与明火之间有非燃性材料作为隔离体。这种方法较安全,采用此方法的单位也比较多。

(3)烟道气烘烤是通过烟道孔直接把热空气吸入烘干室。这种方法比较危险。因为烘干室内有火星,稍不慎极易着火。在通常情况下是不采用这种方法烘干可燃物质的。若生产确实需要,则要降低烟道温度,并使可燃物与烟道保持一定的安全距离。同时,要注意加强检查,发现问题应迅速采取措施。

用火烘烤应做到以下几点:

(1)用火烘烤是烘烤作业中危险性最大的一种。为此,要求各单位的领导、生产工人、技术人员要重视烘烤中的防火安全工作,切实加强管理,严格执行烘烤作业的安全操作规程和防火规章制度。

(2)烘房宜单独修建,应与其他房屋保持一定的防火安全距离。如确因生产需要烘房设在车间内时,其烘房的门应直通室外。如烘房门非要面对生产车间,则应在烘房门的过梁上设置洒水装置,一旦烘房着火,防止火焰蹿进车间。烘房应用一、二级耐火材料修建,其门应为防火门。

(3)烘房内设置的支架或隔板,要用非燃性材料制作。

(4)烘干的可燃物必须与烟道保持一定的距离,切莫靠在烟道上。要经常清扫烘房,防止碎屑等可燃物聚积在烟道上。烘房附近不得堆放可燃物。

(5)烘烤要定温、定时,严禁超过规定。烘房要有温度计,如发现温度太高,应立即采取降温措施。

(6)工人要坚守岗位,不得擅离职守。闻到异味,看到排气孔冒烟时均应及时检查,并迅速采取措施消除异常现象。要随时检查烟道是否有裂缝,如有裂缝,必须修好后才能使用。

(7)用火烘烤最好采用间接加热,不用明火。不能使被烘烤的物质直接接触火源。

(8)烘烤过的半成品、成品应及时运走,不要堆放在烘房内。同时,各种废料等物质也不能堆积在烘房内,以防积热不散自燃起火。

(9)使用天然气做热源时,要严格执行有关安全操作规程和防火规章制度。

(10)在烘房室外或烘房附近设置一定数量的各式灭火器,以防万一。

以上所讲烘烤作业的电加热干燥法、蒸汽加热干燥法和用火加热干燥法，根据多年来的经验教训，证明用蒸汽烘烤加热较为安全。用火烘烤的火灾危险大，稍不注意，就容易发生火灾事故。因此，应大力提倡使用蒸汽烘烤，力戒用火烘烤，以防事故发生。

11.9　蒸馏工种的防火防爆

蒸馏法是通过加热、蒸发、分馏、冷凝把两种或两种以上不同沸点的混合液体进行分离的方法，使用这种方法容易引起燃烧和爆炸。所以，易燃液体用的较大型蒸馏设备，应设置在防火防爆的厂房内，并应采用蒸汽加热法。蒸馏过程防火防爆要求如下：

(1)常压蒸馏系统内，对凝固点较高的物质，应防止管道被凝结阻塞，使锅炉压力增加，发生爆炸事故。对自燃点很低的液体应防止高温时漏出，遇空气自燃。对高热的蒸馏系统应防止冷水突然漏入塔内，水迅速汽化而使塔内压力突然增加，将物料冲出。操作时应将塔内及蒸汽管道内的冷凝水放尽，再投入生产和通入蒸汽。用火直接加热蒸馏高沸点物质时，应防止产生自燃点很低的树脂油焦状物，其遇空气会自燃。还应防止蒸干，避免残渣脂化结垢引起局部过热着火爆炸。油焦和残渣必须经常清除。冷凝器的冷却水中途不得中断，否则会使未冷凝的可燃蒸汽逸出，遇明火而着火。

(2)真空蒸馏设备中温度很高时，突然放入或漏出空气，对某些易燃、易爆物质，有引起爆炸或着火的危险。因此，蒸馏系统不能漏气，真空泵应装有止逆阀，防止突然停车时空气流入设备内。蒸馏完毕后，对于特别危险的物质，应先等蒸馏锅冷却后，灌入惰性气体，再停真空泵。真空蒸馏应遵守操作程序，先开真空活门，再开冷却器活门，最后打开蒸汽活门。真空蒸馏易燃物质的排气管应接通到厂房外，管上须装设阻火器。

(3)高压蒸馏设备，应经严格的耐压检查，装设安全阀以及温度、压力的控制仪表。

(4)如必须用明火加热蒸馏易燃液体时，放料不得超过蒸馏容量的 2/3，且加热不能太急，以防出料口阻塞，压力增加冲掉瓶塞，易燃蒸气逸出遇明火而燃烧。

11.10　金属结构加工的防火防爆

金属结构加工的过程中，要进行放样、下料、加工、装配和焊接作业。进行金属结构加工的工种包括放样工、下料工、冷加工、铆钉工、钻眼、装配工、火工以及激光划线工等。

对金属结构加工工种的防火防爆要求如下：

(1)放样工在放样台上的工作场地不准明火作业和吸烟，严格控制火种。碎木、刨花等杂物均应及时清除，消除火警隐患。香蕉水、喷漆及油漆等易燃物品应该妥善保管。

(2)凿、刨工严禁在易燃易爆物品附近作业，必要时应该采取有效的安全措施，并事先经消防、技安部门检查同意后，方可施工。

(3)铆钉工铆钉时，要注意防止铆钉枪内的钉子弹出。加入铆钉时应该注意压板生根牢靠。截断热铆钉时，要防止引起火灾。

(4)铆钉工使用油炉时，生炉点火应该先开风门后开油阀；熄炉时反之。同时必须将炉内的热铆取出，灭绝火种，认真做好防火工作。

(5)装配工要正确使用氧气－乙炔割刀、氧气瓶和电焊设备。使用这些设备时必须严格遵守电焊气割工种防火防爆安全操作规程。

(6)火工(校正工)要正确使用火工氧气－乙炔龙头和氧气瓶，严格遵守电焊气割工种防火防爆安全操作规程。炉灶生火之前，应将周围易燃物品清除干净。在狭小舱室或箱柜、容器内部等处施工时，必须保持良好的通风，必须执行双人监护制度。人离开狭小舱室、箱柜或容器时，必须随身带出火工龙头。在平台上操作时，火工龙头不准放在平台孔内。下班后，应将气源关闭，并拆除风表皮带，妥善保管。

(7)火工要严格做到“三不烘”：严重缺氧不烘；无照明设备不烘；四周有易燃物品不烘。

(8)对于修造船厂的船体装配工和火工来说，在船舶修造的结尾阶段，在易燃易爆物品附近和禁止明火作业的部位，严禁擅自动火；必要时应采取有效安全措施，并经消防、安全部门同意之后，方可施工。

11.11 乙炔站的防火防爆

11.11.1 动力站房防火防爆的基本要求

工业企业的生产过程中，必须配备各种动力设备，诸如锅炉房、氧气站、乙炔站以及压缩空气站等动力站房就是企业内部供应蒸气、氧气、乙炔以及压缩空气的动力站房。变配电所、泵站等则是起变换和传输作用的站房。这些动力站房都是企业的要害部门，一旦发生火灾爆炸事故，轻则引起部分车间或全厂停产，重则导致机毁人亡，造成不可挽回的损失。因此，企业主要动力站房的防火防爆工作至关重要。

工业企业动力站房防火防爆的基本要求是：

(1)必须严格执行动力设备站房安全管理和操作制度，特别要严格执行包括防火防爆内容在内的有关安全操作规程，确保企业主要动力站房的安全运行。

(2)动力站房必须指定专人管理，实行三级强制保养制度，还要实行计划检修和定期安全性能试验，以保证动力设备始终处于良好状态，杜绝事故发生。

(3)应根据动力设备站房的特点及其介质（包括易燃、易爆、有毒、高温、高压等)危险性质，组织特殊工种的专业培训和考核，切实加强对动力设备操作运行人员的安全教育。不合格者不得上岗。

(4)乙炔站（发生器、瓶)、制氧站等动力站房周围的不安全范围内应该划为禁火区，严禁火种和明火作业。如果确因工作需要动用明火，必须按规定事先征得消防、技安等有关部门同意，并采取有效、可靠的安全措施之后，才能进行明火作业。

乙炔是化工原料，也是一种重要的气体燃料。它是一种不饱和烃，分子式为C_2H_2，它广泛地应用在机械制造业、修造船业、化工、冶金、电子以及建筑等工业部门。因此，乙炔站是企业中产生乙炔的重要站房。

11.11.2 乙炔的爆炸性

乙炔爆炸下限低，点燃所需要的能量只有几毫焦，受热分解时会放出大量的热量，所以它是一种危险的易燃、易爆的气体。纯乙炔爆炸前可能发生聚合作用，该作用是当温度超过200 ℃时，乙炔分子紧密排列而形成其他复杂的化合物苯、苯乙烯、甲苯等。聚合作用永远是放热的，聚合作用所释放的热量，导致气温升高，从而加速了聚合反应的速度，进一步地聚合，不断促使气体温度迅猛升高，最终可能导致乙炔爆炸。爆炸时火焰的温度可高达 2 500～3 000 ℃，爆炸后压力为原来的 11～13 倍。

单是乙炔，通常不易引起爆炸，而乙炔和空气或氧气的混合物非常容易引起爆炸。当然并非任意成分的乙炔和空气或乙炔和氧气的混合气体都会引起爆炸，只有在爆炸极限内的混合气体才会引起爆炸。通常乙炔和空气混合气的爆炸范围为 2.2%～81%(体积比)，才会发生爆炸，大于 81%或者小于 2.2%时均不会引起爆炸，而乙炔和氧气混合气的爆炸范围为 2.0%～93%。事实证明，当乙炔与空气混合比在 7%～13%时最容易爆炸，因为此时燃烧速度快；乙炔与氧混合比在 25%～30%时最容易爆炸；爆炸波的传播速度可达 3 000 m/s；爆炸压力可超过 3.5 MPa。因此，切实加强对乙炔站的防火防爆工作至关重要。

11.11.3　乙炔站发生事故的原因

总结企业生产过程中的经验教训，我们可以发现，乙炔发生器在使用过程中发生事故的基本原因是：

(1)操作失误，违反安全操作规程。

(2)乙炔发生器缺乏必要的安全设施或这些设施失灵。

11.11.4　乙炔站防火防爆的要求

乙炔站的防火防爆要求如下：

(1)乙炔站必须要有专人负责操作管理。工作人员必须是经过安全技术教育，并经考试考核合格者。否则，不准上岗操作。

(2)切实加强火种管理，严禁乙炔发生器房内的人员吸烟和带入任何火种，并不准穿带有铁钉的鞋。

(3)乙炔发生器房、电石库的建筑及其与周围其他建筑物之间的间距必须符合《乙炔站设计规范》的规定。乙炔站和明火操作区之间的距离不得少于 20 m。

(4)乙炔发生器房与值班室、生活间之间不应该直接相通，而应该用无门、窗和洞孔的防火墙隔开。

(5)乙炔站房和电石库房都必须设置有效避雷装置，防止由于雷击引起火灾及爆炸事故。

(6)乙炔发生器房、电石库房内不得装设电动钟表、电话等能产生火花的电器和仪表，照明以及电气线路应该选用密闭防爆型器材，开关应该设在乙炔发生器房及电石库房之外。

(7)乙炔站、电石库房、电石破碎间内应备有二氧化碳灭火器和干砂等消防器材，严禁用水或泡沫灭火机。

(8)电石库内应设置电石桶的装卸平台，平台的高度要根据电石桶的运输工具确定。装卸平台应装有大于平台面积的雨篷，雨篷及其支柱应为非燃烧物。开电石桶时必须使用不会产生火花的工具。

(9)电石库房和电石破碎间内严禁敷设蒸汽管道和给、排水管道，同时严禁带水入内。

(10)乙炔发生器、回火防止器及其附件，严禁使用紫铜和含铜量超过 70%的铜合金制成。修理时禁止使用银焊和铜焊。

(11)乙炔发生器的汇气总管和每台乙炔发生器之间,必须设有回火防止器;接至厂区的乙炔管道,也必须设有回火防止器。

(12)乙炔发生器加料作业等需要敲击时,禁止使用金属等器件,只能使用木槌。

(13)乙炔发生器使用的电石块度应该符合规定,严禁将电石粉末加入乙炔发生器内使用或任意乱倒。这是由于电石粉末颗粒小,水解速度快,遇水反应剧烈。如果加入乙炔发生器,容易发生爆炸事故。

(14)当乙炔发生器等设备在运行时,操作者应密切注意各个部位的压力、水位和温度等参数的变化,严禁超出规定的压力和温度,严禁发生器及气柜出现负压。所有压力表、温度计、安全阀、止回阀、回火防止器以及给水调节器等均应保证完好。压力表、温度计和安全阀都要定期校验。

(15)乙炔设备及其管道要有专人经常做漏气检查及维修,检查时严禁用火。设备和管道都必须按照规范要求定期做水压和气密试验。检查调整压力器件及安全附件都应取出电石篮,采取必要措施,消除余气后才能进行。

(16)乙炔管道的敷设及其与其他管道、道路之间的相互位置,应符合国家标准《乙炔站设计规范》。禁止将乙炔管道通过烟道、通风管道、食堂及生活间,禁止将乙炔管道敷设在靠近火源或加热至 50 ℃以上的表面处,也不得和氧气管道及电缆一起敷设在地沟内。

(17)乙炔设备、容器及管道,在动明火维修之前,必须做充氮吹扫,氮气的纯度应该大于98%,只有当吹扫后化验乙炔质量分数低于 0.5%时,才能动明火修理。动用明火之前,还应事先征得企业消防、安全部门同意,并设专人监护和采取必要的防火防爆措施。如在室内修理,必须打开所有的门窗。

(18)冬天乙炔管道如因冰冻堵塞,只允许用热水或蒸汽解冻,严禁用火烘烤。

(19)为了使电石的分解过程正常和预防发生危险性的过热,应及时清除生成的熟石灰层,这是很重要的预防措施。

(20)为了保证乙炔站的安全,非乙炔站的工作人员一律不得入内。如因工作需要进入站房者需经有关部门批准,并由乙炔站人员陪同和填写出入登记册。

总之,只要加强对乙炔站的安全管理,操作者严格遵守安全操作规程,保持乙炔发生器等设备的良好技术状态和比较完善的安全设施,乙炔站的火灾爆炸是完全可以避免的。

11.12　制氧站的防火防爆

11.12.1　概述

氧气在常温常压下是无色、无臭、无味的气体,比空气略重,是一种强氧化剂。氧的化学性质十分活泼,它非常容易与其他物质化合生成化合物,即产生氧化反应。如果氧化过程是在纯氧中进行的,则这个过程异常剧烈,同时释放出大量的热量。氧还可以助燃,它与可燃气体(如氢、乙炔、甲烷等)按一定的比例混合后十分容易爆炸。各种油脂与压缩氧气一旦接触,温度超过燃点时会发生自燃。被氧蚀过的衣服及其他纺织品一旦与火种接触,便会立即着火。

11.12.2　企业制氧站建筑及对总平面布置的要求

制氧站就是安装制氧设备制取生产所需的氧气的站房，制氧站由制氧和灌氧两大部分组成。属于火灾危险的乙类生产，应设在不低于二级耐火等级的建筑物里，面积不超过 3 m^2 的小型氧气站，或氧气压缩机顶部的建筑结构设有防火措施的，可设在三级耐火等级的建筑物内。制氧站房和灌氧站房布置在同一座建筑物内时，应采用耐火极限不低于1.5 h 的隔墙和耐火极限不低于 0.6 h 的门，并应通过走道相通。氧气站的主要生产间均应为单层建筑物，门窗应向外开启。站内空气分离设备的吸风口应高出地面 10 m 以上，并远离和背向乙炔站及电石渣堆场。

此外，制氧站对总平面布置还有如下要求：

(1)制氧站应靠近电源。用管道输送氧气时，应靠近用户车间，如焊接、铸造和炼钢车间等。氧气如外销，应考虑厂外运输方便。

(2)制氧站应布置在乙炔站和散发不饱和碳氢化合物车间的上风向，并远离锅炉房等产生尘埃的车间，以保证吸气口有清洁的空气。

(3)制氧站应远离有明火、易燃液体及爆炸危险的工房。大、中型制氧站要独立建成一个小区；小型制氧站可与非“甲”“乙”类生产布置在一个建筑物内，但必须用防火墙隔开，并应设在靠外墙的一面。

(4)制氧与灌氧部分的配置原则。实瓶储存量不超过氧气站 36 h 生产量时，可将制氧和灌氧设备布置在同一建筑物内，但实瓶储存量不超过 80 瓶(每瓶容量按 40 L 计)。如超过此数量，则制氧和灌氧应分别设置。再者，当产量小于 30 m^3/h，实瓶储存量不超过 180 瓶时，可以不分设。

(5)储气囊(或罐)及实瓶间应防止日光照射，尽可能朝北。

(6)氧气储罐间、氧气储罐与可燃气储罐之间的防火间距，不应小于相邻较大罐的半径。

11.12.3　企业制氧站的防火防爆

在工业上制取氧气的方法有电解水制氧和深冷分离空气制氧两种工艺。后者较经济，采用比较普遍。一般工业企业制氧站的工艺流程原理是利用深度冷冻的方法使空气分离成氧气和氮气。按照加工空气的工作压力的不同，制氧工艺可分高压(9.8 MPa 以上)、中压(0.98～9.8 MPa)和低压(0.98 MPa 以下)三种。一般工厂附属氧气站均为中压或低压型。

11.12.4　制氧站的防火防爆要求

(1)企业在新建、扩建和改建氧气站时，应严格按照国家颁发的《氧气站设计规范》的有关规定，呈报主管部门审批同意后才能进行。对企业原有的制氧站也要尽快地予以完善，使之符合规范设计要求。

(2)企业应该切实加强对制氧站安全运行的领导，并经常对制氧设备的使用、维护保养及安全运行等方面进行检查督促。设备动力部门要指定专职技术人员，专门负责有关制氧技术的管理。

(3)企业必须建立以岗位责任制为中心的安全操作，气瓶检验、水压、充瓶制度、设备保养制度、交接班制度、气瓶收发制和出入登记制度等管理制度，以保证制氧站正常运行。

(4)气瓶检验人员,泵水、充装及主要设备的操作人员,都要经过必要的专业技术培训和安全培训,经考试合格后方可独立上岗操作。制氧站人员要保持相对稳定,以便积累经验,提高技术水平,有利安全生产。

(5)制氧站全体人员都应严格遵守安全制度。气瓶搬运应旋紧瓶帽,轻装、轻卸,严禁抛、滑或碰击,放置要整齐,操作时应严守职责,不准擅自离开岗位,要求做到"三勤"(勤听、勤看、勤记录),"三保"(保质量、保数量、保安全),四注意(注意压力、温度、水位及油量),四个清(站内外环境清、设备运转记录清、工具和备件堆放清、上下班交接情况清)。

(6)氧气储存罐及管道使用之前应进行清理,把所有的钢锈、垢泥、尘灰等杂质清除掉,储存罐和管道应每年测定一次,并将测定的各种数据载入技术档案卡中。

(7)氧气储存罐、管道及阀门等都要定期检查,不得有泄漏或裂缝。氧气不准在室内排放。检查漏气时,绝对不允许用明火的方法,要用肥皂水来查漏。检修人员在检修与压缩氧气接触的零部件时,必须将手洗净,使用的工具夹也应严格脱脂。

(8)制氧间、充瓶间、气瓶库、储气罐和制氧站的四周 20 m 以内,应视为危险区域,在该区域内,严禁烟火。站房门口必须设置明显的防火标志和严禁火种入内的警告牌。

(9)制氧设备、容器和管道等,如需动用明火检修时,必须事先经厂消防安全部门批准,动火之前还要进行认真的清洗和化验,确认在动火区内的空气体积分数低于 22%,同时备有足够合适的灭火器材和可靠的安全措施并有专人监护的情况下,才可进行。

(10)制氧站内严禁堆放木材、纸张和汽油等容易燃烧的物品。机用润滑油必须经过检查和化验,油质、油量均需符合有关规定,凡未经闪点和黏度检验合格的油类不准使用。

(11)空分塔爆炸是空分生产中最大的威胁。首先,要防止吸入可爆物(来自大气中或润滑油裂解),必须正确地选择吸气口的位置,并进行必要的净化。其次,要清除可爆物,这就需要采用吸附器(包括分子筛吸附器、液氧吸附器、乙炔吸附器等)。

(12)活塞式制氧机凡与压缩氧气接触的零部件,必须脱脂,以免发生燃爆。

(13)对外充装的气瓶,要严格把关,认真做好收发和登记手续,并从严控制瓶子的漆色、字样、钢印标记及安全附件。瓶上沾有油脂,外表有严重变形缺陷等不符合安全条件的瓶子,一律不准充装。

(14)制氧站内应配备四氯化碳、黄沙等消防器材,并要经常检查,保持良好状态,地面和机器附近应保持清洁无油渍。

(15)非制氧站工作人员,未经同意一律不准入内;经批准入站者,出入站房应按规定进行登记,交出火种,确保制氧站安全。

11.13　空压站的防火防爆

空压站是企业内向生产工位提供压缩空气的站房。空气压缩机目前已经成为冶金、化工、国防、造船、汽车、石油、医疗等各个工业部门不可缺少的重要动力能源。

通常,对企业空压站的防火防爆要求如下:

(1)空气压缩机操作人员须经专业安全技术培训,考试合格,凭证操作,未经培训合格者不得单独操作。

(2)空气压缩机须按规定装设防护装置、仪表,并保持齐全、灵敏、准确、可靠。

(3) 空气压缩机房须建立出入制度、交接班制、运行记录、维护保养等制度。

(4)空气压缩机储气罐须安装在室外，应设篷盖，以利防晒、散热。

(5)电动空气压缩机的电气设备，须符合有关电气安全规定，应保持绝缘良好，有可靠接地，开关灵敏可靠，信号准确；在潮湿处还须有防湿安全措施，以防漏电。

(6)空气压缩机站房内不得放置任何易燃、易爆物品。

(7)空气压缩机操作人员必须坚守工作岗位，严格遵守安全操作规程，经常注意压力表的变化，严禁超压、超温。

(8)空气压缩机运行前应认真检查各零部件，确认安全后方可开机。

(9)空气压缩机在运转中或设备有压力的情况下，不得进行任何修理工作，且空气压缩机运行时的储气罐附近 10 m 范围内不许动火和进行加热作业。

(10)空气压缩机遇下列情况必须停机处理。

①温度、压力不正常又不能调整；②压缩机回气漏水；③冷却中断，无法给水；④压缩机、电机运转声响异常；⑤电流、电压表指示突然增大；⑥水箱严重缺水；⑦离开机器或发生其他故障。

(11)空气压缩机站内的手提行灯，其电压不得超过 36 V，在储气罐内或在空气压缩机的金属平台上使用的手提行灯，其电压不得超过 12 V。

(12)空气压缩机站房的废机油应该及时收集处理，不得任意排放。机房内应保持整洁，做好文明生产，确保安全生产。

(13)空气压缩机要按技术要求定期检修。在运转过程中若发生故障，应立即停车，待检修好后才能使用。维修时禁止用汽油、煤油擦洗轴箱、滤清器和通路零件，以防燃烧爆炸。

(14)非空压站的工作人员一律不得随意进入机房，如确因工作需要，必须经过有关部门同意后方可进入，并填写登记簿。

11.14　锅炉房的防火防爆

11.14.1　概述

锅炉是工业企业必不可少的动力设备和生活设备。锅炉装置将燃料中蕴藏的能量，经过燃烧释放热量，通过热的传播作用，将热能传递给水，将水加热到一定的温度和压力，生成蒸汽或过热蒸汽。在企业中，锅炉所产生的蒸汽可用来满足生产和生活的需要。

为了保证锅炉房的安全可靠正常运行，在锅炉站房内还必须装置各种附件、管道和仪表，以监测锅炉运行情况，指示运行参数，从而达到安全运行、防止锅炉爆炸等事故的发生。

通过对许多锅炉事故的分析，发生事故的原因大体有以下几类：

(1)设计制造方面。锅炉结构不合理，材质不符合要求，焊接质量不佳，受压元件强度不够以及其他由于设计制造不良所造成的事故。

(2)运行管理方面。违反劳动纪律，违章作业，超过检验期限，没有进行定期检查，操作人员不懂技术，无水质处理设施或水质处理不好以及由于其他管理不妥而造成的事故。

(3)锅炉的必要附件，如水位表、安全阀等重要附件不全不灵，以致造成事故。

(4)由于安装、改造和检修的质量不好等方面原因引起的事故。

11.14.2　对锅炉房防火防爆的要求

(1)锅炉房的管理必须贯彻国家有关部门颁发的有关规程和规定。例如,锅炉的设置,包括锅炉房中管路的敷设均应符合国家颁发的《蒸汽锅炉安全监察规程》《建筑设计防火规范》等规定。

(2)锅炉房的设计必须符合《工业锅炉房设计规范》有关规定。锅炉房应有防火、防冻、防腐蚀、防破坏等措施。房内要有足够的照明和良好的通风,设备布置应该便于操作和检修。

(3)凡是工作压力大于 100 kPa,以水为介质的蒸汽锅炉,工矿企业应该事先将锅炉的图纸、技术资料、受压元件的强度计算书、锅炉质量证明书等送交主管部门审查,向当地安全监督管理部门办妥登记手续。经验证符合安全要求之后,由安全监督管理部门发给锅炉使用合格证,才能安装、移装和使用这台锅炉。

(4)要重视抓好司炉工的培训。由于锅炉房是重要的动力部门之一,因此要选择责任心强、身体健康、经技术培训和考试合格的人员担任司炉工。合格称职的司炉工应保持相对稳定,不要轻易调动。

(5)司炉工应熟悉司炉工技术等级标准,应知应会事项,特别应熟知锅炉参数、水循环原理、水质、煤发热量、升火埋火、停炉等有关安全规定。

(6)企业要重视对锅炉房的管理,归口管理,并指定专人负责管理,严格按照蒸汽锅炉安全监察规程要求,搞好锅炉运行、维护保养和定期检修等工作。

(7)锅炉使用单位必须根据本单位实际情况,建立和健全以岗位责任制为中心的各项规章制度。其中包括:岗位责任制、交接班制度、安全操作制度、维护保养制度、巡回检查制度以及进大锅炉房制度等。这些制度必须严格执行,一丝不苟,才能确保锅炉房的安全运行。

(8)司炉工必须严格执行锅炉房安全操作规定,严格劳动纪律,不得擅离工作岗位,保证锅炉安全运行。未经许可,非工作人员不准进入锅炉房。锅炉房内、炉顶、炉膛及四周一律不准烘烤衣物和堆放杂物。在锅炉运行中,如发生故障,应采取紧急措施,并立即报告锅炉房主管人员和企业负责人。

(9)锅炉及其辅助设备上所装设的安全阀、压力表一定要定期校验,保证灵敏、安全和可靠。安全阀每周要进行一次自动和手动校验,压力表按规定每年要校验一次。

(10)锅炉的给水系统,要确保安全可靠地供水,并设置备用的汽动给水设备,以防突然停电时因无法供水而造成事故。

(11)锅炉的水处理,应该按照《低压锅炉水质标准》的规定,采取措施,保证水质达标,防止由于结垢而腐蚀钢材,最终导致锅炉部件损坏或发生事故。

(12)锅炉的除尘设备应该保持完好,要做定期检查,并及时清除所聚集的粉尘。

(13)锅炉每运行三个月要进行一次一级保养。锅炉每年要进行一次内外部检验,每六年做一次超水压试验。新安装锅炉及停炉一年以上的锅炉,未经水压试验,不准投入运行。

(14)认真做好运行记录。锅炉临时停用时,应将炉膛内的灰渣除清,过细检查,确认火种熄灭后,方可离开。

(15)对于燃油锅炉,由于油类容易着火,管理操作不当,很容易引起火灾和爆炸事故。

①要正确掌握燃油的温度。在对燃油加温预热时,使用的蒸汽温度不宜过高。尤其对

原油、柴油等闪点较低的油品，加热时更要严格控制温度。如果把原油、柴油的油温加热到它们的闪点以上，就会增加火灾和爆炸的危险性。

②要防止锅炉尾部再次燃烧。沉积在锅炉尾部烟道内的油垢炭黑等可燃物，遇到烟气中的过剩氧和从空气预热器中漏进的空气，在烟道内高温或遇到明火的作用下，就会在锅炉尾部烟道内再次发生燃烧，如不及时扑灭，将会导致空气预热器、烟道等全部烧毁。

③要防止燃油的跑、冒、滴、漏。这是燃油锅炉操作中必须注意的问题之一。由于燃油是一种可燃的液体，而多数燃油又处于温度较高、压力较大的状态下，因此，如果管道、阀门、法兰等处发生跑、冒、滴、漏，一旦遇到明火或灼热物件，极易引起火灾和爆炸事故。

④燃油锅炉如果燃烧不完全，烟囱冒出的火星随风飘落，遇到可燃物就有发生燃烧的危险。所以，锅炉供气充足，进油量要合理控制，烟囱应有足够高度，并在其上安装火星熄灭器；定期通刷烟囱、清除烟灰油垢，在烟囱的周围一定距离内，不准堆放易燃、易爆物品，不能搭建易燃简易工棚等。

(16)维修锅炉及附件，其受压部件的材质、规格、型号应符合要求，焊、胀、铆、接须符合其技术标准，修理中检验不合格的，必须重修，直至合格方可使用，否则，不准使用。

11.15　液化石油气站的防火防爆

液化石油气有很大的火灾、爆炸危险。因此，要加强对液化石油气的消防安全管理，其主要措施如下：

(1)液化石油气站的设置地点要事先经公安消防部门审查批准。企业必须将设计、制造的图纸、技术资料，报送上级主管部门和公安消防部门及安全监督管理部门审批，经同意后方能建站。

(2)储罐的设计、制造、检验、使用和管理，必须严格按照《钢制石油化工压力容器设计规定》要求进行。槽车向储气罐装液化气时，不准超压与漏气，应有严密的安全防火措施。

(3)液化石油气站房和设备都应符合防火、防爆的要求，并应有消除静电措施。站房内不准装设电钟表、电风扇、电话之类容易产生火花的电气器具或开关。照明应选用密闭防爆型器材，开关、闸刀等应设在室外。

(4)站房内不准堆放木材、纸张、稻草、油类等易燃物质。严禁机动车辆入内，自行车、电动车必须下车推行。

(5)液化石油气站的人员应经过严格的技术学习和训练，经考试合格持有操作证后方可上岗。未经考试合格后，不准单独操作。

(6)站房内不准吸烟和明火。站房周围 20 m 之内不准动用明火，严禁将火柴、打火机等点火物带入站内。

(7)站房必须建立健全的安全操作制、设备保养巡回检查制、交接班制和出入登记制等各项规章制度。

(8)站房内的储罐及蒸发罐必须按规定装有安全阀、液面计、温度计、压力表、紧急切断装置和灭火器材等安全措施，并要定期校验和检查。安全阀每半年校验一次，温度计、压力表每年校验一次，校验合格后应加铅封，保证灵敏可靠。

(9)运行时，当班人员不准擅离工作岗位，要严格按照操作规程进行操作，经常注意储罐及蒸发罐的液位、温度及压力。

(10)要经常检查油泵压力表等表的指示是否在规定范围内,检查气缸和运动部件的动作、声音是否正常,若有异状,应立即停机检查。

(11)液化气泵体各部件连接必须牢靠,防护装置齐全稳固。泵体电机接地线须采用铜线,且应接地良好,发现运行异常时立即停机检查。

(12)如发现有火警苗子或有危险预兆时,要立即向动力、消防、安全部门报警。平时空气中闻有液化石油气的气味时,值班人员一定要提高警惕,及时检查,排除泄漏。

(13)非本站工作人员,一律不准入内。如确因工作需要入内者,应经主管领导同意并认真做好进出登记工作,以便后查。

(14)液化石油气管系不准擅自乱动和私自拉接。如确因工作需要新装、调整、拆迁等,均需向厂动力部门申请,经厂动力、消防、安技等部门派专业人员进行调查核实之后,才能进行施工。

(15)储罐和蒸发罐要定期进行维护和保养,修理前罐内液化气应该排空,并用氮气、水或蒸汽冲刷干净,经检测符合安全条件后,才允许动工。

(16)罐内检修时,应有专人监护,照明要使用防爆灯。如果需要焊补及明火时,应预先办妥动火批准手续,经消防、安技人员现场检查,并采取必要的安全措施后,方可动火。

(17)储罐经全部检查和修理之后,必须经过水压试验,并按规定在检修记录卡及罐体的规定部位标明下次检验的日期。

(18)液化气残液应倒入指定容器内,集中进行处理,不准任意乱堆乱放或倒入下水道中。

11.16 煤气站的防火防爆

11.16.1 概述

工业生产的煤气统称人工煤气。人工煤气是人工将固态燃料或液态燃料转化为气态燃料而形成的煤气。人工煤气的主要成分是CO,H_2和CH_4,此外还有少量碳氢化合物、氧气、氮气和二氧化碳等。人工煤气与氧或空气混合后在一定比例下能形成燃爆性气体,当遇到点火源即能发生燃烧和爆炸。同时人工煤气中含有大量一氧化碳,被人吸入后便可能发生中毒以致死亡,所以生产和使用煤气必须重视安全技术。

11.16.2 企业煤气站的组成及安全要求

企业生产煤气的单位叫煤气站,通常由以下几部分组成:

(1)主厂房(煤气发生炉及鼓风机间)。

(2)辅助用房(维修间、仪表间、生活间、化验室、急救室等)。

(3)供煤及排渣场(煤场及渣场等)。

(4)循环水系统(泵房、洗涤塔、沉淀池、吸水池等)。

11.16.3 企业煤气站建筑防火安全

煤气站属于甲类火灾危险性厂房,建筑物应符合二级耐火等级要求,每个房间要有两个安全疏散口。室内电机、照明、仪表等都要按防爆要求选择。

储罐之间的防火间距不应小于相邻较大罐的半径。固定容积储罐之间的防火间距，不应小于相邻较大罐直径的 2/3。固定容积储罐与水槽式储罐之间的防火间距，按其中较大者确定。煤气站的供煤及除渣系统一般与锅炉房合用，其安全要求与锅炉房煤场要求相同。

11.16.4　企业煤气站的防火防爆安全

企业煤气站是将生产的煤气用管道输送给用气单位，用作动力燃料、工业加热炉燃料或化工原料。生产煤气的方法大多是将空气和水蒸气的混合气体鼓入煤气发生炉中，与燃烧的炭进行化学反应，得到混合煤气。

煤气站的防火防爆安全要求如下：

(1)煤气站操作地点的一氧化碳含量不得超过 0.03 g/L。为此，整个煤气发生炉系统的各个设备及管道都应绝对严密不漏气，如发现漏气处要立刻封住，并要设置良好通风设备。

(2)为了避免煤气爆炸，最主要的是不让煤气与氧或空气混合。一旦形成爆炸气体时，要尽快地消除爆炸混合物，严禁有明火、热源等。

(3)在煤气系统中设置防爆阀、泄爆片是必要的，当在密闭空间内发生燃爆事故时，防爆阀可迅速泄压，将爆炸产物排放到大气中，保护设备不受损坏或减轻爆炸的影响。

(4)煤气设备和管道在投产前或大修后都必须进行严格压力试验，在正常生产时，在任何情况下都得维持系统正压运行，以免空气吸入设备或管道。

(5)煤气发生站的电气设备应符合防爆标准。站区有防雷设施，还应设有急救设施。

复习思考题

11.1　简述焊接工种作业的防火防爆措施制定要点。

11.2　试分析沥青熬炼的火灾危险性。

11.3　木工生产所使用的建筑和设备上防火安全措施包括哪些方面？

11.4　试论述油漆作业的防火安全措施。

11.5　试说明电气工种的防火防爆要求。

11.6　用火加热干燥的防火防爆注意事项有哪些？

11.7　说明乙炔站防火防爆的要求。

11.8　请你制定锅炉房防火防爆技术措施。

第 12 章 火炸药、火工品工厂的防火防爆

火炸药、火工品生产从原料、半成品到成品的生产、储存、运输以及废药销毁过程中，都存在着燃烧爆炸危险。因此它与一般工厂企业不同。从过去发生的事故来看，基于爆炸品的性质和数量等的不同，损害程度也有所不同，有的仅限于工房、设备，也有波及厂区附近周围建筑物的门窗等。根据火炸药、火工品工厂的特点，在设计中除按一般性工厂企业要求考虑外，还要考虑其特殊性。

12.1 厂址的选择

12.1.1 厂址选择的原则

鉴于火炸药、火工品工厂的危险性，决定了其厂址选择地理位置的特殊性，其特殊性表现在两个方面：其一是工厂本身的危险性，对外界有影响，即工厂发生爆炸事故会对邻近的建筑物、构筑物设施，居民区造成极大的危害，甚至处理不好的三废对自然环境也能造成污染；其二是外界各种不安定因素对工厂安全的影响，所以城区内，人员聚居较多的村、镇、燃油库、加油站、靶场、矿山、高压输电线以及机场等附近都不能选为这类工厂的厂址。所以《中华人民共和国民用爆炸物品管理条例》中规定了生产、储存爆炸物品的工厂、仓库应当建立在远离城市的独立地段，禁止设立在城市市区和其他居民聚居的地方及风景名胜区。厂库建筑与周围的水利设施、交通枢纽、桥梁、隧道、高压输电线路、通信线路、输油管道等重要设施的安全距离，必须符合国家有关安全规范的规定。

因此，选择合理的厂址，不仅可以保证爆炸品生产工厂及其附近的安全，而且在征购土地、原材料、半成品和成品的运输等方面还可以节省开支，既能方便管理又能方便生活，而且能够使工人安心工作，促进生产。若选址不当，则会给国家带来难以估计的损失，建厂进度拖延，投资费用加大，职工生活不便。

12.1.2 选择厂址时应注意的问题

厂址选在山区时，不应将爆炸品生产区布置在山坡陡峻的狭窄的山谷中，以防发生爆炸事故、碎石飞散以及泄爆不利，造成更大损失。

调查地质历史资料，考虑地震对工厂的影响，避免由于地震带来的自然灾害。

防洪、排洪。根据历史资料，选厂时要考虑防止特大洪水对工厂影响，以防止由于洪水淹没工厂所造成的损失。此外还应考虑山体滑坡、泥石流的威胁，“滚地雷”的危害等。这样可能使厂址选择在比较稳妥的基础上。

具备足够的安全地带。在工厂占地以外，为保障工厂周围的安全，要有一定范围的安全地带。国家还规定“在规定的安全距离内，不准进行爆破作业，不准增建任何建筑物和其他

设施”。但近年由于火炸药、火工品以及民用爆破器材生产工厂，由于安全地带问题，空地较多，很多地方又挤占这些地方强行施工，建造工厂、宿舍，以至威胁工厂生产、安全。为此，1994年国务院批准了国家计委、国防科工委《关于火炸药厂安全距离问题的请示》报告，这足以说明安全地带的重要性。然而时至今日，问题虽有好转，但仍未能根本解决。所以在选厂征地时，可采取不同形式，写进有关法律文件中。

12.2　建筑物危险等级的划分

12.2.1　建筑物危险等级的划分

火炸药厂的建筑物种类很多，但不少建筑与民用厂的建筑没有什么不同，如铁、木箱等包装物生产，精制棉生产、废酸处理、机修工房、理化室、杂品库等，对这些建筑物的设计，按《建筑设计防火规范》执行即可。

这里的危险建筑物是指火炸药、火工品以及民爆器材所具有的特殊危险性的建筑物。属于这方面的有硝化纤维素、硝化甘油、发射药和各种炸药等的制造车间的主要工房以及储存这些危险品的仓库，对这些建筑物划分危险等级的目的主要是：便于分类以及确定建筑物的结构形式和建筑物之间的距离。根据建筑物内制造、加工和储存危险品的燃烧爆炸性能，发生事故时的破坏能力，并考虑到工艺加工方法、工艺防护措施以及建筑物本身的防爆泄爆措施等因素，将危险建筑物共划分为A1，A2，A3，B，C1，C2，D七个等级。这些工库房危险等级的划分，主要考虑炸药的危险性是爆炸后形成冲击波，而火药的危险性是事故发生的形式是强烈燃烧，炸药属于A级，火药多属于C级，炸药也有燃烧事故，但其危害较爆炸后小，火药也能爆炸，但需要具备特定条件。危险品生产工序或厂房的危险等级，及危险品仓库的等级可查阅《火药、炸药、弹药、引信及火工品工厂设计安全规范》及《民用爆破器材工厂设计安全规范》。

12.2.2　各危险等级建筑物的特点

根据火药、炸药、弹药、引信及火工品的危险性将工厂建筑物的等级划分为七级，其特点介绍如下。

A1级建筑物：建筑物内危险品的冲击波压力当量值比TNT爆炸冲击波压力高，如黑索金、奥克托金、特屈儿、太安、硝化甘油和破坏能力相当于或大于这类炸药的其他单体炸药，以及含有这类炸药的混合炸药的制造、加工、溶化、铸装等生产工序或厂房。储存上述炸药及其药柱的仓库，储存单体起爆药或混合起爆药的仓库等。

A2级建筑物：建筑物内危险品，其TNT冲击波压力当量值和TNT相当。如TNT和破坏能力与其相当的其他单体炸药，以及含有这类炸药的混合炸药的制造、加工、溶化、铸装等生产工序或工房；储存上述炸药及其药柱的仓库，储存装填炸药的大中口径炮弹，火箭弹、地雷、航空炸弹等的仓库；储存火帽、雷管等火工品的仓库。

A3级建筑物：建筑物内危险品爆炸冲击波压力当量值比TNT低，如黑火药、烟火药制造、加工工序和厂房；储存黑火药、烟火药及其制品的仓库。

A1，A2，A3统称为A级，这类建筑物内，储存的爆炸物比较敏感，破坏能力也较大，一旦发生爆炸事故,不仅本建筑物可能被严重破坏,或完全破坏,而且对周围建筑物也能产生较严重的破坏和影响,是安全管理工作的重点。

B级建筑物:建筑物内储存和加工的产品有两种情况:一种是弹药、引信及火工品生产中,对炸药、起爆药不进行直接加工的生产工序或工房;另一种情况是炸药、起爆药进行直接加工的作业或爆炸性较大的危险品暂存均设在抗爆间室或装甲防护装置内生产工序或厂房。也就是说建筑物内危险品虽属A级,因含A级产品数量较少或者由于采取了特殊措施,在特定条件下降低了危险品的危险性能,一旦发生事故,对周围破坏力不大,属于这类建筑物有起爆药的制造,由于在溶剂或水中作业而使产品的危险程度有显著降低的工序或厂房;起爆药储存在溶剂或水中的仓库;储存底火、曳光管、传火具等火工品及引信、发火件的仓库;较钝感炸药(如TNT)的制造、加工工房和库房;含有硝化甘油的废酸热分解工房、双基药制造中的压伸工序、雷管装猛炸药、压药工序等,生产实践证实了都具有爆炸危险性,因为在防爆间室内生产,基本控制了事故范围,从而可以看出,B级建筑物部分是从A级建筑物中分离出来的特例。

C级建筑物:建筑物内制造、储存易燃易爆产品。根据危险性的大小,又分为C1级建筑物和C2建筑物。

C1级建筑物:发射药在制造过程中,爆炸危险性较大,且发生爆炸时破坏力也较大的工序或仓库,如单基药钝感工序等。

C2级建筑物:除C1级建筑物以外的发射药制造工序或厂房;如装填发射药的药筒,装填推进剂的火箭发动机的装药装配厂房;装填发射药的发射药管及发射药包的装药厂房;储存发射药、装填发射药的药管及药筒;装填推进剂的火箭发动机等的仓库。

D级建筑物:建筑物内制造、储存的产品,制造过程中作业危险性较低者。如硝化纤维素生产,火药、炸药、弹药及火工品生产中使用的氧化剂加工厂房和库房;导火索生产中危险性较低的厂房和储存导火索的库房;火药、炸药、烟火药、起爆药等的理化实验室。

这类建筑物内生产、储存的产品,发生事故时多为燃烧,在特定的条件下也可能发生爆炸。D级建筑物在民用建筑中属于《建筑设计防火规范》中的甲类,考虑到设在特定区域,周围都是比较危险的生产工房,相应地增加危险性,为了适当增大距离,所以定为D级,以区别于《建筑设计防火规范》。建筑物危险等级划分之后,可根据实际情况区别对待,采取防护措施,以使事故损失减小到最低。

12.2.3 确定最小允许距离的原则

由于火炸药在生产、试验、运输、储存和废药销毁等工作中,都有产生爆炸事故的可能,因此,不仅要求火炸药厂各生产区之间,而且要求每个区的内部有爆炸危险的建筑物之间要有一定的距离,特别对外界如城市、村庄、交通线路等也必须有一定的距离要求。而这些距离涉及选厂、定点、迁民征地,以及万一发生事故对厂内及周围各种目标遭受不同破坏程度的重要问题,因此要结合实际情况合理地确定各种距离。

火炸药生产、储存工房与外部距离的确定,主要依据发生事故时在爆炸冲击波的作用下,确定周围建筑物的破坏程度,是一个与炸药的性质、药量、距离等直接有关的复杂问题。为了控制在爆炸事故后对不同目标的破坏标准有所不同,因而对建筑物的破坏程度加以区分,相应地确定了距各目标点的距离。

我国有关标准规定要求厂内破坏为二级以下，厂外破坏为五级作为制定的依据。即厂内破坏的程度要比厂外破坏的程度大。但是厂内，尤其是生产区的建筑物破坏程度不得达到六级，主要考虑出现部分倒塌时，对室内设备和人身安全威胁较大，建筑物需局部拆除，或整个拆除重建、损失较大。按照破坏等级标准，通过模拟爆破试验，得出炸药量、爆炸距离与建筑物破坏等级之间的关系。经计算得出内外部距离表，列于标准中，供设计参考。由于试验时均以 TNT 为标准炸药使用，但实际上其他炸药与 TNT 炸药在性能上有所差异，故在计算其他炸药时，要将其换算成当量 TNT 炸药，以确定其破坏程度。

12.3　工厂区布置与总平面布置

火炸药厂的区域布置一般由主厂区、总仓库区、靶场、销毁厂和工厂住宅区组成，各区之间关系密切，联系频繁，如果仅以距离短、运输近、管理方便等方面考虑，相互之间以近为好，但根据火炸药厂有爆炸危险的特点，要充分考虑到万一发生事故时，影响应减少到最小，因此，各区之间和对周围市、镇、村庄以及交通路线目标应满足区域距离要求。具体布置时应充分利用自然屏障，合理地规划，使全厂各区形成一个有机整体。

12.3.1　主厂区

火炸药厂的主厂区是全厂的主要生产中心，工房设备、管线、人员多集中于此，为了安全首先要考虑其位置，有条件时，最好将各区和总仓库由自然屏障隔开。通常主厂区由危险小区（危险品生产车间）和非危险性生产小区（辅助生产部门）和机动设施组成。

在总平面布置时，根据工艺流程、安全距离要求和各小区的特点，在选定的区域范围内，充分利用有利于安全的自然地形，加以区划。将危险性生产小区和非危险性生产小区加以分开，布置时将危险性质近似的车间集中布置。危险性生产小区应布置在远离厂主要出入口和住宅区的一面，有抗爆间室的危险建筑物的轻型面，不宜面向主要道路和主要工房。对危险车间中最危险的工房应布置在厂区的边缘和人员来往较少或有自然屏障相隔的地段上，还要远离住宅区等目标。非危险性小区或危险性小的车间布置在出入口附近。为防止发生事故时火灾蔓延，对危险性最大的工房应布置在下风向。有的危险工房，由于日照的辐射热能提高室内温度，增加了发生事故的危险性，为此，应避免东西向布置。具体如何布置，应根据各方面条件予以权衡，综合考虑，统筹安排。在布置厂区道路时，除满足运输要求时，还应方便消防车通行，同时还要注意危险品的运输不要与主要通道上的人流交叉。

12.3.2　仓库区

工厂的总仓库区，一般存药量大又比较集中，万一发生事故时，影响面大，因此按区域距离要求，应远离工厂住宅区和城市等目标，有条件时最好布置在单独的山沟或其他有利的地形处。但是比较小的工厂，存药量少时，可考虑不单独设立仓库。

火炸药的总仓库，一般由火炸药库、变电所、消防水池（或消火栓）仓库、办公室及保卫设施等组成。

由于总仓库区储存大量的危险品，因此在已选定的区域范围内，充分利用有利地形及周围自然屏障，根据每个库房的危险程度的不同，进行合理区分，为了有利安全，应将存药量大和敏感度高的库房布置在远离库区的出入口和交通要道的库区边沿，或单独的山凹及其他自然屏障相隔处，其布置形式，一般有铁路运输时，多采用树枝布置，当采用公路运输时，一般结合有利的自然地形，采用自由式布置，无论采用何种布置方式，都应避免库区长面相对，尽量错开布置，以防万一发生事故时受冲击波和破片的影响。

为了缩小建筑物间的距离和减少发生事故时的影响范围，在总仓库内的 A 级和 B 级建筑物应加防护土堤。

12.3.3 靶场

火药厂的靶场主要用于火药性能试验，试验时不仅产生噪声和振动，还有脱靶的危险，有条件时最好布置在单独的山沟内，或其他射击方向前端有天然屏障等有利地形处。同时应注意不宜布置在航道下面。

火药厂的靶场一般由弹药装配工房、火药保温工房、火箭静止试验台和靶道等组成。

靶场的布置应根据工艺流程及试验中可能产生炸膛、脱靶等事故特点和安全距离要求，充分利用自然地形合理规划，在布置靶道时，几条靶道尽量设计方向一致，背向厂区、住宅区和城市等大目标，最好前方有自然屏障。火箭静止试验台和其他危险性较大的建筑物，应布置在靶场边沿的偏僻地带或其他有自然屏障相隔的地段上，其火箭卧式试验台的喷火方向应尽量向着山凹或其他空地上。

12.3.4 销毁厂

应选择有利的自然地形，如山沟、丘陵、河滩等地，在满足安全距离的条件下，确定销毁场地和有关建筑的位置，但应注意便于摊铺待销毁的火炸药和销毁后便于清理场地，同时也要考虑防止万一发生爆炸时减少飞散物对周围环境的影响，故场地表面不应有乱石块，最好是软土地面。其掩体应布置在销毁场地的常年主导风向，出入口背向销毁场作业地，与作业场地的边缘距离应不少于 50 m。

销毁场应有道路与厂区连接，便于通行运输，为了防止在万一情况下发生的火灾蔓延，场地周围不应有连成片的草木森林。

12.3.5 防护屏障的设置

从以往事故的经验和试验资料中都可以看出，防护屏障对阻挡冲击波和拦截破片有明显的作用，因此，设置防护屏障对建筑物内发生事故时所产生的冲击波和破片起到一定阻挡作用，以减少对周围建筑物和人员的影响，同样也可减少外来冲击波和破片对本建筑物和人员的影响。有些危险建筑物设置防护屏障之后，还可缩小建筑物之间的安全距离，故火炸药厂的 A 级建筑物周围通常都宜设置防护土堤。但是在建筑物内设计药量若小于规定数量，可采用夯土防护墙，或不设置防护土堤，具体问题依据相关标准规定确定。

防护屏障的设置及其形式应根据总平面布置、计算药量、运输形式、地形条件等因素确定。危险建筑物及非危险建筑物均可设置防护屏障。

防护屏障可采用防护土堤、钢筋混凝土防护挡墙或夯土防护墙等形式。但最终以起到防护屏障作用为目的。

防护土堤顶宽不应小于 1.0 m；底宽不应小于高度的 1.5 倍。防护土堤边坡应稳定，坡度应根据土质确定。防护土堤应以土填筑,禁止使用泥炭类轻而可燃材料填筑防护土堤。

当取土困难或场地不够时,防护土堤的内、外坡底部可砌筑高度不高于室内地坪 2.0 m 以上的挡土墙。或在土中添加石灰,以提高防护土堤的边坡度。

在室内地坪标高 2 m 以上防护土堤,不允许以石块、混凝土块等重型块状材料填充或砌筑,以防建筑物发生事故时飞散的块状材料增加对周围的破坏作用。

防护土堤开口处挡土墙顶高可根据需要确定。夯土防护挡墙应采用灰土为填料,边坡度宜为 1∶0.2~1∶0.25,墙高不应大于 4.5 m,墙顶宽不应小于 0.7 m,墙体于地表以上 0.5 m部分应采用砖砌或石砌护墙。

钢筋混凝土防护墙应按计算确定。其高度应符合下列要求:

(1)当防护挡墙内为单层建筑时,宜高出建筑物的层檐口 1.0 m,不应低于檐口的高度;建筑物单坡屋面时,以低屋檐口计算。

(2)当防护挡墙内为多层建筑或不同高度的建筑时,应高出最高爆炸物顶面 1.0 m。

12.4　建筑结构的防爆措施

12.4.1　安全措施的基本原则

由于火炸药、火工品、装药生产中有爆炸、燃烧危险,散发大量有毒粉尘、蒸气等特点,在建筑结构方面针对性地采取一些安全措施,以尽量减少事故,即使万一发生事故,在可能条件下减少事故损失和人员伤亡。

预防事故发生的措施应以“预防为主”作为对待事故的基本指导思想。把事故隐患、因素、苗头等消除在事故发生之前,真正做到防患于未然。在设计施工时可以采用不发火地面,防止门窗玻璃在阳光直射下的聚光作用,防止积尘以及防雷击等措施,均是防爆措施。

减少事故损失、防止事态扩大的措施包括以下几方面:

①在设计中要考虑具有爆炸危险的 A,B,C 级工房要求采用钢筋混凝土支柱,不采用砖墙承重以防止砖墙倒塌、屋盖大面积塌落。

②工、库房设置防护屏障,设备安装在防爆间室内工作等。

③至于爆炸所产生的冲击波和地震波对本身建筑物和邻近建筑物的危害,在某些方面同地震对建筑物的危害,虽不完全相同,但有相似之处。因此,可以参照抗震规范采取其中一些行之有效的措施,如增加抗震围梁,提高烈度等级,加强构件之间的连接和墙体之间的拉接等,对避免事故后墙倒、屋塌,造成设备损坏、人员伤亡,将起到重要作用,至少也能使破坏程度减轻,或缩小破坏范围等。

12.4.2　建筑物的层盖选型与泄压

1. 轻质泄压屋盖和轻质易碎屋盖

轻质泄压屋盖是指由轻质材料制成,在火药气浪作用下,工房承重部分可以保存,仅泄压部分屋盖被掀去,根据经验,其泄压部分每平方米的质量不大于 60 kg。轻质易碎屋盖是指由轻质材料制成,在空气冲击波作用下,易形成碎块的屋盖。

对于爆炸事故次数较多的硝化甘油,胶质炸药生产等的各工房以及配制工房等,考虑到本工房发生事故时，屋盖不产生大的碎块，从而减少对外界的破坏作用。故需要做成轻质易碎屋盖，同时考虑到硝化甘油不经燃烧而直接爆炸，为了便于事故后修复，也可采用经防火处理的木质屋盖。

对于火药制造工房，由于引入C1级的干燥、钝感、混同等工房，各厂相继发生过爆炸事故，有的事故就是由于泄压面积不够，由燃烧转成爆轰的，所以这类工房应做成轻质泄压屋盖，以防止由燃烧转成爆轰。

2. 单、双基制造工房的泄压面积与药量的关系

根据试验资料与事故资料统计，一般安全系数按 $n=F/3\ 000W=3$，可以保证事故发生时只燃烧不爆炸。所以在考虑泄压面积时，要充分考虑根据存药量多少来决定泄压面积，以及相应的措施，其计算公式如下：

$$F \geqslant 3\ 000W$$

式中，F 为泄压面积，m^2；W 为火药质量，kg。

对于某些药量小，而又经常发生燃烧的工房，其轻质门、窗面积已能满足泄压面积的要求，同时为了避免做成轻质泄压屋盖在燃烧事故后经常修理的困难，这类工房做成钢筋混凝土屋盖更为恰当。

3. 抗爆间室和抗爆屏院

(1)抗爆间室。喷射法硝化甘油生产的硝化，分离、洗涤、双基药生产的压伸、雷管一装炸药、压猛炸药等有爆炸危险的工房，可以将其设置在抗爆间室中。抗爆间室做成钢筋混凝土结构，主体承重结构在爆炸事故后修复即可继续使用。当危险品在间室内爆炸时，间室外的操作人员可不受空气冲击波和破片伤害，以确保安全。间室以外的危险品也不引起爆炸，与其相邻的生产工房也不致受到影响或损害。

(2)抗爆屏院。当抗爆间室内发生爆炸事故时，为减少其空气冲击波和破片对间室外的破坏作用，须在抗爆间室、轻质窗墙的外面设置矩形的间室。

布置屏院墙时，要注意防止由于布置疏忽使空气冲击波经屏院院墙的开口处传播而引起邻室破坏或爆炸。

当抗爆间室内发生爆炸事故时，屏院的院墙在空气冲击波的作用下不应倾倒，在破片作用下不被穿透，抗爆屏院的最小进深(等于屏院纵墙的长度)与院墙的厚度由抗爆间室的设计药量决定。当抗爆间室面临山体时，有的工厂将抗爆屏院取消，但是当抗爆间室一旦发生爆炸事故，来自间室的冲击波经山体反射折回，有引起相邻间室爆炸的可能。有的工厂已发生过类似的事故。只有当抗爆间室前面抗爆屏院的进深符合设计要求，且屏院的纵墙与山体相接时，才能将屏院的横墙取消。

12.5 工房的安全疏散

火、炸药厂的危险工房中，存在着燃烧和爆炸的危险，一旦发生事故时，要保证工房内的操作人员有足够的安全出口，这对减少事故损失和人员伤亡非常重要。

对于A,B,C,D级工房每一间的生产安全出口的数目不应少于两个，主要考虑万一发生事故，其中一个出口不能利用时，则有第二出口，可以保证生产工房内人员安全撤出。同时外部出口或楼梯间的距离也不能太远，否则操作人员跑不出来，对 A，B，C 级工房来讲，在工房内的每个操作点距安全门不应超过 15 m，对 D 级工房不应超过 20 m。

而实际情况比较复杂，也不能千篇一律，应根据具体情况酌情处理，但是必须设置两个安全出口的工房，即使工房面积再小，也不能减少，如双基药的压延工房。此外，为了避免玻璃对人身的伤害，A，B，C 级工房宜采用塑性玻璃。

12.5.1　单层工房安全出口的基本要求

(1)有的岗位操作工人是固定的，在这种情况下，为了达到更快的安全疏散，可利用其附近的窗口作为安全出口。要求安全窗洞口不应小于 $1.0\times1.5\ m^2$，窗台高度不应高于室内地面 0.5 m，窗扇向外平开，不应有中挺。

若采用双层安全窗，则窗扇一定要做成联动的，以保证双层窗扇应能同时向外开启。安全窗仅仅是提供给靠近窗口工作的操作人员使用，所以此窗口不能列入安全出口的数目中。

(2)安全疏散时，不允许工作人员穿越其他危险工房疏散，防止达不到安全疏散的目的。

(3)为了保证尽快疏散，不致发生拥挤，安全门应向疏散方向开启。当工房设置门斗时，门斗设置方向与工房门的方向一致。

邻近工房的门窗不应相对设置，以防互相干扰。

12.5.2　二层或二层以上工房安全出口的基本要求

工房若是二层或更高时，安全出口设置比较复杂，原则上同一层一样，但是考虑到楼层高度不同，为了达到尽快疏散的目的，可考虑增设楼梯、滑杆和滑梯，以便在短时间内滑到一层进行疏散。

12.5.3　有防护土堤的工房安全出口要求

工房外设有防护土堤时，工房安全出口最好布置在防护土堤的开口附近，当为环形防护土堤时，则安全出口最好布置在防护土堤的事故隧道附近。

12.6　爆炸品生产发生燃烧爆炸事故的原因及预防措施

兵器工业中火、炸药、起爆药、火工品、弹药装药等生产、加工、运输和储存过程，都有发生燃烧、爆炸的可能，对事故的原因进行综合分析，相应地采取有效措施，减少事故。

从总体情况来看，在正常情况下，采取科学的态度、实事求是的精神和严格的管理来处理生产和科学技术问题，往往事半功倍。历史上几次生产形势比较稳定的阶段基本如此。规章制度执行不力或处于半废除状态，或有章不循，缺乏科学分析的态度，进行不当的生产技术管理，往往事故层出不穷，因而也就事倍功半。

12.6.1　火炸药生产混入机械杂质的事故预防

火炸药的成品、半成品生产过程中，虽然生产工艺基本是连续或半连续的、多数在管道中输送，但也使用转运箱、转手筒、布袋、胶袋等包装物运送的情况。由于半成品、返工品、成品在周转、搬运过程中如不注意很易混入沙粒、玻璃、金属碎屑，甚至螺钉、螺帽等。有时掉在地上的药条、药粒很易粘上沙粒泥土，拣起之后，若不注意清除附着的杂质很易混入半成品或返工品中，其他像照明灯具的打碎，设备焊接后焊渣、焊瘤的清理，检修设备后螺帽、垫圈、螺栓有无遗漏在设备内，这些坚硬的带棱角的杂质、构件与产品混在一起，摩擦起热局部温度过高达到爆发点以上，可能引起着火，甚至导致爆炸。由于机械杂质引起的燃烧爆炸的事故，各厂均有发生，相对来讲，管理基础较好的单位事故相对少些，因此针对杂质来源情况采取预防性措施是十分必要的。

半成品、成品加工过程中的除渣、除铁装置应按规定定时检查清理，确保正常有效。在除铁方面近年推广应用超强力钐—混合稀土—钴、钕—铁—硼永磁材料，其除铁效果较电磁铁或其他磁性材料效果更好一些，可考虑根据火炸药等生产工艺的特点酌情采用。

包装物、转手容器等，在周转使用时，注意清理干净，不允许混入杂质，搬运倾倒前要把容器沾有的泥沙、污物等杂质清除干净。敞开的容器要注意用盖布盖好，以防风吹雨淋混入杂质。

设备检修后要彻底清理，检查有无焊渣、焊瘤、遗漏的小零部件留在设备内等。生产正常运转时要经常检查设备上的螺栓、螺帽及小的零部件有无脱落等情况，一旦发现应立即组织清查，做出结论，以免转到后续工序造成事故。

凡工房、设备有接触砂石、玻璃等杂质机会而又可能掉入产品中的部位，要采取措施注意保护，加强维修清理。

12.6.2 明火和表面高温引起的爆炸预防

在生产、储存、运输爆炸物品、成品、半成品时，绝对不允许明火存在，接触明火或表面高温，而且在工艺资料中做了明确规定，但生产中遇到明火的机会很多，有些明火允许限制在一定范围内使用，并且规定禁火和用火细则。但多数情况在生产时不允许明火存在。

1.明火及表面高温造成的燃烧与爆炸

明火：严禁烟火，对火炸药厂来说有着良好传统，但是历史上多次燃烧和爆炸事故却与明火有着密切联系，往往由于不为人们所注意，或者认为无足轻重、违犯规定随便吸烟点火而造成事故。也有时利用火炸药生产拆卸下来的废旧管道、设备未能很好清理，或采取预防性措施不够而造成事故。

表面高温：由于工艺、热力要求设备、管道内流动的物质温度较高，设备管道表面容易形成高温，此时若与火炸药等爆炸品或其粉尘直接接触就可能引起分解自燃。故应采取措施防止出现表面高温。

2.阻止明火及表面高温引起燃烧、爆炸的措施

严禁烟火：火炸药生产区内不允许有与生产无直接关系的烟火存在，如火柴、香烟、吸烟、生活取暖、做饭、任意焚燃废品废物等。若因工作需要，检修设备、动火焊接时，则需要事先经过清理，采取措施，经过技安人员检查并开具动火证后方能施工。即使开具动火证也要随时注意周围环境有无异常，防止由于焊接时金属屑飞散，电焊的杂散电流的火花引起清理不净的设备、槽罐内物料燃烧、爆炸。

电气设备：线路应保证正常良好，如配电盘、电气开关、电动机、电灯、电线、仪器、仪表等电气设备，由于接触不良或绝缘损坏、超负荷运转、漏电、短路等发生火花引起火灾，以致扩大燃烧进而引起爆炸，故平时要进行重点与非重点的循回检查，发现问题及时维修。故接触爆炸物品的电气设备通常采用防爆型，而电缆多用铠装电缆或穿入套管内使用。

使用运输工具注意防止漏电产生电火花，或汽车排烟带出火星，通常要采取防护措施，如改动排烟管方向在管口增设安全罩等。

严格控制工艺条件，防止断水、断电造成局部温度升高，引起事故。

为防止散热，保证隔热，工艺上常采取绝热保温措施，但容易出现表面高温，若与火炸药直接接触可能引起药剂分解自燃。通常保温、取暖最好使用热风，若使用散热器采暖，应该使用热水而不宜使用蒸汽作为加热介质，散热器表面温度不应超过 80 ℃，而且要求表面光滑便于清洗落在其上的爆炸性粉尘。进入或经过危险工房内的蒸汽管道，必须用绝热材料包裹，表面温度不应超过 50 ℃。火炸药存放应与热源保持一定距离。不能过于临近，防止局部温度过高造成自燃。

12.6.3　摩擦与撞击引起的爆炸预防

由于火炸药等爆炸性物质在坚硬的物品间摩擦或撞击，发生局部过热可达到燃点或爆发点以上，摩擦撞击的明火也能引起燃烧或爆炸。由于强烈摩擦或撞击而发生的燃烧爆炸事故为数不少。

[**例** 1]　1992 年某厂 TNT 生产车间安装清洗后的干燥器，用螺栓连接干燥器盖上的连接管法兰时，用扳手拧紧螺栓的过程中发生爆炸，螺栓冲击，将工人手指打断，造成重伤。分析原因认为是螺栓孔内积存的炸药受到强烈摩擦和挤压而爆炸。

从以上事例中可以看出，由于摩擦、撞击而发生的燃烧、爆炸事故，多数由于设备不正常、维修不及时凑合生产，生产停工之后，工房、设备清理不净，违章作业，违章操作等造成。只要思想重视，严格认真执行有关技安规定，采取措施和加强检查，由于摩擦撞击引起的事故将会显著减少。

因此在日常生产中要防止摩擦、撞击。为避免金属之间互相撞击产生火花，有些单位规定使用软质材料，如橡胶、塑料或有色金属。使用工具常用铜、铝、铅等制造，以减少发火概率。近年又有专门制造防爆工具单位，供易燃易爆产品生产厂选用，常用的防爆工具的国家标准见表 12.1。

表 12.1　防爆工具名称及国家标准

工具名称	国家标准
防爆用呆扳手	GB 24459—2009
防爆用钎子	GB 24459—2009
防爆用检查锤	GB 24459—2009
防爆用桶盖扳手	GB 24459—2009
防爆用梅花扳手	GB 24459—2009
防爆用八角锤	GB 24459—2009
防爆用圆头锤	GB 24459—2009

12.6.4 易燃品与爆炸品自燃的预防

火化工生产使用的或用过的各种油类、破布、油纸、油棉纱等易燃品以及火炸药等生产中的半成品或成品多属爆炸性物品，不能随意堆积、靠近热源或者阳光直接照射，或者在其上随意倾倒废酸、废碱等。有时生产过程中的成品、半成品、返工品以及废品，由于各种原因造成这些物品暂时堆积滞存，因其正处于加工过程之中，具有一定的温度，由于堆积不易散热，致使温度有可能继续升高导致自行分解以致自燃或爆炸。

[例 2] 2004 年 7 月 14 日日本东京品川区胜岛仓库，由于露天堆积的硝化棉桶发生自燃，烧掉大约 2 300 桶硝化棉(每桶装润湿硝化棉 80 kg;其中湿润剂 25%)。由于火灾在库区内蔓延，引爆 1 t 左右有机过氧化物，灭火过程中有 19 名消防队员被炸死。

事后分析事故的原因认为，硝化棉桶在露天堆积的 100 多天内，受到太阳的照射，桶的上部被加温，而桶底温度基本不变，而且湿润剂又多沉积在桶的下部，由于多日的连续蒸发，使桶的上部硝化棉湿润剂含量很少，近似被干燥发生自燃。而事故当天又是晴天，中午前后阳光直射硝化棉桶上，表面温度可达 60～70 ℃，更促进硝化棉的分解，由于分解热的积聚，直到 16 时达到自燃温度而自燃。日本自 20 世纪 60 年代至 90 年代硝化棉自燃情况分析结果表明，发生自燃的时间大部分集中在 8 月，而且绝大多数在 16～23 时之间，说明储存的硝化棉白天经过日光的照射，失去润湿剂的硝化棉，在较高温度的作用下，急剧分解，分解热积聚几小时骤然发火自燃。

在国内硝化棉或赛璐珞片在储存中间，由于阳光照射而自燃者也时有所闻。

因此，组织生产必须科学安排，不能盲目乱干，瞎指挥，因而造成不必要的财产损失和人员的伤亡。对于职工应加强技术教育，防止蛮干。

因此，无论生产、储存火炸药或其他爆炸物品，应该采取一切可能的措施防止自燃。对于储存时间较长的火炸药等爆炸品，不论成品、半成品，应按规定检查分析储存性能的有关项目，如安定性试验等，发现异常情况及时采取措施予以处理。

暂时储存的火炸药半成品或成品和爆炸性物品，严格防止日光直接照射(尤其夏天)或靠近热源，以防止由于局部温度升高、热量积聚、散热不好引起自燃着火。库房存放的火炸药等爆炸性产品，要注意通风、防潮、隔热，防止堆积密度过大不易散热等。最理想的储存条件是在干燥、通风的洞库中。

12.6.5 静电的预防措施

1.静电的产生与积累

物体(不论固体、液体、气体，还是粉体)之间相互摩擦、接触、分离等将产生静电。在火炸药、黑火药生产、加工中的切药、筛选、混合、粉碎、光药等工序，不可避免地产生静电，若不及时加以导除，就能积累到高电压而发生静电放电，特别是目前流行的服饰多数为化纤制品，人体活动过程中可以产生静电积累，有时甚至很高，也能随时发生放电，产生火花，静电火花的能量达到足够大时，即能将易燃、易爆物质引燃、引爆。在火炸药、起爆药、黑火药等的生产中，由于静电引起的灾害不胜枚举，其中尤以黑火药、火工品更为突出。

静电引起的事故，与季节也有一定关系，通常雨季事故较少，而在冬、春气候干燥时节，由于静电引发的事故相应增多，故采取预防措施时，也应考虑这一因素。

综合以上情况，由于静电积累而导致易燃易爆物质燃烧、爆炸事故者需同时具备五个条件，消除其中任何条件，均有可能阻止事故的发生。因此预防静电积累放电引起事故，要针对此五个条件采取预防性措施。

(1)点火能量。

(2)具备产生静电荷条件。

(3)实现静电积累，达到足以引起静电火花放电的静电电压。

(4)有能引起火花放电的合适间隙。

(5)静电火花作用范围内有一定量的爆炸性物质存在。静电放电的火花量达到和超过易燃、易爆物质的最小点能量。

2. 控制、消除静电积累和事故的预防

(1)设备、工艺控制。选用导电性能好的材料制造设备，以限制静电积累。对摩擦频繁的部位，如皮带轮、皮带等，除使用导电好的材料制作外，也可在其表层沾、涂导电材料。

(2)导静电接地。接地是最重要、最普通的措施之一，是消除静电危害的有效办法。把全部设备、器具用铁(铜)丝或铁带连接起来，对于其金属接头部位，应用金属带跨连接起来，达到可靠接地，当接地导线单独设置时，其接地电阻要求小于 100 Ω，并定期对接地的完好状况进行检查。

(3)消除人体的静电。由于衣着等原因，人体可以带电，为防止人体带电危害，在危险车间内装设导静电金属门帘，接地导电扶手，导电铜板，工房内铺设导电橡胶板，操作人员戴导电手镯，穿导电工作服、导电工作鞋等，禁止穿着化纤工作服和携带金属物件等。

(4)增加易燃易爆物质工作环境、储存场所空气的相对湿度。即采用水蒸气、喷雾器、空调器、洒水等增湿的办法，用以提高亲水性带电体表面导电性，以加速静电的释放。但应在保证产品质量的前提下，根据具体情况加以选用。

(5)使用静电中和器。在一定条件下借助电子和离子完成静电中和的原理，达到消除静电的目的。按其工作原理，可分为感应式静电中和器、发射线中和器等，通常将放射性静电消除器与感应式静电中和器联合使用，取长补短，获得良好效果。常用的放射性同位素 Sr，Po，Kr，Ti 等均可作为射源。

(6) 抗静电剂。产品中加入抗静电剂，可降低带电体的体积电阻和表面电阻，从而达到消除静电积聚的目的。但加入抗静电剂，相对地改变产品的组分，因此在考虑添加抗静电剂时，首先要考虑不影响产品性能的前提下方可使用。

12.6.6 电火花的预防措施

电器、照明设备在运行过程中，不可避免地要产生电弧、电火花和局部过热现象。这是引起火炸药、起爆药燃烧爆炸的重要原因之一。按放电原理，工厂常见的并且能够成为火源的主要有两种。

(1)短时间的弧光放电，主要指开闭回路，断开配线，接触不良，短路、漏电，线路或设备过载等情况下发生的极短时间内的弧光放电。

(2)接点上的微弱火花是指自动控制用的继电器接点上，或在电动机整流子、滑环等器件上，即使在低压情况下，随着接点的开闭，仍能产生肉眼能见的微弱火花。

但是爆炸品的电火花感度有高有低，各种起爆药、黑火药、硝化棉等电火花感度都很高。

而有人测得斯蒂芬酸铅的最小点火能量为 0.000 4 mJ,结晶叠氮化铅为 0.002 mJ。因此,即使对电火花较钝感的炸药,也必须遵守电气防爆的安全管理技术规范要求,要求在不同情况、不同场合选用符合要求的电气设备。

[例 3] 2000 年某厂酒精回收蒸馏工房,临时灯无防水、防爆灯罩,由于水溅到灯泡上,灯泡炸碎,引燃工房内的酒精蒸气,造成蒸馏工房烧毁。

针对电气设备引起燃烧和爆炸的条件,采取相应措施则有可能防止易燃、易爆物质发生燃烧或爆炸。

(1)使电气设备周围不存在火炸药等易燃易爆物质,或者在存有火炸药的地方没有产生电火花、电弧、高温等的电气设备。常用的办法是将电机和电气设备安装在危险工房的隔壁,采用隔壁传动,墙壁应密封完好,并采用防爆电机,若室内需要照明时,照明灯具应采用防爆型或室外投光,所用电线采取穿管或铠装电缆,但是不宜采用聚光灯,夜间不需作业处所可以考虑不安装电灯。

(2)防止电气设备产生危险温度、电火花和电弧灯。国外多使用在正常状态和故障状态均不产生火花的电气设备,杜绝了由于电火花引起的燃爆事故。而国内采用限制火花能量的办法,因而发展了本质安全型电气设备,做到即使产生了电火花、电弧,其能量及高温也不足以使火炸药燃爆。防止危险温度的措施,则是降低电气设备的发热量,改善散热条件,通常的办法是加强通风散热,使用低压灯或小瓦数灯泡等。

(3)防止火炸药等易燃易爆物质进入电气设备内部,采用密封隔离法。这种办法对易燃气体十分可靠,对大部分火炸药是有效的。

综上所述,电气设备的选择至关重要。

12.6.7 雷电的预防措施

1. 雷电的产生

雷电有很大的破坏作用,对人和建筑物有多方面的危害,雷电放电电流很大,能够造成人畜伤亡,树倒、房毁。雷电对火炸药、火工品以及可燃气体的生产安全有着严重影响,稍有不慎会造成严重的后果。故在厂址选择时,就要考虑是否是雷击区问题,不论雷期长短,凡易燃易爆产品的生产、储存的工房均应设置避雷针和预防间接雷击的接地装置。不论避雷针如何设置,但所有建筑物必须在避雷针的覆盖角内,以保护有关工房。

[例 4] 1999 年 8 月,山东青岛市黄岛贮油灌由于雷击引起大火,并造成原油外溢,5 个贮油灌相继燃烧爆炸。大火燃烧了 100 余小时方被扑灭,消防人员等 19 人牺牲,74 人负伤。

通过上述实例足以说明雷电的危险性和避雷装置的重要性,设计选择布局合理的避雷针避雷网对减少雷击事故将起到决定性作用。

从雷击危害的角度出发,雷电的破坏方式可分为四种,现分述如下:

(1) 直接雷击。雷云与地面上的物体之间的直接放电,通称直接雷击。直接雷击的电效应、热效应和机械效应会使地面物体烧焦破坏。

(2) 感应雷击。由于雷云的静电感应或放电时电磁感应作用,使地面金属物体上聚集大量电荷,若不采取措施加以消除,将会引起严重后果,这种雷击现象称作感应雷击。虽然它对建筑物不起直接破坏作用,但是由于能够出现火花放电,从而对油罐、油气等易燃易爆物质聚集场所有引燃、引爆的危险。

(3)雷击冲击电压。当雷击室外架空线路或金属管道时，产生很高的冲击电压，并沿线路或管道迅速传入室内，从而引起室内易燃易爆物质的燃烧或爆炸。但是，这种事故多发生在线路和管道没有良好避雷措施的情况下。

(4)球形雷击。球形雷击是由特殊气体形成的一种雷击现象，它是雷电形成的直径为20 cm到10 m的发红光或白光的火球，能在地面滚动，其运动速度约2 m/s，俗称滚地雷，它能从门、窗、烟囱等通道进入室内，造成灾害。这种情况多发生在少数山区。故对火化工厂厂址选择时，对雷击区的滚地雷问题要引起特别关注。

2.雷电的预防措施

根据生产、加工、储存或使用易燃、易爆物质的种类、性质，发生雷电事故的可能性及后果，各类危险场所的建筑物必须采取防雷措施。根据《建筑物防雷设计规范》的规定，建筑物防雷分为三类。现依防雷等级及采取措施分述如下：

(1)第一类防雷建筑物和构筑物。

特征：

①凡建筑物和构筑物中制造、使用或储存大量爆炸物质，如炸药、火药、起爆药、火工品等，因电火花而引起爆炸，会造成巨大破坏和人身伤亡者。

② Q—1级或G—1级爆炸危险场所。(危险的等级划分，应按GB 50058—92《爆炸和火灾危险环境电力装置设计规范》执行。)

防直接雷击的措施

低于15 m的建筑物，用独立避雷针保护，接地电阻不大于10 Ω，引下线距墙面及接地板距金属管道和电缆不小于3 m。

高于30 m的建筑物，避雷针在建筑物上，建筑物的钢筋和金属设备均彼此连接和接地，避雷针应离开爆炸性管道5 m，并高于7 m。

防感应雷击的措施

非金属屋盖用明装避雷网保护，金属和钢筋混凝土屋盖直接接地，接地电阻不大于5 Ω，室内一切金属管道及设备均接地，管道出口及每隔15 m处接一次，管道接头处用导线接后接地。

防止雷电侵入的措施

采用不小于50 m金属铠装电缆进线和低压避雷器保护时，电缆两端及避雷器的接地电阻不大于10 Ω，当采用架空进线时，进线电杆的接地电阻不大于10 Ω，进户前500 m内电杆每根均接地，接地电阻不大于20 Ω，低压避雷器装在进户线电杆上，架空引入室内的金属管道每隔25 m接地一次，入户接地电阻不大于20 Ω。

(2) 第二类防雷建筑物和构筑物。

特征：

① 凡建筑物和构筑物中制造、使用或储存爆炸物质，但电火花不易引起爆炸或不致造成巨大破坏或人身伤亡者。

② Q—2级或G—2级爆炸危险场所。

防直接雷击的措施

在建筑物上用避雷带和短针(0.3～0.5)做混合保护，接地电阻不大于10 Ω，钢筋混凝土屋盖内可作为暗装避雷针网，但在山墙、屋脊、屋角突出部位还应做重点保护，金属管道及混凝土内钢筋可作为引下线。

防感应雷击的措施

室内一切金属设备和管道都应接地，室内相距 100 m 以内的平行管线、交叉管线及法兰、弯头、阀件等处应用导线跨接后接地，不允许有开口环路。

防止雷电波侵入的措施

采用电缆进线时，同第一类；若采用架空进线时，进户线电杆的接地电阻不大于 10 Ω；进户前 150 m 内电杆每根均接地，接地电阻不大于 20 Ω；低压避雷器装在进户墙上，架空引入室内的金属管道在入户处接地，接地电阻不大于 20 Ω。

(3)第三类防雷建筑物和构筑物。

①防止直接雷击的措施。在建筑物的山墙、屋脊、屋角等突出部位装设避雷带或避雷针进行重大保护，接地电阻不大于 30 Ω，钢筋混凝土屋盖可用其钢筋作为避雷网。

②防止雷电波侵入的措施。在进户墙上安装放电间隙或瓷瓶脚接地，接地电阻不大于 20 Ω，允许和防直接雷击的接地线接在一起。

3. 避雷针的设计

执行 GB 50057—94《建筑物防雷设计规范》。

12.6.8 绝热压缩引起的爆炸事故预防

根据热力学可知，如果将理想气体体积由 v_1 绝热压缩到 v_2，压力从 p_1 变到 p_2，温度从 T_1 变到 T_2，它们之间可形成一个理想气体经绝热压缩温度上升。

若在理想条件下以空气为例，空气的绝热压缩指数 $\gamma=1.40$，若假定初始压力为 0.098 06 MPa、温度为 20 ℃，则在各压缩比下，压力和温度升高的计算值见表 12.2。

表 12.2 绝热压缩压力和温度变化情况

v_1/v_2	p_2/MPa	T_2/℃	v_1/v_2	p_2/MPa	T_2/℃
1	0.098	20	10	2.452	462
2	0.255	120	15	4.335	594
3	0.461	187	20	6.472	697
5	0.932	283			

从表 12.2 可以看出，由于压缩比的变化，压力和温度升高，因此在火炸药的生产中，空气受到绝热压缩往往是造成安全事故的主要根源之一。因此，无论硝化甘油生产，还是单、双基药生产，把防止空气绝热压缩放在安全管理上的重要课题。

［**例** 5］ 在平滑的金属板上点一滴硝化甘油，用平滑的金属锤打击：若硝化甘油内不含气泡，使其爆炸则需 $10^5\sim10^6$ g·cm 的冲击能；当硝化甘油内含有小气泡时（直径 5～10 mm），用 40×10 g·cm 的冲击能，即用 40 g 重锤从 10 cm 高落下的冲击能，使爆炸可靠率达到 100%；若使用的重锤地面不光，有直径 1 mm 的小坑时，用 20 g·cm 的冲击能，即用 40 g 的重锤从 0.5 cm 高度落下的能量，也可使其爆炸。

［**例** 6］ 1986 年某厂双基药生产水压机爆炸，防爆板被打断，连同模具一起炸到地坑

内，工房屋盖被燃爆火焰引燃。

分析原因，原来操纵阀杆比较松动，开车时需要转动较大角度才能打开水门，使压缩机冲头缓缓下落，事故之前的上一班，检修了操纵阀杆，由于交接班联系不够，未试空车，仍按以往经验操纵阀杆压药。压药开始瞬间时高压水进量太多，冲头下落快，冲头下落同时发生爆炸。实质是药卷内空气未溢出而形成绝热压缩，温度骤升引起爆炸。

总之，水压机上压制双基药，先后发生数起爆炸事故，考虑其原因，几乎无一例外的都是由于冲头下落太快，保压时间太短，药卷内空气赶不出来，形成绝热压缩引起爆炸。

12.6.9　机械和设备故障预防

在生产过程中临时发生机械设备故障，采取措施进行停产检修，或边生产边检修的情况是常有的事情，但是无论哪种形式规格的检修，检修完毕应该全面地对设备故障部分进行检查，空车、重车试验，待试车正常方能转入生产。但是有时由于时间仓促或者生产任务紧，未能很好试车即投入使用，或者在更换零部件、工装时安装不当，或检修质量不高而又发生机械设备故障，在这种情况下，往往采取措施不坚决，而是凑合，如快交班了，利用交接班时间检修一下，或者等待定期清理时一并修理等。基于这种思想状况，有时小的故障未能及时处理，造成重大设备故障甚至事故，形成不可挽救的损失。

[**例** 7]　2001 年 9 月，某厂单基药生产用的切药机，由于操作工换刀不熟练，致使切药刀与立铜刀没有保持足够的间隙，换刀后开车仅约 2 min 即发生着火，火焰又沿着气流输送管道传到预烘工房，使预烘、凉药发生爆炸。

从上述事例看出，由于机械、设备故障造成的燃爆事故还是比较多的，因此在正常生产的情况下，需要做到有计划地预检、预修，合理安排大、中、小修计划，做到停工检修，检修前要做好检修项目的鉴定工作，检修后要试车验收，严格交接手续，认真贯彻设备维护保养制度和责任制，坚决防止设备带“病”运转。这样才有可能对减少燃爆事故起到积极作用。

12.6.10　爆炸品生产用设备的停工检修

火炸药、火工品生产用的机械设备，生产过程中容易有少量的爆炸性的液体、固体或粉尘残存在机械设备的死角处，停工时为防止自燃、分解或遇火源引起燃爆，需要进行清理，这在有关技安制度中都有明确规定。但对停工检修更值得引起足够重视，多年来的实践证明，火炸药工房在停工检修过程中，最容易发生燃烧、爆炸及中毒事故。在检修事故中焊接、在罐槽内作业及废药处理等方面发生事故最多。现就以下几方面的安全问题分别加以论述。

1. 焊接的安全技术

焊接火炸药的生产设备、管线是一项十分危险的作业，稍有不慎就会发生事故，造成人员伤亡和财产的损失。如何避免此类事故的发生，主要是如何将设备管线内的火炸药（或易燃液体等）彻底清理干净的问题。否则，火炸药处在上千度的高温下焊接，必然要分解、燃烧、爆炸。其次是电焊时产生的杂散电流问题，因杂散电流可以沿设备管线传导到其他正生产的工房，也有引燃火炸药及溶剂造成事故可能。

(1) 设备内残存火炸药的彻底清理。由于各种原因，要想把设备、管线内的残药彻底清理干净并非易事，再加上工作人员马虎大意，缺乏经验，这是长期以来不断发生焊接爆炸事故的根本原因。通常设备、管线内以及焊接处周围明显可见的火炸药是容易清理的，只要加强责任心，安全可以做到。问题在于设备内的死角、砂眼、焊缝、夹套、零部件的结合处等隐蔽部位的残存药以及其他意想不到的特殊情况，既难察觉，又不易清理，而事故往往就发生在这些地方，此类事故在各火炸药厂屡见不鲜，有的甚至重复出现，现举例加以说明。

[例 8]　1999 年 6 月 27 日某厂补焊硝化甘油铺地铅板渗漏部分，25 日小组工人事先用酒精碱液做了二次处理，26 日又用大量的水冲洗后开始补焊工作，一天未发现异常情况，27 日 13 时焊接油水分离器底角时，发现异味，经焊工与生产工人共同检查，未发现问题，当继续焊接时于 13 时 40 分发生爆炸。事后分析原因认为：油水分离器用双层铅板包裹，由于 1989 年更换大硝化器时，仅更换了硝化器未更换其余配套设备，因油水分离器经常有废水溢出流入铅板夹层中，此次检修又未能彻底清除掉夹层中残存的硝化甘油，发现异味后，在原因未彻底查清的情况下又继续工作，以致引起爆炸。

[例 9]　某厂 TNT 干燥器的浮标指示杆太短，在检修中决定换接一根长的，焊接前将浮球清洗干净，以为毫无问题，就在焊接所换的指示杆时，浮球发生爆炸。原因是浮球本身焊缝有砂眼，长期使用过程中，TNT 渗漏到浮球内部，以致焊接时受热分解而爆炸。

除此之外，火炸药生产线上的蒸汽、冷凝水、冷却水、压缩空气、冷冻盐水等管线内曾发现过由于各种特殊原因在生产时落进火炸药、硝化甘油等的实际事例。

所以在检修、焊接火炸药工房中的设备管线时，必须充分考虑到这些意想不到的情况，采取周密而又切实可行的措施以防万一。

一切火炸药生产线上的设备管线不管是否直接与火炸药有过接触，均应一律按照可能存在火炸药的危险设备管线加以认真对待、妥善处理。

焊接检修爆炸物设备管线时，首先要切断与外部连接的法兰、阀门、伸缩接头等，并用盲板堵塞。应有专人清理，检查有无残存的火炸药。明显的残存虽已处理干净，还必须认真检查死角、砂眼、焊缝等隐蔽处有无残药。如无把握或难以判断是否清理干净时，应进一步用化学方法或火烧的方法将不易察觉清理的残药处理干净，或用钢锯加机油慢慢锯开隐蔽处进行检查。

化学处理方法的目的，是使用相应的化学药品将不易察觉处理的残药分解破坏，使其不再具备爆炸性能。

硝化甘油或双基药、爆胶，可用质量比为酒精：水：烧碱＝8：12：8 的混合液浸泡 12 h以上加以破坏。铝质材料的设备管线，可先用 5％的碳酸钠溶液浸泡，再用上述混合液冲洗。TNT、特屈儿可用 13％的硫化碱或亚硫酸钠的水溶液，黑索金用 5％的氢氧化钠水溶液加以浸泡，即可分解破坏。

体积较小的零部件或管道可用相应溶剂将残药溶解，溶有火炸药的溶剂应立即烧掉。硝化甘油、硝化二乙醇易溶于乙醚、丙酮，黑索金、特屈儿、太安均易溶于丙酮等。黑火药可用水浸泡，将硝酸钾溶解后即可消除其爆炸性质。

硝化甘油、二硝基甲苯、TNT 等易挥发而凝结在设备、墙壁上，特别是排风罩上。通常虽然不直接焊接这些设备，而在其附近动火时，也必须用相应的方法将凝结在上面的爆炸性物质处理干净。特别注意凝结硝化甘油过多时，应先用脱脂棉或干净锯末吸收后再用碱擦拭干净。

若用上述各种方法处理后感到仍没有把握时，则可用火烧法加以处理。将被烧的设备管线搬移到空旷地带，用木柴做燃火物，均匀全面地将其烧过一遍。火烧时，所有人员必须远离被烧设备100 m以外，必要时可进入掩体。同时注意火焰不要太大，防止温度过高设备变形。特别对不锈钢材质的设备，防止由于温度过高而影响其防腐性能。火烧法处理比较麻烦，但处理得比较彻底，一般均能达到预期效果。

接触溶剂的设备管线，在清洗后，必须用蒸汽吹洗通风或放置一段时间，待残留溶剂挥发干净，经采样分析，确认其内部空气已经不含有有机溶剂气体后，才能动火焊接。有人误认为将设备内注满水后就能保证焊接时的安全，殊不知残留溶剂会漂浮在水面上，并继续挥发成气体而充满空间，遇火仍会引起爆炸的事故。这样的教训在焊接甲苯槽时就曾发生过，必须引以为戒。

焊接硫酸槽时，要分析检查槽内是否有氢气。氢气是稀硫酸与金属反应的产物，氢气与空气混合物在一定浓度下遇火会产生爆燃。因此焊接硫酸罐槽前，最好先用水将内部清洗干净，加强通风，然后采样分析罐内空气中氢的含量。在确保其大大低于爆炸极限时才能动火焊接。有的工厂焊接稀硫酸铁槽时曾发生爆炸。

由于生产的需要，有时会提出一个工房内进行焊接，而在隔壁相邻工房内仍需坚持生产的要求。但在一般情况下应尽量避免这种做法。因为在实践中曾多次发生过由于焊接火花的飞溅将相邻的正在生产的工房引起爆炸的事故。只有在极特殊的情况下非此不可时，则应十分慎重地进行，采取必要的安全措施。如将隔墙孔洞严密堵实，特别是排风装置，如与相邻工房是一个系统则必须停止运行，并在法兰连接处安装盲板。地沟也应密封或隔绝。同时将焊接工房的墙壁、天花板上的药粉冲洗干净等。

(2) 电焊时的杂散电流。在检修电焊火炸药生产设备时，曾多次发生电焊甲设备时，却引起相当距离以外的乙设备内的火炸药爆燃。在国外资料报道中，也曾有过类似事故的报道。其原因却绝非飞溅的电焊火花所造成。

例如：某厂单基药车间，在焊动力间内的冷却器时，引起隔壁工房25 m以外的三联机出料漏斗内残药的爆燃。

又如：某厂硝化棉工房，在用电焊机焊接一设备时引起很远处工人休息室内一根晾衣服的铁丝发热，将衣服烧毁。

这些现象，有人提出是电焊杂散电流的危害问题。

电焊时的杂散电流是否是造成上述事故的真正原因，则必须对此类事故进行认真检查分析。就上述单基药车间电焊冷却器引起隔壁三联机出料斗中残药爆燃的事故来看，经过查证，其原因是电焊机的零线虽搭接在冷却器的A处，但由于松脱，造成焊接电流沿冷却器与出料漏斗公用的一根接地扁铁，从冷却器经漏斗，又经漏斗与出料皮带金属框架的接触点B传到金属框架上，再经框架上的接地扁铁入地。结果是焊接电流串电形成了一个大回路。在此回路中，出料漏斗与传送皮带金属架相接的B处，只有一种点状接触，且不紧密，因此电阻较大，上百安培的焊接电流经过B点时使出料斗发热，致使漏斗内的残药爆燃。对于其他已知类似事故的分析，其基本原因与此相似。

所谓杂散电流与焊接主回路的电流不同，其形成的原因一般认为有两种。其一是由于电焊机线包本身绝缘虽符合规定，但并非绝对绝缘，对地总有微量泄漏。这种情况，其泄漏电流经测试一般为微安级。其二，则是由于电焊机零线绝缘损坏，形成被焊设备与零线绝缘损坏处的电位差，造成除电焊电流主回路外的一个分支回路。其电流大小经实测，一般在毫安级。这两种都可能串到与被焊设备相连的其他远处的设备管线上。由于电流很小，实际上使生产设备、管线发热的可能性是不存在的。但是由于接触不良可能形成火花。这种火花取其大于实测值的数倍电压，对电流进行模拟试验结果表明，虽然没有引起 TNT、黑索金、太安等炸药的爆燃，但可以引起了甲苯、丙酮、汽油等溶剂的着火。

根据上述实验与分析，对于在火炸药生产线上进行电焊的安全措施，除去通常规定的要求外，还应考虑以下几点：

a. 尽可能将设备、管线拆下移地焊接，这样就不存在焊接回路中的串电或杂散电流问题。若生产条件不允许拆下，则可将被焊设备管线与生产线上的其他设备管线进行绝缘，用兆欧表检查，符合一级低压电器绝缘标准后即可进行。这点非常重要，必须使有关人员了解其利害关系，认真焊接。

b. 若遇特殊情况，既不能将被焊件从生产线上拆下，又难以采取绝缘措施，而又必须采取就地焊接时，必须采取如下措施：电焊机的零线应牢靠地搭接在被焊设备管线的本体上，并尽可能地靠近焊接点，绝不允许将零线搭接在其他设备管线上，否则很大的焊接电流就可能流经远处无关的设备管线形成一个大的回路。在此回路中，若遇接触不良，电阻较大而且设备内有药的情况下，就可能在接触不良处发热，引起附近的火炸药分解爆炸。

在采取上述措施的前提下，为进一步防止或减少杂散电流，应检查电焊机本身及其零线的绝缘，保证其符合要求。还应检查与被焊设备管线直接相连的其他设备管线上的接地，保证符合一般接地要求。相邻设备管线上若无接地，则应在焊接点与零线搭接点的外侧各加一辅助接地，如果焊接点距有火炸药的设备管线很远，则不必考虑辅助接地的措施。

c. 若焊接与溶剂直接接触过的设备管线时，必须慎重考虑杂散电流问题。因为绝对避免杂散电流是很难做到的。而甲苯、丙酮、乙醚、酒精、醋酸乙酯等溶剂与空气的混合物，极易为微弱的点火花所引爆。例如，乙醚空气混合物在 0.45 mJ 的电火花能量作用下即能爆燃。因此必须把被焊物件从生产线上拆下来拿到另外单独地方焊接，防止杂散电流传导到其他含有溶剂的设备管线上，再由于接触不良形成电火花，导致燃烧、爆炸事故。

2. 下槽罐作业的安全技术

在火炸药生产线的检修工作中，经常需要进入槽罐、设备内部进行掏药、清洗、修理等工作。因此不可避免地要接触酸、药、溶剂等易燃、易爆物质，造成爆燃事故。

(1)常用的措施。首先将槽内的酸、药、溶剂或其他有害物质清洗干净，切断槽罐与外部连接的法兰、阀门，卸开所有人孔、手孔法兰，槽内如有搅拌等传动装置，应将动力电源切断，并在切断电源处挂上“人工作，不得合闸”的警告牌，必要时应设专人看守。电气照明使用安全电压，若使用高于安全电压的电动工具，则工作人员应穿戴好绝缘护具，并固定专人在槽外对槽内工作人员进行监护。在槽内工作时间一般不超过 30 min。

(2)防止溶剂类气体的燃爆措施。接触过火炸药设备的清理方法已在前面做了论述。如是溶剂类物质，其处理方法是：首先将槽内大量的合格溶剂用泵送往其他贮槽，而后放净残渣，放置数天任其挥发或用蒸汽冲洗干净，也可使用机械通风，排除残留溶剂气体，但应注意，进风口设在槽的上方，出口设在槽的下方。经采样分析，溶剂浓度达到爆炸极限以下方可检修。所用工具及照明设施要合乎防爆规定。

12.6.11　爆炸品在运输中的安全

爆炸性物品应按《危险化学品安全管理条例》(国务院令第 344 号)、《民用爆炸物品安全管理条例》(国务院令第 466 号)有关规定装车编组,而且对产品装运的车型及押运也有明确规定。即使如此,国内外也还发生了一些爆燃事故。

根据以往事故的教训,在汽车或铁路运送产品时需要注意:

爆炸品的铁路运输,在装车编组时根据危险货物的品种和性质进行编组,而且规定不能使用制动闸和流放作业,防止由于刹车摩擦产生火花引起燃烧爆炸。或在流放过程中因车辆互相碰撞而发生事故。

汽车运输时,必须使用合格的专用爆炸物品运输车辆,根据产品性能来考虑汽车的运输间隔。汽车的前导车辆要有运输危险货物的明显标志,通常用小黄旗表示,以示危险品运输车队,而且在休息、吃饭时,汽车应停靠在远离居民聚居区的阴凉处,并保持适当的安全距离,并安排专人警戒,任何时候不得擅自脱离岗位,无人警戒。

火车、汽车运输爆炸品时,应有专人武装押运,押运人员遵守铁路、公路运输押运人员有关规定。同时还应注意禁烟禁火。不准在车上携带易燃易爆物品,点火做饭,饮酒等事宜。押运工作是重要而枯燥的工作,因此押运人员的责任至关重要,任何时间、地点在货物未正式办理交接前,车内不得无人看守或远离车厢造成漏乘或发生意外事故。

零星的爆炸品若用火车运输,则必须使用铁道部批准的专用保险箱装运,或依据危险货物运输规则规定的包装形式包装。不得采用任意形式的包装托运,更不能冒名顶替或伪造商品名称托运,一经发现要严厉追究法律责任以防不测。

出差、旅行乘坐飞机、车、船,严禁个人私自携带爆炸品等车,以免发生事故危及他人安全,造成不必要的伤亡,一经发现将依法查处。

复习思考题

12.1　火炸药、火工品生产建筑物危险等级是如何划分的,其意义是什么?

12.2　火炸药、火工品生产中减少事故损失,防止事态扩大的措施包括哪几方面?

12.3　试说明泄压屋盖的防爆原理。

12.4　简述抗爆间室防爆原理。

12.5　简述抗爆屏院布置要求。

12.6　火炸药、火工品生产中明火及表面高温引起燃烧、爆炸的措施有哪些?

12.7　试论述控制、消除静电积累和事故的预防技术措施。

参 考 文 献

[1] 杨泗霖. 防火防爆技术[M]. 北京：中国劳动社会保障出版社，2008.
[2] 徐厚生，赵双其. 防火防爆[M]. 北京：化学工业出版社，2004.
[3] 杨泗霖. 防火防爆技术问答[M]. 北京：群众出版社，1984.
[4] 许文. 化工安全工程[M]. 北京：化学工业出版社，2002.
[5] 冯长根. 热爆炸理论[M]. 北京：科学出版社，1988.
[6] 中石化总公司安监局. 石油化工安全技术[M]. 北京：中国石化出版社，1998.
[7] 王学谦. 建筑防火禁忌手册[M]. 北京：中国建筑工业出版社，2002.
[8] 王丰，尹宝宇. 油库消防管理与技术[M]. 北京：中国石化出版社，2000.
[9] 郑端文，刘海辰. 消防安全技术[M]. 北京：化学工业出版社，2004.
[10] 陈南，徐晓楠. 石化消防安全检测技术[M]. 北京：化学工业出版社，2004.
[11] 张其中. 爆破安全法规标准选编[M]. 北京：中国标准出版社，1993.
[12] 霍然，袁宏永. 性能化建筑防火分析与设计[M]. 合肥：安徽科学技术出版社，2003.
[13] 惠君明，陈天云. 炸药爆炸理论[M]. 南京：江苏科学技术出版社，1995.
[14] 侯佐明. 火灾监控技术[M]. 北京：兵器工业出版社，1992.
[15] 陈南. 防爆安全技术[M]. 北京：国际文化出版社，2001.
[16] 陈南. 电气防火安全技术[M]. 呼和浩特：内蒙古人民出版社，1998.
[17] 曾清礁. 建筑防爆技术[M]. 北京：中国建筑工业出版社，1991.
[18] 李书朝，仄继刚. 爆炸性气体环境用电气设备：GB 3836. 17—2007[S]. 北京：中国标准出版社，2004.
[19] 中国石油化工总公司. 石油化工企业设计防火规范：GB 50160—2008[S]. 北京：中国计划出版社，2000.
[20] BAKER W E. Gas, dust and hybrid explosions[M]. New York: Elsevier Science Publisher B. V. ,1991.
[21] 经建生，倪照鹏，马恒，等. 建筑设计防火规范[M]. 北京：中国计划出版社，2008.
[22] 梁俊俐. 浅谈建筑设计防火规范中防爆泄压设计的重大调整和实际工程遭遇 NFPA68 [J]. 工业建筑，2007，37：84～88.
[23] 杨有启，钮英建. 电气安全工程[M]. 北京：首都经济贸易大学出版社，2007.
[24] 蒋军成. 化工安全[M]. 北京：机械工业出版社，2008.
[25] 张连玉. 爆炸气体动力学基础[M]. 北京：北京理工大学出版社，1987.
[26] 巴尔特克纳西特. 爆炸过程和防护措施[M]. 何宏达，等译. 北京：化学工业出版社，1985.
[27] 解立峰. 防爆工程[M]. 南京：南京理工大学出版社，2003.
[28] 伍爱友. 防火与防爆工程[M]. 北京：国防工业出版社，2014.
[29] 谢多夫 Ли. 力学中的相似方法与量纲理论[M]. 北京：科学出版社，1982.
[30] 范宝春. 两相系统的燃烧、爆炸和爆轰[M]. 北京：国防工业出版社，1998.

[31] 范宝春,叶经方. 瞬态流场参数测量[M]. 哈尔滨:哈尔滨工程大学出版社,2005.
[32] 黄郑华,李建华. 化工工艺设备防火防爆[M]. 北京:中国劳动社会保障出版社,2008.
[33] 景思睿,张鸣远. 流体力学[M]. 西安:西安交通大学出版社,2001.
[34] 周霖. 爆炸化学基础[M]. 北京:北京理工大学出版社,2005.
[35] 吕春绪. The Theory of Industrial Explosive[M]. 北京:兵器工业出版社,2007.
[36] 范维澄,王清安,张人杰,等. 火灾科学导论[M]. 武汉:湖北科学技术出版社,1993.
[37] 杨世铭,陶文铨. 传热学[M]. 北京:高等教育出版社,1998.
[38] 程运平,李增华. 消防工程学[M]. 徐州:中国矿业大学出版社,2001.
[39] 傅维标,张永廉,王清安. 燃烧学[M]. 北京:高等教育出版社,1989.
[40] 范维澄,王清安,姜冯辉,等. 火灾学简明教程[M]. 合肥:中国科技大学出版社,1995.
[41] 黄恒栋,焦京生,洪荣泽. 高层建筑火灾安全概论[M]. 成都:四川科技出版社,1992.
[42] 余永刚. 火灾燃烧原理[M]. 南京:南京理工大学出版社,2005.
[43] 霍然,胡源,李元州. 建筑火灾安全工程导论[M]. 合肥:中国科技大学出版社,1999.
[44] 陈宝胜. 建筑防火设计[M]. 上海:同济大学出版社,1990.
[45] 吴龙标,袁宏永. 火灾探测与控制工程[M]. 合肥:中国科技大学出版社,1999.
[46] 盛建. 火灾自动报警消防系统[M]. 天津:天津大学出版社,1997.
[47] 林其钊,舒立福. 林火概论[M]. 合肥:中国科技大学出版社,2003.
[48] 廖光煊,王喜世,秦俊. 热灾害实验诊断方法[M]. 合肥:中国科技大学出版社,2003.
[49] 伍作鹏. 消防燃烧学[M]. 北京:中国建筑工业出版社,1994.
[50] 陆伟良. 智能建筑导论[M]. 北京:中国建筑工业出版社,1996.
[51] 谭炳华. 火灾自动报警及消防联动系统[M]. 北京:机械工业出版社,2007.
[52] 张博,白春华. 气相爆轰动力学[M]. 北京:科学出版社,2012.
[53] 王丽琼,冯长根,杜志明. 有限空间内爆炸和点火的理论与实验[M]. 北京:北京理工大学出版社,2005.
[54] 朱向东,胡川晋. 建筑设计防火规范图解[M]. 北京:机械工业出版社,2015.
[55] 胡广霞,段晓瑞. 防火防爆技术[M]. 北京:中国石化出版社,2012.
[56] 胡双启. 燃烧与爆炸[M]. 北京:北京理工大学出版社,2015.
[57] 潘旭海. 燃烧爆炸理论及应用[M]. 北京:化学工业出版社,2015.